1071 664

Piechocki/Händel
Makroskopische Präparationstechnik

# Makroskopische Präparationstechnik

## Wirbellose

Leitfaden für das Sammeln, Präparieren und Konservieren

Von Rudolf Piechocki † und Joachim Händel

5. überarbeitete und aktualisierte Auflage
Mit 162 Abbildungen

 E. Schweizerbart'sche Verlagsbuchhandlung
(Nägele und Obermiller) 2007

**Die Autoren:**
Prof. Dr. rer. nat. Rudolf Piechocki, Kustos i. R. †
Joachim Händel, Entomologischer Präparator
Institut für Biologie/Zoologie der Martin-Luther-Universität
Entomologische Sammlungen
Domplatz 4, 06099 Halle (Saale)

1. Auflage 1966, Akademische Verlagsgesellschaft Geest & Portig K.G., Leipzig
2. Auflage 1975, Gustav Fischer Verlag, Jena
3. Auflage 1985, Gustav Fischer Verlag, Jena
4. Auflage 1996, Gustav Fischer Verlag, Jena

5. überarbeitete und aktualisierte Auflage
© 2007 by E. Schweizerbart'sche Verlagsbuchhandlung, Stuttgart
∞ Gedruckt auf alterungsbeständigem Papier nach ISO 9706-1994

Alle Rechte, auch das der Übersetzung, des auszugsweisen Nachdrucks, der Herstellung von Mikrofilmen und der photomechanischen Wiedergabe, vorbehalten. Auch die Herstellung von Photokopien des Werkes für den eigenen Gebrauch ist ausdrücklich untersagt.

Verlag: E. Schweizerbart'sche Verlagsbuchhandlung (Nägele u. Obermiller)
Johannesstr. 3 A, 70176 Stuttgart, Germany
www.schweizerbart.de
mail@schweizerbart.de

Satz und Druckvorbereitung: Sabine Seifert, Stuttgart
Druck: fgb freiburger graphische betriebe, Freiburg
Printed in Germany

**ISBN 978-3-510-65231-0**

Titelbild: Teil der Molluskensammlung an der Universität Halle (Photo: Joachim Händel)

# Vorwort

Im Winter des Jahres 1978 – noch als Schüler – durchstöberte ich eine Wittenberger Buchhandlung. Es war zwar ein kleiner Laden aber an den Wänden standen bis unter die Decke Regale, in denen sich interessante Bücher türmten. Dort fand ich eher zufällig auch ein Buch, das mich besonders faszinierte: die Makroskopische Präparationstechnik von Rudolf Piechocki – damals die zweite Auflage. So kaufte ich von meinem Taschengeld, das ich eigentlich für zwei Schallplatten gespart hatte, dieses Buch und fand für die nächsten Wochen und Monate spannende Lektüre. Auf Grund dessen entwickelte sich in der folgenden Zeit ein Briefwechsel mit dem Autor, den ich schließlich auch am Halleschen Zoologischen Institut besuchte. Damals war jedoch noch nicht abzusehen, dass ich später an diesem Institut eine Anstellung finden sollte und Rudolf Piechocki mein überaus geschätzter Kollege und Freund werden würde. Als er mich dann 1994 bat, die Bearbeitung der vierten Auflage zu übernehmen, war das eine große Ehre und Freude.

Inzwischen ist auch diese Auflage vergriffen und es mehrten sich die Anfragen nach einer Neuerscheinung. Der Gustav Fischer Verlag, der das Werk seit 1975 betreut hat, ist inzwischen von Spektrum Akademischer Verlag und schließlich von Elsevier übernommen worden. Nun entsprach dieses sehr spezielle Buch nicht mehr dem Verlagsprofil und konnte nicht weitergeführt werden. Deshalb freue ich mich sehr, dass die „Präparationstechnik" in der traditionsreichen E. Schweizerbart'schen Verlagsbuchhandlung eine neue Heimstatt gefunden hat. In dem Zusammenhang bin ich Herrn Erhard Nägele von diesem Verlagshaus zu großem Dank verpflichtet, der sich um die Fortführung des Werkes bemüht hat und die Neuauflage ermöglichte.

Während der Vorbereitungen zur vorliegenden Auflage habe ich festgestellt, dass in den letzten Jahren kaum neue Methoden, besonders für marine und wurmartige Wirbellose, entwickelt wurden. In Publikationen werden, wenn überhaupt, ältere Verfahren angegeben. Demgegenüber haben sich in der Entomologie einige Veränderungen ergeben und es sind vor allem Fragestellungen zu Etikettierung, Schutz und Erhaltung sowie Restaurierung von Sammlungsmaterial in den Mittelpunkt des Interesses gerückt. Ich habe versucht, das in der neuen Ausgabe entsprechend zu berücksichtigen. Außerdem wurde der in der vierten Auflage eingeführte und von den Lesern sehr positiv aufgenommene Rezepturen-Anhang erweitert.

Natürlich kann ein solches Werk wie das vorliegende nicht ohne Erfahrungsaustausch und Diskussion mit Fachkollegen entstehen. Danken möchte ich deshalb Gerhard Bächli (Zürich), Horst Bathon (Darmstadt), Hannes Baur (Bern), Ronald D. Cave (Fort Pierce), Gary Gibson (Ottawa), Klaus Graser † (Magdeburg), Martin Händel (Halle), Helmut Hörath (Hof), Robert L. Jeanne (Madison), Bernhard Klausnitzer (Dresden), Bob Kriegel (Detroit), Clas M. Naumann † (Bonn), Volker Neumann (Halle), Carsten Neumann (Halle), Roy A. Norton (Syracuse), Reinhard Piechocki (Putbus), Peer-Hajo Schnitter (Halle), Andreas Stark (Halle), David Voegtlin (Springfield, Ill.), William B. Warner (Chandler, Az.) und Klaus Wechsler (Bremen).

## Vorwort

Zu besonderem Dank verpflichtet bin ich Karla Schneider (Halle) für die Möglichkeit, viele der in diesem Buch vorgestellten Methoden zu erproben. Christoph Oberer (Basel) und Hans Ulrich (Grafschaft) danke ich für die umfangreichen Diskussionen und Informationen zur Problematik der Aufbewahrung von Flüssigkeitspräparaten; Gerald Moritz (Halle) für die vielen Hinweise zu Behandlung von Kleinstinsekten. Der leider zu früh verstorbenen Carolyn Rose † (Washington D.C.) danke ich für den Zugang zu amerikanischem Schrifttum, vor allem zu vielen unveröffentlichten Dokumenten und Handreichungen.

Nicht zuletzt danke ich meiner Familie, besonders meiner lieben Frau Kerstin Händel, die dieses Projekt in jeder Phase mit Geduld und Verständnis unterstützt hat, die es toleriert, dass im heimischen Tiefkühlschrank eingefrorene Objekte für Präparationsübungen lagern und dass Urlaubsziele danach gewählt werden, wo man Sammlungen und Museen besuchen kann, um sich mit Kollegen auszutauschen.

Vielen Dank!

**Am 14. Juli 2000 verstarb leider viel zu früh Rudolf Piechocki.**

Ich habe mich bemüht, mit der vorliegenden 5. Auflage dieses Werk in seinem Sinne fortzuführen. Seinem Andenken möchte ich dieses Buch widmen.

Halle (Saale), im Februar 2007    Joachim Händel

# Inhalt

**Zur Einführung** .......................... 11

**Sammeln und Konservieren von Wirbellosen** ...................... 13
- **Allgemeines** ............................ 13
  - Sammeln von Landtieren ................. 14
    - Keschermethode ....................... 16
    - Sammeltuch ........................... 18
  - Sammeln von Bodenfauna und epigäischer Fauna ..... 19
    - Ausleseapparate ...................... 19
    - Automatischer Fallenfang ............. 20
  - Sammeln von Wassertieren ............... 23
    - Ausrüstung und Hinweise zum Sammeln von Süßwasserbewohnern ................... 23
    - Geräte und ihre Anwendung zum Sammeln von Meeresbewohnern .................... 25
  - Sammeln von Höhlentieren ............... 29
  - Parasiten .............................. 30
    - Säugetiere (Mammalia) ................ 30
    - Vögel (Aves) ......................... 31
    - Kriechtiere (Reptilia) ............... 31
    - Fische (Pisces) ...................... 31
    - Parasiten wirbelloser Tiere .......... 32
  - Sammeln wirbelloser Tiere unter dem Aspekt des Natur- und Artenschutzes ............ 32
  - Überlegungen zum Arbeitsschutz beim Sammeln und Konservieren ......................... 33
- **Vorbehandlung der gesammelten Tiere** .... 35
  - Betäubungsmethodik ..................... 35
    - Vorbemerkungen ....................... 35
    - Betäubungsmittel ..................... 36
    - Behandlungsweise ..................... 38
  - Fixierungsmethodik ..................... 39
    - Vorbemerkungen ....................... 39
    - Behandlungsweise ..................... 40
- **Aufbewahrung, Verpackung und Transport** ........................... 41
  - Behandlung trockener Naturalien ........ 41
  - Behandlung feuchter Naturalien ......... 41
  - Regenerieren eingetrockneter Naturalien ..... 43

- **Grundlagen der Sammlungstechnik** .... 44
  - Etikettierung .......................... 44
    - Etiketten für trockenes Sammlungsmaterial ........ 45
    - Etiketten für Nasssammlungen ......... 45
  - Sammlungsschutz ........................ 46
    - Vorbeugung ........................... 51
    - Monitoring ........................... 52
  - Materialversand und Leihverkehr ........ 52
  - Naturkundliche Museen .................. 54
    - Forschung ............................ 54
    - Bildung .............................. 56
    - Unterhaltung ......................... 56

**Schwämme (Porifera)** ................. 57
- **Sammeln** .............................. 57
- **Präparieren** .......................... 58
  - Herstellung von Trockenpräparaten ...... 58
  - Herstellung von Nasspräparaten ......... 59
  - Herstellung von Skelettpräparaten ...... 61

**Hohltiere (Coelenterata)** ............ 63
- **Hydrozoen (Hydrozoa)** ................. 64
  - Sammeln ................................ 64
  - Betäuben und Fixieren .................. 64
- **Scyphozoen (Scyphozoa)** ............... 65
  - Sammeln ................................ 65
  - Betäuben und Fixieren .................. 65
  - Spezielle Hinweise ..................... 66
- **Blumenpolypen (Anthozoa)** ............. 66
  - Sammeln ................................ 66
  - Betäuben und Fixieren .................. 67
  - Spezielle Hinweise ..................... 69
- **Würfelquallen (Cubozoa)** .............. 71
- **Kammquallen (Ctenophora)** ............. 71
  - Sammeln ................................ 71
  - Betäuben und Fixieren .................. 71

# Inhalt

## Plattwürmer (Plathelminthes) ... 73
Behandlungstechnik .................... 73
■ **Strudelwürmer (Turbellaria)** ............ 74
Sammeln ................................ 74
Betäuben und Fixieren .................. 76
Spezielle Hinweise ...................... 77
■ **Saugwürmer (Trematoda)** ............ 78
Sammeln ................................ 78
Betäuben und Fixieren .................. 79
Spezielle Hinweise ...................... 80
■ **Bandwürmer (Cestodes)** ............ 81
Sammeln ................................ 81
Betäuben und Fixieren .................. 82
Montage ................................ 83
Spezielle Hinweise ...................... 84

## Schnurwürmer (Nemertini) ...... 86
■ **Behandlungstechnik** .................... 86
Sammeln ................................ 86
Betäuben und Fixieren .................. 87

## Schlauch- oder Rundwürmer (Aschelminthes oder Nemathelminthes) .................... 88
■ **Fadenwürmer (Nematoda)** ............ 89
Entoparasitische Arten .................. 89
   Sammeln ................................ 89
   Fixieren ................................ 91
Freilebende Arten ...................... 92
Spezielle Hinweise ...................... 92
■ **Saitenwürmer (Nematomorpha oder Gordiacea)** .................... 92
Sammeln ................................ 93
Betäuben und Fixieren .................. 93
■ **Kratzer (Acanthocephala)** ............ 93
Sammeln ................................ 93
Fixieren ................................ 93
Spezielle Hinweise ...................... 94

## Priapswürmer (Priapulida) ...... 95
■ **Behandlungstechnik** .................... 95
Sammeln ................................ 95
Betäuben und Fixieren .................. 96

## Bartwürmer (Pogonophora) ...... 97
■ **Behandlungstechnik** .................... 97
Sammeln ................................ 97
Präparieren ............................ 98

## Weichtiere (Mollusca) .............. 99
■ **Wurmmollusken (Aplacophora)** ........ 100
Sammeln ................................ 100
Betäuben und Fixieren .................. 100
■ **Käferschnecken (Polyplacophora)** ...... 100
Sammeln ................................ 101
Betäuben und Fixieren .................. 101
■ **Bauchfüßer oder Schnecken (Gastropoda)** .................... 101
Sammeln ................................ 102
   Landschnecken ...................... 102
   Süßwasserschnecken ................ 104
   Meeresschnecken .................... 104
Betäuben und Fixieren .................. 105
   Vorderkiemer (Prosobranchia) ...... 105
   Hinterkiemer (Opisthobranchia) .... 106
   Lungenschnecken (Pulmonata) ...... 107
Behandlung von Schneckenschalen (Konchylien) ..... 109
Spezielle Hinweise ...................... 110
   Radulapräparate .................... 110
   Trockenpräparate .................... 110
   Flüssigkeitspräparate ................ 110
■ **Grab- oder Kahnfüßer (Scaphopoda oder Solenoconchae)** ..... 112
Sammeln ................................ 112
Betäuben und Fixieren .................. 113
■ **Muscheln (Bivalvia oder Lamellibranchiata)** .................... 112
Sammeln ................................ 112
Betäuben und Fixieren .................. 112
Behandlung von Muschelschalen (Konchylien) ..... 114
Spezielle Hinweise ...................... 115
   Flüssigkeitspräparate ................ 115
   Injektionspräparate .................. 116
■ **Kopffüßer (Cephalopoda)** ............ 117
Sammeln ................................ 117
Betäuben und Fixieren .................. 117
Spezielle Hinweise ...................... 118
   Altersbestimmung .................... 118
■ **Sammlungstechnik** .................... 119
Etikettieren und Aufbewahren .......... 119
Schalen als Demonstrationsobjekte ...... 119
Konservierung von Molluskeneiern ...... 122

## Spritzwürmer (Sipunculida) ...... 123
■ **Behandlungstechnik** .................... 123
Sammeln ................................ 123
Betäuben und Fixieren .................. 124
Paraffinierung .......................... 124

## Igelwürmer (Echiurida) .......... 126

### ■ Behandlungstechnik .................. 126
Sammeln ........................ 126
Betäuben und Fixieren .............. 127

## Ringel- oder Gliederwürmer (Annelida) ...................... 128

### ■ Vielborster (Polychaeta) ............. 128
Sammeln ........................ 129
Betäuben und Fixieren .............. 129

### ■ Saugmünder (Myzostomida) ......... 130
Sammeln ........................ 130
Betäuben und Fixieren .............. 130

### ■ Gürtelwürmer (Clitellata) ........... 131
Sammeln ........................ 131
    Wenigborster (Oligochaeta) ....... 131
    Blutegel (Hirudinea) ............ 132
Betäuben und Fixieren .............. 133
    Wenigborster (Oligochaeta) ....... 133
    Blutegel (Hirudinea) ............ 133
Spezielle Hinweise ................. 134

## Stummelfüßer (Onychophora) ... 135

### ■ Behandlungstechnik .................. 135
Sammeln ........................ 135
Töten und Fixieren ................. 136

## Zungenwürmer (Pentastomida oder Linguatulida) ............... 137

### ■ Behandlungstechnik .................. 137
Sammeln ........................ 137
Betäuben und Fixieren .............. 138

## Gliederfüßer (Arthropoda) ...... 139

### ■ Schwert- oder Pfeilschwänze (Xiphosura) ...................... 140
Sammeln ........................ 140
Präparieren ...................... 140

### ■ Spinnentiere (Arachnida) ............ 140
Sammeln und Präparieren ........... 141
    Skorpione (Scorpiones) .......... 141
    Spinnen (Aranea) ............... 141
    Afterskorpione (Pseudoscorpiones oder Chelonethi) ............... 145
    Walzenspinnen (Solifugae) ....... 146
    Weberknechte (Opiliones) ....... 147
    Milben und Zecken (Acari) ....... 147

### ■ Asselspinnen (Pantopoda oder Pycnogonida) .................... 151
Sammeln ........................ 151
Konservieren ..................... 151

### ■ Krebse (Crustacea) .................. 152
Sammeln und Fixieren .............. 152
    Marine Krebse ................. 152
    Süßwasserkrebse ............... 154
    Asseln ........................ 156
Präparieren ...................... 156
    Niedere Krebse ................ 156
    Höhere Krebse ................. 157
Spezielle Hinweise ................. 160

### ■ Viel- oder Tausendfüßer (Myriapoda) ... 160
Sammeln ........................ 160
    Hundertfüßer (Chilopoda) ....... 161
    Doppelfüßer (Diplopoda) ........ 161
Fixieren und Konservieren .......... 161

### ■ Insekten (Hexapoda) ................ 162
Urinsekten (Apterygota) ............ 164
    Sammeln ...................... 164
    Präparieren ................... 165
Käfer (Coleoptera) ................. 165
    Allgemeine Sammeltechnik ....... 166
    Sammeln in bestimmten Biotopen .. 169
    Sammeln systematischer Gruppen . 177
    Verpackung von Ausbeuten ...... 179
    Konservierung in Flüssigkeit ..... 181
    Präparation der Imagines ........ 181
    Genitalpräparate ............... 187
    Präparation von Entwicklungsstadien . 190
    Einrichten von Sammlungen ..... 192
    Hinweis auf Strepsipteren ....... 197
Schmetterlinge (Lepidoptera) ....... 197
    Allgemeine Sammeltechnik ....... 197
    Lichtfang ..................... 205
    Köderfang .................... 209
    Präparation von Makrolepidopteren . 211
    Präparation von Microlepidopteren . 216
    Anfertigung von Genitalpräparaten . 218
    Restaurieren von Faltern ........ 219
    Präparation von Entwicklungsstadien . 221
    Einrichten von Sammlungen ..... 225
Hautflügler (Hymenoptera) ......... 226
    Allgemeine Sammeltechnik ....... 226
    Sammelmethoden .............. 227
    Präparationstechnik ............ 232
    Erhaltung von Tätigkeitszeugnissen . 237
Zweiflügler oder Fliegen (Diptera) ... 238
    Allgemeine Sammeltechnik ....... 239
    Spezielle Sammelmethoden ...... 239
    Präparationstechnik ............ 242
Schnabelkerfe (Rhynchota, Hemiptera) . 246
    Allgemeine Sammeltechnik ....... 246
    Sammeln in bestimmten Biotopen . 248
    Präparationstechnik ............ 250

Geradflügler i.w.S. (Orthopteromorpha) . . . . . . . . . . . . . . 251
   Sammeltechnik und -methoden . . . . . . . . . . . . . . . . 252
   Präparationstechnik . . . . . . . . . . . . . . . . . . . . . . . . . 254
   Hinweis auf Staubläuse und Flechtlinge (Psocoptera) . 259
Libellen (Odonata) . . . . . . . . . . . . . . . . . . . . . . . . . . . . . 259
   Sammeltechnik . . . . . . . . . . . . . . . . . . . . . . . . . . . . 259
   Präparationstechnik . . . . . . . . . . . . . . . . . . . . . . . . . 261
Netzflüglerartige i.w.S. (Neuropteroidea) . . . . . . . . . . . . 268
   Sammeltechnik . . . . . . . . . . . . . . . . . . . . . . . . . . . . 268
   Präparationstechnik . . . . . . . . . . . . . . . . . . . . . . . . . 268
Eintagsfliegen (Ephemeroptera) . . . . . . . . . . . . . . . . . . 268
   Sammeltechnik . . . . . . . . . . . . . . . . . . . . . . . . . . . . 268
   Präparationstechnik . . . . . . . . . . . . . . . . . . . . . . . . . 269
Ufer-, Steinfliegen (Plecoptera) . . . . . . . . . . . . . . . . . . . 269
   Sammeltechnik . . . . . . . . . . . . . . . . . . . . . . . . . . . . 269
   Präparationstechnik . . . . . . . . . . . . . . . . . . . . . . . . . 269
Köcherfliegen (Trichoptera) . . . . . . . . . . . . . . . . . . . . . 269
   Sammeltechnik . . . . . . . . . . . . . . . . . . . . . . . . . . . . 269
   Präparationstechnik . . . . . . . . . . . . . . . . . . . . . . . . . 270
Schnabelfliegen (Mecoptera) . . . . . . . . . . . . . . . . . . . . 270
   Sammeltechnik . . . . . . . . . . . . . . . . . . . . . . . . . . . . 270
   Präparationstechnik . . . . . . . . . . . . . . . . . . . . . . . . . 270
Insektengruppen, die eine mikroskopische
Präparation erfordern . . . . . . . . . . . . . . . . . . . . . . . . . 270
   Sammeltechnik . . . . . . . . . . . . . . . . . . . . . . . . . . . . 271
   Präparationstechnik . . . . . . . . . . . . . . . . . . . . . . . . . 271
Entomologische Sammlungstechnik . . . . . . . . . . . . . . 273
   Etikettierung . . . . . . . . . . . . . . . . . . . . . . . . . . . . . 274
   Handsammlungen . . . . . . . . . . . . . . . . . . . . . . . . . 275
   Sammlungseinrichtung . . . . . . . . . . . . . . . . . . . . . . 277

## Kranzfühler (Tentaculata) . . . . . . . . . 278

### ■ Röhren- oder Hufeisenwürmer (Phoronidea) . . . . . . . . . . . . . . . . . . . . . . . . . . . . . . 278
Sammeln . . . . . . . . . . . . . . . . . . . . . . . . . . . . . . . . . 279
Präparieren . . . . . . . . . . . . . . . . . . . . . . . . . . . . . . . 279

### ■ Moostiere (Bryozoa) . . . . . . . . . . . . . . . . . . . . . . . 279
Sammeln . . . . . . . . . . . . . . . . . . . . . . . . . . . . . . . . . 279
Präparieren . . . . . . . . . . . . . . . . . . . . . . . . . . . . . . . 280

### ■ Armfüßer (Brachiopoda) . . . . . . . . . . . . . . . . 280
Sammeln . . . . . . . . . . . . . . . . . . . . . . . . . . . . . . . . . 280
Präparieren . . . . . . . . . . . . . . . . . . . . . . . . . . . . . . . 281

## Pfeilwürmer (Chaetognatha) und Kragentiere (Hemichordata) . . . . . . . . . . . . . . . . . . . . . . . . . . . 282

### ■ Pfeilwürmer oder Borstenkiefer (Chaetognatha) . . . . . . . . . . . . . . . . . . . . . . . . . 282
Sammeln . . . . . . . . . . . . . . . . . . . . . . . . . . . . . . . . . 283
Präparieren . . . . . . . . . . . . . . . . . . . . . . . . . . . . . . 283

### ■ Kragentiere (Hemichordata, Branchiotremata) . . . . . . . . . . . . . . . . . . . . . . . . 283
Sammeln . . . . . . . . . . . . . . . . . . . . . . . . . . . . . . . . . 283
Präparieren . . . . . . . . . . . . . . . . . . . . . . . . . . . . . . . 284

## Stachelhäuter (Echinodermata) . . . . . . . . . . . . . . . . . . . 285

### ■ Haarsterne (Crinoidea, Crinozoa) . . . . . . . 285
Sammeln . . . . . . . . . . . . . . . . . . . . . . . . . . . . . . . . . 286
Präparieren . . . . . . . . . . . . . . . . . . . . . . . . . . . . . . . 286

### ■ Seewalzen, Seegurken (Holothuroidea) . . . . . . . . . . . . . . . . . . . . . . . . . . 286
Sammeln . . . . . . . . . . . . . . . . . . . . . . . . . . . . . . . . . 286
Präparieren . . . . . . . . . . . . . . . . . . . . . . . . . . . . . . . 287

### ■ Seeigel (Echinoidea) . . . . . . . . . . . . . . . . . . . . . . 288
Sammeln . . . . . . . . . . . . . . . . . . . . . . . . . . . . . . . . . 288
Päparieren . . . . . . . . . . . . . . . . . . . . . . . . . . . . . . . . 288

### ■ Seesterne (Asteroidea) . . . . . . . . . . . . . . . . . . 289
Sammeln . . . . . . . . . . . . . . . . . . . . . . . . . . . . . . . . . 289
Präparieren . . . . . . . . . . . . . . . . . . . . . . . . . . . . . . . 289

### ■ Schlangensterne (Ophiuroidea) . . . . . . . . 291
Sammeln . . . . . . . . . . . . . . . . . . . . . . . . . . . . . . . . . 291
Präparieren . . . . . . . . . . . . . . . . . . . . . . . . . . . . . . . 291

## Wirbellose Chordatiere . . . . . . . . . . . . 292

### ■ Urochordata . . . . . . . . . . . . . . . . . . . . . . . . . . . . . 292
Sammeln . . . . . . . . . . . . . . . . . . . . . . . . . . . . . . . . . 293
Präparieren . . . . . . . . . . . . . . . . . . . . . . . . . . . . . . . 293

### ■ Schädellose (Acrania, Leptocardii, Cephalocordata) . . . . . . . . . . . . . . . . . . . . . . . . . . 295
Sammeln . . . . . . . . . . . . . . . . . . . . . . . . . . . . . . . . . 295
Präparieren . . . . . . . . . . . . . . . . . . . . . . . . . . . . . . . 295

## Literatur . . . . . . . . . . . . . . . . . . . . . . . . . . . . . . 296

## Anhang . . . . . . . . . . . . . . . . . . . . . . . . . . . . . . . 327

### ■ Behandlung großer Evertebraten aus Planktonfängen . . . . . . . . . . . . . . . . . . . . . 327

### ■ Verdünnungstabelle . . . . . . . . . . . . . . . . . . . . . 331

### ■ Rezepturen häufig verwendeter Lösungen . . . . . . . . . . . . . . . . . . . . . . . . . . . . . . . 332

## Register . . . . . . . . . . . . . . . . . . . . . . . . . . . . . . 337

# Zur Einführung

Biologische Sammlungen besitzen eine enorme Bedeutung. Sie sind unersetzbare Archive der Vielfalt des Lebens. Ihr wissenschaftlicher Wert wächst mit dem Grad ihrer Vollständigkeit, mit ihrem Alter sowie der Qualität der Objekte und der zugehörigen Dokumentation, denn sie belegen, welche Organismen zu welcher Zeit wo gelebt haben. Dabei ist es zunächst zweitrangig, ob es sich um Museums-, Universitäts- oder Privatsammlungen handelt.

Sammlungen sind Bestandteil des kulturellen Erbes der Menschheit und bieten gleichzeitig die Arbeitsbasis für eine Reihe biologischer Disziplinen. Sowohl jene, die sich der Erfassung und Erhaltung der biologischen Vielfalt widmen wie auch angewandte Bereiche (Land- und Forstwirtschaft, Schädlingsbekämpfung und Biotechnologie ebenso wie Gesundheitswissenschaften z. B. Parasitologie, Epidemiologie, Diagnostik) bauen auf Sammlungen auf.

Weiterhin sind diese Einrichtungen Grundlage für Ausbildungsprogramme im schulischen und universitären Bereich und leisten in Form von Ausstellungen einen wichtigen Beitrag zur Schärfung des öffentlichen Denkens für Fragen der Natur und der natürlichen Vielfalt.

Um den hohen Anforderungen gerecht zu werden, ist es zwingend notwendig, die Objekte fachgerecht und ergebnisorientiert zu sammeln, zu präparieren, unterzubringen und zu dokumentieren. Genau das ist das Thema des vorliegenden Buches.

Das zoologische System in diesem Leitfaden lehnt sich im Wesentlichen an die 6. Auflage von STORCH & WELSCH (2004) „Systematische Zoologie" an. Um den Text nicht über Gebühr zu belasten, unterbleibt bei der Nennung wissenschaftlicher Artnamen jedoch oftmals die Angaben der betreffenden Autoren.

Aus didaktischen Gründen steht am Beginn jedes Kapitels neben dem Text eine Bildleiste. Auf ihr sind typische Vertreter des betreffenden Stammes dargestellt. Ganz bewusst wurden die weißen Strichzeichnungen auf schwarzen Grund gesetzt, damit sie dem mit der zoologischen Systematik nicht völlig vertrauten Benutzer des Buches gewissermaßen als Bildregister dienen können. Tierstämme oder einzelne Klassen, deren Arten ausschließlich in den Größenbereich der mikroskopischen Technik gehören, werden im vorliegenden Leitfaden nicht behandelt.

Obwohl versucht wurde, alle relevanten Schriften zu berücksichtigen, erhebt das Buch nicht den Anspruch auf Vollständigkeit. Die Stofffülle gestattete es nicht, alle Techniken eingehend zu erörtern. Jeder Interessent sollte es sich deshalb angelegen sein lassen, im Bedarfsfall Quellenstudien zu treiben. Wer sich auf einem speziellen Gebiet wissenschaftlich betätigen möchte, dem sei dies dringend empfohlen. Welch reichen Gewinn die systematische Forschung alljährlich noch immer – vor allem bezüglich der Neubeschreibung wirbelloser Tiere – bringt, beweist ein Blick in die einschlägigen Referateorgane. Erfolg wird letztlich allerdings nur der haben, der die wohl wichtigste Aufgabe der beschreibenden Zoologie, das artgerechte Sammeln, Konservieren und Präparieren, weitgehend beherrscht. Es muss noch betont werden, dass

## Zur Einführung

auch bei sachgemäßer Konservierung oder Präparation vor allem von schwach chitinisierten bzw. weichhäutigen Tieren und deren Entwicklungsstadien – obwohl sie tadellos erhalten schienen – nicht immer einwandfreie Exponate zu erzielen sind. Bei diffizilen Objekten ist oft nur mit einer Erfolgsquote von etwa 75 % zu rechnen. Es gilt deshalb in allen Fällen, eigene Erfahrungen zu sammeln und falls erforderlich, die Methode zu modifizieren.

Die Zoologen haben bisher eine Gesamtzahl von etwa 1,26 Millionen Tierarten beschrieben. Von ihnen entfallen 1 216 000 auf die wirbellosen Tiere. Davon gehören wiederum 974 500 zu den Gliedertieren. Im Gegensatz zu den weniger „beliebten" Tiergruppen sind vor allem die Insekten, wohl auf Grund ihrer weltweiten Verbreitung und begünstigt durch die relativ einfachen Behandlungsverfahren, von jeher von interessierten Freizeitforschern und Berufswissenschaftlern gesammelt worden. Die dabei erworbenen technischen Erfahrungen hat man in zahlreichen zum Teil schwer zugänglichen Fachzeitschriften publiziert. Auch wird versucht, auf diese – im Allgemeinen kaum erschlossene – Literatur an entsprechender Stelle hinzuweisen.

Zu verschiedenen Stämmen gehören auch einige nicht unbedeutende Tierklassen, deren Vertreter mikroskopisch klein sind. Da es nicht gut möglich ist, sie einfach zu ignorieren, wird ggf. auf ihre präparative Behandlung kurz hingewiesen. Daraus ergibt sich die Inkonsequenz, dass in einer „Makroskopischen Präparationstechnik" die Herstellung von Totalpräparaten beschrieben wird, die nur mit einer Lupe oder dem Binokular richtig betrachtet werden können.

Abschließend sei noch erwähnt, dass es dem Verfasser bislang nur in beschränktem Maße möglich war, spezielle Erfahrungen über die schwierige Konservierungstechnik mariner Tierarten zu erwerben. Aus diesem Grunde sei auf zwei umfangreiche spezifische Zusammenstellungen hingewiesen. Von CAMPOS VILLARROEL & MACSOTAY (1979) liegen Hinweise zur Sammeltechnik, zum Transport und zur Konservierung mariner Invertebraten vor. In einer Synopsis der Narkotisierungsmethodik wirbelloser Meerestiere haben SMALDON & LEE (1979) alle diesbezüglichen Publikationen zusammengestellt. Im Rahmen meeresbiologischer Unternehmungen sollten diese Arbeiten unbedingt zu Rate gezogen werden.

Der Verfasser hofft, dass die vorliegende Zusammenfassung der bisherigen Kenntnisse über die Präparationstechnik wirbelloser Tiere vielen Interessenten wertvolle Hinweise vermitteln und damit einem wichtigen Arbeitsgebiet im Dienste der Lehre und Forschung neuen Auftrieb geben möge.

# Sammeln und Konservieren von Wirbellosen

## Allgemeines

Beim **Sammeln von wirbellosen Tieren** (Invertebrata oder Evertebrata), ganz gleich, ob sie auf dem Lande oder im Wasser leben, besteht nur dann Aussicht auf Erfolg, wenn man sich über ihre Biologie orientiert hat. Aus ihr ergeben sich Anhaltspunkte über das jahreszeitliche Erscheinen der geschlechtsreifen Tiere und die Entwicklungsstadien sowie die bevorzugten Biotope. Sobald diesbezügliche Erfahrungen vorliegen, kann man meist auch die Häufigkeit vermutlich seltener Arten real einschätzen. DAHL (1907) hat wohl zuerst auf die Gefahren hingewiesen, die sich daraus ergeben, dass eine vermeintlich bereits vorhandene Art nicht mitgenommen wird, da genügend Beispiele bekannt sind, wo äußerlich ausgesprochen ähnliche Exemplare sich als Vertreter verschiedener Spezies erwiesen.

> **!** Grundfalsch ist es auch, nur ein Exemplar von jeder Art zu sammeln. Der Systematiker legt größten Wert darauf, die Variationsbreite einer Art möglichst auch mit ihren Extremvarianten zu erfassen.

Größere Sammelausbeuten erweisen sich auch bei tiergeographischen Untersuchungen stets als besonders wertvoll. Bei der **Analyse von Ökosystemen** müssen einheitliche Feldmethoden angewendet werden, nur dann ist es möglich, vergleichbare Ergebnisse zu erzielen. Wer diesen Zweig wissenschaftlicher Arbeit betreiben möchte, dem seien die Sammel- und Fangmethoden enthaltende Werke von JANETSCHEK (1982) und TRAUTNER (1992) dringend empfohlen. Zusammenfassend ergibt sich: Wer zu sammeln beabsichtigt, muss es korrekt tun, d. h., er muss präparieren können sowie biologische und systematische Kenntnisse erwerben, denn nur um des Sammelns willen Tiere zu töten, ist nichts anderes als verbrämte Spielerei. Schweizer Entomologen (Anonym, 1988) haben sich zu dieser Problematik wie folgt geäußert: „Angesichts der Zerstörung der natürlichen Lebensräume ist es heute nicht mehr tolerierbar, dass Insekten ausschließlich als Sammelobjekte betrachtet werden, selbst wenn man bedenkt, dass die Arten durch das Verschwinden ihrer Biotope stärker gefährdet sind als durch den Fang. Jegliche Sammeltätigkeit muss durch eine entsprechende wissenschaftliche oder pädagogische Zielsetzung gerechtfertigt sein:

- Das Sammeln von Material auf das absolute Minimum beschränken.
- Das Sammeln von Tieren für den Austausch auf das absolute Minimum beschränken.
- Nichtselektive automatische Fallen nur ausnahmsweise während längerer Zeit im gleichen Gebiet anwenden.
- Nicht benötigtes Material anderen Spezialisten weitergeben.

Es sei noch erwähnt, dass jeweils nicht mehr Tiermaterial gesammelt und getötet werden sollte, als unter den herrschenden Umständen zu bearbeiten möglich ist. Wer die Erfahrung beherzigt: **gut**

**präpariert und exakt etikettiert ist halb determiniert,** wird sich Enttäuschungen ersparen, die sonst unausbleiblich sind.

Besteht die Möglichkeit, gesammeltes Tiermaterial einige Tage lebend zu beobachten, sollte man dies nicht versäumen. Zuweilen kann die Pflege geschlechtsreifer Tiere auch notwendig sein, um Eier oder bestimmte Entwicklungsstadien zu erlangen. Diesbezügliche Hinweise finden sich in den ausgezeichneten Nachschlagewerken von GALTSOFF u. a. (1959) und STEINER (1963).

Eine ausführliche Abhandlung über die Pflege naturkundlicher Sammlungen liegt von BURKHARD u. a. (1980) vor.

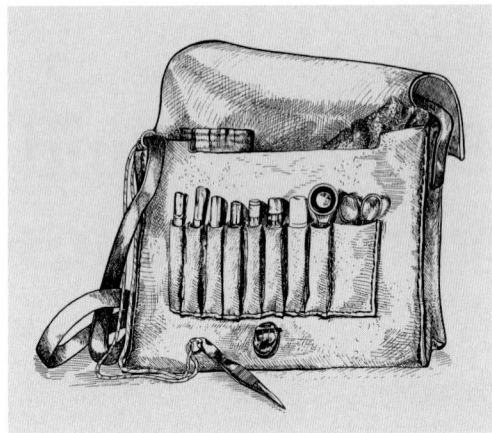

**Abb. 1** Sammeltasche zum Umhängen

## Sammeln von Landtieren

Beim **Sammeln von terrestrischen Wirbellosen** ist zu beachten, dass sie gewöhnlich kleiner und fast durchweg empfindlicher sind als die meisten Wirbeltiere. Die **Ausrüstung** sollte zweckmäßig zusammengestellt werden. Erforderlich ist vor allem eine entsprechend eingerichtete Tasche zum Umhängen. Eine Sammeltasche, die sich sowohl auf Exkursionen als auch auf Expeditionen gut bewährt hat, zeigt ▶ **Abb. 1**. Folgende Ausstattung wird empfohlen:

> 1 zusammensteckbares Skalpell
> 1 spitze Pinzette
> 1 spitze Schere
> 1 Lupe (10x)
>
> 1 Dose nichtrostende Insektennadeln
> Bleistift und Notizblock
> medizinische Notfallausstattung

Eine etwa 12 cm lange Pinzette, die entweder mittels einer langen Schnur an die Tasche oder um den Hals gehängt wird, vervollständigt die Ausrüstung. Die Pinzette wird zum Fangen von Tieren, die man mit den Fingern nicht erreichen kann oder zum Auslesen von koprophagen Insekten verwendet. Im großen Fach der Sammeltasche werden je nach Bedarf ein zusammenlegbares Luftnetz oder ein Streifsack, ein Exhaustor und mehrere Tötungsgläser untergebracht. Beim Sammeln spezieller Tiergruppen muss das Material natürlich entsprechend angepasst werden.

Bei größeren Sammeltouren ist zusätzlich ein Rucksack mit Innenfächern und Außentaschen erforderlich. Je nachdem, in welchen Geländeformationen man arbeitet, muss die Ausrüstung zusammengestellt werden. Folgende Geräte haben sich als Hilfsmittel bewährt:

> 1 Sammeltuch (▶ **Abb. 9**)
> 1 Handspaten oder eine Stechschaufel
> 1 kleines Handbeil mit Etui
> 1 Sägemesser
> 1 Taschenlampe
> 2–3 Sätze Glasröhrchen nebst Schachteln
> 2–3 Tötungsgläser, möglichst aus Kunststoff
> 1 Fläschchen mit Tötungsmittel (meist Essigether, = Essigsäurethylester)
> 2 Sammelschachteln mit Schaumstoffauslage
> 4–6 Leinenbeutel mit Verschlussband
> 1 Tagebuch mit festgebundenem Bleistift
> Faltertüten und Etiketten
> Verbandpäckchen und Schnellverband

Erfahrungsgemäß darf das Leergut an Gläschen und Schachteln nie zu knapp bemessen sein. Bei günstigen Sammelergebnissen kommt man sonst sehr leicht in Verlegenheit, das Material unterzubringen. Wichtig ist, alles möglichst zweckmäßig, das heißt raumsparend, einzupacken. Verkorkte Glastuben verschiedener Größen wähle man so

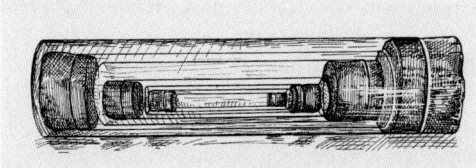

**Abb. 2** Ein Vorratssatz ineinandergesteckter Glastuben. Damit Bruchschäden vermieden werden, müssen die Korken jeweils den Glasboden berühren.

aus, dass sie leicht ineinandergeschoben (vgl. ▶ **Abb. 2**) und in einer mit Watte ausgepolsterten Schachtel untergebracht werden können. Abschließend wird auf jeder Schachtel der Inhalt vermerkt und über das Ganze ein Gummiband gestreift. Sofern bestimmte Ausbeuten geschlossen aufbewahrt werden sollen, bringt man sie meist in mit 70%igem Alkohol gefüllten Behältern unter. Beim Einsortieren des Materials fallen im Freien auf dem Boden oder an Bord eines Schiffes stehende Tuben sehr oft um, so dass Teile des Fanges verlorengehen können. Dieser Ärger lässt sich leicht vermeiden, wenn man eine entsprechende Vorrichtung benutzt (▶ **Abb. 3**). Ein den benötigten Glastuben entsprechender Styroporblock wird mit Längsbohrungen versehen. Die Bohrungen führt man mit einem leicht erwärmten Korkbohrer aus.

Als Tubenverschlüsse eignen sich am besten die elastischen Kunststoffpfropfen (▶ **Abb. 4**), die im Gegensatz zu Korken folgende Vorteile haben: Sie halten absolut dicht, schrumpfen nicht und färben oder säuern das Konservierungsmittel nicht an. Gummistopfen verwende man nicht, da sie durch Alkoholeinwirkung aufquellen.

**Abb. 3** Stand- und Schutzvorrichtung aus Styropor zum Transport und Versenden von verkorkten Glastuben (Anschnitt dargestellt).

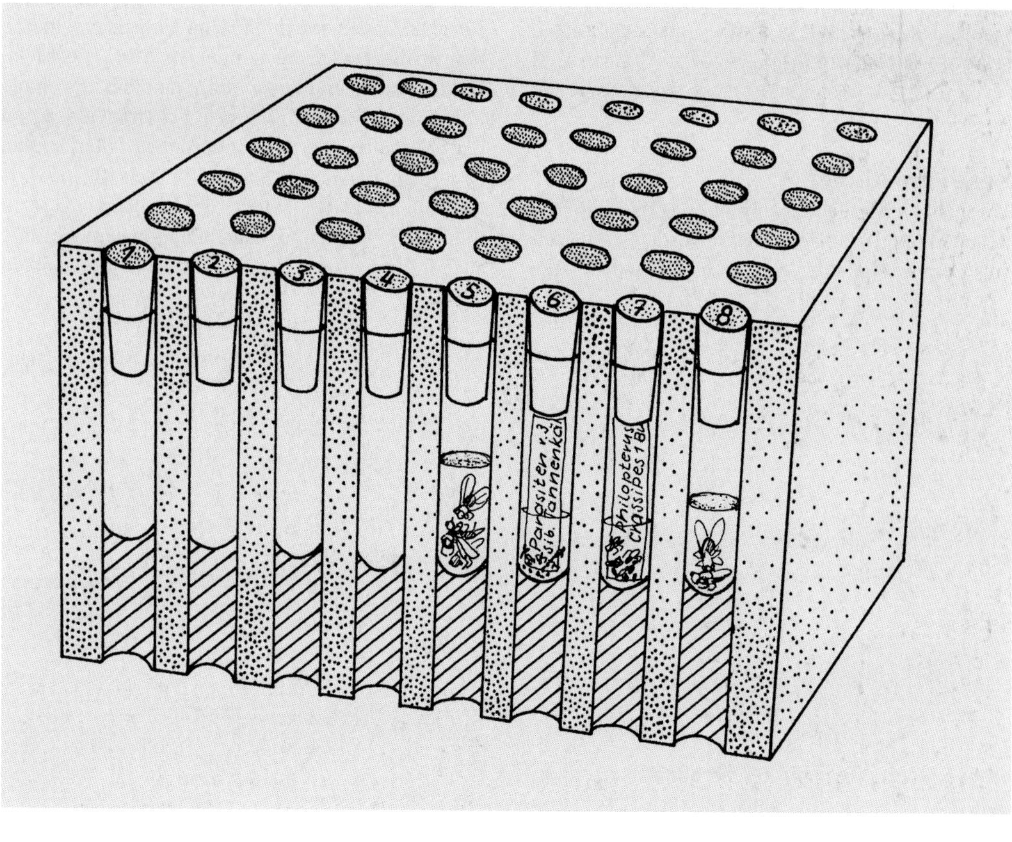

**Abb. 4** Glastube mit Kunststoffpfropfen. Der eingeführte Wattebausch verhütet das Zerstoßen des Materials auf dem Transport.

## Keschermethode

Vor mehr als 150 Jahren empfahl BREMI (1846) das Keschern mit dem „Schöpfgarn" als aufschlussreiche Sammelmethode. Sie dient besonders zum Absammeln der Kraut- und Strauchregionen. Inzwischen haben sich zahlreiche Autoren vor allem mit der statistischen Auswertung quantitativer Kescherfänge beschäftigt. (vgl. BALOGH 1958).

Als Kescher, auch Ketscher oder Kätscher genannt, verwendet man einen festen Metallbügel von etwa 30 cm Durchmesser. Über den runden Bügel wird ein fester Leinwandsack gespannt. Dieser kann entweder spitz auslaufen, oder er wird mit einem runden Boden versehen. Der kegelförmige Sack hat den Nachteil, dass zarte Objekte sich leicht darin beschädigen. Von Vorteil ist allerdings die einfachere Entnahme des Materials – es wird entweder lebend mit einem Exhaustor (▶ **Abb. 6**) herausgefangen oder nach Essigetherbetäubung mit einer Federstahlpinzette (vgl. ▶ **Abb. 7**) aussortiert. Vielfach leistet auch ein mit Alkohol angefeuchteter Haarpinsel gute Dienste.

Quantitativ deutlich unterschiedliche Ausbeuten, die mit einem runden und einem rautenförmigen Kescherrahmen gewonnen wurden, veranlassten MESSNER (1968), den rautenförmigen Kescher (▶ **Abb. 5**) zu empfehlen, da er eine Reihe begründeter Vorteile aufweist. Der an der Spitze drehbare Kescherbügel wird durch eine Flügelschraube an den in die Halterung gesteckten Stock gedrückt. Bei quantitativen Fängen führe man die bestimmte Zahl von Schlägen rasch aus. Da sich viele Arten bei Störungen oder Erschütterungen fallen lassen, geht man vorsichtig Schritt für Schritt vorwärts (▶ **Abb. 8**). Dabei sollen die Kescherschläge in möglichst gleichen Abständen und in gerader Linie ausgeführt werden. Um die gekescherten Insekten

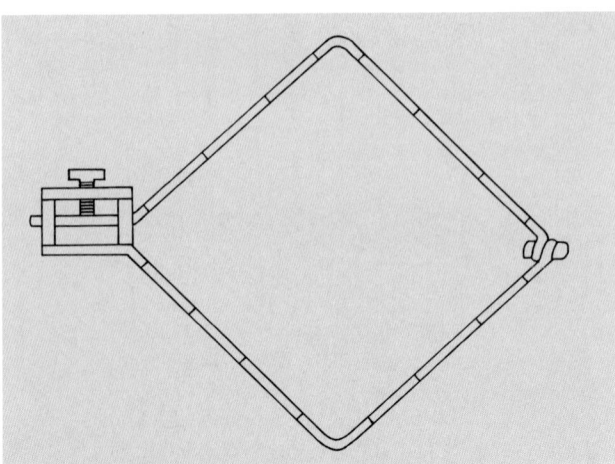

**Abb. 5** Rautenförmiger Kescherbügel. Nach MESSNER.

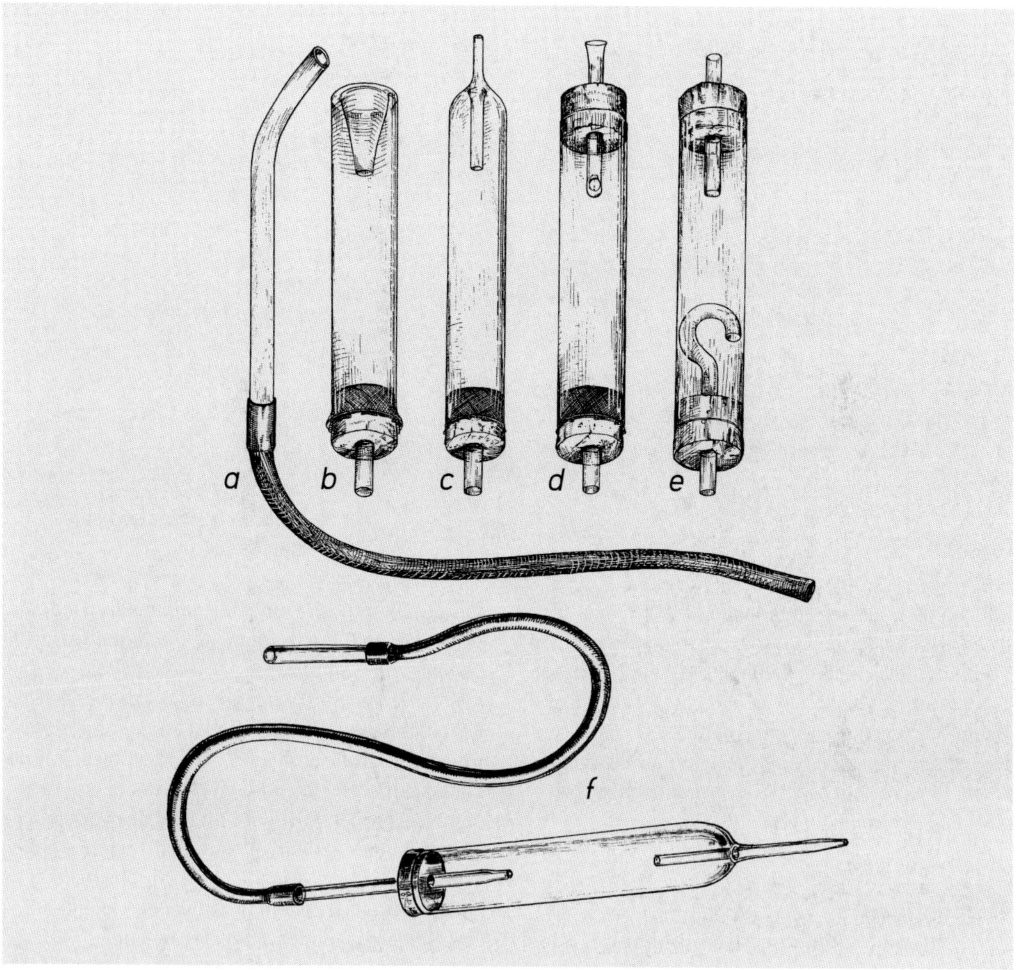

**Abb. 6** Exhaustoren zum Insektenfang, a) Knierohr mit Gummischlauch; b) Glasreuse, sog. Nochtröhrchen; c) Exhaustor mit eingeschmolzenem Ansaugstutzen; d) und e) mit Korken verschlossene Fangröhrchen; f) zusammengesetzter, einsatzbereiter Exhaustor. Damit die Insekten beim Ansaugen nicht in den Mund des Sammlers geraten, müssen die Korkbohrungen mit Gaze überspannt werden.

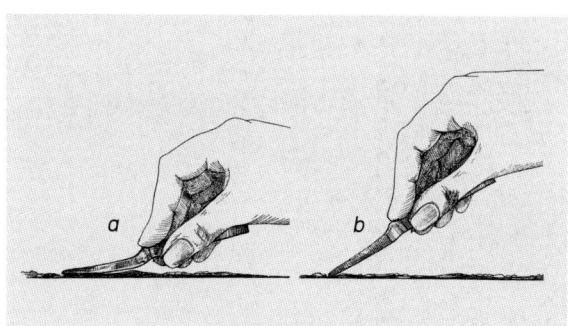

**Abb. 7** Anwendung der Federstahlpinzette (sog. LEONHARD-Pinzette). a) richtige, b) falsche Anwendung. Nach BALOGH.

Abb. 8 Anwendung eines Keschers.

vollzählig erfassen zu können, bindet man den Netzsack ab und steckt ihn in einen durchsichtigen Folienbeutel. Nach Zugabe einiger Tropfen Essigsäureethylester (= „Essigether") wird die Beutelöffnung so lange zugehalten, bis die Insekten betäubt sind. Die Herstellung eines Netzbügels sowie die Anfertigung eines praktischen Netzstockes beschreibt ZOERNER (1976).

**Sammeltuch**
Zur **Untersuchung von Kleinbiotopen oder Biochorien** (centres of action) – das sind nach BALOGH (1958) Steine, liegende Stämme und Baumstümpfe, Baumhöhlen, Heu- und Genisthaufen, Blattkompost, Dünger, Exkremente, Tierkadaver, Pilze und Tierwohnungen – benötigt man unbedingt ein Sammeltuch. Als solches eignet sich fester, weißer Stoff, der für medizinische Zwecke gebräuchliche „Billroth-Batist" oder eine Plastfolie. Die Größe sollte 1,5 × 1 m betragen. An der Untersuchungsstelle wird das Sammeltuch ebenerdig ausgebreitet. Dann nimmt man das vorhandene Material und zerlegt es mit dem erforderlichen Werkzeug stückweise in seine Strukturteile. Die anfallenden Tiere werden entweder gleich an Ort und Stelle gesammelt oder das befallene Material wird gesiebt und in Leinenbeutel geschüttet. Die spätere Aussortierung erfolgt unter dem Binokular oder mit dem Ausleseapparat.

Abb. 9 Weißes Arbeitstuch mit dunklem Rand, unter den lichtscheue Arten fliehen können.

Um bei größeren Individuenmengen Verluste durch Flucht der Tiere zu vermeiden, verwendet SCHÖNBORN (1963) ein Tuch mit schwarzem Leinenrahmen. Dieser wird an der Außenkante festgenäht und am Innenrand in größeren Abständen mit Druckknöpfen befestigt (▶ **Abb. 9**). Zwischen Rahmen und Tuch werden kleine Gegenstände gelegt, um einen kleinen Spaltraum für die lichtscheuen Arten zu schaffen. Die fliehenden Tiere gelangen alle unter den schwarzen Leinenrahmen und können später nach dem Aufklappen des Rahmens bequem eingefangen werden. Um den Auffangeffekt bei der **Erforschung der Prädatorenfauna** in Koniferenjungwüchsen zu verbessern, konstruierte BASTIAN (1981) einen zweiteiligen Klopfrahmen.

## Sammeln von Bodenfauna und epigäischer Fauna

Besonders im Rahmen der Ökologie gewinnt die Bodenzoologie ständig an Bedeutung. Die Forschungstätigkeit führt auch zu Modifizierungen methodischer Ansätze. Dabei handelt es sich im wesentlichen um die wissenschaftlichen Probleme der Auswertung des gesammelten Materials. Zur Orientierung sei der Interessent auf das Werk von BALOGH (1958) verwiesen. Es enthält das im vorliegenden Zusammenhang wichtige Kapitel „Zoozönologische Arbeitsmethoden für Wirbellose" und als Anhang von HEYDEMANN „Erfassungsmethoden für die Biozönosen der Kulturbiotope". Außerdem sei noch auf die zusammenfassende Darstellung bodenzoologischer Arbeitsmethoden im Freiland und Laboratorium von BRAUNS (1968) sowie DUNGER & FIEDLIER (1989) hingewiesen.

Je nach Verfahren, Apparatur und Bodenbeschaffenheit werden in der Regel recht unterschiedliche Ergebnisse erzielt. Eine vergleichende Untersuchung über drei bodenzoologische Auslesemethoden zur Gewinnung von Collembolen und Milben liegt von NAGLITSCH (1959) vor. Auch in dem Werk von KEVAN (1962) werden die Auslesemethoden für die einzelnen Tiergruppen ausführlich behandelt. Beachtenswert sind vor allem die durch Zeichnungen erklärten Funktionsschemen der einzelnen Apparaturen. Verschiedene technische Hinweise enthält auch die empfehlenswerte Schrift von DUNGER (1963). Als Hilfsmittel zum Fang und zur Zählung von bodenbewohnenden Kleinarthropoden und Nematoden beschreibt und bildet v. TÖRNE (1965) fünf verschiedene Exhaustor-Typen ab.

## Ausleseapparate

Das direkte Auslesen von Kleintieren aus Bodenproben ist sehr zeitraubend. BERLESE (1905) konstruierte deshalb einen **Ausleseapparat.** TULLGREN (1917) verwendete eine elektrische Birne als Heizquelle. Inzwischen sind noch zahlreiche Modifikationen beschrieben worden. Sie funktionieren alle nach dem Prinzip der Austrocknung des Bodens in einem Trichter. Durch diesen wandern die in der Probe enthaltenen Faunenelemente ab und werden in einem mit Alkohol gefüllten Gläschen aufgefangen. Dabei muss beachtet werden, dass für feuchtere Substrate eine etwas langsamere, für trocknere Substrate eine etwas schnellere Austrocknung vorteilhafter ist. MÜLLER (1941) beschreibt einen verbesserten Tullgrenschen Gesiebeausleseautomaten, der statt mit Glühlampen mit einem Heizgitter betrieben wird. Ein kombiniertes Verfahren entwickelten DIETRICK u. a. (1959). Sie saugen mit einem tragbaren Benzinmotoraggregat die Bewohner der Bodenoberfläche auf.

Da außer Tieren auch unbelebtes Material in den Sammelbeutel gelangt, wird dieses mit Hilfe von Berlese-Trichtern aussortiert. Weitere Arbeiten über Extraktionsverfahren von Bodentieren liegen von MURPHY (1959) und NEF (1960) vor. MACFADYEN (1961) verwendet drei Typen von Ausleseapparaten, die die Ergebnisse der gebräuchlichen Berlese-Tullgren-Trichter bei quantitativen Untersuchungen um das 2- bis 10-fache verbessern. Eine einfache, leicht herstellbare Ausleseapparatur, die von jedem Sammler in Serien aufgestellt werden kann, beschreibt RICHTER (1961). Über seine Erfahrungen mit einem modifizierten Ausleseapparat und die Unterbringung in einem Automatenschrank berichtet WETZEL (1963). Einen verbesserten Berlese-Tullgren-Trichter und ein Schwemmgerät zur Gewinnung von Grasland-Arthropoden entwickelten DONDALE u. a. (1971), andere Geräte für den gleichen Zweck erprobten BIERI u. a. (1978), BIERI & DELUCCHI (1980), NIELSEN u. a. (1979) sowie HAAS (1980). ISING (1971) beschreibt die Konstruktion eines Austreibegerätes für nestbewohnende Arthropoden.

## Automatischer Fallenfang

Der automatische Fallenfang ist als eine **Standardmethode ökologischer und faunistischer Freilandforschung** anzusehen. Über ihre Bedeutung für die Lösung ökologischer Fragestellungen berichtet MÜLLER (1984).

Die Einführung des Fallenfanges mit Konservierungsflüssigkeit erfolgte durch BARBER (1931). Er grub offene, mit Ethylenglycol versehene Gläser ebenerdig in Höhlen ein und wertete das anfallende Material systematisch aus. Anstelle des teueren Ethylenglycols verwendet man meist eine 2- bis 4%ige Formalinlösung unter Zusatz eines handelsüblichen Entspannungsmittels. Darin werden die Tiere schnell getötet und gut konserviert. Inzwischen wird dieses Verfahren zum Studium der Fauna der Bodenoberfläche insbesondere für epigäische, laufaktive Insekten weltweit verwendet. SKUHRAVÝ (1958) fasste die gebräuchlichen Fallentypen zusammen und erläuterte die vielfältigen Anwendungsmöglichkeiten. TEICHMANN (1994) weist darauf hin, dass die für Bodenfallen üblichen Konservierungsmittel – besonders Formalinlösung – eine Belastung für die Umwelt darstellen. Als alternative Möglichkeit nennt er gesättigte Kochsalzlösung. Da diese Flüssigkeit im Gegensatz zu Formol keine Lockwirkung auf Carabiden besitzt, geben die Fangergebnisse das natürliche Artenspektrum besser wieder. Von Nachteil ist jedoch, dass sich bei Verdunstung große Salzkristalle an den Tieren bilden, die eine spätere Determination erschweren. Das kann man laut TEICHMANN durch Zugabe von 100 ml Glycerin auf 1 l NaCl-Lösung verhindern. ADIS (1979) spricht sich für eine Standardisierung von Untersuchungen mit Bodenfallen aus und empfiehlt Pikrinsäure (1 Teil gesättigter Lösung zu 3 Teilen Wasser) als Fang- und Konservierungsflüssigkeit. Über seine Erfahrungen beim Einsatz von Barberfallen in der Uferzone äußert sich MESSNER (1967). Zum Registrieren der Aktivitätsrhythmen im Boden lebender Arthropoden entwickelte TONGIORGI (1963) einen **mechanischen Sammelapparat,** in dem die Sammelbecher durch ein Uhrwerk in stündlichen Intervallen gewechselt werden. Eine elektrisch gesteuerte, in Zeitintervallen arbeitende Bodenfalle – alle 4 Stunden wird ein neues Sammelgefäß in die Falle gebracht – beschreiben HOLTHAUS und RIECHERT (1973). Über seine Erfahrungen beim Einsatz von Bodenfallen berichtete DUNGER (1963). Wie sich erwiesen hat, ist beim Entnehmen der Fanggefäße aus dem Erdreich und dem sich anschließenden Entleeren ein gewisser Materialverlust fast unvermeidbar. Um bei quantitativen Untersuchungen diese Fehlerquelle auszuschalten, verwendet DUNGER eine „Einsatzfalle". Ihr wesentlicher Unterschied gegenüber den üblichen Bodenfallen besteht darin, dass nicht das in die Erde grabene Gefäß selbst als Falle dient, sondern ein in dieses passender Einsatz. Als nachteilig stellte sich allerdings heraus, dass bei starkem Regen Wasser zwischen Einsatz und Gefäßrand eindringt, wodurch ersterer zu schwimmen beginnt, so dass die Falle nicht mehr funktioniert. Diesen Mangel schloss DUNGER durch Verwendung etwa 15 bis 20 cm langer Abschnitte von PVC-Rohren aus, die an Stelle des Glases treten. Der Durchmesser des Rohres muss auf die Breite des Einsatzes abgestimmt werden (vgl. ▶ **Abb. 10**). Ein wesentlicher Vorteil bei der Neuentwicklung besteht vor allem darin, dass die

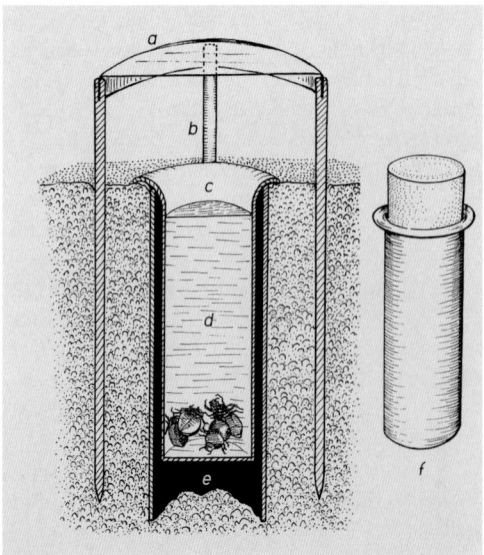

**Abb. 10** Einsatzfalle nach DUNGER.
a) durchsichtiger Kunststoffdeckel; b) geschlitzte und angespitzte Haltestäbe; c) Einsatzgefäß mit auswärts gebogenem Rand; d) 4%iges Formol als Konservierungsflüssigkeit; e) Mantelrohr; f) entnommenes und verkorktes Einsatzgefäß.

mit einem Korken verschließbaren Kunststoffeinsätze zur Beförderung und zeitweisen Aufbewahrung der Fänge dienen können. Bei jeder Kontrolle werden die mit Beute versehenen Einsätze entnommen und durch frisch mit Konservierungsflüssigkeit gefüllte ersetzt. Damit entfällt jedes Umfüllen oder Aussuchen am Standort, was wiederum sehr zur Schonung der Versuchsfläche und der exakten Erfassung der Fänge im Laboratorium beiträgt. Als Mantel für solche Fallen eignen sich – je nach Größe des Einsatzes – auch Friedhofsvasen, die einfach in weichen Boden eingetreten werden können und deren Rand bündig mit der Erdbodenoberkante abschließt.

KLAUSNITZER und HERR (1988) setzten zur Untersuchung der Kellerfauna eine **modifizierte BARBER-Falle** ein. Gläser (200 cm³, Ø 4,5 cm) wurden so mit Stoff bespannt, dass der obere Stoffrand mit dem Glasrand abschloss und auf dem Kellerboden noch ein etwa 3 bis 5 cm breiter Teil auflag. Beködert wurden die Fallen mit einem an einem Bindfaden in das Glas hängenden Stück Speck, Wurst oder Obst. Als Fang- und Konservierungsflüssigkeit diente eine 4%ige Formalinlösung.

Auf eine Kombination des Fallenfanges in Verbindung mit künstlich angelegten **Fanggräben** weist RICHTER (1962) hin. Im Rahmen ökologischer Untersuchungen ergaben umfangreiche Ermittlungen, dass je einheitlichem Standort vier 2 m lange Gräben ausreichen, um die bewegliche Tierwelt der Bodenoberfläche noch durchaus repräsentativ zu erfassen. Die Anlage eines Fanggrabens zeigt ▶ **Abb. 11**. Die Gräben müssen möglichst täglich kontrolliert werden. Lässt sich dies nicht durchführen, werden die Fanggläser mit Konservierungsflüssigkeit gefüllt. Sofern man das gefangene Material für Sammlungszwecke zu präparieren beabsichtigt, hat sich Formalin bewährt, da es die Tiere schnell abtötet und hervorragend konserviert. Bei Frostgefahr setze man der Formalinlösung 5 % Ethylenglycol zu. Reines Ethylenglycol erhält die gefangenen Tiere zwar weich, ist aber sehr teuer und wirkt im verunreinigten Zustand nach gewisser Zeit mazerierend. Anstelle des Ethylenglycols kann auch das preiswertere Propyleglykol verwendet werden. Eine Falle zum Fang der unter einer Schneedecke aktiven Invertebraten entwickelte STEIGEN (1973).

Zur Erfassung von Insekten für faunistisch-ökologische Studien hat sich der Einsatz von **MOERICKE-Schalen** (MOERICKE 1951) bestens bewährt. Es handelt sich um 10 cm hohe, aus verzinktem Blech angefertigte Gefäße mit einer Grundfläche von 20 cm Kantenlänge, welche an einer Ecke mit einer Ausgießtülle versehen sind (Abb. in HEYDEMANN 1958). Nach v. TSCHIRNHAUS (1981) lässt sich in einem in der Schalenmitte angelöteten, ringförmigen, halboffenen Stutzen ein mehrere Zentimeter vor dem unteren Ende quer durchbohrtes, 30 cm langes Plexiglasrohr mit am oberen Ende luftdicht angesetzter Nachlaufflasche einstecken. Bei Verdunstung der Fangflüssigkeit

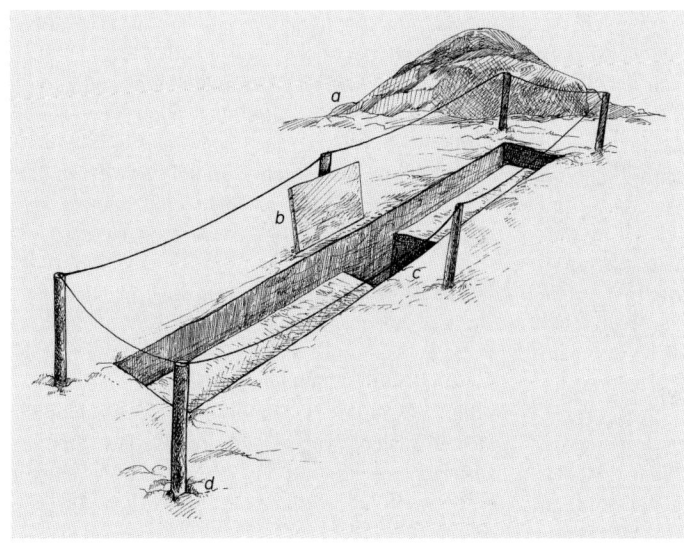

**Abb. 11** Fanggraben nach RICHTER.
a) ausgeschachtetes Erdreich,
b) Regenschutzdeckel,
c) Fanggrube,
d) Umzäunung.

kann Luft in die Bohröffnung des Rohres eindringen, in die Flasche aufsteigen und Reserveflüssigkeit austreten lassen, so dass der Flüssigkeitsspiegel konstant bleibt. Ein ähnliches Nachlaufsystem haben ADLERZ (1971), danach auch MEYER & SOMMER (1972) abgebildet. Sofern die Nachlaufflasche weit über der Fangschale angebracht, außerdem in einer der Vegetation entsprechenden Farbe gestrichen ist, lässt sich eine unerwünschte Attraktivitätsbeeinflussung der Fangschalen gegenüber Schalen ohne diese Vorrichtung weitgehend vermeiden. Die Schalen werden bis 1 cm unterhalb des Schalenrandes, wo sich mehrere kleine Löcher zum Abfluss überschüssiger Fangflüssigkeit in Regenperioden befinden, mit 3,5 l 4%iges Formaldehyd gefüllt. Der Zusatz eines flüssigen Entspannungsmittels gewährleistet ein sofortiges Untersinken der einfliegenden Insekten. Durch Gelb oder Weiß angestrichene Schalen erzielt man optimale Fangergebnisse (V. TSCHIRNHAUS 1981, DORN 1984).

Die Leerung der Fallen erfolgt in periodischen Abständen. Das gefangene Material wird beim Einsammeln durch ein feines Haarsieb gegossen und in 75%igem Alkohol aufbewahrt. MOERICKE (1951) führte dieses Verfahren zum Fang von Blattläusen ein und PRILOP (1956) nutzte es zum Sammeln von Käfern. Letzterer verhinderte das Überlaufen der Schalen bei starken Regenfällen, indem diese etwa in $^3/_4$ Höhe des Seitenrandes mit einem Loch versehen wurden. Das Loch muss mit einem Blechstreifen so verkleinert werden, dass der Wasserabfluss zwar gewährleistet, ein Entkommen der Insekten jedoch unmöglich ist. Über Erfahrungen beim Fang von Schwebfliegen berichtet HESSE (1972). Es stellte sich dabei heraus, dass der Einsatz von MOERICKE- oder Farbschalen zur Feststellung des ersten Auftretens früh fliegender Arten und für die letzten Flüge im Herbst besonders günstig ist. Ein weiterer Vorteil der Fallenmethode ist der, dass es besser als mit dem Netzfang gelingt, kleine Arten nachzuweisen. MEYER & SOMMER (1972) konstruierten einen automatischen Hebemechanismus zur Fangschalensicherung gegen Überflutungen. Das in einem Salzwiesenbereich eingesetzte Gerät arbeitete störungsfrei.

Für die **Erfassung nachtaktiver Formen** in semiaquatischen Biotopen entwickelten SOMMER & MEYER (1976) farbige Transmissionslichtfallen (Fangschalen). Die Arbeit enthält eine schematische Darstellung des Gerätes und Angaben über das Beleuchtungssystem. Grundsätzliche Unterschiede zu den bislang für Nachtfang von Insekten eingesetzten Lichtfallen liegen in dem aktiven Aufsuchen der illuminierten Fangflüssigkeit (4%ige Formalinlösung und Entspannungsmittel). Auf diese Weise werden mechanische Beschädigungen der Insekten durch den Anflug gegen Lichtquellen vermieden.

Zum Fang von Arthropoden werden auch Foto-Eklektoren verwendet (FUNKE 1971). Bewährt haben sich Boden-Eklektoren von 1 m$^2$ Grundfläche mit einer Kopfdose als Lichtfalle und eine Bodenfalle sowie Baumeklektoren (siehe Seite 142).

Den Bau einer Zeitfalle, die automatisch und stündlich eine neue Farbschale öffnet, beschrieb ABRAHAM (1975). Eine Fülle verschiedener Fallentypen für unterschiedlichste Zwecke stellt MUIRHEAD-THOMSON (1991) vor. Der Autor analysiert den Einfluss diverser äußerer Faktoren auf die Wirksamkeit der Fallen.

Abschließend sei angeführt, dass die automatische, nichtselektive Sammeltechnik einen hohen Anteil an „Beifang" erbringt. Die Schlussfolgerungen daraus formulierte DUNGER (1984) wie folgt:

- „Automatische Sammelmethoden sollten sorgfältiger als bislang geplant und im wesentlichen auf den wissenschaftlichen Bedarf beschränkt werden (was Freizeitforscher nicht ausschließt!)
- Wo immer möglich sollte das einmal gesammelte Material aufbereitet, an Bearbeiter vermittelt bzw. gut dokumentiert und zugänglich aufbewahrt werden.
- Aufsammlungen größeren Umfangs sollten von Erfahrenen vorbereitet und auch von diesen durchgeführt werden. Laien ohne Sachkenntnis sollten für die ersten Sammelschritte den Rat von Kennern suchen. Naturschutzgebiete sind keinesfalls für Übungszwecke freizugeben."

Alle Aufsammlungen setzen zunehmend verantwortungsbewusstes Handeln voraus. Auf die notwendige Kenntnis von Gesetzen und ihren Durchführungsbestimmungen zu Umwelt- und Artenschutz sowie der Bedeutung von „Rotbuch" oder „Roten Listen" weist OELKE (1988) hin. Stets ist zu beachten, dass nur so viel Material gesammelt wird, wie die Erfüllung der jeweiligen Aufgabe erfordert.

# Sammeln von Wassertieren

Die Vielfalt der Gewässerformen, die von der Quelle eines Baches bis zu den Weltmeeren reicht, erfordert eine ebenso vielfältige Sammeltechnik. Aus diesem Grunde kann hier nur auf das Wesentlichste eingegangen werden. Die jeweilig gegebenen Literaturhinweise mögen zur speziellen Orientierung genutzt werden. Obwohl sich die meisten Methoden und Geräte sowohl im Süß- als auch im Salzwasser anwenden lassen, wurde aus rein praktischen Gründen das Sammeln von Süßwasser- und Meeresbewohnern getrennt behandelt.

## Ausrüstung und Hinweise zum Sammeln von Süßwasserbewohnern

Das „**Tümpeln**" in Gewässern, gleich welcher Art, erfordert eine entsprechende Ausrüstung. Die bereits beschriebene Sammeltasche sollte für diesen Zweck zusätzlich noch mit folgenden Dingen ausgestattet werden:

> 2–3 Pipetten mit Gummihütchen
> 1 Uhrfederpinzette
> 1 Thermometer bis 50 °C mit Etui
> pH-Papier
> oder elektronische Temperatur- und pH-Messgeräte

Bei Tümpeltouren verwende man einen größeren Rucksack mit ausknöpfbarem, wasserdichtem Gummifutter. Zum rationellen Arbeiten und Transport der Ausbeute werden folgende Gegenstände benötigt:

> langschäftige Gummistiefel
> Wasserkescher mit grob- und feinmaschigem Netzbeutel
> Planktonnetz aus Müllergaze
> Drahtsiebe, Maschenweite 1 und 2 mm
> weiße Kunststoffteller, tiefe Form
> Weithalsflaschen aus Plastik
> Fischkannen
> Sammelbuch und Etiketten
> mehrere glasklare Kunststoffbeutel

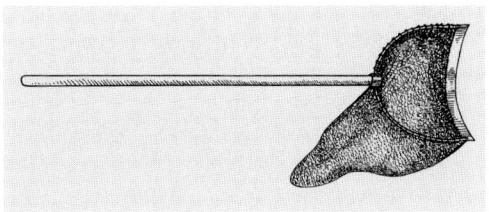

**Abb. 12** Pfahlkratzer mit scharfem Rand.

Die Bügel der Wasserkescher sollten aus rostfreiem Bandstahl mit 20–30 cm Kantenlänge hergestellt sein. Diese Forderung beruht auf folgenden Gründen: Erstens verbiegen sich zu schwache Bügel sehr leicht beim Durchstreifen des Wassers, und zweitens würde entstehender Rost sehr bald den übergenähten Rand des Netzbeutels zerstören. Starre oder zusammenlegbare Bügel sollten möglichst eine dreieckige Form haben. Der gerade Vorderrand gestattet, das Netz gut über flachen Untergrund hinwegzuziehen. Ein sehr brauchbares Fanggerät ist auch der sog. Pfahlkratzer (▶ **Abb. 12**). Er zeichnet sich durch eine konkave, angeschärfte Vorderkante aus. Man kann mit ihm fangen wie mit jedem anderen Wassernetz, zusätzlich aber, entweder von Land oder von einem Boot aus, an Pfählen haftende Tiere erlangen. Netze mit rundem Bügel werden beim Fang im freien Wasser bevorzugt. Es ist vorteilhaft, den Netzbeutel mittels Kunststoffringen zu befestigen (▶ **Abb. 13**). Der Netzbeutel sollte etwa 25–40 cm lang sein. Man lässt ihn am besten aus Kunstfasergewebe von $\frac{1}{2}$ bis 1 mm Maschenweite anfertigen. Andere Gewebe, insbesondere Leinwand oder Nesseltuch, bieten dem Wasser beim Durchtritt zu viel Widerstand, wodurch das Fangergebnis negativ beeinflusst wird.

Hat man ein erfolgversprechendes Gewässer erreicht, gilt es zuerst, in aller Ruhe das Leben und

**Abb. 13** Rundes Wassernetz aus Nylongaze, mit Ringen befestigt.

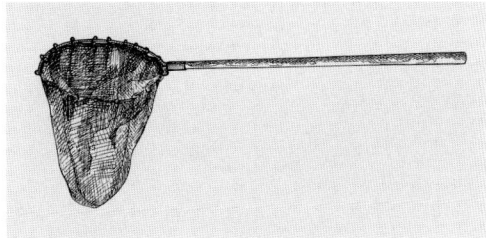

Treiben über und unter Wasser zu beobachten. Niemals dürfen die Wasserbewohner durch unüberlegtes Handeln verjagt werden. Beim Fang wühle man das Wasser nicht gleich auf, sondern führe das Netz erst auf sichtbare Objekte. Dann werden Steine, Äste oder Bretter gewendet und die Unterseite abgesucht. Zuletzt empfiehlt es sich, mit dem Handsieb Grundproben im Wasser durchzuspülen. Die Ausbeute wird zum Sortieren zuerst in einen mit Wasser gefüllten Teller gebracht. Je nach dem Verwendungszweck werden die Tiere entweder getötet oder, falls zweckmäßiger, zur weiteren Behandlung lebend transportiert. Dabei sind folgende von ENGELHARDT (1959) aufgestellten Grundsätze zu beachten:

- Nie zu viele Tiere in ein Glas bringen!
- Räuberisch lebende Tiere abtrennen und einzeln in Gläser geben!
- Wasser fast ganz ausgießen! Am besten setzt man die Tiere auf feuchtes Moos oder auf Wasserpflanzen, die von einer millimeterdünnen Wasserhaut gerade überdeckt werden. Für Kiematmer verliert das Transportwasser zu viel Sauerstoff und die Luftatmer können sich an der schaukelnden Wasseroberfläche des Gefäßes nicht halten!
- Transportgefäß nicht fest verschließen, sondern am besten die Öffnung mit einem Gazestück überspannen!

Zum **Sammeln von niederen Tieren aus Torfmoos oder Wasserpflanzen** eignet sich sehr gut das von BREHM (1940) beschriebene Moossieb (▶ **Abb. 14**). Das äußere feinmaschige Wassernetz ist an einem rinnenförmigen Bügel befestigt. In ihm hängt ein weiterer Netzbeutel mit einem Drahtsieb als Boden. Das ausgewählte Pflanzenmaterial wird in das innere Netzsieb gebracht und mittels einer Handspritze oder im Laboratorium unter der Wasserleitung abgespült. Der Inhalt des Außennetzes wird dann in einen weißen Teller geschüttet. Die angefallenen Tiere oder ihre Entwicklungsstadien sammelt man mit einer weitlumigen Pipette aus dem Wasser.

Auch die **Litoralzone der Gewässer** wird von zahlreichen Kleintieren bewohnt. Um diese zu erlangen, muss man die mittels Wassernetz gestreifte Detritusschicht sorgfältig untersuchen. Das geschieht am besten im Laboratorium in der von FELIKSIAK (1936) empfohlenen Weise. Das Wasser der Fangprobe wird in Abständen durch einen Trichter in ein nicht zu großes Gefäß und aus diesem dann in flache Schalen gegossen. Die Wasserschicht muss so niedrig sein, dass rasch schwimmende Tiere sich kaum noch bewegen können. Alle größeren Tiere werden wie üblich zum Konservieren herausgefangen. Das Abgießen durch den Trichter wiederholt man mehrmals, wobei die Fangprobe jeweils mit reinem Wasser zu verdünnen ist. Eine automatische Vorrichtung zum Sammeln von Wassertieren beschreibt EARLE (1956). Sie wird vor allem zum **Nachweis von Mückenentwicklungsstadien** eingesetzt. Einen Greifer zur Erfassung krautbewohnender Wassertiere entwickelte BARTHELMES (1960). Geräte für das Aufsammeln und die Trennung von **Benthos-Populationen** beschreibt TONOLLI (1962). Es handelt sich um ein schlittenförmiges Netz, ein sich um seine Achse drehendes Sammelgerät und um eine mit verschiedenen Filtern versehene Apparatur zur Trennung von Organismen unterschiedlicher Größenordnung. Eine Verwendung im Meer ist möglich, wenn die Geräte ausschließlich auf Sand-

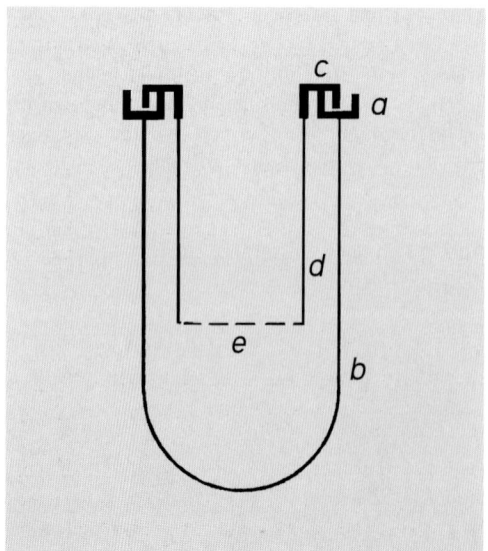

**Abb. 14** Schnitt durch das Moossieb nach BREHM. a) rinnenförmiger Rahmen des Planktonnetzes, b) Planktonnetz, c) der in a) greifende Rahmen des Netzbeutels, d) Netzbeutel, der unten das Drahtsieb e) trägt.

oder Schlickgrund benutzt werden. CASTAGNA (1967) empfiehlt eine Dredge zur Aufnahme von Bodenmaterial unterschiedlicher Konsistenz zwischen 5 und 20 cm Sedimenttiefe. Vor der Dredgenöffnung sind 6 Düsen montiert, die scharfe Wasserstrahlen auf das Sediment richten, so dass gelockertes Bodenmaterial von der Dredge aufgenommen werden kann. Über die Sammeltechnik **schlammbewohnender Tiere** berichten PONYI u. a. (1967).

Zur Erfassung aller im Verlauf eines Jahres schlüpfenden Insekten eines abgegrenzten Fließgewässers hat sich die **Emergenz-Methode** nach ILLIES (1971) als besonders geeignet erwiesen. CASPERS (1980) verwendete diesen Fallentyp und die gleiche Anordnung der Gazegitter. Die Emergenzfalle hatte folgende Abmessungen:
- Länge 4,25 m
- Breite 2,75 m
- Firsthöhe 2,30 m
- überdachte Bachfläche 1,70 m$^2$.

Die schmalen Uferbezirke zu beiden Seiten des überdachten Bachabschnittes umfassten eine Fläche von 3,2 m$^2$. Die Absammlungen der geschlüpften Imagines wurden mit Hilfe eines Exhaustors (▶ **Abb. 6**) durchgeführt. ZIMMERMANN (1986) verwendete für den gleichen Zweck ein handelsübliches Folienzelt. Es hatte die Abmessungen 3 × 3 m, wovon 5 m$^2$ Bachstrecke und 4 m$^2$ Uferstreifen überdacht waren. Um eine Benetzung der innen anfliegenden Insekten mit sich an der Folie bildenden Kondenswasser zu verhindern, wurde im Abstand dazu Fliegengaze gespannt. Den Abschluss des Zeltes zur Wasserfläche erreichte man durch flutende Gaze-Schürzen. CHRISTIAN (1985) setzte zur Erfassung der **gesamten Taxozönose** von Flachwasserbereichen ungefähr 1 mm Maschenweite ein und für tiefere Zonen schwimmende Emergenzzelte, (siehe HARRISON 1979). Mit Hilfe dieser Methode werden nicht nur alle aquatischen Insekten erfasst, sondern nach Auswertung des gesammelten Materials sind auch produktiosbiologische Aussagen möglich.

BOU & ROUCH (1967) entwickelten ein neues Gerät zur Untersuchung der **Fauna unterirdischer Gewässer** durch Entnahme von Porenwasser aus fluviatilen Schottern. Es besteht aus einem 1,5 m langen, 26–34 mm weiten galvanisierten Metallrohr mit massiver Stahlspitze. Zehn Zentimeter über der Spitze sind Löcher von 5 mm Durchmesser mit einem Abstand von 5 mm auf einer Rohrlänge von 15 cm angebracht. Das entsprechend hergerichtete Rohr wird in den Untergrund eingerammt und das eindringende Porenwasser mitsamt dem Detritus und den Organismen abgepumpt. 50 l Porenwasser erbrachten 2792 Individuen, darunter auch seltene Arten.

Wer **limnologische Untersuchungen auf Reisen** durchführen will, findet wertvolle Angaben in einem Erfahrungsbericht von REINSCH (1925). Er beschreibt nicht nur die erforderliche Ausrüstung, sondern gibt auch Hinweise auf verbesserte Instrumente, Bau der Kisten und Verpackung der Sammelgefäße. Vom Einsatz transportabler leichter Boote bis zum Einrichten schwimmender Laboratorien zur Untersuchung von Binnengewässern reicht die Schilderung AUERBACHS (1925). SCHRADER (1932) beschreibt die Probenentnahme zu einer quantitativen Untersuchung der Ufer- und Bodentierwelt fließender Gewässer. Spezielle Anleitungen zum Arbeiten in steinigen Strömen liegen von MACAN (1958) vor. FROST u. a. (1971) teilen Erfahrungen über die Probenentnahme der Bodenfauna von Wasserläufen mit. KREIS u. a. (1971) beschreiben die Versenkung von mit Kalksteingeröll angefüllten Körben in Talsperren zur Feststellung der Besiedelung mit Insekten und anderen Bodentieren in Abhängigkeit von der Wassertiefe. Über die vielfältigen Untersuchungsmethoden fließender Gewässer berichtet ALBRECHT (1959). Diese Schlüsselarbeit enthält auch außer beachtenswerten Abbildungen von Sammelgeräten für quantitative Erfassungen noch umfangreiche Literaturangaben. Als methodisch wichtig sei ferner das im folgenden Text öfter zitierte Werk von PENNAK (1953) hervorgehoben. Gleiche Beachtung verdient die Schrift von SCHWOERBEL (1980). Sie enthält qualitative und quantitative Verfahren, einschließlich der nötigen Geräte, sowie zahlreiche Rezepturen zur Fixierung und Konservierung von Süßwasserorganismen.

## Geräte und ihre Anwendung zum Sammeln von Meeresbewohnern

Wer am Meer sammelt, wird erstaunt sein, welche Fülle von Tierarten bereits die Gezeitenzone und das Flachwasser bis 1 m Tiefe bieten. Das trifft vor allem für die felsigen Küsten der wärmeren Meere zu. Ohne große Mühe kann man schon mit dem üblichen Wassernetz vielgestaltige Ausbeuten zu-

**Abb. 15** Exkursionskorb für die Gezeitenzone nach HAGMEIER.

sammentragen. Es ist zweckmäßig, neben den bereits im vorangehenden Abschnitt beschriebenen Fanggeräten noch Hammer, Meißel sowie einen Schraubendreher zum Loslösen festsitzender Tiere mitzunehmen. Weiterhin ist eine Anzahl von Sammelgefäßen in unterschiedlicher Größe notwendig (▶ **Abb. 15**).

Sofern bei bewegtem Wasser gesammelt wird, ist der sog. **„Wassergucker"** (vgl. ▶ **Abb. 16**) ein geradezu unentbehrliches Hilfsmittel. Man kennt verschiedene Ausführungen dieses Gerätes. Entweder wird ein schwimmender Holzkasten mit Halteleine oder ein mit Griffen versehener Blechzylinder verwendet. Allen Modellen ist gemeinsam, dass sie als Boden eine wasserdicht eingesetzte Glasscheibe von 20 bis 50 cm Durchmesser haben. Im Bedarfsfall drückt man den Wassergucker, am besten vom Boot aus, ins Wasser. Bei einigermaßen günstigen Licht- und Wasserverhältnissen bietet das Gerät eine hervorragende Sicht.

Zum **Herausschöpfen der beobachteten Tiere** eignet sich sehr gut ein Korbrechen (▶ **Abb. 17**). Im Bereich der Sichttiefe kann zum Heben von Steinen oder anderen Fundstücken auch eine Gabel nach RIEDL (1955) verwendet werden. Es handelt dabei sich um eine gabelförmige, innen gezahnte Eisenklammer mit etwa 40 cm weiter Öffnung (▶ **Abb. 18**). Zwei bis drei zusammengebundene Stöcke von je 3 m Länge oder eine Teleskopstange ermöglichen ihre Verwendung bis etwa 9 m Tiefe. Um einen Einblick in die Besiedlung des Meeresbodens zu erhalten, benutzte man früher meist Sackdredgen. Sie bestehen aus einem dreieckigen Eisenrahmen, der einen Fangsack ausgespreizt hält. Eine bewährte Dreiangel-Grunddredge zeigt ▶ **Abb. 19**. Allerdings tragen die mit Dredge erzielten Fänge einen sehr zufälligen Charakter. Sie gestatten keinerlei quantitative Aussagen. Diesbezügliche Ergebnisse lassen sich nur mittels Bodengreifer erbringen. Bodengreifer funktionieren etwa wie Baggerschaufeln. Der von EKMAN (1911) beschriebene Apparat wird je nach Konstruktion vor allem als verschließbarer Schlammschöpfer eingesetzt. Eine technische

**Abb. 16** Guckkasten oder Wassergucker, zum Beobachten auf die Wasseroberfläche gedrückt.

# Allgemeines

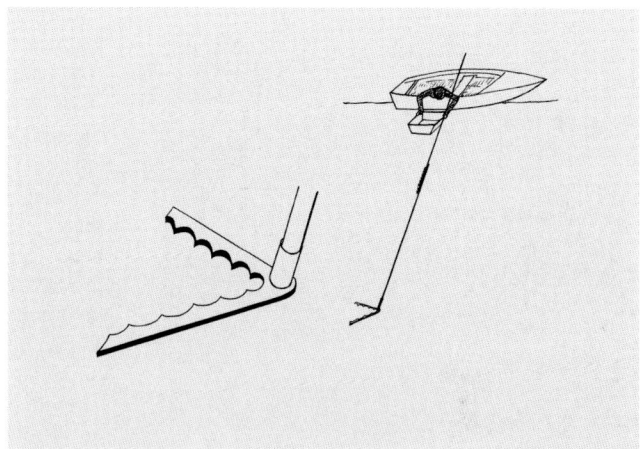

**Abb. 18** Gabel oder Zange nach Riedl zum Heben von Steinen, Steckmuscheln und anderen Fundstücken.

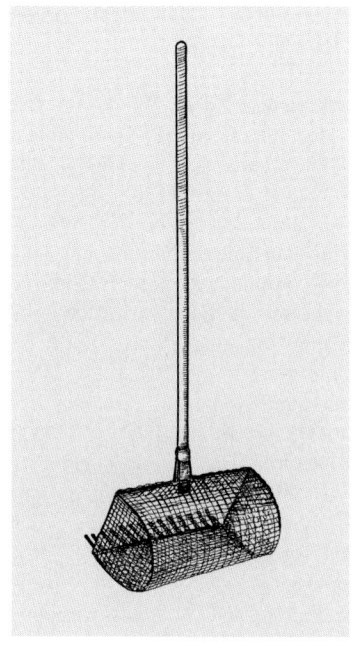

**Abb. 17** Korbrechen

Modifikation des Ekman-Probenentnahmegerätes beschreibt Håkanson (1986).

Zum **Aussortieren** des mit einem Greifer gewonnenen Materials wird ein Siebsatz benötigt. Die Siebe bestehen aus Holz- oder Kunststoffrahmen und sind mit Messinggaze von etwa 5 bis $1/2$ m Maschenweite versehen. Sie müssen entweder korbartig ineinander passen oder sie werden schubladenartig in einem Gestell angeordnet. Die Greiferproben entleert man nacheinander auf den Siebsatz und spült sie dann mit Seewasser durch. Damit an Bord eines schlingernden Schiffes keine Tiere verlorengehen, empfiehlt Löwe (1963), an der Unterseite der Siebe den Abfluss einengende Messingblechstreifen trichterförmig anzubringen (vgl. ▶ **Abb. 20**). In Ermangelung eines Bodengreifers kann man zur Entnahme von Proben auch einen eimerartigen Behälter aus Metall von etwa 15 cm Durchmesser benutzen. An einer Leine befestigt wird er von einem Boot oder vom Strande aus 15 bis 20 m weit in das Meer geworfen. Beim Herausziehen gewinnt man auf diese einfache Weise die oberste Schicht des Meeresbodens.

Karling (1937) verwendet zum **Auffangen der Fauna des Meeressandes** ein mit verstellbaren Klappen versehenes, kastenartiges Zuggerät. Auf die Möglichkeiten des **Unterwasserlichtfanges** weist Sheard (1941) hin. Zismann (1969) beschreibt eine wirkungsvolle elektrische Lichtfalle zum Sammeln fototaktischer Seetiere. Mit der von

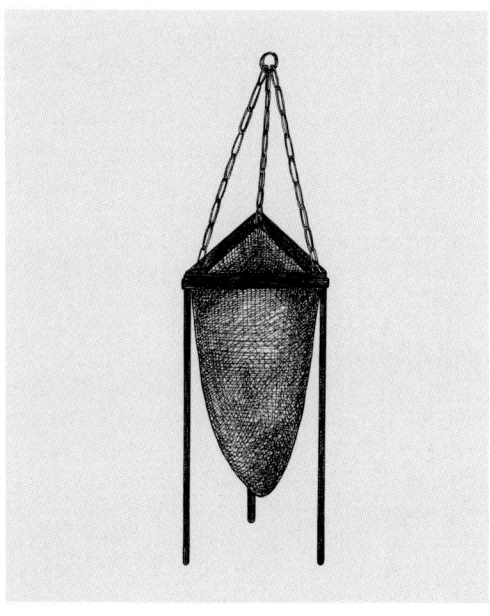

**Abb. 19** Dreiangel-Grunddredge mit scharfen Kanten vor dem Netzeingang.

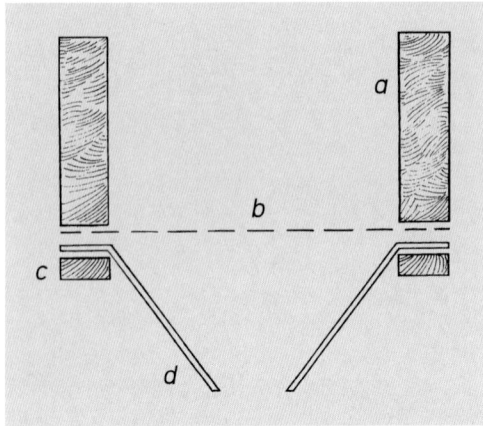

**Abb. 20** Siebkasten nach Löwe. a) Holzrahmen, b) Gaze, c) Halteleiste, d) Blechstreifen.

CARLSON (1971) erprobten Schwarzlichtfalle lassen sich außer Wasserinsekten auch Gastrotrichen, Rotatorien, Cladoceren und Copepoden fangen. AIKEN (1979) beschreibt den Bau einer großen selektierenden Unterwasser-Lichtfalle.

Eine **Bodendredge mit verstellbarem Schürfteil** zum Sammeln grabender Meerestiere ließ FORSTER (1953) anfertigen. Den Einsatz eines beim Heraufziehen verschließbaren, auf einem schlittenartigen Gestell montierten Planktonnetzes empfiehlt WICKSTEAD (1953). Einen Netztyp einfacher Konstruktion zum Fang von Zooplankton bei hoher Schiffsgeschwindigkeit beschreibt DIMOV (1959). Methoden des Sammelns von Zooplankton in den Tropen erörtert BALACHANDRAN (1974), die gesamte Problematik wird in der Monographie von STEEDMAN (1976) abgehandelt. Geräte und Verfahren zur Erfassung der Fauna mariner Böden entwickelten RIEDL (1955), LONGHURST (1959), FRANKLIN und ANDERSON (1961) sowie LAUFF u. a. (1961). Die Konstruktion eines kleinen, mit einfachen Mitteln im Eigenbau herstellbaren Bodengreifers, der es ermöglicht, schnell und aus jeder beliebigen Tiefe bei unterschiedlicher Bodenbeschaffenheit Proben nach dem Baggerprinzip zu entnehmen, beschreibt GÜNTHER (1963). Kastengreifer verschiedener Größen hat REINECK (1963) eingesetzt. Die gewonnenen Kastengreiferproben eignen sich besonders zur **Untersuchung von Gängen, Bauten und Wühlspuren** von Bewohnern des Meeresbodens.

Weitere diesbezügliche Erfahrungen teilen HERTWECK & REINECK (1966) sowie DÖRJES (1971) mit.

Ein von Kleinbooten aus ohne Winde nur von Tauchern zu betätigendes Gerät zur quantitativen Entnahme der Makrofauna auf Sandböden entwickelten BARNETT und HARDY (1967). Sammelmethoden und -verfahren, die sich bei der Untersuchung der Vertikalwanderung bewährt haben, stellte FOXTON (1969) zusammen. Über Reisevorbereitungen und die erforderliche Ausrüstung zur Materialbeschaffung für eine meereskundliche Sammlung berichtet BEHRMANN (1973).

Beachtenswerte monographische Arbeiten liegen von PLATE (1903 und 1906), BLEGVAD (1933) und BARNES (1959) vor. Das zuletzt angeführte Werk enthält, ausschließlich des Einsatzes von Fischereigeräten, die beste Zusammenstellung der Sammelmethoden für die lebenden Organismen des Meeres. Eingehende Hinweise über die zuweilen erforderliche Haltung und Aufzucht wirbelloser Meerestiere gibt HAGMEIER (1933).

Sofern im offenen Meer, dem Pelagial, gesammelt werden soll, müssen geeignete Schiffe und erprobte Geräte vorhanden sein. Nach RIEDL (1963a) verwendet man vor allem die Beam-Trawl, große Bodenschleppnetze und Bodengreifer sowie verschiedenartige Dredgen. Ein biologisches Sammelgerät für Weichböden mit Steinen, die „Arktische Dredge", entwickelte CLARKE (1972). Diese Hinweise mögen genügen, denn Geräte dieser Art können nur durch meeresbiologische Stationen oder Fischer eingesetzt werden. DAVID (1965) berichtet, dass die Tierwelt in der obersten, handbreiten Wasserschicht des offenen Meeres noch sehr wenig erforscht ist. Zu diesem Zweck wurde ein sog. Neuston-Schleppnetz entwickelt. Dieses Oberflächennetz gleitet an einer 2 m langen, kufenähnlichen Brettkonstruktion über den Wasserspiegel. Der Einsatz erfolgt von einem seitlich ausgelegten Balken, an dem das mit Trossen befestigte Netz, 4 m von der Schiffswand entfernt, gezogen wird. Die Geschwindigkeit darf nur 5 bis 6 Knoten betragen, weil bei größerer Fahrt die Tiere häufig beschädigt werden. Das von WEIKERT (1973) benutzte Neustonnetz taucht 10 cm in das Wasser ein und sammelt die Fauna des Pleustons und des Neustons. Das untere Netz fängt die Schicht zwischen 10 und 25 cm Wassertiefe ab. Mit dem Schiff treibende Neustongeräte besitzen bis zu zehn untereinander befestigte Netze, so dass eine Oberflächenschicht von 0 bis 95 cm Dicke abzufischen möglich ist.

Neben diesen gewissermaßen indirekten Sammelmethoden muss noch auf die dem Taucher vorbehaltene Arbeitsweise des direkten Sammelns hingewiesen werden. Nur dem Taucher ist es möglich, unter Wasser eine gezielte Arbeit zu verrichten; dazu gehört auch das Beobachten und Fotografieren. Tauchmaske und Atemgerät sind für jeden ernsthaften Sammler und Forscher der Gewässerfauna geradezu unentbehrliche Hilfsmittel. Diese Ausrüstung wird durch Schwimmflossen und in ungünstigen Jahreszeiten durch einen Kälteschutzanzug ergänzt. Für bestimmte Forschungsaufgaben werden bemannte Tauchfahrzeuge eingesetzt. Wer sich über die Probleme und die vielfältigen Methoden der Erforschung des Benthos – das ist der Seeboden und seine Organismenwelt – orientieren will, studiere die grundlegenden Arbeiten von RIEDL (1963b) und HOLME (1964). Die darin enthaltenen Abbildungen vermitteln einen wertvollen Überblick über Bau und Einsatz der erforderlichen Geräte. Abschließend sei noch auf ein Gerät von MENZIES u. a. (1963) hingewiesen. Die Autoren beschreiben einen kombinierten Bodengreifer, der vor der Probenentnahme mit einer Unterwasserkamera den Seeboden fotografiert.

## Sammeln von Höhlentieren

**Echte Höhlentiere** halten sich lediglich in Höhlen von Kalksteingebirgen auf. Eine Höhlenfauna entfaltet sich insbesondere dann, wenn der Boden mit Humus bedeckt ist und die Höhlen zugfrei sind. Da Humus lediglich nach Einschwemmungen abgelagert werden kann, versprechen abfallende Höhlenböden die besten Ausbeuten. Steigt der Höhlenboden im Inneren an, ist kaum mit einer Besiedlung durch Höhlentiere zu rechnen.

> ! Das Sammeln in nicht erschlossenen Höhlen erfordert vor allem eine spezielle Ausrüstung und große Erfahrung. Niemals dürfen derartige Exkursionen im Alleingang oder ohne vorschriftsmäßige Sicherung durchgeführt werden

Voraussetzung für eine erfolgreiche Erkundung und Sammeltätigkeit sind für bergmännische Tätigkeiten zugelassene Lampen.

Bodentiere werden in Höhlen vor allem durch Eingraben der nach BARBER (1931) benannten Fallen automatisch gesammelt (siehe Seite 20 f.). Diese bestehen aus zwei verschieden großen, ineinander gestellten Gläsern (▶ **Abb. 21**). In die Glasröhre kommt Fleisch oder Käse als Köder und in das Auffangglas Ethylenglycol oder 2%iges Formalin als Konservierungsmittel. Die ebenerdig eingegrabenen Barberfallen entleert man in bestimmten Zeitabständen. Nach VORNATSCHER (1968) bietet die Verwendung von Köderfallen in alpinen Höhlen die einzige Möglichkeit, einen raschen Überblick über die Tierwelt zu bekommen. In diesem unterirdischen Ökosystem leben mehr oder weniger stark angepasste Vertreter aus folgenden Tiergruppen: Urinsekten, Pseudoskorpione, Tausendfüßer, Asseln, Krebse, Lauf- und Aaskäfer, Pilzmücken sowie eine Höhlenheuschrecke.

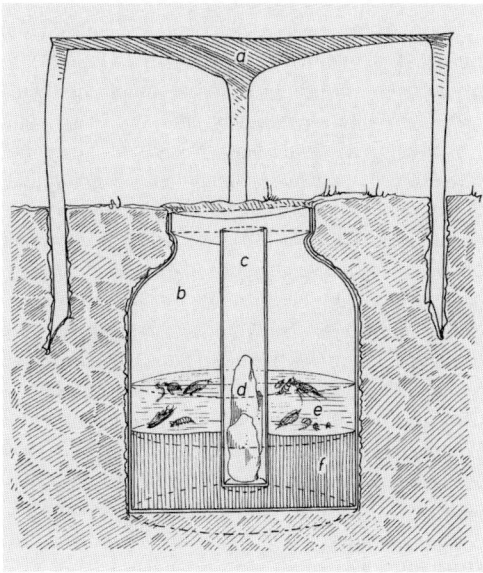

**Abb. 21** Köderfalle. a) Tropfwasserschutz aus Blech, b) Glasgefäß (z. B. Konservenglas), c) Einsatzgefäß, d) Köder (Fleisch oder Käse), e) Konservierungsflüssigkeit, f) Gipsschicht, die dem Einsatzgefäß Halt verleiht.

Wasserbewohnende Arten werden aus Spaltengewässern oder Grundwasseransammlungen mit dem üblichen Stocknetz oder mit einem Ködernetz gefangen. Dazu lässt sich ein gewöhnliches Planktonnetz durch zwei kreuzweise am Bügel befestigte Schnüre umbauen. Am Kreuzungspunkt der Schnüre bindet man ein Stückchen Leber oder Milz an. Danach wird das mit einem Stein belastete Netz an einer Schnur in die Tiefe gelassen. In ähnlicher Weise können auch kleine Reusen eingesetzt werden. Je nach den örtlichen Gegebenheiten wird die Kontrolle nach Stunden oder Tagen durchgeführt.

Detritus- oder Schlammproben transportiert man am besten in stoßsicheren Thermosbehältern, um die meist sehr kleinen Höhlentiere im Laboratorium unter dem Binokular aussuchen zu können.

Weitere Hinweise über diesen Zweig zoologischer Forschungsarbeit enthalten die Arbeiten von CHAPPUIS; sie sind mit zahlreichen Abbildungen und Literaturhinweisen 1927, 1930 und 1950 erschienen. Zur Einführung in die Problematik sind ferner die Schriften von LENGERSDORF (1951) und SCHULZ (1979) geeignet.

## Parasiten

Eine Reihe wirbelloser Tiere führen eine parasitische Lebensweise. Die Beschäftigung mit dieser Gruppe ist interessant und lohnend. Außerdem ist die Kenntnis von Parasiten aus Human- und Veterinärmedizinischer Sicht bedeutsam.

**! Bei parasitologischen Arbeiten ist jedoch besonders sorgfältig vorzugehen. Einige Schmarotzer sind auch für den Menschen gefährlich.**

So kann die perorale Aufnahme oder bisweilen sogar das Einatmen von Wurmeiern zu Infektionen führen. Ektoparasiten können auf den Menschen übergehen. Deshalb sind grundlegende arbeitshygienische Anforderungen zu erfüllen. Das Tragen von Gummihandschuhen wird empfohlen. Hände, Arbeitsgeräte und Kleidung sind sorgfältig zu reinigen.

Im Folgenden werden kurz einige Hinweise zu Parasiten spezieller Wirtsgruppen gegeben.

### Säugetiere (Mammalia)

Nahezu jede Säugetierart dient als Wirt für bestimmte Parasiten. Der Parasitenbefall ist von vielen Faktoren abhängig, wie Jahreszeit, Lebensraum und Ernährungszustand. Man findet Individuen, die kaum Schmarotzer beherbergen, andere leiden unter Massenbefall. Wichtig beim Sammeln von Ektoparasiten ist, die Tiere im lebenden oder frisch totem Zustand abzusammeln oder sie gut verpackt und streng isoliert zu transportieren. Mögliche Überwanderungen würden Anlass zu falschen Wirtsangaben geben. Die Tiere werden einzeln über einer hellen Unterlage (weiße Folie) abgeschüttelt und sorgfältig abgebürstet oder ausgekämmt. Mittels Pinsel oder weicher Uhrfederpinzette werden die Ektoparasiten in 80%igen Alkohol gebracht oder trocken in durchsichtigen Pergament- oder Kunststofftütchen aufbewahrt. RICHMOND (1951) empfiehlt, Kleinsäuger in Wachspapierbeutel zu legen und diese dicht zu verschließen. Gleichzeitig wird ein Teelöffel Paradichlorbenzen zum Abtöten der Ektoparasiten in den Beutel getan. Nach etwa 20 Minuten können die Tiere herausgenommen werden, während sich die abgefallenen Flöhe und Läuse in der Tüte befinden. Der Beutel wird beschriftet und zur Bearbeitung aufgehoben.

Auf größeren Säugern gibt es bevorzugt befallene Stellen. Das sind vor allem weichhäutige Regionen und solche, die vom Wirtstier beim Putzen schlecht erreichbar sind (Nacken, Ohren, Weichen und Genitalregion).

Beim Ablesen aus dem Haarkleid dürfen die Entwicklungsstadien (Larven und Eier) nicht vernachlässigt werden. Flohlarven sollten möglichst kurz in Wasser aufgekocht und erst nach dem Abkühlen in Alkohol überführt werden. So behandelte Larven behalten sehr gut ihre Struktur und lassen sich deshalb besser bearbeiten. Als stationäre Parasiten kitten Läuse und Haarlinge ihre Eier oft in großen Mengen an die Basis der Grannenhaare. Zum Sammeln zupft man die befallenen Haare einfach aus und konserviert sie wie die Ektoparasiten in 70- bis 80%igem Alkohol. In die Sammelgläschen wird ein Etikett gelegt, dann werden die Gläschen verschlossen und in einer Weithalsflasche aufbewahrt. Beachtenswert sind vor allem Lausfliegen. Einige größere Säugetiere und Fledermäuse sind häufiger davon befallen.

Entoparasiten findet man im Tierkörper vor allem im Verdauungs- und Atmungstrakt, zuweilen auch frei in der Leibeshöhle oder unter der Haut. Dabei handelt es sich meist um Vertreter wurmartiger Gruppen (z. B. Plathelminthes, Turbellaria, Trematoda, Cestodes, Nematoda).

Ohne optische Hilfsmittel ist im Gelände das restlose Auffinden von Entoparasiten kaum möglich. Hier empfiehlt es sich, den gesamten Darmtrakt in 75%igem Alkohol zu konservieren. Zur Erzielung einer ausreichenden Fixierung der Eingeweidewürmer ist es nötig, das Darmlumen in kurzen Abständen mit einer spitzen Schere anzuschneiden. Besser ist es jedoch, den Darm größerer Säuger mit einer Knopfschere aufzutrennen und ihn vorsichtig in physiologischer Kochsalzlösung auszuwaschen. Diese wird dann vom Extrakt abgeschüttet und durch 75%igen Alkohol ersetzt. Steht keine Kochsalzlösung zur Verfügung, so wird der Darm sorgfältig mit einem Holzspatel ausgeschabt und der Inhalt gleichfalls in Alkohol fixiert. Sind Organe, vor allem die Gallengänge der Leber, von Würmern befallen, so werden diese Organe in Stücke geschnitten und zur parasitologischen Untersuchung konserviert. Die bei diesen Manipulationen anfallenden zarten Entoparasiten oder deren Entwicklungsstadien saugt man am einfachsten mit einer Pipette auf oder man fasst sie mit einer weichen Uhrfederpinzette und befördert sie in die Konservierungsflüssigkeit.

Das Sammeln von Parasiten aller Arten ist in systematischer, ökologischer und epidemiologischer Hinsicht außerordentlich wichtig. Informationen zur Erlangung von Entoparasiten bei Totalsektionen von Mensch und Tier geben SCHANZEL & BREZA (1963) sowie ENGELBRECHT u. a. (1965).

## Vögel (Aves)

Die artenreichsten Vogelparasiten sind Federlinge (Mallophaga). Sie finden sich oft recht zahlreich und meist in mehreren Arten auf ihren Wirten. Solange der Wirt lebt, halten sie streng begrenzte Areale ein. Kühlt der Wirt jedoch aus, konzentrieren sich die Arten am Kopf. Am schnellsten lassen sich Mallophagen sammeln, wenn man sie in Essigetherdämpfen abtötet. Dazu gibt man den Vogel in ein dicht schließendes Glasgefäß oder einen chemikalienbeständigen Plastikbeutel. Danach wird das Gefieder gut gegen die Federflur durchschüttelt. Das Aufsammeln von einer weißen Unterlage erfolgt mit dem feuchten Alkoholpinsel oder einer Pinzette. Als Konservierungsflüssigkeit dient 70%iger Alkohol. Über das Sammeln von Entwicklungsstadien der Ektoparasiten und das Konservieren von Entoparasiten gilt sinngemäß das oben gesagte. Detaillierte Angaben enthalten folgende Arbeiten: BEER & COOK (1957), DANIEL (1967), ZLOTORZYCKA (1969) sowie EICHLER (1970, 1971) und MEHL (1970).

## Kriechtiere (Reptilia)

Reptilien können sowohl von Ekto- als auch von Entoparasiten befallen sein. Sie werden in gleicher Weise aufbewahrt und etikettiert wie bereits beschrieben. Zu beachten ist, dass unter den Schuppen von Eidechsen bestimmte Milbenarten leben. Zecken findet man bei Schlangen und Eidechsen an der Körperoberfläche. Oft saugen sie sich bei letzteren im weichen Hautbereich hinter den Extremitäten fest. Wenn sich die Zecken nicht ohne Zerreißen der Mundteile herausziehen lassen, schneide man das ganze Hautstück heraus und konserviere die Ektoparasiten in dieser Form. Auf Entoparasiten sind speziell Lungen, Darm und Körperwandung zu untersuchen.

## Fische (Pisces)

Jeder abgetötete Fisch sollte sorgfältig auf Haut- und Kiemenparasiten untersucht werden. Dabei ist vor allem auf die vorzugsweise auf Fischen parasitierenden Branchiura zu achten. Am bekanntesten aus der vielgestaltigen Gruppe ist wohl die gemeine Karpfenlaus *Argulus foliaceus* als Parasit karpfenartiger Fische. Infolge der spezialisierten Lebensweise ist bei manchen Arten die Körperform vereinfacht und die Gliederung undeutlich geworden. Viele auf Seefischen parasitierende Arten lassen nur sehr schwer auf ihre systematische Herkunft schließen. Sie parasitieren sowohl auf Knorpel- als auch auf Knochenfischen. Je nach ihrer Lebensweise sind sie auf den Kiemen, unter den Flossen, gelegentlich aber auch auf der Hornhaut des Auges anzutreffen. Auch hier ist es wichtig, auf Parasiten der Leibeshöhle und Organe zu achten. Bei karpfenartigen Fischen ist besonders das bereits bandwurmähnliche Finnenstadium des Riemenwurmes *Ligula avium* anzutreffen. Diese werden in schwachem Alkohol (10%) betäubt. Nachdem die Finnen reaktionslos geworden sind, wird langsam

96%iger Alkohol zugetropft, bis eine Konzentration von 65% erreicht ist.

## Parasiten wirbelloser Tiere

Obwohl auch wirbellose Tiere eine Reihe von Parasiten tragen können, werden diese oftmals eher zufällig gefunden.

Saugwürmer (Trematoda) treten bisweilen als Parasiten von Kopffüßern oder Krebsen auf.

In der Leibeshöhle von Süßwasseroligochäten parasitiert der Bandwurm *Archigetes appendiculatus*. Unter den Schnecken gibt es eine Anzahl parasitischer Formen, die an Stachelhäutern und Miesmuscheln leben. Die Saugmünder (Myzostomida) leben ausschließlich als Ektoparasiten auf Stachelhäutern. Milben finden sich häufig auf der Oberfläche größerer Insekten. Besonders coprophage Coleopteren tragen oft in großer Zahl diese Parasiten.

Unter den Insekten gibt es eine Reihe sehr spezialisierter Parasiten. Die Fächer- oder Kolbenflügler (Strepsiptera) sind periodische oder permanente Entoparasiten von Insekten (Thysanura, Orthoptera, Hemiptera, Hymenoptera). Einige Hymenopteren (Schlupf- und Brackwespen) sowie Dipteren (Raupenfliegen) entwickeln sich als Parasitoide in verschieden Insektenlarven.

In jedem Falle lohnt es sich, auch beim Sammeln von Evertebraten auf Parasiten zu achten. Spezielle Hinweise finden sich in den jeweiligen Kapiteln der entsprechenden Gruppen weiter hinten in diesem Buch.

## Sammeln wirbelloser Tiere unter dem Aspekt des Natur- und Artenschutzes

Die Bestrebungen zum Schutz der Natur sind in den letzten Jahren erfreulicherweise in das Blickfeld des öffentlichen Interesses gerückt. Niemand, besonders kein Zoologe wird die Notwendigkeit zur Bewahrung des natürlichen Artenreichtums in Frage stellen. Deshalb braucht in diesem Abschnitt auch nicht die grundsätzliche Bedeutung der Thematik erörtert zu werden. Vielmehr soll verdeutlicht werden, dass Naturschutz und wissenschaftliche Sammeltätigkeit keinen Widerspruch darstellen.

In der Vergangenheit erfolgte die Ausrottung von Arten nicht durch Sammeln von einzelnen Individuen, sondern durch die Zerstörung der Lebensräume. Um diese aber schützen zu können, benötigt man zuverlässige Daten über vorhandene Arten. Die Tiere müssen gefangen und exakt bestimmt werden. In den meisten Fällen ist eine Determination nur möglich, wenn die Tiere in die Hand genommen oder gar getötet und im Labor untersucht werden. Zur Dokumentation werden dann diese Tiere als Beleg in eine faunistische Sammlung eingebracht. Solche Kollektionen, die die Resultate langwieriger Forschungen widerspiegeln, liefern hochinteressante Einblicke über die Entwicklung der Fauna eines Gebietes. Sie sind gleichsam Archive der Natur, in denen sich die Informationen befinden, welche Arten wo und zu welcher Zeit vorgekommen sind. Hier dient der Fang eines einzelnen Individuums der Dokumentation des Vorkommens und damit der Erhaltung der Population.

Doch auch besonders für die Heranbildung junger Experten sind wissenschaftliche Sammlungen notwendig, die im Rahmen der Lehre an Universitäten und Hochschulen für die Ausbildung von Studenten zur Verfügung stehen müssen. Unbestritten ist schließlich deren Wert für die taxonomisch-systematische Forschung. Magaziniertes Material stellt die Grundlage für die Definition von Arten und höheren Taxa dar.

Selbstverständlich darf bei der Anlage und Erweiterung von zoologischen Sammlungen die Natur nicht über das unbedingt notwendige Maß hinaus belastet werden. Um das zu gewährleisten, werden von staatlicher Seite Fang- und Sammelgenehmigungen erteilt. Die Verfahrensweisen bei der Beantragung einer solchen Erlaubnis sind von Bundesland zu Bundesland verschieden. Im Allgemeinen liegt das in der Zuständigkeit der Oberen Naturschutzbehörde oder des entsprechenden Ministeriums. Der Antragsteller sollte seine Fachkenntnisse nachweisen (z. B. durch Publikationen oder Kontakte zu anerkannten Spezialisten). Mitunter kann auch eine Verwaltungsgebühr erhoben werden. Fang- und Sammelgenehmigungen sind üblicherweise auf zwei bis maximal drei Jahre befristet. Jedoch ist jederzeit eine Verlängerung möglich. Die Funddaten sind der genehmigenden Behörde zur Verfügung zu stellen. Die Genehmigung ist im Allgemeinen mit bestimmten Auflagen verbunden (z. B. die Nutzung bestimmter

Fangmethoden). Die Zweckmäßigkeit dieser Auflagen und die Dauer des Antragsverfahrens ist oftmals von der Kompetenz des Bearbeiters bei der Behörde abhängig. Hat man die Absicht in Naturschutzgebieten, Nationalparks usw. zu sammeln, ist außerdem noch eine Betretungsgenehmigung bei der Nationalparkverwaltung oder der unteren Naturschutzbehörde einzuholen.

! Auf Sammelreisen ins Ausland sind unbedingt die jeweiligen gesetzlichen Bestimmungen zu beachten.

In jedem Falle sollte man sein Vorhaben bei den entsprechenden staatlichen Stellen oder Universitäten bzw. Forschungsinstituten anmelden. Das beugt eventuellem Misstrauen vor und oft erhält man noch zusätzliche Unterstützung. Schließlich ist noch zu beachten, ob eine Sammelgenehmigung auch die Ausfuhrerlaubnis beinhaltet oder diese extra beantragt werden muss. In vielen Staaten ist es Vorschrift, dass die Typen von neu beschriebenen Arten in dem jeweiligen Land zu deponieren sind. Für die Aus- und Einfuhr von Tiermaterial gilt das „Übereinkommen über den internationalen Handel mit gefährdeten Arten freilebender Tiere und Pflanzen" (Washingtoner Artenschutzabkommen). Die darin getroffenen Festlegungen sind regional zum Teil erheblich erweitert worden.

Weitere Ausführungen zum Thema Naturschutz und Entomologie findet man bei DUNGER (1984), EVERS (1985), OEHLKE (1986), ABRAHAM (1991) und WAGNER (1991) sowie V. KNORRE (1992). Eine sehr anschauliche Zusammenfassung zur Bedeutung wissenschaftlicher Sammlungen geben STEININGER et al. (1996).

## Überlegungen zum Arbeitsschutz beim Sammeln und Konservieren

Um gesammeltes Tiermaterial präparieren zu können, muss es ggf. anästhesiert, auf jeden Fall aber getötet werden. Es liegt in der Natur der Sache, dass dabei oftmals Chemikalien verwendet werden, die auch für den Bearbeiter gewisse Risiken bergen.

Weiterhin besteht die Grundlage der Präparation in der Haltbarmachung der Objekte, d. h. in der Unterbindung von Verfall und Zerstörung durch Fäulnis, Schimmel und Schadinsekten. Auch dabei bedient man sich in vielen Fällen biozider Stoffe.

Bei der Auswahl der jeweiligen Präparationsverfahren sollte neben der Qualität des Präparates ebenso die Minimierung der Gefährdung für Präparator und den späteren Bearbeiter oder Betrachter sowie für die Umwelt beachtet werden. Das wurde weitgehend auch bei der Zusammenstellung der Techniken im vorliegenden Buch berücksichtigt. Die Verwendung gefährlicher Chemikalien ist in jedem Falle abzuwägen und nur dann gerechtfertigt, wenn keine vernünftigen Alternativen existieren. So gibt es nach wie vor leider kaum einen Ersatz für Quecksilber(II)-chlorid-Lösung bei der Präparation einiger weichhäutiger, wurmartiger Tiere.

Damit die Arbeit zu den gewünschten Erfolgen führt, die Gefährdung jedoch so gering wie möglich ist, bedarf es der Beachtung einiger elementarar Regeln.

- Grundlage ist ein sorgfältiges und gewissenhaftes Arbeiten.
- Bei der Verwendung von Chemikalien mache man sich vorher mit den Eigenschaften der jeweiligen Stoffe vertraut. In aller Regel existieren Sicherheitsdatenblätter zu problematischen Substanzen, denen Hinweise zur Gefährlichkeit entnommen werden können.
- Chemikalien müssen in den jeweilig vorgeschriebenen Behältern aufbewahrt werden. Diese Behälter sind zu beschriften. Auf dem Etikett sind der Name der Substanz sowie ggf. entsprechende Gefahrensymbole zu vermerken. Außerdem Hinweise auf besondere Gefahren (R-Sätze) und Sicherheitsratschläge (S-Sätze).
- Chemikalien sind sicher aufzubewahren, gefährliche Stoffe unter Verschluss. Zu Beginn der Arbeiten werden sie bereit gestellt, nach Abschluss wieder entfernt.
- Es empfiehlt sich das Tragen üblicher Laborkleidung. Eventuell auch Handschuhe bei der Verwendung ätzender Stoffe, von Fixierungsmitteln und Kontaktgiften. Beim Erhitzen von Flüssigkeiten in Reagenzgläsern sollte eine Schutzbrille getragen werden. Das gilt besonders bei der Heißmazeration mit Kalium- oder Natriumhydroxid. Dabei ist das Reagenzglas so zu halten, dass die Öffnung vom Präparator weg weist.
- Feste Stoffe dürfen nur mit einem sauberen und trockenen Spatel entnommen werden.

- Bei der Arbeit ist auf ausreichende Lüftung zu achten. Oftmals erweist sich der Einsatz eines Abzuges als günstig.
- Nach der Arbeit sind Hände und Arbeitsgeräte zu reinigen.
- Speisen und Getränke haben am Arbeitsplatz ebensowenig zu suchen wie Zigaretten.
- Dem gegenüber sollte unbedingt ein ordnungsgemäß befüllter Sanitätsschrank oder -kasten griffbereit vorhanden sein. Eine Augendusche empfiehlt sich zur Erstversorgung bei vielen Augenverletzungen.
- Ein nahezu unverzichtbares Handbuch beim Umgang mit gefährlichen Stoffen ist der Hörath (2007), der inzwischen in der 7. Auflage erschienen ist. Hier werden alle relevanten Substanzen vorgestellt und grundlegende Empfehlungen zur Arbeit gegeben.

Viele zur Präparation eingesetzte Chemikalien wie auch Sammlungsmaterial (sowohl im Alkohol konservierte Objekte als auch alle Arten von Trockenpräparaten) sind leicht brennbar. Brandschutz ist deshalb in jeder Sammlung unbedingt erforderlich. Alle Gefahrenquellen müssen ausgeschaltet sein und geeignete Vorbereitungen getroffen werden, so dass jeder entstehende Brand sofort erstickt werden kann. Dazu gehört ein ausgearbeiteter Maßnahmenplan für Brandfälle. Sammlungs- und Arbeitsräume müssen mit geeigneter Feuerlöschtechnik ausgestattet sein. Da die Erfahrung gezeigt hat, dass durch Löschaktionen mit Wasser größere Schäden an Sammlungsobjekten entstehen können, kommt alternativen Löschmitteln eine große Bedeutung zu. In erster Linie sind hier die so genannten $CO_2$-Löscher (auch Kohlendioxid- oder Kohlensäureschneelöscher) zu erwähnen. Diese Feuerlöscher enthalten unter Druck flüssiges Kohlendioxid. Infolge des starken Wärmeverbrauchs bei der Verdunstung von flüssigem $CO_2$ erstarrt ausströmendes, flüssiges Kohlendioxid teilweise zu einer weißen Masse von festem Kohlendioxid (Kohlensäureschnee). Dabei wird einerseits der Brandherd gekühlt, andererseits verdrängt dieses Gas den Luftsauerstoff und erstickt den Brand. Kohlensäureschnee verdunstet rückstandsfrei und schont somit die Objekte. Andererseits ist die Kühlwirkung nur sehr kurz, so dass Glut- und Schwelbrände nicht immer sicher gelöscht werden können. Außerdem wirkt $CO_2$ in höheren Konzentrationen in der Atemluft giftig.

Kohlendioxidlöscher sind lediglich für die Brandklasse B (flüssige oder sich verflüssigende Stoffe) zugelassen. Für alle andern Brandklassen sind sog. Trockenlöscher (Pulverlöscher) zu empfehlen. Bei diesen Löschgeräten wird ein feines inertes Pulver mit hohem Druck aus einer Düse gestoßen, welches die brennenden Teile als dichte Wolke einhüllt. Die Löschwirkung beruht teils auf dem Ersticken, teils auf dem Kühlen des Brandherdes. Das Pulver ist jedoch so feinkörnig (10 bis 100 µm), dass es bei Löschaktionen auch in feine Strukturen eindringt und die Umgebung stark eingestaubt wird. Durch aufwändige Reinigung lässt es sich jedoch wieder weitgehend entfernen. In Verbindung mit Wasser bildet es eine breiartige, schwer zu reinigende Substanz. Pulverlöscher sind in verschiedenen Ausführungen für alle Brandklassen erhältlich. Üblich und zu empfehlen sind Geräte mit ABC-Löschpulver.

Einfach aber effektiv ist eine Löschdecke. Diese Decken bestehen aus flammenwidrigen Materialien. Kleine Brandherde können damit schnell und rückstandsfrei erstickt und gelöscht werden. Sie sollten in keinen Sammlungs- oder Arbeitsräumen fehlen.

**!** Die Löschgeräte müssen in jedem Fall deutlich sichtbar und gut zugänglich angebracht sein.

Um Feuer eindämmen zu können, sind an geeigneten Stellen feuersichere Türen einzubauen.

Wie bereits erwähnt, ist die Anwendung von Wasserlöschern eher problematisch. Sollte bei öffentlichen Einrichtungen mit Publikumsverkehr (Museen!) die Installation automatischer Löschanlagen vorgeschrieben werden, so ist jedoch darauf zu achten, dass die Zuleitungsrohre nicht durch die Magazinräume führen, um Sammlungsschäden bei eventuellen Rohrbrüchen auszuschließen.

Bei der Planung von Sammlungs- und Museumsbauten sollten Brandschutzexperten von Anfang an mit einbezogen werden. Viele grundlegende Überlegungen und Anregungen zu dieser Thematik finden sich Rose, Hawks & Genoways (1995) und Hilbert (2002).

# Vorbehandlung der gesammelten Tiere

Es ist allgemein bekannt, dass die makroskopische Konservierungstechnik, insbesondere von im Wasser lebenden wirbellosen Tieren, vielfach nicht in gleichem Maße fortgeschritten ist wie die der Wirbeltiere. Das mag seinen Grund einerseits darin haben, dass letztere wesentlich wirkungsvollere Exponate darstellen, andererseits aber auch, weil die naturgetreue und lebenswahre Aufstellung von wirbellosen Einzeltieren oder Tiergruppen in methodischer Hinsicht meist schwieriger ist.

Im Wasser lebende Evertebraten sind in der Mehrzahl weichhäutige Tiere und daher außerhalb ihres Mediums sehr unbeständig in der Form und leicht vergänglich. Dieser Zustand erfordert eine baldige Fixierung. Sie bereitet insofern gewisse Schwierigkeiten, als viele Vertreter der Nesseltiere, Würmer oder Weichtiere ihre Gestalt oft bis zur Unkenntlichkeit verändern, sobald das Fixierungsgemisch auf sie einwirkt. Um das zu verhüten, müssen diese Objekte vor dem Fixieren grundsätzlich so lange betäubt werden, bis das Reaktionsvermögen erloschen ist. Mangelhaft gestreckte Wassertiere – das gilt vor allem für marine Arten – sind in den meisten Fällen fast völlig wertlos, denn sie können oft nicht einmal mehr bestimmt werden. Bei der Bearbeitung schlecht konservierter Ausbeuten sind schon viele Irrtümer entstanden. Sie hätten vermieden werden können, wenn die Vorbehandlung mit etwas mehr Sorgfalt durchgeführt worden wäre.

In zunehmendem Maße spielt die Untersuchung der DNA für systematische Zwecke eine Rolle. Um die DNA zu erhalten ist es am günstigsten, das Material in absoluten unvergällten Alkohol zu töten und auch in dieser Flüssigkeit lichtgeschützt und bei tiefen Temperaturen ($<-15\,°C$) aufzubewahren. Das erschwert jedoch oftmals die Präparation und bei einigen Gruppen ist die Formerhaltung kaum möglich. Notfalls kann auch Alkohol mit geringerer Konzentration verwendet werden (jedoch mindestens 80%) – das ermöglicht noch die DNA-Extraktion, wenn auch nicht ganz so gut.

## Betäubungsmethodik

Um wirbellose Tiere gegen äußere Reize reaktionslos zu machen, muss insbesondere die willkürliche Muskulatur außer Tätigkeit gesetzt werden. Da dies stets mehr oder weniger große Schwierigkeiten bereitet, ist das Narkotisieren derartiger Objekte eine Kunst, die geübt werden muss, weil man nur so die richtigen Erfahrungen sammeln kann. Diesbezügliche Verdienste erwarb sich insbesondere Lo Bianco (1890). Viele der heute gebräuchlichen Methoden gehen auf seine Veröffentlichungen zurück. Ein ausführliches deutsches Referat enthält die „Z. wiss. Mikroskop. 7 (1891): 55–66". Die italienisch geschriebene Arbeit erschien ferner in französischer Fassung in „Bull. sci. France et Belgique 23 (1891): 100 ff." und in englischer Übersetzung in „Bull. United States Nat. Mus. Nr. 39 (1899): 42ff". Ergänzende Ausführungen zur Arbeit von Lo Bianco brachte Friedländer (1891) heraus. Über seine auf Sammelreisen gemachten Erfahrungen hat Plate (1903 und 1906) eingehend berichtet.

### Vorbemerkungen

Bei der Verarbeitung des gesammelten Materials hat man zu berücksichtigen, dass Vertreter der gleichen Art auf Betäubung und die sich anschließende Fixierung unterschiedlich reagieren können. Es sollte deshalb niemals eine größere Materialausbeute nur nach einem Verfahren behandelt werden. Sowohl die Größe und der Ernährungszustand des Objektes als auch die Einwirkungszeit und die Konzentration der Lösungen können den Erfolg beeinflussen. Die in den speziellen Kapiteln gemachten Angaben sind keine starren Rezepte, sondern sollten nur als Richtlinien für den Praktiker aufgefasst werden. Bei unbefriedigenden Ergebnissen sollte man das Experimentieren mit anderen Betäubungs- und Fixierungsmitteln nicht unterlassen. Diesbezügliche Anregungen und Hinweise enthält die Abhandlung von Cori (1938). Gütebier (1978) weist darauf hin, dass sich Kältespray gut dazu eignet, niedere Tiere in einer gewünschten Körperhaltung schockzugefrieren, um sie danach in das vorgesehene Fixierungsgemisch zu überführen.

WECHSLER (pers. Mitt.) stellte auf Grund seiner Erfahrungen folgende Regeln auf:
- Beim Tauchen Tiere in ihrem natürlichen Lebensraum ausgiebig beobachten.
- Jedes Tier erhält ein eigenes Gefäß, der Standort sollte möglichst ruhig, dunkel und kühl sein.
- Beim natürlichen Verhalten der Tiere erfolgt die langsame Zugabe von Betäubungsmitteln.
- Grundsätzlich keine konzentrierten Betäubungsmittel einsetzen, da sonst die feine Dosierung nicht möglich ist.
- Reaktion der ersten fünf Minuten abwarten. Das Tier darf kein abartiges Verhalten zeigen. Im Abstand von 15 bis 30 Minuten kann weiter zudosiert werden.
- Bei Überdosierung das Tier sofort in normales Meerwasser zurücksetzen. Nach einiger Zeit Betäubung mit schwächerer Dosierung beginnen.
- Schwache Dosierungen über einen längeren Zeitraum (max. 3 bis 4 Tage) bewirken ein entkrampftes Abtöten, zu hohe Dosierung unerwünschte Verkrampfung.
- Je empfindlicher ein Tier auf Berührung reagiert und je länger es in „Schreckstellung" verharrt, um so schwächer muss die Dosierung sein, das heißt, der Zeitraum der Betäubung vergrößert sich.
- Die Wassermenge des Gefäßes und das Zuträufeln des verdünnten Betäubungsmittels bis zur ersten Reaktion des Tieres liefern am Anfang den Höchstwert für die Betäubung. Er sollte bei weiter Anwendung auf mindestens $\frac{3}{4}$ reduziert werden.
- Beim Abtötungsvorgang sollte nicht die Dosis erhöht werden, lediglich der Zeitabschnitt der Dosierung kann verkürzt werden. Sehr große Schwierigkeiten bereitet es festzustellen, wann das Tier tot und nicht nur stark betäubt ist.

## Betäubungsmittel

Als Betäubungsmittel eignen sich verschiedene anorganische und organische Verbindungen. Zur ersten Gruppe gehören Gase und Metallsalze, zur zweiten Gruppe Fette und einige ihrer Verbindungen sowie Alkaloide.

Zur Narkose von Wassertieren eignet sich **Kohlensäure** sehr gut. Dazu wird am besten Kohlendioxid durch einen Schlauch aus einer $CO_2$-Flasche in das Milieuwasser geleitet. Ein kopfunter ins Wasser gestellter Sodawassersiphon leistet die gleichen Dienste. Notfalls kann auch käufliches Sodawasser unter das Milieuwasser gemischt werden. **Magnesiumsalze** wurden zuerst von TULLBERG (1891) zur **Betäubung von Wassertieren** empfohlen. Inzwischen sind sie gewissermaßen die Universalnarkotika der Meeresbiologen geworden. Für die Narkose von Wirbellosen hat Magnesiumchlorid gegenüber Magnesiumsulfat den Vorteil, stärker zu wirken. Nach TULLBERG verwendet man 30 ml einer 33%igen Lösung je Liter Meerwasser. Wichtig ist, dass die Objekte reichlich vom Seewasser umgeben sind. Ungelöstes Salz wird etwa in Abständen von 10 Minuten zugesetzt. Am besten schüttet man das Mittel in die Ecke des Gefäßes, die möglichst weit vom Tier entfernt ist. Um die schrittweise Zugabe zu vermeiden, kann nach GOHAR (1937) die erforderliche Salzmenge auch in einen feinmaschigen Gazebeutel getan und in die angegebene Ecke des Gefäßes gehängt werden. Die zur vollständigen Betäubung eines Tieres benötigte Zeit schwankt zwischen 5 und 24 Stunden. Sofern die mit Magnesiumsulfat betäubten Tiere sich beim Abtöten doch noch mehr oder weniger stark kontrahieren, bringt man sie in „Etherwasser" (s. u.) oder tropft es zusätzlich auf die Betäubungsflüssigkeit.

CORI (1938) empfiehlt, zur Narkose von Meerestieren eine mit dem Meerwasser isotonische Salzlösung in Süßwasser zu verwenden. An der meeresbiologischen Station in Villefranche werden die Evertebraten in eine 7%ige Lösung von Magnesiumchlorid in Süßwasser übertragen.

Die Anwendung von Alkohol als universelles Betäubungsmittel beschrieb LO BIANCO (1890). Der unvergällte Alkohol wird tropfenweise auf die Wasseroberfläche gebracht, von der er nach und nach in das Medium diffundiert. Mengenmäßig gibt man so viel hinzu, bis das Wasser einen 5- bis 10%igen Alkoholgehalt aufweist. Sobald die Tiere schlaff ausgestreckt sind, befinden sie sich in Vollnarkose. Zur Narkotisierung großer Evertebraten ist folgendes Gemisch zu empfehlen:

| |
| --- |
| 40 Teile 70%iger Alkohol |
| 20 Teile Glycerol |
| 40 Teile Wasser |

Damit sich das Mittel gut ausbreiten kann, gießt man es vorsichtig auf die Oberfläche des Milieuwassers.

Umfassende Anweisungen über die Verwendung von „Schwefelether" (Diethylether) zur Betäubung von Wassertieren hat ÖSTERGREN (1902) mitgeteilt. Das erforderliche **„Etherwasser"** wird hergestellt, indem man 20 ml Ether und 250 ml Wasser – je nach Tierart Süß- oder Salzwasser – in einer verschließbaren Flasche kräftig schüttelt. Auf diese Weise entsteht fast gesättigte Auflösung des Ethers (7- bis 8%ig) im Wasser. Viele Objekte können direkt in das Etherwasser gelegt werden. Sie kontrahieren sich zuerst; strecken sich dann aber bald wieder aus. Bei manchen Arten ist es besser, durch Verdünnung mit Wasser schwächere Lösungen zu benutzen. ÖSTERGREN empfiehlt, eine Serie von Gefäßen mit Etherwasser verschiedener Stärke aufzustellen. Die Tiere werden von der schwächsten Stufe jeweils in die folgende übergeführt. Falls dies nicht möglich ist, setzt man langsam das vorrätige konzentrierte Etherwasser zu, bis die Betäubung eintritt. Bei besonders reaktiven Tieren kann die Narkose dadurch noch allmählicher eingeleitet werden, dass ein auf dem Wasser schwimmendes Uhrschälchen Ether enthält. Auf diese Weise kommen nur Etherdämpfe mit der Wasseroberfläche in Berührung.

Die Methodik der Anwendung von Chloroform ist die gleiche wie die für Ether angegebene. Dem Milieuwasser wird das **„Chloroformwasser"** in dosierten Mengen zugesetzt. Man stellt es durch Schütteln von 5 ml Chloroform in 100 ml Wasser her. Reizt diese Mischung die Objekte zu stark, empfiehlt es sich, ein auf dem Wasser schwimmendes Uhrgläschen mit Chloroform zu beschicken. Da die Chloroformdämpfe nur sehr langsam in das Wasser eindringen, muss das die Tiere enthaltende Gefäß zugedeckt werden. Sollte dieses Verfahren nicht zum Ziel führen, spritze man 1 bis 2 Tropfen Chloroform in Abständen von 5 bis 10 Minuten auf das Milieuwasser.

Die Anwendung von Chloreton als Narkotikum für niedere Tiere geht auf RANDOLPH (1900) zurück. Er empfiehlt, wässrige Stammlösungen im Verhältnis 1:100 bis 1:300 und schließlich von 1:1000 bis 1:5000 zu verwenden. Man kann auch eine Stammlösung von 25 g Chloreton in 40 ml absolutem Alkohol herstellen und von dieser Lösung 1 ml in einem Liter Wasser durchschütteln. Das längere Zeit haltbare Mittel bietet auch den Vorteil, dass es die Schleimdrüsen nicht reizt, sondern die Schleimbildung sogar herabsetzt.

Mit **Chloralhydrat** lassen sich bei richtiger Dosierung ausgezeichnete Ergebnisse erzielen. Es wird am besten in gelöster Form verwendet, indem man eine 5%ige Stammlösung dem Milieuwasser zusetzt, bis die Narkose tief genug ist. Notfalls können die Kristalle auch direkt in das Wasser gestreut werden. Das Mittel darf nicht zu lange einwirken, sonst beginnt die Mazeration des Körperepithels.

Ein bekanntes Betäubungsmittel ist **Menthol**. Zur Anwendung streut man die Kristalle einfach auf die Oberfläche des Milieuwassers. Die schwache Wasserlöslichkeit der Substanz hat allerdings zur Folge, dass die zur Ausstreckung erforderliche Zeit stark verlängert wird. Gute Ergebnisse lassen sich bei dieser Anwendungsart nur mit robusten Tieren erzielen. Zarte Objekte zerfallen meist schon, ehe sie vollständig narkotisiert sind. Wesentlich wirksamer ist das von SZÜTS (1915) eingeführte Verfahren, aus Mentholkristallen eine konzentrierte Lösung in absolutem Alkohol herzustellen (**Mentholalkohol**) und von derselben einige Tropfen auf das Sammelgefäß zu gießen. Um Menthol zur Betäubung von Helminthen wirksamer anwenden zu können, stellen BAILENGER & NEUZIL (1953) eine konzentrierte wässrige Dispersion mit Tween 80 (nichtionisches Detergens, = Polysorbat 80) her. Da sich Menthol leicht in Tween 80 löst, entsteht eine klare Flüssigkeit, die mit Wasser gemischt ebenfalls eine klare Dispersion ergibt, wenn das Verhältnis Menthol zu Tween 80 einen Grenzwert nicht überschreitet.

DUDICH & KESSELYAK (1938) erprobten Urethan zur Narkose von Wassertieren. Der Zusatz von 1- bis 8%igem Urethan entweder in Kristallen oder in Lösung soll dann erfolgen, wenn die Tiere sich in einer geringen Wassermenge völlig gestreckt haben. Genügt die Streckung nicht, kann man das Objekt in reinem Wasser wieder erwachen lassen, um die Narkose später zu wiederholen. Eine zu starke Urethankonzentration wirkt mazerierend.

Ein vortreffliches Betäubungsmittel ist das Kaltblüteranästhetikum MS-222 (= Tricain, = Metacain), ein m-Aminobenzoesäureethylester. Es ist zu 11 % in Wasser löslich. Die beste Wirkung erzielt man bei Konzentrationen von 1:2000 bis 1:3000. Die Betäubung setzt sofort ein. Die Lösung bleibt längere Zeit brauchbar. Erst im Verlauf von 10 Tagen tritt ein Wirkungsverlust von etwa 5 % ein.

Das hochgiftige Nikotin darf nur in stark verdünnter wässriger Form verwendet werden. Ungefährlicher ist dagegen die Narkose mit Tabakrauch, der 0,6 bis 4,8 % Nikotin enthalten kann. Bei kleinen Objekten genügt es, den Rauch durch eine am Grunde des Gefäßes liegende, fein ausgezogene Glasröhre direkt in das Wasser zu blasen. Größere Tiere stellt man im Milieuwasser unter eine Glasglocke, in die man durch einen Schlauch reichlich Tabakrauch bläst. Eine andere Möglichkeit, eine betäubend wirkende Nikotinkonzentration zu erhalten besteht darin, Tabakreste (Zigarren- oder Zigarettenstummel) 12 Stunden in 100 bis 200 ml Leitungswasser zu legen. Danach entfernt man die Tabakreste durch Dekantieren oder Filtrieren der Flüssigkeit. Die zu narkotisierenden Tiere werden dann mit dieser Lösung übergossen. Sollten sich die Tiere verkrampfen, müssen sie nochmals in frisches Wasser gelegt und anschließend in die natürliche Form massiert werden.

## Behandlungsweise

Kontraktile Wassertiere im ausgestreckten Zustand zu töten, macht vor allem unter Feldbedingungen beachtliche Schwierigkeiten. Diese lassen sich mindern, wenn die Bodenbeschaffenheit des Gefäßes entsprechend der Umwelt des Tieres eingerichtet wird. Ein paar Steine, etwas Schlick oder einige Pflanzen beeinflussen die Betäubung positiv. Voraussetzung für eine erfolgreiche Narkose ist, dass sich das Objekt in seinem natürlichen Medium voll ausgestreckt hat. Kontrahierte Evertebraten strecken sich in den meisten Fällen nicht mehr aus, wenn das Narkotikum vorzeitig einzuwirken beginnt. Die spezifische Wirkung bestimmter Narkotika ist vor allem auf den unterschiedlichen Bau der in Frage kommenden Vertreter aus den verschiedensten Tierstämmen zurückzuführen. Die Narkose wird mit starken Verdünnungen des Mittels eingeleitet, um keine oder nur geringe Erregungszustände eintreten zu lassen. Die Reaktionsfähigkeit der Tiere lässt sich mindern, wenn die Wassertemperatur möglichst niedrig gehalten wird. Wichtig ist auch, nächtlich aktive oder im Dunkeln lebende Tiere nur bei Dunkelheit zu narkotisieren. Zum Betäuben empfiehlt es sich, Emailleschalen oder Plastgefäße zu verwenden. Zweckmäßig ist es, sich Gefäßsätze in steigender Größe zu beschaffen. Um Raum zu sparen, können sie beim Transport ineinander gestellt werden. Gefäße sollten stets reichlich vorhanden sein, denn zuweilen müssen größere Individuen länger als einen Tag in der Betäubungsflüssigkeit liegenbleiben. Grundsätzlich dürfen die Objekte aber nicht zu lange unter dem Einfluss der Narkotika stehen. Es treten sonst sehr leicht Veränderungen der Gewebestrukturen auf, die rasch zum Verfall des Tierkörpers führen können. Man betäube die Objekte niemals in zu kleinen Gefäßen. Sofern nicht anders vorgeschrieben, wird das Narkotikum mit einer Pipette langsam auf die Oberfläche des Milieuwassers getropft. Die Prüfung, ob die Tiere noch reagieren, erfolgt am besten durch Berühren mit einer spitzen Präpariernadel. Zieht sich das Tier dabei schnell zusammen, ist es ratsam, die Narkose sofort zu unterbrechen. Man kann erst wieder damit beginnen, wenn das Individuum sich erneut völlig gestreckt hat. Tritt dieser Zustand nicht ein, bleibt nichts anderes übrig, als es in das Milieuwasser zurückzusetzen. Die Betäubung darf erst dann wieder eingeleitet werden, wenn sich das Tier völlig erholt hat. Am besten ist es, die Objekte jeweils einzeln zu narkotisieren. Man kann es zwar versuchen, mehrere Exemplare von einer Art und Größenordnung gleichzeitig zu behandeln, unmöglich ist es jedoch, unterschiedliche Arten oder Größen beim Betäuben zu vereinigen. Dieser Hinweis gilt natürlich nicht für sessile Tierstöcke oder Koloniebildungen von aquatischen Evertebraten. Den Verlauf der Betäubung dieser meist kleinen, aber an Individuen reichen Formen kontrolliert man am besten unter einem Binokular.

Die **Betäubung durch Einfrieren** ist nach GOHAR (1937) eine empfehlenswerte Methode. Sie hat den Vorteil, dass die Tiere während des Vorganges keinem Zerfall ausgesetzt sind. Die marinen Evertebraten werden in ein Gefäß gebracht, das eine reichliche Menge sauberes Seewasser enthält. Zum Abkühlen des Seewassers kommt das Gefäß in einen Kühlschrank und wird danach in einen Tiefkühlschrank oder eine Gefriermischung gestellt. Nach einiger Zeit kann die gefrorene Masse aus der Mischung entnommen werden. Dann schlägt oder sägt man möglichst viel Eis ab, ohne das eingefrorene Tier bloßzulegen. Der zugerichtete Eisblock wird je nach Größe in ziemlich starkes Formalin gelegt. Das langsam schmelzende Eis gibt das Objekt nach und nach frei, wodurch es schrittweise fixiert wird. Dieses Verfahren hat sich vor allem ausgezeichnet zum Präparieren von Meeresschnecken und auch bei Aktinien bewährt. In vielen Fällen genügt es nicht, die Wassertemperatur nur bis zum Gefrierpunkt zu erniedrigen, sondern die Tiere müssen fest eingefroren werden, um den gewünschten Erfolg zu erzielen.

Bei der **Behandlung massenhafter Trawlausbeuten** empfiehlt SZÜTS (1915), folgendermaßen zu verfahren: Zuerst hebt man aus dem Sammelgefäß die auffallend zarten Tiere wie Medusen, Siphonophora, Ctenophora, Pteropoden und Heteropoden einzeln heraus und betäubt sie gesondert mit der entsprechenden Spezialmethode. Zu dem übrigen Teil des Materials werden dann einige Tropfen Mentholalkohol geschüttet. Die Tiere sind in 5 bis 10 Minuten betäubt, danach wird zur Fixierung eine entsprechende Menge neutrales Formol in das Wasser gegossen.

Beim Einsatz von Schlepp- und Grundschleppnetzen fallen oft enorme Materialmengen an. Dass danach nicht jedes Tier individuell behandelt werden kann, ist bedauerlich aber verständlich. Massenmethoden zur Konservierung derartiger Ausbeuten hat MARR (1963) nach eingehender Erprobung tabellarisch zusammengestellt (siehe Anhang, Seite 328 f.).

## Fixierungsmethodik

Nach der Betäubung werden die Objekte meist in einem Arbeitsgang getötet und fixiert. Die Fixierung ist ein komplexer chemischer Vorgang, bei dem insbesondere die Eiweiße der Körperzellen gefällt werden. Durch die Einwirkung des Fixierungsmittels treten keine postmortalen Veränderungen mehr ein und die behandelten Tiere nehmen einen haltbaren Zustand an. Die wichtigste Aufgabe des Fixierungsmittels ist es, das Gewebe möglichst schnell und schrumpfungsfrei zu härten. Die erforderliche Zusammensetzung und Konzentration der Fixierungsmittel wird in den speziellen Kapiteln von Fall zu Fall angegeben.

Bei jeder Fixierung ist zu berücksichtigen, welchen Zwecken das Tier dienen soll. Die im vorliegenden Leitfaden beschriebenen Methoden sind vornehmlich zur Herstellung von makroskopisch-anatomischen Demonstrationspräparaten und zur Konservierung des Materials für systematische Sammlungen oder zootomische Zwecke geeignet. Zur späteren DNA-Analyse muss das Material in mindestens 80%igen unvergällten Alkohol (besser absoluten Alkohol) fixiert werden.

## Vorbemerkungen

Die einwirkende Fixierungsflüssigkeit lässt die Tiere jeweils in der Stellung erstarren, die sie im betäubten Zustand gerade einnehmen. Man muss deshalb darauf achten, dass größere Objekte am besten auf einer Watteschicht völlig unbehindert fixieren können. Das heißt, die weichhäutigen Körper dürfen nicht an einer Kante oder Rundung des Gefäßes liegen, sonst zeichnet sich diese später unvermeidlich ab. Sofern die zu fixierenden Tiere eine unnatürliche Lage einnehmen, muss diese korrigiert werden. Das kann man am einfachsten in einem Präparierbecken vornehmen. Als Präparierbecken eignet sich jede flache Zinkblech-, Glas- oder Kunststoffschale entsprechender Größe, die mit ausgegossen wird. Das Tier wird der gewünschten Stellung entsprechend auf die Paraffinschicht gelegt und mit feinen Nadeln möglichst unauffällig festgesteckt (▶ **Abb. 22**). Zarte oder mit Körperanhängen versehene Objekte werden mit Hilfe eines Haarpinsels ausgerichtet. Zweckmäßiger ist es, die Tiere indirekt zu befestigen. Dazu verwendet man Streifen aus weicher Kunststofffolie, legt sie an geeigneten Stellen über den Körper oder seine Anhänge und steckt die Enden mit Glaskopfnadeln auf der Paraffinschicht fest. Nach dieser Vorbehandlung wird die entsprechende Fixierungsflüssigkeit über das Objekt gegossen und die Schale zugedeckt.

**Abb. 22** Präparierbecken mit genadeltem Objekt. a) Glas-, Blech- oder Kunststoffschale, b) Wasser oder Fixierungsflüssigkeit, c) Paraffinschicht.

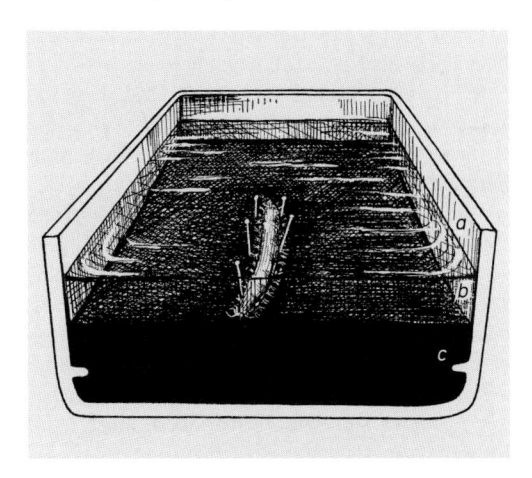

Größere Arten mit fester Körperoberfläche lassen sich recht gut auf Linden- bzw. Pappelholzbrettchen oder auf Hartschaumplatten indirekt feststecken (vgl. ▶ **Abb. 54**). Das benötigte Brettchen wird am besten entsprechend den Innenmaßen des Präparateglases ausgewählt, in dem das Objekt definitiv aufgestellt werden soll.

## Behandlungsweise

Nachdem die Betäubungsflüssigkeit lange genug eingewirkt hat, saugt oder hebert man sie so weit wie möglich vorsichtig ab. Die spezifische Fixierungsflüssigkeit wird dann entweder vom Rand des Aufbewahrungsgefäßes aus langsam zugesetzt oder plötzlich über das Objekt gegossen. Die Menge der Fixierungsflüssigkeit muss das Volumen des Tieres wenigstens um das Doppelte übersteigen. Das ist notwendig, weil eventuell vorhandene Reste des Betäubungsmittels und austretende Gewebeflüssigkeit das Fixierungsgemisch verdünnen, wodurch es an Wirksamkeit verliert. Bei großen Objekten empfiehlt es sich, die Fixierungsflüssigkeit vor allem in die Leibeshöhle zu injizieren. Dabei darf man die Tiere nicht durch zu große Mengen aufblähen, sonst verlieren sie ihre typische Gestalt und die Oberflächenstruktur. Je nach Art und Größe werden die vorbehandelten Exemplare mehrere Stunden oder Tage fixiert. Aus der Fixierungsflüssigkeit müssen die Tiere in eine Konservierungslösung übergeführt werden. Als solche dient meist 70- bis 80%iger Alkohol oder eine 2- bis 4%ige Formalinlösung. Sollte kein Alkohol vorhanden sein, stellt Isopropylalkohol (Isopropanol, Optal), nach LEVI (1966) in 40- bis 70%iger Konzentration, ein gutes Ersatzmittel dar. Mit Formalin fixierte Objekte lassen sich ohne weiteres in die als Konservierungsflüssigkeit erforderliche Formalinlösung übertragen. Enthalten die konservierten Objekte Kalk, neutralisiere man die Formalinlösung mit Borax. Sofern die Tiere nach Formalinfixierung in 70%igem Alkohol aufbewahrt werden sollen, führt man sie über eine aufsteigende Alkoholreihe (vgl. ▶ **Abb. 69**). Unmittelbares Einsetzen wasserhaltiger Tiere in zu starke Alkoholkonzentrationen führt durch rapiden Wasserentzug unweigerlich zu erheblichen **Schrumpfungserscheinungen**. Bei zerbrechlichen Arten entferne man die Fixierungslösung mit einem Saugheber und ersetze sie, wie beschrieben, durch die Konservierungslösung.

Ein **Schnellverfahren zum Abtöten und Fixieren** einer Vielzahl von Meerestieren beschreibt GOHAR (1937) folgendermaßen: Das Objekt wird in ein Becherglas gelegt. Dieses muss groß genug sein, damit sich das Tier unbehindert ausdehnen kann. Außerdem soll es auch dreimal höher als das Objekt sein. Dann stellt man das Gefäß mit dem Tier entweder in ein großes Aquarium mit fließendem Seewasser oder das Seewasser wird direkt in das Gefäß geleitet. Wenn das Tier sich völlig ausgestreckt hat, wird das Gefäß sehr vorsichtig aus dem Aquarium genommen bzw. das fließende Wasser abgestellt. Ohne das Objekt zu stören, hebert man das Wasser soweit wie möglich ab. Dann wird eine ausreichende Menge konzentrierter Formaldehydlösung – ein Drittel oder die Hälfte der Wassermenge, in der das zu tötende Tier liegt – zum Sieden gebracht und schnell in das Gefäß gegossen. Das Objekt muss augenblicklich getötet werden, damit es sich nicht mehr kontrahieren kann. Nach dem Abtöten muss das Tier möglichst bald in erforderliche Konservierungsmittel gesetzt werden.

Die Anwendung von heißem, konzentriertem Formalin hat leider den großen Nachteil, dass die Schleimhäute und das Atemsystem des Bearbeiters äußerst stark gereizt werden können. Deshalb ist beim Hantieren mit größter Vorsicht zu verfahren.

Das Formalin wird am sichersten in einem mit Watte verschlossenen Erlenmeyer-Kolben gekocht. Beim Übergießen des Objektes darf kein Tropfen auf die Haut gelangen. Am sichersten erfolgt die Anwendung unter einem Abzug oder im Freien.

Ganz gleich, ob die Präparate in einer Schausammlung oder als wissenschaftliche Belegexemplare aufgestellt werden, sollte man nicht versäumen, auf den Etiketten zu vermerken, wie sie betäubt wurden und in welcher Konservierungsflüssigkeit sie stehen. Ferner ist es sehr wichtig, alle Flüssigkeitspräparate möglichst lichtgeschützt aufzustellen. Durch Lichteinfluss bleichen sonst die ohnehin leidenden Farben der Objekte bereits in kurzer Zeit völlig aus.

# Aufbewahrung, Verpackung und Transport

Auf Expeditionen frisch gesammelte Naturalien müssen vor dem Verpacken so aufbewahrt werden, dass sie durch Raubinsekten oder Schimmelansatz keinen Schaden erleiden. Ebenso wichtig ist, das am besten in kleinen Pappschachteln untergebrachte Material in zweckmäßigen Blechkoffern oder Kisten derart zu verstauen, dass auf dem oft beschwerlichen Transport die Bruchgefahr ausgeschaltet wird. Niemals verpacke man trockene neben feuchte oder leichte und schwere Objekte in eine Kiste. Um das Material vor Nässe zu schützen, müssen Holzkisten außen zweimal mit Ölfarbe gestrichen und innen mit Ölpapier ausgeschlagen werden. Alle Gepäckstücke sollten eine einheitliche, möglichst mehrsprachige Aufschrift tragen. Von großem Vorteil ist es, wenn alle Transportkisten oder Tropenkoffer mit einem Universalschlüssel verschlossen werden können. Nichts ist unangenehmer, als unterwegs ein großes Schlüsselbund mitführen und jeweils nach dem passenden Schlüssel suchen zu müssen. Weitere diesbezügliche Hinweise entnehme man der Arbeit von FRIESE & KÖNIGSMANN (1962). Diese enthält Einzelheiten über die **Ausrüstung einer entomologischen Expedition** und die Verpackung des gesammelten Materials.

Beim Einpacken des Leergutes sollte mit dem Verpackungsmaterial nicht gespart werden. Sofern es gut verwahrt wird, lässt es sich zum Rücktransport des gesammelten Materials wieder verwenden. Zum Einwickeln kleiner Objekte werden Seidenpapier, Wellpappe oder Noppenfolie und Ölpapier benötigt. Einzelne Sammelröhrchen steckt man in Papp- oder Holzbehälter; derart geschützt, lassen sie sich zwischen Sägespänen, Holzwolle oder Schaumstoffflocken verlustlos transportieren. Ganz gleich, in welcher Form feuchte Naturalien verpackt werden, man verwende stets sehr saugfähiges Material, damit auslaufende Flüssigkeit keinen Schaden verursacht.

Hinsichtlich des Transportes sei noch erwähnt, dass unverderbliche Ausrüstungsgegenstände mit der Bahn am billigsten als Frachtgut, das gesammelte Material besser als Expressgut geschickt werden sollten. Letztere ist zwar sehr teuer, hat aber den Vorteil, dass auch noch nicht richtig ausgetrocknetes oder nicht entwestes Material schnell transportiert und an zuständiger Stelle endgültig präpariert werden kann.

## Behandlung trockener Naturalien

Material dieser Art wird vornehmlich aus Schwämmen, Korallen, Gliederfüßern oder Molluskenschalen bestehen. Hier gilt als oberstes Gebot, dass die Naturalien mariner Herkunft nur dann für eine längere Reise verpackt werden dürfen, wenn sie mit Süßwasser gründlich ausgewaschen und danach getrocknet worden sind. Feuchtigkeit enthaltende Objekte verstocken oder verschimmeln erstaunlich schnell, wodurch sie meist unbrauchbar werden. In Zweifelsfällen wird durch Einlage von kristallinem Thymol oder vorheriges Übersprühen der Objekte mit alkoholischer Thymollösung vorgebeugt. Wichtig ist, die Naturalien möglichst nur im Schatten zu trocknen. Trocknende Gliederfüßer muss man ganz besonders vor Raubinsekten schützen, das sind vor allem Ameisen (Formicidae), Holzläuse (Psocidae), Schaben (Blattidae) und Diebskäfer (Ptinidae). Die Gefahr eines Befalls kann man durch die **Verwendung von Leinensäcken** vermindern. In entsprechend großen Säcken kann die gesamte entomologische Ausbeute untergebracht werden. Man steckt gefüllte Sammelschachteln oder auf Brettern gespannte Objekte in die Säcke, bindet diese fest zu und hängt das Material zum Trocknen am besten an der Luft auf. An Stelle der Leinensäckchen dürfen jedoch keine Plastiktüten verwendet werden. Da sich in ihnen die entweichende Flüssigkeit als Kondenswasser niederschlägt, sind sie für trockene Objekte völlig ungeeignet. Die gleichen Gründe sprechen gegen die Verwendung von Blechschachteln zum Einpacken von frisch gesammelten Naturalien. Über diese allgemeinen Hinweise hinausgehende Angaben enthalten die systematischen Kapitel.

## Behandlung feuchter Naturalien

Je nach Größe der Objekte werden diese in Glastuben, Plastikflaschen oder Metallbehältern transportiert, am besten eignen sich jedoch **Plastik-**

**beutel** aus nicht zu dünner Folie. Der Transport in Plastikbeuteln ist deshalb sehr zu empfehlen, weil sie als Leergut kaum Platz benötigen und sich im gefüllten Zustand relativ einfach durch Zuschmelzen mit einem elektrisch betriebenen Gerät hermetisch verschließen lassen.

Gefäße, gleich welcher Art, müssen stets mit Konservierungsflüssigkeit fast randvoll gefüllt werden. Sofern dies nicht erfolgt, lösen sich die Objekte beim Transport durch ständiges Anschlagen an die Gefäßwände zuweilen völlig auf. Gänzlich füllen darf man die Gefäße nicht, weil sich die Konservierungsflüssigkeit in der Wärme ausdehnt und herausdrücken würde. Sperrige oder mit Stacheln versehene Tiere, die sich gegenseitig beschädigen könnten, binde man erst in Leinensäckchen und stecke sie dann in ein geeignetes Sammelgefäß. In gleicher Weise lässt sich mühelos Material von bestimmten Fundorten getrennt aufbewahren. Mit Korken verschlossene Behälter sollte man nicht, wie meist empfohlen, mit flüssigem Paraffin abdichten, sondern besser in geschmolzene, dickflüssige Gelatine tauchen. Paraffin ist für diesen Zweck viel zu brüchig, während die erstarrte und durch Eintauchen in konzentriertes Formalin unlöslich gewordene Gelatinekappe eine gewisse Elastizität behält, so dass ein luft- und wasserdichter Verschluss entsteht.

Als Aufbewahrungs- oder Transportgefäße für kleinere Tiere eignen sich Weithalsflaschen aus Plasik besonders gut. Zum Schutz der Objekte oder der eingelegten Sammelgläschen wird auf den Boden des Gefäßes eine Lage Zellstoff oder Watte gedrückt. Wenn der Behälter gefüllt ist, legt man vorsichtshalber auch noch auf das Material etwas Zellstoff, so dass es nicht gegen den Deckel schlagen kann. Ein absolut dichter Verschluss für Gefäße mit Schraubdeckel lässt sich durch Überstülpen eines Stückes Fahrradschlauch erzielen (▶ **Abb. 23**).

Größere Nasspräparate werden in flachen Zinkblechbehältern transportiert. Diese müssen mit einer relativ großen Öffnung versehen sein. Der Deckel besitzt eine Gummidichtung und Patentverschluss. Der Behälter lässt sich am besten in einer genau passenden Kiste transportieren. Einen Tank mit eingelöteten Abteilungen und mittels Flügelmuttern verschraubbarem Deckel zum Transport von Alkoholpräparaten beschreibt SLEVIN (1931). Nach KÄMPFE & KITTEL (1952/53) erwiesen sich auf einer Fangreise in das Nordmeer zur Aufnahme von größeren Plattfischen, Rochen und dergleichen Speisetransportgefäße von 50 l Fassungsvermögen als sehr praktisch. Für die Aufbewahrung von Mollusken und Echinodermaten dienten Milchkannen mit 25 l Fassungsvermögen. Die fixierten Tiere wurden durchweg in formolbefeuchtetem Zellstoff verpackt. Formol und Alkohol lassen sich am besten in Benzinkanistern mitführen, sofern diese innen feuerverzinkt oder plastbeschichtet sind. Zur Aufbewahrung von Flaschen verschiedener Größen bewährte sich eine stabil gebaute Kiste mit herausnehmbaren Einsätzen (▶ **Abb. 24**). Die kleinen Flaschen sind in zwei Reihen übereinander angeordnet, so dass 75 Flaschen von 50 bis 2000 ml Inhalt sicher untergebracht werden können. Ein Teil der Flaschen wird gleich mit speziellen Fixierungsflüssigkeiten beschickt. Eingelegte Filzstreifen erhöhen die Stoßsicherheit. Die Kiste hat in gefülltem Zustand zwar ein hohes Gewicht, aber das wirkt sich durch große Standfestigkeit sehr vorteilhaft an Bord des Schiffes aus. Die Kiste kann zugleich als Arbeitstisch dienen. Sämtliche Transportgefäße müssen mit einem wetterfesten Anstrich versehen werden. Sie stehen gewöhnlich frei an Bord und werden durch Witterung und Seegang stark beansprucht. Da alle an Deck stehenden Transportgefäße mit Seilen vertäut werden müssen, dürfen diese in der Ausrüstung nicht fehlen.

Damit die Konservierungsflüssigkeit nicht zu stark verdünnt wird, sollte bei der endgültigen Aufbewahrung von Flüssigkeitspräparaten das Flüssigkeitsvolumen etwa das Zehnfache des Tiervolumens betragen.

**Abb. 23** Materialflasche; zum Transport wird der Schraubdeckel mit einem Stück Fahrradschlauch abgedichtet.

Abb. 24 Transportkiste nach KÄMPFE und KITTEL.

## Regenerieren eingetrockneter Naturalien

Sollte während eines Transportes die Konservierungsflüssigkeit ausgelaufen und danach das Objekt vertrocknet sein, muss der Versuch unternommen werden, es zu regenerieren. Dasselbe gilt für Sammlungspräparate, die nach schadhaft gewordenem Verschluss in ausgetrocknetem Zustand vorgefunden werden. Bisweilen verwendet man zum Aufweichen derartiger Objekte schwache Lösungen (1- bis 3%ig) von Kalilauge oder Milchsäure. Beide Chemikalien haben in der Anwendung ihre Grenzen. Ätzkali hat sogar den großen Nachteil, dass es Gewebe zerstört. VAN CLEAVE & ROSS (1947) empfehlen deshalb den Gebrauch von **Trinatriumphosphat**, mit dessen Hilfe sich bei eingetrockneten Evertebraten hervorragende Ergebnisse erzielen lassen. Zur Wiederherstellung der Gestalt verwendet man eine 0,25- bis 0,5%ige Lösung des handelsüblichen Trinatriumphosphats in destilliertem Wasser. Erwärmte Lösungen wirken schneller als kalte. In vielen Fällen ist bereits nach einer Stunde die volle Wirkung erzielt. Eine länger fortgesetzte Behandlung erweicht die Gewebe, ohne dass Zersetzungserscheinungen auftreten. Nach der Behandlung werden die Objekte wieder in der ursprünglichen Konservierungsflüssigkeit aufgestellt. Sofern in Alkohol aufbewahrte Insekten eingetrocknet sind, koche man diese für Sekunden in einem Becherglas mit Wasser auf und überführe sie wieder in 70- bis 80%igen Alkohol. JOOST (1982) empfiehlt zur **Regeneration getrockneter Insekten** Geschirrspülmittel in einer Verdünnung von 1:2. Nach Abschluss des Regenerationsprozesses werden die Insekten der Spülmittellösung entnommen, in 20- bis 30%igem Alkohol ausgewaschen und dann erst in 75%igen Alkohol zur endgültigen Aufbewahrung überführt.

In der Museumspraxis hat man gelegentlich mit **ausgetrockneten Planktonproben** oder getrockneten Arthropoden zu tun. Nach GEPTNER u. a. (1989) kann die Elastizität von solchen Organismen durch Einbringen in eine 40%ige Lösung von Milchsäure wiederhergestellt werden. In dieser Lösung belässt man die Objekte etwa 20 Stunden. Der Vorgang kann durch Überführung des Materials in einen Thermostaten bei 60 °C beschleunigt werden oder wenn man es 4–5 Stunden über Wasserdampf hält. Die Tiere müssen von der Lösung nicht vollständig bedeckt sein, d. h., die Gliedmaßen können herausragen. Das aufgeweichte Material muss 1 Stunde unter fließendem Wasser gespült und danach kurz mit Aqua dest. behandelt werden. Die Aufbewahrung erfolgt in 70%igem Alkohol oder 4%igem Formalin. Diese Methode ist für alle Spinnentiere brauchbar. Sie ist nicht geeignet für Landasseln und Diplopoden, da sich diese durch die Säure vollständig auflösen.

# Grundlagen der Sammlungstechnik

Nach STEININGER u. a. (1996) zeichnen sich biologische Sammlungen durch folgende Punkte aus:

- Sammlungen sind der dauerhafte Beleg unseres Naturerbes und enthalten die Dokumente, die der Forschung in vielen Wissenschaftsdisziplinen zugute kommen, einschließlich derer, die die Grundlagen für die Erhaltung der biologischen Vielfalt und die Registrierung globaler Veränderungen legen.
- Sammlungen erfüllen Bedürfnisse der angewandten Biologie einschließlich der Gesundheitswissenschaften (Parasitologie, Epidemiologie, Diagnostik), der Landwirtschaft, der Forstwirtschaft, der Schädlingsbekämpfung und der Biotechnologie.
- Sammlungen bieten eine breite Grundlage für Ausbildungsprogramme im schulischen und universitären Bereich.
- Durch Ausstellungen leisten Sammlungen einen fundamentalen Beitrag zur Schärfung des öffentlichen Bewusstseins für Fragen der Natur und der biologischen Vielfalt.

Sammlungen sind also gleichsam Archive der Natur. Die Exponate lassen Aufschlüsse zu, welche Tiere zu einer gewissen Zeit an einem bestimmten Ort gelebt haben. Es handelt sich um ein Abbild der veränderlichen Natur. Die Sammlungen sind unwiederbringliches Wissenschafts- und Kulturgut der Menschheit. Entsprechend groß ist die Verantwortung der Sammlungsmitarbeiter. Um diesen hohen Anforderungen gerecht zu werden, ist es zwingend notwendig, die Objekte fachgerecht und ergebnisorientiert zu sammeln, zu präparieren, unterzubringen und zu dokumentieren.

## Etikettierung

**Nicht etikettierte Stücke sind wissenschaftlich wertlos**, es lohnt sich überhaupt nicht, derartige Exemplare in eine Sammlung einzureihen. Das Etikett ist der einzig wirkliche Beleg für die Sammlungsdaten und nicht irgend ein Katalog, eine Kartei oder Datenbank. Form, Größe und Beschaffenheit der Etiketten hängt von der Tiergruppe, Art der Präparation und Aufbewahrung ab. In jedem Falle müssen der genaue Fundort und das Datum erfasst werden. Die Ortsangabe sollte auf einer allgemein zugänglichen Landkarte wiederzufinden sein. GPS-Geräte finden immer mehr Einzug in die faunistische und zoogeographische Feldarbeit. Dadurch ist es möglich, genaue geographische Daten zu erheben und diese dann auf den Etiketten zu notieren. Dabei hat man die Wahl zwischen verschiedenen Koordinatensystemen. Neben den geographischen Koordinaten in Grad/Minuten/Sekunden sind auch dezimale Angaben der geographischen Koordinaten, Universale Transversale Mercatorprojektion (UTM) sowie Angaben im Gauß-Krüger-System und GEOREF-Daten möglich. Im Hinblick auf internationale Verständlichkeit und Übertragbarkeit auf gängige Kartenwerke ist jedoch die **Angabe von Grad und Minuten** zu empfehlen. Eine Kurzcharakterisierung des Lebensraumes („Waldrand", „Trockenrasen"...) ist ebenfalls von Bedeutung, da sich innerhalb weniger Jahre die Landschaft stark verändern kann und ein Rückschluss auf die ökologischen Ansprüche der jeweiligen Art sonst nicht mehr möglich ist. Ebenso ist bei Blütenbesuchern möglichst auch die jeweilige Pflanzenart mit anzugeben, bei Parasiten der Wirt. Das Funddatum sollte vollständig auf dem Etikett eingetragen werden. Die Darstellung des Monats in römischen Ziffern hat sich als sehr vorteilhaft erwiesen, da auf diese Weise Missverständnisse vermieden werden. Der Vermerk des Sammlernamens dient durchaus nicht nur der Selbstdarstellung, sondern erlaubt auch noch nach dem Tode des Sammlers, das Material einer bestimmten Kollektion zuzuordnen oder Rückschlüsse über die Glaubwürdigkeit von Angaben zu ziehen.

Für die Darstellung der geographischen Herkunft des Materials sollten verschiedene Etikettenfarben benutzt werden: Palaearctis-weiß, Nearctis-hellgrün, Neotropis-dunkelgrün, Aethiopis-blau, Madagassis-dunkelblau, Orientalis-gelb und Australis-violett. Für Neuseeland ist dunkelviolett gebräuchlich. Rot sind lediglich die Determinationsetiketten der Typen. Vermerkt werden muss auf letzteren Gattung, Art, Autor und Jahr sowie bei Typen, die nicht der Autor festgelegt hat (Lectotypen, Neotypen) der Determinator.

Wie sinnvolle Etiketten einer entomologischen Sammlung aussehen könnten, zeigt ▶ **Abb. 103**. Völlig unzureichend ist es, am Präparat lediglich einen Zettel mit Sammel- oder Katalognummer zu befestigen, unter der in einem Buch die Funddaten eingetragen werden. Oft genug werden solche Aufzeichnungen im Laufe der Zeit von der Sammlung getrennt oder gehen ganz verloren.

In einigen Museen werden inzwischen so genannte Bar-Code Etiketten verwendet. (Wahrscheinlich zuerst eingeführt im INBio in Costa Rica). Dieses Verfahren ist jedoch mit einiger Skepsis zu betrachten, da hier ebenfalls die Daten vom Objekt getrennt werden. Auf die Informationen kann nur via Bar-Code oder ID-Nummer in einer Datenbank zugegriffen werden. Man benötigt dazu eine spezielle technische Ausrüstung (PC, Bar-Code Lesegerät). Außerdem ist zu befürchten, dass das System nicht zukunftssicher ist, da in einiger Zeit der heute übliche Bar-Code-Standard sicherlich veraltet sein wird und die Etiketten nicht mehr gelesen werden können.

## Etiketten für trockenes Sammlungsmaterial

Der heutige Stand der Technik erlaubt es, die Etiketten in der gewünschten Größe mit Computer und Drucker herzustellen oder mit der Schreibmaschine eine Vorlage zu schaffen, die dann auf xerographischem Wege mit einem Kopierapparat entsprechend verkleinert wird. Zur Herstellung von Etiketten für trockenes Sammlungsmaterial sind besonders Laserdrucker zu empfehlen. Auch Tintenstrahldrucker sind geeignet, wobei einige Tinten im Laufe der Zeit etwas ausbleichen. Die vor einigen Jahren übliche Vervielfältigung auf photographischem Wege ist jedoch abzulehnen. Die Gelatineschicht auf der Oberfläche ist hygroskopisch und zieht Feuchtigkeit an. Wenn es sich um genadeltes entomologisches Sammlungsmaterial handelt, besteht die Gefahr, dass die Insektennadeln an der Berührungsstelle mit dem Etikett rosten. Außerdem können die Etiketten sich durch die Feuchtigkeitsaufnahme verziehen, wodurch sie sich entweder ablösen oder sogar das Präparat beschädigen können. Im schlimmsten Fall setzen Fotoetiketten Schimmel an, wodurch sie nicht mehr lesbar und die Daten verloren sind. Solche Etiketten sind ein Risiko für die Sammlung und sollten möglichst ersetzt werden.

Da die Informationen auch noch nach langer Zeit – theoretisch unbegrenzt lange – lesbar sein sollen, ist es erforderlich, alterungsbeständiges und säurefreies Papier zu verwenden. Es muss die Normen von DIN ISO 9706 (Papier für Schriftgut, Voraussetzungen für die Alterungsbeständigkeit) erfüllen. Entsprechendes Papier ist als solches gekennzeichnet und im Fachhandel erhältlich. Von Recyclingpapier ist dringend abzuraten, da durch die mehrmalige Wiederaufbereitung des Papiers die Zellulosefasern sehr kurz sind. Eine Langzeitstabilität kann auf Grund der unkalkulierbaren Rohstoffe nicht gewährleistet werden.

## Etiketten für Nasssammlungen

Etiketten für Flüssigkeitspräparate unterliegen einer viel höheren Beanspruchung. ANDERS-GRÜNEWALD & WECHSLER (2000) empfehlen daher, die Daten mit Bleistift auf einen Buchenholzspatel zu schreiben und den in das Glas zu geben. Diese zweifellos sehr zuverlässige Methode eignet sich jedoch nur für Präparate in größeren Gläsern. Bei kleineren Objekte, die in Tubes oder Röhrchen untergebracht sind (▶ **Abb. 68 und 71**) wird man nach wie vor Papieretiketten verwenden. Um empfindliche Tiere vor Beschädigungen durch Etiketten zu schützen, kann man zwischen Etikett und Objekt einen kleinen Wattebausch in das Röhrchen geben.

Zu empfehlen ist die Beschriftung mit Bleistift oder wasserfester Ausziehtusche. Kugelschreiber, Farb- und Filzstifte sowie Fineliner sind ungeeignet, weil die Farben ausbleichen und durch die Konservierungsflüssigkeiten gelöst werden. Dem gegenüber sind die in einer Druckerei mit rußbasierenden Druckfarben hergestellten Etiketten extrem haltbar.

Die Verwendung von Computerdruckern bringt ebenfalls gewisse Probleme mit sich. Bei Etiketten, welche mit Laserdruckern oder xerographischen Fotokopierern hergestellt wurden, befindet sich die Schrift nur auf der Papieroberfläche. In Alkohol löst sich der Toner wieder vom Papier ab – besonders wenn Fette und Öle im Alkohol gelöst sind. Eine Möglichkeit dauerhafter Beschriftung besteht darin, die Etiketten nach dem Druck in einem Trockenschrank oder Backofen für 10–15 Minuten bei mindestens 150 °C zu erhitzen, wobei der Toner erneut aufgeschmolzen wird und in das Papier einziehen kann. Schneller geht das, indem man die Etiketten noch einmal mit einem heißen Bügeleisen behandelt. Wenn das Papier aber zu lange oder zu stark erhitzt wird, wird es braun und spröde. JEANNE (pers. Mitt.) sprüht beide Seiten der Etiketten mit farblosem Epoxid-Lack ein.

BENTLEY (2004) empfiehlt für die Herstellung von Etiketten für Nasssammlungen den Thermotransferdruck. Dafür wird ein spezieller Drucker benötigt, der durch Erhitzung Farbe auf Wachs-/ Harz-Basis auf das Papier überträgt. Versuche mit 99%igen und 70%igen Ethanol sowie 40%igen und 10%igen Formaldehyd zeigten keinerlei Beeinträchtigung der Etiketten.

Bei der Verwendung eines Stiftplotters bietet sich die Möglichkeit, den Stift mit wasserfester Ausziehtusche zu befüllen.

Tintenstrahldrucker sind problematisch, weil die verwendeten Tinten in Flüssigkeiten löslich sind und die Farben nach gewisser Zeit ausbleichen. Einige Hersteller bieten zwar angeblich dokumentenechte und alkoholstabile Tinten an, positive Ergebnisse damit liegen jedoch nicht vor.

Besondere Anforderungen werden an das Papier gestellt. So muss das Material flüssigkeitsstabil und chemisch neutral sein. Beim häufig verwendeten Pergamentpapier können gewisse Probleme auftreten, da es aus sehr kurzen (gemahlenen) Zellulosefasern besteht, wodurch das Papier brüchig werden kann. Außerdem wird die Transparenz sowie Fett- und Flüssigkeitsstabilität (Pergaminierung) durch die Verwendung von Schwefelsäure erreicht. Säurereste können auch später aus dem Pergamentpapier entweichen und empfindliche Präparate schädigen. Demgegenüber sind so genannte Hadernpapiere sehr zu empfehlen. Dabei handelt es sich um Papier, welches ganz oder teilweise aus Textilfasern (Hadern) besteht, wodurch es alterungsbeständig, sehr strapazierfähig und lösemittelbeständig ist. Derartige Papiere sind ebenfalls maschinell bedruckbar.

Besonders in den USA war es in den letzten Jahren üblich, Etiketten für Nasssammlungen aus Resistall-Papier herzustellen. Jedoch ist dieses Papier sauer (pH 5,5–6,5) und gibt diese Säure an die Konservierungsflüssigkeit ab. Außerdem wird Resistall-Papier nicht mehr hergestellt.

Seit kurzer Zeit ist Teslin im Handel erhältlich. Dabei handelt es sich um ein synthetisches „Papier" auf Polyethylen-Basis. Es besitzt eine spezielle Füllung und Oberflächenstruktur, ist mikroporös, alterungsbeständig, alkohol-, wasser- und dampffest. Das unter der Bezeichnung Teslin SPID erhältliche Material ist Laser-bedruckbar. Der Toner geht dabei eine enge Bindung mit der Oberfläche ein. Langzeittests stehen zwar noch aus. Wahrscheinlich handelt es sich aber um das beste Material zur Herstellung von Etiketten für Flüssigkeitspräparate.

## Sammlungsschutz

Alle Sammlungen trockener biologischer Objekte, insbesondere entomologische Sammlungen sind leicht vergänglich, wenn sie nicht in ausreichendem Maße vor schädlichen Einflüssen geschützt werden.

Die wohl größte Gefahr geht von so genannten **Schadinsekten** aus – Insekten, die sich entweder als Larven oder Imagines von trockenen organischen Substanzen ernähren. Hierzu zählen vor allem Vertreter der Käferfamilie Speckkäfer (Dermestidae): Wollkrautblütenkäfer *(Anthrenus verbasci)*, Museumskäfer *(Anthrenus museorum)* und Kabinettkäfer *(Anthrenus fasciatus)* sowie Gemeiner Speckkäfer *(Dermestes lardarius)*, Pelzkäfer *(Attagenus pellio)*, Dunkler Pelzkäfer *(Attagenus megatoma)* und Dornspeckkäfer *(Dermestes maculatus)*. Weiterhin der Messingkäfer *(Niptus hololeucus)* aus der Familie der Diebkäfer (Ptinidae), Mehlkäfer *(Tenebrio molitor)* und Rotbrauner Reismehlkäfer *(Tribolium castaneum)* aus der Familie der Schwarzkäfer (Tenebrionidae) sowie der Brotkäfer *(Stegobium paniceum)* und der Tabakkäfer *(Lasioderma serricorne)* aus der Familie Nagekäfer (Anobiidae). (Letzterer tritt erst seit einigen Jahren als Sammlungsschädling in Erscheinung und bereitet auf Grund seiner enormen Widerstandsfähigkeit Probleme bei der Bekämpfung). Weitere bedeutsame Schadinsekten sind die zu den Schmetterlingen gehörenden Kleidermotte *(Tineola bisselliella)* und Pelzmotte *(Tinea pellionella)*. Schließlich sind noch das Silberfischchen *(Lepisma saccharina)* und einige Vertreter der Staub- und Bücherläuse (Psocoptera) zu nennen. Die wichtigsten Schadinsekten sind in ▶ **Abb. 25** dargestellt:

▍ **Wollkrautblütenkäfer** *Anthrenus verbasci* (▶ **Abb. 25,1**). Der sicherlich häufigste Sammlungsschädling (s. auch ▶ **Abb. 108**). Die Imagines sind harmlose Pollenfresser und dringen im Frühsommer oft durch geöffnete Fenster in

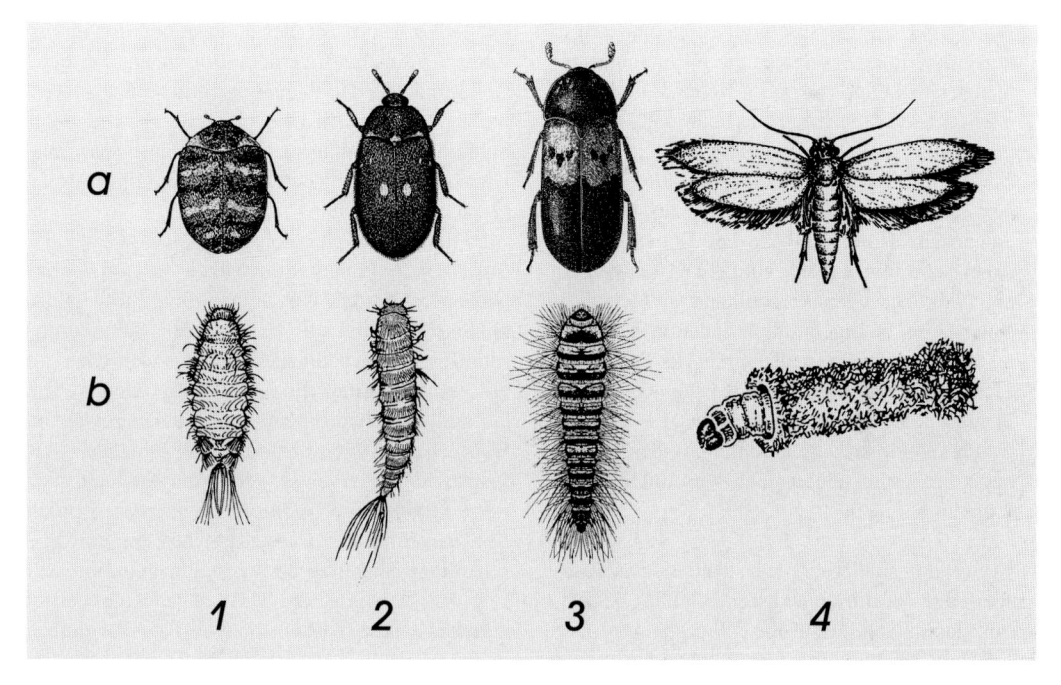

**Abb. 25** Die wichtigsten Schadinsekten, die durch Fraß zoologische Sammlungen gefährden (jeweils a-Imago, b-Larve): 1) Wollkrautblütenkäfer (Anthrenus verbasci), 2) Pelzkäfer (Attagenus pellio), 3) Speckkäfer (Dermestes lardarius), 4) Kleidermotte (Tineola bisselliella).

Sammlungsräume ein. Schäden werden durch die Larven verursacht. Entwicklungsdauer: Eistadium ein Monat oder länger, Entwicklung der Larven sehr langsam (oft nur eine Generation im Jahr), Puppenruhe 3 bis 4 Wochen. Das Schadbild der Art besteht meist aus rundlichen Löchern und feinem Fraßmehl unter den Objekten. Ähnliches gilt für Museumskäfer (*Anthrenus museorum*) und Kabinettkäfer (*Anthrenus fasciatus*).

▌ **Pelzkäfer**, *Attagenus pellio* (▶ **Abb. 25,2**). Der dunkel gefärbte Käfer weist eine Länge von 4 bis 5 mm auf. Charakteristisch sind zwei auf der Mitte der Vorderflügel gelegene weiße Haarflecke sowie fünf kleinere, meist undeutliche Flecken auf der Oberseite. Die sich nach hinten verjüngende Larve erreicht eine Länge von 9–11 mm. An der Rückenseite ist sie dunkel und an der Bauchseite heller braun gefärbt. Entwicklungsdauer: Auch die Vertreter dieser Art entwickeln sich relativ langsam. Bei 20 °C dauert es vom Ei bis zum Käfer ungefähr ein Jahr, wobei sich die Larven 9 bis 13-mal häuten.

Ungünstige Bedingungen können Käfer und Larven bis zu einem halben Jahr in einer inaktiven Phase überstehen. Das Schadbild zeigt unregelmäßige Löcher mit scharfen Rändern, die oft dicht nebeneinander liegen.

▌ **Speckkäfer**, *Dermestes lardarius* (▶ **Abb. 25,3**). Der Käfer erreicht eine Länge von 7–9 mm und seine dicht behaarte, erwachsene Larve wird 11–13 mm lang. Die Käfer und Larven leben von getrockneten tierischen Stoffen. Alle Entwicklungsstadien sind nur im Dunkeln aktiv. Entwicklungsdauer: Eistadium 7–9 Tage, Larvenstadien 17–24 Tage (bei 4–5 Häutungen), Puppenstadium 8–14 Tage. Das Schadbild fällt meist durch kreisrunde Löcher auf. Kurz vor der Verpuppung verlassen die Larven in der Regel ihren Fraßplatz und bohren sich in festes Material wie Kork oder Torf ein.

▌ **Kleidermotte**, *Tineola bisselliella* (▶ **Abb. 25, 4**). Dieser Kleinschmetterling hat eine Spannweite von durchschnittlich 14 mm. Er ist einfarbig strohgelb gezeichnet und leicht erkennbar an den fett-glänzenden Vorderflügeln. Die Hinterflügel sind langgefranst und erscheinen etwas heller. Die Raupen erreichen je nach Nahrungsmenge eine Länge von bis zu 10 mm. Der Darminhalt scheint durch die Haut hindurch. Die verpuppungsreife Larve spinnt sich in einen ca. 15 mm langen, aus Fraßpartikeln bestehenden Köcher ein (▶ **Abb. 25,4,b**), aus dem der entwickelte Falter schlüpft. Die Entwicklungsdauer schwankt je nach Umgebungstemperatur und Nahrungsangebot erheblich. Das Eistadium dauert 5 bis 10 Tage, mitunter aber auch mehrere Wochen. Das Larvalstadium kann 55 bis 175 Tage, unter ungünstigen Bedingungen sogar mehrere Jahre dauern. Puppenruhe: 10–20 Tage. Das Fraßbild ist leicht kenntlich an den festgehefteten Gespinströhren und den dunklen Kotkrümeln.

Notwendig sind vor allem **periodische Kontrollen der Sammlungskästen.** Gefahr besteht, wenn das charakteristische „Fraßmehl" unter befallenen Objekten zu sehen ist. Die Erfahrung zeigt, dass regelmäßig bewegte Kästen selten von Schädlingen befallen werden. Außerdem konnte beobachtet werden, dass senkrecht aufbewahrte Sammlungskästen (ähnlich Büchern im Regal) ebenfalls einen geringeren Befall aufweisen.

Zur Bekämpfung von Sammlungsschädlingen bieten sich entweder chemische oder physikalische Methoden an.

Unter chemischen Methoden versteht man den Einsatz toxischer Substanzen, um die Schädlinge abzutöten. TANNERT (1960) wies als einer der ersten Autoren in experimentellen Untersuchungen nach, dass das Insektizid **Lindan** (= gamma-Hexachlorcyclohexan, γ-HCH) ausgezeichnet geeignet ist, trocken präpariertes Sammlungsmaterial vor Schädlingsbefall zu schützen. Lindan ist ein Insektizid das gleichzeitig als Kontakt-, Fraß- und Atemgift wirkt. Dieses Mittel kann sehr gut in Aceton oder Ethylacetat gelöst werden. Die Zugabe lindanimprägnierter Filterpapierstreifen in Sammlungskästen und Schränke stellten einen wirksamen und langanhaltenden Schutz dar, wobei eine volle Wirkung erst nach etwa 4 Wochen gegeben ist, wenn sich ein Wirkstofffilm im Behältnis ausgebildet hat, da die Kontaktwirkung die intensivste ist.

Obwohl Lindan zu den Stoffen mittlerer Giftigkeit für Menschen gehört und entgegen früherer Vermutungen nicht krebserregend ist, sollte auf den Einsatz als Begiftungsmittel in Sammlungen verzichtet werden, um gesundheitliche Gefährdungen der Sammlungsmitarbeiter zu vermeiden und auch die Umweltbelastungen zu unterbinden, die von dieser Chemikalie ausgehen. Eine Übersicht zu möglichen Alternativen gibt HÄNDEL (2001).

Besonders bei Entomologen ist nach wie vor der Einsatz von **Paradichlorbenzen** (= 1,4-Dichlorbenzen) verbreitet. Dieser kristalline Stoff ist das klassische Mittel im Bereich des Sammlungsschutzes. Die Schädlichkeit für den Menschen gilt als relativ gering. Es besteht die Gefahr von Gesundheitsschäden beim Verschlucken sowie von Haut- und Augenreizungen bei Kontakt. Als Insektizid besitzt diese Verbindung jedoch auch nur eine mäßige Wirkung. Bekämpft werden Imagines und Larven der meisten Sammlungsschädlinge bei genügend hoher Konzentration. Auf Eier und Puppen ist die Wirkung jedoch unbefriedigend. Keinesfalls streue man die Kristalle einfach in den Sammlungskasten. Üblich ist, eine Ecke des Kastens mit Pappe abzusperren (▶ **Abb. 26a**) oder die Kristalle in ein einsteckbares Glasgefäß zu füllen. Besonders geeignet dazu sind die im entomologischen Fachhandel erhältlichen so genannten Desinfektionsgläschen. (▶ **Abb. 26b**). Dabei ist jedoch zu beachten, dass bei Kästen mit Styropor-Auslage das Paradichlorbenzol nicht unmittelbar mit der Stechfläche in Kontakt kommt, da dieses den Schaumstoff angreift. Zum Nachfüllen des Begiftungsmittels müssen die Kästen geöffnet werden. In großen Museumssammlungen ist das Öffnen und Schließen Hunderter von Kästen mit einem erheblichen Arbeitsaufwand verbunden. Außerdem besteht die Gefahr, dass empfindliche Objekte durch Luftverwirbelungen beim Abheben des Deckels beschädigt werden. Um das zu vermeiden, empfiehlt HUBER (1954), die Insektenkästen von außen zu beschicken. Dazu muss eine Kastenwand so angebohrt werden, dass sich ein genau passendes Röhrchen einschieben lässt. Die mit Kitt befestigte „Giftschleuse" ist innen mit einer Öffnung versehen, durch die die Schutzsubstanz auf den Kasteninhalt einwirken kann. Außen ist sie mit einem Stopfen dicht verschlossen. Eine Person kann je Stunde leicht 100 bis 200 Kästen behandeln, ohne dass ein Objekt dabei beschädigt wird.

Bei kleineren Sammlungen findet gelegentlich **Tabak** in Form von Zigarren oder Zigarillos, die

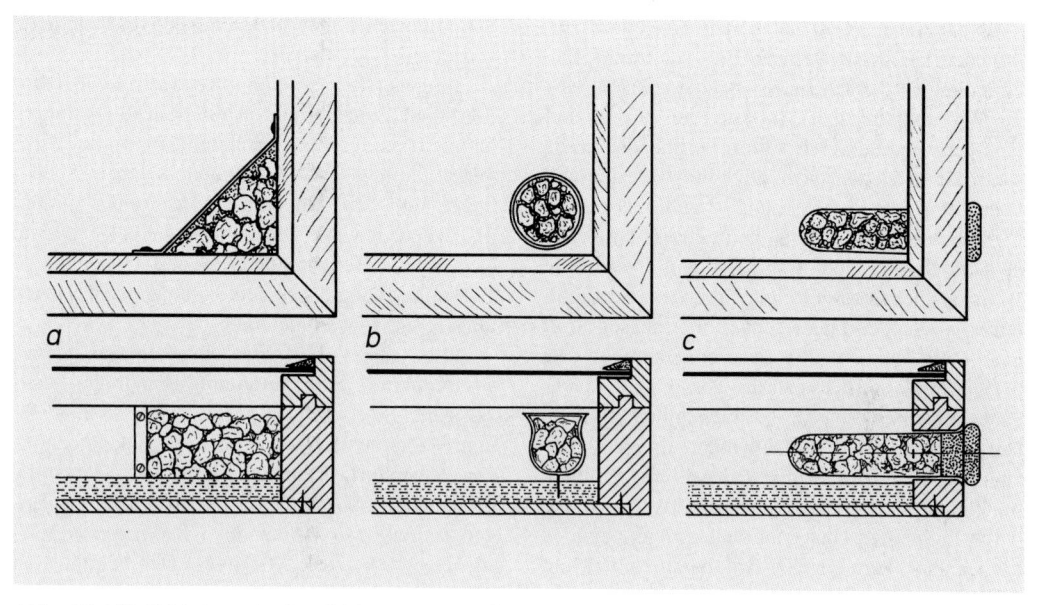

**Abb. 26** Möglichkeiten der Beschickung von Insektenkästen mit Begiftungsmitteln.
a) das in einer Kastenecke liegende Mittel, b) das gefüllte Einsteckgefäß, c) einschiebbare Giftschleuse. Oben in Aufsicht, unten in Seitenansicht dargestellt.

mit Nadeln in den Sammlungskasten gesteckt werden, Verwendung (Wirkstoff Nikotin). Die Methode geht auf BLÜTHGEN zurück, der seine umfangreiche Hymenopterensammlung auf diese Weise vor Schadfraß schützte. Experimente zur Zuverlässigkeit dieses Verfahrens stehen zwar noch aus, in derart präparierten Insektenkästen wurde jedoch bisher kein Befall festgestellt.

Ein sehr effektives Begiftungsmittel ist **Dichlorvos**. Dabei handelt es sich um einen flüssigen Phosphorsäureester, der besonders im Wohn- und Arbeitsbereich das Lindan weitgehend verdrängt hat und inzwischen weit verbreitet ist. Gängige Synonyme und Handelsbezeichnungen sind u. a. Astrobot, Benfos, Bayofos, Cypona, DDVP, Dichlorman, Divipan, Mutox und Mafu. In den USA wird Dichlorvos unter der Bezeichnung Vapona vertrieben. Für den Menschen ist diese Substanz mäßig giftig. In jedem Falle ist bei der Handhabung auf die Einhaltung der notwendigen Sicherheitsmaßnahmen zu achten. Anwendung findet Dichlorvos als so genannte Insektenstrips – mit dem Wirkstoff imprägnierte Schaum- oder Kunststoffplatten, aus denen das Gift nur langsam freigesetzt wird. Diese Strips können in kleine Streifen geschnitten und mittels Nadeln in den Sammlungskästen befestigt werden oder durch die o. g. „Giftschleuse" von außen appliziert werden. Die Wirkungsdauer beträgt 6 Monate bis weit über ein Jahr. Von Nachteil ist, dass man keine optische Kontrollmöglichkeit hat, um festzustellen, wann die Wirkung nachlässt. Deshalb ist die Protokollierung der Anwendung notwendig, um einen Überblick über die Behandlung zu behalten.

Ein weiterer Vertreter der Phosphorsäureester ist **Chlorpyrifos**. Die Giftigkeit für Warmblüter ist etwas geringer. Im Gegensatz zu Dichlorvos handelt es sich aber bei reinem Chlorpyrifos um weiße bis strohgelbe Kristalle. Anwendung findet dieser Stoff vor allem in Form imprägnierter Papierstreifen – den handelsüblichen Mottenstreifen oder in Lösung als Insektenspray. Die Papierstreifen können gut in Sammlungskästen und -schränke gelegt oder mit Stecknadeln befestigt werden. Das Applikationsdatum kann dabei auf dem Papier vermerkt werden. Die Wirkungsdauer entspricht etwa der des Dichlorvos. Außerdem können zusammengefaltete Papierstreifen auch in der bereits erwähnten Weise von außen zugeführt werden.

Bereits im antiken China wurden Blüten verschiedener Chrysanthemen-Arten zur Insektenbekämpfung eingesetzt. Inzwischen ist bekannt, dass die Wirkung auf einer Mischung aus komplizierten, stark ungesättigten Estern beruht, die, wenn sie isoliert sind, als viskos-ölige Flüssigkeiten vorliegen und die Bezeichnung Pyrethrine tragen. Dieses natürliche Gemisch heißt **Pyrethrum**. Seit etwa 20 Jahren sind Insektizide auf Pyrethrum-Basis als vermeintlich ungefährliche Naturprodukte im Handel. Heute schätzt man diesen Stoff nicht mehr ganz so euphorisch ein. Zumindest ist bekannt, dass auch Pyrethrum gesundheitsschädigende Eigenschaften besitzt. Gegenüber Insekten beträgt die Toxizität jedoch mehr als das 1000-fache der Säugetiergiftigkeit. Das größte Problem besteht darin, dass dieser Stoff sehr instabil ist und durch Lichteinwirkung innerhalb einiger Stunden bis weniger Tage zerfällt und damit unwirksam wird. Um diese Einschränkung zu umgehen wurden synthetische Wirkstoffe entwickelt, die sich strukturell von den natürlichen Pyrethrinen ableiten, jedoch eine höhere Stabilität aufweisen. Diese Stoffe werden als **Pyrethroide** bezeichnet. Erkennbar sind Vertreter dieser Wirkstoffe an der Namensendung „-thrin". Die Bekanntesten darunter sind z. B. Cyfluthrin, Bayothrin, Resmethrin und Permethrin. Besonders der letzte Vertreter ist häufig Bestandteil von Präparaten, die für den Einsatz im Wohnbereich zugelassen sind. Bisweilen findet man in der Inhaltsangabe solcher Insektenbekämpfungsmittel noch den Hinweis auf so genannte Synergisten. Dabei handelt es sich um Substanzen, die selbst keine insektizide Wirkung besitzen, dafür aber die Effektivität der anderen Bestandteile unterstützen, indem sie diese stabilisieren oder den metabolischen Abbau in den Zielorganismen hemmen und damit die Einwirkdauer erhöhen. Häufigster Vertreter dieser Synergisten in Pyrethrum-Präparaten ist das Piperonylbutoxid. Im großräumigen chemischen Sammlungsschutz finden heute meist Präparate auf Pyrethrum- oder Pyrethroidbasis Verwendung. Das sind dann entweder Pyrethroid-Sprays oder Pyrethrumrauch oder -nebel, die hochwirksam und gezielt zum Einsatz kommen. Die früher üblichen Raumbegasungen mit Schwefelkohlenstoff ($CS_2$), Phosphorwasserstoff ($PH_3$), Brommethan ($CHBr_3$), Ethylenoxid ($C_2H_4O$) oder gar Blausäure (HCN) werden kaum noch angewendet. Die Gefahren für Sammlungspersonal und Umwelt sind nicht zu vertreten.

Demgegenüber spielen **physikalische Methoden** eine zunehmende Rolle. Diese Verfahren beruhen darauf, abiotische/physikalische Parameter dahingehend zu verändern, dass Schädlingen ein Überleben stark erschwert oder unmöglich gemacht wird. Dabei ist zu berücksichtigen, dass solche Behandlungen keinerlei nachhaltige Wirkungen haben, also zum vorbeugenden Sammlungsschutz ungeeignet sind.

Einige dieser Verfahren basieren auf Sauerstoffreduktion. Alle Sammlungsschädlinge besitzen einen Stoffwechsel. Selbst so wiederstandsfähige Stadien wie Insekteneier oder Puppen benötigen Sauerstoff. Reduziert man den Sauerstoffgehalt der Atmosphäre für einen hinlänglich langen Zeitraum, so werden die Schädlinge zuverlässig abgetötet. Diese Wirkungsdauer beträgt – in Abhängigkeit von der jeweiligen Art – 2 bis 28 Tage. In der Praxis gibt es mehrere Möglichkeiten, eine Sauerstoffreduktion durchzuführen. Bei der **Inert-Begasung** wird der Luftsauerstoff durch prinzipiell ungiftige Ersatzgase ausgetauscht. Üblich ist der Einsatz von Stickstoff oder Kohlendioxid. Für eine zuverlässige Wirkung ist ein Sauerstoffgehalt von ≤ 1 % erforderlich. Dieser Zustand wird erreicht, indem man Stickstoff über ein Einleitunssystem zuführt und damit die sauerstoffhaltige Luft durch eine Entlüftungsöffnung verdrängt. Das ist jedoch technisch sehr aufwändig. PIENING (1997) geht davon aus, dass ein Volumenfaktor von 1:100 notwendig ist – d. h., um 1 $m^3$ Raumluft zu verdrängen müssen 100 $m^3$ Stickstoffgas eingeleitet werden. Die Nutzung von Kohlenstoffdioxid (Kohlendioxid) als Begasungsmittel beruht auf der gleichen Grundlage. Tatsächlich besitzt Kohlendioxid Eigenschaften, die es zunächst besonders gut für den Einsatz im Sammlungsschutz erscheinen lassen. So sind die Kosten für Kohlendioxid vergleichsweise gering. Auf Grund seiner höheren Dichte verdrängt dieses Gas den Sauerstoff besser. Weiterhin besitzt $CO_2$ in höheren Konzentrationen (über 20 %) eine unmittelbar toxische Wirkung. Das hat zur Folge, dass die Sauerstoffkonzentration nicht so niedrig sein muss, wie bei der Verwendung von Stickstoff. Ein schwerwiegender Nachteil besteht jedoch darin, dass Kohlenstoffdioxid chemisch nicht so träge wie Stickstoff ist. In Wasser gelöst bildet dieses Gas Kohlensäure, wodurch Schäden an empfindlichen Pigmenten der Objekte aber auch an Überzugsstoffen, Leimen und Fasern von Etiketten entstehen können.

Bei der Behandlung einzelner Objekte sollten diese gasdicht in Kunststofffolie eingeschweißt und sorgfältig mit Be- und Entlüftungsleitungen versehen werden. Für eine Begasung ganzer Sammlungen müssen die Räumlichkeiten entsprechende Voraussetzungen erfüllen. Fenster (wenn vorhanden) und Türen müssen luftdicht schließen, das Mauerwerk bzw. der Anstrich sollte weitgehend undurchdringlich für Gase sein. Für Privatpersonen und Sammlungen, die in Altbauten untergebracht sind, ist damit dieses Verfahren kaum praktikabel. Bei geplanten Neubauten von Magazinräumen können aber derartige Voraussetzungen sehr wohl berücksichtigt werden. Einrichtungen, die keine baulichen Veränderungen erwarten dürfen, haben aber eventuell die Möglichkeit, Container als Behandlungsräume einzurichten.

Der geringe Sauerstoffpegel sollte nun über einen längeren Zeitraum – am besten für 4 Wochen – aufrecht erhalten werden. Während dieser Zeit muss der Sauerstoffgehalt ständig überwacht werden. Außerdem ist auch eine Kontrolle von Temperatur und Luftfeuchte erforderlich. Wenn der Stickstoff nicht durch ein Aggregat unmittelbar der Umgebungsluft entnommen, sondern aus Gasflaschen eingeleitet wird, so beträgt dessen Feuchtigkeit annähernd 0 %. Für diesen Fall muss das Gas dringend angefeuchtet werden.

Inzwischen gibt es in Deutschland eine Reihe von Schädlingsbekämpfungsfirmen, die darauf spezialisiert sind, Stickstoffbehandlungen an Ort und Stelle vorzunehmen. Auch sind seit kurzer Zeit Ausstellungsvitrinen erhältlich, die über ein eingebautes Aggregat der Raumluft Stickstoff entziehen und dadurch im Inneren eine konstante Stickstoffatmosphäre aufrechterhalten.

Eine umfangreiche Arbeit zu diesem Thema liegt von REICHMUTH, UNGER & UNGER (1991) vor (allerdings auf die Bekämpfung von holzzerstörenden Insekten an Kunstwerken bezogen).

Als effektivste und gleichzeitig für die Bearbeiter ungefährlichste Methode zur Bekämpfung von Sammlungsschädlingen hat sich die Anwendung tiefer Temperaturen durchsetzen können. Dazu wird das Material bzw. die ganzen Sammlungskästen in stabile Polyäthylenbeutel gepackt und bei einer Temperatur von mindestens −20 °C bis −25 °C (−30 °C sind am besten) für etwa 5 Tage in einem Tiefkühlschrank eingefroren. Das Material sollte trocken sein, damit keine Schäden durch Eiskristalle entstehen. Jeder Beutel wird mit Datum und Inhalt gekennzeichnet. Ein Trocknungsmittel (wie z. B. Silica Gel) ist normalerweise nicht notwendig, da das Material der Sammlungskästen (Holz, Pappe) geringe Mengen an Kondensationsfeuchte abpuffern kann. Nach dem Auftauen werden die Objekte ein bis zwei Wochen bei Zimmertemperatur aufbewahrt, damit die Entwicklung eventuell überlebender Ruhestadien wieder anlaufen kann. Danach wird die Prozedur wiederholt. Mindestens zwei, besser drei Frost-/Tauzyklen töten Sammlungsschädlinge zuverlässig ab. Im einfachsten Falle genügt ein Haushaltstiefkühlschrank. Zuverlässiger sind Industrie- oder Labortiefkühlschränke. Für größere Einrichtungen empfehlen sich begehbare Tiefkühlzellen, die zwar teuer aber am komfortabelsten sind.

Eine wichtige Forderung im Sammlungsschutz ist, dass kein frisch präpariertes, eingetauschtes oder erworbenes Objekt in die Sammlung eingereiht werden darf, ehe es nicht in Quarantäne war. Diese kann chemisch oder physikalisch erfolgen. Im ersten Falle werden die Objekte in einem speziellen, dicht schließenden Begiftungskasten oder Schrank wenigstens für 48 Stunden einem Insektizid ausgesetzt. Ungefährlicher und trotzdem effektiv ist es, das Material mindestens zweimal im Abstand von 14 Tagen im Tiefkühlschrank einzufrieren. Eventuell vorhandene Sammlungsschädlinge werden auf diese Weise sicher abgetötet.

David FURTH (pers. Mitt.) vom Smithsonian Institut empfiehlt zum Schutz wissenschaftlicher Sammlungen vor Schadinsekten folgende Richtlinien:

## Vorbeugung
- Regelmäßig unter den Sammlungsschränken, Tischen/Schreibtischen usw. Staub saugen, besonders an Fenstern.
- Hochwertige Sammlungsschränke und Kästen benutzen.
- Entfernen aller anderen Schachteln (Pappschachteln, Zigarrenkisten usw.).
- Fenster mit Gaze versehen.
- Risse, Spalten, Löcher usw. in den Wänden suchen und abdichten.
- Das Lüftungssystem auf undichte Stellen überprüfen.

- Keine Objekte längere Zeit (auch nicht über Nacht) außerhalb der Kästen lassen.
- Pflanzen (besonders Blumen) und andere für Sammlungsschädlinge attraktive Objekte entfernen.
- Freiliegende Nahrungsmittel entfernen.
- Vogel- (z. B. Tauben-) und Säugetiernester in Sammlungsnähe entfernen.

**Monitoring**
- Fallen aufstellen: Gelbsticker, Lichtfallen (UV), Köderfallen, Pheromon-Fallen; nach Warner (pers. Mitt.) fangen UV-Lichtfallen nahezu 100 % der Dermestidae-Imagines innerhalb von 24 Stunden, Pheromone sind für verschiedene Anthrenus- und Attagenus-Arten verfügbar und getestet.
- Detaillierte Protokollierung dieser Ergebnisse.
- Stichprobenartige Kontrollen in der Sammlung.

Ein weiterer Faktor, dem im Bereich des Sammlungsschutzes unbedingt Aufmerksamkeit zu widmen ist, stellt **Licht** dar. Die kurzwelligen Bestandteile des sichtbaren Lichtes und vor allem die energiereichen ultravioletten Strahlen sind die Ursache für das Ausbleichen der Farben von Sammlungsmaterial. Aus diesem Grunde ist es unbedingt notwendig, wissenschaftliche Sammlungen vor Licht geschützt unterzubringen. Das erfolgt am effektivsten durch die Aufbewahrung in speziell dafür angefertigten staub- und lichtdichten Schränken. Bei Ausstellungen, wo die Beleuchtung ein wichtiger Aspekt für die Wirksamkeit auf den Betrachter ist, sollten solche Lichtquellen Verwendung finden, die einen möglichst geringen kurzwelligen Anteil besitzen. In die Fenster von Ausstellungsräumen wird UV-Filterglas eingesetzt. Da das jedoch sehr kostenintensiv ist, empfiehlt EIPPER (1995) als Alternative das Aufbringen von UV-Schutzfolie auf herkömmliche Fensterscheiben. In der genannten Arbeit werden verschiedene Fabrikate aufgeführt.

Schließlich sei noch auf die verderbliche Wirkung von **Schimmel** hingewiesen. Einen zuverlässigen Schutz stellt nur die trockene Aufbewahrung des Materials dar. Schon die einfache Forderung, darauf zu achten, dass Schrankrückwände das Mauerwerk nicht berühren, sorgt für ein stabiles und trockeneres Mikroklima.

Sollte doch einmal Schimmel in der Sammlung auftreten, so ist er kaum zuverlässig zu entfernen.

Bei wertvollen Exemplaren kann man versuchen, nach der Abtrocknung das Pilzgeflecht vorsichtig mit Thymol-Alkohol und einem feinen Pinsel abzubürsten. Da das jedoch sehr aufwendig ist, das Ergebnis oft nicht befriedigen kann und keine Sicherheit vor einem erneuten Schimmelbefall darstellt, sollten Tiere, die leicht wiederbeschaffbar sind aus der Sammlung entfernt und ersetzt werden.

Ausführliche Informationen zu Fragen des Sammlungsschutzes finden sich bei PINNIGER (1994), JOHN (1997) und HILBERT (2002).

## Materialversand und Leihverkehr

Eine gut verwaltete Sammlung zeichnet sich nicht nur durch sauber präparierte und etikettierte Tiere aus, sondern auch dadurch, dass alle Exemplare exakt bestimmt sind. Es kommt durchaus nicht selten vor, dass beim Bestimmen Zweifel entstehen, ob die Art auch richtig determiniert worden ist. Dabei sollte man sehr kritisch sein und derartiges Material einem Spezialisten zur Nachbestimmung vorlegen. Folgende Dinge sind zu beachten: Es ist unmöglich, einem Spezialisten einfach Material zuzuschicken. Auf jeden Fall muss vorher angefragt werden, ob eine Determinationssendung erwünscht ist. Gleichzeitig teile man mit, zu welchen Gattungen die Tiere gehören und wie viel Exemplare es jeweils sind. Erhält man die Aufforderung, das Material einzusenden, muss es gut verpackt werden. Zum Versand eignen sich am besten kleine stabile Papp- oder Holzschachteln (▶ **Abb. 27**). Das können z. B. Zigarrenkistchen sein oder spezielle Insektenversandschachteln, wie sie im Fachhandel erhältlich sind. Empfehlenswert ist es, über die Steckfläche noch eine dünne Lage Watte oder Vlies zu spannen, damit beim Transport eventuell abfallende Teile eines Insekts in der Watte hängen bleiben und nicht das übrige Material beschädigen. Jedes Tier muss vor dem Einpacken noch rechts- und linksseitig mit Nadeln festgesteckt werden (▶ **Abb. 27**). Bei Auslandssendungen überklebe man die Schachtelöffnung mit einer durchsichtigen Kunststofffolie, damit das Insektenmaterial bei der Zollkontrolle sichtbar ist, aber nicht beschädigt werden kann. Dann wird der Versandbehälter geschlossen, in Papier oder besser in Noppenfolie eingewickelt und in einen entsprechend größeren, festen Karton gepackt, der es

Grundlagen der Sammlungstechnik

**Abb. 27** Steckschachtel für den Insektenversand. Die Tiere sind beiderseits mit Nadeln gesichert, der Boden muss mit einer Watteschicht versehen werden.

ermöglicht, das kleine Kistchen sozusagen schwebend in Holzwolle oder Schaumstoffflocken zu lagern (▶ **Abb. 28**). So verpackt, können auch die empfindlichen Insekten verschickt werden. Es wird empfohlen, Insektensendungen als solche kenntlich zu machen. Man verwende dazu z. B. einen mehrsprachig gedruckten Aufkleber (▶ **Abb. 29**).

Beim Versand von Material, was sich in einer Konservierungsflüssigkeit befindet, sollte man dem Empfänger die Art und Konzentration der Flüssigkeit mitteilen und entsprechende Hinweise zur Handhabung der Präparate geben.

Da es zuweilen erforderlich ist, spannweiche Insekten zu verschicken, wende man das von ANT (1965) beschriebene Verfahren an. In entsprechend große Plastikbeutel werden mit einem Ether-Ethanol-Gemisch (1:1) getränkte Insekten nebst Fundortetiketten mit einem Folienschweißgerät verschlossen. In den zugeschweißten Beuteln sind die Insekten absolut geschützt gegen Schädlinge

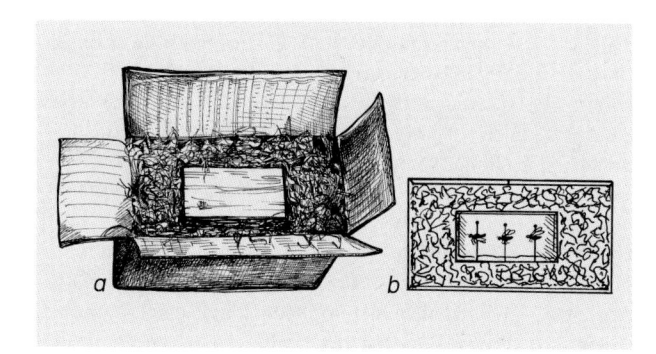

**Abb. 28** Verpackung von Insektenmaterial. a) das in Schaumstoffflocken oder Holzwolle gelagerte Insektenkästchen; b) Schnitt durch den verschlossenen ausgepolsterten Versandkarton.

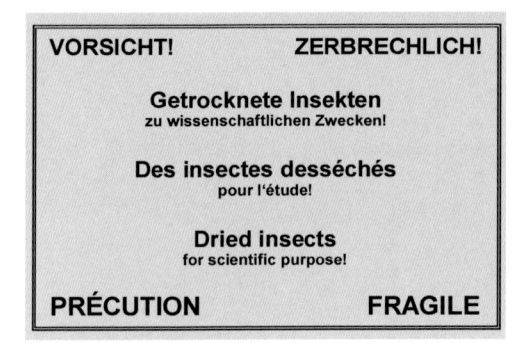

> **VORSICHT!**      **ZERBRECHLICH!**
>
> **Getrocknete Insekten**
> zu wissenschaftlichen Zwecken!
>
> **Des insectes desséchés**
> pour l'étude!
>
> **Dried insects**
> for scientific purpose!
>
> **PRÉCUTION**      **FRAGILE**

**Abb. 29** Warnaufkleber für Insektensendungen.

und können unbegrenzt lange aufbewahrt werden. Der Schutz gegen Schimmelbildung ist durch die Tränkung mit Ether/Alkohol ebenfalls sehr hoch. Nach Verdampfung des Gemisches und Austrocknung der Insekten in den Plastebeuteln ist keine Schimmelbildung mehr zu befürchten. Das Verfahren eignet sich natürlich nur für Objekte, denen eine Durchfeuchtung nicht schadet.

Schließlich sei noch erwähnt, dass der Spezialist für die Determination üblicherweise einen Anspruch auf Belegstücke hat. Es ist zweckmäßig, sich vorher über den Modus zu einigen, damit unliebsame Auseinandersetzungen vermieden werden. Ferner wird es stets als freundliches Entgegenkommen aufgefasst, wenn man für die Rücksendung einen fertig ausgefüllten Adressaufkleber sowie Rückporto beilegt. Da Determinationsarbeiten in der Regel nicht honoriert werden, sollte letzteres nicht vergessen werden.

Folgende Verfahrensweise hat sich im Leihverkehr bestens bewährt: Bei Entnahme des Materials für den Versand wird in den Sammlungskasten hinter den Artnamen ein kleines Etikett – gewissermaßen als Stellvertreter – gesteckt, das Angaben über die Anzahl der entnommenen Exemplare, Name des Spezialisten und Datum der Ausleihe enthält. Dieses Etikett dient sowohl der Kontrolle als auch der leichteren Rückordnung des Materials. Ferner wird jedes entnommene Insekt mit einem Etikett versehen, das über die Institution, der das Besitzrecht gehört, Auskunft gibt. Diese Maßnahme schließt ein Verwechseln beim Spezialisten mit Leihmaterial aus anderen Einrichtungen aus. Alle ausgeliehenen Exemplare werden ferner in ein Kontrollbuch eingetragen und außerdem noch drei mit gleicher Nummer versehene **Leihscheine** wie folgt ausgefertigt: Das Leihschein-Original (▶ **Abb. 30**) bleibt beim Empfänger und wird dem Spezialisten mit der Korrespondenz zugesandt. Der erste Durchschlag erhält den Vermerk „Bitte zurücksenden!". Er begleitet die Leihsendung vom Absender bis zum Empfänger. Letzterer bestätigt durch seine Unterschrift den Eingang des Materials und schickt diesen Leihschein an den Absender zurück. Er wird dann dem im Museum verbliebenen zweiten Leihschein-Durchschlag zugeordnet. Nach erfolgter Materialrückgabe erhält der Spezialist den ersten Leihschein-Durchschlag mit dem Vermerk „erledigt" zurück, wonach der zweite Durchschlag abgeheftet und die Angaben im Kontrollbuch gestrichen werden können. Diese Verfahrensweise garantiert eine genaue Übersicht über den jeweiligen Stand des Leihverkehrs.

## Naturkundliche Museen

Naturkundemuseen sind spezielle Formen naturkundlicher Sammlungen. Bei einem solchen Museum handelt es sich um eine sehr komplexe Einrichtung, deren Aufgaben weitaus umfangreicher sind, als es gemeinhin den Anschein hat. Im Folgenden wird besonderes Augenmerk auf die zoologischen Bereiche eines Naturkundemuseums gelegt. Zum Teil lassen sich diese Aussagen jedoch auch auf botanische, paläontologische und mineralogische Sammlungen übertragen.

Grundlage eines Naturkundemuseums sind im Wesentlichen die Sammlungen: magazinierte Sammlung und Schausammlung. Weiterhin sind für den Museumsbetrieb verschiedene Servicebereiche erforderlich. Hier sind die Bibliothek, das Archiv, eine Dokumentationsstelle sowie museumspädagogische und Konferenzbereiche zu nennen. Außerdem müssen für den Besucherverkehr sanitäre und gastronomische Einrichtungen eingeplant werden.

Die Aufgaben eines solchen Museums lassen sich in folgende Schwerpunkte gliedern: Forschung, Bildung sowie Unterhaltung.

### Forschung

Museen sind Forschungseinrichtungen. Naturgemäß haben hier vor allem klassische Disziplinen ihre Heimstatt. Im Falle eines zoologischen

MARTIN-LUTHER-UNIVERSITÄT HALLE-WITTENBERG
**Institut für Biologie / Zoologie**
- Entomologische Sammlungen -

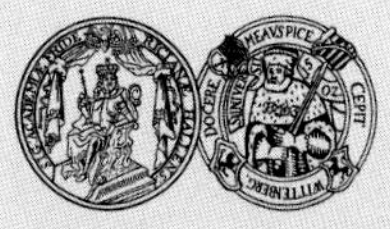

Domplatz 4 D-06099 Halle (Saale) TEL.: 0345 55 26 444
FAX: 0345 55 27 152

# Leihschein

Nr.: ...... Datum: ......................

...........................................
...........................................
...........................................
...........................................
...........................................

Die Entomologischen Sammlungen des Institutes für Biologie / Zoologie der Martin-Luther-Universität leihen folgendes Material für die Dauer von **12 Monaten** bis zum ......................... aus:

The Entomological Collection of the Institute of Biology / Zoology of the Martin-Luther-University lends the following material for the duration of **12 months** until ............................ :

Das Sammlungsmaterial bleibt Eigentum des Institutes für Zoologie der Martin-Luther-Universität Halle. Es ist nicht gestattet, Exemplare an dritte weiterzugeben.
Der Entleiher verpflichtet sich, das Material sorgfältig zu behandeln. Alle Veränderungen an den Tieren (einschließlich der Anfertigung von Genitalpräparaten) bedürfen der vorherigen Genehmigung.
Am Ende der auf diesem Leihschein angegebenen Leihfrist ist alles Material zurückzugeben. Die Exemplare sind sorgfältig verpackt und auf Kosten des Entleihers zurückzusenden. Falls notwendig, besteht die Möglichkeit, die Leihfrist zu verlängern.
Die an den Nadeln befestigten Etiketten dürfen nicht entfernt werden. Falls nötig, sind Veränderungen auf neuen Etiketten vorzunehmen. Diese dürfen nicht wesentlich größer sein, als die vorhandenen Etiketten.
Bei Publikationen über das ausgeliehene Material ist das Institut für Zoologie der Martin-Luther-Universität Halle in der üblichen Weise zu erwähnen.
Nach Veröffentlichung ist die Zusendung eines Separatums erwünscht.

The material remains the property of the Institute of Zoology of the Martin-Luther-University Halle. It is not permitted to lend specimens to other persons.
The borrower agrees to treat the material carefully. All modification (incl. genitalia dissection) are forbidden without previous permission.
The borrower agrees to return all material at the end of the loan period indicated on this form. Specimens must be packed carefully and dispatched at the expense of the borrower. If necessary the loan period can be extended.
No original labels shall be removed altered or replaced. Changes in the nomenclature or identification should be made upon a separate label not larger than present labels.
In publications or reports using the loaned material, the Institute of Zoology of the Martin-Luther-University Halle should be acknowledged in an appropriate way.
We would greatly appreciate receiving a copy of each publication/report based upon loaned material.

Datum: Unterschrift:
Date:.................................... Signature:................................

Bitte diesen Leihschein gegenzeichnen und zurücksenden!
Please sign this Paper and return!

**Abb. 30** Beispiel eines Leihscheines für den wissenschaftlichen Tauschverkehr.

Museums sind das Taxonomie und Systematik, deskriptive und vergleichende Morphologie, Zoogeographie und Faunistik sowie bis zu einem gewissen Grade Ökologie und Naturschutz. Arbeitsgrundlage sind die magazinierten Sammlungen. Aus präparatorischer Sicht stellt das spezielle Anforderungen an die Sammlungsobjekte. Oberste Priorität haben die Authentizität der Objekte sowie eine genaue Dokumentation der Herkunft und Bearbeitung, ggf. auch der Fang- und Präparationsmethodik. Besonderes Augenmerk muss auf die Erhaltung determinationsrelevanter Strukturen gelegt werden. Keinesfalls dürfen die Objekte angemalt oder Bestandteile nachmodelliert werden. Sollte die Originalfärbung und -zeichnung nicht erhalten werden können, so ist eine Fotodokumentation des frischen Objektes von Vorteil.

## Bildung

Die Bildung stellt einen öffentlichen Auftrag der Museen dar. Grundlage dafür ist die Schausammlung. An die Objekte dieses Sammlungsteiles werden andere Anforderungen gestellt als an die Präparate der wissenschaftlichen Magazinsammlung. Die Exponate sollen bestimmte Inhalte vermitteln. Sie sind in Beziehung zu ihrer Umwelt, zu den Menschen und auch zu historischen Situationen gestellt. Dementsprechend gestalten sich die Anforderungen an die Präparationstechnik. Die Objekte repräsentieren einen Ausschnitt aus der belebten Natur und müssen deshalb möglichst natürlich dargestellt werden. Dabei spielt die Authentizität eine untergeordnete Rolle. Charakteristische aber vergängliche Zeichnungen und Färbungen der Objekte können durch Bemalung erhalten und verdeutlicht werden. Natürliche Strukturen dürfen nachgestaltet werden.

Im Mittelpunkt der Konzeption von Schausammlungen stehen die Besucher und nicht die Objekte. Lichteinwirkung, Temperatur und die hohe Luftfeuchtigkeit, die fast zwangsläufig durch intensiven Besucherverkehr entsteht, gefährden die Exponate. Aus diesem Grunde dürfen keine Objekte aus der wissenschaftlichen Sammlung für die Schausammlung verwendet werden. Vielmehr müssen Präparate entsprechend der Zielstellung der Ausstellung angeschafft und hergerichtet werden. Drastisch aber realistisch wird das in folgendem Ausspruch deutlich: „Jedes Objekt, das in die Ausstellung gelangt, ist für die Wissenschaft verloren" (V. KNORRE – pers. Mitt.)

Form und Inhalt einer Ausstellung bzw. einer Schausammlung hängen von den lokalen Gegebenheiten und dem Zeitgeist ab. Wichtig sind hierbei neben den Schauobjekten auch Modelle und dreidimensionale Objekte zum Anfassen und Begreifen – im eigentlichen und übertragenen Sinne.

Eine zentrale Aufgabe ist die anschauliche Ergänzung des naturwissenschaftlichen Unterrichts an Schulen. Das sollte unbedingt bei der Planung einer Ausstellung Berücksichtigung finden. Durch museumspädagogisches Fachpersonal wird „Naturkunde zum Anfassen" vermittelt. Spezielle altersgemäße Führungen können junge Museumsbesucher bereits im Vorschulalter für Probleme der Natur und des Naturschutzes sensibilisieren.

Aber auch bei der Aus- und Weiterbildung von Biologen, Lehrern, Präparatoren sowie Land- und Forstwirten kommt dem Naturkundemuseum eine wichtige Bedeutung bei der Vermittlung von Artenkenntnissen zu. In Universitätsstädten sind deshalb Museen häufig mit den Hochschulen verbunden.

Als Zentren des intellektuellen Lebens sind Museen oft Heimstatt für naturkundliche Vereine, Gesellschaften und Arbeitsgemeinschaften. Solche Zusammenarbeit wirkt befruchtend auf beide Seiten und stellt einen Eckpfeiler des Bildungsauftrages des Museums und der Akzeptanz dieser Einrichtung in der Bevölkerung dar.

## Unterhaltung

Unterhaltung ist im Museum eng mit der Wissensvermittlung verbunden. Es geht hierbei darum, auf kurzweilige und evtl. spielerische Weise das Interesse des Museumsbesuchers zu wecken, Fragen aufzuwerfen und Informationen zu geben. Besonders in Zeiten der Entfremdung von der Natur und der uns umgebenden Tier- und Pflanzenwelt ist es wichtig, den Besucher neugierig zu machen. Nicht das passive, vielleicht sogar langweilige Betrachten sondern das aktive Erkunden und Erkennen der Natur muss das Ziel einer Ausstellung sein. Durch museale Unterhaltungsangebote besteht die Möglichkeit, Personengruppen anzusprechen, die bisher kein Interesse für Natur und Umwelt zeigten. Es geht darum, alle Sinne anzusprechen und an Alltagserfahrungen anzuknüpfen. Beispiele dafür sind Filme und Animationen, Erkundungen und „Expeditionen" durch die Ausstellung oder ein Quiz.

# Schwämme (Porifera)

Die weitaus überwiegende Zahl der Schwämme sind marine Formen. Von den etwa 5000 bekannten Arten leben nur wenige im Süß- oder Brackwasser. In periodischen Gewässern findet man keine Porifera. Gestalt und Farbe der stets festgewachsenen Schwämme sind äußerst mannigfaltig (▶ **Abb. 31**). Bestimmte Symmetrieverhältnisse treten nicht auf. Die Größe schwankt zwischen wenigen Millimetern bis zu einem Durchmesser von 1 bis 2 m. Die im Meer in allen Tiefen lebenden Arten sind meist Felsbewohner. Schwämme wachsen aber auch sehr gern auf tierischen oder pflanzlichen Unterlagen. Ferner gibt es Arten, die Kalksteine, Korallen, Muschel- oder Schneckenschalen durchbohren. Man erkennt Schwämme an ihrer irregulären Struktur und dem charakteristischen Geruch. Eine sichere Artbestimmung ist nur durch mikroskopische Untersuchung der isolierten Skelettelemente möglich. Mit einem Durchmesser von fast 2 m ist *Spheciospongia vesparia* die größte bekannte Art.

## Sammeln

Da Schwämme sehr leicht zerbrechen, werden sie im flachen Wasser am besten mit den Händen gesammelt. Man löst sie dabei mit einem Meißel oder mit einem Messer von der Unterlage. Zum Erbeuten der in tieferen Lagen vorkommenden Schwammarten kann ein Bootshaken, eine langstielige Harke oder ein Schleppnetz (Dredge) verwendet werden. Scharfrandige Dredgen schneiden die Schwämme gleich ab. Die Dredge darf jeweils nur kurze Zeit eingesetzt werden,

**Abb. 31** Oben Kalkschwamm, Mitte Kieselschwamm, unten Hornschwamm.

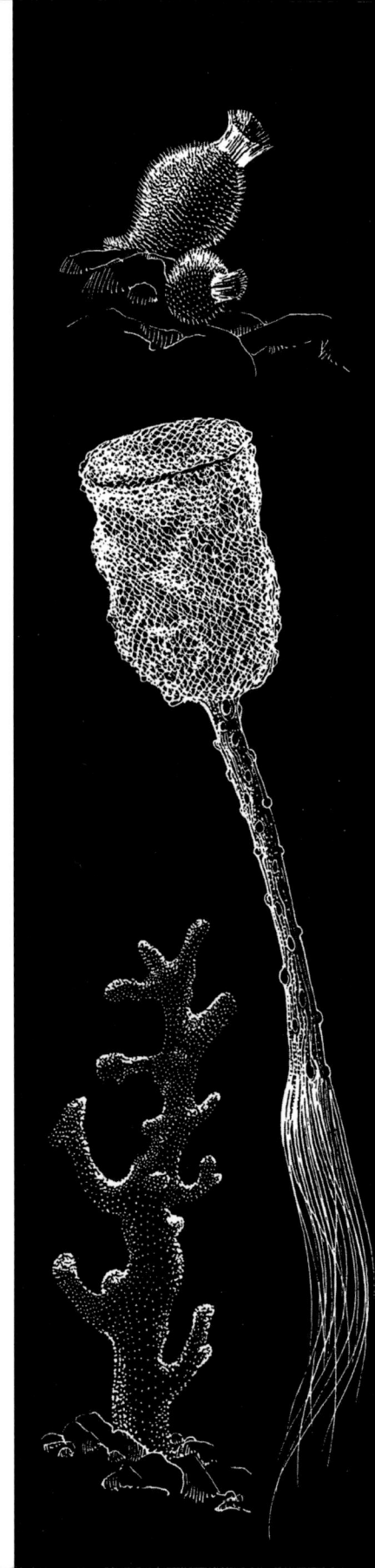

andernfalls erhält man keine unbeschädigten Exemplare. Nach RIEDL (1963a) kommen Schwämme massenhaft in Höhlen vor. Sofern sich die Höhlen in erreichbaren Tiefen befinden, kann darin nur der autonome Taucher sammeln. In Küstengebieten mit gewerblicher Schwammfischerei suche man Verbindung mit den Tauchbootbesatzungen zu bekommen.

Süßwasserschwämme treten meist als fester Überzug von Schilfhalmen, Steinen, Mauern, Pfählen oder ins Wasser ragenden Baumstümpfen auf. Insbesondere im Herbst, wenn der Wasserstand fällt, kommt der Bewuchs zum Vorschein. In dieser Zeit sind auch die makroskopisch sichtbaren Dauerknospen (Gemmulae) vorhanden. Beim Sammeln wähle man typische Schwammstücke aus, die auf gut transportablen, nicht zu großen Unterlagen gewachsen sind. Sollen mehrere frische Schwämme in einem Behälter transportiert werden, muss man jeden Schwamm einzeln verpacken, damit die Skelettnadeln des einen Exemplars nicht in das andere geraten. Ausführliche Hinweise enthalten die Arbeiten von WELTNER (1894) und SEBESTYÉN (1941).

# Präparieren

## Herstellung von Trockenpräparaten

Die meisten größeren Schwämme lassen sich trocken aufbewahren. Marine Arten wäscht man je nach Beschaffenheit bis zu 24 Stunden in Süßwasser aus. Danach werden sie aus dem Wasser genommen, gut abgeschüttelt und ebenso lange in 96%igen Alkohol gelegt. Schwämme müssen an einem schattigen, aber sehr luftigen Ort frei aufgehängt trocknen. So behandelte Exemplare behalten ihre Farbe relativ gut. Fleischige Schwämme, die beim Trocknen deformierten, erhalten ihre ursprüngliche Form zurück, wenn sie in Anisöl aufgeweicht werden. Das Anisöl wird danach mit starkem Alkohol extrahiert, um die Schwämme nochmals in ihrer natürlichen Form trocknen zu können. Trockene Schwämme verpackt man am zweckmäßigsten in geknülltem Seidenpapier oder leichtem Stoff, jedoch niemals in Watte. Letztere haftet so fest an der Oberfläche, dass sie nur mit großer Mühe wieder zu entfernen ist. Da getrocknete Schwämme meist relativ leicht sind, lassen sie sich mittels Holzwolle, Schaumstoffflocken oder trockenem Seegras in Kisten verpackt verlustlos transportieren.

Trockene Schwämme montiert man am besten unter Glas. Der Fuß frei stehender Stücke wird in das Grundbrett versenkt und mit wasserunlöslichem Leim festgeklebt. Die Oberfläche zarter Schwämme lässt sich durch Übersprühen mit verdünntem synthetischem Lack festigen. Gleichzeitig werden damit kleine Partikel gebunden, die sich sonst im Laufe der Zeit aus dem Schwamm lösen und den Glaskasten verunreinigen. Falls es

**Abb. 32** Flechtenartige Schwammkruste auf Rinde als Trockenpräparat unter Glas montiert.

möglich ist, sollten für Schauzwecke montierte Trockenpräparate mit einem Foto des Fundortes versehen werden (▶ **Abb. 32**).

! **Beim Umgang mit trockenen Schwämmen darf man sich nicht die Augen reiben. Falls nadelartige Skelettelemente (Spicula) ins Auge gelangen, entstehen starke Entzündungen.**

## Herstellung von Nasspräparaten

Wegen ihres großen Wassergehaltes muss man lebende Schwämme in 96%igem Alkohol fixieren. Sobald die Konzentration der Fixierungsflüssigkeit auf 80 % gesunken ist – mit Alkoholometer kontrollieren (!) – wird diese durch frischen Alkohol ersetzt. Sofern der Prozentgehalt nach 24 Stunden nicht wesentlich gesunken ist, kann dieser Alkohol als Aufbewahrungsflüssigkeit dienen, anderenfalls ist ein nochmaliger Wechsel erforderlich.

Steht nur Formol zur Verfügung, darf es nur in neutralisierter Form verwendet werden. Dem Vorteil, dass bei Formolfixierung die Schrumpfung geringer ist und die Oberfläche ein natürliches Aussehen behält, steht der Nachteil gegenüber, dass Kalkschwämme wegen der kalklösenden Wirkung nur bedingt in Formalinlösungen aufbewahrt werden können. Unbedenklicher ist die Anwendung von 4%igem Formol-Seewasser zur Konservierung von Kiesel- und Hornschwämmen. Allerdings verschleimt von letzteren die Oberfläche nach einiger Zeit.

Nach LÖWEGREN (1961) lässt sich die **natürliche Färbung** der Schwämme eine gewisse Zeit erhalten, wenn man sie in **Zuckerlösung** aufbewahrt. Der lebende Schwamm wird einen Tag lang in 4%igem Formol fixiert, danach kurz in 90%igem Alkohol entwässert und schließlich in eine Zuckerlösung, bestehend aus 500 g Kristallzucker und 1000 ml Aqua dest., übergeführt. Als Aufbewahrungsflüssigkeit dient nach mehreren Tagen eine filtrierte, gesättigte Zuckerlösung. Nachteilig ist, dass die Objekte nach mehreren Jahren ganz durchsichtig werden.

Wünscht man die durch Grünalgen verursachte Farbe von Süßwasserschwämmen zu erhalten, wird 4%iges Formol unter Zusatz von 30 g Salpeter je Liter als Fixierungsflüssigkeit verwendet.

Ein vom natürlichen Untergrund entfernter Schwamm sollte im Präparateglas möglichst naturgetreu montiert werden. Dazu eignet sich sehr gut der spezifisch leichte Bimsstein. Ein oder mehrere Stücke werden passend zurechtgeschnitten und, falls erforderlich, angebohrt. Der Schwamm wird mittels flüssiger Gelatine festgeklebt. Damit die Klebestellen unsichtbar sind, streut man Sand auf die noch nicht erstarrte Gelatine. Handelt es sich darum, reinen Sandboden zu imitieren, muss reichlich Sand unter die Gelatine gerührt und diese Mischung in das vorgewärmte Glas um den Fuß des Schwammes gegossen werden (▶ **Abb. 33**).

Anschließend wird das Präparateglas dicht verschlossen. ANDERS-GRÜNEWALD & WECHSLER (2000) geben eine sehr gute Übersicht über verschiedene Methoden und Möglichkeiten, Präparategläser zu verschließen. Demnach ist die bisweilen übliche Anwendung von Silicon völlig ungeeignet, da dieses Material grundsätzlich

**Abb. 33** Badeschwamm als Nasspräparat montiert.

gasundicht ist und von Alkohol und Formaldehyd angegriffen wird.

Ähnliches gilt für Schmelzkleber (Äthylen-Vinyl-Acetat – EVA), der in Form von sog. Klebstoffsticks für die Anwendung in Heißklebepistolen erhältlich ist. Die Haftung am Glasrand ist schlecht und der Kleber lässt sich mühelos wieder abziehen.

Demgegenüber wird ein Gemisch von Bienenwachs und Kolophonium im Verhältnis 3:1 empfohlen. Das Kolophonium wird in einem Topf bis zur Dünnflüssigkeit erwärmt, wobei es schäumt und Blasen bildet. Das ebenfalls erhitzte Bienenwachs wird in das heiße Kolophonium gegeben (nicht umgekehrt), gut verrührt und sofort in kleine Gläser abgefüllt. Kommt es zu kristallinen Ausfällungen von Kolophonium, muss eine neue Mischung hergestellt werden.

Zur Anwendung wird dann das Gemisch im Wasserbad erhitzt und mit einem Naturborstenpinsel gleichmäßig auf den Glasrand aufgebracht. Je gleichmäßiger die Masse aufgebracht wird, desto besser. Nach innen gelaufene Tropfnasen sollten wieder entfernt werden, da sie die Flüssigkeit wie ein Docht nach oben ziehen und dadurch den Verschluss schädigen.

Die Deckel werden in einem Wärmeschrank oder Elektroofen gleichmäßig auf 130 °C erwärmt, danach mit einer Holzgrillzange aus dem Ofen genommen und vorsichtig auf den mit Wachs bepinselten Glasrand gelegt. Durch den erhitzten Deckel wird das aufgetragene Wachs aufgeschmolzen. Um einen leichten Druck zu erzeugen, werden die Deckel sofort mit einem kleinen Gewicht beschwert.

Die im Glas vorhandene Luft dehnt sich durch die Erwärmung aus und versucht, durch die Wachsschicht zu entweichen. Durch vorsichtiges Verschieben des Deckels wird das ermöglicht, wobei es auf den richtigen Zeitpunkt ankommt, an dem das Wachs noch weich ist, aber durch das aufgelegte Gewicht der leichte Überdruck kompensiert werden kann. Es darf sich kein permanenter Luftkanal bilden. Beim Abkühlen schlägt die Färbung des Wachses von transparent in trüb um. Sollte das Verschließen erfolglos sein, muss der Vorgang wiederholt werden. Kleine Fehler lassen sich mit einem Fön durch vorsichtiges Erwärmen korrigieren.

Zu ebenfalls guten Ergebnissen führt laut o. g. Autoren die Verwendung Terostat IX, einem knetbaren Dichtstoff auf Basis Polyisobuthylen. Bei der Verwendung dieses Materials formt man einen gleichmäßigen Strang und drückt diesen leicht auf den Rand des Glases. Dabei ist eine kleine Lücke für entweichende Luft zu lassen. Beim Aufdrücken verschwindet diese Lücke und kann von außen verstrichen werden. Der Kitt bleibt elastisch, die Haftfähigkeit ist sehr gut. Ob sich dieser Stoff in der Museumstechnik durchsetzen kann, wird die Zeit zeigen.

Nach wie vor ist Picein (= Pizein), ein schwarzes, siegellackähnliches gereinigtes Bitumen, ein verbreitetes Material zum Verschließen von Präparategläsern. Diese Substanz wird als Kitt und Kleber in der Feinmechanik, Hochvakuumtechnik und im optischen Gerätebau verwendet und ist in Form von Stangen mit Schmelzpunkten von 50–60 °C bzw. 80–100 °C im Handel. Für den Verschluss von Sammlungsgläsern ist die niedrigschmelzende Form zu empfehlen.

! **Die in einigen Publikationen benutzte Bezeichnung „Stockholm-Teer" oder „Stockholm-tar" wird fälschlich als Synonym verwendet.**

Bei der Arbeit mit Picein bedarf es einiger Übung. Nachdem man jedoch Erfahrungen gesammelt hat, ist es ein gut beherrschbares Verfahren, wobei sicherlich jeder im Laufe der Zeit eine eigene Methode entwickelt.

Der Autor erzielt die besten Ergebnisse, wenn eine ausreichende Menge Picein in einem kleinen Tiegel auf einer Elektroheizplatte oder einem Spiritusbrenner aufgeschmolzen wird. Anschließend gießt man einen dünnen Ring möglichst gleichmäßig auf den Rand des Glasdeckels, den man dann zunächst wieder erkalten lässt. Dann wird der Deckel umgedreht und auf das Präparateglas gelegt. Mit einem Bügeleisen in der niedrigsten Stufe (Chemiefasern/Seide) wird nun der Deckel wieder gleichmäßig erhitzt, wobei das Picein aufschmilzt und einen Film zwischen Deckel und Glasrand bildet. Um die Hitzeeinwirkung noch ein wenig abzuschwächen und die Gefahr eines Zerspringen des Deckels zu reduzieren, kann noch ein Blatt Fließpapier zwischen Bügeleisen und Deckel gelegt werden. Herausquellender Kitt kann anschließend mit einem erhitzten Metallspatel verstrichen werden.

Für ein erfolgreiches Verschließen sind noch einige Empfehlungen zu beachten:
- Präparategläser und Deckel dürfen keine Fehler oder Schäden aufweisen.
- Der Glasrand muss plan geschliffen sein.
- Die Verschlussmasse hält besser, wenn der Glasdeckel am Rand angeschliffen ist.
- Alte Verschlussreste (vor allem Fette) müssen vollständig entfernt werden.
- Das Picein sparsam anwenden. Die beste Verschlusswirkung wird erzielt, wenn die Kittschicht gleichmäßig und dünn ist.
- Glasdeckel dürfen nicht über den Glasrand überstehen.

Schließlich wird bei eckigen Präparategläsern der Verschluss ringsherum mit schwarzem Papier oder Gewebeklebeband verklebt, bei Knopfdeckelgläsern mit Schweineblase überspannt und mit schwarzem Lack überstrichen.

Besteht die Notwendigkeit, ein Gefäß wieder zu öffnen, so kann man Picein und andere thermische Verschlussmittel wieder mit einem Bügeleisen aufschmelzen (ebenfalls auf niedrigster Stufe).

Diese aufwendigen Verschlussmethoden sind zu umgehen, indem man Präparategläser mit eingeschliffenem Deckel benutzt. Der Schliff wird mit etwas Schlifffett eingerieben und dann verschlossen. Dafür eignen sich Hahn- bzw. Exsikkatorfett, Vaseline oder Ramseyfett. Auf keinen Fall sollte jedoch Silicon-Paste verwendet werden, da diese im Laufe der Zeit porös aushärtet, wodurch einerseits der Verschluss undicht wird und sich andererseits das Glas nur noch sehr schlecht öffnen lässt.

Wenn gewünscht, kann man auch hier das Glas mit schwarzem Papier bekleben oder ggf. mit Schweineblase bespannen. Das Öffnen ist unproblematisch. Vor erneutem Verschließen ist das alte Fett zu entfernen und der Schliff neu einzureiben.

## Herstellung von Skelettpräparaten

Die zumeist recht umfangreichen Schwammkörper werden durch ein Skelett gestützt. Es besteht entweder aus verschiedengestaltigen Kalknadeln, Kieselnadeln oder, wie beim bekannten Badeschwamm, aus elastischen Sponginfasern. Um Skelette von Kalk- und Kieselschwämmen zu erhalten, lässt man die organische Substanz am besten in Süßwasser vorsichtig mazerieren. Hornschwämme können ebenfalls vom faulenden Weichkörper in angewärmtem Wasser befreit werden.

Um das Spongiolin von Kieselschwämmen zu erhalten, zerstört man nach SCHULZE (1921) den Weichkörper durch Ammoniak. Dazu werden Schwammstücke mehrere Tage bei 40 °C in den Thermostaten gestellt. In der gleichen Weise lässt sich nach ARNDT (1934) auch das Skelett von Hornschwämmen isolieren. Lebendfrische, noch nicht fixierte Süßwasserschwämme lassen sich von ihrem Weichkörper durch Behandlung mit 1%iger Chinosollösung befreien. Kleine Stücke werden 10 Minuten, größere bis zu einer Stunde darin geschwenkt. Bei längerer Einwirkung entsteht Gelbfärbung (ARNDT 1938).

Die für das Bestimmen eines Schwammes meist nötige Isolierung der Spicula bewirkt man nach ARNDT (1934) bei einem Kieselschwamm durch Kochen mit konzentrierter Salzsäure und bei einem Kalkschwamm durch Kochen mit Eau de Javelle (= Kalibleichlauge, Kaliumhypochlorit). Man erhitzt hierbei ein bohnen- bis haselnussgroßes Stück Schwamm in einem Reagenzglas mit der Mazerationsflüssigkeit, bis es zerfällt. Nach dem Absetzen wird die abgegossene Mazerationsflüssigkeit durch Wasser ersetzt, das Ganze durchgeschüttelt und danach muss es wieder absetzen. Der Bodensatz wird dann in einem Schälchen getrocknet und Teile davon auf einem Objektträger in Kanadabalsam eingebettet.

Ein in der Diatomeenverarbeitung gebräuchliches kräftiges Mazerationsverfahren empfiehlt ROECKL (1937/38) zur Isolierung von Kieselnadeln: Man gibt ein Stückchen Schwamm, möglichst gemmulaehaltiges Herbstmaterial, in eine Porzellanschale, fügt unter stetem Umrühren vorsichtig konzentrierte Schwefelsäure hinzu und kocht es einige Minuten. Wenn die organische Substanz aufgelöst ist, wird in kleinen Mengen Salpeter zugesetzt, bis die Masse ganz hell erscheint. Nach gründlichem Waschen und mehrmaligem Abgießen des destillierten Wassers bringt man einen Teil der Aufschwemmung mit einem weichen Pinsel auf einen Objektträger und schließt das Material mit Balsam ein.

Zur **Herstellung von Spiculapräparaten** werden nach PENNAK (1953) 4 bis 5 Teile Süßwasserschwamm mit 10 Teilen konzentrierter Salpetersäure bis zum Kochen erhitzt. Nach einem Tag wird die Säure abpipettiert und langsam Wasser aufgefüllt. In stündlichen Abständen wäscht man zweimal nach und ersetzt das Wasser durch 95%igen Alkohol. Nach 15 Minuten wird das Material in absoluten Alkohol überführt. Kleine, auf den Objektträger gebrachte Materialmengen brennt man ab und bettet sie unter einem Deckglas ein. Gemmulae werden 1–6 Stunden mit kalter Säure behandelt, bis sie eine orange oder gelbe Farbe angenommen haben, und dann wie beschrieben über Alkohol eingebettet.

# Hohltiere (Coelenterata)

Zu den so genannten Hohltieren zählt man den Stamm Cnidaria (Nesseltiere) und den Stamm Ctenophora (Kamm- oder Rippenquallen). Die Cnidaria umfassen mit insgesamt etwa 9000 Arten folgende vier Klassen: Hydrozoa, Scyphozoa, Anthozoa und Cubozoa. Man unterscheidet zwei Lebensformen, den mehr oder weniger schlauchförmigen Polyp und die glocken- oder scheibenförmige, mit dem Mund nach unten im Wasser schwebende Meduse. Für beide Formen sind mitunter noch Systeme mit verschiedener Nomenklatur üblich. Alle Arten besitzen mikroskopisch kleine Nesselkapseln. Die Ctenophora umfassen nur etwa 100 Arten und beinhalten die Klassen Tentaculifera und Atentaculata. Im Gegensatz zu den Nessltieren tragen die rein marinen Rippenquallen nur klebrige Greifzellen und haben keinen Generationswechsel.

Von wenigen Arten abgesehen, leben die meisten Hohltiere im Meer oder Brackwasser.

Coelenteraten lassen sich am besten auf einer schwarzen Unterlage im lebenden Zustand bestimmen. Deshalb sollte die Konservierung möglichst erst nach der Determination eingeleitet werden. Fast alle Hohltiere erfordern in präparationstechnischer Hinsicht eine sorgfältige Behandlung. Sie reagieren bei ungewohnter Umwelt meist durch Kontraktion. Viele Arten sind nur schwierig zu betäuben oder weisen nach unsachgemäßem Fixieren Schrumpfungserscheinungen auf. Wie aus den Ausführungen ersichtlich, wurden schon mannigfaltige Methoden erprobt. Es sei bereits im voraus gesagt, dass man auch bei größter Erfahrung nicht immer befriedigende Resultate erzielt.

**Abb. 34** Oben Süßwasserpolyp, Mitte Ohrenqualle, darunter Seerose, unten Rippenqualle.

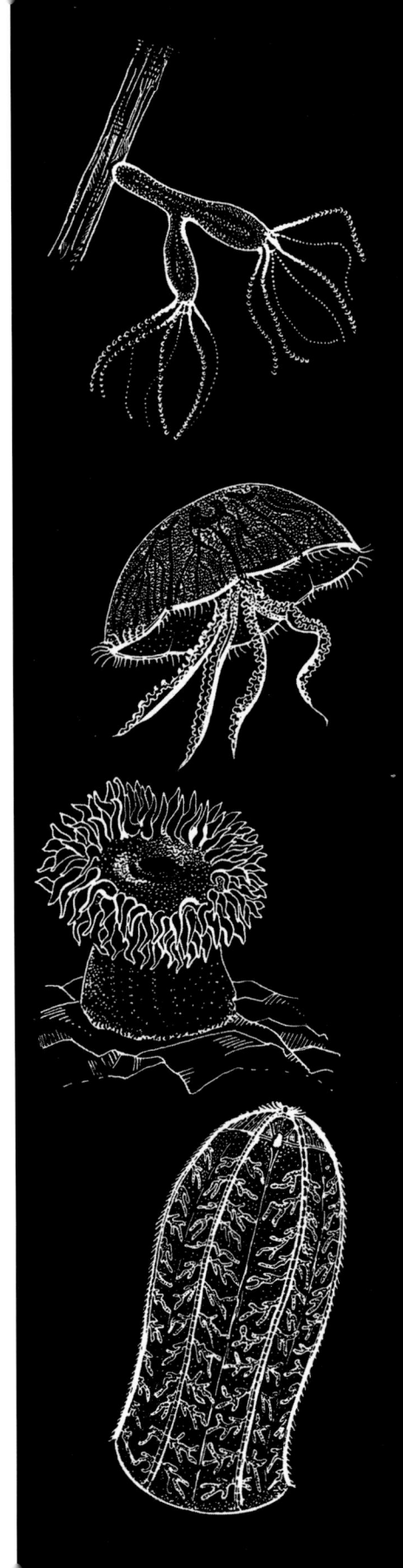

# Hydrozoen (Hydrozoa)

Diese Tierklasse umfasst rund 2700 Arten. Die stockbildenden Polypen sind nur selten länger als 1 mm, während der größte Polyp über 2 m Länge erreichen kann. Sehr viele frei schwimmende Medusen haben lediglich 2 bis 6 mm Durchmesser, die größte Form dagegen hat einen Durchmesser von 40 cm.

## Sammeln

Hydropolypen siedeln auf allen festen Unterlagen, man findet sie als Bewuchs an Steinen oder Pflanzen und auf Fels- oder Steilküsten. Marine Formen lassen sich am erfolgreichsten mit Tauchmaske und Schnorchel ausgerüstet sammeln. Süßwasserpolypen bevorzugen pflanzenreiche, nicht schnell fließende Gewässer. Lichtscheue Formen leben in der Regel im Schlamm unter Steinen. Man entdeckt sie am besten auf abgeschlagenem oder abgerissenem Material, das in ein Wasserbecken gelegt und nach einiger Zeit mit dem Binokular durchmustert wird.

Die freischwimmenden Hydromedusen sind meist echte Planktontiere. Sie treten vornehmlich von August bis November in der weiteren Uferzone auf. Medusen werden gewöhnlich mit einem Planktonnetz gefangen. Da die gallertigen Tiere sehr empfindlich sind, lässt man sie noch im Meerwasser aus dem Netz in ein Sammelgefäß überflottieren. Es muss auch auf im Bodengrund kriechende Formen *(Cladonema, Eleutheria)* geachtet werden. Maßnahmen, die bei der Behandlung empfindlicher Planktonten, besonders bei Hydrozoen, zu berücksichtigen sind, stellte FENAUX (1969) zusammen (siehe Seite 293 f.).

## Betäuben und Fixieren

Hydropolypen betäubt man unter tropfenweiser Zugabe einer etwa 30%igen Stammlösung von Magnesiumchlorid, bis das Meerwasser etwa 1 % des Salzes enthält. Gute Ergebnisse lassen sich auch durch tropfenweisen Zusatz von 96%igem Alkohol zum Milieuwasser erzielen. Des weiteren kann man auch eine 0,25%ige Hydroxylaminlösung benutzen. Je nach Wassertemperatur und Umfang des Materials sind die Polypen zuweilen erst nach einer Zeitdauer von einer halben bis mehreren Stunden betäubt. Etwa 15 Minuten nach Einsetzen des reaktionslosen Zustandes kann mit der Fixierung begonnen werden. Polypen fixiert man entweder in 70%igem Alkohol, der zur Daueraufbewahrung einmal gewechselt werden muss, oder in einer Formalinlösung (1:9). Weil die Objekte in dieser Konzentration nach einiger Zeit brüchig werden, empfiehlt sich zur Aufbewahrung nur eine 2%ige Formalinlösung, der je 100 ml 5 ml reines Glycerol zugesetzt werden.

Für makroskopische Zwecke werden Süßwasserpolypen am besten nach VANHÖFFEN (1913) behandelt. Man löst die Polypen mit einem Pinsel von ihrer Unterlage und bringt sie in ein Reagenzglas, das etwas Wasser enthält. Die Tiere müssen sich darin strecken; durch leichtes Drehen wird das Festsetzen verhindert. Nachdem sie sich gestreckt haben, gießt man den Inhalt des Glases in konzentriertes Formol. Das Fixierungsmittel muss etwas bewegt werden, damit die Tentakel nicht verkleben. Nach kurzer Fixierung erfolgt die Aufbewahrung für Sammlungszwecke in 2%iger Formalinlösung.

Ein etwas aufwendigeres Verfahren, das jedoch sichere Resultate liefert, beschreibt STAGNI (1964). Man setzt die Hydren vor dem Töten in etwa 2 ml Wasser, das sich in einem Reagenzglas befindet, und leitet zur Anästhesierung $CO_2$-Gas z. B. aus einer Kohlendioxid-Flasche ein. Nach etwa 1 Minute sind die Tiere gut gestreckt und können durch zufließen lassen von 40%iger Formalin fixiert werden.

Die Behandlung von Medusen bereitet größere Schwierigkeiten. Zuerst bringt man sie in eine flache Schale mit Seewasser. Sobald die Tentakel ausgestreckt sind, kann die Betäubung einsetzen. Sie erfolgt entweder mit Magnesiumchlorid oder durch Einleiten von Kohlendioxid ins Milieuwasser. Bei verschiedenen Arten führt auch die Anwendung von Ether- oder Chloroformwasser zum Erfolg. Man kann die Medusen in die Fixierungslösung gleiten lassen oder plötzlich damit übergießen. Die Fixierung erfolgt in 4%igem Formol.

Duncan (1917) weist darauf hin, dass es sehr wichtig ist, die Medusen bei der tropfenweisen Zugabe von Formol mit einem Glasstab durch Umrühren der Flüssigkeit zu bewegen. Nach Zugabe des letzten Tropfens sollte noch 5 Minuten gerührt werden.

Zur Erhaltung der sich in Formol auflösenden Statozysten muss eine stufenweise Überführung der Medusen in 80%igen Alkohol erfolgen. Da bei diesem Verfahren leicht Schrumpfungen eintreten, sollte jede Alkoholstufe mindestens 24 Stunden einwirken können.

Die Staats- oder Röhrenquallen (Siphonophora) sind frei schwimmende polymorphe Stöcke von Hydrozoen. Ihre Konservierung ist schwieriger als die aller anderen Formen, weil sie außerordentlich reizempfindlich sind und leicht zerfallen, wenn sie nicht bald behandelt werden. Entweder verwendet man zum Betäuben Chloroformdämpfe (Uhrglasmethode) oder Mentholkristalle. Viele Siphonophorenarten können mit einer 7%igen Lösung von Magnesiumchlorid in Süßwasser behandelt werden. Nach Mietens (1916) gießt man das Tier mit so viel Seewasser in die Betäubungsflüssigkeit, dass eine minimale Konzentration von 5% entsteht. Nach einem mehr oder weniger langen Aufenthalt, je nach Tierart verschieden (*Galeolaria* 15 min., *Forskalia* 4 Std.), wird das Tier mit neutralisiertem Formol (2%ig) getötet. Die Fixierung erfolgt in einer Mischung von gleichen Teilen 5%igem Formol, Meerwasser und schwacher Flemmingscher Lösung (1%ige Chromsäure 25 ml, 2%ige Osmiumsäure 5 ml, 1%ige Essigsäure 10 ml, Aqua dest. 60 ml). Bei den meisten der ferner beschriebenen Behandlungsmethoden wird auf eine Betäubung verzichtet, indem man die Tiere mit einem schnell wirksamen Fixierungsmittel übergießt. Ausführliche, vorwiegend mikroskopischen Zwecken dienende Angaben enthalten die Arbeiten von Lo Bianco (1890), Friedländer (1891) sowie Wagstaffe & Fidler (1955).

# Scyphozoen (Scyphozoa)

Es gibt etwa 200 marine Formen. Die größte Art (*Cyanea capillata*) erreicht einen Schirmdurchmesser von bis 2,5 m. Mit zum Teil 98% Wassergehalt sind die Quallen die wasserreichsten Vertreter des ganzen Tierreiches. Sie kommen oft in großen Schwärmen zum Wasserspiegel. Sonst halten sie sich in bodennahen Schichten auf. Die meisten Arten sind durchsichtige Planktontiere, eine dunkle Färbung besitzen nur die Tiefseequallen. Wie die Hydrozoen treten sie gewöhnlich in zwei Formen auf. Die Polypenform lebt in der Regel nur kurze Zeit als Erzeuger der Medusenform.

## Sammeln

Polypen findet man selten, Medusen regelmäßig im offenen Meer, zuweilen massenhaft an den Küsten. Große schwimmende Quallen lassen sich vom Boot aus am besten einzeln mit eimerartigen Gefäßen aus dem Wasser schöpfen. Die polypenartigen Becherquallen (Stauromedusae) werden bei Ebbe in der Gezeitenzone aufgelesen oder man dredgt die Seegraswiesen nach ihnen durch. Es ist empfehlenswert, festsitzendes Material auf seiner natürlichen Unterlage ins Laboratorium zu bringen. Sofern die gesammelten Tiere nicht sofort konserviert werden können, empfiehlt es sich, sie in einem Kühlschrank aufzubewahren.

## Betäuben und Fixieren

Medusen mit langen Anhängen werden mit Magnesiumchlorid oder Magnesiumsulfat betäubt. Man fixiert sie mit 4%igem Formolseewasser. Damit sich die Tentakel entfalten können, ist es erforderlich, einen entsprechend großen Glasständer vorzubereiten. Der Ständer wird unter die Glocke geschoben und die Meduse notfalls mit einem farblosen Kunststofffaden befestigt. Dann wird ein maßgerechtes Präparateglas mit 10%igem Formalin gefüllt und die auf dem Ständer hängen-

Hohltiere (Coelenterata)

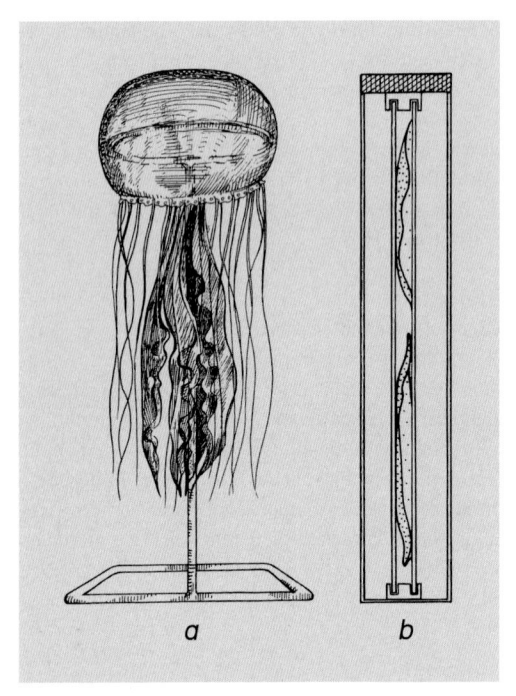

**Abb. 35** Montage von Scyphomedusen. a) auf Glasständer montierte Scyphomeduse; b) Seitenansicht eines Präparatenglases mit zwischen Glasplatten haftenden Quallen. Der erforderliche stabile Scheibenabstand wird durch genutete Plexiglasabschnitte gewährleistet.

de Qualle (vgl. ▶ **Abb. 35a**) vorsichtig in das Glas übergeführt. Die in der Ostsee vorkommende *Aurelia aurita* L. tötet BROWNE (1901) mit einer 5%igen Lösung von Formalin in Seewasser (5 ml Formalin und 95 ml Seewasser). Darin sterben diese Quallen schön gestreckt ab. Nach Hinzufügen von 100 ml konzentriertem Formalin werden die Tiere unter gelegentlichem Umrühren 6 Stunden in dieser Lösung belassen. Dann überführt man sie in eine Mischung von 9 Teilen 10%igem Formalin in Süßwasser mit einem Teil 5%iger Chromsäurelösung und lässt sie 24 Stunden fixieren. Die Quallen werden gelegentlich umgerührt und weiter starkes Formalin zugefügt. Es ist sehr wichtig, dass die Medusen gänzlich mit Formalin durchtränkt werden. Die Aufbewahrung erfolgt in 10%igem Formalin in Süßwasser. Die Behandlung mit Chromsäure macht die gallertigen Tiere durchsichtiger und elastisch. Da es nicht gelingt, die scheibenförmigen Quallen in natürlicher Schwimmlage zu befestigen, wird empfohlen, sie durch zwei parallel gestellte Glasplatten in senkrechter Lage zu halten (vgl. ▶ **Abb. 35a**). Von Vorteil ist, dass die Organe bei dieser Art der Montage gut sichtbar sind.

## Spezielle Hinweise

Quallen lassen sich mit etwas Geschick auch injizieren. KRUMBACH (1930) referiert diesbezügliche Erfahrungen anderer Autoren. Nach RIEDL (1963) wird zur Lebendbeobachtung des Magensystems Karmin- oder Tusche-Glycerol-Lösung injiziert. Über die Montage von Quallen für Demonstrationszwecke berichten GRIER (1920) und TOTTON (1935).

# Blumenpolypen (Anthozoa)

Die etwa 6000 Arten der rein marin lebenden Blumentiere treten nur als festsitzende Polypen auf. Sie kommen in allen Weltmeeren bis über 1000 Meter Tiefe vor. Das Hauptverbreitungsgebiet sind die indopazifischen Korallenriffe. Die Anthozoen entwickeln ungewöhnliche, vielgestaltige, meist stock- oder baumartige Wuchsformen. Es gibt Einzelpolypen, die nur wenige Millimeter groß sind. Von den skelettlosen solitären Seerosen erreicht die größte Art bis 1,5 m Durchmesser. Unter den ein festes oder elastisches Skelett abscheidenden Formen bilden die Dörnchenkorallen Stöcke bis 6 m Länge aus.

## Sammeln

Anthozoen findet man bereits in den Fluttümpeln, vor allem aber in der Gezeitenzone. Sie besiedeln meist Felsböden oder leben auf Molluskenschalen und Schwämmen. Nach RIEDL (1963a) lege man Seescheiden (Ascidiacea) zum Erkennen ihres stets stark kontrahierten Anthozoenaufwuchses in saubere Becken (kontrollieren nach 24 Std.). Im Bereich des Felslitorals lassen sich Anthozoen mit der Hand unter Benutzung eines Tauchgerätes sammeln. Soll Material aus tieferen Lagen gewonnen werden, ist man auf die Dredge angewiesen. Das damit geborgene Material ist leider meist beschädigt und eignet sich nur noch selten für Ausstellungszwecke. Vorteilhafter ist die Verwendung eines Bodenschleppnetzes, des sog. Beam-Trawls. Mit ihm werden alle sessilen Formen, insbesondere die im Bodenschlamm verankerten Seefedern (Pennatularia), erreicht.

Seerosen werden am besten mit einem flachen Holzspatel vom Untergrund gelöst. Dabei dürfen keine Verletzungen entstehen, sonst bleibt das Tier kontrahiert. Nach PAX (1936) kann man die auffallend purpurroten Pferdeaktinien *Actinia equina*, die sich zuweilen auf der Unterseite von Steinen ansetzen, unverletzt erhalten, wenn sie mit dem Stein aus dem Wasser genommen werden. Schon nach 10 Minuten erschlaffen meist die Basilarmuskeln der Fußscheibe, so dass sich die Tiere mühelos einsammeln lassen. Sitzen Seeanemonen auf anstehendem Fels, wird das Gesteinsstück abgeschlagen. Ins Aquarium gelegt, verlassen die Aktinien die Unterlage meist von selbst.

Seerosen, die in Symbiose mit Einsiedlerkrebsen auf einem Schneckenhaus leben, sammelt man gewöhnlich in dieser Form. Sollen die Aktinien jedoch isoliert aufbewahrt werden, lässt sich dies nach ANDERS (1883) auf folgende Weise erreichen: Da Schmarotzerrosen nicht lange auf leeren Schneckenschalen verweilen, zieht man die dazugehörigen Paguriden aus der Schale und wartet, bis die Seerosen ihren Wohnsitz freiwillig verlassen.

Die Tentakel der wurmförmigen, im Bodensediment Röhren anlegenden Zylinderrosen (Ceriantharia) vermag nur der Geübte zu erkennen und auszugraben. In tieferen Zonen lebende Arten können nach FORSTER (1953) auch durch eine Bodendredge mit verstellbarem Schürfteil gesammelt werden. Dieses Gerät ermöglicht es, eine entsprechend starke Bodenschicht abzuheben, in der diese Formen verborgen sind.

Über zweckmäßiges **Sammeln auf einem Korallenriff** gibt PLATE (1903 und 1906) unter anderem folgende Ratschläge: Hammer und Meißel benötigt man zum Abschlagen von Korallenstücken. Die in den Höhlen und Spalten jedes Korallenblockes wohnenden Tiere werden selbstverständlich auch gesammelt. Man erreicht diese Mitbewohner am leichtesten mit einer Pinzette. Sie sollte, mit einem Ring versehen, an einem verknoteten Faden um den Hals gehängt, getragen werden. Es ist die beste Möglichkeit, diese bewährte Sammelpinzette ständig griffbereit zur Hand zu haben. Ein Teil der Bruchstücke wandert in geeignete Behälter, um später genauer untersucht und vor allem bestimmt zu werden. Das Losbrechen der großen Korallen macht keine Schwierigkeiten, wenn der Meißel an einer 1 $\frac{3}{4}$ m langen Stange befestigt wird, so dass er etwa 15 cm frei hervorragt. Das Stangenende muss zum Schutz gegen Hammerschläge mit einer Metallkappe versehen werden. Eine solche Brechstange erleichtert auch das Umherklettern auf dem Riff. Wird eine eiserne Stange benutzt, besteht immer die Gefahr, dass sie verlorengeht, wenn man sie aus der Hand legt. Am besten wird sie gegen Verlust durch Befestigung an einer Schwimmboje gesichert. Vom Boot aus können Korallen mit einem Haken oder mit einer Gabel (vgl. ▶ Abb. 18) abgebrochen werden. Der wichtige Wasserguckler (vgl. ▶ Abb. 16) und größere Behälter vervollständigen die Ausrüstung des Bootes. Spezielle Angaben über das Sammeln auf Korallen-Atollen liegen von HIATT (1953) und über die Untersuchungsmethodik von Korallenriffen von SCHEER (1967) vor. BENSCH (1979), KÜHLMANN (1980) und STREICHER (1984) beschreiben die Gestaltung eines Korallenriff-Dioramas von der Expedition zur Bergung der Korallen bis zum technischen Aufbau des Dioramas.

## Betäuben und Fixieren

Anthozoen entfalten sich am besten in genügend großen, durchlüfteten Behältern oder in frisch geschöpftem Seewasser. Bleiben Seeanemonen hartnäckig zusammengezogen, bringe man Gewebsflüssigkeit zerquetschter Miesmuscheln mit einer Pipette in ihre Nähe, worauf sie die Tentakel bald ausstrecken. Da die meisten Aktinien ausgesprochene Nachttiere sind, empfiehlt es sich, sie in den Schatten zu stellen oder im Dunkeln zu behandeln. DELPHY (1939) stellte über

## Hohltiere (Coelenterata)

### Übersicht: Artenentfaltung und Lichtbedingungen

| | Tag | Nacht | Diffuses Licht |
|---|---|---|---|
| Actinia equina (L.) | + | — | |
| Anemonia sulcata (Penn.) | + | — | |
| Rhodactinia felina (L.) | + | — | |
| Anthopleura balli (Cocks) | ++ | + | |
| Aiptasia couchi (Cocks) | — | + | + |
| Calliactis effoeta (L.) | + | +++ | |
| Hormathia richardi (Mar.) | — | + | — |
| Sagartia elegans miniata (G.) | — | + | — |
| Solenactinia erythrochila Fischer | ++ | +++ | + |
| Cereus pedunculatus (Penn.) | + | +++ | |

die Lichtbedingungen, unter der sich an der französischen Küste häufigere Arten entfalten, obige Übersicht zusammen.

Die Anwendung von Magnesiumsulfat in 30%iger Lösung, das allmählich dem Meerwasser bei Licht zugesetzt wird, ergibt bei *Actinia equina* (L.) nur mittelmäßige Ergebnisse. Schönere Exemplare werden im Dunkeln bei Anwendung von Menthol bei *Calliactis* und *Cereus* erzielt. Die Wirkung von Menthol auf *Sagartia rhododactylos* (Grube) ist sehr unsicher und liefert nur selten fixierbare, ausgestreckte Exemplare. *Solenactinia erythrochila* Fischer reagiert im Gegensatz dazu sehr gut und entfaltet sich schön unter Mentholeinfluss, vorzugsweise bei Licht, das jedoch nicht zu hell sein darf.

Nach Pax (1936) strecken in der Gezeitenzone lebende Seeanemonen ihre Tentakel am schnellsten und sichersten, wenn sie samt der Unterlage, auf der sie sitzen, erst ein paar Stunden an die Luft kommen und danach in einen Wasserbehälter gelegt werden. Man kann auch Tabakrauch unter eine Glasglocke blasen, die über das Gefäß mit den Aktinien gestülpt wird. Die Einwirkungsdauer beträgt mehrere Stunden. Mittels Chloroformdämpfen (Uhrglasmethode) wird die Nikotinnarkose vertieft.

Tullberg (1891) betäubt Seenelken *Metridium senile* L. und Seefedern *Pennatula phosphorea* L. im Lauf einer halben Stunde durch Zusatz von 30 ml einer 33%igen wässrigen Lösung von Magnesiumchlorid je Liter Seewasser. Abgetötet werden die Exemplare durch Zusatz einer 0,1%igen, nach einigen Stunden einer 0,5%igen und zuletzt einer 1%igen Chromsäurelösung. Das Meerwasser muss schließlich einer 0,5%igen Säurelösung entsprechen. Der Vorgang währt von 5 bis 7 Stunden. Die Fixierung erfolgt in Formalin 1:9.

Nach Schulze (1934) lohnt bei Anwendung der beschriebenen Methode der erzielte Erfolg oft genug nicht die aufgewendete Mühe. Er empfiehlt deshalb die sog. Überraschungsmethode, die bei Arten folgender Gattungen brauchbare Ergebnisse liefert: *Actinia, Adamsia, Aiptasia, Anemonia, Carianthus, Heliactis* und *Sagartia*. Die Hauptbedingung zum Erzielen guter Resultate ist, dass man die Tiere aus dem Wasser nimmt, da sie dort offenbar infolge der veränderten Druckverhältnisse nicht bzw. nur unvollkommen imstande sind, die Tentakel einzuziehen. Verhältnismäßig träge Tiere, wie etwa *Anemonia sulcata* (Penn.), löst man vorsichtig vom Substrat, legt sie unter Wasser auf den Handteller, wartet die gewöhnlich in kürzester Zeit wieder erfolgende völlige Streckung ab und hebt sie dann ganz aus dem Wasser heraus. Nun müssen die Tentakel mit einer Pinzette vorsichtig zurechtgelegt werden. Unmittelbar danach gießt man aus einem Glas oder Becher mit Tülle die Konservierungsflüssigkeit etwa 30 s lang über die Mundscheibe, bis keine Reaktionen mehr erfolgen, und lässt dann das Objekt in bereitgestellte Konservierungsflüssigkeit fallen. Als solche dient entweder konzentrierte Sublimatlösung in Seewasser mit ein paar Tropfen Essigsäure oder die Mischung von Lo Bianco (10 Teile 1%ige Chromsäure, 1 Teil Formol, 9 Teile Seewasser).

Aktinien können auch in der bereits beschriebenen Weise nach GOHAR mit kochendem Formalin oder durch Einfrieren behandelt werden. Als Aufbewahrungsflüssigkeit dient entweder Alkohol (75%ig) oder Formol (1:9).

SCHROLL (1963) empfiehlt, in einem Glas ausgestreckte Aktinien wie folgt zu behandeln: In ein Gefäß von 5 l Inhalt wird eine Lösung von je 150 ml 4%igem Magnesiumsulfat und 25%igem Ethylurethan, beides in Seewasser gelöst, langsam zugegossen. Nach 12 Stunden kommen noch 10 ml 5%iges Chloralhydrat hinzu. Im Verlauf von 4 bis 5 Stunden sind die voll entspannten Tiere mit ausgestreckten Tentakeln abgetötet. Die Objekte werden zuerst 2 Stunden in 2%igem und anschließend in 4%igem Formol fixiert und darin aufbewahrt.

KAPLAN (1969) beschreibt die Narkotisierung von Actinien mittels Nelkenöl. Dabei ist wie folgt zu verfahren: Eine einzelne Seerose wird in ungefähr 800 ml Seewasser überführt. Nachdem sie sich ausgebreitet hat, setzt man einige große Tropfen Nelkenöl in Abständen von 1 bis 3 Stunden zu. Danach wird getestet, ob die Tentakel noch reagieren. Sofern sie sich zurückziehen, muss noch mehr Nelkenöl hinzugegeben werden. Die Fixierung erfolgt wie bereits angeführt.

Nach PAX (1936) gehören einwandfrei konservierte Steinkorallen (Madreporaria) zu den größten Seltenheiten unserer Sammlungen. Die außerordentlich empfindlichen Polypen übergießt man mit einer konzentrierten Lösung von Sublimat in bis zum Sieden erhitztem Seewasser. Das so fixierte Material wird mit Seewasser abgespült und stufenweise in Alkohol überführt. Schöne Trockenpräparate von Skeletten entstehen, wenn man die frischen Steinkorallen mit Alkohol übergießt, dann in Wasser abspült und die Weichteile mit Eau de Javelle entfernt. Notfalls genügt es auch, Korallenskelette gleich welcher Art in Süßwasser auszuwaschen und die Polypen abfaulen zu lassen.

CARLGREN (1912) betäubt erwachsene Zylinderrosen (Ceriantharia) mit Magnesiumsulfat und fixiert sie in Formol. Auf diese Weise erhält man ausgezeichnet konservierte Exemplare, dagegen bereitet die Fixierung der Ceriantharienlarven Schwierigkeiten. VANHÖFFEN (1895) gelang es mittels 0,5%iger Chromsäure und langsamer Überführung der gehärteten Exemplare in Alkohol, die äußere Form gut zu erhalten.

Die Polypen der Lederkorallen (Alcyonaria) und Hornkorallen (Gorgonaria) dehnen sich in sauerstoffarmem Meerwasser stark aus. Diese Tatsache veranlasste KÜKENTHAL (1909), zu konservierende Kolonien in Meerwasser zu bringen, das längere Zeit erhitzt, dann filtriert und abgekühlt wurde. Nach 24 Stunden hatten sich die Tiere gestreckt und konnten mit Magnesiumsulfat betäubt werden. Man darf dieses Narkotikum nicht zu lange einwirken lassen, weil die zarten Polypen sehr leicht zerfallen. Die Fixierung erfolgt mit heißer Sublimatlösung oder heißem Formol (1:4). BROCH, zit. nach PAX (1936), empfiehlt zur Fixierung von Hornkorallen ein Gemisch von je 2 Teilen konzentrierter wässriger Pikrinsäure und konzentrierter wässriger Sublimatlösung sowie je 1 Teil Formol 40%ig und Aqua dest. Die Gorgonarien verbleiben darin 6 bis 24 Stunden. PLATE (1906) hängt die gesammelten Tiere in Gläsern in das Meer, bis sich die Polypen gestreckt hatten. Unter Vermeiden jeder Erschütterung werden sie herausgenommen und mit Magnesiumsulfat betäubt. Nach einigen Stunden tötet man sie durch Zusatz von 40%igem Formol ab, indem langsam so viel hinzu getropft wird, dass eine 4%ige Lösung entsteht.

Seefedern (Pennatularia) fixiert BUJOR (1901) in ausgestrecktem Zustand durch Eintauchen in eine Lösung von 10%igem Formol und 10%igem Ether in Seewasser. In diesem Gemisch verbleiben die Seefedern eine Minute, dann werden sie in 2%igem Formolseewasser aufbewahrt. Nach PLATE (1906) erfasst man Seefedern nach Entfaltung der Polypen am nackten Stiel und bringt sie plötzlich für einen Augenblick in ein Gemisch von 100 Teilen konzentrierter Essigsäure und 10 Teilen 1%iger Chromsäure. Unmittelbar danach erfolgt die Überführung in 50%igen Alkohol, worauf 70%iger Alkohol mit einer Spritze von der Basis des Stieles aus injiziert wird.

## Spezielle Hinweise

Die größtenteils lebhaft gefärbten Seerosen verblassen durchweg in der Konservierungsflüssigkeit. Pferdeaktinien lassen sich anfärben, indem man sie mit einer Gelatinelösung anmalt, der etwas Boraxkarmin zugesetzt ist.

Im Meeresgrund lebende oder haftende Anthozoen sollten biologisch richtig montiert werden. Man erreicht dies am besten, wenn der Boden angeschnitten dargestellt und das betreffende Objekt in seiner natürlichen Haltung gezeigt wird

## Hohltiere (Coelenterata)

**Abb. 36** Seefeder in natürlicher Haltung als Flüssigkeitspräparat montiert, der Meeresboden ist angeschnitten dargestellt.

**Abb. 37** Mit dem SPALTEHOLZ-Verfahren aufgehellte Seefeder. Der zentrale Skelettstab ist gut sichtbar.

(vgl. ▶ **Abb. 36**). Dazu muss der erforderliche Untergrund aus einem indifferenten, porösen Kunststoff passend zurechtgeschnitten, mit flüssiger Gelatine getränkt und mit angewärmtem Seesand bestreut werden. Sobald die Gelatine erstarrt ist, haftet der Sand auf der Oberfläche des nachgebildeten Untergrundes. Das in den erforderlichen Hohlraum eingelegte Tier wird dann mit Gelatine angeklebt und nötigenfalls mit nadelartig ausgezogenen Glasstäben festgesteckt.

Sehr schöne Präparate geben nach dem Verfahren von SPALTEHOLZ (siehe Seite 111) durchsichtig gemachte Anthozoenkolonien ab. Nach PAX (1936) kann man das Achsenskelett von Seefedern vorzüglich darstellen (▶ **Abb. 37**), während sich die isolierten Sklerite der Lederkorallen nach diesem Verfahren nicht zur Darstellung bringen lassen.

Sehr wichtig ist es, gesammelte Korallen vor dem Trocknen gründlich mit Süßwasser abzuspülen. Um die lufttrockenen Stücke sicher transportieren zu können, werden sie zuerst mit Mullbinden oder Stoffstreifen umwickelt und dann nebeneinander in eine Kiste auf eine Lage Holzwolle gestellt. In die vorhandenen Lücken füllt man trockene Sägespäne oder noch besser Maschinenhobelspäne oder Schaumstoffflocken. Unter leichtem Stauchen der Kiste lassen sich die Korallenstöcke nach und nach völlig bruchsicher einhüllen.

Bereits PLATE (1903) wies darauf hin, dass sich zur Aufstellung einer trockenen biologischen Gruppe mariner Tiere nichts besser eignet als ein Korallenriff. Über das gleiche Thema berichten auch OLSEN (1930) und MINER (1935). OLSEN sammelte Gorgonarien in 50%igem Alkohol, führte sie über die ansteigende Alkoholreihe in Terpentin, paraffinierte die einzelnen Stöcke in Bienenwachs (siehe Seite 124 f.) und bemalte sie vor der Montage mit Ölfarbe.

Nach WECHSLER (in litt.) sollten Weich- und Hornkorallen nur mit ihren steinernen Sockel geborgen und sofort an Ort und Stelle fixiert werden. Den „Tierpflanzen" wird eine Plastiktüte übergestülpt und zugezogen. Diese Maßnahme hat den Vorteil, dass die Koralle beim Umsetzen nicht aus dem Wasser genommen werden muss, sondern die Fixierungsflüssigkeit durch eine Kanüle in die Plastiktüte injiziert wird. Die Fixierungsflüssigkeit (Verdünnung 1:9 mit Meerwasser) enthält:

> Formalin 35%ig 300 ml
> Natriumnitrat 5 g
> Glycerol 250 ml
> Natriumacetat 10 g

Nach drei Wochen oder später kann das Meerwasser durch Aqua dest. ausgetauscht werden (neues Fixierungsmedium ansetzen!). Die natürliche Farberhaltung einiger roter sowie gelber Weich- und Hornkorallen ist nach Jahren noch gut.

Für Bestimmungs- oder Demonstrationszwecke kann es erforderlich sein Dünnschliffe anzufertigen. WEBER (1963) weist auf die Nachteile der bislang üblichen Verwendung von Kanadabalsam hin und empfiehlt, die Objekte vor dem Schleifen in Polyesterharz einzubetten, um einwandfreie Ergebnisse zu erzielen. KADEN (1975) beschreibt die Herstellung und Abformung von wirbellosen Meerestieren. Die sehr unterschiedlichen Gebilde verlangen entsprechend differenzierte Abformmethoden. Silikonkautschuk und Epoxidharz sind die hauptsächlich verwendeten Materialien.

## Würfelquallen (Cubozoa)

Bislang wurden die Würfelquallen als Ordnung Cubomedusa zu den Scyphozoen gestellt. Da man jedoch inzwischen Kenntnis über die Polypen-Generation und Medusenbildung dieser Tiergruppe besitzt, ist sie nun eindeutig als eigene Klasse abzugrenzen.

Die Cubozoen umfassen etwa 30 Arten, wobei die Polypen 1 bis 3 mm und die Medusen 10 bis 50 mm messen. Die größte Art – *Carybdea alat* – erreicht eine Schirmhöhe bis 25 cm.

Für Fang und Präparation gelten die Angaben, die für die Scyphozoen ausgeführt wurden.

## Kammquallen (Ctenophora)

Die nur etwa 100 Arten umfassenden rein marinen Kamm- oder Rippenquallen sind äußerst zarte, meist völlig durchsichtige Tiere. Ihr Wassergehalt beträgt über 98 %. Bei ruhiger See erscheinen sie im Frühling und Sommer meist in Schwärmen nahe der Oberfläche, bei stürmischem Wetter schwimmen sie in die Tiefe. Ctenophoren sind meist 1 bis 10 cm lang; die größte Art, der Venusgürtel *Cestus veneris*, erreicht 1,5 m Körperlänge.

### Sammeln

Ctenophoren sollten möglichst nur aus dem Wasser geschöpft werden. Entweder können weithalsige Gläser dazu verwendet werden, noch besser ist es jedoch, weite Glasröhren über sie zu schieben, die man vor dem Herausheben an beiden Enden verschießt. Mit Netzen lassen sich die empfindlichen Tiere meist nicht unbeschädigt bergen.

### Betäuben und Fixieren

Das Konservieren von Ctenophoren bereitet große Schwierigkeiten. Über die zweckmäßigste Behandlungsweise liegen sehr unterschiedliche Angaben vor. Stets muss man damit rechnen, dass die Ctenophoren beim Fixieren zerplatzen. KRUMBACH (1926) berichtet: „Versuche, die Tiere vor dem Konservieren zu narkotisieren, ergaben das überraschende Ergebnis, dass sie gegen Ether,

## Hohltiere (Coelenterata)

Kokain, Chloral, Tabak unempfindlich sind, so blieb ein Exemplar in einer dunkelbraunen Tabaklösung zwei Tage lebendig und zerfiel dann doch, als die Reagentien zugesetzt wurden." Verschiedene Arten lassen sich in gut abgekühltem Meerwasser durch tropfenweisen Alkoholzusatz narkotisieren. Die Fixierung erfolgt mit Formol-Seewasser (1:9). Sofern die Tiere nicht zerfallen, ziehen sie aber die Tentakel ein.

Eine gute Formerhaltung ist nach RIEDL (1963a) nur bei Beroiden leicht zu erzielen. Stets empfiehlt es sich, die Tiere mit Magnesiumchlorid zu betäuben. Die Fixierung erfolgt in Formol-Seewasser (1:4) oder Chromsäure-Essigsäure-Seewasser (4:1:400). Konserviert wird das Material in Formol-Seewasser (1:9).

SCHROLL (1963) empfiehlt folgende Fixierungsgemische: Eine 1- bis 2%ige Osmiumperoxidlösung oder eine Lösung von 10 Teilen Kupfersulfat 10%ig und 1 Teil einer wässrigen 6%igen Sublimatlösung. Nachdem beide Fixierungsflüssigkeiten ins Seewasser geschüttet worden sind, müssen sie je nach Größe des Objekts 15 bis 60 Minuten einwirken. Danach wird das Material in Süßwasser und anschließend in destilliertem Wasser ausgewaschen, über die Alkoholreihe geführt und in 75%igem Alkohol aufbewahrt. Sehr gut zum Fixieren eignen sich auch 10 Teile Chromsäure, 1 Teil Formol mit 10 Teilen Seewasser. Die Aufbewahrung erfolgt in 2%igem Formol. Die auch in der Ostsee vorkommenden Seestachelbeeren *(Pleurobrachia)* lösen sich beim geringsten Anlass sofort auf. SCHROLL erzielt einen 90%igen Erfolg, indem er die Tiere behutsam in ein 2-Liter-Glas gleiten lässt. Sodann werden von zwei Seiten gleichzeitig 200 ml einer konzentrierten Formol-Sublimat-Lösung (auf 120 ml konzentrierte Sublimatlösung 80 ml 40%iges Formol), eine Lösung von Aceton-Chloroform (100 ml) und einige Tropfen Eisessig vorsichtig dazu gegossen. Keine Turbulenz im Glas erzeugen! Die Tiere bleiben 12 Stunden in dieser Fixierungsflüssigkeit und werden dann in Formol (1:4) aufbewahrt. Auch die großen Melonenquallen *Beroë cucumis* F. muss man vorsichtig behandeln. Sie werden in gleicher Weise fixiert, doch genügt hier schon die Anwendung von konzentriertem Formol-Sublimat-Gemisch. Zur Formerhaltung im Alkohol ist es zweckmäßig, in den Mund der Qualle vorsichtig eine entsprechend große, mit Luft gefüllte Glasröhre einzuführen. Bereits nach 2 Tagen ist das so behandelte Exemplar genügend gehärtet und die Glasröhre kann entfernt werden. Spezielle Hinweise über die Behandlung der im Golf von Neapel vorkommenden Arten bringt LO BIANCO (1890) und über die in der Nord- und Ostsee lebenden Formen KRUMBACH (1926).

# Plattwürmer (Plathelminthes)

Ihrem Namen entsprechend zeichnen sich die Plattwürmer durch einen abgeplatteten, weichen Körper aus (▶ **Abb. 38**). Es gibt mehr als 14 000 Arten, die sich auf 3 Überklassen verteilen. Die Schwierigkeiten, die das System der Plathelminthes bereitet, werden in KAESTNER Bd. I/2 (1993) dargestellt. Die in der Regel freilebenden Strudelwürmer umfassen 3400 Arten. Die Länge der wasserbewohnenden Arten schwankt zwischen 0,4 und 5,0 mm. Die größte auf dem Lande lebende tropische Art – *Bipalium javanum* – erreicht bis 60 cm Länge. Von den an der Haut und im Darm parasitierenden, meist farblosen Saugwürmern sind bisher über 7200 Arten bekannt. Die Körperlänge liegt zwischen 0,14 und 30 mm. Im geschlechtsreifen Zustand schmarotzen Bandwürmer überwiegend in Wirbeltieren. Unter den 3400 Arten schwankt die Körperlänge zwischen wenigen Millimetern und mehreren Metern.

## Behandlungstechnik

Da das **Formalinpressverfahren** nach SCHMELZER (1933) bei den meisten Vertretern dieses Stammes anwendbar ist, sei es gleich eingangs erwähnt. Plattwürmer, die man für mikroskopische Zwecke benötigt, sind vor dem Einbetten sorgfältig zwischen zwei Glasplatten zu pressen. Die Glasplatten werden entweder mit Faden umwickelt oder mit Gummiringen zusammengehalten. Am besten lässt sich das Pressverfahren kontrollieren, wenn man zwei oder über die Ecken vier Schlauchklemmen ansetzt (▶ **Abb. 39a**). Durch Anziehen der

**Abb. 38** Oben Strudelwurm, Mitte Saugwurm, unten Bandwurm.

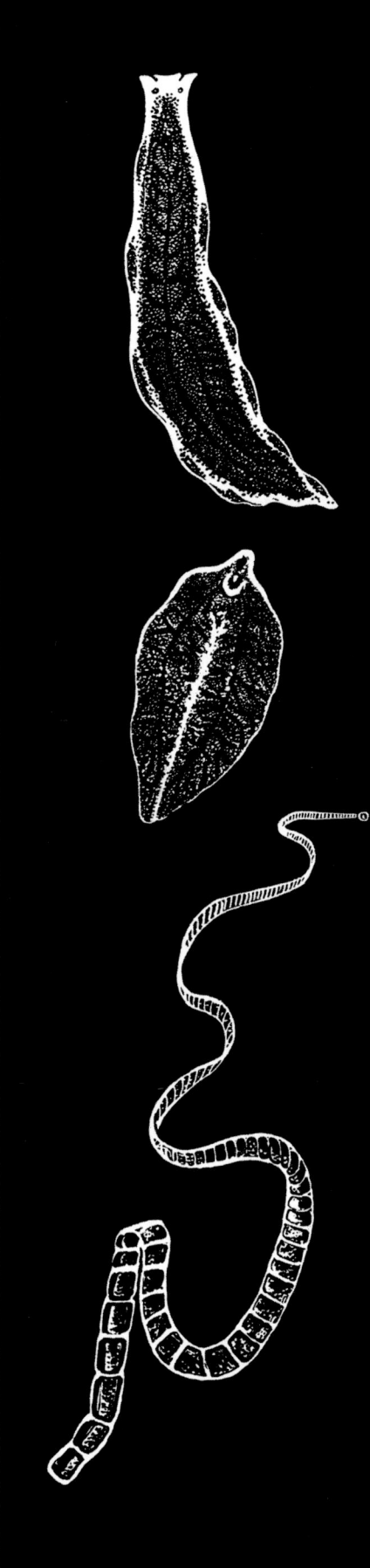

## Plattwürmer (Plathelminthes)

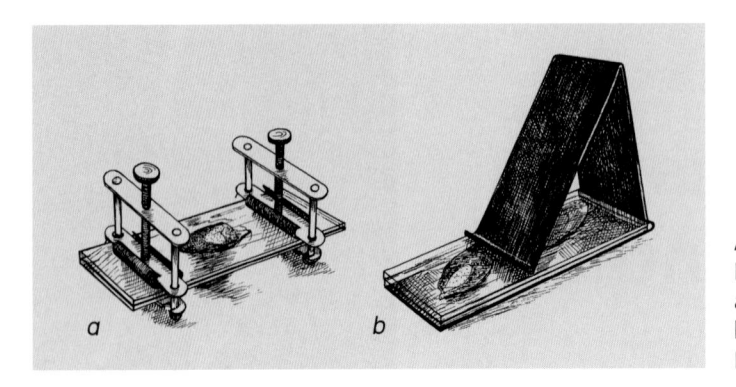

**Abb. 39** Kompressorium zum Fixieren von Plattwürmern. a) Objektträger mit Schlauchklemmen, b) Objektträger mit Plastik-Klammer.

Schrauben kann die Pressung reguliert werden. MEYER (1957) verwendet für diesen Zweck aus Uhrfedern hergestellte Klammern. Da man beim Fixieren mit sublimathaltigen Mitteln zur Vermeidung von Niederschlägen auf Metallinstrumente verzichten muss, benutzen wir Klammern aus Kunststoff. Diese aus 1,5 bis 2 mm starkem PVC angefertigten, in heißem Wasser gebogenen, elastischen Klammern haben sich gut bewährt (▶ **Abb. 39b**). Einschränkend muss jedoch erwähnt werden, dass sie ihre Spannung nur in kalten Fixierungslösungen behalten.

Um die gepressten Objekte zu härten, werden sie mit der Klammer in eine geeignete Flüssigkeit gestellt. Da das Fixierungsgemisch die Würmer nur von den Seiten her erreicht, müssen nach 10 bis 15 Minuten die Klammern gelöst und die Deckscheiben angehoben werden. Wenn das Fixierungsgemisch 1 bis 2 Stunden unbehindert eingewirkt hat, empfiehlt es sich, über größere Plattwürmer nochmals die Deckplatte zu legen. Erst nach 8 bis 12 Stunden sind derartige Exemplare durchfixiert.

Es sei noch darauf hingewiesen, dass sich auch die handelsüblichen Trichinenkompressorien für diese Zwecke eignen, sofern sie nicht mit eingeschliffenen Feldbegrenzungen versehen sind.

## Strudelwürmer (Turbellaria)

Die Strudelwürmer tragen meist ein gut ausgebildetes Wimperkleid. Es dient sowohl zur Fortbewegung als auch zum Herbeistrudeln frischen Atemwassers. Turbellarien leben überwiegend im Meer oder Süßwasser. Die kleinen Formen der Strudelwürmer sind im Allgemeinen frei schwimmend, während die größeren entweder den Grund bewohnen oder sich unter Steinen und an Pflanzen aufhalten. Die marinen Formen sind vor allem in der Gezeitenzone und in küstennahen Gewässern häufig. Die überwiegend tropischen Landplanarien treten ausschließlich in feuchten Lebensräumen auf. Ferner leben einige Arten als Ekto- oder Entoparasiten mariner Wirte, was nach KAESTNER (1993) in Hinsicht auf die rein parasitischen Klassen der Plattwürmer, die von den Turbellaria abgeleitet werden müssen, von besonderem Interesse ist.

Es sei noch bemerkt, dass die meisten kleinen Arten nur nach Lebendbeobachtung und histologischen Schnitten von einem Spezialisten bestimmt werden können. Mit einer stark vergrößernden Lupe oder einem Stereomikroskop lassen sich lediglich Planarien (Tricladida) einigermaßen sicher determinieren.

### Sammeln

Aus marinen Sandbiotopen werden Turbellarien durch Dekantieren gewonnen. Erforderlich sind 1 bis 2 Liter schlammfreier Sand, der in einem großen Plasteimer mehrmals mit Milieuwasser durchgerührt wird. Nach dem Absetzen des Sandes treiben in dem überstehenden Wasser die meisten Formen. Das Wasser wird baldigst durch ein Planktonsieb gegossen und das gewonnene Material aussortiert. Aus dem Benthos holt man sich Sandproben mit der Dredge oder mit dem von KARLING (1937) erdachten „**Bodenhobel**". Sein zweckmäßiger Einsatz ermöglicht es, Sand in gleichmäßiger Schichtdicke auch vom festen Sandboden der Brandungszone abzutragen.

WESTBLAD (1940) fand bei der Untersuchung der Fauna weicher Meeresböden noch in etwa 360 m Tiefe acoele Turbellarien. „Auf gewissen Böden und Tiefen kommen sie in solchen Massen vor, dass sie den Hauptteil der auf den betreffenden Böden lebenden, nicht grabenden makroskopischen Tierformen ausmachen." Als Fanggerät benutzte WESTBLAD eine kleine **Schlittendredge**. In Tiefen über 50 m wird die Dredge so stark vom Meerwasser gehoben, dass es nötig ist, das Gerät mit Gewichten über die Dredgenleine hinweg zu beschweren, damit sie sich auf dem Boden hält. Gedredgt wird bei möglichst geringer Geschwindigkeit etwa 10 Minuten lang.

Der Inhalt der Dredge kommt zur Untersuchung des Fanges mit Tiefenwasser in große, niedrige Gefäße und bleibt einige Stunden stehen. Nachdem sich der Schlamm gesetzt hat, hebert man das Wasser bis zu einer etwa 1 cm hohen Schicht ab. Es muss jeweils ein Seihtuch passieren, um etwa abgesogene Turbellarien zurückzuhalten. Die im Schlamm eingebetteten Tiere wandern allmählich zur Oberfläche des Schlammes, von der sie mit einer Kopflupe aufgesucht und mit einer Pipette oder einem Glasstab abgesammelt werden.

Nach RIEDL (1953) wird zur Gewinnung quantitativer Proben mit autonomen Geräten getaucht. Dabei wurde gefunden, dass die Turbellarien des marinen Felslitorals ausschließlich den Algenbewuchs der Felsen und die Sedimentschichten bewohnen, die sich unter dichten Beständen anzusammeln pflegen. Der Algenbestand wird sorgfältig mit Schaber und Meißel bis auf den Felsgrund abgetragen und an Ort und Stelle in große Flaschen oder Gummisäcke gesteckt. Aus derart gesammelten Pflanzen- oder Tierbeständen gewinnt man Turbellarien zahlreich durch die Methode der **Klimaverschlechterung.** Die 5 bis 50 l umfassende Probe wird in eine geräumige Glaswanne gebracht und mit Milieuwasser übergossen, bis das Material einige Zentimeter unter der Oberfläche des Wassers liegt. Auf eine Ecke des Beckens muss Licht fallen. Bereits nach den ersten Minuten oder Stunden, zuweilen noch nach 1 bis 3 Tagen, zeigen sich Tiere. „Durch die eintretende Sauerstoffschichtung im Becken wandern die Tiere gegen die Oberfläche, sammeln sich an der dem Lichteinfall zugewandten Kante der Glaswanne an und können hier scharenweise aufgesammelt werden. Es empfiehlt sich, sie rasch aufzupipettieren und in kleinen Schalen von den übrigen auftretenden Tiergruppen zu isolieren, da sie sich leicht im Schneckenschlamm verfangen oder von größeren Polychäten verletzt werden können. Lässt man die Tiere zu lange an der Lichtecke schwimmen, so ersticken sie, sinken ab und können verlorengehen. Weiter ist es günstig, die Probenmasse so dicht zu halten, dass auch den schlechten Schwimmern ein Aufsteigen ermöglicht wird, sowie gegen Ende der Aufsammlungszeit die ganze Wasserkante zu kontrollieren, um etwaige Nachzügler nicht zu übersehen" (RIEDL 1953). Die Erfassung der in Salzwiesen lebenden Bodenturbellarien beschreibt BILIO (1964).

Das Sammeln von Strudelwürmern des Süßwassers erfordert in der Regel keine größeren mechanischen Geräte. Da triclade und rhabdocoele Turbellarien sehr unterschiedliche Lebensgewohnheiten haben, muss auf diese kurz eingegangen werden.

Der Sammler von Planarien (Tricladida) ist an keine Jahreszeit gebunden. Zur direkten Suche sind ein weitlumiges Sammelglas und ein weicher Haarpinsel erforderlich. Längere Zeit im Wasser liegende Äste, Holzpflöcke, Brettstücke und vor allem Steine werden umgedreht – Planarien halten sich stets auf der vom Licht abgewandten Seite auf – und abgesucht. Sieht man kleine gallertige, leblos erscheinende Klümpchen, werden sie mit dem Pinsel angestoßen. Die Planarien, die durch peristaltische Bewegungen zu entfliehen versuchen, werden mit dem angefeuchteten Pinsel in das Sammelglas überführt.

Bei sinkendem Wasserstand findet man besonders viele Exemplare, da die Plattwürmer dem zurückweichenden Wasserspiegel nur ganz allmählich folgen. Nach Hochwasser lohnt sich das Sammeln überhaupt nicht, da neubespülte Gegenstände erst nach längerer Zeit besiedelt werden. Besonders ergiebig und empfehlenswert ist dagegen das Sammeln in Gebirgsquellen. Oft halten sich schon unter kleinen Steinen sehr interessante Arten, z. B. das „Eiszeitrelikt" *Crenobia alpina* (DANA), auf. In stehenden Gewässern sitzen Planarien auch an Wasserpflanzen der Uferregion.

Unter oder zwischen Steinen lebende Strudelwürmer findet man öfter auch an toten Fischen oder Muscheln. Falls erforderlich, werden derartige Tierleichen oder magere Fleischwürfel – oft genügt schon ein Stück Regenwurm – als Köder ausgelegt. Die erste Kontrolle kann man bereits nach 15 Minuten über einer Wasserschale durchführen. Die Tiere werden mit einem Glasstab oder mit einer Pipette aus dem Wasser genommen.

Im Gegensatz zu den Planarien bevorzugen die Rhabdocoelen stehende Gewässer. Sie treten vor allem in der wärmeren Jahreszeit oft in Massen auf. Wegen ihrer geringen Größe und Durchsichtigkeit übersieht man sie leicht. Da viele von ihnen gute Schwimmer sind, lassen sie sich am besten mit einem feinmaschigen Netz fangen, MEIXNER (1938) empfiehlt, an dessen Öffnung ein Kupferdrahtgeflecht von 6 bis 8 mm Maschenweite anzubringen. Das erbeutete Material wird in geeigneten Gefäßen aussortiert. Da Turbellarien bereits bei geringen Temperaturerhöhungen des Wassers zerfallen, verwende man zum Transport ins Laboratorium möglichst ein Thermosgefäß. Notfalls muss das Wasser unterwegs wiederholt gewechselt werden.

Die als Charaktertiere der Tropen bekannten Landplanarien treten mit wenigen Arten auch in Mitteleuropa auf. Da noch immer relativ wenige Nachweise vorliegen, ist das Sammeln dieser Arten eine lohnende faunistische Arbeit. Weitere Einzelheiten teilen JAECKEL & KUNZE (1951) mit.

**Terrestrische Planarien** findet man in feuchten Wald- und Wiesengebieten, in Pilzen, unter Moos, Laub, morscher Baumrinde oder Steinen. Sie werden meist für kleine Nacktschnecken gehalten und deshalb leicht übersehen (REISE, 1994). Die in feuchten Moospolstern lebenden landbewohnenden Rhabdocoelen lassen sich am besten nachweisen, wenn das eingesammelte Material mit Wasser überschichtet wird. Die nach einiger Zeit an der Oberfläche erscheinenden Tiere werden dann abpipettiert. In Warmhäusern Botanischer Gärten suche man nach der aus den Tropen eingeschleppten *Placocephalus kewensis* (MOS.). Das schön gestreifte Tier wird vor allem in den Wintermonaten unter Blumentöpfen gefunden.

## Betäuben und Fixieren

Die nachstehend angeführten Fixierungsverfahren zur Anfertigung von Totalpräparaten erfordern keine vorherige Betäubung der Objekte. Sollte sie aus bestimmten Gründen doch durchgeführt werden, empfiehlt es sich, Etherwasser oder Acetonchloroform zu verwenden. Nach GELEI (1929) kann die Kontraktion auch dadurch verhindert werden, dass man die Tiere langsam abkühlt und aus dem Eiswasser in das Fixierungsgemisch überführt.

Zur Erhaltung der äußeren Körperform eignet sich die von STEINMANN & BRESSLAU (1913) empfohlene Sublimat-Salpetersäure-Lösung. Sie besteht aus

> 1 Teil roher Salpetersäure,
> 1 Teil Salzwasser (5 g Kochsalz auf 100 ml Wasser),
> konzentrierter Sublimatlösung,
> 1 Teil destilliertem Wasser.

Die Lösung kann kalt oder auf 50 °C erwärmt verwendet werden. Die Turbellarien bringt man mit wenig Wasser in eine Petrischale, lässt die Tiere kriechen und übergießt sie im geeigneten Moment mit der Fixierungslösung. Die meisten Arten strecken sich bei dieser Behandlung schön aus. Die Flüssigkeit darf nur kurze Zeit einwirken. Nach längstens einer Minute werden die Tiere zum Härten in ein großes Gefäß mit absolutem Alkohol übertragen. Nach mehrmaligem Wechsel des Alkohols sind die Objekte nach einigen Stunden durchfixiert. Zur Entfernung des Sublimats werden sie in eine schwache Lösung von Iod in 95%igem Alkohol gebracht. Die Iodreste wäscht man schließlich in absolutem Alkohol aus. Dies muss sorgfältig erfolgen, sonst treten Reduktionsprozesse ein, die schwarze Flecken auf dem Objekt verursachen. Nach dieser Behandlung lassen sich sowohl von Land- als auch von Wasserturbellarien Totalpräparate und histologische Schnitte anfertigen, die Ganzpräparate werden in 80%igem Alkohol aufgestellt.

Ein kostspieligeres Verfahren, Planarien in gestrecktem Zustand zu fixieren, beschreibt SCHULZE (1922) wie folgt: 4 Teile 1%ige wässrige Goldchloridlösung und 1 Teil Ameisensäure werden im Becherglas bis zum Kochen erhitzt. In die abgekühlte Lösung kann man die Planarien in vollkommen kontrahiertem Zustand werfen. Die Tiere strecken sich alsbald „bis zur Blattdünne". Man muss nur das Zusammenkleben mehrerer Tiere verhüten. Die Fixierungsflüssigkeit kann, in braunen Flaschen aufbewahrt, mehrmals benutzt werden. Das Verfahren eignet sich nicht für histologische Zwecke, sondern leistet nur gute Dienste zum Fixieren von Demonstrationsobjekten.

MEIXNER (1938) empfiehlt zur Fixierung für Total- und Schnittpräparate vor allem heiße, in der Temperatur abzustimmende, gesättigte Lösung von Sublimat in See- bzw. Brackwasser mit geringem Zusatz von Eisessig oder kaltes BOUINsches Gemisch. Fixiert wird in der eingangs beschriebenen Weise. HAUSER (1953) benutzt für Süßwasserformen ebenfalls die **Doppelfixierung**. Zuerst werden die Tiere in sublimathaltigen Flüssigkeiten fixiert, dann kommen sie ohne Auswaschen in BOUINsches Gemisch, in der sie beliebig lange aufbewahrt werden können. Für Trikladen und Polykladen ist nach dem gleichen Autor die GELEIsche Flüssigkeit zu empfehlen. Sie wird in folgender, vom Originalrezept ein wenig abweichender Zusammensetzung verwendet:

93 ml konzentrierte wässrige Sublimatlösung
4 ml 40%iges Formol
3 ml konzentrierte Salpetersäure

Für Rhabdocoelen und Alloeocoelen eignet sich nachstehende Fixierungsflüssigkeit:

5 ml 40%iges Formol
5 ml konz. Salpetersäure
25 ml 10%ige Kupfersulfatlösung
35 ml konz. wässrige Sublimatlösung
25 ml MÜLLERsche Lösung.

Letztere setzt sich aus 2,5 g Kaliumbichromat, 1 g Natriumsulfat und 100 ml Aqua dest. zusammen. Nach einer Fixierungsdauer von etwa 2 bis 6 Stunden werden marine Arten im Milieuwasser etwa $\frac{1}{2}$ bis 1 Stunde lang ausgewaschen und dann in reinem Meerwasser aufbewahrt. Das Meerwasser wirkt konservierend, erhält die gute Färbbarkeit der Objekte und hat außerdem den Vorteil, dass die Tiere nicht hart werden.

Von den mannigfaltig modifizierten Verfahren sei noch das von PENNAK (1953) angeführte erwähnt:

5 g Quecksilberchlorid
25 ml 70%iger Alkohol
5 ml 80%ige Salpetersäure
220 ml Wasser
1 ml Eisessig

Die Flüssigkeit muss nach 3 Tagen filtriert werden. Die Fixierung ist nach 30 bis 60 Minuten beendet. Zur Entfernung des Quecksilberchlorids wäscht man die Objekte mehrmals in 50%igem Alkohol. Sich krümmende Planarien werden 24 Stunden zwischen zwei Objektträgern gepresst (vgl. ▶ **Abb. 39**). Gut gestreckte Planarien lassen sich auch mit der von STAGNI (1964) erprobten Methode erzielen, indem man zu den Tieren, die sich in einigen ml Wasser befinden, entlang des Randes eines Gläschens etwas 30%ige Formalinlösung oder 95%igen Alkohol einfließen lässt und es dabei um seine Längsachse dreht.

## Spezielle Hinweise

Angaben zur Herstellung und Färbung von Mikropräparaten enthalten die Arbeiten von MEIXNER (1938), HAUSER (1953) und SCHROLL (1963). Über vitale Nervenfärbungen bei Plathelminthen mit Alizarin und Alizaraten berichtet REISINGER (1960).

# Saugwürmer (Trematoda)

Saugwürmer treten als Parasiten sowohl bei Landtieren als auch bei Süßwasser- und Meeresbewohnern auf. Als erwachsene Entoparasiten befallen sie Wirbeltiere aller Arten, selten Kopffüßer oder Krebse, als Ektoparasiten leben sie ausschließlich auf aquatilen Wirten. Die unsegmentierten, gewöhnlich blattförmigen Würmer halten sich meist durch Saugnäpfe oder seltener auch mittels Hafthaken an ihren Wirten. Zahlreiche Arten saugen sich so fest an, dass man sie nicht ablösen kann, ohne sie zu verletzen. Sie führen einen Generations- und Wirtswechsel durch, die Zwischenwirte sind meist Mollusken.

## Sammeln

Infolge ihrer parasitischen Lebensweise fallen die Trematoden normalerweise kaum auf. Wenn man jedoch systematisch nach ihnen sucht, sind sie recht häufig zu finden. Grundsätzlich sollten die parasitischen Saugwürmer sobald wie möglich nach dem Tode des Wirtstieres gesammelt werden. Eine vielfältig erprobte Sammeltechnik für **Saugwürmer aus Meeresfischen** beschreibt BRINKMANN (1953). Zuerst legt man den Fisch in eine große Schale, die mit Seewasser gefüllt ist. Dann wird die Inspektion des Kopfes, der Flossen sowie des eigentlichen Rumpfes unter Seewasser durchgeführt. Die Parasiten sind im Wasser aktiver und dementsprechend leichter zu entdecken.

Zur Untersuchung der Kiemen von Knochenfischen werden die Kiemendeckel und die einzelnen Kiemenbögen an ihrer dorsalen und ventralen Ansatzstelle mit einer gebogenen Schere abgeschnitten. Sofern noch Blut aus den Kiemenarterien strömt, muss man die Kiemen auswaschen. Die einzelnen Kiemenbögen werden dazu in eine zweite Schale mit Seewasser gebracht und leicht geschüttelt. In einer dritten Schale wird dann die Untersuchung vorgenommen. Man hält dabei die Kiemen unter Wasser und fährt mit einer Pinzette entlang der faserigen Seite des Kiemenbogens. Die Trematoden haften bevorzugt zwischen den einzelnen Kiemenhärchen. Mit bloßem Auge werden nur größere Arten gefunden. Kleinere Formen, Eier und Larven lassen sich nur mit einem Binokular nachweisen.

Bei Haien und Rochen müssen die Kiemenspalten vor dem Herausschneiden der Kiemen erweitert werden. Mit einem Messer oder Skalpell schneidet man danach die einzelnen Kiemenbögen an ihrer dorsalen und ventralen Befestigung durch, wobei die Haut zwischen den Kiemenspalten den Kiemenbögen folgt.

Zuletzt werden die Eingeweide untersucht. Die abdominale Körperhöhle lässt sich durch einen Schnitt auf der ventralen Mittellinie, etwa in der Mitte zwischen After und Kiemen, öffnen. Um die Eingeweide beim Heraustrennen nicht zu beschädigen, verwende man eine Knopfschere. Die abdominale Körperhöhle und das Mesenterium werden auf Zysten und freie Parasiten hin untersucht. Sofern sich Parasiten in Zysten oder Tumoren nachweisen lassen, ist es erforderlich, die pathologisch veränderte Region aus dem normalen Gewebe herauszuschneiden. Die Gallenblase wird mit Arterienklemmen blockiert und abgeschnitten. Bei Selachiern zieht sie sich durch einen großen Teil der Leber. Das erfordert, den ganzen Komplex zu entfernen und zu untersuchen. Die Gallenblase öffne man mit einer spitzen Schere in einer kleinen Schale, die physiologische Kochsalzlösung enthält. Sofern diese nicht verfügbar ist, hat sich auch eine Mischung von Leitungs- und Seewasser (4:1) bewährt. Die meisten Trematoden scheinen sich frei in der Gallenblase aufzuhalten. Die Harnblase wird in der gleichen Weise geöffnet und überprüft.

Die Eingeweide klemme man hinter den Pförtneranhängen und vor dem After ab. Bei Selachiern muss vorher die Kloake untersucht werden. Die Därme lassen sich am besten mit einer Knopfschere unter Wasser öffnen. Der Darminhalt und die Schleimhaut werden ausgewaschen und nach Parasiten durchsucht. Diese sitzen sehr oft zwischen den Falten der Darmschleimhaut. Der ausgewaschene Darminhalt wird mit physiologischer Kochsalzlösung in einer Petrischale verdünnt und auf schwarzem Untergrund mit einem Binokular durchgesehen. Zuletzt öffnet man den Magen. Sofern die Schleimhaut gefaltet ist, verbergen sich darin oft Trematoden. Die Pförtneranhänge werden wie die Eingeweide untersucht.

Wenn es nötig ist, reinigt man die Parasiten von Schmutzpartikeln, indem man sie in einem Reagenzglas mit physiologischer Kochsalzlösung schüttelt. Das Herausnehmen aus dem jeweiligen Medium erfolgt am besten mit einem Pinsel oder Spatel. Mit der Pinzette werden insbesondere kleine Exemplare zu leicht beschädigt.

Zur Feststellung des postmortalen Saugwurmbefalls werden die Vertreter der übrigen Wirbeltierklassen in der gebräuchlichen Weise zerlegt. Die häufigsten und am leichtesten zu beschaffenden Vertreter der Trematoden sind der Große und der Kleine Leberegel. Man trifft sie in Gallengängen und Pfortaderästen sowie Därmen geschlachteter Wiederkäuer an.

## Betäuben und Fixieren

Trematoden besitzen einen aus Ring-, Längs- und oft auch Diagonalmuskeln bestehenden Hautmuskelschlauch. Dieser bedingt die starke Kontraktionsfähigkeit der Tiere und macht eine Betäubung vor dem Fixieren erforderlich.

Die von LOOSS (1901 und 1924) beschriebene **Schüttelmethode** eignet sich vor allem dazu, auf Reisen oder bei anderer Sammeltätigkeit angetroffene Parasiten ohne große Mühe in einem brauchbaren Zustand zu konservieren. Aus dem aufgeschnittenen Darm wird mit einem Spatel der gesamte wurmhaltige Inhalt aufgenommen. Je 1 bis 2 $cm^3$ kommen dann in ein Reagenzglas. Dieses wird bis zu einem Drittel mit physiologischer Kochsalzlösung gefüllt, verschlossen und nun eine halbe bis eine Minute lang recht kräftig auf und ab geschüttelt. Danach wird schnell konzentrierte Sublimatlösung (etwa ein Drittel bis die Hälfte des Volumens der Kochsalzlösung) hinzugefügt und das Schütteln eine halbe Minute intensiv fortgesetzt.

! Auf Grund der hohen Giftigkeit des Sublimats sollte unbedingt zum Verschließen des Reagenzglases ein Stopfen und nicht der Daumen benutzt werden!

Recht gut eignet sich auch Formol als Konservierungsflüssigkeit. Man muss aber darauf achten, dass der Reinigungsflüssigkeit so viel konzentrierte Lösung zugesetzt wird, dass eine 2- bis 4%ige Lösung entsteht. In den meisten Fällen strecken sich die Parasiten weitgehend, allerdings muss der Durchmesser des Schüttelgefäßes groß genug sein. Deshalb empfiehlt es sich, lange Formen in eine Petrischale zu schütten, damit sie in gestreckter Lage durchhärten können. Sofern keine Möglichkeit zum Aussortieren besteht, lässt sich das Material nach dieser Behandlung unbeschadet 4 bis 6 Wochen aufbewahren. Sollen die Parasiten in Alkohol überführt werden, ist es notwendig, das nicht ganz randvoll mit Wasser aufgefüllte Reagenzglas nochmals kräftig zu schütteln. Falls man nicht zu viel Darminhalt genommen hat, sinken vor allem die größeren Würmer sehr bald durch die trübe Flüssigkeit zu Boden. Nachdem alle Würmer am Boden liegen, wird die überstehende Flüssigkeit vorsichtig abgegossen, wiederum Wasser nachgefüllt, das Reagenzglas mehrmals geschüttelt, ruhig hingestellt, abgegossen usw., bis schließlich die fixierten Tiere in reinem Wasser enthalten sind. Zur Aufbewahrung überträgt man die Trematoden in 70%igen Alkohol.

MENDHEIM (1939) schlägt bei Laboratoriumsuntersuchungen vor, nach dem Schütteln mit physiologischer Kochsalzlösung den Bodensatz nochmals mit der gleichen Flüssigkeit zu verdünnen, in flache Glasschalen zu gießen und die Parasiten auf schwarzem Untergrund zu suchen. Sollten die Tiere nicht richtig gestreckt sein, legt man sie mehrere Stunden in reines Wasser. Die verkrampften Muskeln des eingerollten Vorderendes entspannen sich darin vollständig.

Nach dem Abspülen in physiologischer Kochsalzlösung streckt LOOSS (1924) größere Trematoden mit zwei weichen Pinseln und fixiert sie durch Auftropfen von Sublimatlösung. MENDHEIM (1939) lehnt das Strecken mit dem Pinsel für Echinostomiden ab, „da hierbei die Bestachelung des Vorderendes, welche für die Bestimmung unerläßlich ist, sehr leicht verletzt wird".

Mit durchaus befriedigenden Ergebnissen kann man zur Fixierung anstelle des hochgiftigen Sublimats das von WILDFÜHR (1982) empfohlene Gemisch nach ROUDABUSH verwenden. Dieses besteht aus 24 ml 95%igem Ethanol, 15 ml Formalin, 5 ml Eisessig, 10 ml Glycerol und 46 ml Wasser. Die Fixierdauer beträgt 30 Minuten bis 3 Stunden. Die Aufbewahrung erfolgt dann in 70%igem Ethanol mit einem 5%igem Glycerolanteil. Vor dem Einlegen in die Konservierungsflüssigkeit sind die Würmer in destilliertem Wasser zu waschen.

Zum Betäuben erwachsener Trematoden eignet sich nach ABDEL-MALEK (1951) sehr gut Menthol. Die Würmer werden dazu in Bechergläser oder

Petrischalen gelegt, die Leitungswasser oder physiologische Kochsalzlösung enthalten. Wenn man 0,5 g Menthol auf 100 ml Flüssigkeit streut, strecken sich die Würmer nach einiger Zeit sehr gut. Da Menthol in Wasser nur schwer löslich ist, erwies sich die Anwendung einer alkoholischen Lösung als vorteilhafter. Zur Herstellung kommen 24 g Menthol in 100 ml 95%igen Alkohol. Ein Tropfen dieser gesättigten Lösung auf 100 ml Flüssigkeit genügt, um Trematoden schnell zu strecken. Die alkoholische Menthollösung lässt sich längere Zeit gebrauchsfertig aufbewahren.

Zum **Strecken von Trematoden** bewährte sich auch Chloreton sehr gut. Hargis (1953) empfiehlt folgendes Verfahren: In 500 ml Wasser werden 2 g Chloreton gelöst. Je nach dem Aufenthaltsmedium der Wirtstiere wird filtriertes Süß- oder Seewasser als Lösungsmittel verwendet. Man lässt die herausgetrennten Kiemen etwa 30 bis 40 Minuten in der Lösung. Während dieser Zeit muss das Material etwa fünfmal kräftig geschüttelt werden. Dann gießt man 2 Teile Fixierungsmittel auf 1 Teil Strecklösung. Sofern das Fixierungsmittel auch als Konservierungsflüssigkeit dient – dazu eignen sich 10 Teile Formalin 40%ig, 5 Teile Eisessig und 85 Teile 85%iger Alkohol –, können die Trematoden gleich darin aufbewahrt werden. Andernfalls überträgt man sie stets in 70%igen Alkohol, dem 5 % Glycerol zugesetzt sind.

Die angegebene Zeit gilt für kleine Formen, große Arten erfordern eine längere Einwirkungsdauer. Saugwürmer sind dann genügend entspannt, wenn Schütteln keine Muskelreaktion mehr hervorruft. Zu lange Einwirkung führt zur Gewebezersetzung.

Die Anwendung von Chloretonwasserlösung als Streckmittel ergibt Material, das viel natürlicher in Gestalt und Anordnung der äußeren Merkmale und der inneren Organe ist als jenes, das durch Druckfixierung behandelt wurde. Da während des Fixierens keine Kontrolle über den angewandten Druck möglich ist, werden leicht Veränderungen des natürlichen Habitus und der Organlage hervorgerufen. Es gibt allerdings auch größere, muskulöse Arten, die man unter leichtem Druck mittels des eingangs beschriebenen Pressverfahrens bearbeiten muss (▶ **Abb. 39**).

Sofern kein Betäubungsmittel vorhanden ist, lassen sich Trematoden auch wie folgt behandeln: Die gereinigten Würmer bringt man in eine kleine Schale (Uhrgläschen) und erhitzt den im Wasser liegenden Wurm, bis er im gestreckten Zustand abgestorben ist. Danach wird das Objekt in der gewünschten Weise fixiert und in Glycerolalkohol aufbewahrt.

## Spezielle Hinweise

Der morphologische Bau von Trematoden wird weniger an mikroskopischen Präparaten als vorzugsweise an transparent gemachten Exemplaren studiert. Die fixierten Würmer müssen dazu durch eine aufsteigende Alkoholreihe geführt, in Xylen, Kreosot oder Nelkenöl aufgehellt und dann unter dem Binokular oder in einem hohlgeschliffenen Objektträger unter dem Mikroskop direkt betrachtet werden. Die von Chubb (1962) beschriebene Methode zur Färbung von Cestoden (siehe Seite 84) eignet sich nach Khotenovsky (1966) auch recht gut zur Anfertigung von Trematoden-Totalpräparaten. Sollen alte, nachgedunkelte Sammlungspräparate verwendet werden, „bleicht" man diese nach Mendheim (1939) durch Einlegen in unverdünnte Lugolsche Lösung. Auch nach mehrtägigem Einwirken tritt keine Schädigung der Objekte ein. Beim Sammeln und Präparieren von Tiefsee-Trematoden gewonnenen Erfahrungen stellten Eagle und McCauley (1965) zusammen. Khotenovsky (1974) beschreibt die Herstellung und Färbung mikroskopischer Präparate von *Diplozoon*.

# Bandwürmer (Cestodes)

Geschlechtsreife Bandwürmer parasitieren in der Regel im Dünndarm von Wirbeltieren. Ausnahmen bilden die in der Leibeshöhle von Fischen schmarotzenden Amphilinidae und die in der Leibeshöhle von Süßwasseroligochäten parasitierende Art *Archigetes appendiculatus*.

Der flachgedrückte Bandwurm ist meist durch Querfurchen in Abschnitte (Proglottiden) geteilt. Die Zahl der bis 20 mm breiten Abschnitte oder Glieder schwankt je nach Art zwischen 3 und 4500. Von einer hinter dem Kopf (Scolex) beginnenden Wachstumszone werden sie ausgebildet. Die mit reifen Eiern versehenen Endglieder lösen sich nacheinander vom Muttertier. Sie werden mit dem Kot des Wirtstieres abgesetzt und von einem Zwischenwirt aufgenommen, in dessen Darm die Larve frei wird. Bei Wirbeltieren dringt die Larve über die Blutbahn in Leber, Muskulatur, Gekröse oder Gehirn ein und es entsteht dann eine kirsch- bis apfelgroße Finne (▶ **Abb. 40**). Sobald sie von einem Endwirt aufgenommen wird, stülpt sich die Kopfanlage aus und es entwickelt sich ein neuer Bandwurm. Bei wirbellosen Zwischenwirten tritt noch ein zweiter Zwischenwirt auf, in dem sich ein weiteres Larvenstadium ausbildet. Erst mit diesem kann sich der Endwirt infizieren.

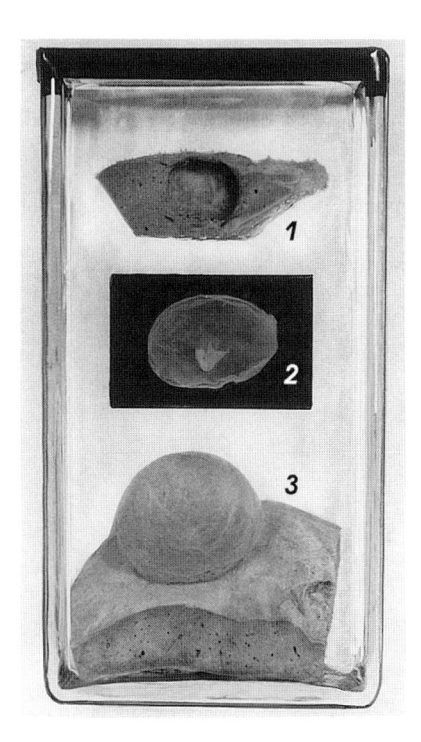

## Sammeln

Ganz gleich, ob man Bandwürmer ausschließlich oder nur nebenher bei Sektionen sammelt, stets muss das Wirtstier möglichst rasch nach dem Tode auf seine Entoparasiten hin untersucht werden. Der freigelegte Darm wird mit einer Knopfschere in voller Länge aufgeschnitten. Sofern Cestoden vorhanden sind, fallen die weiß gefärbten Arten sehr bald auf, man achte jedoch auch auf nahezu durchsichtige Formen. Wenn das Wirtstier stark infiziert ist, wird der befallene Darmabschnitt herausgeschnitten und in eine Schale mit physiologischer Kochsalzlösung gelegt. Die Reinigung erfolgt am schnellsten, wenn die Kochsalzlösung auf die Körpertemperatur des Wirtstieres erwärmt wird. Dabei kann man die nicht mehr an der Darmwand haftenden Cestoden mittels einer weichen Pinzette ein wenig hin und her schütteln und dann in eine zweite Schale mit sauberem Wasser übertragen.

Um kleine, bis 3 cm lange Cestoden in den Fäzes zu finden, wird reichlich Kot in Wasser gelegt, gut durchgerührt und nach kurzem Sedimentieren das getrübte Wasser abgegossen. Das Spülen und Dekantieren setzt man so lange fort, bis die Würmer in sauberem Wasser liegen. Es ist zweckmäßig, die Proben vorsichtig zu behandeln, da die Stabilität der Gliederketten sehr unterschiedlich sein kann. Längere Formen dürfen nicht zu stark bewegt werden, sonst ist ein Verknäulen unvermeidlich. „Abgetriebene" Bandwürmer erhält man am besten aus human- oder veterinärmedizinischen Kliniken. Zur Beschaffung von Finnen kommen insbesondere Schlachthöfe in Betracht.

**Abb. 40** Cysticercus tenuicollis von Taenia hydatigena in Schweineleber. 1) Aufgeschnittene Finne in Lebergewebe, 2) aufgeschnittene Finne mit eingestülptem Scolex, 3) aus dem Lebergewebe herausragende Finne.

Besonders wichtig ist es, auf den Scolex des Tieres zu achten, er trägt unentbehrliche Bestimmungsmerkmale.

Spezielle Hinweise über die technische Durchführung des Nachweises von Wurmbefall beim Menschen und bei Haustieren gibt VOGEL (1952). Einzelheiten über die Organzerlegung für helminthologische Zwecke haben SCHANZEL & BREZA (1963) zusammengestellt.

## Betäuben und Fixieren

Bereits völlig erschlaffte Bandwürmer lassen sich ohne weiteres fixieren. Sofern lebende Exemplare direkt fixiert werden, kontrahieren sie sich ohne Vorbehandlung beträchtlich. Nach VOGEL (1952) erzielt man sehr einfach vollkommen gestreckte Cestoden, indem sie bis zum Absterben (nicht länger) in Leitungswasser gelegt werden. Für kleine Arten ist eine halbe bis eine Stunde ausreichend, für große, z. B. *Taenia saginata* GOEZE, sind unter Umständen 10 bis 20 Stunden nötig. Die erschlafften Würmer werden dann einzeln ohne Torsionen in flachen Schalen, die Fixierungsflüssigkeit enthalten, ausgebreitet. So behandeltes Material ergibt vorzügliche Totalpräparate der Glieder und Köpfe sowie schöne Demonstrationspräparate ganzer Würmer.

Die in der Literatur mehr oder weniger modifiziert beschriebene Fixierung von lebenden Bandwürmern geht meist auf LOOSS (1901 u. 1924) zurück. Nach seinen Angaben fasst man mittelgroße Stücke am Hinterende mit einer Pinzette und bewegt sie in einer entsprechend großen, mit 0,75%iger Kochsalzlösung und 1 bis 2 % Sublimat halbgefüllten Schale in langem Bogen lebhaft hin und her. Indem die Bandwürmer einzeln schnell durch die fixierende Flüssigkeit gezogen werden, strecken sie sich gleichmäßig. Das Hin- und Herbewegen ist so lange fortzusetzen, bis sich die losgelassenen Cestoden nicht mehr kontrahieren. Bei diesem Verfahren wird durch den Druck der Pinzette das letzte Glied meist zerstört. Soll es nicht geopfert werden oder sind die letzten Glieder so reif, dass sie sich leicht ablösen, nimmt man den Wurm ungefähr in seiner Mitte auf einen Rundstab, so dass er durch sein Eigengewicht gestreckt wird. Um Kontraktionen zu vermeiden, wird er laufend kurzfristig in eine körperwarme, konzentrierte wässrige Sublimatlösung getaucht und wieder herausgezogen, bis sich das durchsichtige Gewebe getrübt hat. Danach lässt man den Wurm einige Minuten in dem Fixierungsmittel liegen. Um Quecksilberablagerungen und Kristallbildungen im Gewebe zu verhindern, muss das Exemplar in LUGOLscher Lösung ausgewaschen werden.

Mehrere Meter lange Cestoden lassen sich nicht gut durch Schwenken strecken, deshalb sollten sie vor der Fixierung betäubt werden. Man überträgt die gewaschenen Stücke entweder in 10%igen Alkohol oder 1%ige Novocainlösung. Gleich gut eignet sich dazu auch eine 1%ige Chloreton-, Urethan- oder Menthollösung. Die schlaff gewordenen Exemplare werden dann um eine Montageplatte (Holz, Glas, PVC ...) oder eine entsprechend große Flasche gewickelt und durch Eintauchen in konzentrierte wässrige Sublimatlösung fixiert. Man kann auch den auf einer Platte ausgestreckten Bandwurm von der Seite her durch Auftropfen des Fixierungsmittels abtöten und erst nach einigen Minuten in das Aufbewahrungsglas stellen.

WILDFÜHR (1982) empfiehlt zur Fixierung von Cestoden das Gemisch nach ROUDABUSH (1947), bestehend aus 24 ml 95%igem Ethanol, 15 ml Formalin, 5 ml Eisessig, 10 ml Glycerol und 46 ml Wasser. Die Fixierdauer beträgt 30 Minuten bis 3 Stunden. Die Aufbewahrung erfolgt dann in 70%igem Ethanol mit einem 5%igem Glycerolanteil. Vor dem Einlegen in die Konservierungsflüssigkeit sind die Würmer in destilliertem Wasser zu waschen. Die Ergebnisse sind durchaus befriedigend, wenn auch nicht ganz so hervorragend wie bei der Fixierung mit Sublimat. Dafür umgeht man aber die Verwendung dieses hochgiftigen Fixierungsmittels.

Eine unter Feldbedingungen leicht durchführbare Behandlung beschreibt WARDLE (1932). Die gesäuberten Cestoden werden auf einer Glasplatte ausgestreckt und zum Abtöten mit heißem Wasser (60 °C) überpinselt. Anschließend überführt man sie in kalte Fixierungsflüssigkeit. Am geeignetsten ist neutralisiertes, mit 1‰ Salzlösung verdünntes 10%iges Formol.

JOYEUX & BAER (1936) bezeichnen Formolalkohol (Alkohol 90%ig, Formol 35%ig 9:1) als das beste der üblichen Fixierungsmittel für morphologische Zwecke. Sie empfehlen, dicke Cestoden, beispielsweise *Taenia*-Arten, zwischen zwei Glasplatten zu fixieren. Doch nicht alle dicken Bandwürmer können so behandelt werden. Die

Anoplocephaliden des Pferdes z. B. haben dachziegelartig übereinanderliegende Glieder, die durch das Pressverfahren noch undurchsichtiger würden. Bandwürmer der Größenordnung von *Taenia saginata* GOEZE (bis 10 m lang) stellt man über Nacht in einem Kühlschrank bei 3–4 °C in Wasser. So erschlaffte Exemplare werden über ein Becherglas gewickelt und fixiert. Als Lösung wird auch hier das Gemisch nach Roudabush (1947) – s. o. und Anhang – empfohlen.

Die anästhetische Lösung zur Mentholbetäubung nach BAILENGER und NEUZIL (1953) setzt sich wie folgt zusammen:

```
0,25 g Menthol
5,00 g Tween 80
100 ml Wasser
```

Dieses Gemisch ist bei Zimmertemperatur mehrere Monate brauchbar. Es enthält bei gleichem Volumen sechsmal mehr Menthol als eine gesättigte wässrige Lösung. Die zum Ausstrecken benötigte Zeit hängt von der Größe des Tieres ab. Eine sofortige Betäubung erfolgt bei *Hymenolepis nana* BLANCH, bei größeren Objekten setzt sie nach 30 Minuten ein. Ein den gebräuchlichen Mitteln überlegenes Fixierungsgemisch enthält nach DEMKE (1952) folgende Reagenzien – offensichtlich in Anlehnung an das Gemisch nach Roudabush:

```
5 ml 35%iges Formol
24 ml 96%iger Alkohol
5 ml Essigsäure
46 ml Aqua dest.
10 ml Glycerol
```

Es wird kochend auf die ausgestreckten Helminthen gegossen; dickere Stücke werden in der bereits beschriebenen Weise leicht gepresst. Man lässt das Gemisch 1½ bis 2 Stunden einwirken, dann werden die Parasiten vor der Weiterbehandlung mit Aqua dest. ausgewaschen. Ein längerer Aufenthalt darin wirkt sich nicht nachteilig aus.

Die Kopfanlage enthaltenden erbsen- bis bohnengroßen Finnen oder die ei- bis faustgroßen *Echinococcus*-Blasen sind mit einer bindegewebigen Hülle des Wirtes umkleidet. Man fixiert sie vor dem Herauspräparieren aus dem befallenen Organ je nach Größe in 2- bis 4%igem Formol. Obwohl durch Osmose Fixierungsflüssigkeit in die Blasen eindringt, ist es vorteilhafter, sie mit einer sehr feinen Kanüle anzustechen und in den Hohlraum etwas Fixierungsflüssigkeit zu injizieren.

## Montage

Bandwürmer bis 50 cm Länge werden schleifenförmig auf die Montageplatte geklebt. Grundsätzlich eignet sich Gelatine zum Montieren leichterer Objekte, die in Alkohol oder Formalin aufbewahrt werden. Bekanntlich handelt es sich bei Gelatine um Eiweiß, das durch die genannten Konservierungsflüssigkeiten gehärtet wird.

5 g trockene Gelatine lässt man in 25 ml Wasser für 15 bis 20 Minuten quellen. Anschließend drückt man sie gut aus und schmilzt sie in einem Wasserbad bei etwa 60 °C. Die Gelatine darf nicht kochen, sonst verliert sie ihre Klebkraft, ebenso, wenn sie sich durch Fäulnis zersetzt. Eine schnelle Zersetzung lässt sich durch Zugabe von etwas 5%iger Essigsäure oder 1 g Chloralhydrat verhindern. Einige Autoren empfehlen, der Gelatine beim Quellen im Verhältnis 1:1 Zucker zuzusetzten.

Zum Aufkleben werden Gelatine und die entfettete Montageplatte angewärmt. Normalerweise streicht man die oberflächlich abgetrockneten Objekte auf der Rückseite mit Gelatine ein und bettet sie dann auf einen ihrer Größe angepassten Gelatinetropfen. Für Würmer wird eine entsprechende Gelatinespur auf der Platte vorbereitet. Damit das Objekt gut haftet, wird die Unterseite der Glasplatte langsam über einer kleinen, nicht rußenden Flamme hin und her bewegt, wodurch die Gelatine nochmals flüssig wird. Nun kann sie erkalten. Das Austrocknen der Objekte, was zu Verzerrungen führen würde, wird durch Auflegen feuchter Watte vermieden.

Meterlange Exemplare wickelt man am besten um eine schwarze PVC-Platte. Damit die Gliederkette (Strobila) nicht verrutschen kann, muss der Plattenrand, der zunehmenden Gliederbreite entsprechend, mit Aussparungen versehen werden (▶ **Abb. 41**). Mit Hilfe einer drei- oder vierkantigen Feile ist dies schnell geschehen. Vor dem Aufkleben kratze man die durch die Gliederkette bedeckte PVC-Fläche etwas an. Nachdem die jeweilige Bahn mit flüssiger Gelatine bestrichen

# Plattwürmer (Plathelminthes)

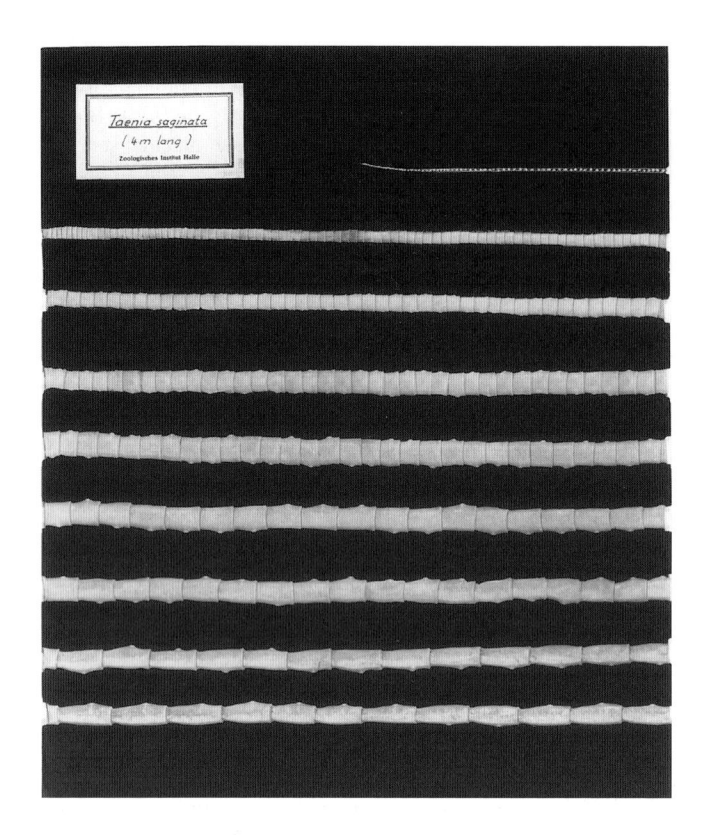

**Abb. 41** Unbewaffneter Menschenbandwurm Taenia saginata, montiertes Exemplar, 4 m lang mit 832 Glieder.

worden ist, wird ein Teilstück nach dem anderen um die Platte gewickelt. Mittels eines Föns wärmt man die Gelatine wieder etwas auf und richtet dabei die Gliederkette sauber aus. Nach dem Erkalten der Gelatine klebt der Bandwurm fest auf der Montageplatte. Finnen oder *Echinococcus*-Blasen lassen sich am besten mit Organstücken, auf denen sie sitzen, montieren (▶ **Abb. 40**). Sollten die Blasen kollabieren, können sie mit flüssiger Gelatine gefüllt werden.

Als Konservierungsflüssigkeit für Demonstrationspräparate eignet sich sehr gut 70- bis 80%iger Alkohol oder Formolalkohol, bestehend aus gleichen Teilen Alkohol 96%ig und Formalin 4%ig. Zweckmäßig ist es, diesen Flüssigkeiten 5 % Glycerol zuzusetzen, denn es verhütet bei undichten Gläsern das Vertrocknen der Parasiten. Manche Bandwürmer haben die Neigung, die Konservierungsflüssigkeit zu trüben. Man verschließe deshalb frisch montierte Präparate nicht sofort, sondern wechsle die Flüssigkeit, falls es erforderlich ist, mehrere Male.

Größter Wert ist auf eine exakte Etikettierung montierter Präparate zu legen. Das Etikett muss bei allen Parasiten folgende Angaben enthalten: Ort und Datum, Art des Parasiten, Art des Wirtes, Sitz in diesem (nicht nur „Darm", sondern „Dünndarm", „Blinddarm" usw.), Art der Fixierung.

## Spezielle Hinweise

Für **Kurs- oder Bestimmungszwecke** benötigt man gefärbte Übersichtspräparate von Gliedern. CHUBB (1962) empfiehlt, Cestoden in 5%igem Formol zu fixieren und in folgender Lösung nach sechs Wochen Reifezeit zu färben:

| |
|---|
| 2 mg Hämatoxylin |
| 100 ml Glycerol |
| 100 ml Ethylalkohol |
| 10 ml Eisessig |
| 10 g Kaliumalaun |
| 100 ml Aqua dest. |

Zum Gebrauch muss die Lösung mit 3 Volumenteilen 45%iger Essigsäure verdünnt werden. Eine andere Farblösung besteht aus:

```
0,6 g Chromotrop 2R
1 ml Eisessig
0,3 g Lichtgrün
0,7 g Phosphorwolframsäure
100 ml Aqua dest.
```

Zum Färben wird sie mit 20 Volumenprozenten 45%iger Essigsäure verdünnt. Färbedauer 2 bis 20 Minuten (progressiv). Entweder werden die Objekte direkt in Kanadabalsam übertragen oder vorher in Methylsalicylat aufgehellt. Dazu müssen die Würmer entwässert werden, indem man sie in eine Mischung von Eisessig und Methylsalicylat in den Verhältnissen 3:1, 1:1, 1:3 und danach in reines Methylsalicylat überträgt. Mit dieser Methode erhält man in kurzer Zeit klare und haltbare Präparate.

Eine bessere Vorstellung von der Lage der reproduktiven Organe und der Ausführungsgänge im Parenchym sowie der Muskel- und Kutikularschicht innerhalb der Glieder kann durch die von HEYNEMAN (1959) publizierte Methode vermittelt werden. Nach dem Färben und Entwässern legt man die geschlechtsreifen Glieder in Terpineol, es dient zum Enthärten und gleichzeitig als Sektionsmedium. Unter dem Binokular werden mit einem besonders fein geschliffenen Messer oder einer abgeflachten Nadel die Glieder „geschält", d. h., man präpariert die Kutikula und die Muskellagen insgesamt oder nur von einer Hälfte ab. Die dorsalen und ventralen Lagen lassen sich in einer Zahl gesonderter Faserbündel abziehen, so dass nur das Zentralparenchym mit den reproduktiven Organen übrigbleibt. Gute Dienste leistet dabei eine feine, in einen Präpariernadelhalter eingespannte Injektionskanüle, deren scharfe Kanten an der Spitze wie die Klinge einer feinen Lanzettnadel genutzt werden können. Sofern derartige Präparate sorgfälig angefertigt werden, stellen sie eine wertvolle Ergänzung zu histologischen Schnitten dar. Die Präparate montiert man auf Objektträger in erhitztem (unverdünntem) Kanadabalsam.

Sofern kleine Bandwürmer schnell bestimmt werden müssen, schließe man sie in Lactophenol ein. Diese nützliche Einbettungsflüssigkeit reinigt, fixiert und konserviert die Würmer gleichzeitig. Zur Herstellung vermischt man

```
1 Teil chemisch reines, kristallines Phenol,
1 Teil Glycerol (spez. Gew.1,25),
1 Teil 85%ige Milchsäure,
2 Teile Aqua dest.
```

Das Gemisch ist in einer braunen Flasche aufzubewahren. Die Präparate halten sich etwa 30 Tage.

Sehr instruktiv für Demonstrationszwecke sowie gut zum Bestimmen geeignet sind durchsichtig gemachte Bandwurmglieder oder Finnen. Nach PRAWILSTSCHIKOW & KUSNEZOW (1952) werden derartige Objekte in Barbagalle-Lösung (Formalin konz. 30 g, Kochsalz 7,5 g und Aqua dest. 1000 ml) fixiert und danach 5 Tage bis einige Wochen in folgender Flüssigkeit aufgehellt: Kaliumacetat 200 g, Glycerol 300 g und Aqua dest. 1000 ml. Zuerst muss man das Kaliumacetat in Wasser lösen und nach 24 Stunden filtrieren. Zum völlig durchsichtigen Filtrat wird dann das Glycerol gegossen. Die Aufbewahrung der Objekte erfolgt in 2%igem Formol, wobei jedoch die Transparenz wieder verlorengeht.

Als weiteres Mittel zur **Aufhellung von Totalpräparaten** von Plathelminthen und Acanthocephalen empfiehlt SUDARIKOV (1965) Dimethylphthalat. Es mischt sich gut mit Alkohol, dringt leicht in entwässertes Gewebe ein und verdunstet langsam. Die Aufhellung erfolgt am besten in tiefen Blockschälchen. Auf den Boden des Schälchens gießt man Dimethylphthalat und überschichtet es mit 95%igem Alkohol. Das Objekt wird nach Entwässerung in einer aufsteigenden Alkoholreihe in das vorbereitete Blockschälchen gelegt. Infolge seines Eigengewichts sinkt es bis zur Grenze zwischen den Schichten und bleibt dort liegen, bis es vom Dimethylphthalat durchtränkt ist. Die Aufhellung ist beendet, sobald das Objekt auf dem Boden des Blockschälchens liegt. Zur Herstellung von Dauerpräparaten werden die Helminthen üblicherweise in Balsam eingebettet.

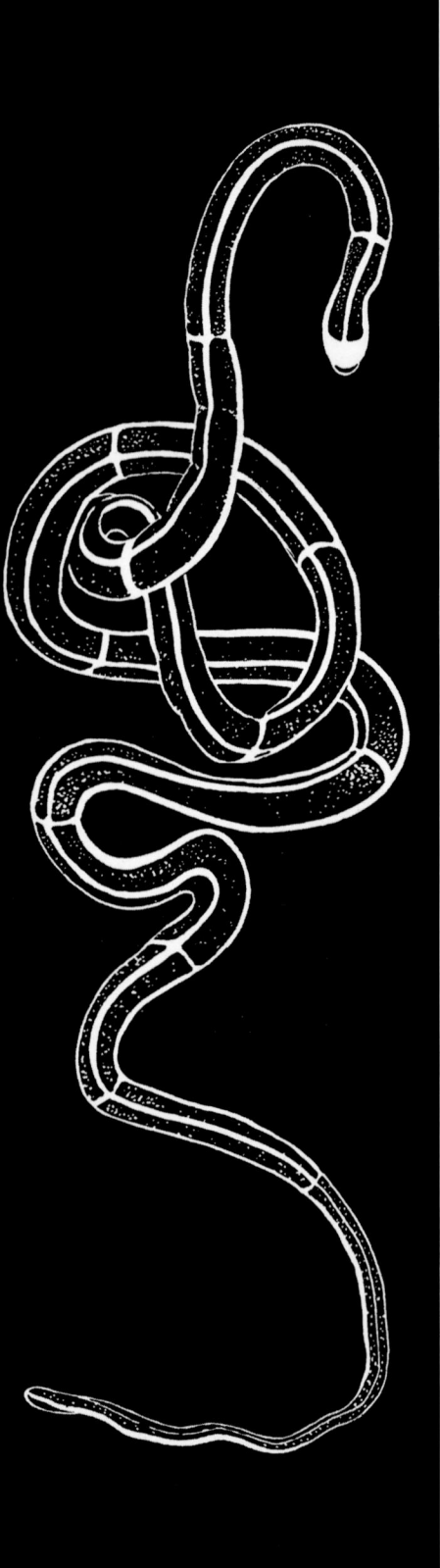

# Schnurwürmer (Nemertini)

Die überwiegende Zahl der etwa 900 Arten lebt marin, einige im Süßwasser oder an feuchten Plätzen auf dem Lande. Die weichen, nicht segmentierten Würmer sind meist drehrund und ungewöhnlich dünn. Sie sind meist wenige Millimeter bis etwa 20 cm lang. Im Gegensatz dazu erreicht die größte Art ausgestreckt bis 30 m Länge bei 9 mm Durchmesser. Somit ist *Linëus longissimus* GUNN. das längste bekannte wirbellose Tier. Die fadenförmig gestreckten bis blattförmigen Würmer variieren sehr stark in Farbe und Gestalt. Das Vorderende des Körpers ist oft kopfartig abgesetzt (▶ **Abb. 42**). Allen gemeinsam ist der vollständig bewimperte Körper, ein durchgehender Darm mit endständigem After und der oft körperlang vorstreckbare Rüssel. Die Nemertinen, auch Rüsselwürmer genannt, sind überwiegend Räuber, wobei bewaffnete Rüssel mit Stilett sowie Giftdrüse versehen sind und unbewaffnete meist als Leimrute wirken. Schnurwürmer bewegen sich gewöhnlich kriechend fort, manche Arten bilden dichte Knoten, nur die abgeplatteten Formen vermögen zu schwimmen.

## ▪ Behandlungstechnik

### Sammeln

Die marinen Nemertinen halten sich am Grunde der Küstenregionen recht zahlreich in Mangrove-Sümpfen zwischen Pflanzen, unter Steinen oder in verschiedenartigen

**Abb. 42** Schnurwurm

Meeresböden bis in die Tiefsee auf. Die meisten Arten sind auffallend thigmotaktisch, das heißt, sie suchen Kontakt mit der Umgebung und schmiegen sich dieser eng an. Daraus ergibt sich die Sammelweise der meist nächtlich aktiven Tiere. Große Formen kann man in Buchten auf dem Meeresboden beobachten, die überwiegend kleinen Arten lassen sich nur mit der **Methode der Klimaverschlechterung** des Wassers gewinnen. Aus dem dazu in Schalen ausgebreiteten Material, das mit nicht mehr als 2 cm Wasser überschichtet werden darf, kommen die Nemertinen nach RIEDL (1955) auffallend spät zum Vorschein. Von größeren Schlamm- und Tonproben muss die Sedimentoberfläche noch nach ein bis zwei Tagen abgesucht werden. Brackwasserformen sammelt man in gleicher Weise. Das vielfach gebräuchliche Aussieben hat sich nicht bewährt. KIRSTEUER (1967) empfiehlt, Nemertinen, so lange sie noch leben, zu zeichnen. Für die Bestimmung ist schon eine einfache Bleistiftskizze nützlich, sofern sie Maße und Angaben über Färbung und Morphologie enthält.

Die zwischen 200 und 3000 m Tiefe schwebenden, meist gelben oder roten, flachgedrückten Arten werden bis 20 cm lang. Sie müssen aus Netzfängen sortiert und vorsichtig behandelt werden, sonst werfen sie das Hinterende ab. Speziellere Angaben über das Sammeln und die Konservierung mariner und Süßwasser-Nemertinen liegen von KIRSTEUER (1967) und POLUNOWICH (1968) vor.

Im Süßwasser lebt in Mitteleuropa eine gelblichrot gefärbte, zuweilen gefleckte, knapp 2 cm lange und 3 bis 4 mm breite Art. Sie wird beim Sammeln meist übersehen. Man fahnde nach ihr vorzugsweise in hinreichend sauerstoffreichen fließenden Gewässern. Als günstigste Fundorte erwiesen sich Wald- und Wiesenbäche mit geringen Temperaturunterschieden. Sehr gern wird in diesen Gewässern der eisenbakterienhaltige rote Schlamm besiedelt. Eine andere europäische Art lebt in Höhlengewässern. Tropische Landnemertinen leben unter Baumrinde oder feuchtem Laub.

Ein Vertreter der Schnurwürmer ist mit exotischen Pflanzen in mitteleuropäische Gewächshäuser eingeschleppt worden.

## Betäuben und Fixieren

Infolge ihres stark entwickelten Hautmuskelschlauches kontrahieren sich Nemertinen unter anormalen Bedingungen außerordentlich stark. Die Ringmuskelkontraktion verläuft vornehmlich bei großen Formen so heftig, dass die Würmer in einzelne Stücke zerfallen. Nach LÖWEGREN (1961) verhindert man die Autotomie am einfachsten durch Zugabe von kohlensäurehaltigem Mineralwasser in das Milieuwasser. Nach dieser Vorbehandlung, die am besten bei Dunkelheit erfolgt, sind die Nemertinen noch kontraktionsfähig. Deshalb muss man sie in 0,1%iger Chloralhydratlösung oder mit Magnesiumsulfatlösung in Meerwasser in der üblichen Weise betäuben. Auch Urethan, Chloreton, Etherwasser und schwache Alkohollösungen können als Betäubungsmittel für die durch Kohlensäure vorbehandelten Tiere verwendet werden. Je nach Größe dauert die Anästhesie 30 Minuten bis 2 Stunden. Die reaktionslosen Tiere sollten bei Verwendung als Totalpräparat in einer Präparierschale (vgl. ▶ **Abb. 22**), dem Präparateglas entsprechend, plaziert und mittels Leinenstreifen festgehalten werden. KIRSTEUER (1967) empfiehlt, die Fixierung mit BOUINschem-Gemisch (70 Teile gesättigte wässrige Pikrinsäure, 25 Teile Formalin, 5 Teile Eisessig) vorzunehmen, weil das Material dann auch für histologische Zwecke brauchbar ist. Kleine, bis 10 mm lange Tiere werden 3 bis 5 Stunden, größere 12 bis 24 Stunden fixiert. Die fixierten Objekte kommen danach in 70%igen Alkohol. Dieser wird in Intervallen von einigen Tagen gewechselt, bis die Gelbfärbung des Alkohols aufhört.

# Schlauch- oder Rundwürmer (Aschelminthes oder Nemathelminthes)

Schlauchwürmer sind mit einer Kutikula versehene, ungegliederte Tiere ohne Blutgefäßsystem. Man kennt etwa 22 000 Arten von sehr variabler Gestalt und unterschiedlicher Größe, im Allgemeinen zwischen 1 mm und 20 cm. Die größte Art wird 8,4 m lang bei einem Durchmesser von 2,5 cm (▶ **Abb. 43**). Unterteilt werden die Aschelmithes nach dem gegenwärtigen Stand der Forschung meist in 9 Klassen: Rotatoria (Rädertiere), Nematoda (Fadenwürmer), Nematomorpha (Saitenwürmer), Acantocephala (Kratzer), Gastrochia und Kinorhyncha. Erst in jüngerer Zeit sind die Loricifera (1983) und Micrognathozoa (2000) etabliert worden. Außerdem sieht man oftmals die Priapulida (Priapswürmer) als Klasse der Aschelmithes. Auf Grund gewisser Eigenheiten – sowohl aus morphologisch-systematischer wie auch aus präparatorischer Sicht – wird dieser Tiergruppe hier ein eigenes Kapitel gewidmet (siehe Seite 95). Auf die Klassen Rotatoria, Gastrochia und Kinorhyncha sowie Loricifera und Micrognathozoa, deren Vertreter nur etwa 0,1 mm bis max. 2 mm Länge erreichen, kann in diesem Rahmen nur hingewiesen werden. Über mikroskopische Präparationstechnik von Rädertieren orientiere man sich in folgenden Arbeiten: Martini (1925), Remane (1929), Peters (1930), Gallagher (1956), Wulfert (1956), Ostermöller (1967) und Simakov (1974). Die Bearbeitung von Vertretern aus den beiden anderen Klassen beschreiben Remane (1927 u. 1936) sowie Riedl (1963a).

**Abb. 43** Schlauchwürmer. Oben links Rädertier, oben rechts Bauchhärling, Mitte Fadenwurm, darunter Saitenwurm, unten rechts Hakenrüssler, unten links Kratzer.

# Fadenwürmer (Nematoda)

Mit mehr als 20 000 Arten bewohnen die drehrund-langgestreckten Nematoden die unterschiedlichsten Biotope des Festlandes und der Meere. Die zuweilen in unvorstellbaren Mengen auftretenden freilebenden Arten erreichen höchst selten einen Zentimeter Länge. Im Allgemeinen liegt die Körperlänge zwischen 1 mm und 20 cm. Ein wirklicher Riese ist dagegen der in der Placenta des Pottwals schmarotzende *Placentonema gigantissima* GUBANOW. Das Männchen dieser Art erreicht eine Länge von 3,75 m bei 8 bis 9 mm Durchmesser, während das Weibchen maximal 8,4 m lang wird bei 25 mm Durchmesser.

## Entoparasitische Arten

Fadenwürmer schmarotzen bei Mensch und Haustieren in erheblich größerer Zahl als die übrigen Helminthengruppen. In der Regel hängt die Stärke des Befalls der verschiedenen Wirtstiere weitgehend von äußeren Faktoren ab. Gewöhnlich sind Weidetiere stärker befallen als Stalltiere. Ähnliche Unterschiede liegen bei Hunden und Katzen vor, die auf dem Lande oder in der Großstadt leben. Unter den Wildtieren liefern vor allem solche Arten reiche Ausbeute, die sich von kleinen Wassertieren ernähren.

## Sammeln

Einwandfrei konservierbare Nematoden erhält man nur aus frisch gefangenen Wirbeltieren. Besonders sorgfältig sollten abgemagerte Individuen untersucht werden. In manchen Fällen ist die Abmagerung ein Anzeichen von starkem Parasitenbefall. Die Öffnung der Kadaver erfolgt am besten nach dem Enthäuten der Tiere. Man untersuche vor allem die Organe der Brust- und Leibeshöhle sowie den gesamten Verdauungskanal.

Den Darm von Kleinsäugern, Singvögeln, Fröschen oder Fischen zerlegt man in 5 bis 10 cm lange Stücke. Diese werden der Länge nach vorsichtig mit einer Schere aufgeschnitten und mitsamt ihrem Inhalt so lange in physiologischer Kochsalzlösung geschwenkt, bis sie völlig sauber sind. Vorteilhaft wirkt es sich aus, wenn die Kochsalzlösung auf die Körpertemperatur des Wirtstieres erwärmt wird. Wenn man längere Nematoden vorfindet – zuweilen zeichnen sie sich durch die Oberfläche des Darmes ab – wird der gesamte Verdauungstrakt auf einer Glasplatte ausgebreitet. An den vorgesehenen Teilungsstellen wird der Darminhalt mit einem Holzspatel unter leichtem Druck afterwärts geschoben. Die aufgeschnittenen Darmstücke werden dann wie beschrieben ausgespült. Sobald sich die Nahrungspartikel gesetzt haben, schwimmen die Parasiten in der Salzlösung. Man sammelt sie je nach Größe entweder mit einer an der Spitze hakenförmig umgebogenen Präpariernadel oder mit einem Pinsel aus dem aufgeschwemmten Substrat. Sehr kleine Nematoden lassen sich mit einer Mikropipette (▶ **Abb. 44**) oder noch besser mit einer Haarschlinge (▶ **Abb. 45**) aus der Aufschwemmung entfernen. Die Haarschlinge muss dazu unter den Wasserspiegel gehalten werden. Durch Anheben des Instruments wird dann sozusagen das Stück der Oberflächenhaut des Wassers herausgeschnitten, in dem sich das Tier befindet.

Zur raschen und mühelosen **Isolierung von feinhäutigen Nematoden** (Trichostrongyliden, *Strongyloides, Capillaria*) aus dem Magen-Darm-Inhalt setzt SCHMID (1935) der dünnen Auf-

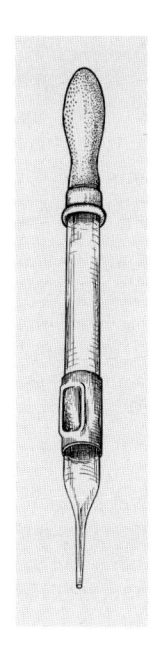

Abb. 44 Mikropipette; bei Aufnahme kleiner Objekte wird nicht das Hütchen, sondern die Gummimanschette eingedrückt.

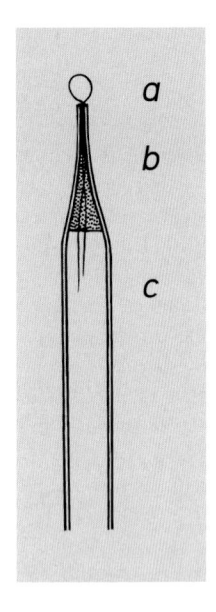

**Abb. 45** Haarschlinge zum Isolieren von Nematoden.
a) Haarschlinge,
b) Wachsausguss,
c) Pipettenrohr.

tige Stoffe entweichen, die bei empfindlichen Personen Vergiftungserscheinungen hervorrufen.

! **Auf keinen Fall darf die Körperflüssigkeit von Ascariden in die Augen oder auf Schleimhäute gelangen.**

Die eingesammelten Nematoden muss man vor dem Fixieren **reinigen**, denn am Körper haftende Teile des natürlichen Aufenthaltsmediums lassen sich danach nicht mehr entfernen. Als großer Nachteil tritt dies vor allem in Erscheinung, wenn die Objekte wissenschaftlich bearbeitet werden müssen und bestimmte Strukturen nicht zu erkennen sind.

Nach Loos (1924) sollte reines Wasser zum Säubern unbedingt vermieden werden, da es besonders in dünnhäutige Arten schnell eindringt und kleine Formen in wenigen Minuten zerstören kann. In der Regel benutzt man Kochsalzlösung von 1 bis $1\frac{1}{2}\%$. Beim Reinigen von Lungenstrongyliden muss jedoch gleich eine zwei- oder mehrprozentige Salzlösung verwendet werden, denn sie bersten in der üblichen Kochsalzlösung, worauf die Eingeweide aus der Leibeshöhle quellen. Der ganze Vorgang spielt sich manchmal in 5 bis 10 Minuten ab. Sollten die Parasiten in der stärkeren Salzlösung nach einiger Zeit schrumpfen, dann verdünne man die Lösung wieder mit etwas Wasser.

Am einfachsten lassen sich die Würmer durch Schütteln in der erforderlichen Salzlösung reinigen. Man bringt sie in ein geeignetes Gefäß, füllt dieses zur Hälfte mit Salzwasser, verschließt es und schüttelt dann eine halbe bis eine Minute kräftig auf und ab. Abschließend wird bis nahe zum Gefäßrand frische Salzlösung zugegossen, das Ganze durch mehrmaliges Umkehren des Glases gemischt und senkrecht aufgestellt. Sofern nur wenig Schleim vorhanden war, sinken die Würmer rasch zu Boden, andernfalls muss die Lösung abgegossen und das Schütteln nochmals wiederholt werden.

Dünne, lange Nematoden dürfen nicht zu stark geschüttelt werden, sonst verknäueln sie sich. Man nehme deshalb von solchen Formen nur wenige Würmer auf einmal in das Gefäß und bewege es in horizontaler Lage ein bis zwei Dutzend Male in der Richtung seiner Achse hin und her.

Sehr große Spulwürmer werden am besten durch kräftiges Umherschwenken in einer ent-

schwemmung, sofern reichlich Schleim vorhanden ist, gleiche Teile einer 1%igen Sodalösung zu. Mit einem Holz- oder Glasstab wird alles umgerührt. Dabei wickeln sich die feinen Nematoden um das Stäbchen. Schwenkt man es danach in physiologischer Kochsalzlösung, werden sie wieder frei, ohne dass ihnen noch nennenswerte Teile des Darminhaltes anhaften. Der Zusatz von Sodalösung erübrigt sich bei der Untersuchung des Magen-Darm-Traktes von Pflanzenfressern.

Haley (1954) empfiehlt bei Wurminfektionen zur Auflösung der Schleimhaut die Zugabe von 4 bis 5 ml einer 25%igen wässrigen Lösung des Detergens Tween 80. Auf diese Weise lassen sich bei quantitativen Studien längere Teilstücke der Eingeweide mit größerer Genauigkeit in kürzerer Zeit verarbeiten.

Einen einfachen **Apparat zum Sammeln von Helminthen** aus Wiederkäuern beschreiben Bittell & Ciordia (1962). Der Darm wird durch ein an einem Stativ befestigten Messer der Länge nach aufgeschlitzt und dabei über eine Winde langsam aufgerollt und gleichzeitig mit einer beweglichen Brause gründlich abgespült. Aus dem in der Auffangvorrichtung befindlichen Wasser werden die Parasiten in der üblichen Weise gesammelt. Die leicht herstellbare Vorrichtung ist für Reihenuntersuchungen großer Säugetiere sehr zu empfehlen. Beim Anfall von Spulwürmern achte man darauf, dass aus verletzten Exemplaren flüch-

sprechend großen flachen Schale mit Salzlösung gereinigt.

Eine einfache Methode **zum Sammeln von im Muskelgewebe ihres Wirtes parasitierenden Fadenwürmern** (Filarioidea) beschreibt Dunn (1932). Die an Affenkadavern erprobte Arbeitsweise verläuft folgendermaßen: Das enthäutete und ausgeweidete Tier wird gründlich vom Blut befreit und in eine auf 37 °C erwärmte Kochsalzlösung gelegt. Die das Tier enthaltende Schale stellt man dann in einen auf 37,5 °C erwärmten Thermostaten. Nach 2 bis 4 Stunden liegen bereits die ersten Filarien zusammengerollt am Boden des Gefäßes. Exemplare, die das Muskelgewebe noch nicht völlig verlassen haben, faßt man mit einer Pinzette und zieht sie vorsichtig heraus. Nur auf diese Weise sind Filarien in größerer Zahl unversehrt zu erlangen. Die Mikropräparation und Einbettung von Filarien behandelt Scott (1955).

## Fixieren

Als bewährtes Fixierungsmittel kann Glycerolalkohol nach Looss (1901) empfohlen werden Man erhitzt 70%igen Alkohol in einer Prozellan- oder Emailleschale, bis sich reichlich Gasbläschen vom Gefäßboden abzulösen beginnen. Inzwischen wird die Reinigungsflüssigkeit von kleineren Exemplaren fast völlig abgegossen und der Rest mit den Würmern in den heißen Alkohol geschüttet. Größere Exemplare wirft man einzeln in den Alkohol oder übergießt sie mit diesem. Die Würmer werden fast augenblicklich getötet, wobei sie sich weitgehend strecken. Nach dem Erkalten des Fixierungsmittels folgt die Überführung der Würmer in Glycerolalkohol. Für Ascariden verwendet man eine 10%ige Glycerolkonzentration, d. h. 1 Teil Glycerol auf 9 Teile 80%igen Alkohol. Für kleine zerbrechliche Nematoden muss der Glycerolzusatz auf 2 bis 3 % reduziert werden, sonst treten Schrumpfungserscheinungen auf. Bei Vergleichsmessungen ist zu berücksichtigen, dass Nematoden bei heißer Fixierung um etwa 10 % länger werden. In diesen Gemischen halten sich die Würmer unbeschränkt lange. Zur Montierung als Sammlungspräparate bedürfen die so konservierten Nematoden keiner weiteren Behandlung.

Die allgemein übliche Fixierung mit heißem Alkohol eignet sich nicht für Capillariiden und Nematoden von gewundener Gestalt. Man betäubt diese Formen am besten mit Menthol oder Propylenphenoxetol und streckt sie dann beim Fixieren unter Hinzufügen von Alkohol. Parasitische Nematoden können nach Berland (1961) auch kalt fixiert werden, indem man die gereinigten Exemplare je nach Größe bis zu 10 Minuten in Eisessig (= 100%ige Essigsäure) wirft und danach in 70%igem Alkohol aufbewahrt. Derartig behandeltes Material lässt sich zum Bestimmen sowohl gut färben als auch durchsichtig machen.

Speziell für Expeditionen empfiehlt sich die Formalinfixierung. Sie hat den Vorteil, dass der mitgeführte Flüssigkeitsvorrat weniger Raum beansprucht als Alkohol. Fixiert wird heiß oder kalt mit einem Gemisch, bestehend aus 10 Teilen Formol, 85 Teilen 1%iger Kochsalzlösung und 5 Teilen Glycerol. Nach dieser Fixierung lässt sich das Material später kaum schrumpfungsfrei in Alkohol überführen. Sollen von derartig vorbehandelten Exemplaren Demonstrationspräparate angefertigt werden, stelle man sie in Formolalkohol auf.

Zur schrumpfungsfreien Fixierung von Ascariden wird die Verwendung von Barbagalle-Lösung (vgl. Seite 85 bzw. Anhang, Seite 332) empfohlen. Die gereinigten Würmer legt man dazu plötzlich in diese Flüssigkeit. Ebenso ist mit noch lebenden Filarien zu verfahren. Sofern sie erst in Wasser gebracht werden, treten Schrumpfungen auf.

Zum Bestimmen müssen die Nematoden durchsichtig gemacht werden. Man überführt sie dazu in Glycerol. Am besten gelingt dies, wenn man den Alkohol des Konservierungsgemisches im Thermostaten bei 50 bis 60 °C verdunsten lässt, Hartgebilde lassen sich durch Milchsäure gut aufhellen.

Eine **Weichfixierung** von Ascariden für Kurszwecke lässt sich nach Schroll (1963) wie folgt erreichen: Das in Seifenwasser gewaschene Material legt man zum Abtöten für 30 Sekunden in 60 °C heißes Wasser, dann wird es herausgenommen und in kaltem Wasser abgeschreckt. Anschließend muss es 2 Stunden lang in 50%igem Alkohol liegen. Die Aufbewahrung erfolgt in 75%igem Alkohol. Die Tiere bleiben geschmeidiger als bei der für diese Zwecke gebräuchlichen Formolkonservierung.

## Freilebende Arten

Zu den freilebenden Nematoden gehören die Binnenlandbewohner mit den zahlreichen pflanzenparasitischen Formen sowie die Süßwasser- und Meeresbewohner. Im Gegensatz zu den stationär in Tieren parasitierenden Arten können die Pflanzenschmarotzer ihren Wohnsitz wechseln, sobald sie veränderte Umweltbedingungen dazu zwingen. Durch Austrocknen organischer Substanz werden derartige Nematoden gesammelt. Nähere Angaben enthält die Arbeit von MEYL (1961).

Da die terrestrischen Nematoden in der Größe zwischen 0,2 mm und 2 mm schwanken, entfällt die Beschreibung einer makroskopischen Behandlungstechnik, dasselbe gilt in der Regel auch für die marinen Formen. Sie besiedeln alle Meeresböden, besonders zahlreich jedoch sinkstoffreiche Algenrasen oder andere Pflanzenbestände. Am erfolgreichsten sammelt man lebende Meeresnematoden direkt aus der frischen Probe unter dem Binokular mit Hilfe einer Haaröse (▶ **Abb. 45**). Lässt sich dieses Verfahren aus äußeren Gründen nicht durchführen, werden auf je 100 ml wässrige Sand- oder Schlammproben 5 ml Formol (35 bis 40 %) zugesetzt. Auf diese Weise wird eine gut gemischte Probe 2%ig formalinisiert. Nach ALLGÉN (1934) ist 2%iges Formol ein vorzügliches Konservierungsmittel für systematisches Studienmaterial. Spezielle Ausführungen zur Extraktion mariner Nematoden bringen CAPSTIK (1959) und TEAL (1960).

Eine gute **Anleitung zum Sammeln und Präparieren freilebender Nematoden** liegt von BUSSAU (1990) vor. Dabei wurde an verschiedenen Stellen aus unterschiedlichen Bodentiefen 250 ml Substrat entnommen und im Labor 1 Liter Wasser vom Probenstandort hinzugefügt. Durch kräftiges Schütteln gelangen die Nematoden in den freien Wasserkörper. Nach einer Absetzzeit von weniger als 15 Sekunden wird die Suspension, die nun Schwebteilchen und Nematoden enthält, durch ein Sieb der Maschenweite von 55 μm dekantiert. Dieser Vorgang soll dreimal wiederholt werden. Das Sieb, das auf der Unterseite Füßchen besitzt, wird in eine mit Wasser gefüllte Petrischale gestellt. Die Nematoden wandern nun aktiv durch die Gaze und fallen auf den Schalengrund. Fixiert wird das Material in einer erhitzten Lösung aus 7 Teilen 40%igen Formalin, 2 Teilen Triethanolamin (= Nitrilotriethanol, = Sterolamid) und 91 Teilen Aqua dest. Zum **Anfärben** benutzt BUSSAU Baumwollblau. Die Auswertung erfordert die Herstellung mikroskopischer Präparate.

## Spezielle Hinweise

Die Anfertigung mikroskopischer Dauerpräparate von entoparasitischen Nematoden beschreiben CHATTERJI (1935), VOGEL (1952) und BAKER (1953). Arbeiten über die Behandlung phytopathogener Formen liegen u. a. von GOODEY (1937), VAN DER VEGTE (1959) sowie SEINHORST (1959 u. 1962) vor. Wer sich über die Biologie der Nematoden orientieren möchte, benutze die mit Bestimmungsschlüsseln versehenen Schriften von WÜLKER & SCHUURMANS-STEKHOVEN (1935) sowie MEYL (1961).

# Saitenwürmer (Nematomorpha oder Gordiacea)

Soweit es sich um Süßwasserbewohner handelt, schmarotzen Saitenwürmer bis zur Geschlechtsreife in Insekten und marine Arten in Krebsen. Man kennt bisher ca. 300 Arten, etwa 50 davon leben in Mitteleuropa. Die 15 cm bis 1,6 m langen Tiere sind extrem fadenförmig gestreckt. Ihr Durchmesser beträgt knapp 1 mm, höchstens jedoch 3 mm. Im Süßwasser vereinigen sich Saitenwürmer oft in großer Zahl, so dass unentwirrbare Knäuel entstehen. Nach der antiken Sage vom gordischen Knoten werden sie Gordiuswürmer, auf Grund meist gelbbraunen Aussehens und der elastischen Struktur auch Pferdehaarwürmer genannt. Typisch für marine Arten ist der bei reifen Tieren vorhandene Borstenbesatz. Die steifen Borsten stehen in zwei Doppelreihen und befähigen die Nematomorphen zu ihrer pelagischen Lebensweise.

## Sammeln

Im Süßwasser leben die geschlechtsreifen Würmer sowohl in langsam fließenden Bächen oder Gräben als auch in Tümpeln oder kleinen Seen. Man findet die leblos erscheinenden Tiere bei einiger Aufmerksamkeit vor allem in der wärmeren Jahreszeit. Ihr Vorkommen erstreckt sich von den kalten Zonen bis in die Tropen. Im mongolischen Gobi-Altai wurden in 2800 m Höhe zwischen den Steinen eines wasserarmen Gebirgsbaches sogar drei Arten nachgewiesen.

Die Lebensdauer geschlechtsreifer mariner Arten ist sehr kurz; sicherlich werden sie deshalb nur sehr selten in Planktonfängen nachgewiesen.

## Fixieren

Unter Feldbedingungen fixiert man mit 70%igem Alkohol. Als Aufbewahrungsflüssigkeit dient Glycerolalkohol (Alkohol 80%ig und Glycerol 95:5). Material für histologische Zwecke wird mit heißem gesättigtem Sublimat fixiert, dem 5 bis 10 % Eisessig zugesetzt werden.

# Kratzer (Acanthocephala)

Die geschlechtsreifen Kratzer schmarotzen ausschließlich im Darm von Wirbeltieren. Es sind bisher etwa 1000 Arten zwischen 2 mm und 4 cm Länge beschrieben worden. Bei der größten Art wird das Weibchen jedoch bis 95 cm lang. Die Männchen der Kratzer sind stets kleiner als die Weibchen. Ihr Körper besteht aus dem langgestrecken Rumpf und dem Praesoma, das sich aus dem mit zahlreichen Haken versehenen Rüssel und einem Halsteil zusammensetzt. Charakteristisch für die Hakenwürmer ist, dass sie sich in die Darmschleimhaut ihrer Wirte einbohren und festhalten. Der Befall kann zuweilen so groß sein, dass der Wirt eine toxische und mechanische Schädigung erfährt. In einem Entendarm fand man z. B. 1000 Kratzer und im Dünndarm eines Schweines bis 70 Riesenkratzer.

## Sammeln

Geschlechtsreife Kratzer findet man normalerweise nur im Darmlumen von Wirbeltieren. Bei Warmblütern leben sie vorzugsweise im Dünndarm. Um festhaltende Kratzer zu entfernen, öffne man mit scharfen Lanzettnadeln das Gewebe um das Praesoma. Sollte es nicht gelingen, den Kratzer abzulösen, wird das Stück des Wirtsgewebes herausgeschnitten, in dem das Praesoma verankert ist. Sofern die Tiere im kollabierten Zustand im Darm vorgefunden werden, reinigt man sie in physiologischer Kochsalzlösung vom Schleim und lässt die Würmer dann in frischer Salzlösung so lange liegen, bis sie aufgequollen sind.

## Betäuben und Fixieren

Kratzer lassen sich auf verschiedene Weise betäuben. Am gebräuchlichsten ist es, sie zu diesem Zweck in Wasser zu legen. Kleine Exemplare reagieren nach einer Stunde nicht mehr, große Formen sind oft erst nach einem Tag reaktionslos. Bei widerstandsfähigen Arten wende man eine alkoholische Menthollösung an (siehe Seite 80) oder die von BAILENGER und NEUZIL (1953) beschriebene anästhetische Lösung von Menthol in Tween 80 (siehe Seite 83). Nach MONTREUIL (1958) eignet sich diese hochwirksame Dispersion ganz besonders gut für Acanthocephalen. In oft weniger als 30 Minuten stülpen kleine Würmer den Rüssel aus und sind betäubt. Bei größeren Arten erzielt man den gleichen Effekt, wenn sie etwas länger in diesem Narkotikum liegen. Wichtig ist, genügend große Schalen zu verwenden, damit sich jedes Exemplar ungehindert strecken kann.

Als Fixierungsmittel eignet sich am besten DEMKES Gemisch (siehe Seite 83). Es wird in kaltem Zustand verwendet und soll wenigstens 2 Stunden auf die Kratzer einwirken. Man kann das Material ohne Nachteil auch im Fixierungsgemisch aufbewahren. Vorteilhaft wirkt sich dabei dessen aufhellende Wirkung aus. Sie gestattet die

Untersuchung der inneren Struktur, ohne ein gesondertes Aufhellungsverfahren durchführen zu müssen. Leider verändert DEMKES Gemisch die natürliche Farbe des Gewebes, was den Wert für makroskopische Präparate etwas mindert. Zur **Aufstellung von Demonstrationspräparaten** genügt es, die Kratzer in 70%igem Alkohol zu fixieren und dann in 80%igen zu übertragen.

## Spezielle Hinweise

Geschrumpfte Kratzer lassen sich nach VAN CLEAVE (1953) durch Einlegen in eine 0,5%ige Lösung von Natriumphosphat in Aqua dest. wieder in nahezu normale Kondition bringen. Eingetrocknete Objekte legt man direkt in diese Lösung, in Alkohol befindliche müssen erst in einer absteigenden Reihe vorbehandelt werden. Es ist erforderlich, den Vorgang zu beobachten, sonst mazerieren die Würmer zu stark und deformieren sich. Nach gründlichem Auswaschen in destilliertem Wasser werden die Objekte über die aufsteigende Alkoholreihe geführt und in 70- bis 85%igem Alkohol aufbewahrt.

# Priapswürmer (Priapulida)

Obwohl von den Priapuliden bisher nur etwa 20 Arten beschrieben worden sind, wird ihnen auf Grund des eigenständigen anatomischen Baues oftmals der Status eines Stammes zuerkannt. Nach jüngeren Forschungen werden sie aber als Klasse der Aschelmithes betrachtet und in die verwandtschaftliche Nähe der Kinorhyncha und Loricifera gestellt. Das Vorkommen von *Priapulus* ist auf die kalten Meere beider Polgebiete beschränkt. Sie leben im Sand- und Schlammgrund, und zwar von der Uferzone bis in 200 m, eine Art sogar bis in 800 m Tiefe. Die Körperlänge beträgt durchschnittlich 3 mm bis 10 cm. Die größte Art *Priapulus caudatus* (▶ **Abb. 46**) wird selten bis 20 cm lang. Die wurmförmigen Tiere bewegen sich kriechend mit Hilfe des Rüssels. Als Räuber verschlingen sie ihre Beutetiere im Ganzen.

## ▋ Behandlungstechnik

### Sammeln

Die im Küstengebiet der westliche Ostsee vorkommenden 2 Arten leben nach LÜLING (1940) im Faulschlamm der Kieler Außenförde in 6 bis 18 m Tiefe. Priapuliden halten sich auch in anderen Gebieten auf tonigen oder sandigen Böden bis in etwa 500 m Tiefe auf. Sie werden meist zufällig in Ausbeuten von Bodendredgen oder Schleppnetzen angetroffen.

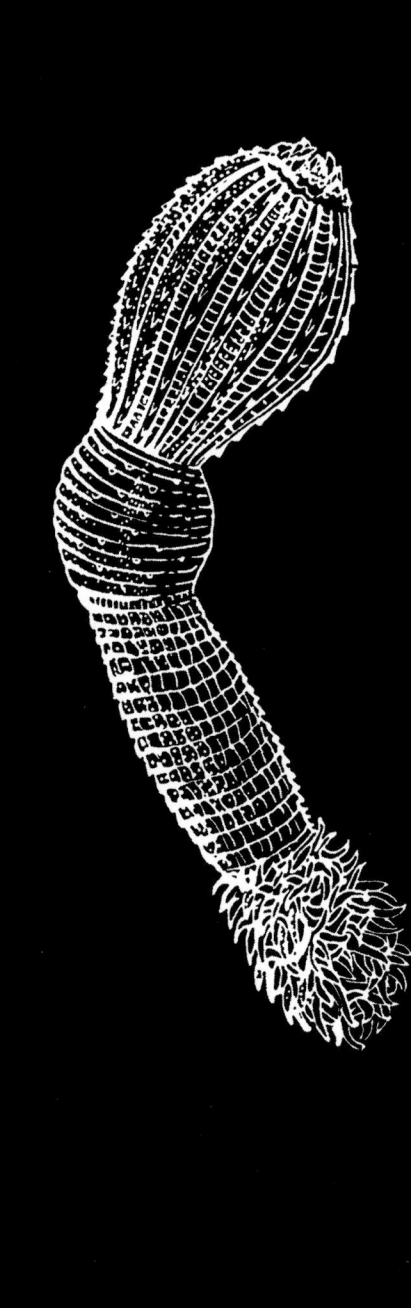

**Abb. 46** Priapswurm

## Betäuben und Fixieren

Nach APEL (1885) stellt man die lebenden Priapuliden in einem Schälchen mit Seewasser auf ein Wasserbad und lässt sie in höchstens auf 40 °C erwärmtem Wasser absterben oder man erfasst ein ausgedehntes Tier mit der Pinzette und taucht es einen Moment in siedendes Wasser. Das Objekt wird dadurch völlig gelähmt, so dass man es entweder aufgeschnitten in das Fixierungsgemisch wirft oder besser mit diesem injiziert.

SMALDON & LEE (1979) betäuben Priapuliden mittels einer 7,5%igen Lösung von Magnesiumchlorid in Seewasser. Die Einwirkungsdauer ist variabel, sie schwankt zwischen 2 bis 8 Stunden.

Die mit einer sehr undurchlässigen Kutikula versehenen Priapuliden lassen sich auch folgendermaßen fixieren: Sobald sich ein Tier zu strecken beginnt und den Rüssel ausstößt, wird es mit Sublimatalkohol übergossen. Nach etwa 15 Minuten muss das Tier angestochen und nach etwa einer halben Stunde stufenweise in 70%igen Alkohol überführt werden.

LÜLING (1940) fixiert das Material für histologische Zwecke mit einem jeweils frisch hergestellten Gemisch von 80%igem Alkohol und säurefreiem 35%igem Formalin im Verhältnis 2:1. Um das Eindringen der Fixierungsflüssigkeit zu beschleunigen, werden die Tiere zu Beginn der Fixierung angestochen oder es wird durch einen scharfen Scherenschnitt ein Teil des Rüssels vom übrigen Körper getrennt.

# Bartwürmer (Pogonophora)

Die systematische Stellung dieser überaus interessanten Gruppe war lange umstritten und konnte auch bis heute noch nicht völlig geklärt werden. So wurden sie zeitweise den Polychaeten zugeordnet, andere Autoren sahen sie eher bei den Deuterosomiern. Grund dafür sind eine Reihe spezieller Merkmale. Die adulten Tiere besitzen weder Mund noch After, während diese bei früheren Stadien ausgeprägt sind. Auch ihre Körpergliederung mit nur teilweiser Segmentierung und Beborstung ist einzigartig.

Die vorwiegend in der Tiefsee lebenden Pogonophoren sind wurmförmige Röhrenbewohner (▶ **Abb. 47**). Sie können sich innerhalb des Gehäuses bewegen und sind nach IWANOW (1964) wahrscheinlich befähigt, den Vorderteil des Körpers herauszustrecken und bei Gefahr blitzschnell wieder zurückzuziehen. Die Länge des fadenförmigen Körpers schwankt zwischen 0,5 und 36 cm und übertrifft 100 bis 300 mal die Körperbreite. Gegenwärtig sind etwa 100 Arten bekannt.

## Behandlungstechnik

### Sammeln

Bartwürmer bewohnen die verschiedenartigsten Stellen des Weltmeeres. Nach IWANOW lebt die größte Zahl der Arten in einer Tiefe von 1000 bis 10 000 Metern. Nur einige Arten kommen in einer Tiefe von weniger als 1000 m vor. Um derartige Tiere zu erlangen, bedarf es entsprechend großer

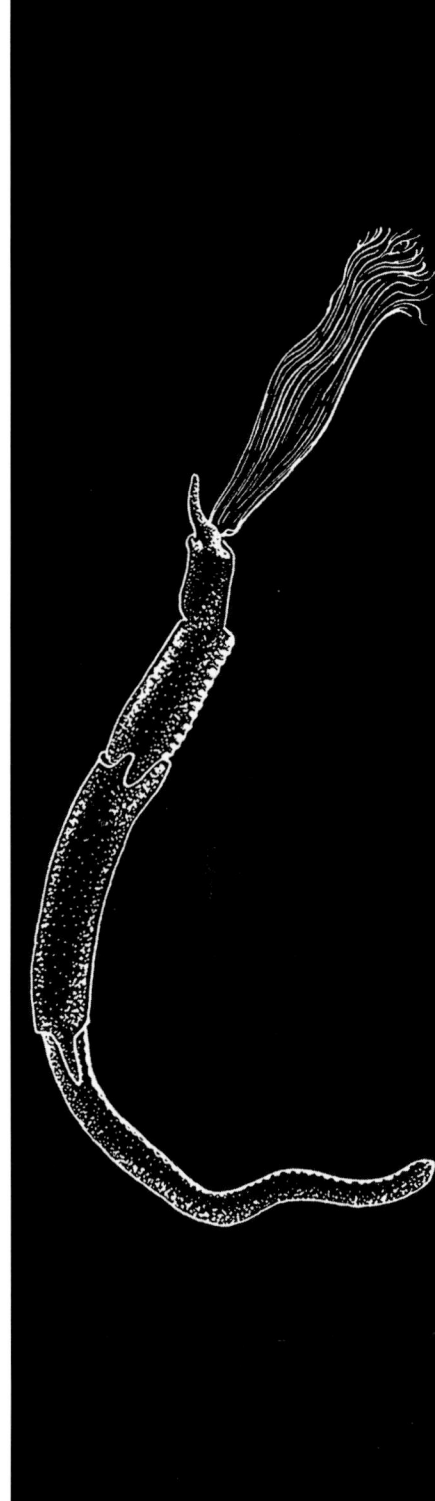

**Abb. 47** Bartwurm

Bodengreifer und Tiefseedredgen, über die in der Regel nur Forschungsschiffe verfügen. Der gleiche Autor weist darauf hin, dass die großen Formen der Pogonophoren, die ein verhältnismäßig dickes Röhrchen besitzen, sich leicht bei Trawlfängen und in Grundproben finden. Manchmal allerdings kann man diese Gehäuse leicht als Röhrchen der sessilen Polychaeten ansehen. Die kleinen, sehr dünnen Formen, besonders einiger Arten von *Siboglinum*, sind leicht zu übersehen, aber unter dem Binokular oder dem Mikroskop sind sie meist ohne Mühe durch die charakteristische Ringelung oder „Segmentierung" ihrer Röhren zu erkennen. Die Röhrchen sind selten ganz erhalten, gewöhnlich zerbrechen oder zerreißen sie, deshalb ist es wünschenswert, gewissenhaft alle längeren Röhrchen zu sammeln, auch wenn sie leer erscheinen. Das ist wichtig für die Feststellung der Länge des ganzen Röhrchens und die Klärung von Besonderheiten ihrer Struktur in den verschiedenen Bezirken. Manchmal findet man beim Dredgen oder beim Durchspülen von Bodengrund einzelne Tiere oder Teile davon ohne Röhrchen. Solche Exemplare sind wertvoll, da das Herausholen der Tiere aus den Röhrchen, besonders einiger kleiner Arten, nicht immer möglich ist. Epibionten (Actinien, Serpuliden, Scalpellum und andere Tiere), die oft auf den Röhrchen angesiedelt sind, werden mit dem Tier fixiert, da sie die Möglichkeit geben, über einige Besonderheiten der Lebensweise der Pogonophoren Rückschlüsse zu ziehen.

## Präparieren

Das Herausholen der Tiere aus dem gerade gefundenen Röhrchen ist mit großen Schwierigkeiten verbunden. Es wird am besten unter einem Binokular durchgeführt. Das zu präparierende Material hebt man in einem Gefäß mit eisgekühltem Seewasser auf. Allerdings sind die Tiere unter diesen Bedingungen auch nur $1^{1}/_{2}$ bis 2 Stunden haltbar. Die Konsistenz, Festigkeit und Elastizität der Röhrchen bei verschiedenen Formen ist außerordentlich unterschiedlich. Es ist deswegen schwer zu sagen, welche Methoden die geeignetsten sind, um die Tiere aus den Röhrchen herauszuholen. Dicke, feste Röhrchen kann man manchmal leicht teilweise abschneiden oder abkratzen und so stückweise mit dem gut geschärften Skalpell das Tier freilegen. Bei einigen kleinen Formen, z. B. bei *Siboglinum caulleryi*, wird das Röhrchen sich sehr leicht entfernen lassen, wenn es mit Hilfe von 2 Präpariernadeln längs auseinander gerissen wird. In vielen Fällen ist es allerdings sehr schwer, das Tier ohne ernsthafte Verletzungen aus dem Röhrchen herauszubekommen; Beispiele dafür sind *Siboglinum minutum* mit sehr festen und spröden Röhrchen oder *Zenkevitchiana longissima* mit sehr feinen und zarten Röhrchen. Wenn man die Präparation nicht gleich ausführen kann, müssen die Pogonophoren mit den Röhrchen fixiert werden. Einige Arten fixiert man am besten überhaupt vor der Präparation, da der Körper des Tieres im Alkohol erst genügend Festigkeit erhält.

Tiere, die in den Röhrchen geblieben sind, fixiert man in 70%igem Alkohol, aber nur dann, wenn die Konsistenz der Röhrchen fest genug ist. Der Alkohol wird in einigen Tagen wieder ausgewechselt. Die dünnen und zarten Röhrchen von *Siboglinum* und die elastischen Röhrchen von *Zenkevitchiana* sowie einigen anderen Formen fixiert man am besten in 2- bis 3%igem neutralen Formalin, da sie in Alkohol infolge des Wasserentzuges einschrumpfen. Zum Erweichen sowie zur Depigmentierung der Röhren kleiner Arten benutzt Iwanow (pers. Mitt.) Diaphanol. Totalpräparate lassen sich mit Alaunkarmin färben und in Glycerolgelatine einbetten. Spezielle Angaben über histologische Arbeitsmethoden enthalten die Monographien von Iwanow (1960 und 1964).

# Weichtiere (Mollusca)

Nach den Gliederfüßern sind die Weichtiere der artenreichste Tierstamm. Man kennt bisher über 100 000 Arten. Zu ihnen gehören sowohl Schnecken und Muscheln von wenigen Millimetern Größe als auch riesige Kopffüßer, die einschließlich der Arme fast 22 m lang werden können. Die Vertreter der sieben verschiedenen Klassen sind an ihren charakteristischen Bautypen erkennbar (▶ **Abb. 48**). Die zum Unterstamm Amphineura gehörenden Wurmmollusken und Käferschnecken besitzen noch nicht die typische einheitliche Schale, die für die Klassen des Unterstammes Conchifera charakteristisch ist. Die Rückenseite dieser Arten ist fast immer mit einer starren äußeren Kalkschale und die Bauchseite mit dem als Fortbewegungsorgan verschiedenartig gestalteten Fuß versehen. Trotz der hohen Organisation des Körpers ist das Verhalten fast aller Mitglieder von sechs der sieben Molluskenklassen durch die niedrige Fortbewegungsgeschwindigkeit charakterisiert. Lediglich einige Kopffüßer sind in der Lage, mit Hilfe ihres Bewegungsapparates Beutetiere zu verfolgen. Erst in der zweiten Hälfte des zwanzigsten Jahrhunderts wurden einige rezente Vertreter der Monoplacophora entdeckt, die ihre Blüte im Paläozoikum hatten. Präparatorisch wird diese Klasse etwa wie die Bivalvia behandelt.

Zur eingehenden wissenschaftlichen Orientierung sei auf THIELE (1931 u. 1935) und bezüglich technischer Verfahren auf ROTARIDES (1928), JECKEL (1953), LINDNER (1982) sowie KERNEY u.a. (1983) verwiesen. Detaillierte Anweisungen zur Narkotisierung von marinen Mollusken liegen von SMALDON & LEE (1979) vor.

**Abb. 48** Weichtiere. Oben Wurmschnecke oder Furchenfüßer, darunter Käferschnecke, Mitte Gehäuseschnecke, darunter links Kahnfüßer, rechts Einschaler, unten rechts Muschel, unten links Kopffüßer.

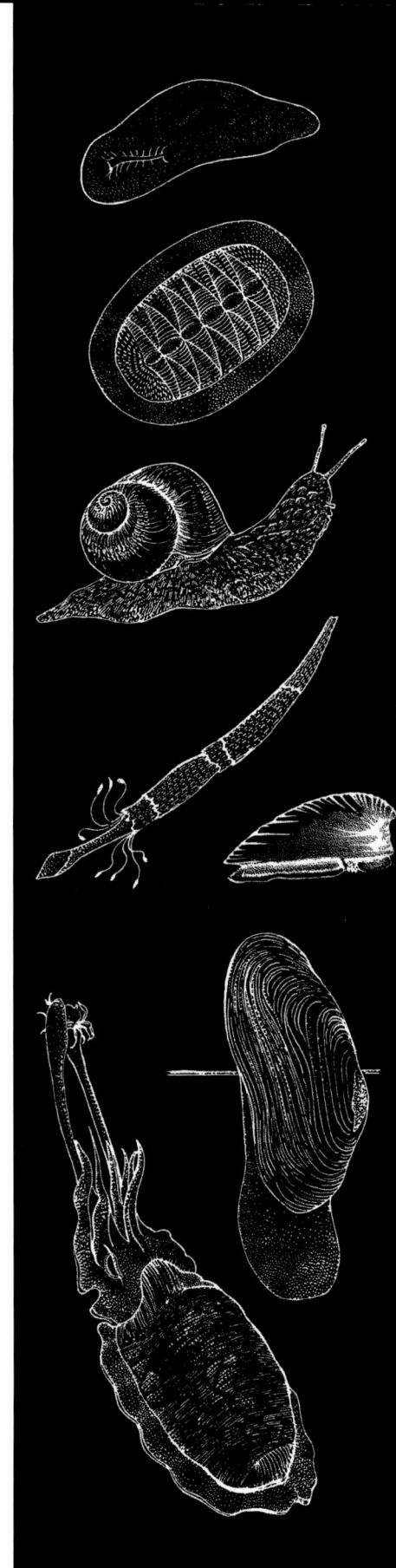

Weichtiere (Mollusca)

# Wurmmollusken (Aplacophora)

Die etwa 240 Arten umfassende Gruppe der Aplacophora beinhaltet die Unterklassen Caudofoveata (Schildfüßer) und Solenogastres oder Ventroplicida (Furchenfüßer). Hier soll lediglich auf die zweite Unterklasse eingegangen werden. Diese rein marinen Mollusken besitzen weder eine Schale noch einen ausgeprägten Fuß. Der Kopf ist nicht gegen den stabförmigen Rumpf abgesetzt. Am Vorderende ist eine Mundöffnung sichtbar, am Hinterende liegt die Kloake und längs der Mittellinie der sohlenartigen Unterseite verläuft eine enge Furche. Von den 180 bisher bekannten Arten der Furchenfüßer leben 9 in der Nordsee, vorzugsweise an der norwegischen Fjordküste. Die Körperlänge schwankt zwischen 15 mm und 30 cm.

## Sammeln

Wurmmollusken sind durchweg ziemlich selten. Sie leben vorwiegend in weichem Schlickboden als Detritusfresser oder auf Hohltierkolonien als mehr oder minder ausgeprägte Schmarotzer. Werden auf Korallen lebende Arten gesucht, so ist zu beachten, dass diese wirksame Farbanpassungen aufweisen. Nach JAECKEL (1954) trifft man Solenogastres nirgends im Bereich von Wellenbewegungen oder Strömungen an. Bei ihrer geringen Beweglichkeit wäre eine Verschiebung des Bodengrundes äußerst problematisch. Fast die Hälfte aller Arten lebt in der Tiefsee, oft unterhalb 1000 m. Diese werden meist nur von Expeditionen erbeutet, die mit den erforderlichen Gerätschaften ausgerüstet sind.

## Betäuben und Fixieren

Exemplare, die aus tiefem Wasser in der Dredge nach oben kommen, liegen gewöhnlich bereits im Sterben, so dass so gut wie keine Kontraktion erfolgt, wenn sie direkt in 70%igen Alkohol gelegt werden. Widerstandsfähigere oder aus verhältnismäßig seichtem Wasser kommende, infolge ihres gut ausgebildeten Hautmuskelschlauches stark kontraktionsfähige Tiere müssen sorgfältig betäubt werden. HEATH (1911) empfiehlt, stufenweise Chloreton in Alkohol gelöst hinzuzufügen, bis sie vollständig betäubt sind. Sie werden dann über eine aufsteigende Alkoholreihe geführt und in 80%igem Alkohol aufbewahrt. Bei warmem Wetter stelle man die Proben kühl, bis sie durchfixiert sind. Es ist stets nötig, ausreichende Mengen Alkohol zu verwenden.

Sollen noch auf der Unterlage sitzende Exemplare betäubt werden, schichte man Alkohol auf das Milieuwasser. In losgelöstem Zustand krümmen sie sich so stark zusammen, dass man sie nach CORIS (1938) Erfahrungen erst leicht quetschen und dann betäuben muss. Da bei diesem Verfahren die natürliche Gestalt leidet, sollte man besser Kohlendioxid in das Milieuwasser leiten oder sie mit Menthol anästhesieren. Weil die Kutikula meist mit Kalkschuppen und Stacheln besetzt ist, darf anstelle von Alkohol kein Formalin als Aufbewahrungsflüssigkeit verwendet werden.

# Käferschnecken (Polyplacophora)

Die gleichfalls marinen Käferschnecken sind kenntlich an ihrer abgeflachten, längsovalen Form. Auf dem Rücken tragen sie acht dachziegelartig übereinander liegende Platten, die Unterseite weist eine breite Kriechsohle auf. Polyplacophoren vermögen sich wie Asseln zusammenzurollen, so dass losgelöste Exemplare in der Brandung keinen Schaden erleiden. Werden Käferschnecken in der Gezeitenzone durch Trockenheit überrascht, schützen sie sich durch überaus festes Ansaugen an der Unterlage. Die in größerer Meerestiefe wohnenden Arten besitzen in Anpassung an das Leben in Spalten und Höhlen von Korallenstöcken eine mehr wurmförmige Gestalt. Von den etwa 1000 Arten bewohnt der weitaus überwiegende Teil das obere Litoral. Die Länge der Käferschnecken schwankt im Allgemeinen zwischen 3 mm und 20 cm. Die größte Art – *Cryptochiton stelleri* – lebt im nördlichen Pazifik und weist eine Länge von bis zu 33 cm und eine Breite von 15 cm auf. Nach JAECKEL (1954) leben in der Nordsee, wo die Küstenbezirke wenig felsigen Grund aufweisen, nur 12 Arten und in der salzärmeren Beltsee (westliche Ostsee) lediglich noch 2 Arten.

## Sammeln

In der Regel trifft man die trägen, nur nächtlich aktiven Tiere einzeln an. Das ergiebigste Sammelgebiet sind die Hartböden der bewegten Seichtwasserzone des Brandungsbereichs, wo sie oft in kleinen Gruppen anzutreffen sind. Im Wattenmeer findet man sie auf Grund ihrer Tendenz, sich in Hohlkörpern zu verbergen, in Muschelschalen und unter Steinen. Die festsitzenden Tiere werden mit einem rundgeschliffenen, stumpfen Messer oder notfalls mit einem Stemmeisen von der Unterlage gelöst, indem man von einer Schmalseite her das Werkzeug ansetzt. Nach dem Ablösen rollen sich die Tiere zusammen. Sofern die Placophoren in einem Gefäß mit Meerwasser transportiert werden, strecken sie sich bald wieder aus. RIEDL (1963a) weist darauf hin, dass man als Taucher eine gute Ausbeute von Steinunterseiten in küstennahen Blockfeldern gewinnt. Die Arten des tieferen Wassers werden mit Hilfe von Dredgen erbeutet.

## Betäuben und Fixieren

Am einfachsten können Käferschnecken durch langsamen Austausch des Meerwassers gegen Süßwasser betäubt werden. Man kann auch Kohlendioxid oder Magnesiumsulfat in der üblichen Weise verwenden. Sobald sich die Tiere leicht von der Unterlage lösen lassen, bindet oder steckt man sie auf einem flachen Brettchen fest.

KAPLAN (1969) legt die Placophoren in eine Schüssel und gießt über sie reichlich Seewasser. Danach werden einige Tropfen Nelkenöl auf das Wasser gebracht. Man beobachtet die Tiere und gibt, falls erforderlich, nach 15 Minuten mehr Nelkenöl hinzu. Die Einwirkungszeit beträgt 30 Minuten bis 1 Stunde.

Zum Abtöten und Fixieren werden Polyplacophoren in 70%igen Alkohol gestellt. Als **Feuchtpräparate** konserviert man sie in frischem Alkohol gleicher Konzentration. Von Exemplaren, bei denen durch gute Wässerung das Salz entfernt wird, lassen sich auch **Trockenpräparate** herstellen. Die betreffenden Stücke werden einfach an der Luft getrocknet. Dabei ist zu beachten, dass die Käferschnecken auf ihrer Unterlage fixiert bleiben müssen. Lose Exemplare krümmen sich meist recht stark ein und sind dann als Sammlungsstücke nur noch bedingt brauchbar. Sollen auch die Weichteile möglichst gut erhalten werden, empfiehlt es sich, die Objekte zu paraffinieren (siehe Seite 124 f.).

# Bauchfüßer oder Schnecken (Gastropoda)

Die Schnecken sind eine außerordentlich formenreiche Klasse. Man kennt bisher 100 000 Arten. Auf Grund anatomischer Merkmale werden die Gastropoden in folgende Unterklassen aufgeteilt: Vorderkiemer (Prosobranchia), Hinterkiemer (Opisthobranchia) und Lungenschnecken (Pulmonata). Die 60 000 Arten der Vorderkiemer leben überwiegend im Meer, einige aber auch im Süßwasser oder auf Lande. Es ist die ursprünglichste Gruppe der rezenten Schnecken. Sie tragen meist eine kräftige Schale mit Deckel und sind fast immer getrenntgeschlechtlich. Die in alten Conchyliensammlungen befindlichen starkwandigen Gehäuse von Meeresschnecken stammen stets von Vorderkiemern. Die größte Art – *Aplysia colifornica* – erreicht eine Länge von etwa 1 m. *Syrinx aruana* besitzt ein Gehäuse von 60 cm. Die fast sämtlich marinen Hinterkiemer umfassen rund 10 000 Arten. Sie leben hauptsächlich in der Küstenregion, einige Gruppen pelagisch in der Hochsee. Die meist relativ kleinen Arten zeigen eine deutliche Tendenz zur Rückbildung und auch zum Verlust der Schale. Die Hauptmasse der insgesamt 20 000 Lungenschnecken lebt auf dem Lande, eine kleinere Anzahl im Süßwasser und nur sehr wenige Arten sind Bewohner des Meeresstrandes. Meist tragen die Schnecken eine spiralige Schale ohne Deckel, nicht selten ist diese jedoch zurückgebildet oder fehlt völlig.

Nach dem gegenwärtigen Stand der Systematik werden Hinterkiemer und Lungenschnecken in der Unterklasse Euthyneura zusammengefasst und den ursprünglicheren Vorderkiemern (Unterklasse Streptoneura) gegenübergestellt.

## Sammeln

Zum erfolgreichen Schneckensammeln gehören vor allem biologische Kenntnisse, um die nahezu überall – von einigen auffallenden Arten abgesehen – im Verborgenen lebenden Tiere aufzuspüren. Da Schnecken weitgehend von ihrer Umwelt abhängig sind, muss man beim Sammeln die vielfältigen Beziehungen zu Klima, Boden, Pflanzenwuchs und Wasserbeschaffenheit besonders berücksichtigen. Über ihre diesbezüglichen Erfahrungen berichten folgende Autoren: WÄCHTLER (1925), GEYER (1927), JAECKEL (1953), SCHMITZ (1976) und DANCE (1977) sowie KERNEY, CAMERON & JUNGBLUTH (1986).

### Landschnecken

Abgesehen von den Wintermonaten kann der aufmerksame Sammler jederzeit Schnecken sammeln. Erfahrungsgemäß und verständlicherweise ist der Frühling die ergiebigste Jahreszeit. Nach den ersten warmen Regenfällen verlassen die Schnecken als ausgeprägte Feuchtlufttiere ihre Winterquartiere. Da in dieser Zeit die Vegetation noch nicht voll entfaltet ist, lassen sich Pflanzen und Boden viel leichter absuchen. In den übrigen Monaten sammelt man am besten in den Morgenstunden, denn viele Schnecken meiden die grelle Sonne. Tagsüber lohnt es sich auch, lose Baumrinde abzubrechen oder flachliegende Steine umzudrehen. Große Formen werden einfach mit der Hand aufgelesen und am besten in Leinenbeuteln, nach Fundorten getrennt, transportiert. Will man die viel interessanteren kleinen Arten in größerer Zahl sammeln, sind Drahtsiebe, Siebbeutel und Kescher unentbehrliche Hilfsmittel. Ein auch für entomologische Zwecke brauchbarer Siebbeutel (▶ **Abb. 46a**) wird mit zusammengerafftem, abgefallenem Laub, Moos oder anderen Bodenpflanzen und dem darunter liegenden Mulm beschickt. Alles, was beim Schütteln durch das Sieb fällt, wird aufgefangen und zur späteren Bearbeitung in entsprechend größeren Beuteln aufbewahrt. Zum Aussortieren der Schnecken aus dem Gesiebe verwende man einen Siebrahmen mit auswechselbaren Böden von 1 bis 5 mm Maschenweite (▶ **Abb. 46b**). Das in 3 bis 4 Korngrößen gesonderte Material wird dann portionsweise auf einem weißen Teller sortiert. Die kleinen Schne-

**Abb. 49** a) Siebbeutel, b) Aufbau eines hölzernen Siebsatzes mit zwei Maschenweiten, nach KERNEY u. a.

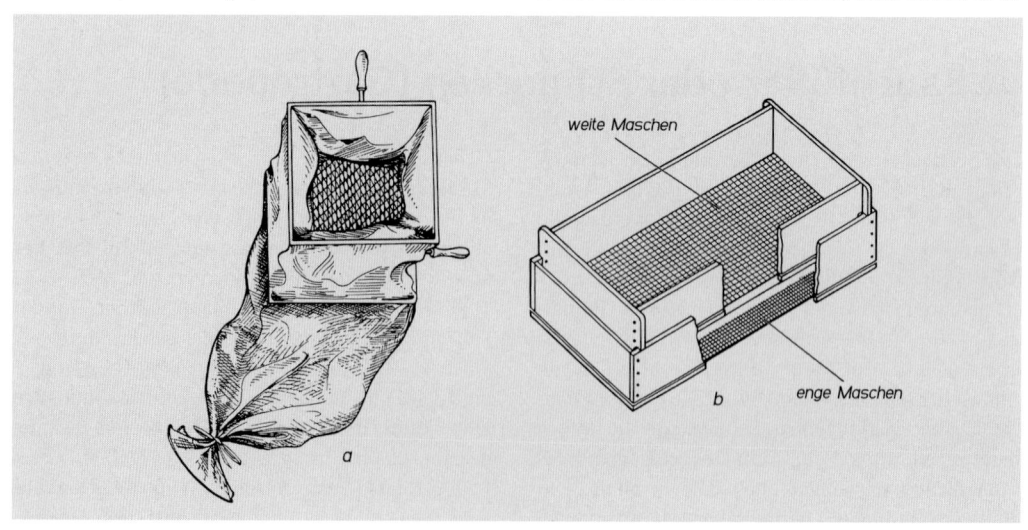

cken lassen sich aus den Gesiebeproben gut mit einer Leselupe oder noch besser mit einem Binokular aussuchen.

Um **Schneckenschalen aus Reisigabfällen** zu gewinnen, empfiehlt TETENS (1919) folgende Methode: „Aus dem oberflächlich getrockneten Genist werden zunächst die gröberen Holzteile entfernt. Dann wird es in einem großen Kochtopf 5 Minuten lang gekocht und nachher durch Zufügen von kaltem Wasser abgekühlt. Beim Umrühren sinken alle Schalen zu Boden, weil durch das Kochen die Luft aus ihnen entfernt wurde und sich beim Abkühlen der Wasserdampf in ihnen kondensiert. Holz und Pflanzenteile dagegen bleiben schwimmend und werden abgegossen."

Auch Hochwasserspülsäume sind lohnende Fundplätze für Molluskenschalen. Über ihren Wert für die Malakozoologie hat sich ZEISSLER (1963) eingehend geäußert.

Sollen **Molluskenbestände aus quartären Ablagerungen** extrahiert werden, ist das Schlämmen des Materials unerlässlich. Nach GEYER (1927) wird das Sieb mit der Lössprobe in einem größeren Gefäß so lange geschüttelt und geschwenkt, bis der Löss abgeflossen ist und nur die Schalen übriggeblieben sind. Zähe, lehmige Ablagerungen müssen meist erst gründlich getrocknet werden, wenn sie sich lösen sollen.

**Landmollusken aus archäologischen Funden** lassen sich nach ALLEN (1986) wie folgt reinigen: Man legt die meist mit Kalkkrusten versehenen Gehäuse in eine 0,1- bis 0,5%ige Lösung von Schwefelsäure, belässt sie darin 5 bis 10 Minuten und gießt die Lösung dann ab. Die Auflagerungen sind in der Regel verschwunden, jedoch weisen die Schalen noch durchsichtige Kristalle auf. Diese lassen sich entfernen durch Überführung in ein Gemisch aus 57 ml 30%ige Wasserstoffperoxidlösung auf 100 ml Wasser für etwa 24 Stunden. Die Molluskenschalen werden danach gründlich abgespült und anschließend getrocknet.

Die weitaus effektivste Methode zum Reinigen verschmutzter fossiler und subfossiler Schneckenschalen ist die Anwendung eines Ultraschallbades. Solche Geräte gibt es in unterschiedlichen Größen und Leistungsklassen und sind sowohl als Labor- als auch als Haushaltsgeräte erhältlich. Für kleinere Schalen sind bereits solche Ultraschallbäder, die üblicherweise zur Brillen- und Schmuckreinigung verwendet werden, sehr gut zu gebrauchen. Man gibt die Gehäuse für einige Sekunden bis wenige Minuten in das Bad, dem ein wenig Reinigungsmittel zugesetzt wurde.

Die **quantitative Erfassung einer Landschneckenfauna** mit Hilfe der Quadratmethode beschrieb erstmals OEKLAND (1929). Die Arbeit enthält ausführliche Hinweise und Zeichnungen über die Konstruktion des erforderlichen zusammenlegbaren Rahmens.

Das zum Sammeln der im Fallaub und im Waldboden lebenden kleinen Schnecken bewährte Verfahren von VAGVÖLGYI (1953) referiert BALOGH (1958) ausführlich. Den Einsatz eines aus verzinktem Blech hergestellten Siebapparates zum Erbeuten kleiner Schnecken von frischen Blättern beschreibt WILLIAMSON (1959). Wer sich über Erfahrungen beim Sammeln in den Tropen orientieren möchte, beachte folgende Anweisungen von RENSCH (1931): „In tropischen Wäldern ohne periodischen Laubfall pflegt der Boden sehr kahl zu sein, da die einzeln abfallenden welken Blätter schnell verwesen. Hier sind umgestürzte morsche Stämme die besten Fundplätze, und zwar finden sich die Schnecken sowohl darunter als auch mitten in dem faulen Holz darin.

Findet man von einer Form nur leere Schalen und diese in größerer Anzahl, so handelt es sich sehr häufig um Tiere, die in den Baumkronen leben. Fällen kleinerer Bäume führt dann in der Regel nicht zum Ziel, wohl aber das Absuchen der Stämme, an denen herabgefallene Exemplare emporkriechen (besonders nachts).

Mit welkem Laub durchmischter feuchter Mulm enthält fast stets kleine Landschneckenarten. Da die Tiere aber zunächst meist nicht zu sehen sind, so empfiehlt es sich, einen Beutel voll Mulm in das Standquartier mitzunehmen und hier kleine Proben in einem weißen Teller aufzuschwemmen: sowohl leere Schalen als auch lebende Exemplare pflegen dann oben zu schwimmen und können leicht mit einem feinen Pinsel abgesammelt werden.

Das Ufergenist tropischer Flüsse ist oft reich an kleinsten Formen, dass es lohnt, größere Quantitäten des Genistes mitzunehmen.

Mollusken eines Fundplatzes sammle man in einem Leinenbeutel, den man etwa zu einem Drittel mit Moos füllt, kleinere Formen isoliere man sofort in Glasröhren.

Fundortzettel werden von den Schnecken leicht zerfressen: sie müssen daher in einem Glasröhrchen beigefügt werden oder in einem abgebundenen Teil des Sammelbeutels liegen."

## Süßwasserschnecken

Am erfolgreichsten gestaltet sich das Sammeln von Wasserschnecken in den Sommermonaten. Wasserreiche Auenlandschaften, Bäche, saubere Flüsse und Teiche sowie Seen mit reichem Pflanzenbewuchs sind ideale Fundorte. An Humussäure reiche Moortümpel versprechen keine oder nur mangelhafte Ausbeuten. Gehäuse, die man in derartigen Gewässern findet, sind meist klein, papierdünn und von weicher Beschaffenheit oder stammen von verendeten Tieren. Hat man ein erfolgversprechendes Gewässer gefunden, wird das erforderliche Pflanzenmaterial vom Ufer oder von einem Boot aus mittels Harke oder Pflanzenhaken an Land gezogen und durchgemustert. Nun werden die Pflanzen in einem größeren Gefäß gründlich abgespült. Das Spülwasser wird fast vollständig abgegossen und der Rest mitsamt dem Schlamm und den oft sehr zahlreichen kleinen Schnecken in ein größeres Sammelglas gefüllt. Im Laboratorium wird das Material in aller Ruhe mit einer Federstahlpinzette (vgl. ▶ **Abb. 7**) aussortiert. In ähnlicher Weise lassen sich mit einem größeren Drahtsieb auch Schlammproben erfolgreich durchspülen. Sobald der Schlamm abgeflossen ist, findet man die gereinigte Ausbeute vor. Schließlich seien noch beachtenswerte Erfahrungen von Jaeckel (1953) angeführt. Größere Materialmengen fallen beim Ablassen von Fischteichen an. Nach der Schneeschmelze vom Hochwasser am Ufer angespültes Genist enthält ebenfalls Wassermollusken. Weiter versäume man nicht, nach stürmischem Wind die Sandufer größerer Seen abzusuchen. Man durchsuche auch den Spülsaum der Seen, der häufig die Schalen kleiner Arten enthält. Im Gebirge sollten im Wasser liegende Steine kontrolliert werden. Im klaren, nur geringen Temperaturschwankungen ausgesetzten Quellwasser leben die Quellschnecken *(Bythinella)* und andere Arten. Um sie zu fangen, stellt man ein Sieb am Abfluss auf und wühlt dann im Mundloch der Quelle den Sand auf. Auch in Höhlengewässern und in Thermalquellen finden sich kleine Wasserschnecken. Wertvolle Hinweise über die Besiedlung von Gewässern mit kleinen Schneckenarten erhält man beim Sammeln von **Gehäusen der Köcherfliegenlarven**.

Lebend gesammelte Wassermollusken lassen sich recht gut ohne Wasser transportieren. Es genügen Leinenbeutel, Blechbüchsen oder Gläser mit einigen Wasserpflanzen oder feuchtem Moos. Größere Mengen transportiert man am besten in den bekannten Fischkannen.

## Meeresschnecken

Sehr empfehlenswert ist es, den Strand bereits in der Morgendämmerung abzulaufen, bevor die Großmöwen und andere Vögel Nahrung suchen. Am reichsten wird die Ausbeute nach großen Stürmen sein.

Die Sammeltätigkeit beginnt in der Regel damit, dass man am Strand nach an Land geworfenen Schalen Ausschau hält. Dabei beschränke man sich nicht darauf, nur die Schalen zu sammeln, die frei am Strand liegen, es ist auch erforderlich, Strandgut umzudrehen und an Land gespültes Pflanzenmaterial nach kleineren Arten zu untersuchen. Es sei davor gewarnt, nur die größten Vertreter jeder Art zu sammeln. Zur Klärung systematischer und biologischer Fragen ist eine große Serie, die auch Extremvarianten enthält, am repräsentativsten.

Artenreiche Ausbeuten versprechen vor allem Meeresküsten mit verschiedenen Biotopen. Das gilt besonders für warme Meere, wo neben Felsküsten kleine Sandbuchten oder Schlammbänke anzutreffen sind. Besonders empfehlenswerte Sammelplätze sind Korallenriffe und die schlammigen Mangrovesümpfe. Die an nördlichen Gestaden ausgeprägtere Ebbe bietet dem ohne technische Ausrüstung tätigen Sammler Gelegenheit, im Wasser watend lebende Tiere zu sammeln. Mit autonomen Tauchgeräten ausgerüstete Sammler haben die Möglichkeit, gute Ausbeuten in Felshöhlen und an überhängenden Felspartien zu erlangen, die vom Land aus nicht erreichbar sind. Arten aus tieferen Regionen versuche man durch einheimische Fischer zu erhalten. Gegen angemessene Entlohnung landen diese derartiges Material gern an. An manchen Orten lohnt es sich auch, den Fischmarkt aufzusuchen. Wo Mollusken als Nahrungsmittel gehandelt werden, findet der umsichtige Sammler stets brauchbaren „Abfall".

Jaeckel (1953) weist darauf hin, dass der in Hafenstädten lebende Sammler auch durch die Untersuchung des Mageninhaltes von großen Seefischen manche Art erhalten kann. Sehr beachtenswert ist eine Anzahl parasitischer Formen, die an Stachelhäutern und Miesmuscheln leben.

Zum Sammeln von **marinen Nacktschnecken** (Opisthobranchia) bedarf es im Allgemeinen des

Einsatzes von Tauchtechnik. Die meisten Vertreter, zum Beispiel die prächtige, weiße, dunkelbraun gefleckte *Peltodoris atromaculata* BERGH und die zitronengelbe *Tylodina perversa* (GMELIN), werden mit Netzen nur äußerst selten gefangen, nach HAEFELFINGER (1964) gehören sie jedoch zur alltäglichen Beute des Tauchers. Man kann die relativ seltenen kleinen Formen entweder direkt suchen oder auf indirektem Wege zu erlangen trachten. Dazu ist das Durchsieben von Bodenmaterial oder die **Methode der Klimaverschlechterung** geeignet. Pelagische Arten fängt man gelegentlich in großen Planktonnetzen vom Boot aus. Nach HAEFELFINGER (pers. Mitt.) bringen **Schleppfänge über Seegraswiesen** gute Ausbeuten, wenn das Netz wie folgt beschaffen ist: Der dreieckige Rahmen soll 1,5 m Seitenlänge haben und das Netzgewebe muss der starken Beanspruchung beim Schleppen gewachsen sein. Bewährt hat sich Stramine, eine Art Sackleinwand. Im Gegensatz zur Dredge wird, wie beim Planktonfang, ein richtiger Kollektor verwendet. Schließlich muss eine Seite des Netzrahmens mit etwa 3 kg Blei belastet werden, damit das Netz tiefer in die Seegraswiesen eindringt. Beim Einsatz einer solchen Methode ist jedoch unbedingt darauf Wert zu legen, dass die unterseeischen Lebensräume nicht mehr als unbedingt nötig in Mitleidenschaft gezogen werden.

Wer das Sammeln mariner Molluskengehäuse als Liebhaberei betreibt, beschaffe sich den anregend geschriebenen „Wegweiser" von THÖNI-VOGT (1960) oder ABBOTT (1966). Wissenschaftliche Erfahrungen über das Sammeln in und und um ein Atoll liegen von MORRISON (1953) vor. BAILEY (1953) berichtet über seine Sammeltätigkeit an der Küste Kenias und HANNA (1957 und 1959) über die in der Arktis herrschenden Verhältnisse. Bezüglich des Einsatzes zweckentsprechender Geräte zum Fang von Mollusken sei auf MESSJATZAEW (1930), MCGINTY (1957) und BLEAKNEY (1969) verwiesen.

## Betäuben und Fixieren

Beabsichtigt man, Gastropoden mit ihrem Weichkörper in ausgestreckter Haltung zu betäuben, empfiehlt es sich, die Aktivitätsperioden der Tiere zu beobachten und dementsprechend entweder nachts oder bei Tageslicht, wenn sie völlig ausgestreckt sind, die Narkose einzuleiten. Dabei muss man sehr vorsichtig zu Werke gehen, denn bei ungewöhnlichen Einwirkungen reagieren Schnecken, auf Grund vieler Feinde biologisch zweckmäßig, durch sofortigen Rückzug in das schützende Gehäuse.

Die Mannigfaltigkeit der Gastropoden gab den Anlass, die einzelnen Gruppen getrennt zu behandeln. Wie im ersten Kapitel bereits betont, reagieren oft schon nahe verwandte Arten sehr verschieden auf die Narkotika. Deshalb muss man bei Misserfolgen ggf. mit den verschiedenen genannten Methoden experimentieren. Nach Testung von über 20 der gebräuchlichen, aber nicht befriedigenden Narkosemitteln empfiehlt BEEMAN (1968) die Anwendung von 0,5 mg Succinylcholinchlorid auf 10 g Lebendgewicht. Als optimale Injektionslösung erwies sich, 500 mg frische Substanz in 100 ml reinem Seewasser aufzulösen. Die Lösung wird dann mit Salzsäure auf pH 6,4 bis 7,0 eingestellt. Die Injektion sollte mit möglichst dünner Kanüle erfolgen.

### Vorderkiemer (Prosobranchia)

Deckelschnecken in ausgestrecktem Zustand zu betäuben und zu fixieren, bereitet die größten Schwierigkeiten. Nach PLATE (1906) macht lediglich *Buccinum undatum* L. eine Ausnahme. Durch Einlegen in Süßwasser für 2 bis 3 Tage strecken sich die Tiere ausgezeichnet. Alle sich im Wasser nicht streckenden Arten müssen vor dem Einlegen unter Feldbedingungen am besten mit einem Eierbohrer, im Laboratorium mit einem Spiralbohrer angebohrt werden. Man bohre zwei Löcher in die Schale, damit der Alkohol eindringen kann. Um einwandfrei fixierte Objekte zu erzielen, muss etwas Fixierungsflüssigkeit durch die Bohrungen in den Weichkörper injiziert werden.

LO BIANCO (1890) narkotisiert durch tropfenweisen Zusatz von Alkohol zum Milieuwasser, auf 100 ml Meerwasser etwa 5 ml Alkohol 96%ig. Je nach Art beansprucht dieses Verfahren lange Zeit. Sobald die Tiere erschlafft sind, wird der Deckel des Fußes an der Schale festgebunden. Die Fixierung und Aufbewahrung erfolgt in Alkohol. Die Nabelschnecke *Natica josephinia* RISSO wird durch allmählichen Zusatz von 70%igem Alkohol zum Wasser betäubt (2 bis 3 Tage) und dann plötzlich mit konzentrierter Essigsäure übergossen und schnell in schwachen Alkohol gelegt. Dasselbe geschieht mit *N. millepunctata* LM. und *N. hebraea* (MARTYN), *Nassa, Columbella, Conus, Trochus*, doch werden diese alle durch Einlegen in ein Gemisch von Meer- und Süßwasser zu gleichen Teilen narkotisiert.

Marine Deckelschnecken betäubt WECHSLER (in litt.) mit einer schwachen Magnesiumlösung. Nach zwei Tagen wird der den Schaleneingang verschließende plattenförmige Deckel mechanisch geöffnet, die Schnecke schiebt dann die Fühler wieder heraus. Danach wird durch schrittweise Zugabe von Magnesiumlösung das Tier getötet (2 Tage). Die Fixierung erfolgt in 4%igem Formalin.

Kaurischnecken (Cypraea) werden zur Behandlung vor allem an einen ruhigen, möglichst kühlen Standort einzeln in Gefäße überführt. Die Betäubung beginnt mit einer schwachen Urethanlösung. Sehr vorsichtig wird von Tag zu Tag die Dosis erhöht bis keine Reaktion mehr erfolgt.

Von den Kielfüßern (Heteropoda) werden Atlantidae mit alkoholisiertem Wasser narkotisiert (6 bis 12 Stunden) und dann direkt in Alkohol gelegt. Pterotracheidae tötet man mit 1%iger Chromsäure 10 ml und konzentrierter Essigsäure 100 ml (10 bis 30 Minuten, je nach Größe) oder 1%iger Chromsäure 100 ml und 1%iger Osmiumsäure 2 ml, kleine *Carinaria* auch mit 10%igem Kupfersulfat 100 ml und gesättigter Sublimatlösung 10 ml.

Nach ÖSTERGREN (1902) lässt sich der Pelikanfuß *Aporrhais pes-pelecani* (L.) vortrefflich in ausgestrecktem Zustand betäuben, wenn auf die Oberfläche des die Tiere enthaltenden Wassers eine konzentrierte Lösung von Ether in Seewasser geschichtet wird, etwa halb so viel wie Meerwasser. Darauf gießt man tropfenweise etwas 96%igen Alkohol. Durch vorsichtiges, täglich mehrere Male zu wiederholendes Umrühren verteilen sich die beiden Narkotika bis zum Boden hin. Die Tiere sind nach drei Tagen noch nicht tot, können aber in diesem Zustand fixiert werden. Eine grönländische *Buccinum*-Art ließ sich nach der gleichen Methode in viel kürzerer Zeit betäuben und in ausgestrecktem Zustand fixieren.

Nach WÖLPER (1950) eignet sich zum Betäuben von Sumpfdeckelschnecken (Viviparidae) vorzüglich Urethan. Sobald sich die Tiere ausgestreckt haben, werden in 100 ml Wasser langsam 10 ml einer 10%igen Urethanlösung gegossen. Nach 12 Stunden können die reaktionslosen Schnecken fixiert werden.

Sind mit den angegebenen Methoden keine befriedigenden Ergebnisse erzielt worden, gebe man Mentholkristalle und einige Tropfen Alkohol auf die Wasseroberfläche. Bei vielen Arten lässt sich eine vollständige Streckung für anatomische Studien in etwa 1 bis 3 Tagen erreichen. Die Tiere dürfen jedoch erst fixiert werden, wenn sie ohne Reaktionsvermögen sind, andernfalls erfolgt eine Kontraktion.

## Hinterkiemer (Opisthobranchia)

In der Regel genügt es, diese marinen Schnecken mit 7%iger Lösung von Magnesiumchlorid oder Magnesiumsulfat in Seewasser zu betäuben und durch Übergießen mit konzentrierter Essigsäure zu töten. Dazu müssen sich die Tiere in möglichst wenig Seewasser gestreckt haben, was bis zu 30 Stunden dauern kann. Auch mit alkoholisiertem Meerwasser betäubte Arten können auf diese Weise getötet und dann über 50%igen in 70%igem Alkohol aufbewahrt werden. Zur Betäubung von Hinterkiemern eignet sich auch Etherwasser (siehe Seite 37).

Nach SZÜTS (1915) lassen sich Flügelschnecken (Pteropoda) besonders gut mit 7%iger Magnesiumchloridlösung betäuben. Die aus dem Wasser gehobenen Tiere strecken sich in dieser Lösung vollkommen und sind nach wenigen Minuten betäubt. Getötet werden sie durch tropfenweisen Formolzusatz oder Übergießen mit konzentriertem Sublimat.

GOHAR (1937) gelangte mit der stufenweisen Anwendung von Formalin zu bemerkenswert gut ausgestreckten Präparaten mariner Fadenschnecken (Aeolidiacea). Diese mit zahlreichen Anhängen – es handelt sich um Ausstülpungen der Mitteldarmdrüse – versehenen Nacktschnecken sind außerordentlich empfindliche Tiere. Man setzt sie in eine recht große Menge Seewasser (möglichst in das 50–500fache Volumen) und fügt je 100 ml Wasser 3 Tropfen 1%iges Formol hinzu. Dieser Vorgang wird in Abständen von 15 Minuten wiederholt. Die hinzugefügte Formolmenge kann jede Stunde verdoppelt werden. Das Tier stirbt ohne oder mit sehr geringen Kontraktionen. In gleicher Weise lassen sich auch andere Hinterkiemer behandeln, allerdings ist dazu nur so viel Wasser erforderlich, dass das Tier gut bedeckt ist.

Eine andere Methode, die empfindlichen Fadenschnecken und Nacktkiemer (Nudibranchia) erfolgreich zu narkotisieren, ist das bereits beschriebene Einfrieren (siehe Seite 38 f.). Sofern das eingefrorene Tier langsam in Formalin (1:3) aufgetaut wird, erzielt man ein ausgezeichnetes Präparat.

Van Eeden (1958) empfiehlt, Vorder- und Hinterkiemer mit einer im Mörser hergestellten Mischung von 12 g Menthol mit 13 g Chloralhydrat (Grays Gemisch) zu betäuben. Durch Aufstreuen dieses Pulvers kann man in 500 ml Wasser 25 Schnecken in 15 bis 30 Stunden betäuben. Damit sich die erschlafften Tiere nicht wieder in die Schale zurückziehen, werden sie mit auf 60 °C erhitztem Formalin (4%ig) getötet und fixiert.

## Lungenschnecken (Pulmonata)

Am gebräuchlichsten ist das Abtöten von Landschnecken mittels abgekochten Leitungswassers. Dazu werden die Schnecken in ein randvolles Gefäß gelegt und durch einen Deckel daran gehindert, dieses zu verlassen. Osmose bedingt, dass die Tiere im Wasser stark anschwellen und im Verlauf von 1 bis 2 Tagen absterben. Schneller führt dieses Verfahren zum Erfolg, wenn man das Wasser langsam auf 30 bis 40 °C erwärmt und danach den ausgestreckten Tieren in das dorsal vom Schlundkopf gelegene Cerebralganglion Kalziumchloridlösung injiziert. Schön ausgestreckte Tiere erhält man nur in einem schwach besetzten, genügend großen Gefäß. Nach Bratchik (1976) werden im Wasser liegende Landschnecken in einem Wasserbad 40 bis 50 Minuten bis 70 °C erhitzt und danach in 70%igem Alkohol fixiert. Von Vorteil ist, dass sich die Schnecken leicht aus der Schale herausdrehen lassen und alle anatomischen Merkmale gut erhalten bleiben.

**Für Expeditionen** empfiehlt Rensch (1931) folgendes einfache Verfahren: „Die lebenden Mollusken werden in Gazebeutelchen verpackt, diese abgenäht, der Fundortzettel im Glasröhrchen beigefügt oder einzeln abgenäht. Solche Beutel werden jeden Abend in Wasser gelegt, in dem sich die Tiere dann ausstrecken und in dieser Lage sterben. Am nächsten Morgen werden die Beutel in die Alkoholbüchsen überführt." Je nach Größe der Schnecken erzielt man auch mit 0,5- bis 3%iger wässriger Chloralhydratlösung gut gestreckte Exemplare.

Hofer (1890) neutralisiert 10%iges salzsaures Hydroxylamin mit Soda, bis die Flüssigkeit nicht mehr schäumt. Davon wird eine 1%ige wässrige Lösung angesetzt, ein Glas damit gefüllt und die Schnecken hineingeworfen. Sofern sie keine Luft aufnehmen können, sind kleinere Formen nach 6 bis 8, *Helix* nach 10 bis 20 Stunden tot und in den meisten Fällen ganz ausgestreckt. Bleiben die Augenträger zurück, werden sie mit einer Pinzette vollständig herausgedrückt und von der Kriechsohle her durch spitz ausgezogene Glasstäbe gestreckt. Um die Körperöffnungen demonstrieren zu können, stecke man in Mund, Geschlechtsöffnung, After und Atemloch angespitzte Rundholzstäbchen. Soll der Fuß schön ausgebreitet gezeigt werden, befestige man das Tier in ähnlicher Weise auf einer Unterlage, wie in ▶ **Abb. 22** dargestellt.

Für morphologische Belange kann das Objekt sowohl in einer wässrigen als auch in einer alkoholischen Menthol- oder Chloretonlösung betäubt werden.

Van der Schalie (1957) benutzte als erster Nembutal (= Pentobarbital) als Streckungsmittel für Schnecken der Gattung *Pomatiopsis*. Dazu werden die Tiere in 80 ml Leitungswasser gebracht und zur Anregung der Aktivität einige Tropfen Alkohol hinzugefügt. Dann wird 1 ml einer $^1/_{10}$ n Vorratslösung des in der tierärztlichen Praxis gebräuchlichen Natrium-Nembutal (60 mg je ml) hinzugefügt. In Abständen von 1 bis 2 Stunden wiederholt man die Zugabe von 1–3 ml Nembutal. Nach 12 bis 24 Stunden sind die so behandelten Tiere gut gestreckt, so dass sie ohne Kontraktionserscheinungen angefasst werden können.

McCraw (1958) kombinierte Nembutal und Menthol. Zur Betäubung von Arten der Gattung *Limnaea* wird in 150 ml Leitungswasser 1 ml des gebräuchlichen Nembutal getropft. Dieses Gemisch muss auf die Schnecken 75 bis 90 Minuten einwirken. Nach dieser Zeit haben sich die Tiere gut gestreckt. Dann werden pulverisierte Mentholkristalle hinzugefügt und die Schnecken bis zur völligen Entspannung 16 bis 18 Stunden in einem bedeckten Gefäß abgekühlt.

Wesentlich schneller lässt sich nach Joosse & Lever (1959) *Limnaea stagnalis* L. mit einer Kombination von Nembutal und M.S. 222 betäuben. Die Vorbehandlung erfolgt mit auf 21 bis 25 °C erwärmter 0,08%iger Nembutal-Lösung für 20 bis 30 Minuten, dann folgt die Nachbehandlung der Schnecken in 0,08%iger Nembutal- plus 0,3%iger M.S. 222-Lösung für 10 Minuten.

## Weichtiere (Mollusca)

Am besten strecken sich die Schnecken bei Abschluss von Licht und Luft. Außerdem ist zu berücksichtigen, dass sich hygrophile Arten leichter strecken lassen als xerophile Formen. Trotz Anwendung von Betäubungsmitteln wird empfohlen, die ausgestreckten Tiere mit heißem Formolalkohol zu fixieren. Das heiße Gemisch wirkt schneller und dringt besser ein. Kleine Schnecken brauchen nicht unbedingt betäubt zu werden. Man übergießt sie während des Kriechens mit heißer Fixierungsflüssigkeit. Alle Gehäuseschnecken müssen nach der Fixierung in 70%igen Alkohol übergeführt werden. Formalin ist deshalb zu vermeiden, weil sich darin die Schalen verfärben und im Laufe der Zeit auflösen.

Eine wertvolle **Methode zur Konservierung** von *Helix pomatia* L. für Kurszwecke beschreiben OWEN & STEADMAN (1958). Die Schnecken werden in Wasser gelegt und so viel Propylenphenoxetol zugesetzt, bis eine 1%ige Lösung entsteht. Die Tiere bleiben über Nacht in dieser Flüssigkeit. Am folgenden Morgen wird von der linken Körperseite aus, etwa zwischen Taille und dem hinteren Mantelrand, 10%iges Formalin injiziert. Dann legt man die Schnecken für 5 Stunden in die gleiche Flüssigkeit. Nach der Fixierung wird der ausgetretene Schleim entfernt. Man wäscht die Objekte 6 bis 12 Stunden unter fließendem Wasser aus und bewahrt sie in einer 1%igen Propylenphenoxetol-Lösung auf, der 10 % Glycerol zugesetzt werden. Infolge ihrer guten Erhaltung lassen sich die Schnecken noch nach 2 Jahren wie frisches Material verarbeiten.

Viele einheimische Pulmonaten verschließen im Herbst ihre Schalen an der Mündung mit einem Winterdeckel (Diaphragma). Obwohl dieser Deckel aus einer mit feinen Poren durchsetzten Kalkschicht besteht, dringt selbsttätig nicht genügend Fixierungsmittel ein, um den Weichkörper zu erhalten. In Winterruhe befindliche Schnecken tötet man durch Überbrühen mit heißem Wasser ab, bohrt je ein kleines Loch in Diaphragma und Schalenspitze und injiziert durch dieses Formolalkohol.

Die **Behandlung terrestrischer Nacktschnecken** ist nach wie vor ein schwieriges Problem. Man kann die schalenlosen Arten zwar in gleicher Weise betäuben wie die Gehäuseträger, aber das Ergebnis ist wesentlich ungewisser.

Im Sommer dürfen Nacktschnecken nicht länger als 5 bis 8 Stunden im abgekochten Wasser liegen bleiben, sonst verfaulen sie. Sobald die Tiere verendet sind, reinigt man sie von Schmutz und Schleim mit einer weichen Zahnbürste. Dann werden sie mit 50%igem Alkohol injiziert und über eine Alkoholreihe zur Aufbewahrung in 75%igen Alkohol geführt.

TARIDES (1929) lässt Kellerschnecken (*Limax flavus* L.) vor dem Abtöten gründlich aushungern, hält sie dabei aber nicht auf Erdreich. Die Streckung erfolgt in 10%igem Alkohol oder in 2%iger Chloralhydratlösung. Die Tiere verbleiben darin, bis sie verendet sind. Um von lebenden, gut ausgestreckten Exemplaren brauchbare Fixierungen zu erhalten, werden diese in Formolsalpetersäure folgender Zusammensetzung übergeführt: Wasser 91 ml, konzentriertes Formalin 6 ml und Salpetersäure 3 ml. Darin schrumpfen die Schnecken nicht zusammen, sondern strecken sich eher noch. Sollte das Gemisch nicht wirksam genug sein, muss man noch etwas Säure hinzufügen.

SCHLESCH (1938) empfiehlt, mit Nacktschnecken auf Exkursionen wie folgt zu verfahren: Um das eingesammelte Material täglich präparieren zu können, genügen eine kleine Flasche 50%iges Chloralhydrat und eine Flasche Alkohol. Die eingesammelten Nacktschnecken größerer Arten werden, in der Anzahl von höchstens 2 Exemplaren, in ein nicht zu enges Gläschen mit gewöhnlichem Wasser (also nicht erst gekocht und abgekühlt) eingesteckt und dann so viel Chloralhydrat beigefügt, dass eine 1- bis 2%ige Lösung entsteht. Danach sind die Tiere sehr bald gelähmt. Der Körper selbst und die Fühler strecken sich und im Verlauf weniger Stunden sind die Tiere getötet (die Dauer ist verschieden und währt bei größeren Arten länger). Man legt sie dann erst wenige Stunden in 90%igen Alkohol, entfernt mit einer weichen Bürste vorsichtig den Schleim und bringt sie schließlich in eine Mischung von Alkohol und Glycerol 4:1. Von Vorteil ist, dass sich die Färbung der Nacktschnecken nicht wesentlich verliert.

Vor der Behandlung mariner Nacktschnecken, einer ebenso artenreichen wie vielgestaltigen Gruppe, muss das Verhalten genau studiert werden. Dies ist deshalb erforderlich, weil sonst abnorme Haltungen des Tieres nicht zu erkennen sind. Zum Betäuben wird nach WECHSLER (in litt.) konzentriertes Urethan vorsichtig in das Milieuwasser geträufelt. Reagiert die Schnecke mit abnormem Verhalten – als normal ist das Einziehen der Fühler und Kiemen zu bewerten, sofern diese nach 1 bis 2 Minuten wieder ausgefahren werden – bringt man das Tier sofort wieder in reines Meerwasser zurück. Nach der Entspannung wird die Betäubung mit einer schwächeren Urethanlösung erneut begonnen. Wichtig ist es, jede Schnecke sorgfältig zu beobachten, da sie sich mit zunehmender Betäubung zuweilen auf den Rücken dreht und dann Fühler und Kiemen einzieht. Zeigt die Schnecke nach 3 bis 4 Tagen keine Reaktion, wird vorsichtig Alkohol zugesetzt, langsam auf 2 bis 4 Stunden verteilt. Dafür ist so viel Alkohol erforderlich, dass eine etwa 10- bis 15%ige Lösung entsteht. Die Vorkonservierung mit Alkohol ist notwendig; bei sofortiger Überführung in Formalin kann es passieren, dass die Nacktschnecke förmlich platzt. Nach der Alkoholbehandlung stufenweise in 1,5%igem dann in 3%igem Formalin konservieren und schließlich in 4%igem Formalin aufbewahren.

## Behandlung von Schneckenschalen (Konchylien)

Sollen nur die Schalen für Sammlungszwecke hergerichtet werden, muss man aus Exemplaren von über 1 cm Länge die Weichkörper entfernen. Je nach Größe der Tiere lässt sich der Körper nach einer Kochzeit von 1 bis 5 Minuten leicht herausziehen. Durch das Kochen in Wasser werden die Tiere nicht nur schnell getötet, es löst sich auch der Spindelmuskel von der Schale.

Dauert eine Sammelexkursion mehrere Wochen, gehört zur Ausrüstung ein Campingkocher nebst passendem Topf. In dieser Hinsicht muss man unabhängig sein, damit die Aufbereitung der Schalen bei größerem Anfall keinen Verzug erleidet.

Die stark glänzenden Schalen mariner Porzellanschnecken (Cypraeacea) und ähnlicher Arten dürfen niemals in kochendes Wasser gelegt werden. Man setzt sie mit lauwarmem Wasser an, bringt es zum Kochen, lässt es wieder abkühlen und entfernt dann die Körper. Ein zu rascher Temperaturwechsel zerstört leicht die polierte Oberfläche. Zweckmäßiger ist es – das gilt für alle Meeresschnecken –, sie durch Einlegen in einen Gefrierschrank abzutöten und nach dem gründlichen Auftauen die Körper zu entfernen. Aus weitmündigen Schalen lässt sich der Körper in der Regel leicht mit einer hakenförmig gekrümmten Präpariernadel oder einer etwas gebogenen Stopfnadel herausziehen. Dazu nimmt man die mit kaltem Wasser abgeschreckte Schnecke in die Hand, sticht den Fuß des Körpers an und dreht die Schale langsam entgegen der Windungsrichtung. Meist lässt sich das Tier ganz entfernen. Sollte das Hinterende abreißen, muss es mit einem scharfen Wasserstrahl aus der Schale gespült werden. Das macht bei manchen Arten etwas Mühe, aber sie sollte aufgewendet werden, denn der sonst bald in Fäulnis übergehende Eingeweidesack verbreitet einen üblen Geruch und beeinträchtigt vor allem die natürliche Färbung der Schale.

Glasschnecken (Vitrinidae) werden beim Kochen so schlüpfrig, dass man sie nicht festhalten kann, um den Körper herauszuziehen. Es empfiehlt sich, sie deshalb in 70%igem Alkohol zu töten. Die gehärteten Tiere können dann relativ leicht in der beschriebenen Weise aus der Schale entfernt werden. Steht kein Alkohol zur Verfügung, lässt man die Weichkörper der gekochten Schnecken einfach ausfaulen. Die Mazeration darf sich jedoch nicht zu lange hinziehen, sonst zersetzt sich die aus organischer Substanz bestehende Schalenoberhaut (Periostracum). Sofern es sich um kleine Glasschnecken handelt, sollten diese wie eben solche Glanzschnecken (Zonitidae) als Nasspräparate in 60%igem Alkohol aufbewahrt werden.

Die **Entfernung der Weichteile** aus Süßwasserschnecken durch Einfrieren beschreibt KNIGHT (1953). Die Tiere werden in ein verschließbares Glasgefäß gebracht, mit Wasser überschüttet und dann in einen Tiefkühlschrank gestellt. Nach dem Durchfrieren des Wassers lässt man es bei Zimmertemperatur wieder auftauen. Mittels einer Pinzette oder Präpariernadel können dann die Weichteile in toto aus der Schale gezogen werden.

Sofern die Artzugehörigkeit nicht sicher bekannt ist, muss der **herausgezogene Weichkörper** in 50%igem Alkohol konserviert und so etikettiert werden, dass über seine Zugehörigkeit zur trockenen Schale kein Zweifel aufkommen kann. Aus dem Schlundkopf des Weichkörpers wird, sofern erforderlich, die für systematische Zwecke äußerst wichtige Reibzunge (Radula) herauspräpariert (siehe Seite 110). Von getrenntgeschlechtlichen Arten kann auch das Geschlecht bestimmt werden. Schließlich achte man bei Deckelschnecken darauf, dass der hornige oder kalkige Deckel (Operculum) vom Körper abgetrennt und mit der Schale aufbewahrt wird.

Kleine Schnecken lässt man ohne jede Vorbehandlung in der Nähe eines Ofens oder besser in einem Wärmeschrank langsam eintrocknen. Schließlich muss noch darauf hingewiesen werden, dass die Schalen vor den bleichenden Sonnenstrahlen sorgfältig zu schützen sind.

Auf den Pazifischen Inseln, berichtet ABBOTT (1954), graben die meisten Sammler die gefundenen Tiere einige Zentimeter tief in weichen, trockenen Sand. Nach mehreren Wochen werden sie wieder herausgenommen und abgewaschen. Nach kleineren Schalen muss man den Sand durchsieben. Andere Sammler legen die Tiere auf die Oberfläche des Sandes, damit Fliegen ihre Eier daran legen und die Maden die Gehäuse ausfressen. Nach einigen Tagen werden die Schalen nur gründlich ausgespült. Mit Algen oder Korallen besetzte Schalen sollten nicht grundsätzlich gereinigt werden. Sofern mehrere Exemplare der gleichen Art vorhanden sind, wird mindestens ein Stück mit dem natürlichen Bewuchs aufbewahrt.

## Spezielle Hinweise

### Radulapräparate

Obwohl es bei der Herstellung von Radulapräparaten mehr um eine mikroskopische Technik handelt, muss sie infolge ihrer großen Bedeutung für taxonomische Zwecke besprochen werden. Die „Zahnformeln" der Radula ermöglichen eine sichere Artbestimmung. Am schnellsten erhält man die Radula aus dem Pharynx, wenn dieser einige Minuten in 5%iger Kalilauge gekocht wird, so dass sich die umgebenden Weichteile auflösen (in Formol konservierte Schlundköpfe muss man wesentlich länger kochen). Ein schonenderes, aber langwierigeres Verfahren ist die Mazeration in Wasser. Dazu legt man den Schlundkopf in ein Gläschen und stellt es in einen Thermostaten bei 37 °C. Nach spätestens 24 Stunden hat sich der Schlundkopf weitgehend aufgelöst, worauf sich die Radula am besten unter dem Binokular herauspräparieren lässt. In Alkohol fixiertes Material muss stets entweder mit kalter oder erwärmter Lauge behandelt werden. Die freigelegte Reibplatte wird dann in etwa vierstündigen Abständen durch die **aufsteigende Alkoholreihe** in absoluten Alkohol übergeführt. Nach kurzem Aufenthalt im als Intermedium dienenden Xylen wird die Radula mit Hilfe einer Präpariernadel und eines Pinsels auf dem Objektträger ausgebreitet. Je nach Größe der Radula verteilt man einen oder mehrere Tropfen Neutralbalsam darauf und legt ein passendes Deckglas darüber. Das beschriftete Präparat muss dann an einem staubgeschützten Platz trocknen. Bei Anfertigung größerer Serien von Radulapräparaten verwende man die von DRECHSEL (1972) beschriebene Vorrichtung (▶ **Abb. 81**).

In diesem Zusammenhang wird abschließend noch auf die Möglichkeit der Anfertigung eines Fraßbilder-Herbariums hingewiesen (SNG. 1960).

### Trockenpräparate

Aus im Fixierungsgemisch gut gehärteten Gastropoden lassen sich brauchbare Trockenpräparate herrichten, wenn man den Weichkörper paraffiniert (siehe Seite 124 f.).

Wesentlich einfacher kann man Nacktschnecken in der von SCHMID (1962) beschriebenen Weise konservieren. Dazu muss das abgetötete Tier entlang der Unterseite aufgeschnitten werden. Nach Entfernen der Eingeweide wird die Haut sorgfältig abgezogen und vom Schleim befreit. Die leere Haut wird dann mit der Innenseite auf weißes Papier gebreitet und mit ringsum eingesteckten Nadeln auf eine weiche Unterlage (Holz, Torf oder Kunststoff) zum Trocknen gespannt. Die entstehenden Auszackungen können etwas ausgeglichen werden, wenn man den Rand beschneidet. Form und Länge des Mantels, Lage des Atemloches sowie Vorhandensein eines Kieles sind leicht an den Präparaten zu erkennen. SCHMID empfiehlt, die getrocknete Haut, sozusagen den **Balg**, neben einer die normale Körperform zeigenden Fotografie zu montieren.

### Flüssigkeitspräparate

Zur **Herstellung anatomischer Demonstrationspräparate** kommt der Größe wegen bei uns wohl nur die Weinbergschnecke in Frage. Über ihren Bau orientiert man sich am besten in STORCH & WELSCH (2005). In allen Fällen muss von der betäubten Schnecke die Schale vom Mundsaum her mit einer schmalen Flachzange stückweise entfernt werden. Vom entschalten Tier kann man entweder ein Situs-, Nerven- oder Injektionspräparat anfertigen. Die Injektion erfolgt am besten vom Herzen aus, nachdem der Herzbeutel entfernt worden ist. Durch eine schwache Knopfkanüle wird die Injektionsmasse vorsichtig in die Arterie gedrückt. Spezielle Hinweise enthalten die Arbeiten von DEWITZ (1886), SCHMIDT (1916) und VOSSWINKEL (1976).

Von in toto fixierten Schnecken lassen sich die Schalen entfernen wenn man die Tiere in eine Formalinlösung (1:9) legt und je nach Stärke der Schale 2 bis 10% Salzsäure zusetzt. Sobald die Säure verbraucht ist, muss wieder eine entsprechende Menge hinzugefügt werden, bis sich die Schale aufgelöst hat. Bei größeren marinen Schnecken dauert dieser Vorgang mehrere Tage. Noch besser eignet sich für diesen Zweck ein Gemisch von 20 Teilen Wasser und 1 bis 2 Teilen Essigsäure. Nach 24stündiger Einwirkung kann man die poröse Schale bereits leicht entfernen. Werden Schale und Weichkörper der gleichen Art in ein Glas montiert, ergibt das ein instruktives Demonstrationsobjekt (▶ **Abb. 50**).

Auf die Möglichkeit, Schnecken in toto **durchsichtig** zu machen, hat ROTARIDES (1936) hingewiesen. Er benutzte dazu die Originalvorschriften von SPALTEHOLZ (1922). Diese Methode beruht darauf, dass der Brechungsindex des Objektes dem der Konservierungsflüssigkeit angeglichen wird. Dazu wird das Tier zunächst in Formalin-Lösung fixiert und anschließend ohne zu wässern in 10%iges Wasserstoffperoxid, dem etwas Formalin zugesetzt wurde, überführt. Dieses Bleichbad entfernt alle Farbstoffe aus dem Tier und ist beendet, wenn das Objekt gleichmäßig weiß erscheint. Nun erfolgt eine gründliche, etwa eintägige Wässerung, um alle Wasserstoffperoxid- und Formalinreste zu entfernen. Über die Alkoholreihe wird das Objekt entwässert und nach dem absoluten Alkohol in ein ein- bis zweitägiges Benzolbad überführt. Danach kann das Tier in ein Präparateglas mit Konservierungsflüssigkeit gebracht werden, die aus Wintergrünöl (Methylsalicylat) und Benzylbenzoat besteht. Das Mischungsverhältnis dieser Stoffe ist von Tier zu Tier verschieden und muss für jedes Präparat erneut festgelegt werden. Im Allgemeinen beginnt man mit einer Mischung aus drei Teilen Wintergrünöl und einem Teil Benzylbenzoat, worin das Objekt ein bis zwei Tage liegen bleibt, bis sich eine gewisse Transparenz zeigt. Danach gibt man eine kleine Menge Benzylbenzoat hinzu

und kontrolliert nach einem Tag, ob die Transparenz zugenommen hat. So verfährt man weiter, bis man das optimale Mischungsverhältnis erreicht hat. Gibt man zuviel Benzylbenzoat hinzu, so wird die Transparenz schlechter und das Objekt bekommt einen bläulichen Schimmer, der durch Hinzufügen von etwas Wintergrünöl wieder verschwindet. Ist das optimale Gleichgewicht eingestellt, so kann das Glas verschlossen werden. Auf Grund der Aggressivität der Konservierungsflüssigkeit sollte dazu ein Kleber auf Kunstharzbasis benutzt werden, da andere Verschlussmedien mit der Zeit angegriffen würden. Auf Grund der hohen Giftigkeit sollte das Benzol abweichend von der Originalanleitung durch Toluol ersetzt werden. Das Gelingen der Methode hängt vor allem von einer guten Streckung, dem richtigen Mischungsverhältnis des Wintergrünöles mit Benzylbenzoat und von der Pigmentierung bzw. auch der künstlichen Färbung der Organe ab. Eine Modifikation des Verfahrens veröffentlichte BAUERMEISTER (1959). Als Beispiel wird die Behandlung von *Limnaea stagnalis* L. beschrieben.

Eine kurze Anleitung zur Präparation des **Blutgefäßsystems der Weinbergschnecke** mit dem Ziel, mikroskopische Präparate herzustellen, gibt VOSSWINKEL (1982).

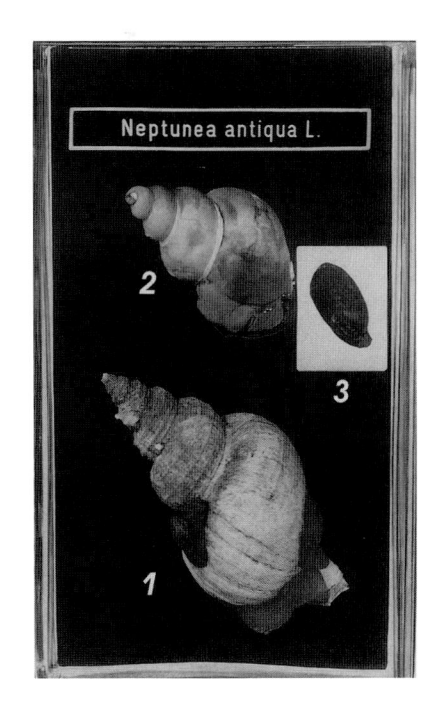

**Abb. 50** Gemeine Spindelschnecke, Neptunea antiqua: 1) Schnecke mit Actinien besetzt, 2) Weichkörper ohne Schale, 3) Deckel (Operculum).

Weichtiere (Mollusca)

# Grab- oder Kahnfüßer (Scaphopoda oder Solenoconchae)

Diese im System zwischen Schnecken und Muscheln stehende Tierklasse besitzt eine charakteristische Schale, wie sie sonst bei keinem Weichtier vorkommt. Sie ist beiderseits offen und gleicht einer rückenwärts eingekrümmten Röhre. Deshalb werden die Scaphopoden auch Röhrenschaler genannt. Sie graben sich schräg in den Untergrund, nur das Schalenende ragt 1 bis 2 mm über die Oberfläche. Von diesen ausschließlich marinen Mollusken sind inzwischen mehr als 500 Arten bekannt. Die Schalenlänge beträgt 0,2 bis 13,5 cm. Die meist weiße, selten grüne, rosa oder lachsfarbene Schale kann glatt, gestreift oder gerippt sein und Schlitze besitzen.

## Sammeln

Die auf allen Sedimentböden von der Strandzone bis in 3000 m Tiefe lebenden Scaphopoden werden mit Hilfe feinmaschiger Dredgen oder Bodengreifer erbeutet. Wo sie vorhanden sind, treten sie relativ häufig auf. Die nur wenige Millimeter langen Arten gewinnt man durch Sieben des Sediments. In den Verbreitungsgebieten werden leere Schalen sehr häufig an den Sandstrand geschwemmt.

## Betäuben und Fixieren

Zum Betäuben eignet sich Seewasser-Chloralhydrat (2- bis 3%ig). Die Anästhesie setzt ein, sobald die fadenförmigen Tentakel seitlich der Mundöffnung sichtbar sind. In 12 bis 24 Stunden ist der Weichkörper meist völlig gestreckt. Konserviert werden die Tiere in 70%igem Alkohol oder neutralisiertem Formalin (1:9).

# Muscheln (Bivalvia oder Lamellibranchiata)

Die Schale der Muscheln besteht im Allgemeinen aus zwei symmetrischen Klappen, die auf dem Rücken mit einem schmalen Band, dem Ligament, ineinander übergehen. Der darin geschützt liegende Körper ist meist symmetrisch, häufig langgestreckt und stets seitlich zusammengedrückt. Zur Fortbewegung wird der keil- oder zungenförmige Fuß aus der Schale gestreckt. Die Schalen können durch einen kräftigen Schließmuskel fest geschlossen werden. Von den über 20 000 Arten leben die meisten marin, nur einige Familien im Süßwasser. Die Schalengröße der kleinsten Arten liegt bei 1 mm, die der größten Art wird bis 1,35 m lang.

## Sammeln

Die mit ihrem Fuß in Sedimentböden haftenden Muscheln sammelt man am einfachsten mit der Hand, wenn zum Beispiel aus Fischzuchtteichen das Wasser abgelassen wird. In Seen mit Sandstrand fallen im Flachwasserbereich sofort die Kriechspuren der Muscheln auf, so dass sie auch unter solchen Verhältnissen leicht zu finden sind. Man untersuche jedoch auch saubere Flüsse und vor allem Gebirgsbäche nach Muscheln. In unzugänglichen, schlammigen Gewässern erreicht man große Bivalvien nur mit zweckmäßigen Geräten, die entweder vom Ufer oder von einem Boot aus eingesetzt werden. Auf Grund jahrzehntelanger Sammeltätigkeit konstruierte TETENS (1931) verschiedene Geräte (▶ **Abb. 51**). Das Grundschleppnetz besteht aus einem rechtwinkligen Eisenrahmen, einem gleich großen Drahtrahmen zur Befestigung des Netzes und zwei in Scharnieren beweglichen Stahldrahtbügeln von 5 bis 6 mm Durchmesser. Zum Gebrauch des Netzes sind die beiden Bügel aufzuklappen und in einen festen Karabinerhaken einzuhängen, an dem die Zugleine oder das Drahtseil befestigt ist. Der Muschelkescher ist eine Kombination von Rechen und Kescher, die an einem Stiel befestigt werden

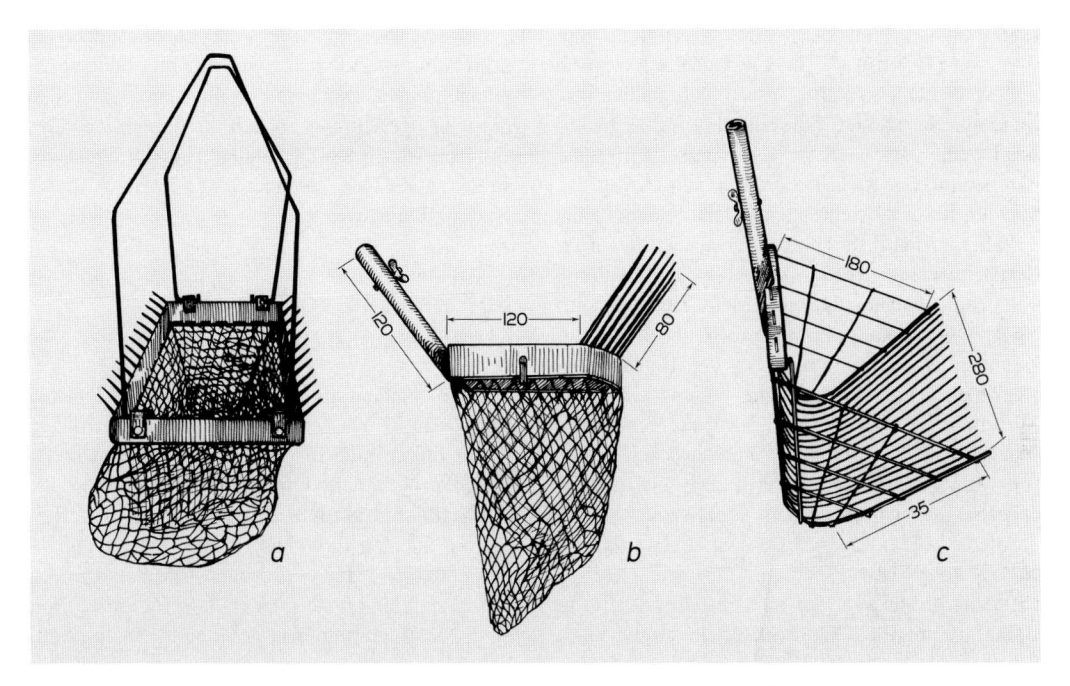

**Abb. 51** Geräte zum Sammeln von Flussmuscheln. Nach Tetens. a) Grundschleppnetz mit beweglichen Bügeln; b) Muschelkescher mit Rechen kombiniert und Rohrhülse für den Stiel; c) Muschelharke mit Rohrhülse für den Stiel.

kann. Das Gerät besteht aus einem Eisenblechrahmen mit den Zähnen und einem Drahtrahmen zur Befestigung des Netzes. Der Kescher wird wie eine Harke durch den Grund des zu untersuchenden Gewässers gezogen. Die Muschelharke ist einem Baggereimer nachgebildet. Sie wird bei steinigem oder festem Grund eingesetzt. Man kann mit dem Gerät außer Muscheln auch Steine aus dem Wasser heben, um die daran sitzenden Mollusken abzusammeln. Zum Ausseihen von Kleinmuscheln *(Pisidium)* eignen sich am besten Siebsätze verschiedener Maschenweite.

Beim **Sammeln am Meeresstrand** achte man im Seichtwasser auf kleine Löcher und grabe hier 20 bis 40 cm tief, denn die Atemröhren der Muscheln sind zuweilen sehr lang ausgezogen.

Die marinen Formen leben oft in großen Ansiedlungen auf Sedimentböden. Sie werden mit Dredge oder Bodengreifer an Bord gebracht. Nach Riedl (1963a) sammelt man im Felslitoral die meisten Arten am besten mit Maske und Schnorchel ausgerüstet von Hand aus. Festsitzende und gesteinsbohrende Arten werden vorteilhaft mit dem Tauchermesser oder mit Hammer und Meißel abgetragen. Große Steckmuscheln (▶ **Abb. 52**) zieht man tauchend mit der Hand oder vom Boot mit der Gabel (▶ **Abb. 18**) aus dem Grund. An hölzernen Hafenbauten, Holzschiffen, Tauen und Kabeln findet man die schädlichen Bohrmuscheln. Interessante Ansiedlungen bringt die Untersuchung von Bojen und Schiffswänden zutage. Schließlich sei auch noch darauf hingewiesen, dass manche Arten als Raumschmarotzer in Seescheiden leben. Oft werden essbare Muscheln auf Fischmärkten angeboten. Als Belegexemplare für Sammlungen geeignete Stücke kann man dort relativ billig erwerben.

## Betäuben und Fixieren

Muscheln sind recht schwer ohne Kontraktionen zu fixieren. Am gebräuchlichsten ist die Betäubung von Süßwasser- oder Meeresmuscheln mit 1%iger Chloralhydratlösung. Im Verlauf von 24 Stunden sind selbst große Exemplare völlig schlaff und der Fuß ist entspannt. Beim Fixieren in Formalin (1:9) tritt so gut wie keine Kontraktion ein. Wesentlich schneller lassen sich Süßwassermuscheln in 1%iger Chloralhydratlösung betäuben, wenn diese auf 50 °C erwärmt wird. Die Temperatur darf nicht höher sein, sonst stirbt das Tier ab, bevor es sich entspannt hat. Nach 10 bis 15 Minuten wird der Fuß ausgestreckt und nach längstens weiteren 10 Minuten ist die Muschel vollständig betäubt. Da in diesem Zustand beim Fixieren noch Kontraktionen auftreten, lässt man sie noch etwa eine Stunde in der Betäubungsflüssigkeit liegen. Danach lassen sich die Muscheln ohne jede Kontraktionserscheinung fixieren.

Lo Bianco (1890) betäubt marine Muscheln in Meerwasser-Alkohol (100 ml Meerwasser + 5 ml absoluter Alkohol). Die Tiere strecken sich im Verlauf von 6 bis 12 Stunden.

Folgende Methode hat sich insbesondere zum Betäuben mariner Venusmuscheln (Veneridae) bewährt. Nach Owen (1955) schüttelt man 5 ml Propylenphenoxetol mit 15 bis 20 ml Meerwasser, bis eine Emulsion entsteht. Diese wird vorsichtig dem Milieuwasser zugesetzt, in dem Muscheln mit ausgestreckten Siphonen liegen. Nach 30 Minuten streckt sich der Fuß der betäubten Tiere aus den gespreizten Schalen. Lediglich bei der Klaffmuschel *Mya arenaria* L. wirkte das Mittel nur teilweise erfolgreich. Die Muscheln werden dann je nach Größe des Objektes für 4 bis 24 Stunden in Formalin (1:4) fixiert. Man achte vor allem darauf, dass sich der Fuß dabei nicht verlagert. Sofern derart fixiertes Material in Formalin (1:9) aufbewahrt wird, eignet es sich bald nicht mehr für Sektionszwecke. Owen & Steadman (1958) empfehlen, eine 1%ige wässrige Propylenphenoxetol-Lösung und 5 bis 10 % Glycerol als Konservierungsflüssigkeit zu verwenden. So behandelte Objekte lassen sich nach zweiwöchiger Einwirkung der Konservierungsflüssigkeit auch verschicken. Sie werden in mit Konservierungsflüssigkeit getränkte Watte eingewickelt und in einen Plastikbeutel gesteckt. Nach Erhalt legt man sie wiederum in Propylenphenoxetol-Glycerol-Lösung. Kleine oder empfindliche Objekte legt man in Plastikgefäße und verschickt sie in Flüssigkeit. Es muss dabei bedacht werden, dass die Propylenphenoxetol-Glycerol-Lösung lediglich eine Konservierungsflüssigkeit ist. Die Objekte müssen also in jedem Fall vorher in Formalin fixiert werden.

Nach Löwengren (1961) strecken viele Meeresmuscheln den Fuß aus, wenn sie unter Sauerstoffmangel leiden. Dazu werden die Tiere mit großen Mengen Blasentang in ein dicht schließendes Gefäß gelegt. Nach 24 Stunden sind sie im ausgestreckten Zustand verendet und können in dieser Haltung fixiert werden.

## Behandlung von Muschelschalen (Konchylien)

Um die Schalen zu erhalten, muss man lebende Muscheln in Wasser bis zum Sieden erhitzen. Dabei öffnen sich die Schalen, so dass sich der Weichkörper leicht entfernen lässt. Wichtig ist, **das Schlossband nicht zu verletzen,** sonst verlieren die Schalen ihren natürlichen Zusammenhalt. Die entleerte Schale wird dann innen und außen mit einer Zahnbürste oder, falls erforderlich, mit einer Messingdrahtbürste gesäubert. Die empfindlichen Süßwassermuscheln trocknet man am besten auf einer saugfähigen Unterlage in einem luftigen Raum. Keinesfalls dürfen sie an der Sonne getrocknet werden. Die Folge wäre, dass die Schalen durch entstehende Spannungen Risse erhalten oder zerspringen. Die Schalen größerer Arten hält man mit weichem, isoliertem Kupferdraht zusammen oder versieht sie vor dem Auslegen zum Trocknen mit einem straffen Gummiring. So vorbehandelte Schalen klaffen nicht auseinander. Kleine Erbsenmuscheln legt man 1–2 Tage in 40%igen Alkohol. Danach wird der Körper entfernt und die Schalen in luftdurchlässiges Papier eingepackt, damit sie beim Trocknen nicht auseinander klaffen. Liegen mehrere Schalen von einer Art vor, sollte wenigstens ein Schalenpaar geöffnet getrocknet werden. Diese Maßnahme gestattet die richtige Beurteilung der Schlosszähne, Mantellinie und Muskeleindrücke, wodurch eine exakte Artbestimmung ermöglicht wird.

Wenn die trockenen Schalen einige Zeit gelegen haben, blättert bei vielen Muscheln leicht die dünne, hornartige Haut (Periostracum) ab. Dieser Vorgang lässt sich durch Übersprühen der äußeren Schale mit dünnem Zaponlack (Nitrolack) oder farblosem Schellack verhüten. Clench (1931) verhindert das Abblättern des Periostracums von *Cyprina, Anodonta* und *Unio* durch Eintauchen der Schalen in ein Xylen-Paraffin-Gemisch. Dazu werden auf einem Wasserbad ein Drittel Paraffin in

# Präparieren

**Für Demonstrationszwecke** benötigte Schalen werden am sichersten unter Glas aufbewahrt. Dabei versuche man, die Objekte in möglichst natürlicher Haltung zu montieren, ▶ **Abb. 52** zeigt ein derartiges Beispiel.

## Spezielle Hinweise

### Flüssigkeitspräparate

Um **Querschnitte durch eine Muschel** anfertigen zu können, friert man diese in frischem Zustand ein. Die gewünschten Schnitte lassen sich auf einer Kreissäge mittels eines feinzähnigen Blattes herstellen. Zum Auftauen und Fixieren werden die mit einem Gummiring zusammengehaltenen Schnitte in Formol (1:4) gelegt. Die Montage erfolgt auf einer Kunststoffplatte. Auf die einzelnen Organe weisen mit Nummern versehene Fäden hin. Aus didaktischen Gründen befestige man ein Etikett mit den Erläuterungen auf der Rückseite. Es empfiehlt sich, je einen Schnitt aus der vorderen und hinteren Körperregion zu verwenden (vgl. ▶ **Abb. 53**).

Für die Herstellung morphologischer Präparate und zur Sektion erweist es sich als günstig, wenn die **Schalen entfernt** werden. WARBURTON (1957) erprobte folgende Methode: Zum Narkotisieren dient eine Mischung von 10 Teilen Leitungswasser, 10 Teilen Meerwasser und 1 Teil Magnesiumsulfat. Nachdem die Tiere über Nacht in der Flüssigkeit gelegen haben, lässt man diese rasch ablaufen und überführt sie für Sektionszwecke in ein Gemisch von 20 Teilen Leitungswasser, 2 Teilen 40%igem Formalin und 1 Teil Essigsäure. Nach 24 Stunden Aufenthalt in den beiden Gemischen hat sich bei jungen Austern der Schließmuskel bereits von der Schale gelöst, so dass das Tier mit einem stumpfen Skalpellende leicht von der unteren Schale gehoben werden kann. Am besten erfolgt diese Manipulation unter Wasser. Austern über 5 cm Länge erfordern gewöhnlich noch einen oder zwei Behandlungstage. Dabei muss die zweite Lösung immer dann ersetzt werden, wenn das Aufperlen von den Schalen aufgehört hat. Bei Muscheln löst man den Mantelrand nach 24stündiger Behandlung mit einer Sonde oder Pinzette von der Schale. Am folgenden Tag gelingt es, das Tier aus der Schale zu heben. Diese Behandlung führt bei manchen Arten zum völligen Auflösen der Schale. Eine ausführliche Anleitung zur anatomi-

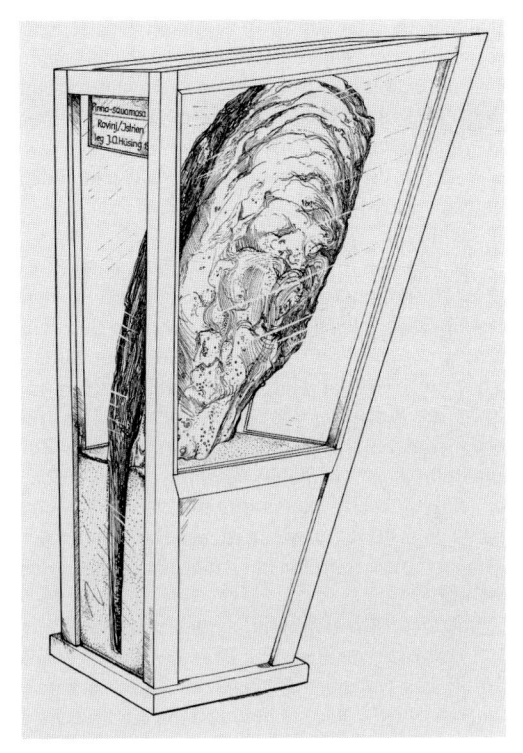

**Abb. 52** Steckmuschel Pinna squamosa. Naturgemäße Schalenmontage der im Sandboden steckenden keilförmigen Meeresmuschel. Die Glasscheiben werden von einer rahmenartigen Holzkonstruktion gehalten. Derartige Kleinstvitrinen können auch aus plexiglasähnlichen Kunststoffplatten angefertigt werden.

zwei Dritteln Xylen gelöst und die Schalen eingetaucht. Sobald das Xylen verdunstet ist, bleibt eine hauchdünne Paraffinschicht auf der Schalenoberfläche zurück.

Falls eine Sammlung **schmutzige Schalen** enthält, kann man diese kurzfristig in stark verdünnter Oxal- oder Salzsäure (1:4) mittels einer Zahnbürste reinigen, bis sie ihre natürliche Brillanz wiedererlangt haben. In hartnäckigen Fällen können die Schalen mit einer Zange 2 Sekunden lang in konzentrierte Salz- oder Oxalsäure gehalten werden. Nach einer solchen Behandlung ist es erforderlich, die Schalen ausgiebig fließend zu wässern, da die Säurerückstände sie sonst im Laufe der Zeit zerstören. Auch hier leistet ein Ultraschallbad sehr gute Dienste (siehe Seite 103).

## Weichtiere (Mollusca)

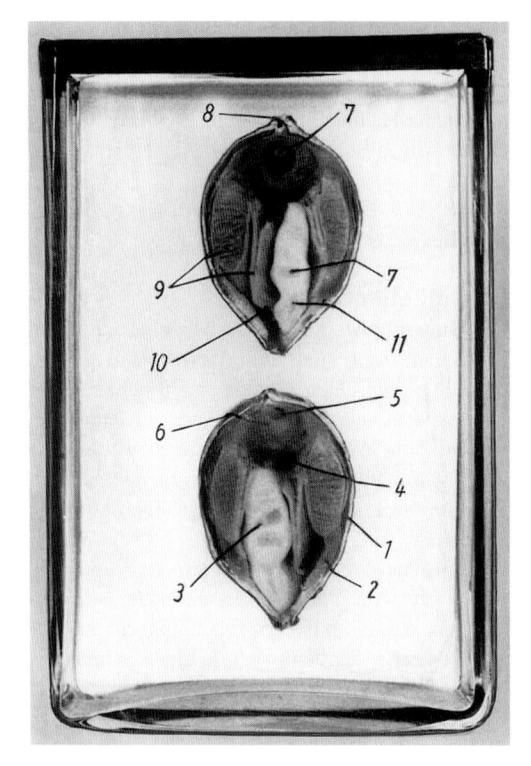

**Abb. 53** Querschnitte durch eine Flussmuschel Unio pictorum. 1) Schale, 2) Mantel, 3) Gonaden, 4) Nephridien, 5) Pericard, 6) Herz, 7) Darm, 8) Schlossband, 9) Kiemen, 10) Kiemenhöhle, 11) Fuß.

schen Präparation der größten europäischen Muschel *Pinna nobilis* L. verfaßten CZIHAK & DIERL (1961).

### Injektionspräparate

Erfahrungen über die **Darstellung des Blutgefäßsystems** von *Anodonta* liegen von SCHWANECKE (1913) vor. Um das arterielle System sichtbar zu machen, wird die Injektion durch die vordere bzw. hintere Aorta ausgeführt. Die Injektion der Venen und der Falten des BOJANUSschen Organes erfolgt durch den Sinus venosus. Die Gefäße der Kiemen lassen sich teils ebenfalls durch den Sinus venosus, teils durch die Vorhöfe injizieren. Das Einbinden der Kanüle ist außer am Anfangsteil der Aorten unmöglich.

Die Muscheln werden über Nacht in einer 3 bis 4%igen wässrigen Lösung von Hydroxylamin betäubt und mit nach unten gerichteten Schalenrändern in einen Holzklotz mit V-förmiger Mittelrinne eingeklemmt. Um an die Aorta zu gelangen, muss die Schale in der Gegend des Herzens mit einer scharfen Zange aufgebrochen werden. Zur Injektion sind Gelatine- oder Glycerolgemische ungeeignet. Lediglich Paraffin mit einem Schmelzpunkt von 40 °C erwies sich zur Darstellung der Topographie der größeren Gefäße als sehr gut verwendbar.

Soll der **Darmtrakt** injiziert werden, muss er frei von Exkrementen sein. Dies wird durch 8- bis 10-tägiges Halten in fließendem Wasser erreicht. Nach DEWITZ (1886) tötet man dann die Muscheln am besten durch Einfrieren. Zur Injektion werden sie in 38 °C warmem Wasser aufgetaut. Diese Temperatur muss bei Anwendung warmer Injektionsmasse gehalten werden. Vor Beginn der Injektion trennt man den vorderen und hinteren Schließmuskel von der linken Schale und entfernt diese. Dann wird der Enddarm freigelegt und eine passende Knopfkanüle eingebunden. Die Injektion muss langsam erfolgen, sonst treten Darmrupturen auf. Für eine große *Anodonta* benötigt man 8 bis 10 ml grün gefärbte Gelatinemasse. Der Darm ist gefüllt, sobald die Masse aus der Mundöffnung quillt. Die Injektionsmasse darf nicht zu fest sein, sonst dringt sie in die Leber ein, ist sie zu dünn, diffundiert sie durch die Darmwand. Nach dem Härten des Objektes in 95%igem Alkohol oder 4%igem Formalin wird der Darm freigelegt und das Präparat entsprechend montiert.

# Kopffüßer (Cephalopoda)

Die ausschließlich marinen Kopffüßer bewohnen alle Meeresregionen bis in mehr als 5000 m Tiefe. Es sind symmetrisch gebaute, räuberisch lebende Mollusken. Sie fallen durch große Augen und ihre im Gegensatz zu den übrigen Vertretern dieses Stammes beträchtliche Reaktionsgeschwindigkeit auf. Cephalopoden sind ausgezeichnete Rückstoßschwimmer, die sich durch Auspressen von Atemwasser durch den Trichter bewegen. Der Körper besteht aus dem Kopffuß mit seinen Saugnäpfe tragenden Fangarmen und einem mächtigen Eingeweidesack. Beide Körperteile verbindet die Halszone. Die meisten Arten besitzen eine äußere oder innere, kalkige oder hornige, oft rudimentäre Schale. Von den rund 750 bekannte Arten zeichnet sich der größte Vertreter dieser höchstentwickelten Wirbellosen des Meeres durch bis 18 m lange Fangarme aus. Die Gesamtlänge beträgt einschließlich der Arme bis 22 m. Als Gegensatz dazu seien die Zwergmännchen einiger Arten erwähnt, die nur 1 cm Länge erreichen.

## Sammeln

Am einfachsten erhält man Kopffüßer auf südländischen Fischmärkten, wo bestimmte Arten als Delikatesse gehandelt werden. Nach JAECKEL (1958), der ausführlich über die gewerblichen Fangmethoden berichtet, lassen sich Octopoden auch durch **ausgelegte Tonkrüge,** die den Tieren willkommene Schlupfwinkel bieten, mittels Seil an Bord ziehen. Die Hauptmenge der als Köder in der nordländischen Fischerei begehrten Tintenfische wird mit besonderen Handangeln oder Zugnetzen gefangen.

Über den *Sepia*-Fang an der italienischen Adria berichtet SCHMIDT (1960). Sepien haben die Gewohnheit, ihre Eier an Wasserpflanzen, Korallenästen und Ähnlichem abzulegen. Dieses Verhalten wird von den Fischern ausgenutzt. Sie bedienen sich besonderer Fangkästen, deren Wände aus Netzwerk oder Maschendraht bestehen. Eine Seitenwand hat eine reusenartige Öffnung. Durch eingelegte Lorbeerzweige werden die Sepia-Weibchen angelockt, ihre Eier daran abzulegen. Die Fischer fahren zwei- bis dreimal täglich an die Kästen, um die Beute abzuholen.

Nach RIEDL (1963a) werden pelagische Formen mit dem Bodenschleppnetz gefangen. Mit Maske und Schnorchel versehen, stöbert man *Octopus* in Löchern der Felsküste auf und treibt ihn in ein vorgehaltenes Netz. Aus den Löchern hängen meist die Fangarme heraus, Muschelschalen und Krebspanzer liegen als Nahrungsreste vor den Schlupfwinkeln. Vorsicht ist stets angebracht, denn die Tiere können mit ihren Kiefern kräftig beißen. Exemplare, deren Arme länger als die eigenen sind, lasse man in Ruhe. *Sepia* lebt in Seegraswiesen, dort wird sie mittels Beam-Trawl gefischt. Auf sekundären Hartböden lebende Arten erbeutet man am besten mit der Dredge.

Hinweise auf das Vorkommen von Cephalopoden geben die oft zu vielen Tausenden angeschwemmten Sepiaschalen, auch **Schulpe** genannt. DATHE (1950) stellte darunter sammelnswerte Missbildungen fest.

## Betäuben und Fixieren

Ehe man Cephalopoden tötet, sollte man von ihnen **Farbaufnahmen** anfertigen oder sich Notizen über ihr vergängliches Aussehen machen. Auf dem Fischmarkt gekaufte Tiere müssen sofort konserviert werden; sofern sie bereits auf Eis gelegen haben „zerlaufen" sie sehr leicht. Kopffüßer werden je nach Größe durch Zusatz von 1 bis 5 g Chloralhydrat je Liter Seewasser betäubt. Es kann auch Etherwasser, Urethan oder Alkohol verwendet werden. Spritzt das Tier während der Behandlung Tinte aus, muss diese fortgespült werden, ehe das Tier stirbt.

Zum Betäuben legt KAPLAN (1969) Cephalopoden im Halbdunkel in reichlich Seewasser. Danach werden Chloretonkristalle hinzugefügt bis die Lösung 0,05 % ausmacht. Nach 30 Minuten Einwirkungszeit wird getestet ob die Tentakeln noch reagieren. Falls erforderlich, muss die Chloretonlösung verstärkt werden.

Die betäubten Cephalopoden kann man durch Injektion von Ether, Chloroform oder Ethylbromid in die Mantelhöhle töten. Vor dem Einlegen in die Fixierungsflüssigkeit injiziert man entweder 70%igen Alkohol oder Formalin (1:9) in Kopffuß und Eingeweidesack. Ist keine Injektionsspritze

# Weichtiere (Mollusca)

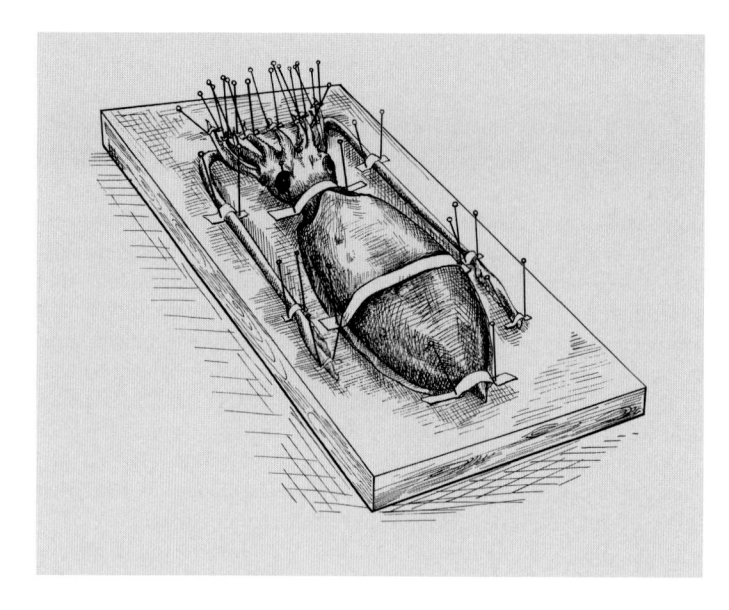

**Abb. 54** Kleiner Kopffüßer Sepia elegans. Zum Einstellen in die Fixierungsflüssigkeit auf eine Holzunterlage gespannt. Zum Spannen verwende man nur korrosionsbeständige Nadeln, anderenfalls treten unansehnliche Verfärbungen am Objekt auf.

vorhanden, muss wenigstens der Hinterleib durch einen Längsschnitt geöffnet werden. In die Mantelhöhle und in den Trichter führt man einen Wattepfropf ein. Dieser wird nach der Fixierung wieder entfernt, so dass diese Organe deutlich sichtbar sind. Das gründlich gewaschene Tier muss dann in der gewünschten Lage auf eine weiche Unterlage gespannt werden (▶ **Abb. 54**). Zum Härten überführt man das Tier in Formalin (1:4). Je nach Größe kann es nach 8 bis 14 Tagen von der Unterlage entfernt, gründlich ausgewaschen und danach in 70%igem Alkohol aufbewahrt werden. Formalin ist als Konservierungsflüssigkeit nicht zu empfehlen, weil sich darin leicht die Oberhaut der Tiere ablöst und dann im Aufbewahrungsgefäß herumschwimmt.

## Spezielle Hinweise

### Altersbestimmung

Eine wichtige Aufgabe zur Erforschung von Kalmaren ist die Altersbestimmung. Sie ist möglich durch den **Anschliff der Statolithen**, die sich im Gleichgewichtsorgan des Kalmars befinden. Nach ARKHIPKIN & MURZOZ (1985) sind folgende Arbeitsgänge erforderlich:

1. Auslösen der Statolithen aus der Knorpelhülle
2. Säubern und Aufbewahren im Konservierungsmittel
3. Aufkleben
4. Schleifen
5. Aufhellen
6. Zählen der Wachstumsringe.

Zum Herauslösen der Statolithen wird der Kopf entfernt und ein frontaler Schnitt durch die Öffnung der Speiseröhre geführt. Nach Reinigung des

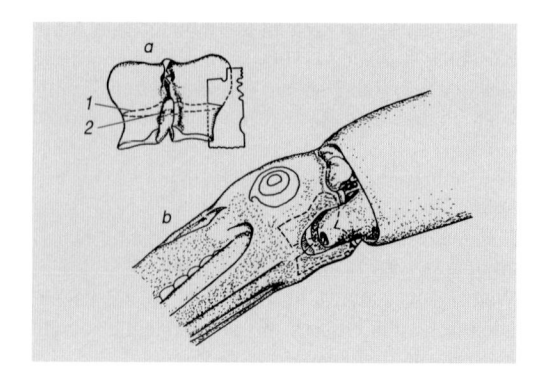

**Abb. 55** Ventraler Teil der Knorpelkapsel mit den darin befindlichen Statolithen a) und ihre Lage auf der ventralen Seite des Kopfes beim Kalmar b). 1) Sagittalabschnitt auf der Ebene der Statolithen, 2 Statolithen, nach ARKHIPKIN &. MURZOZ.

unteren Kopfteils sind im hinteren Drittel des Kopfes im hyalinen Knorpel die Statozysten sichtbar (▶ **Abb. 55**). Durch einen sagittalen Schnitt können die Statolithen freigelegt und mit einer spitzen Pinzette entfernt werden.

Zur chemischen Entfernung, die bei kleinen Arten zu empfehlen ist, wird der hintere Teil der Kalmarkapsel in proteolytische Enzyme (Pepsin oder Trypsin) überführt, bis sich der Knorpel aufgelöst hat. Die Statolithen bleiben unbeschädigt am Boden zurück.

Die Statolithen lassen sich am besten aus frischen oder frisch aufgetauten Tieren entfernen, jedoch nur schwierig aus in Alkohol aufbewahrtem Material. In Formalin lösen sich die Statolithen auf, deshalb sollten sie bis zur Bearbeitung in 96%igem Alkohol oder nach Spülen in Aqua dest. im trocknen Zustand aufbewahrt werden.

Über Modifikationen dieses Verfahrens, Schlifftechnik und Aufhellen der Statolithen sowie deren Auswertung orientiere man sich in der eingangs zitierten Arbeit sowie bei ARKHIPKIN (1989).

# Sammlungstechnik

Bei der Einrichtung einer Molluskensammlung gelten die gleichen Prinzipien wie sie ab Seite 44 dieses Leitfadens beschrieben worden sind. Anschließend folgen noch einige spezielle Hinweise zur Schalenbehandlung.

## Etikettieren und Aufbewahren

Die gründlich getrockneten Schalen müssen möglichst bald, am besten auf der Innenseite ihrer Mündung, mit einer Sammlungsnummer oder bei größeren Schalen mit Artnamen und Herkunft **beschriftet** werden. Kleine Schalen, die nicht direkt beschriftet werden können, bringt man in Glasröhrchen unter, die auf dem Boden ein Wattepolster enthalten. Nach dem Einlegen des Etiketts, das auch von außen lesbar sein sollte, wird das Röhrchen mit einem Wattepfropfen verschlossen. Diese kleinen Röhrchen werden, nach Gattungen oder Familien getrennt, in Schachteln oder Kästen aufbewahrt. Auf diese Weise kann man mehrere Stücke oder Farbvarietäten der gleichen Art in einer Schachtel aufbewahren. Wegen der oft sehr unterschiedlich großen Schalen nahe verwandter Arten müssen die Sammlungsschränke mit Aufbewahrungskästen verschiedener Höhe ausgestattet werden.

Es sei noch erwähnt, dass Gehäuse von marinen Mollusken nicht in eichenen Schubkästen aufbewahrt werden sollten. NICHOLLS (1935) stellte fest, dass ein weißer Belag, der auf marinen Schalen auftrat, aus Calciumacetat bestand. Dieser bildete sich durch Spuren von Essigsäure, die aus dem Eichenfurnier der Schrankfächer stammte und auf das Calciumcarbonat der Schale wirkte. Vor allem solche Schalen, die nicht gut in Süßwasser ausgewaschen wurden, neigen zu diesem Belag. Ferner dürfen Molluskenschalen nicht mit Lack überzogen werden, da in diesem Falle nach längerer Zeit eine Vergilbung eintritt.

## Schalen als Demonstrationsobjekte

Die Schalen zahlreicher Molluskenarten sind kaum einen Zentimeter lang. Um ihre Formenfülle wirksam demonstrieren und dabei gleichzeitig ihre absolute Größe zeigen zu können, bediene man sich der **Fotografie**.

Das Objekt wird fotografiert und das Bild um das 5- bis 10fache vergrößert. Die Schale klebe man dann auf das Foto und stelle das Ganze entsprechend auf (vgl. ▶ **Abb. 56**).

Zerbrechliche Schalen, die bei Vorlesungen oder Übungen herumgereicht werden, sind am besten zwischen zwei Uhrglasschalen geschützt. Man benötigt dazu Uhrgläser mit flach geschliffenem Rand. Nachdem die Schneckenschale auf der Innenseite eines Glases festgeklebt worden ist, wird das zweite darüber gestülpt. Die beiden Gläser werden durch einen breiten Gummiring (z. B. ein Stück Fahrradschlauch) bestens zusammengehalten (▶ **Abb. 57**). Es sei noch erwähnt, dass man die Klebefläche an der Schneckenschale leicht

## Weichtiere (Mollusca)

**Abb. 56** Schließmundschnecke (Clausiliidae), links Dorsal-, rechts Ventralansicht des schlanken turmförmigen Gehäuses. Auf das vergrößerte Foto wird das natürliche Gehäuse geklebt, Vergrößerung 5:1.

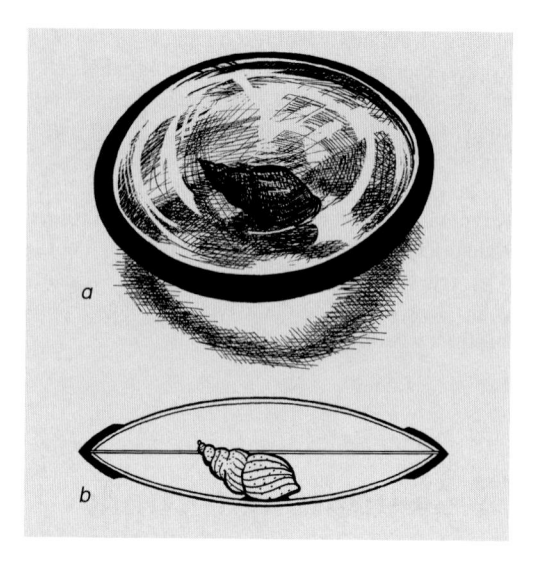

**Abb. 57** Schneckenschale zwischen Uhrgläser montiert. a) Aufsicht, b) Schnitt durch die Mittelebene. Der Gummiring ist schwarz eingezeichnet.

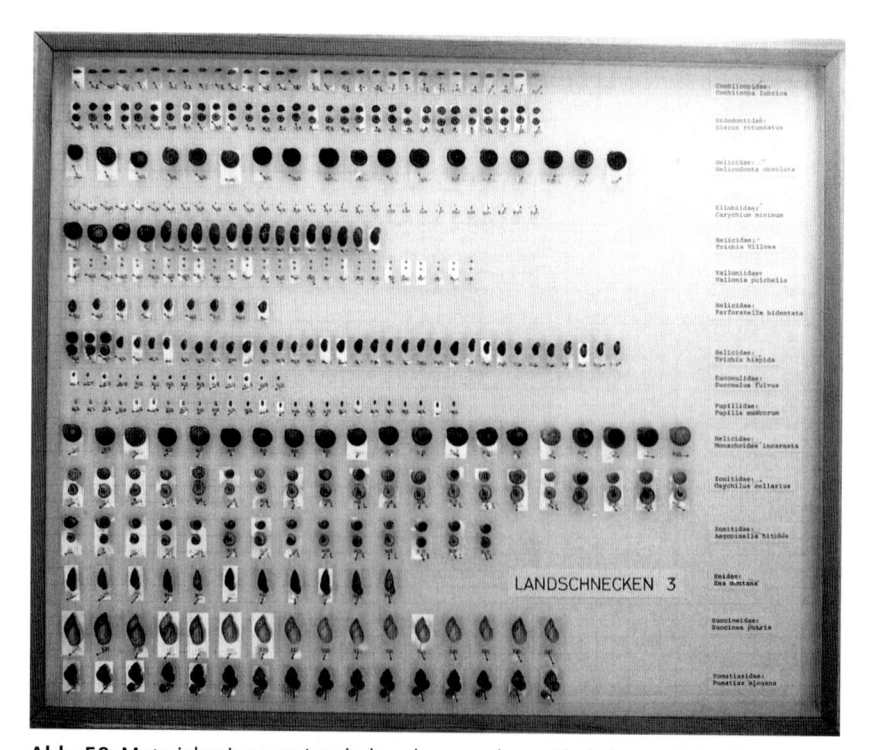

**Abb. 58** Materialserien von Landschnecken werden – ähnlich wie kleine Insekten – auf weiße Karton- oder Folieplättchen geklebt.

Muscheln (Bivalvia oder Lamellibranchiata)

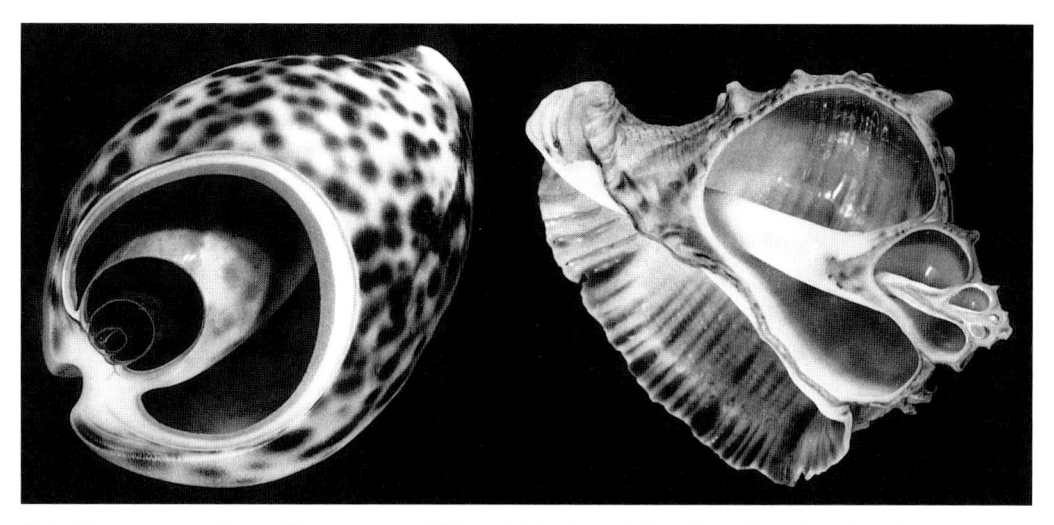

Abb. 59 In verschiedenen Ebenen angeschliffene Molluskenschalen. Links Porzellanschnecke (Cypreacea), rechts Leistenschnecke (Muricacea).

anschleifen sollte, sonst platzen die angeleimten Gehäuse bald wieder von ihrer Unterlage ab. Zum Anrauen der Glasoberfläche eignet sich auch vorzüglich eine handelsübliche Glasätztinte (Vorsicht, Gift!). Anstelle der Uhrgläser kann man auch die in entomologischen oder mineralogischen Fachhandlungen erhältlichen Lupendosen benutzen.

Der unterschiedliche **Bau von Molluskenschalen** lässt sich sehr schön mittels angeschliffener Schalen demonstrieren. Das Anschleifen kann man unter Benutzung von Schleifpulver verschiedener Körnung selbst relativ leicht mit der Hand durchführen. Das Schleifen wird unter Wasserzusatz mit grobkörnigem Pulver auf einer Glasplatte begonnen. Abschließend glättet man den Anschliff in gleicher Weise mit Polierpulver. Wesentlich schneller kann ein Glas- oder Gesteinsschleifer auf einer elektrisch betriebenen

Abb. 60 Perlboot Nautilus pompilius. Oben Außenansicht der 25 cm erreichenden Schale, unten Anschliff der durch Querscheidewände in zahlreiche mit Luft gefüllte Kammern geteilten Schale.

rotierenden Scheibe derartige Anschliffe herstellen (▶ **Abb. 59** und ▶ **Abb. 60**). Über die wirkungsvollste Schliffebene orientiere man sich durch Anfertigen einer Röntgenaufnahme. Technische Hinweise gibt MAYER (1931).

Bei der Darstellung bestimmter Phasen des Verhaltens von Molusken gilt es zu entscheiden, ob es besser ist, ein originales Objekt oder ein Modell zu verwenden. Auf Grund negativer Erfahrungen bei der Präparation von Weinbergschnecken entschied sich KÜHN (1985) für die **plastische Nachbildung des Weichkörpers**. Die Modellierarbeiten wurden in Plastilin ausgeführt, die Negativform entstand unter Verwendung von Silikonkautschuk und das Gussmodell aus dem Polymethylmethacrylat Kalloplast R. Danach wird die Nachbildung mit dem natürlichen Gehäuse zusammengefügt, der Mantel mit dem Atemloch und der Ausscheidungsöffnung auch aus Kalloplast R geformt und eingepasst. Nach sorgfältiger Bemalung mit Ölfarbe kann das Exponat montiert werden. In einem nachgestalteten Ausschnitt des Lebensraumes lässt sich auf diese Art und Weise z. B. eine Phase des Liebesspiels oder der Eiablage anschaulich demonstrieren.

## Konservierung von Molluskeneiern

JAECKEL (1953) weist darauf hin, dass in eine biologische Sammlung auch Eier bzw. Gelege (Laich) gehören. Derartiges Material findet man in der Regel nur zufällig. Eier mit kalkiger Schale lässt man einfach austrocknen und bewahrt sie in diesem Zustand auf. Der Laich von Süßwasserschnecken und Hinterkiemern wird am besten in Alkohol konserviert, ebenso die gallertigen Laichschnüre mancher Kopffüßer, z. B. *Argonauta*, *Alloteuthis* und *Loligo*. Die oft sehr merkwürdig geformten Laichpakete von Vorderkiemern und die Laichklumpen von *Sepia* können sowohl trocken als auch in 70%igem Alkohol aufbewahrt werden. Letztere sind faustgroß und bestehen aus mehreren hundert lackschwarzen Eiern.

# Spritzwürmer (Sipunculida)

Zu dieser marinen Tiergruppe gehören rund 320 Arten. Sie sind gekennzeichnet durch einen walzenförmigen Körper, eine ungegliederte große Leibeshöhle und einen rüsselartig einstülpbaren Vorderkörper (▶ **Abb. 61**). Es sind derbe, sehr kontraktionsfähige Formen von 1 bis maximal 66 cm Länge (durchschnittlich 15 bis 30 cm). Sie sehen grau, blass-fleischfarben oder bräunlich aus.

## Behandlungstechnik

### Sammeln

Spritzwürmer halten sich versteckt in Löchern von Kalkfelsen, Korallen oder in Schnecken- und Scaphopodenschalen auf. Fast alle leben auf Schlamm- und Schlickboden. *Sipunculus* bevorzugt Sand; er gräbt sich in der Gezeitenzone mit Schleim ausgekleidete, unregelmäßige Gänge bis $^{1}/_{2}$ m Tiefe. Man muss bei Ebbe nach ihnen suchen, indem am Strand der moddrige oder steinige Sand mit dem Spaten tief umgegraben wird. Vorsicht ist dabei angebracht, denn bei der geringsten Verletzung der Haut kontrahiert sich der Körper, und der Darm wird ausgestülpt. Aus tieferen Böden können Sipunculiden mit einer schweren Zackendredge gewonnen werden. Im Schleppnetz befinden sich zuweilen Molluskenschalen, die von *Phascolion* und *Aspidosiphon* bewohnt werden. Nach Cuénot (1922) findet man Sipunculiden auch in dem Schlamm, der Ascidienkolonien zusammenhält, zum Beispiel *Microcosmus* im Mittelmeer. Was die Arten anbelangt,

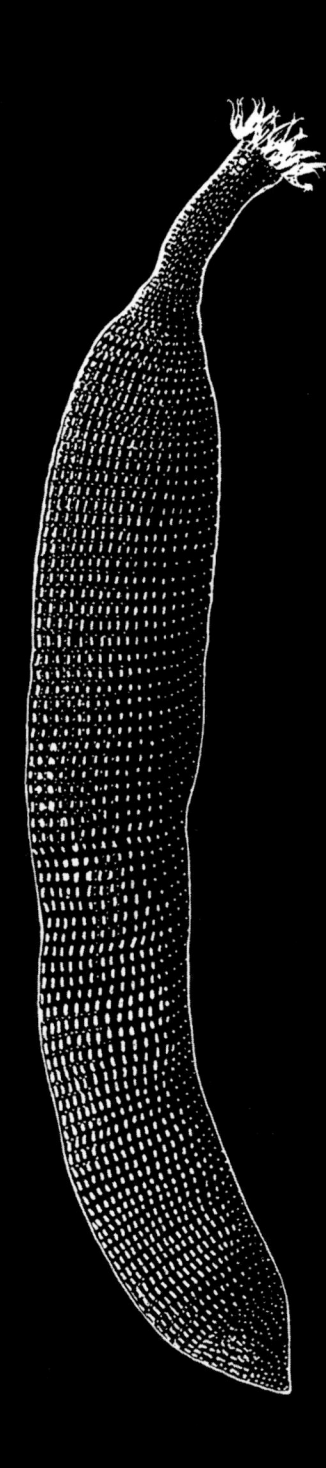

**Abb. 61** Spritzwurm

die tief im Meeresboden leben, so ist ihr Fang natürlich Glückssache. Es ist sehr wahrscheinlich, dass viele Arten noch unbekannt sind.

## Betäuben und Fixieren

Sipunculiden müssen stets **mit ausgestülptem Vorderkörper fixiert** werden, denn er weist zahlreiche Bestimmungsmerkmale auf. METALNIKOFF (1900) legt *Sipunculus nudus* in eine flache Schale und tropft auf 100 Teile Meerwasser 5 Teile 96%igen Alkohol. Nach 8 bis 12 Stunden streckt das betäubte Tier den „Rüssel" aus. Arten, die bei dieser Behandlung kontrahiert bleiben, werden in mit Ether versetztes Meerwasser, in das Kohlendioxid geleitet wird, und zuletzt in eine Mischung aus Meerwasser und Süßwasser gelegt. Die Fixierung kann mit 80%igem Alkohol, Formol (1:3) oder konzentriertem Sublimat erfolgen. Falls erforderlich, muss man dabei den Körper etwas zusammendrücken, um den „Rüssel" vollständig ausgestreckt zu erhalten. HOPE (1931) legt die gefangenen Würmer in flache Schalen mit Seewasser und besprüht die Oberfläche des Wassers in Abständen von 5 Minuten mit Chloroform. In den meisten Fällen erhält man auf diese Weise völlig gestreckte Exemplare. Mit einer Nadel wird geprüft, ob die Narkose erfolgreich ist. Man kann Sipunculiden auch direkt in eine 7,5%ige Lösung von Magnesiumchlorid in Seewasser legen. Die Einwirkungszeit ist variabel von 1 bis 6 Stunden (SMALDON & LEE 1979).

Wenn die Würmer nicht mehr reagieren, werden sie in Formol (1:9) anfixiert. Danach injiziert man die Objekte mit dem Fixierungsgemisch nach GILSON: Salpetersäure 1,5 ml, Eisessig 0,5 ml, Sublimat 2 g, Alkohol 60%ig 10 ml, Aqua dest. 88 ml, und legt sie je nach Größe des Objektes für $\frac{1}{2}$ bis 6 Stunden in das schnell eindringende Gemisch. Anstelle dieses etwas problematischen, weil giftigen, Fixierungsgemisches hat sich auch Formol-Alkohol bewährt. Dieses besteht aus 9 Teilen 75%igem Ethanol und 1 Teil 38- bis 40%igem Formalin. Die Fixierungsdauer richtet sich nach der Größe der Objekte. Da diese Lösung aber nicht so schnell eindringt wie das GILSONsche Gemisch sollte man die Objekte mindestens 2 Stunden, am besten über Nacht darin liegen lassen

## Paraffinierung

Wie bei vielen anderen wirbellosen Tiere ergibt die Paraffinierung auch bei Sipunculiden sehr gute Resultate.

Bei der Paraffinierung handelt es sich um eine bewährte Methode zur naturgetreuen Aufstellung verschiedenartiger, vorwiegend zoologischer Objekte. Das Prinzip der Herstellung von zoologischen Paraffinpräparaten ist im Wesentlichen das gleiche wie bei der Paraffinierung histologischer Präparate.

Für die Erzielung optimaler Ergebnisse ist die richtige Fixierung des Materials von ausschlaggebender Bedeutung. Die Hauptschwierigkeit liegt jedoch vor allem in der Entwässerung der Objekte und der richtigen Anwendung eines geeigneten Intermediums vor der Überführung in das Paraffin.

Wie bei allen derartigen Methoden, spielt neben der technischen Behandlung auch Erfahrung und Übung eine große Rolle.

Man benötigt folgende Alkoholstufen: 30 %, 50 %, 70 %, 80 %, 95 % und absoluten Alkohol. Letzterer muss zweimal gewechselt werden, um eine völlige Entwässerung zu erreichen. Wenn man zur Fixierung Formol-Alkohol eingesetzt hat, kann man die Alkoholreihe gleich mit der 70%-Stufe beginnen.

Statt des absoluten Alkohols kann Optal (= n-Propanol, Propanol-[1]) in einer Konzentration von 98–100 % verwendet werden. Da es sowohl mit Wasser, allen Ethanolkonzentrationen als auch mit Xylol in jedem Verhältnis leicht mischbar ist, eignet es sich sehr gut als Ersatz für den verhältnismäßig teuren absoluten Alkohol. Von großem Vorteil ist weiterhin die hohe Wasseraufnahmefähigkeit von Optal-Xylen-Gemischen. Je nach dem Mischungsverhältnis ist sie um etwa 30–50 % größer als die entsprechender Ethanol-Xylen-Gemische.

Nach der Entwässerung kommen die Objekte in ein Intermedium. Üblich ist die Verwendung von Xylen. Um Schrumpfungen zu vermeiden, werden die Objekte zunächst in Xylenalkohol oder Terpineol, dann in reines Xylen gelegt. Ggf. muss das Intermedium auch erneuert werden. Im Thermostat wird ein Paraffin-Xylen-Gemisch (1:1) hergestellt und vorsichtig auf die entwässerten Würmer geschüttet. Zur eigentlichen Paraffinierung benutzt man Paraffin mit einem Schmelzpunkt von 54 °C. Nach 1 bis 2 Tagen können die Objekte herausgenommen werden. Sollten Deformierungen eingetreten sein, wird flüssiges Paraffin in den Körper injiziert.

Optal hat den Vorteil, dass es, wenn man es auf den Paraffinschmelzpunkt erwärmt, auch mit Paraffin gut mischbar ist. Dadurch kann man notfalls auch auf das Intermedium verzichten. In der Praxis hat sich jedoch gezeigt, dass auf diese Weise paraffinierte Tiere stärker schrumpfen.

Voss (1939) benutzt als Intermedium chemisch reines Benzin. Das hat wegen seiner leichten und spurlosen Flüchtigkeit gewisse Vorteile.

Die Paraffintemperatur darf grundsätzlich 60 °C niemals übersteigen. Die Präparate erhalten sonst ein horniges, dunkles Aussehen. Ebenso wichtig ist, dass das Paraffinbad nie länger als nötig ausgedehnt wird. Es sei davor gewarnt, Paraffin, das schon stark von Xylol oder einem anderen Intermedium durchsetzt ist, zu benutzen. Wenn der Geruch des Intermediums wahrnehmbar ist, sollte das Paraffin gewechselt werden.

Zum Abschmelzen von Paraffintropfen von der Oberfläche legt man das Objekt unter eine Glühlampe ausreichender Leistung. Ein zu starker Paraffinentzug lässt Luft in die Oberfläche eindringen, was zur Folge hat, dass weiße Flecken auftreten. Sie sind nur durch erneutes Einlegen in Paraffin zu entfernen.

Wichtig ist, dass der Wärmeschrank ausreichend belüftet ist. Das ist nötig, damit das Intermedium aus den in das Paraffinbad eingelegten Objekten verdampfen und vollständig entweichen kann. Aus gesundheitlichen Gründen sollten Thermostaten deshalb möglichst mit einem Abzug verbunden sein oder außerhalb von Arbeitsräumen aufgestellt werden.

Schließlich sei noch erwähnt, dass man farbige Präparate herstellen kann, indem gefärbtes Paraffin zur Durchtränkung benutzt wird. Dazu wird ein entsprechender Sudanfarbstoff im Paraffin gelöst. Es gibt Sudanfarbstoffe folgender Tönungen: Gelb, Braun, Rot, Blau und Schwarz.

# Igelwürmer (Echiurida)

Die Igelwürmer sind kenntlich an ihrem walzenförmigen, ungegliederten Körper und dem weit über die Mundöffnung hinausragenden, an der Unterseite offenen, nicht einziehbaren Kopf (▶ **Abb. 62**). Die meist grün, auch gelb bis dunkelrot gefärbten Arten sind größtenteils Tiefseeformen, die in selbstgegrabenen Röhren oder natürlichen Höhlen, seltener im Schlamm leben. Es sind über 150 Arten bekannt; eine davon, die Quappe *Echiurus echiurus* (PALLAS), kommt an der Nordseeküste vor. Ihre Körperlänge beträgt 2 bis 20, bei *Ikeda taenioides*, dessen Rüssel auf 1 m ausgestreckt werden kann, 40 cm. Die winzigen Zwergmännchen messen nur 1 bis 3 mm.

Obwohl sie nicht segmentiert sind, stellen einige Autoren die Echiurida auf Grund ihrer Trochophoralarve und der Chitinborsten zu den Anneliden.

## ■ Behandlungstechnik

### Sammeln

Die Echiuriden führen ein verstecktes Leben, entweder in Felsspalten und in ausgehöhlten Steinen oder schlammigem Sand, aus dem sie bei starken Unwettern manchmal herausgerissen werden. Nur wenige Arten bewohnen die Küstenzone, die meisten leben in einer gewissen Tiefe. Ihre Kenntnis verdankt man nur glücklichen Scharrnetzfängen. Aus Sedimentböden kann man sie nach RIEDL (1963a) mit einer genügend schweren Dredge aus Hartbodenstücken durch Öffnen

**Abb. 62** Igelwurm

und Absuchen der Stein- und Bewuchsspalten gewinnen. Ein gezieltes Sammeln ist immer zeitraubend, doch begegnen den Tauchern nicht selten die meterlang ausgespannten Kopflappen von *Bonellia* ♀♀ im schattigen oder tiefen Felslitoral.

## Betäuben und Fixieren

CUÉNOT (1922) empfiehlt, die gleichen Methoden anzuwenden, wie sie bei den Sipunculiden beschrieben wurden. Sobald sich ein Tier gut gestreckt hat, wird es mit heißem Formolalkohol fixiert.

RIEDL (1963a) tötet die Igelwürmer rasch mit kochendem Wasser und bewahrt sie in 4%igem Formolseewasser auf. Völlig gestreckte Tiere erhält man am ehesten, wenn das Konservierungsmittel durch eine feine Kanüle injiziert wird.

STEPHEN & EDMONDS (1972) erprobten als Narkotikum Propylenphenoxetol. Die Tiere werden in eine 1%ige Lösung in Seewasser überführt. Je nach Größe beträgt die Einwirkungszeit 2 bis 12 Stunden.

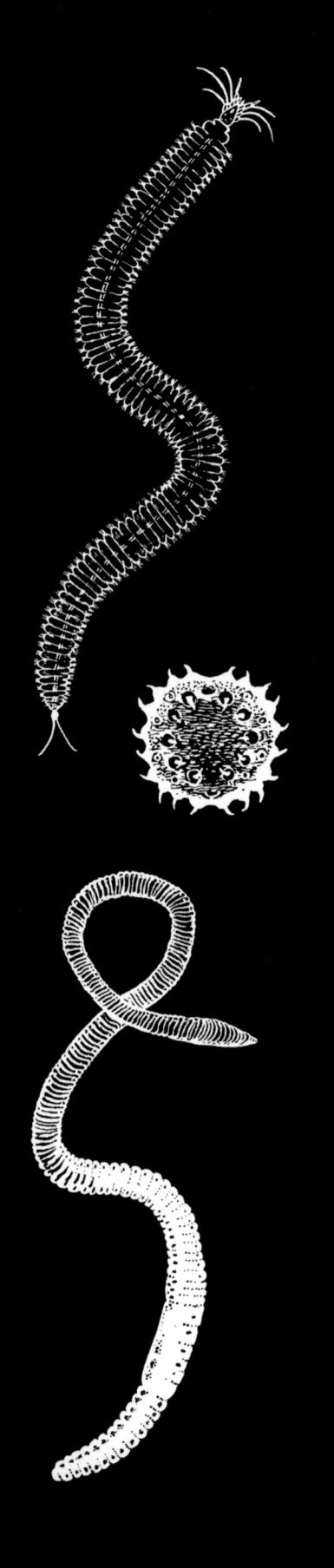

# Ringel- oder Gliederwürmer (Annelida)

Der Körper dieser entweder im Meer, im Brackwasser, Süßwasser oder auf dem Lande lebenden Tiere hat meist eine drehrunde oder abgeplattete Form und besteht aus durch Ringfurchen voneinander abgegrenzten Abschnitten (▶ **Abb. 63**). Die Atmung erfolgt durch die Haut oder mittels Kiemen. Anneliden leben kriechend im Boden, seltener schwimmend oder festsitzend. Bemerkenswert ist ihr Regenerationsvermögen; die meisten Arten können bei Verlust das gesamte Hinterende ersetzen. Bisher sind etwa 17 000 Arten bekannt. Die Mehrzahl mit einer Länge von 2 mm bis 10 cm. Als Riese dieses Tierstammes gilt der bis 3 m Länge erreichende *Magascolides australis* (Oligochaeta).

Wie in den jeweiligen Kapiteln beschrieben, stellen einige Autoren neben den Polychaeten, Myzostomiden und Clitellaten auch die Pogonophoren und die Echiuriden zu den Annelida.

## ▌ Vielborster (Polychaeta)

Die meist langgestreckten Polychäten leben fast ausschließlich marin. Brackwasserformen sind sehr selten. Wie der Name sagt, ist ihr Körper mit zahlreichen Borsten besetzt. Viele Vertreter haben merkwürdige Formen entwickelt und sich bunt gefärbt. Es sei nur auf die meist farbig gebänderten Tentakelkronen der Röhrenbewohner und auf die Borsten der Schuppenwürmer hingewiesen. Letztere können herrliche Interferenzfarben erzeugen. Bisher sind etwa 13 000 Arten

**Abb. 63** Gliederwürmer. Oben Vielborster, Mitte Saugmünder, unten Gürtelwurm.

mit einer Körperlänge von unter 1 mm bis zu 2 m *(Eunice aphroditois)* beschrieben worden. Durchschnittlich besitzen sie eine Größe zwischen 2 mm und 10 cm.

## Sammeln

Die meisten Polychäten leben in den Küstengewässern, einige halten sich in großen Tiefen auf, wenige andere leben pelagisch. Nach RIEDL (1963a) kommen kleine Formen in allen Proben vor. Um angereicherte Proben zu erhalten, wasche man Sand oder Algen unter Zugabe von einigen Tropfen 40%igem Formol zu einem Liter Wasser aus. Unmittelbar nach dem Absetzen des Sandes wird das Wasser durch ein grobmaschiges Planktonnetz gegossen und das gewonnene Material unter einem Binokular ausgesucht. Polychäten lassen sich auch mit Hilfe der **Klimaverschlechterung** aus Sand, feinen Algen, zerschnittenen Schwämmen oder aus von Bohrmuscheln durchlöcherten Steinen, die man vorher zerschlägt, gewinnen. Röhrenbewohner sind nur auf diese Weise unverletzt zu erhalten. Um Polychäten aus dem Küstengrundwasser zu sammeln, empfiehlt HARTMANN-SCHRÖDER (1971), in der Nähe der Hochwasserlinie Löcher zu graben, die sich mehr oder weniger rasch mit dem Wasser aus dem Sandlückensystem anfüllen. Zum Materialfang wird ein Kescher mehrfach durchs Wasser hin- und hergezogen und in bereitgestellten Gläsern ausgespült. Ferner versäume man nicht, unter angeschwemmtem Seegras nachzusehen. Größere Formen, die sich eingraben, werden ausgesiebt, indem man einen Spaten voll Grund durch einen Siebsatz im Wasser spült. Um das Festschlingen und anschließende Zerreißen von Polychäten und Ophiuroiden zu verhindern, das bei Sieben aus Drahtgeflecht regelmäßig zu beobachten ist, verwendet HOVGAARD (1973) Siebe, die aus Lochplatten von nichtrostendem Stahl hergestellt worden sind.

Mit Maske und Schnorchel tauchend sammelt man in beschatteten Felsgebieten sowie unter Blöcken und Seetonnen. **Nächtliche Fänge** mit einem großen Planktonnetz oder Kescher unter einer starken Lampe können sehr viele geschlechtsreife Tiere bringen, die an der Oberfläche schwärmen. Entweder leuchtet man von einem Boot aus oder versenkt eine entsprechende Lampe ins Meer. Vor der Behandlung sollten Fotografien oder Notizen über die Farbe der verschiedenen Körperregionen angefertigt werden, denn diese vergeht sehr rasch in den Fixierungsgemischen. Wichtig ist, das gesammelte Material alsbald zu fixieren, da Polychäten beim Aussortieren fast immer verletzt werden und dann schnell verenden.

## Betäuben und Fixieren

Die in sauberem Seewasser befindlichen Polychäten lassen sich relativ sicher mit Alkohol betäuben. Man fügt dem Meerwasser Alkohol anfangs tropfenweise zu, von 1 bis 10 % laufend steigernd. Sehr gute Resultate lassen sich auch bei gleichartiger Anwendung von Diethyl- oder Essigether erzielen. Die Betäubung tritt, je nach Art verschieden, in einigen Minuten oder Stunden ein. SMALDON & LEE (1979) führen sechs weitere Methoden mit anderen Narkotika an.

Nach PLATE (1906) tötet man Schuppenwürmer *(Harmothoë, Lepidonotus* u. a.) besser in Seewasser, dem einige Tropfen konzentrierte Sublimatlösung zugesetzt werden. Diese Behandlung verhütet das Abfallen der Hautlamellen (Elytren).

FAUEVL (1923) empfiehlt die ausgezeichnete Ergebnisse liefernde PERENYische Flüssigkeit. Zum Ansetzen werden 400 ml Salpetersäure 10%ig, 300 ml Chromsäure 0,5%ig und 300 ml Alkohol 70- oder 90%ig benötigt. Man darf große Arten nicht länger als 12 Stunden darin belassen. Entsprechend der Größe variiert die Einwirkungszeit zwischen einigen Minuten und mehreren Stunden. Anschließend überführt man die Objekte direkt in 70%igen Alkohol, den man zwei- oder dreimal im 12- oder 24-Stunden-Intervall wechselt.

Nach DUDICH & KESSELYAK (1938) lassen sich marine Würmer je nach Größe auch in 5- bis 10%iger wässriger Urethanlösung betäuben. Tritt nach einer Stunde keine Wirkung ein, muss die Konzentration erhöht werden.

LEDINGHAM & WELLS (1942) stellten fest, dass 80 g kristallisiertes Magnesiumchlorid je Liter Leitungswasser ein gutes Narkotikum für Polychäten ist. Nach 1 bis 4 Stunden sind die Tiere völlig erschlafft. Durch Zugabe von 40%igem Formalin werden sie getötet. Zur Aufbewahrung eignet sich jedes alkoholhaltige Fixierungsgemisch. In gleicher Weise kann man auch Magnesiumsulfat oder je Liter Wasser 2 ml in absolutem Alkohol gesättigte Chloretonlösung verwenden.

Röhrenwürmer mit weicher Röhre *(Spirographis)* verlassen diese, wenn auf sie von hinten nach vorn mit einer Pinzette oder den Fingern gedrückt wird. Bei harten Röhren setzt man dem Meerwasser Chloralhydrat zu oder streut Mentholkristalle auf die Oberfläche. Im Verlauf einer Nacht strecken sich die Würmer stark heraus und können dann bedenkenlos aus der Wohnröhre entfernt und durch stufenweise Überführung in 70%igen Alkohol gebracht werden. Die langsame Überführung in starken Alkohol verhütet die unerfreulichen Schrumpfungserscheinungen. Gut bewährt hat es sich, dem als Aufbewahrungsflüssigkeit dienenden Alkohol 5 % Glycerol zuzusetzen.

Damit sich die Würmer beim Fixieren nicht verzerren, werden sie in passende Glasröhren geschoben. Größere Exemplare legt man auf eine Glasplatte – falls angebracht, in schlangenförmiger Stellung –, ordnet mit einem weichen Pinsel die Körperanhänge und beschwert das Objekt mit einer zweiten Glasplatte. Sollte dabei der Rüssel nicht ausgestreckt werden, muss man zusätzlich mit einem Glasstab auf die Halsregion drücken. Sobald der Rüssel künstlich ausgestülpt ist, wird als Fixierungsgemisch Formolalkohol zwischen die Glasscheiben getropft und das Tier gehärtet. Nach etwa 20 Minuten kann der Polychät bereits in 70%igen Alkohol zur Aufbewahrung gelegt werden.

Alkohol ist die einzige Flüssigkeit, die Polychäten befriedigend konserviert. Formol ergibt keine guten Resultate. Die Anneliden werden darin schnell weich und schleimig. Wenn man auf Sammelreisen gezwungen ist, Formol mangels Alkohol zu benutzen, dann sollten die Anneliden möglichst bald in Alkohol übergeführt werden, wenn man sie noch retten will. Arten mit fester Kutikula, z. B. *Nereis pelagica* L., lassen sich paraffinieren (siehe Seite 124 f.).

## Saugmünder (Myzostomida)

Diese rein marinen Würmer leben ausschließlich als Ektoparasiten auf Stachelhäutern. Ihre Größe schwankt meist zwischen 3 und 5 mm, die größte Art wird 3 cm lang. Bisher wurden 150 Arten bekannt, die vor allem Haarsterne befallen. Auf einem einzigen Haarstern *(Antedon)* wurden schon 300 bis 400 solcher Parasiten angetroffen. Viele sind nur reine Kommensalen, andere bewegen sich nur in der Jugend frei, später werden sie sessil. Der scheibenförmige Körper weist einen saumartig verdünnten Rand auf, der mit rankenartigen Anhängen besetzt ist. Durch die direkt in die Haut eindringenden Arten entstehen entweder Zysten von lederartiger Konsistenz, die den Parasiten enthalten, oder gallenähnliche Deformationen. In allen Fällen sitzt der Schmarotzer in der gebildeten Wirtshöhlung und hat Gelegenheit, durch eine Öffnung seinen Rüssel in den Partikelstrom des Wirtes zu halten. Außerdem gibt es Arten, die auf Grund ihrer Lebensweise sozusagen einen Übergang vom Ekto- zum Entoparasiten bilden.

### Sammeln

Aus den Angaben zur Biologie geht hervor, wo Myzostomiden zu erwarten sind. Insbesondere bei der Untersuchung von Haarsternen muss auf die lebhaft umherkriechenden, oft sehr bunten Saugmünder geachtet werden. Entoparasitische Arten leben in Armen von Seesternen, die an den befallenen Stellen verdickt sind.

### Betäuben und Fixieren

Da Myzostomiden einen Hautmuskelschlauch besitzen, müssen sie sorgfältig betäubt werden. Für **morphologische Zwecke** strecken sich die Tiere in Alkohol-Seewasser sehr gut. Die Fixierung erfolgt in Formolalkohol. FEDOTOV (1914) erhielt die besten Resultate mit einer gesättigten Lösung von Sublimat in Seewasser unter Zusatz von 20 % Essigsäure. Das erwärmte Fixierungsgemisch lässt man je nach Größe der Objekte 5 Minuten bis $1\frac{1}{2}$ Stunden einwirken.

Das für systematische Untersuchungen wichtige **Durchsichtigmachen** beschreibt JÄGERSTEN (1940).

# Gürtelwürmer (Clitellata)

Diese Anneliden haben in geschlechtsreifem Zustand ständig oder nur während der Fortpflanzungsperiode an einigen Segmenten verdickte Hautdrüsen, die einen Gürtel (Clitellum) bilden. Besonders bei Erdbewohnern tritt dieses Clitellum stark hervor. Es ist vor allem für die Kokonbildung von großer Bedeutung. Man unterscheidet die Wenigborster (Oligochaeta) mit etwa 7000 Arten und die Blutegel (Hirudinea) mit etwa 650 Arten. Ein australischer Regenwurm ist mit 2,4 bis 3 m der größte bekannte Vertreter dieser Tiergruppe. Die Länge der meisten Arten liegt zwischen 3 mm und 10 cm. Der größte Blutegel wird bis 30 cm lang, kleine Arten wenig unter 1 cm. Die durchschnittliche Länge beträgt 3 bis 10 cm.

## Sammeln

### Wenigborster (Oligochaeta)

Die meisten terrestrischen Oligochäten leben von abgestorbenen Pflanzenstoffen oder Mikroorganismen. Demzufolge sucht man nach ihnen in lockeren Böden und Baummulm. Die lichtscheuen Tiere halten sich bei normaler Bodenfeuchtigkeit in 20 bis 25 cm Tiefe auf, bei Trockenheit wühlen sie sich bis zu einem Meter tief in das Erdreich. Die sicherste Methode, Erdwürmer zu erlangen, ist das **Umgraben von kultivierten Böden oder Grasflächen.** Man findet sie auch unter Steinen, gestürzten Bäumen und alten Brettern, während sich die so genannten Mistwürmer hauptsächlich in Mistbeeten, Komposthaufen oder Dung- und Müllgruben aufhalten. Viele von ihnen verlassen einige Stunden nach starkem Regen infolge Sauerstoffmangels ihre Gänge und kommen an die Oberfläche des Bodens. Einige Arten liegen mit dem größten Teil ihres Körpers nachts außerhalb der Wohnröhren. Lediglich im Winter oder bei hellem Mondschein ist dies nicht der Fall. Um die Würmer außerhalb ihrer Röhren zu überraschen, muss man sehr vorsichtig sein. Am ehesten gelingt dies, wenn man in feuchtwarmen Nächten, ohne Erschütterungen zu verursachen, mit einer schwachen Taschenlampe den Erdboden ableuchtet. Die sichtbaren Tiere werden schnell mit den Fingern oder mit einer geeigneten Holzzange gegriffen und vollends aus ihrem Gang gezogen.

Eine bei Fischern von alters her gebräuchliche Methode, Würmer an die Oberfläche zu zwingen, besteht darin, dass der Boden kräftig mit einer verdünnten Lösung von Senf in Wasser begossen wird. HASLER (2002) konkretisiert diese Methode. Dabei werden 100 g Senfpulver in eine Flasche gegeben und auf 1 l aufgefüllt und gut geschüttelt. So erhält man eine 10%ige Senfpulversuspension. Zur Weiterverarbeitung 165 ml dieses Gemisches mit Wasser auf 5 Liter auffüllen. Diese nun 0.33 % Senfpulverlösung gleichmäßig auf den Boden gießen und nach 20 Minuten einen zweiten Aufguss ausbringen. Die Extraktionszeit beträgt mindestens 40 Minuten. Bei quantitativen Arbeiten ist die Versuchsfläche vorher mit einem Metallrahmen zu begrenzen, der in den Boden gedrückt wird. Die Suspension muss am Tage ihrer Herstellung verwendet werden. Nach HÖGGER (1993) ist diese Methode dem Austreiben der Würmer durch Formalin ebenbürtig, jedoch deutlich umweltverträglicher.

Bekanntlich ziehen vor allem große Regenwürmer sehr gern abgefallene Blätter in ihre Wohnröhren. Hat man eine derartige Stelle entdeckt, wird das Erdreich mit einer Pflanzschaufel oder einem Spaten ausgehoben und über einem groben Sieb zerkleinert. In den meisten Fällen findet man dabei auch noch kleine Exemplare. Die besten Ergebnisse erzielt man jedoch beim **Auswaschen der Proben** in Sieben von 2 mm oder geringerer Maschenweite. Spezielle quantitative Erfassungsmethoden von Lumbriciden beschreiben ZICSI (1957), RAW (1960), BÖSENER (1964), BOUCHE (1969), SATCHELL (1969), SRINGETT (1981), RUSHTON & LUFT (1984), WALTHER & SNIDER (1984) sowie JUDAS (1988).

Um Enchyträen aus verrottetem Material zu gewinnen, breitet SGONINA (1937) die Probe in einer flachen Schale aus. Darauf wird Tetrachlorkohlenstoff gegossen und die Bodenprobe gut umgerührt. An der Oberfläche schwimmen dann verschiedene Bestandteile des Bodenuntergrundes und die Tiere selbst. Mit Drahtgaze von 5 mm Maschenweite drückt man unter ständigen Auf- und Abwärtsbewegungen die größeren Bodenbestandteile auf den Grund der Schale und filtriert den darüber stehenden Tetrachlorkohlenstoff. Das erhaltene Tiermaterial muss sofort fixiert werden, ehe es trocknet, da Tetra rasch verdunstet. Der Vorgang wird mehrere Male wiederholt. Etwas längere Oligochäten, die durch die Drahtgaze zurückgehalten werden, suche man sofort nach dem Aufgießen von Tetra aus der Schale heraus. Auf Grund der Giftigkeit von Tetrachlorkohlenstoff sollte von dieser Methode jedoch Abstand genommen werden. Besonders gut geeignet und einfach anzuwenden ist im Gegensatz dazu die **Methode der Klimaverschlechterung**. Um Enchyträen aus Boden oder Humus auszutreiben, bediene man sich des Berlese-Trichters (siehe Seite 19). Die Probe wird auf ein relativ weitmaschiges Gitter (ca. 7 bis 10 mm Maschenweite) gelegt. Unter den Trichter stellt man einen Behälter mit Alkohol oder besser mit schwacher Formol-Lösung. Bereits nach wenigen Stunden verlassen die Würmer das Substrat und fallen in das Auffanggefäß.

Ein großer Teil der Wenigborster lebt im Süßwasser, einige sind in Biotope mit hohem Salzgehalt, wie Jauche und Meerwasser, eingewandert. Größere Formen halten sich auf dem Boden auf, kleinere kriechen im Pflanzengewirr umher. Letztere sind meist auffallend durchsichtig. Um die Würmer zu erlangen, wäscht man entsprechende Substrate mit Sieben verschiedener Maschenweite aus. Kleine Exemplare werden mit einer Pipette, große mit Hilfe eines Pinsels oder einer Pinzette herausgefangen.

## Blutegel (Hirudinea)

Blutegel sind leicht erkennbar an ihrem abgeplatteten Körper, der eng geringelt ist und an beiden Enden je einen Saugnapf aufweist. Etwa drei Viertel aller Hirudineen sind blutsaugende Parasiten, der Rest lebt als Räuber. Blutegel kommen überwiegend im Süßwasser oder auf dem Lande vor, einige sind auch im Meer auf Fischen zu finden. Die in Südamerika heimischen Erdegel halten sich, räuberisch von niederen Tieren lebend, in faulendem Substrat auf. Landegel sind charakteristisch für Süd- und Südostasien sowie Madagaskar. Sie lauern auf der feuchten Vegetation und lassen sich auf vorübergehende Wirbeltiere fallen. Über das Auftreten und die Sammeltechnik des europäischen Landblutegels haben MOOSBRUGGER & REISINGER (1971) berichtet.

Im Süßwasser bewohnen die Egel vor allem Flachmoore und verlandende Gewässer. Vorzugsbiotope sind die bis 50 cm tiefen Randgebiete. Dort halten sie sich infolge ihrer starken Photosensibilität unter Steinen oder umgestürzten Baumstämmen, an Pflanzen sowie an Koppelpfählen auf. Fischegel saugen sich an Süßwasserfischen fest oder kriechen, auf ein Wirtstier lauernd, nach Art einer Spannerraupen an Wasserpflanzen umher. In schnellfließenden Gebirgsbächen und in Hochmooren sind keine Egel zu erwarten. Die nicht Brutpflege treibenden Egel legen im Frühsommer ihre Eikokons im Bereich der Uferzone oder des Wassers ab. An Land findet man die mit einem Netzwerk umhüllten Kokons von *Hirudo* (vgl. ▶ **Abb. 64**) und *Haemopis* meist unter Grasbülten. Die plattgedrückten Kokons der *Herpobdella*-Arten sitzen im Wasser oft in großer Zahl an Wasserpflanzen oder Steinen.

Nach Egeln fahnde man auf Wirbeltieren, die sich im Wasser oder dessen Nähe aufhalten. Egel saugen sich auf der gesamten Körperoberfläche von Amphibien und Fischen fest, bei letzteren insbesondere im Bereich der Kiemen. Vom Wirtstier können Egel am einfachsten entfernt werden, wenn man mit einem Spatel oder dem Daumennagel die Saugscheibe von der Haut wegdrückt. Selbsttätig verlassen Fischegel lebende Fische, wenn diese in $2\frac{1}{2}$%ige Kochsalzlösung oder in 1 l

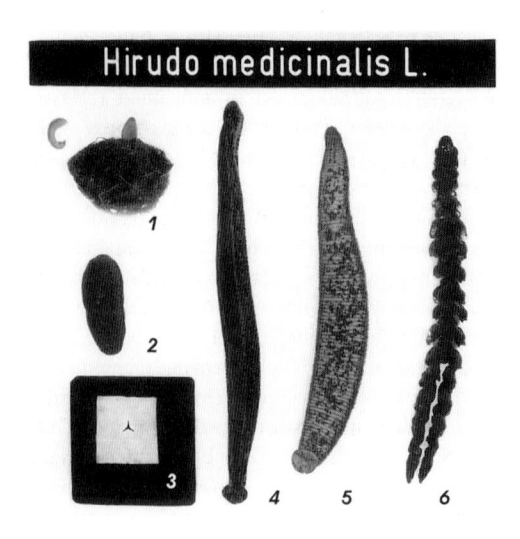

**Abb. 64** Medizinischer Blutegel, Hirudo medicinalis. 1) Eikokon, 2) kontrahierter Egel, 3) Bissspur in Froschhaut, 4) Dorsalansicht, 5) Ventralansicht, 6) Mitteldarm mit Blindsäcken.

Wasser, dem 2 g Kalk zugesetzt worden sind, gebracht werden.

Zum aktiven Fang des gemeinen Blutegels *Hirudo medicinalis* L., stelle man sich am besten bei windstillem Wetter mit Watstiefeln in knietiefes Wasser. Dann bücke man sich und bewegt mit einem Stock oder den Händen sehr kräftig das die Füße umgebende Wasser. Um ein erfolgversprechenden Biotop handelt es sich dann, wenn im Verlauf von etwa 10 Minuten der erste Blutegel zielstrebig mit eleganten Schlängelbewegungen angeschwommen kommt (positive Vibrotaxis). Sobald sich das Tier in erreichbarer Nähe befindet, spreizt man Zeige- und Mittelfinger auseinander und fasst scherenartig zu oder schöpft es mit einem großen Küchensieb aus dem Wasser. Der erbeutete Egel wird daraufhin sofort in einen angefeuchteten Leinenbeutel gesteckt. Danach kontrolliert man, ob sich inzwischen ein weiteres Tier an einem Gummistiefel festgesaugt hat. Sollte das nicht der Fall sein, wird das Wasser erneut bewegt. Hirudineen lassen sich ohne Weiteres mehrere Tage in feucht zu haltenden Leinenbeuteln transportieren. Andere Arten befördert man besser in Weithalsflaschen, die nur zur Hälfte mit Wasser gefüllt werden dürfen. Wichtig ist es, die Egel nach Arten zu trennen, weil sonst die räuberischen Formen kleinere Exemplare anfallen.

## Betäuben und Fixieren

### Wenigborster (Oligochaeta)

Auf Sammelreisen sollte man die Würmer nicht bloß in Alkohol oder Formalin werfen, sondern wie folgt behandeln: In einer flachen Schale werden die Tiere gewaschen und dann in einer schwachen Formalinlösung (1 bis 2%) getötet. Dabei müssen die Oligochäten ständig – man kann 4 bis 5 Stück gleichzeitig behandeln – mit einer Pinzette umher geschwenkt werden. Sobald die Würmer bewegungslos sind, werden sie außerhalb der Flüssigkeit gestreckt, solange sie noch weich sind. Die so vorbehandelten Stücke werden dann am besten auf Fließpapier gelegt und mit Formalinlösung (1:9) laufend angefeuchtet. Bei heißem Wetter schützt man sie vor dem Austrocknen durch Auflage von formalingetränktem Zellstoff. Dabei muss vor allem der Gürtel schön gestreckt fixiert werden. Nach 20 bis 40 Minuten, wenn die Würmer angehärtet sind, steckt man sie in entsprechend lange Glasröhren, füllt diese mit Formalin (1:9) oder 70%igem Alkohol, legt ein Etikett bei und verschließt die Gläser.

Unter stationären Verhältnissen lassen sich Regenwürmer entweder durch tropfenweise Zugabe von Alkohol, in 0,2%iger Chloretonlösung oder mit 2%iger Lösung von Chloroform oder Chloralhydrat betäuben. Nach etwa 30 Minuten sind die Tiere bewegungslos. Beim Fixieren entstehen jedoch durchweg mehr oder weniger starke Kontraktionen. Als bestes Verfahren erwies sich die **Naphthalinbehandlung** nach COLE (1928). Man legt gewaschene Regenwürmer in 100 ml Wasser und fügt 4 bis 5 ml einer gesättigten Naphthalinlösung in Alkohol hinzu. Bereits nach 30 Minuten sind die Tiere bewegungslos, es ist jedoch vorteilhafter, sie 60 Minuten in der Lösung liegenzulassen. Die völlig gestreckten, aber welk und runzelig aussehenden Würmer werden nun vom Schleim und Schmutz befreit und in eine ihrer Länge entsprechende, einfach gefaltete Tasche aus Transparentpapier gelegt. Auf diese in Papier gehüllten Würmer gießt man folgendes Gemisch: 1 ml Eisessig, 1 ml Formalin und 0,1 g Kupfersulfat in 100 ml Wasser. Nach einigen Stunden sind die Würmer wieder prall und rund sowie gut gehärtet. Nach 24 Stunden werden sie zur Aufbewahrung in Formalin (1:9) übertragen. Bringt man die Würmer unmittelbar in die Formalinlösung, bleiben sie eingefallen und unansehnlich!

Ein sehr brauchbares aber aus Sicherheitsgründen inzwischen unübliches Verfahren ist die Anwendung von SCHAUDINNS **Fixierungsgemisch.** Man verdünnt 2 Teile konzentrierter wässriger Sublimatlösung mit 1 Teil 95%igem Alkohol, erwärmt das Gemisch auf 60 bis 70 °C und übergießt damit die sich in wenig Wasser befindenden Tiere. Als Aufbewahrungsflüssigkeit dient 70%iger Alkohol.

### Blutegel (Hirudinea)

Je nach Größe narkotisiert man Hirudineen in 5 bis 15%igem Alkohol. Es kann $1/2$–6 Stunden dauern, bis die Tiere nicht mehr reagieren. Fixiert werden Egel für makroskopische Zwecke in Formalin (1:4), Alkohol (70%ig) oder Formolalkohol. Vorteilhaft auf die Formerhaltung wirkt es sich aus, wenn man vom Mundsaugnapf aus Fixierungsflüssigkeit in den Darm injiziert. Falls sich die Egel beim Fixieren noch kontrahieren, haben sie nicht lange genug im Narkotikum gelegen. Nicht völlig gestreckte Tiere massiert man entsprechend in die Länge, ehe die am besten angewärmte Fixierungsflüssigkeit über sie gegossen wird. Sollte die Alkoholbetäubung nicht den gewünschten Erfolg bringen, kann kohlensäurehaltiges Wasser (Siphon oder Selterwasser), Nikotin oder ein Menthol-Chloralhydrat-Gemisch zu gleichen Teilen verwendet werden (siehe Seite 35 ff.). Die Objekte **bewahre man im Dunkeln** auf, sonst entfärben sie sich sehr bald.

**Eikokons** müssen angestochen oder besser leicht injiziert werden, ehe man sie in die Fixierungsflüssigkeit werfen kann.

## Spezielle Hinweise

**Injektionspräparate** lassen sich am besten von stark betäubten, jedoch noch lebenden Regenwürmern anfertigen. Zur Injektion eignen sich nur große, durch Alkoholeinwirkung gut gestreckte Würmer. Als Injektionsmasse verwende man Latex, davon werden 1 bis 2 ml in das dorsale Blutgefäß injiziert. Zur Fixierung kommen die Präparate in Formalin (1:9), dem $\frac{1}{2}$ bis 1% Essigsäure zugesetzt wird, damit der Latex koaguliert. In gleicher Weise kann von Blutegeln das Kreislaufsystem (BOROFFKA & HAMP 1969) und der Mitteldarm mit seinen Blindsäcken injiziert werden. An Stelle von Latex kann man auch eine Mischung von geschlagenem Hühnereiweiß und Boraxkarmin verwenden. Nach der durch die Mundöffnung zu erfolgenden Injektion wird der Egel in Wasser gekocht und anschließend der Darm freipräpariert. Ausführliche Angaben über die Injektionstechnik von Entenegeln mit Berliner Blau macht HOTZ (1938). Die Anfertigung gefärbter Totalpräparate von Regenwürmern beschreiben COLE (1934) und KNOX (1954). Abschließend soll noch erwähnt werden, dass von robusten Arten auch **Paraffinpräparate** angefertigt werden können (vgl. Seite 124 f.).

Zur Demonstration der Rolle der Grabtätigkeit von Regenwürmern im Erdboden eignen sich vorzüglich **Ausgüsse des horizontalen Tunnelsystems** mit Latex. Nach GARNER (1953) ist dabei wie folgt zu verfahren: Flüssiger Latex wird im Verhältnis 1:8 mit Aqua dest. verdünntem Ammoniak bis zu einer geeigneten Konsistenz angerührt. Dann gießt man diese Substanz in die offenen Löcher, bis sie gut gefüllt sind. Nach 2 bis 3 Tagen wird der inzwischen fest gewordene Ausguss ausgegraben und unter einem Wasserstrahl gereinigt (vgl. auch Seite 238).

# Stummelfüßer (Onychophora)

Diese für den Phylogenetiker außerordentlich wichtige Gruppe umfasst etwa 600 Arten. Die merkwürdigen „Krallenträger" sind echte Landtiere, deren Gestalt etwa die Mitte zwischen Gliederwürmern und Gliederfüßern einnimmt. Der ausgesprochen wurmförmige Körper zeigt keinen deutlich abgesetzten Kopf und keine echte Segmentierung, sondern nur eine Ringelung der Haut und zahlreiche Fußausstülpungen (vgl. ▶ **Abb. 65**). Es handelt sich gewissermaßen um einen „laufenden Wurm" mit einer Größe von durchschnittlich 5 bis 7 cm, maximal 15 cm Länge und 8 mm Dicke.

## Behandlungstechnik

### Sammeln

Als ausgesprochene Feuchtlufttiere sind Stummelfüßer nur nachts und bei Regen oder Nebel aktiv, wenn die relative Luftfeuchtigkeit nahezu 100% beträgt. Tagsüber verkriechen sich die Tiere in Wassernähe am Boden unter Laub, Holzstücken oder Steinen und in Felsspalten. PFLUGFELDER (1948) fand eine neue Art auf der Molukkeninsel Amboina in unmittelbarer Küstennähe, zumeist in den Blattkronen und unter verwesenden Blattstielen von Kokospalmen und in modernden Baumstrünken. Die Onychophoren rollen sich in ihren Schlupfwinkeln spiralig zusammen, um ihre gegen Wasserverdunstung kaum geschützte Oberfläche zu verklei-

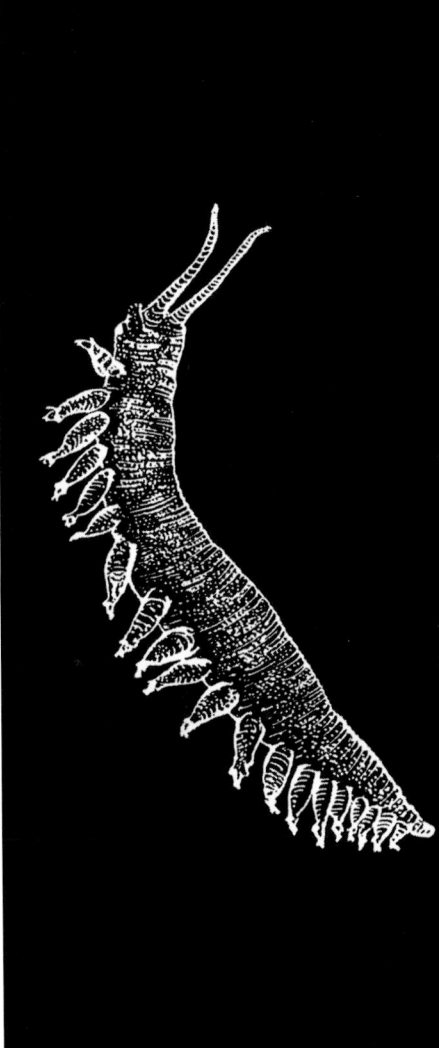

**Abb. 65** Stummelfüßer

## Stummelfüßer (Onychophora)

nern. Nicht alle Arten sind auf hohe Temperaturen angewiesen. In Neuseeland lebt ein Vertreter in Gebieten, die 4 bis 5 Monate im Jahr mit Schnee bedeckt sind. Diese Hinweise dürften genügen, um die an ihren Fundorten nicht gerade seltenen Tiere aufzustöbern.

### Töten und Fixieren

Stummelfüßer wirft man beim Sammeln in ein Tötungsglas, wie es für entomologische Zwecke gebräuchlich ist. Die im verkrampften Zustand verendeten Tiere werden nach einiger Zeit gestreckt und zur guten Formerhaltung mit Formolalkohol injiziert. Die Objekte dürfen dabei nicht zu prall gefüllt werden. Als Konservierungsflüssigkeit eignet sich sowohl Formol (1:9) als auch 75%iger Alkohol. Material für histologische Zwecke wird am besten mit BOUINschem Gemisch fixiert.

# Zungenwürmer (Pentastomida oder Linguatulida)

Erwachsene Zungenwürmer sind stark durch ihre parasitische Lebensweise geprägte, äußerlich an Plattwürmer erinnernde Tiere (▶ **Abb. 66**). Abgesehen von den vier gelblichen oder bräunlichen Chitinhaken am Vorderende des Körpers ist die Körperdecke der Pentastomen durchscheinend oder sieht milchweiß aus. Bunt gefärbte Arten sind nicht bekannt. Die Männchen sind im Durchschnitt 1 bis 2 cm, die Weibchen 3 bis 6 cm lang. Größte Art ist *Armillifer armillatus*, wo das Weibchen eine Länge von bis zu 16 cm erreicht. Etwa 100 bisher bekannte Arten – zwei davon sind einheimisch – parasitieren in allen Erdteilen an bestimmten Wirbeltieren. Man findet sie in den Atmungsorganen hundeartiger Raubtiere, in den Luftsäcken von Möwen und Seeschwalben und in den Lungen von Reptilien. Eine von HEYMONS (1935) aufgestellte Wirtsliste enthält 230 Tierarten. Besonders häufig sind Schlangen und Krokodile befallen. Trotzdem ist über Entwicklung und Verhalten dieser eigenartigen Parasiten noch vieles unbekannt.

## Behandlungstechnik

### Sammeln

Um das Auffinden von Zungenwürmern nicht dem Zufall zu überlassen, sollte von jedem Tier der Nasen- und Rachenraum gründlich untersucht werden. Am besten ist dies nach einem Längs- oder Kreuzschnitt durch den Schädel möglich.

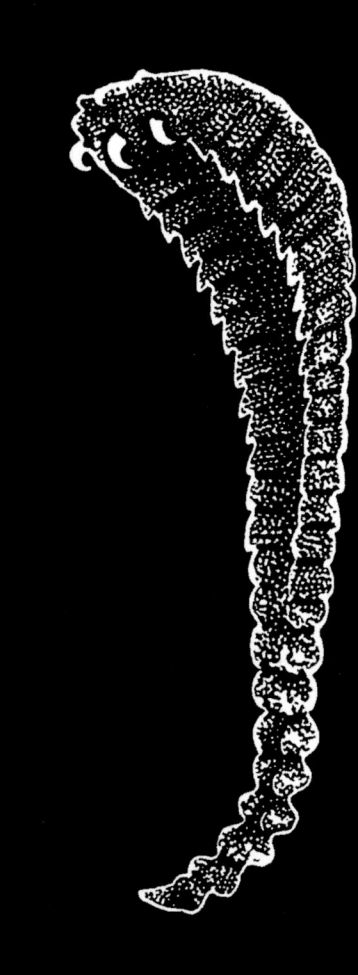

**Abb. 66** Zungenwurm

**Zungenwürmer (Pentastomida oder Linguatulida)**

Zusätzlich muss man noch die vorzugsweise mit Zysten befallene Leber untersuchen.

## Betäuben und Fixieren

Falls der freigelegte Parasit angehakt bleibt, lege man den Kopfteil in physiologische Kochsalzlösung und tropfe langsam Alkohol auf die Oberfläche. Das abgefallene Tier wird gesäubert und mit heißem 70%igem Alkohol fixiert. Die Aufbewahrung erfolgt in 80%igem Alkohol mit einem Zusatz von 5 % Glycerol. Wie bei allen derartigen Materialsammlungen ist es unbedingt erforderlich, auf das beigelegte Etikett die Wirtsangabe und den Sitz des Parasiten zu schreiben.

# Gliederfüßer (Arthropoda)

Die formenreichen Gliederfüßer umfassen über 1 Million Arten. Damit sind sie mit Abstand der größte Stamm des Tierreiches. Die Vertreter der sechs dazugehörigen rezenten Klassen haben eine außerordentlich unterschiedliche Gestalt und Lebensweise. Zwei charakteristische Merkmale unterscheiden die Arthropoden von allen anderen wirbellosen Tieren:

- Ihre Epidermis erzeugt eine lückenlose, ziemlich dicke Chitinkutikula. Dieser Panzer bietet dem Tier einen beträchtlichen Schutz gegen mechanische und chemische Angriffe sowie gegen Austrocknung und dient als Außenskelett.
- Die metamer angeordneten seitlichen Fortsätze sind nicht bloß Stummel, sondern lange Extremitäten, die aus einer ganzen Anzahl gelenkig miteinander verbundener röhrenförmiger Glieder bestehen. Sie sind geeignet, den Körper zu tragen sowie ihn durch Hebelwirkung schwimmend, laufend, kletternd oder springend vorwärts zu bewegen.

Diese beiden Eigenschaften befähigten die Gliederfüßer, zum Landleben überzugehen und hier nahezu jeden Lebensraum in außerordentlich großer Individuen- und Artenzahl zu besiedeln. Die höchstentwickelte Klasse, die Insekten, erwarb Flügel, so dass sie hinsichtlich der Lokomotion bestenfalls von schnellen Wirbeltieren erreicht oder übertroffen wird.

**Abb. 67** Gliederfüßer. Oben Schwertschwanz, darunter Spinne, Mitte links Asselspinne, Mitte Flusskrebs, unten rechts Tausendfüßer, unten Schabe.

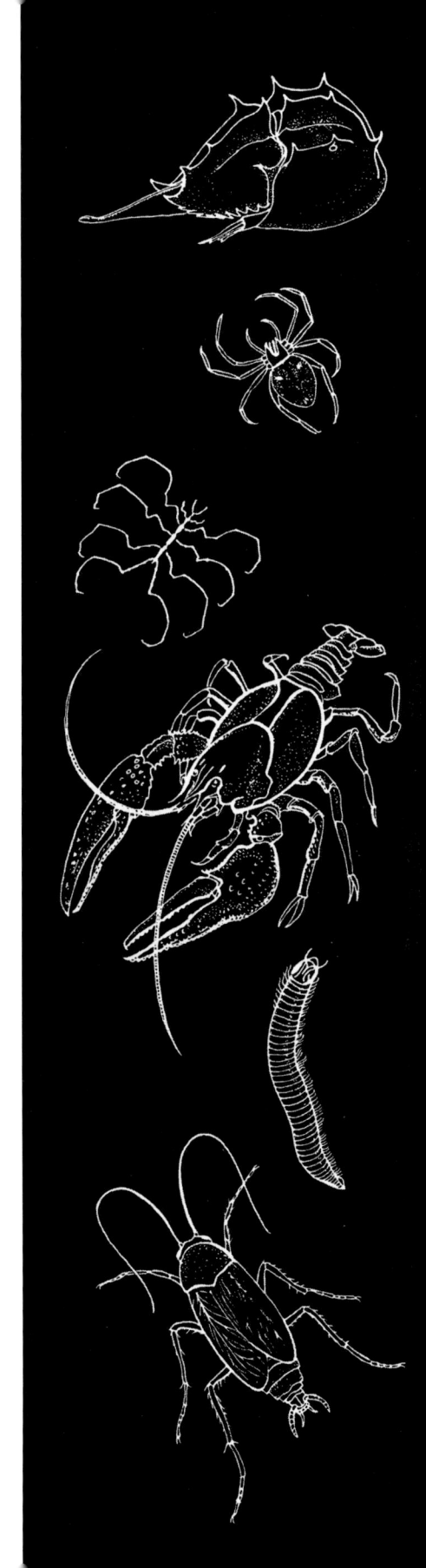

# Schwert- oder Pfeilschwänze (Xiphosura)

Diese Tierklasse enthält nur vier rezente Arten, die alle einer einzigen Ordnung und Familie angehören. Es handelt sich um eine Reliktgruppe, deren größter Vertreter *Limulus polyphemus* einschließlich des Schwanzstachels eine Länge von bis zu 75 cm erreicht. Diese Lebewesen weisen sowohl zu den ausgestorbenen Trilobiten als auch zu den Spinnentieren Beziehungen auf. Das Verbreitungsgebiet der „Hufeisenkrebse" – wie sie in Amerika genannt werden – liegt an der atlantischen Küste Nordamerikas. Die südostasiatischen Arten leben in den Golfen von Bengalen, Siam und an den malaiischen und philippinischen Küsten.

Die bisweilen übliche Vereinigung der Xiphosura mit der fossilen Klasse Eurypterida (Seeskorpione) zur Gruppe Merostomata ist auf Grund phylogenetischer Erkenntnisse nicht haltbar.

## Sammeln

Pfeilschwänze sind Grundbewohner, die in küstennahen Gewässern ihre Nahrung suchen. Dabei durchwühlen sie Sand- und Schlammbänke, was ihnen auch den Namen „Seemaulwürfe" eingebracht hat. Vor allem im Frühling werden die Tiere in der Gezeitenzone mit Reusen gefangen. Tagsüber vergraben sie sich im Sande. Die Weibchen legen ihre 200 bis 300 Eier nestweise im Ufersand ab. Nähere Angaben über Sammeln und Behandlungstechnik macht IWANOFF (1932/33).

## Präparieren

Erwachsene Tiere lassen sich am schnellsten durch eine Injektion von 1 bis 2 ml Chloroform in das Herz töten. Dieses erstreckt sich als langer Schlauch etwa von der Verbindungslinie der Komplexaugen bis in das Abdomen. Man erreicht den Herzschlauch am besten, wenn die Kanüle dorsal in das weiche Gelenk zwischen Kopfbrustschild und Abdomen gestochen wird. Unmittelbar nach dem Tode fixiert man die Tiere mit Formolalkohol. Für Entwicklungsreihen werden kleine und frisch gehäutete Stücke in 80%igem Alkohol konserviert. Große Exemplare lassen sich recht gut als Trockenpräparate aufbewahren. Beim Trocknen müssen die 6 Extremitätenpaare unter den schildförmigen Körper gelegt werden, denn sie brechen im getrockneten Zustand sehr leicht ab.

# Spinnentiere (Arachnida)

Die bisher bekannten rund 84 000 Spinnentiere werden in folgende Ordnungen aufgegliedert: Skorpione, Geißelskorpione, Zwerggeißelskorpione, Palpigraden oder Tasterläufer, Spinnen, Kapuzenspinnen, After- oder Pseudoskorpione, Walzenspinnen, Weberknechte und Milben. Die dazugehörigen Arten sind von außerordentlich unterschiedlicher Gestalt und Größe. Die Mehrzahl der Milben ist kleiner als ein Millimeter, während die größte Art, ein im tropischen Afrika lebender Skorpion, 20 cm lang wird. Die Vertreter der meisten Ordnungen sind Landtiere. Nur eine Spinne und etwa 2800 Milbenarten haben sekundär wieder das Wasserleben angenommen. Bei den Spinnentieren sind Kopf und Brust zu einem Cephalothorax verschmolzen. Im erwachsenen Zustand trägt der Vorderkörper 2 Paar Mundgliedmaßen und 4 Paar Gangbeine. Vorder- und Hinterleib sind oft deutlich voneinander getrennt, können aber auch in voller Breite ineinander übergehen. Die meisten Arten sind Räuber, einige Parasiten. Arachniden nehmen nur verflüssigte Nahrung auf, kauende Mundwerkzeuge sind nicht vorhanden.

# Sammeln und Präparieren

In der folgenden Gliederung wird nur auf die Ordnungen eingegangen, die in sammel- und präparationstechnischer Hinsicht einer speziellen Behandlung bedürfen. Die nicht angeführten Gruppen können je nach Habitus und Größe so behandelt werden wie die morphologisch ähnlichen Vertreter.

## Skorpione (Scorpiones)

Die meisten der ca. 1400 bekannten Arten leben in den Trockengebieten der Tropen und Subtropen. In Asien stoßen sie aber auch in gemäßigte Gebiete vor. Die größte bekannte Art ist *Pandinus imperator* (bis 20 cm lang); die größte fossile Art *Brontoscorpio anglicus* (ca. 90 cm).

Als ausgesprochene Nachttiere halten sich Skorpione tagsüber unter Steinen, in Felsspalten oder an anderen dunklen Plätzen versteckt. Ausführlichere Angaben über Sammelmethoden liegen von WILLIAMS (1968a) und RUSSEL (1969) vor. Da Skorpione am Postabdomen einen Giftstachel tragen, ist beim Sammeln Vorsicht geboten. Am besten greift man die abgeflachten Tiere mit einer langen Pinzette und wirft sie in ein Tötungsglas. WILLIAMS (1968b) lehnt dieses Verfahren ab und empfiehlt, die Skorpione zum schnellen Abtöten 10 bis 60 Sekunden in heißes Wasser (90 bis 99 °C) zu werfen. Durch die Heißwassereinwirkung strecken sich die Exemplare gut und das Fixierungsgemisch dringt besser ein. Es setzt sich wie folgt zusammen:

| | |
|---|---|
| Formalin, 30%ig | 12 Teile |
| Eisessig | 2 Teile |
| Isopropanol, 99%ig | 30 Teile |
| Aqua dest. | 56 Teile |

Je nach Größe sind die Skorpione nach 12 bis 24 Stunden gut durchfixiert. Nach der Fixierung wäscht man sie 1 Stunde in 50%igem Isopropanol und bewahrt sie in 70%igem Isopropanol auf. Nach sorgfältiger Entwässerung ist es möglich, Skorpione zu paraffinieren (siehe Seite 124 f.) oder einfacher, sofort mit Aceton zu spritzen (siehe Seite 261). THORNS (1988) tötet Skorpione, indem er sie in 50%igen Alkohol einwirft. Nach einigen Stunden werden sie in 70%igen Alkohol überführt, in welchem sie dann als Flüssigkeitspräparat verbleiben. Skorpione, die nicht fixiert sind, sondern im Tötungsglas abgetötet wurden, können auch als Trockenpräparat aufgestellt werden, indem sie ähnlich wie Käfer auf einer Schaumstoff- oder Korkplatte in Form gebracht und mit Nadeln festgesteckt werden. Anschließend sollte bei größeren Arten Formalin durch die Intersegmentalhäute injiziert werden. Ebenso können auch Trockenpräparate aus Alkoholmaterial hergestellt werden. Auf die Formalininjektion kann in diesem Falle verzichtet werden.

## Spinnen (Aranea)

Die etwa 38 000 bekannten Spinnenarten sind gekennzeichnet durch den Besitz von Spinnwarzen und eine tiefe Einschnürung der Körpermitte. Die Araneen haben eine große Artenfülle hervorgebracht und besiedeln die verschiedensten Lebensräume, sogar die Höhlen des Festlandes, nur eine Art ist zum Wasserleben übergegangen. Die größten Arten stellen die tropischen Vogelspinnen mit 9 cm Rumpflänge. Echte Spinnen findet man das ganze Jahr über an geeigneten Plätzen. Sie halten sich sowohl an Gebäuden und Mauern als auch in der freien Natur auf. Welche Mengen von Spinnen Wald und Wiesen besiedeln, tritt am auffälligsten in Erscheinung, wenn frühmorgens die mit Tautropfen besetzten Spinnennetze deutlich sichtbar sind. Der Einsatz von Bodenfallen und die mehrere Jahre fortgesetzten eingehenden Beobachtungen eines begrenzten Biotops bringen zum Teil recht überraschende und beeindruckende Arten- und Individuenzahlen.

Spinnen fängt man tagsüber entweder mit einem Exhaustor (▶ **Abb. 6**), mit dem Kescher (▶ **Abb. 8**) oder mit Bodenfallen (▶ **Abb. 10** und **11**). MUSTER (1997) empfiehlt als Fangflüssigkeit zum Fang bodenbewohnender Spinnen in Bodenfallen eine Mischung aus Ethylenglycol und „Galts solution" (s. Anhang) im Verhältnis 1:3. Nach LOWRIE (1971) erbrachten Nachtfang, warmes Winterwetter, Zeiten mit starkem Taufall und das Fehlen von Weidevieh im Untersuchungsgelände die besten Ergebnisse mit dem Streifnetz. Nächtlich aktive Spinnen lassen sich auch sammeln, wenn man mit einer Stirnlampe das Biotop ableuchtet und, sobald ein Exemplar entdeckt worden ist, eine Glasröhre darüber stülpt. Gleichzeitig muss eine kleinere, mit Alkohol gefüllte Glasröhre bereitgehalten werden, die man so in das Fangglas schiebt, dass die Spinne hineinlaufen muss. ZOMPRO (1996) rät jedoch in den Tropen von der Nutzung einer Kopflampe ab, da sie viele Nachttiere direkt in das Gesicht des Sammlers locken, die bei der Arbeit stören. In einem Falle wurde die Leuchte sogar von einer Baumschlange attackiert.

In der Erde hinter Fangröhren lauernde Spinnen gräbt man leicht mit einer Pflanzschaufel aus. Man kann auch eine Heuschrecke an einen dünnen Faden binden und sie in die Wohnröhre gleiten lassen. In der Regel fassen Wolfsspinnen so fest mit den Cheliceren zu, dass sie sich an dem Köder aus der Wohnröhre ziehen lassen. Zum Abtöten eignet sich ein entomologisches Tötungsglas, also ein Glas, das einen mit Ether getränkten Wattebausch enthält. Eine detaillierte Sammelanleitung für Spinnentiere liegt von KLUGER (1977) vor.

Im Wald blieben die Untersuchungen über die Verbreitung der Spinnenfauna meist auf die Bodenoberfläche beschränkt. Zur Erfassung der Vertikalverbreitung der Spinnen verwendete ALBERT (1976) Baum-Photoeklektoren. In dieser Apparatur fangen sich nicht nur gerichtet die Stämme besteigende Tiere, sondern auch durch zufällige Wanderung dorthin gelangte Individuen. Nach ALBERT besteht ein Baum-Photoeklektor aus drei bis vier aus schwarzem Tuch gefertigten Trichtern, deren große Öffnungen dem Boden zugewandt sind. Sie sind derart miteinander verbunden, dass sie ungefähr 2 bis 3 m über dem Boden eine geschlossene Manschette um den Baumstamm bilden. Der untere innere Rand jeder Trichteröffnung liegt der Rinde eng an und folgt der Rundung des Stammes. Jeder Trichter wird unten durch einen starken Draht offengehalten. Nach oben endet er in einem kurzen Rohr (Ø ca. 7 cm). Diesem ist eine leicht zu wechselnde durchsichtige Sammeldose (Ø 12 cm, Höhe 9,5 cm) genau angepasst. Mehrere Trichterserien übereinander ergeben mehrstufige Fangapparaturen, die die Fangresultate verbessern. Als Fangflüssigkeit in den Kopfdosen der Eklektoren dient eine gesättigte Pikrinsäurelösung und Aqua dest. im Verhältnis 2:3.

Das gesammelte Material wird in der Regel in 80%igem Alkohol aufbewahrt. Formalin ist ungeeignet. In Alkohol konserviertes Material lässt sich sowohl zu Trockenpräparaten als auch für mikroskopische Zwecke verarbeiten. Eingehende Hinweise zur **Anlage einer Spinnensammlung** liegen von DAHL (1901) und CROCKER (1969) vor. Eine zweckmäßige Aufbewahrung von wissenschaftlichen Spinnensammlungen in Alkohol zeigt die ▶ **Abb. 68**.

Nach CHAMBERLIN (1925) lässt sich die natürliche Färbung von Spinnen und Insekten relativ gut in schwerem Mineralöl erhalten. Das abgetötete Objekt wird in einer aufsteigenden Alkoholreihe entwässert, dann in Carboxylen überführt und schließlich in säurefreiem Öl aufgestellt.

Zum Bestimmen von Spinnen ist in der Regel eine **Genitaluntersuchung** erforderlich. CROME (1903) empfiehlt bei der **Herstellung von Vulvapräparaten** folgendermaßen zu verfahren: Es wird „ein möglichst großes Stück Bauchhaut rund um die Epigyne herum ausgeschnitten, in heißer Kalilauge mazeriert, dann in leicht angesäuertem Wasser neutralisiert, darauf für je einige Minuten nacheinander in 30-, 50- und 70- bis 80%igen Alkohol gebracht, schließlich in Glycerol überführt und darin nach etwa 30 min. gezeichnet". Nach dem Zeichnen oder Fotografieren wird das Präparat wieder in 70%igen Alkohol gelegt und darin aufbewahrt. Man verwende dazu sehr kleine und enge Glasröhrchen, die jeweils der Tube beigefügt werden, in der sich das Tier befindet, von dem das betreffende Präparat stammt. Auf diese Weise lassen sich Verwechslungen ausschließen und es ist jederzeit eine Nachuntersuchung möglich.

SCHMIDT (1977) machte dagegen die Erfahrung, dass eine Vorbehandlung mit Kalilauge nicht angebracht ist, sondern wie folgt verfahren werden sollte: Hat man von einer Art mehrere Exemplare, so werden von je einem Männchen und Weibchen die Genitalien (Taster des Männchens und Epigyne des Weibchens) abgetrennt. Danach führt man die Genitalien über die Alkoholstufen (70, 80, 90, 96 %, abs. Alk.) sowie Xylen und bettet sie in Eukitt oder direkt aus dem Alkohol in Polyvinyl-Lactophenol ein. Diese Mikropräparate ermöglichen eine exakte Artbestimmung.

Man hat sich schon vielfältig bemüht, **Spinnen als Trockenpräparate** für Ausstellungen herzurichten. LANDOIS (1879) empfahl, den weichen Hinterleib abzutrennen, auszudrücken und mittels Grashalm über einer Flamme zu trocknen (ähnlich wie Schmetterlingsraupen, s. ▶ **Abb. 129** und **130**). Danach leimt man den Halm in das Kopfbruststück, nadelt das Tier und spannt die Beine. Da die Ergebnisse meist nicht befriedigen, ersetzt

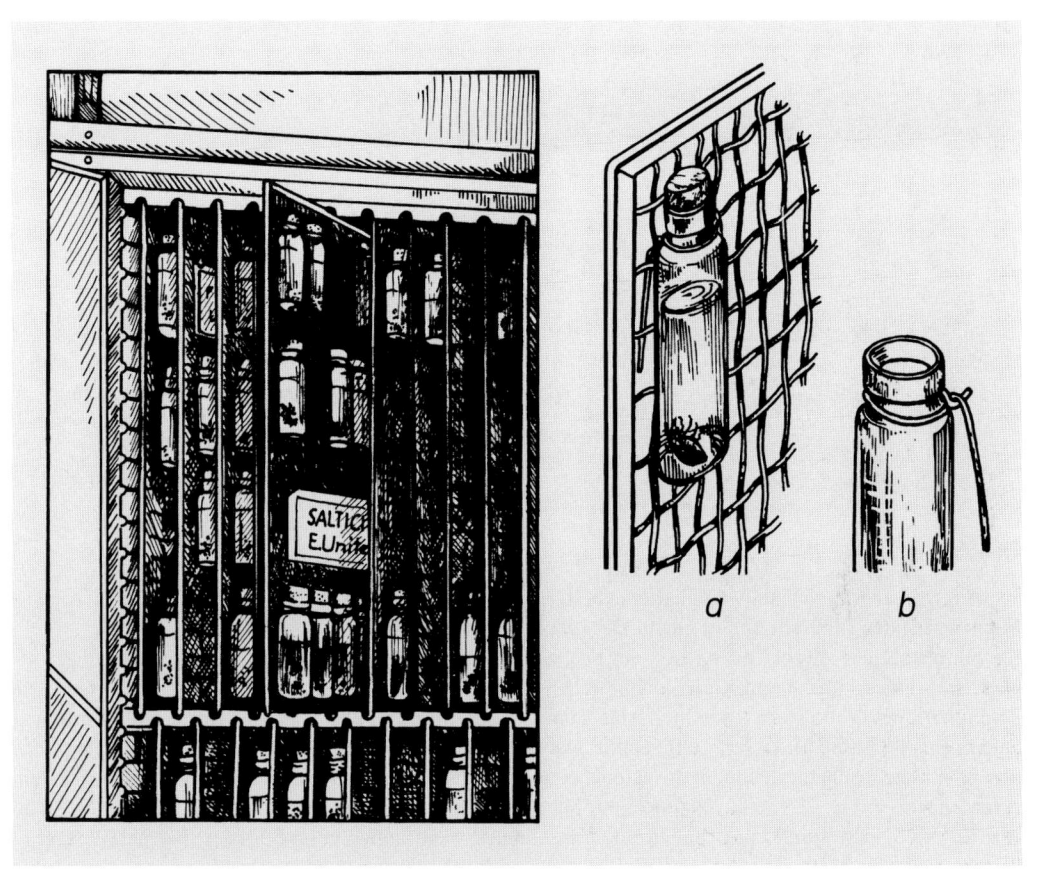

**Abb. 68** Sammelschrank mit einschiebbaren Drahtgestellen zum Aufbewahren von Alkoholmaterial. a) Drahtgestell mit eingehängter Flasche, b) am Flaschenhals zusammengebogener Drahthaken zum Einhängen in den Maschendraht des Gestells.

MATAUSCH (1914) das Abdomen von Spinnen, die in biologischen Gruppen montiert werden, durch eine Nachbildung aus Holz. Um die Tiere als Ganzes zu erhalten, wird geraten, die getöteten Objekte auf ein Brettchen zu spannen, in einer aufsteigenden Alkoholreihe zu entwässern und über Carboxylen (1 Teil Phenolkristalle und 3 Teile Xylen) in Xylen zu überführen (vgl. ▶ **Abb. 69**). Bei sorgfältiger Entwässerung lassen sich brauchbare Präparate erzielen.

Auf einfachere Weise kann man vor allem kleinere Spinnen durch eine Behandlung mit Aceton trocknen. Nach NATON (1960) werden kleinere Spinnen mit Etherdämpfen, größere besser durch Übergießen mit Ether getötet. Die getöteten Tiere werden danach für etwa 2 bis 10 Minuten in Aceton gelegt. Während dieser Zeit strecken sich die zusammengezogenen Beine meist wieder etwas aus. Danach werden die Spinnen in der üblichen Weise gespannt (vgl. ▶ **Abb. 69**). Am wichtigsten ist hierbei die richtige Stellung und Befestigung der Femora. Darauf wird eine so vorbehandelte Spinne mittlerer Größe für ungefähr 4 Wochen in Aceton gebracht. Das Abdomen schrumpft dabei meist nicht oder nur sehr wenig. Zu stärkeren Schrumpfungen neigen nur Tiere, die längere Zeit nichts gefressen haben. Es empfiehlt sich deswegen, die Tiere möglichst bald nach dem Fang zu präparieren oder „magere" Spinnen vorher ausgiebig zu füttern. Nach dem Acetonbad muss die Spinne mindestens eine Woche an der Luft trocknen. Dabei bleiben die Beine genadelt,

## Gliederfüßer (Arthropoda)

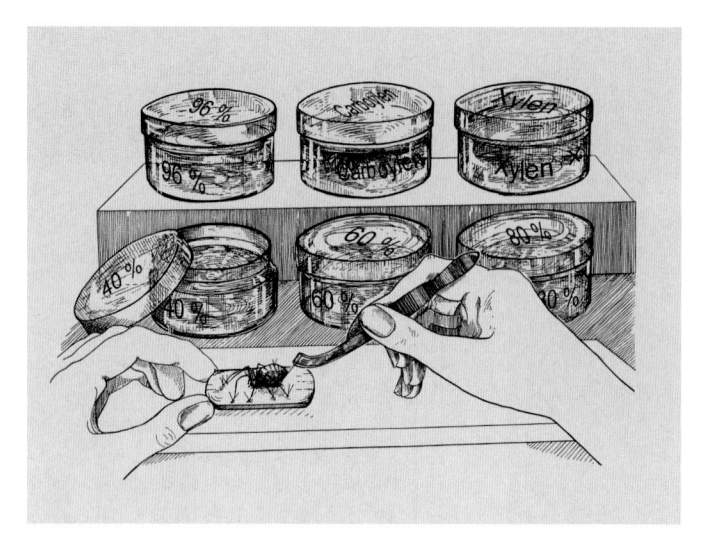

**Abb. 69** Zur Herstellung von Trockenpräparaten werden große Spinnen gespannt, langsam in einer steigenden Alkoholreihe entwässert und nach der Xylenbehandlung an der Luft getrocknet.

sonst verziehen sie sich teilweise erheblich. Die Montage kleiner Tiere erfolgt auf einem Deckglas für mikroskopische Zwecke oder besser auf Klebeplättchen, die aus glasklarem Kunststoff bestehen. Die Spinne wird mit einem lösemittelfreien Leim aufgeklebt (▶ **Abb. 70**). Derartige Präparate werden wie üblich etikettiert und in Insektenkästen eingeordnet.

Eine zur Herstellung von Schaupräparaten bestens geeignete Methode stellt STRIEBING (1992) vor. Hierbei werden die Spinnen durch kurzes Überschütten mit heißem Sand getötet und anschließend Vorder- und Hinterleib getrennt. Die Trennstelle ist mit einem Streichholz vorsichtig zu erhitzen, damit sich die Öffnung verschließt, die dann zusätzlich noch mit Alleskleber zu versiegeln ist. Das Opisthosoma wird nun im Thermostat in vorher erhitzten Sand eingebettet und ca. 45 Minuten bei 110 bis 145 °C getrocknet. In der hier zitierten Arbeit ist eine Tabelle von optimalen Temperaturen für verschiedene Arten enthalten. Das Prosoma wird auf die oben beschriebene Weise genadelt, 24 Stunden in Formalin fixiert und dann über die Alkoholreihe entwässert. Nun klebt man die Teile wieder zusammen. Dieses Verfahren ist jedoch für wissenschaftliche Zwecke völlig ungeeignet, da alle inneren Organe und auch die für die Determination wichtige Vulva zerstört werden.

**Schaupräparate von Vogelspinnen** sind oftmals unbefriedigend, weil die Tiere üblicherweise schrumpfen und eine verzerrte Körperhaltung annehmen. Zum Herzustellen solcher Präparate hat es sich bewährt, die Tiere abzutöten, indem man sie einfriert. Zur Weiterbearbeitung lässt man sie dann auftauen und injiziert Formalinlösung in den Körper. Nach einer Wartezeit von 2 bis

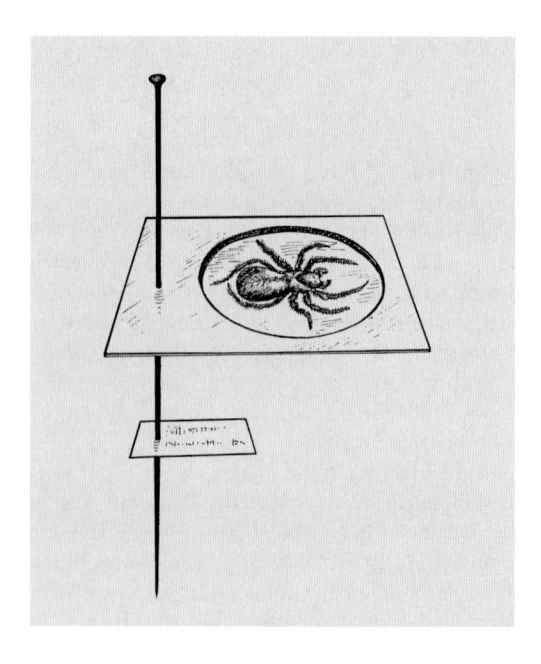

**Abb. 70** Nach Acetonbehandlung auf ein Deckgläschen montierte Spinne. Die Ventralseite kann durch das Glas betrachtet werden.

3 Stunden sind die Organe so weit gehärtet, dass man die Behandlung fortsetzen kann. Dazu legt man die Tiere auf den „Rücken". Um die empfindliche Dorsalbehaarung des Opisthosomas zu schützen, sollte man sie in ein mit Sand oder Schaumstoff gefülltes Präparierbecken legen, in dem eine mit glattem Pergamyn- oder Seidenpapier ausgekleidete Vertiefung passender Größe vorbereitet wurde. Nun führt man auf der Unterseite des Opisthosomas einen kreuzförmigen Schnitt, deren Wundränder vorsichtig aufgelappt werden. Mit einer Pinzette wird das Tier sorgfältig ausgenommen und mit Watte trockengetupft. Nun wird der Hinterleib mit vorgefertigten Wattekugeln gefüllt. Um Fäulnis zu verhindern wird die Füllung mittels einer Injektionsspritze mit alkoholischer Borsäurelösung getränkt. Dabei sollte die Injektion bis in das Prosoma hinein erfolgen. Anschließend werden die Wundränder zurückgeklappt und verleimt. Gegebenenfalls kann der Schnitt mit einer Pulverfarbe passenden Farbtons abgedeckt werden. Die Spinne wird dann umgedreht und wie ein Käfer aufgestellt. Nach der Präparation müssen die Objekte gut trocknen (2 Monate!).

!  Bei dieser Präparation sollten unbedingt Gummihandschuhe getragen werden, da die sich leicht lösenden Haare starke Hautreizungen auslösen können.

STRAUSS (1979) empfiehlt, den Hinterleib von Vogelspinnen abzulösen und in 96%igem Alkohol 3 bis 5 Stunden zu fixieren. Danach werden die Organe aus dem Hohlraum entfernt und durch kleine Wattekügelchen ersetzt. Nach dem Trocknen klebt man die Körperteile wieder zusammen. GRÄFE (1981) lässt frischtot eingefrorene Exemplare auftauen, injiziert dann eine 3- bis 4%ige Formalinlösung in den Cephalothorax sowie in das Abdomen und legt das Objekt für mehrere Stunden in dieselbe Lösung. Danach trennt man das Abdomen ab und entfernt die Organe sorgfältig. Die leere Hauthülle wird schließlich mit kleinen Tonstücken bis zur natürlichen Größe gefüllt. Die Entwässerung erfolgt für einige Tage in 45%igem Alkohol. Falls große Spinnen aufgerichtet montiert werden sollen, ist es erforderlich, zur Stabilisierung eine Drahtachse in den Körper einzufügen und je ein Extremitätenpaar zu verdrahten, um das Objekt auf dem Podest verankern zu können.

GETTMANN & HASENBEIN (1979) beschreiben ein Verfahren zur Einbettung von Webspinnen (Araneae) in ungesättigtes Polyesterharz, die so präparierten Spinnen können in natürlicher Körperhaltung mit befriedigender Farberhaltung gezeigt werden.

Spinnen lassen sich unter Vermeidung von Farb- und Formveränderungen auch gefriertrocknen. Dieses technisch wesentlich aufwendigere Verfahren beschreiben ROE & CLIFFORD (1976) sowie MOORE (1977). Die Montage derart präparierter Spinnen erfolgt wie die entomologischer Objekte, das heißt, sie werden auf entsprechenden Kartonplättchen geklebt und im Dunkeln aufbewahrt.

**Netze von Radspinnen** lassen sich nach EISENTRAUT (1935) wie folgt präparieren: Das Netz wird an Ort und Stelle mit einer dünnen Zelluloid-Aceton-Lösung besprizt, dann zwischen zwei aufeinander passende Holzrahmen, deren Berührungsflächen mit Leim bestrichen sind und die von beiden Seiten dem Netz genähert werden, eingeschlossen und abgenommen. Zum Transport wird der Rahmen in einen genau passenden Kasten gelegt. In der Sammlung wird das Netz mit Rahmen in einem Insektenkasten aufgestellt, der am besten mit schwarzem Samt oder Velourspapier ausgelegt ist.

GAY (1950) sammelt Netze von Weberspinnen, indem sie gegen ein Blatt von glänzendem, nicht absorbierendem Papier gedrückt werden. Das klebrige Netz bleibt dabei an der Oberfläche des Papiers haften. Dann wird das Papier vorsichtig in eine flache Schale mit verdünnter Tinte getaucht. Nach kurzer Einwirkungszeit hängt man das Papier zum Trocknen auf. Die Lage des Spinnennetzes zeichnet sich durch dunklere Linien ab. Sollte das Spinnengewebe nicht gut haften, muss das Papier mit Leim vorbehandelt werden. Das Einlegen in das Tintenbad darf erst dann erfolgen, wenn der Leim gründlich getrocknet ist. Die Umrisse treten bei diesem Verfahren jedoch viel schwächer in Erscheinung.

Wer sich eingehender mit dem Sammeln und Präparieren von Spinnen vertraut machen möchte, sei auf PORTER & PORTER (1961), KLUGER (1966) sowie GRANSTRÖM (1973) verwiesen. Angaben über die Herstellung von Injektionspräparaten macht PETRUNKEVITCH (1911).

## Afterskorpione (Pseudoscorpiones oder Chelonethi)

Die Pseudoskorpione sind flache Kleinformen von maximal 12 mm, durchschnittlich aber nur 1,5 bis 5 mm Körperlänge. Die bekannteste einheimische Art ist der Bücherskorpion. Insgesamt gibt es über 3000 Arten, die vorwiegend in den Subtropen und Tropen verbreitet sind. BEIER (1963) empfiehlt folgende Arbeitsweise: Beim Sammeln von Pseudoskorpionen ist das **Sieben von Fallaub, Moos, Graswurzeln, Baummulm** und dergleichen unerlässlich. Kleine Mengen von Gesiebe können direkt, größere mit Hilfe eines Ausleseapparates verarbeitet werden, doch ist das Schwemmen zu vermeiden, weil die Pseudoskorpione untersinken. Daneben darf das **direkte Absuchen von umgewendeten Steinen,** Rindenstücken oder ähnlichem nicht vernachlässigt werden. MARTENS (1975) weist darauf hin, dass sich offenbar regelmäßig Pseudoskorpione in den Nestern von Kleinsäugern und Vögeln aufhalten, wo sie parasitischen und kommensalen Arthropoden nachstellen.

Die mit einer Federstahlpinzette oder einem alkoholfeuchten Pinsel erfassten Tiere werden direkt in 75%igen Alkohol geworfen. Darin können sie unbegrenzt lange aufbewahrt werden. Für Sammlungszwecke bewahrt man die Tiere in kleinen, mit Watte verschlossenen Glastuben auf, die dann zu mehreren aufrecht in größere Gläser mit eingeschliffenem Deckel (▶ **Abb. 71**) gestellt werden. Diese Methode eignet sich für alle Tiere, die in kleinen Glasröhrchen in Alkohol aufbewahrt werden. ULRICH (pers. Mitt.) empfiehlt, die Röhrchen mit der Öffnung nach oben aufzubewahren, da man sie leichter herausnehmen kann, indem man den Rand mit einer Pinzette fasst. Außerdem vermeidet man, dass die am Boden liegenden Objekte mit der Watte in Berührung kommen und sich in ihr verfangen können. Um die Bruchgefahr zu vermindern, empfiehlt es sich, auf den Boden des Aufbewahrungsglases ein flaches Wattepolster zu legen. Ein Umkippen der Röhrchen lässt sich vermeiden, indem der freie Raum mit Watte ausgefüllt wird. Die Aufbewahrungsgefäße müssen natürlich stets mit Alkohol gefüllt sein, sonst vertrocknen die Objekte. Außerdem ist darauf zu achten, dass der Schliff gleichmäßig mit Ramsey- oder Exsikkatorfett eingerieben ist, damit das Gefäß zwar dicht aber auch leicht zu öffnen ist. Statt der Schliffdeckelgläser sind auch Konservengläser mit korrosionsbeständigen (!) Schraubdeckeln sehr gut geeignet.

Zur Untersuchung überführt man die Tiere aus dem Alkohol auf einen hohlgeschliffenen Objektträger in Glycerol und überdeckt sie so mit einem Deckglas, dass keine Luftblasen entstehen. Die Rückführung in das Alkoholröhrchen ist jederzeit möglich, weil auch ein mehrmaliger Wechsel zwischen Alkohol und Glycerol den Präparaten nicht schadet.

## Walzenspinnen (Solifugae)

Die meist braun oder grau gefärbten Solifugen sind an ihren großen Cheliceren, dem walzenförmigen Hinterleib und den überaus zahlreichen

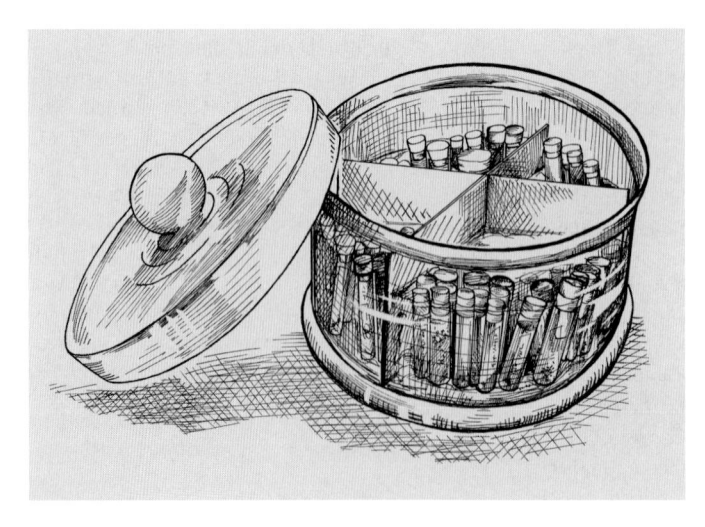

**Abb. 71** Vorratsglas mit Schliffdeckel. Die Materialgläschen werden durch kreuzweise ineinander gesteckte Kunststoffabschnitte am Umfallen gehindert.

Tasthaaren an den Beinen kenntlich. Die durchschnittlich 15 bis 35 mm, maximal 7 cm Länge erreichenden Tiere bewohnen mit über 1000 Arten vor allem die Steppen und Wüsten der Alten und Neuen Welt. Als Dämmerungs- und Nachttiere werden sie durch Licht oder Feuer meist in menschliche Nähe gelockt. Obwohl nicht giftig, sind Walzenspinnen wegen ihres schmerzhaften Bisses sehr gefürchtet. Man fängt sie entweder durch Überstülpen eines Tötungsglases oder mit einer langen Pinzette. Die verendeten Tiere müssen bald konserviert werden, da der weiche Hinterleib leicht in Fäulnis übergeht. Man injiziert zu diesem Zweck etwas Alkohol in das Abdomen und überführt die Spinnen dann in 75%igen Alkohol. Am besten ist es, sie einzeln aufzubewahren, denn sie deformieren sich sehr leicht. Sollen Trockenpräparate hergestellt werden, nimmt man den Hinterleib aus, fertigt eine Watteeinlage an und präpariert die gespannten Exemplare, wie in diesem Kapitel auf Seite 144 f. beschrieben.

## Weberknechte (Opiliones)

Neben den allgemein bekannten langbeinigen Weberknechten oder Kankern gibt es noch drei kleine Habitustypen. Alle besitzen mehr als körperlange Beine und einen Hinterleib, der sich in voller Breite an den Vorderkörper ansetzt. Man kennt auf der ganzen Welt über 6000 Arten. Die größten Vertreter haben einen bis 22 mm langen Rumpf und 16 cm lange Hinterbeine, während die kleinste Art von milbenähnlicher Gestalt ist und nur 2 mm misst. Diese kleinen Formen halten sich in der oberen Mulm- und Bodenschicht auf. Sie lassen sich sehr gut mit einem Sieb von 5 mm Maschenweite aus der Bodenstreu über einem weißen Tuch (▶ **Abb. 9**) aussieben. Sofern Schneckenschalen im Gesiebe gefunden werden, besteht die Aussicht, auch die teilweise seltenen schneckenfressenden Formen zu finden. Die Schneckenkanker bewohnen nach MARTENS (1965) nur Biotope, die ein ausgeglichenes Mikroklima mit ständig gleichbleibend niedriger Temperatur und zugleich hoher Luftfeuchtigkeit aufweisen. Diese Bedingungen finden sie besonders unter Geröllhalden und in den Hohlräumen unter gefallenen, wasserdurchtränkten, morschen Baumstämmen.

Mittelgroße Formen sammelt man am leichtesten durch **Wenden von Steinen, Holz- und Rindenstücken** sowie durch **Abheben lockerer Moospolster.** Andere Arten halten sich in der schattigen Krautschicht auf. Durch ihre langen Beine sind sie befähigt, Lücken in Pflanzenbeständen mühelos zu überschreiten. Die größten einheimischen Vertreter ziehen freiere und trockenere Biotope vor. Man fängt sie oft im Streifsack, doch verlieren sie dabei meist einige Beine. Die Autotomie der Laufbeine der Familie Phalangiidae ist als Schutz vor Feinden aufzufassen. Es ist deshalb erforderlich, über den Kanker ein Tötungsglas zu stülpen und dieses mit einem Korken zu verschließen, ohne das Tier zu berühren. STAREGA (1976) brachte das Jagen bei Nacht unter Anwendung einer starken Lampe große Erfolge. An den Stellen, wo bei Tag 5 bis 6 Arten gefangen wurden, fand man nachts 9 bis 11 Arten. Dieses Verfahren eignet sich auch zum Sammeln in Höhlen. Um das Abfallen von Beinen zu verhüten, ist es von Vorteil, Weberknechte möglichst direkt in 75%igen Alkohol zu werfen. Eine Anzahl von Arten lebt regelmäßig unter locker aufgeschichteten Steinhaufen. Die oberen Schichten eines solchen Haufens sind meist unergiebig, erst in 50 bis 80 cm Tiefe trifft man Tiere an, wenn die Steine sorgfältig umgewendet werden. Die Weberknechte halten sich stets an der Unterseite der Steine auf und kehren dabei ihre Ventralseite dem Stein zu. Die geringste Erschütterung veranlasst sie zur Flucht oder löst den Totstellreflex aus. Man breitet deshalb vor einem solchen Haufen ein Sammeltuch aus (▶ **Abb. 9**) und kontrolliert die Steine über diesem. Die vorhandenen Exemplare fängt man mit einer weichen Pinzette oder besser, tropft Ether bzw. Essigether (Ethylacetat) auf sie. Die Aufbewahrung erfolgt, wie beschrieben, in Alkohol. Auch mit bereits konserviertem Material muss vorsichtig umgegangen werden. Um die Brüchigkeit einzuschränken, empfiehlt HOFFMANN (1953), die Tiere vor der Bearbeitung zwei Stunden in 50%igen Alkohol zu legen und erst dann den zur **Artbestimmung** brauchbaren Penis unter dem Binokular bei 40facher Vergrößerung nach Aufklappen der Genitaldeckel mit einer feinen Pinzette aus dem Körper zu ziehen. Spezielle Angaben nebst Abbildungen über die Präparation der Genitalien von Weberknechten liegen von ŠILHAVÝ (1969), STAREGA (1976) und MARTENS (1978) vor.

## Milben und Zecken (Acari)

Abgesehen von den Zecken sind die Acari ausgesprochene Kleinformen, deren Körperlänge durchschnittlich 0,2 bis etwa 2 mm beträgt. Im Gegensatz zu allen anderen Arachnidenordnungen leben sie keineswegs nur räuberisch, sondern unter ihnen befinden sich Pflanzen- und Detritusfresser sowie Pflanzen- und Tierparasiten. Außerdem sind die über 40 000 bekannten Arten nicht auf das Land beschränkt, sondern mit rund 2800 Arten im Wasser, teils sogar im Meer, verbreitet. Findet man interessantes Material, so wird es am besten mit einem angefeuchteten Haarpinsel aufgetupft, wie die anderen Spinnentiere mit 70%igem Alkohol getötet und in 80%igem Alkohol mit 5 Teilen Glycerol konserviert. Formol darf zu diesem Zweck nicht verwendet werden! Die Aufbewahrungsgläschen verschließe man niemals mit Watte, da sich die Milben in den Fasern verwirren. Findet man Milben auf Arthropoden, sollte auch das Wirtstier konserviert werden, sofern dessen Bestimmung nicht eindeutig möglich ist. Sammelmethoden für Milben von toten und lebenden Vögeln sowie aus ornithologischen Kollektionen beschreiben WOELKE (1967), BUTENKO (1968) und ČERNÝ (1971). Methoden zur Erlangung von Milben aus Bodenproben und Pflanzen entwickelten HENDERSON (1960) und DANIEL (1969). Die Präparations- und Untersuchungstechnik parasitischer Milben beschreibt KARG (1971).

Da die nicht gerade einfache **Anfertigung von Milbenpräparaten** in den Bereich mikroskopischer Technik fällt, kann hier nicht darauf eingegangen werden. Der Interessent sei auf die Monographien von VITZTHUM (1940) und BALOGH (1972) verwiesen. Diese Werke enthalten ausführliche Sammel- und Präparationsanweisungen. SINGER (1967) führte einen kritischen Vergleich zwischen verschiedenen Einbettungsmedien durch, der zugunsten von HOYERS-Reagens ausfiel, dieses setzt sich wie folgt zusammen:

---
50 ml Aqua dest.
125 g Chloralhydrat
50 g Gummi Arabicum
30 ml Glycerol

---

Erhitzen ist nicht erforderlich, jedoch Filtrieren durch Glaswolle. Nach Monaten eingedicktes Reagens kann mit Aqua dest. verdünnt werden.

Zum Aufhellen der Milben vor dem Einbetten wird an Stelle von Kalilauge unter anderem Milchsäure (85 %) empfohlen.

Zecken sind von allen übrigen Milben leicht durch den zwischen den Palpen liegenden, ventral mit Zähnchen besetzten „Rüssel" (Clava) zu unterscheiden. Im Gegensatz zu den achtbeinigen Nymphen und adulten Tieren haben die Larven nur 6 Beine. Zecken ernähren sich als temporäre oder stationäre Ektoparasiten bei Landwirbeltieren. Man findet sie vornehmlich an den Stellen, die das Wirtstier beim Putzen nicht erreichen kann oder die sehr dünnhäutig sind wie Augenlider, Ohren, Analgegend, Weichen und Scrotum. An den Ohren eines in der Transaltai-Gobi erlegten Tolai-Hasen fand man z. B. 37 festgesogene Zecken! Zum Absammeln benötigt man eine feste Pinzette und ein Tropffläschchen mit Benzin oder Petroleum. Die aufgespürten Zecken werden damit angetupft, worauf man sie mitsamt dem fest in der Haut verankerten Capitulum nach etwa einer Minute gut vom Wirt lösen kann. Meist handelt es sich dabei um blutsaugende reife Weibchen. Teilweise leisten auch handelsübliche Zeckenzangen gute Dienste. Infertile Männchen oder Weibchen (Nymphen) werden durch die von TOIT (1917) eingeführte **Schlepptuchmethode** (▶ **Abb. 72, 73**) gefangen. Dazu befestigt man ein Stück helles Baumwolltuch oder ähnlichen Stoff von etwa 75 cm$^2$ entweder wie eine Flagge an einer entsprechend langen Stange oder aber an einem besenartigen Gestell (▶ **Abb. 72, 73**). Das Tuch wird langsam über Gras und kleine Sträucher geschleift, so dass die Zecken damit in Kontakt kommen und sich daran festhalten. Die Wirkung wird deutlich erhöht, wenn man das Tuch mit Schweiß oder besser mit Buttersäure tränkt. Bei günstigem Frühjahrswetter kann ein erfahrener Sammler in einem befallenen Gebiet an einem Tag Hunderte von Zecken fangen.

GARCIA (1962) sowie NOSEK & KOŽUCH (1969) beschreiben zum schnellen Sammeln von Zecken in einem begrenzten Areal die einträgliche **Kohlendioxid-Methode.** Man kann alle Stadien nicht vollgesogener Zecken sammeln, wenn ein Block Trockeneis auf ein weißes Leinentuch in Forststreu, Detritus oder Humusablagerungen gelegt wird. Durch das sonst normalerweise von einem ruhenden Wirtstier abgegebene Kohlendioxid werden die Zecken aktiviert. Während der ersten 30 Minuten erlangt man gewöhnlich $^2/_3$ der erreichbaren Ze-

Spinnentiere (Arachnida)

**Abb. 72** Schlepptuchmethode zum Sammeln von Zecken. Ein helles Tuch von etwa 75 cm² wird entweder wie eine Flagge (a) oder besenartig (b) über Gras und kleine Sträucher gestreift.

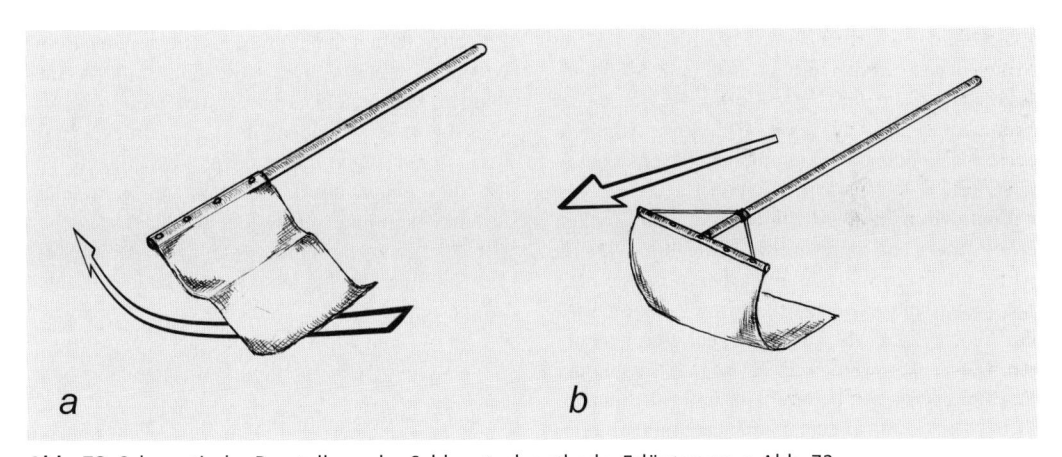

**Abb. 73** Schematische Darstellung der Schlepptuchmethode. Erläuterung s. Abb. 72

cken. Eine Stunde Wartezeit genügt je Lokalität. Die gleiche Technik wendet BALASHOV (1972) zum Fang von Zecken in Höhlen an.

Nicht selten halten sich Zecken auch in **Nestern von Höhlenbrütern** und Nagetieren auf. Einen speziell für die Isolation von Zecken aus Nestern gebauten Thermoeklektor erprobte TAGILZEW (1957). Eine einfache aber effektive Methode zum Sammeln der Zeckenart *Ixodes lividus* KOCH aus den Nestern der Uferschwalbe beschreiben WALTER & STREICHERT (1984). Das Nistmaterial wurde eingesammelt und in 20 × 50 cm großen, durchsichtigen Plastikbeuteln aufbewahrt. Die Beutel wurden luftdicht verschlossen, bei Zimmertemperatur untergebracht und zwei Monate lang kontrolliert. Die Zecken sammeln sich an der Beutelspitze und können dort abgelesen werden. Auch in Gebäuden, wo Tauben brüten oder Fleder-

## Gliederfüßer (Arthropoda)

**Abb. 74** a) Glasröhrchen zum Abtöten von Zecken. Auf die eingefüllten Sägespäne wird Essigether getropft, b) Tropfflasche zum Ergänzen von verdunstetem Essigether.

mäuse leben, kann man Zecken sammeln. Umfassende Hinweise über die Zecken als Vogelparasiten liegen von SCHULZE (1932) vor.

Zecken sind weltweit Überträger gefährlicher Krankheiten wie Fleck- und Rückfallfieber. In Mitteleuropa werden die Frühsommer-Meningoenzephalitis und die Lyme-Borreliose durch Zecken übertragen. Aus diesem Grunde ist darauf zu achten, dass man beim Sammeln nicht selbst befallen wird.

Das **Töten und Aufbewahren** von Zecken erfolgt meist in Röhrchen mit 70%igem Alkohol. Auf Grund seiner Erfahrungen bei der systematischen Bearbeitung von Zecken ging ZUMPT (1940) dazu über, diese wie Käfer trocken zu konservieren. Die Zecken werden entweder in Alkohol oder in Tötungsgläschen getötet. Letztere füllt man zu $1/3$ mit Hartholzspänen und befeuchtet sie mit einigen Tropfen Essigether, so dass die Späne zwar feucht sind, aber nicht klumpen (▶ **Abb. 74**). Die Präparation sollte frühestens nach 24 Stunden erfolgen. Erst nach dieser Zeit werden die erstarrten Tiere wieder weich. Der Dauer der Aufbewahrung in den Tötungsgläsern sind keine Grenzen gesetzt. Man kann auf Expeditionen gesammeltes Material auf diese Weise leicht transportieren, allerdings muss das Glas mit Sägespänen gefüllt werden, um das Umherrollen der Zecken zu vermeiden.

Falls die aufbewahrten Tiere trocken geworden sind, legt man sie auf angefeuchtetem Fließpapier in eine Petrischale. Im Verlauf von 1 bis 2 Tagen werden die Zecken wieder weich, so dass man die Beine mit einer Nadel oder einem feinen Pinsel unter dem Leib hervorholen kann. Die derart behandelten Tiere lassen sich dann leicht mit einer weichen Uhrfederstahlpinzette oder einem Haarpinsel auf ein mit Leim versehenes Aufklebeplättchen legen. Für das Kleben der Zecken wird eine Anzahl von Plättchen genadelt und dann mit zwei oder bei Einzelstücken einem Tropfen handelsüblichen Insektenleim versehen. Die mit einer Präpariernadel aufgebrachten Tropfen müssen so groß sein, dass die Tiere gut haften, trotzdem sollte bei dem fertigen Präparat kein Leim von oben her zu sehen sein. Liegen mehrere Stücke der gleichen Art vom gleichen Fundort vor, wird oben ein Exemplar mit der Unterseite und darunter ein zweites mit der Rückenseite aufgeklebt (vgl. ▶ **Abb. 75**). Sobald die Zecken auf den Plättchen haften, kann mit dem Richten der Beine begonnen werden. Das geschieht mittels eines dünnen, kräftigen Haarpinsels, den man in schwaches Leimwasser taucht und spitz drückt. Beim Richten der Beine bleibt etwas Feuchtigkeit haften, die genügt, um die Extremitäten ganz leicht festzukleben und sie vor einem nachträglichen Verschieben zu bewahren. Man achte darauf, dass die Extremitäten beiderseits gleichmäßig liegen. Vollgesogene große Weibchen nadelt man am

**Abb. 75** Aufgeklebte und genagelte Zecken.

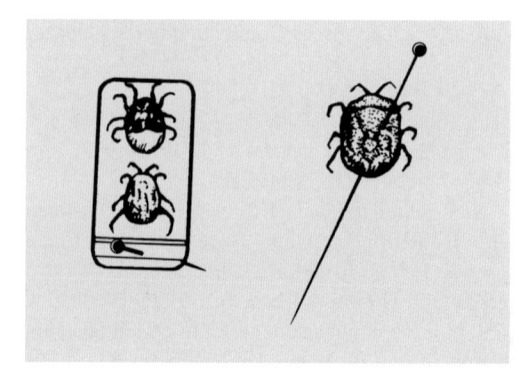

besten mit rostfreien Insektennadeln (▶ **Abb. 75**). Die zu verwendende Nadelstärke richtet sich nach der Größe der Zecke, auf keinen Fall dürfen zu dicke Nadeln verwendet werden.

Die mit den frisch präparierten Zecken bestreckten Torf- oder Korkplatten kommen zum Trocknen an einen staubfreien, vor Sonne geschützten Ort. Nachdem die Zecken trocken sind, empfiehlt es sich, sie 1 bis 2 Tage lang in einem Waschbenzinbad zu **entfetten.** Nach dieser Behandlung treten die Farben, besonders bei den bunten *Amblyomma*-Arten, schön leuchtend hervor. Sobald das Entfettungsmittel sich gelb verfärbt hat, muss das Bad erneuert werden. Die Zecken können auf den Plättchen entfettet werden, denn der empfohlene Leim löst sich in dieser Flüssigkeit nicht.

In der Regel verlieren sich aber häufig nach dem Tode die lebhaften Farben der Zecken, insbesondere die der Weibchen. Nach MÖNNIG (1930) behalten vollgesogene Zeckenweibchen ihre natürliche Färbung, wenn sie in 4%igem, mit Chloroform gesättigtem Formol getötet und aufgehoben werden. Eine schnelle Methode zum Durchsichtigmachen und Montieren der Genitalien weiblicher Zecken beschreiben CLIFFORD & LEWERS (1960).

# Asselspinnen (Pantopoda oder Pycnogonida)

Pantopoden sind rein marine, verwandtschaftlich wahrscheinlich zwischen Spinnen und Krebsen stehende Arthropoden. Ihr Rumpf ist derart kurz und schmal, dass sein Rauminhalt bedeutend geringer ist als das Volumen der Gliedmaßen. Der Darm und die Geschlechtsorgane erstrecken sich dementsprechend bis in die Beine. Man kennt bisher etwa 500 Arten mit durchschnittlich 0,2 bis 1,5 cm langem Rumpf. Die größte Art ist die zwölfbeinige *Dodecolopoda mawsoni* C. & G., ihr Rumpf ist 6 cm und die Laufbeine sind 24 cm lang, die Spannweite beträgt über 50 cm. Die Asselspinnen bewohnen vorzugsweise die kalten arktischen und antarktischen Meere. Sie kommen vor allem in der Küstenzone, aber auch bis in 4000 m Tiefe vor.

## Sammeln

Pantopoden findet man in der Regel auf an Bord gebrachten Dickichten von Hydrozoenstöcken, die eine der wesentlichsten Nahrungsquellen darstellen. Eine in der Nordsee häufiger vorkommende Art bohrt mit ihrem „Schnabel" die Fußscheibe großer Seeanemonen an und saugt sie aus. Darauf ist bei der Materialsuche zu achten. Mehr zufällig findet man Asselspinnen auch auf Octocorallien, Schwämmen, Algen und Tangen. Infolge Bewuchses mit niederen Organismen heben sie sich oft kaum vom Untergrund ab. Eine Anzahl von Arten bewegt sich auch schwimmend, so dass sie in Planktonfängen gefunden werden. Asselspinnen sind in europäischen Gewässern gar nicht so selten, wie immer angenommen wird, sondern sie werden in den Netzauswürfen meist nur übersehen. Am besten legt man das vorhandene Material in ein größeres Becken mit Seewasser und versucht, die Tiere aufzuspüren. HELFER & SCHLOTTKE (1935) empfehlen, Süßwasser zuzusetzen, da es ein Absinken der Pantopoden auf den Grund des Behälters bewirke, so dass man sie dann leicht sammeln kann.

## Konservieren

Die Konservierung erfolgt zweckmäßig ohne vorheriges Fixieren in 70- bis 90%igem Alkohol mit 5 % Glycerolzusatz. LO BIANCO (1890) empfiehlt allerdings, die Tiere vorher in $\frac{1}{2}$%iger Chromsäure zu töten. Die meisten Exemplare verlieren im Alkohol ihre ursprüngliche Farbe. Pantopoden lassen sich auch in 4%iger Formalinlösung bei relativ guter Farberhaltung aufbewahren. Um **Trockenpräparate** herzustellen**,** kann man die Tiere in 25%igem Alkohol töten, dann spannen und danach einige Tage in Formol (1:3) härten. Das anschließende Trocknen empfiehlt sich allerdings nur für größere Arten. In trockenem Zustand sind die Asselspinnen sehr zerbrechlich. Die Herstellung mikroskopischer Präparate beschreibt CLÉMENÇON (1961).

Gliederfüßer (Arthropoda)

# Krebse (Crustacea)

Krebse bevölkern in nahezu unvorstellbarer Formenfülle sowohl die Meere als auch alle süßen Gewässer der Erde. Es gibt Arten, die in flachen periodischen Tümpeln leben, andere bewohnen die größten Tiefen der Ozeane. Daneben treten parasitische Formen und die vom Wasser völlig unabhängig gewordenen Landasseln auf. Man kennt bisher über 50 000 Krebsarten. Unter ihnen finden sich millimetergroße, zarthäutige Planktonformen und Arten, die 60 cm lang und andere, die 40 cm breit werden können, oder Formen, deren Beine eine Spannweite von 3 m erreichen. Krebse sind überwiegend durch Kiemen atmende, mit 2 Paar Antennen (deshalb auch Diantennata) und einem Kopfbrustpanzer oder zwei Schalenklappen versehene Wassertiere. Das durch Einlagerung von kohlensaurem Kalk verfestigte Chitinskelett setzt sich aus getrennten Segmenten zusammen. Die Entwicklung erfolgt meist durch Metamorphose. Durch sie erweisen sich die ihrer Gestalt nach meist keinem Krebs mehr ähnlichen parasitischen Formen in ihren Jugendstadien als Crustaceen.

Auf die heute übliche systematische Einteilung der Krebse in 12 Klassen kann nachfolgend nicht eingegangen werden, da hinsichtlich der Präparation kaum wesentliche Unterschiede vorliegen. Aus rein praktischen Gründen wird deshalb auf die früher übliche Gliederung in Niedere Krebse (Entomostraca) und Höhere Krebse (Malacostraca) zurückgegriffen.

## Sammeln und Fixieren

Wie zu jeder Sammeltätigkeit gehört auch zum Fangen von Krebsen Ausdauer und Geduld. Da viele Arten periodisch auftreten oder zu unterschiedlichen Tageszeiten aktiv sind, versäume man nicht, geeignet erscheinende Biotope wiederholt aufzusuchen. Erfahrungsgemäß finden sich viele Arten meist erst, wenn man mit einem Fundort genügend vertraut ist. Wichtige Hinweise auf das Erscheinen bestimmter Arten erhält man im Binnenland oft von Aquarianern, die regelmäßig Fischfutter sammeln, oder Anglern und Fischern, die öfter an einem Gewässer zu tun haben. An der Meeresküste versuche man gleichfalls mit Fischern in Verbindung zu kommen, um möglichst an einer Ausfahrt teilnehmen oder den täglich angelandeten Fang untersuchen zu können.

### Marine Krebse

Zum Fang von Niederen Krebsen verwendet man in Lagunen und im Bereich des Strandes Planktonnetze aus Müllergaze oder Kescher mit Leinenbeuteln, die mit einem Stiel versehen sind. Netze mit zu feiner Gaze sind für den Fang von Crustaceen ungeeignet. Die Dichte der Gaze bedingt eine geringe Filtrationsgeschwindigkeit, d. h., je dichter das Gewebe ist, um so langsamer muss man fischen. Es empfiehlt sich, sowohl Oberflächenzüge als auch Züge über dem Boden auszuführen. Daneben versäume man nicht, Pflanzenbestände kräftig über einem Netz auszuschütteln oder Sand- und Schlammablagerungen durchzuspülen. Dieses Verfahren erbringt in der Regel eine Ausbeute von Muschelkrebsen (Ostracoden). Planktonnetze kann man auch an einer Leine befestigen und hinter einem Ruder- oder Motorboot herziehen. Das Netzende muss einen abnehmbaren Kollektor tragen, in dem sich die Tiere ansammeln. Man zieht das Netz eine bestimmte Zeit lang (10 Minuten bis eine halbe Stunde) hinterher und holt es dann aus dem Wasser. Derartige Fänge gestatten auch, quantitative Aussagen zu machen. In Meeren mit Gezeiten kann man das Netz auch an einem Pfahl oder an einer Boje festbinden. Durch die auftretenden Strömungen fängt sich das Material selbsttätig. Diese einfachen Mittel genügen in der Regel für die Praxis. Ist ein Kutter vorhanden, können große Planktonnetze verschiedenster Konstruktion eingesetzt werden. Da derartige Geräte oft nur im Besitz meeresbiologischer Stationen sind, ist man dort auch über erfolgreiche Einsatzmöglichkeiten orientiert. Wer sich über die spezielle Methodik der Planktonforschung orientieren möchte, sei auf ELSTER (1956) verwiesen.

Der Fang von glazial-marinen **Reliktkrebsen**, für deren Vorkommen die große Tiefe der Gewässer ausschlaggebend ist, erfolgt über dem Grund mit einer Dredge. Nach WATERSTRAAT (1988) sollten die Abmessungen 400 × 170 mm und die Maschenweite des Netzbeutels 0,75 mm betragen.

Das beim Fangen angefallene lebende Material setzt sich in den Sammelgläsern unterschiedlich ab. Obenauf befindet sich mehr durchsichtiges Meerwasser, das mit aktiven Mikroorganismen angereichert ist, während sich am Boden eine dicke graue wabernde Masse befindet. Dieses Material wird am besten auf folgende Weise fixiert: Man fügt dem Fang $^1/_{10}$ seines Volumens neutralisiertes 40%iges Formaldehyd zu. Nach wenigen Minuten sind alle Tiere getötet und setzen sich auf dem Boden ab. Nach 1 bis 2 Stunden dekantiert man das darüberstehende Wasser und verteilt den Bodensatz in kleine Sammelgläser oder passende Glasröhrchen, die (falls erforderlich) mit einer 5%igen Formollösung aufgefüllt werden. Jedem Gläschen legt man ein Etikett mit den Fangdaten und sonstigen Vermerken bei. Das Material kann ebenso gut in Alkohol aufbewahrt werden, allerdings darf die Konzentration 70% nicht übersteigen, sonst treten starke Schrumpfungen auf. Wasserflöhe und Muschelkrebse sollte man vor dem Abtöten erst durch Hinzufügen einiger Mentholkristalle betäuben. Von derartig behandelten Cladoceren liegen die Schalen besser auf dem Tier, während die der Ostracoden zweckmäßigerweise klaffen. Sobald die Krebse in der Menthollösung verendet sind, werden sie wie beschrieben fixiert.

Als festsitzende Niedere Krebse siedeln sich **Rankenfüßer** (Cirripedia) gern an Felsküsten mit bewegtem Wasser oder exponierten Hafenbauten an. Bekannt ist auch die Vorliebe für bewegliche Objekte, wie Schiffsrümpfe, Wale, Schildkrötenrücken oder altes Treibgut. Man versäume vor allem nicht, frisch an Dock gehobene Schiffe zu untersuchen. Rankenfüßer – die bekanntesten sind die Seepocken (*Balanus*-Arten) – finden sich auch oft am Abdomen von Krabben und auf von Einsiedlerkrebsen bewohnten Muschelschalen. Am erfolgreichsten sammelt man von Hand mit einem Tauchgerät sowie Hammer und Meißel ausgerüstet. Selbst der Einsatz schwerer Zackendredgen bringt nur wenig Material.

Wünscht man Cirripedien mit ausgestreckten Beinen zu konservieren, können sie mit Menthol oder Magnesiumsulfat betäubt werden. Die Fixierung erfolgt danach am besten mit heißem 70%igem Alkohol oder Formol (1:3). Seepocken lassen sich auch in gekochtem Süßwasser oder in kohlesäurehaltigem Mineralwasser töten. Sie öffnen sich dabei, woraufhin es leicht möglich ist, den Seihapparat mit einer Pinzette aus den Hartteilen herauszuziehen. Mit entsprechend großen Watterollen wird er festgeklemmt und danach in 70%igem Alkohol fixiert. Man vermeide die Anwendung von säurehaltigen Fixierungsmitteln, weil darin die Hartteile der Balaniden leiden.

**Einsiedlerkrebse** leben größtenteils im Küstenbereich. Sie bewohnen in der Regel Gehäuse von Mollusken. Auf vielen Seeböden sind die ausgesprochen aktiven Tiere häufig zu finden. Vielfach werden sie als beliebter Angelköder in Reusen gefangen. Bei mehreren Arten wird das bewohnte Gehäuse völlig von einem Schwamm oder von Bryozoenkolonien überwachsen. Es gibt auch Arten, die sich in Fels- und Korallenlöchern oder in Kieselschwämmen aufhalten.

Um die mit ihrem weichhäutigen Hinterleib in Schneckengehäusen haftenden Krebse unbeschädigt zu erhalten, gibt es mehrere Verfahren. Nach PÉREZ (1936) führt bei kleinen Einsiedlerkrebsen eine kurze Narkose mit 7% Magnesiumchlorid in Süßwasser zur Erschlaffung der Abdominalmuskulatur, so dass man sie leicht aus dem Gehäuse ziehen kann. Größere Krebse verlassen die Schale, wenn diese durch vorsichtige Hammerschläge beschädigt oder zwischen den Backen eines Schraubstockes zerbrochen wird. Bei dem an der Nordseeküste häufigen Einsiedlerkrebs *Eupagurus bernhardus* L. und anderen Arten hat sich das Abkappen der Schalenspitze als nützlich erwiesen. Da der Krebs mit seinem Abdomen nur bis zur dritten oder vierten Windung reicht, kann er durch Berühren des Hinterleibes mit einem Draht vertrieben werden. Das Erhitzen des Schalenendes über einer kleinen Flamme führt oft einfacher zum Ziel als das Zertrümmern der Schale mit einem Hammer.

Die durch ihre sehr gedrungene Körperform, die kurzen Fühler und den stark reduzierten, untergeschlagenen Hinterleib gekennzeichneten **Krabben** (Brachyura) sind Bewohner aller Meeresböden. Sie leben tagsüber meist versteckt. Nachts verlassen sie ihre Schlupfwinkel und besiedeln alle Zonen der Küsten- und Strandregion. Beim Fangen muss berücksichtigt werden, dass die meisten Arten seitwärts laufen. Wenn Krabben unmittelbar gefangen werden, werfen die erwachsenen Tiere mancher Arten, von anderen auch die jugendlichen Exemplare, durch **Autotomie** ihre Beine ab. Das kann nach LANG (1921) verhütet werden, wenn man die Krabben an ihren

Verstecken mit einer Menge Pflanzenteile, Sand oder Schlamm, unter dem sie sitzen, festhält und sie durch eine Injektion von Fixierungsflüssigkeit tötet. Am erfolgreichsten wirkt diese, wenn das Gemisch von der aufklappbaren Schwanzregion aus in den Körper gedrückt wird. Bei dieser Behandlungsweise stoßen die Brachyuren nur selten Gliedmaßen ab.

Die Injektion erfolgt am besten mit Formolalkohol (auf 2 Teile 40%iges Formol 1 Teil 90%igen Alkohol). In tropischen Klimaten sollten neben dem Rumpf auch die großen Scheren von den Gelenken aus injiziert werden, ehe man die Krabben in 70%igen Alkohol überführt. Wenn Glasgefäße zur Aufbewahrung benutzt werden, muss man sie in der ersten Woche jeden Tag öffnen, weil sich Gase bilden, die infolge des sich entwickelnden Druckes die Behälter sprengen können.

Zum Abtöten von Krabben und Krebsen eignen sich nach WECHSLER (pers. Mitt.) Zinksulfat, Magnesiumchlorid und Chloralhydrat. Im Fangkorb außerhalb des Wassers sprüht man die Betäubungsflüssigkeit wiederholt auf den Mund-/Augenbereich. Diese Arbeitsweise erbrachte ausgezeichnete Ergebnisse.

Völlig unbeschädigte Exemplare erhält man auch, indem man die Tiere dadurch tötet, dass sie der prallen Sone ausgesetzt werden oder die Krabben beim Sammeln in einen Behälter mit zerstoßenem Eis gibt und diesen dann anschließend einfriert.

Lebend gefangene große Krabben, Hummer oder Langusten tötet man nach GUNTER (1961) schmerzlos durch Einlegen in kaltes Süßwasser, dessen Temperatur langsam auf 40 °C erhöht wird. Im Gegensatz zum gebräuchlichen Töten in nahezu kochendem Wasser verändert sich dabei die natürliche Färbung der Tiere nicht. Die verendeten Exemplare werden dann mit Formolalkohol injiziert und in 80%igem Alkohol fixiert.

Die großen, meist essbaren Krebse werden vor allem von Fischern mit Bodenschleppnetzen oder in beköderten Reusen gefangen. Man kauft derartiges Material am besten auf dem Fischmarkt. Es muss nur darauf geachtet werden, dass die für Sammlungszwecke vorgesehenen Objekte noch alle Extremitäten besitzen und auch sonst unbeschädigt sind. Wer das Material selbst sammeln will, orientiere sich in der nachfolgend zitierten Literatur. THOMAS (1952) beschreibt geeignete Geräte zum Hummer- und Krabbenfang. Er empfiehlt, in die Hummerkörbe nur frische Schollen als Köder zu legen. HALF (1953) berichtet über den **Nachtfang mit Unterwasserlicht.** Krebse, insbesondere Cumacea, und andere marine Wirbellose werden durch künstliches Licht angezogen. Der Gebrauch einer lichtschwachen Lampe verspricht bessere Fänge als zu starkes Licht. Man bringt eine künstliche Lichtquelle an der Öffnung eines Schleppnetzes an, lagert dies auf dem Grund des Gewässers und zieht es in Abständen von 15 Minuten hoch, um quantitative Ergebnisse zu erhalten. Weitere Arbeiten über den Fang von Crustaceen liegen vor von JEFFREYS (1952), HILDEBRAND (1954 u. 1955), TARIQUIEY (1960) sowie PULLEN u.a. (1968).

## Süßwasserkrebse

In den Gewässern des Binnenlandes werden Kleinkrebse mit den wie im vorigen Abschnitt „Marine Krebse" bereits beschriebenen Hilfsmitteln in gleicher Weise wie im Meer gefangen. **Kiemenfüße** (Anostraca) und **Blattfußkrebse** (Phyllopoda) bewohnen ausschließlich stehende Binnengewässer. Meist handelt es sich um Tümpel und Abflussgräben, die nach der Schneeschmelze oder einem Hochwasser mit Wasser gefüllt sind. Man fängt sie entweder mit einem kleinen Stocknetz oder die größeren Arten, wie *Lepidurus apus* (L.), mit einem Haarsieb. Am erfolgreichsten ist die Ausbeute, wenn der Sammler in den Tümpel steigt und mit der hohlen Hand oder mit einer Schaufel Wasser ans Ufer schöpft. Sobald sich das Wasser verlaufen hat, kann man die auf der Erde zappelnden Kiemenfüße mühelos einsammeln. Da lebende Tiere einen längeren Transport nicht ertragen, fixiert man sie möglichst gleich am Fundort durch Zugabe einiger Tropfen 30%igen Formols.

Vertreter der parasitischen **Fischläuse** (Branchiura) findet man mit ziemlicher Sicherheit beim Abfischen von Gewässern auf ihren Wirten. Als solche dienen die meisten Süßwasserfische, Molche und Kaulquappen. Je nach ihrer Lebensweise sind sie auf den Kiemen, unter den Flossen, gelegentlich aber auch auf der Hornhaut des Auges anzutreffen. Zu jedem abgesammelten Exemplar gehört vor allem die genaue Wirtsangabe! Der bekannteste Vertreter aus dieser vielgestaltigen Gruppe ist wohl die gemeine Karpfenlaus, *Argulus* *foliaceus* L., als Parasit karpfenartiger Fische. Infolge der spezialisierten Lebensweise ist bei manchen Arten die Körperform vereinfacht und die Gliederung undeutlich geworden. Die mit einer Pinzette von den Wirtstieren abgelesenen Parasiten werden in 70%igem Alkohol fixiert.

Weit verbreitet sind auch die zu den **Flohkrebsen** gehörenden Gammariden. Man erkennt die bis 24 mm langen Tiere leicht daran, dass sie sich seitlich auf dem Gewässerboden vorwärts schieben. Tagsüber liegen die Krebse unter Steinen. Sie bewohnen sehr unterschiedliche Biotope. Außerdem gibt es eine große Anzahl Arten mit reduzierten Augen, die in Höhlengewässern leben. Sie werden mit einem kleinen Netz gefangen und in 70%igem Alkohol fixiert.

**Flusskrebse** lassen sich sowohl mit der Hand als auch mit beköderten Reusen fangen. In flachen Gewässern oder Gräben zieht man die *Astacus*-Arten mit einer langen Pinzette aus ihren Höhlen oder sie werden abends bei der Nahrungssuche angeleuchtet und mit den Händen gegriffen (▶ **Abb. 76**). Eine nach dem Reusenprinzip gebaute, mit Batterie versehene Lichtfalle zum Fang von niederen Krebsen in Sümpfen entwickelten Espinosa & Clark (1972). Einzelheiten über andere Methoden des Krebsfanges berichten O'Roke (1922), Husmann (1971), Müller (1973), Smith (1973). Freitag (2004) setzt sich sehr intensiv mit der Problematik von Emergenzfallen auseinander. Diese Arbeit enthält die exakte Bauanleitung einer Emergenzfalle sowie umfangreiche Literatur zu dieser Thematik.

Zusätzlich sei erwähnt, dass nasse Moospolster eine bevorzugte Lebensstätte für zahlreiche Arten von **Copepoden** sind. Nach Flössner (1975) erscheinen insbesondere aus der Ordnung der Harpacticoida mehrere der wurmförmig schlanken Formentypen an das englumige Lückensystem nasser bis feuchter Moosrasen speziell angepasst. Am reichsten sind diese Arten in den Hochgebirgen und hochmontanen bis subalpinen Lagen der Mittelgebirge entwickelt.

Unter Feldbedingungen werden die gefangenen Krebse zum Abtöten in Wasser gelegt und tropfenweise Chloroform oder besser konzentriertes Formalin zugesetzt. Die Fixierung erfolgt, wie im Abschnitt „Marine Krebse" beschrieben. Damit sich vor allem die Extremitäten solcher Tiere beim Transport nicht ineinander verhaken und schließlich abbrechen, müssen sie mit Mullbinden umwickelt und in Behälter gepackt werden, die mit Alkohol gefüllt sind.

Wesentlich einfacher lassen sich Krebse oder Wollhandkrabben lebend transportieren. Dazu benötigt man eine flache Holzkiste, die mit angefeuchtetem Torfmoos oder Wasserpflanzen – Gras eignet sich nicht dazu – ausgelegt wird.

Im Laboratorium können die Krebse auch in eiskaltem Wasser gelähmt werden. Nach einiger Zeit

**Abb. 76** Krebsfang von Hand mit Hilfe einer Stirnlampe. Das Ufer ist im Anschnitt dargestellt, damit man die Wohnhöhle eines Krebses erkennt.

tötet man sie in schwachem Alkohol und fixiert das Material nach der üblichen Injektion in 80%igem Alkohol. Von großem Vorteil ist, dass auf diese Weise behandeltes Material geschmeidig bleibt, wenn man dem Alkohol 5 % Glycerol zusetzt.

## Asseln

Die Isopoden nehmen unter den Krebsen eine Sonderstellung ein, weil sie die einzige Ordnung bilden, die neben vielen Meeres- und einigen Süßwasserbewohnern auch zahlreiche echte Landtiere hervorgebracht hat. Fast immer handelt es sich um durchschnittlich etwa 1 cm lange, dorsoventral abgeflachte Tiere ohne Rückenschild. Sie besiedeln den Meeresboden vom Strand bis in die Tiefsee hinab. Man sammelt Asseln durch vorsichtiges Sieben aus Sedimentböden und durch Ausschütteln von Tierstöcken oder Pflanzenbeständen. Interessante Schädlinge sind die in hölzernen Gegenständen lebenden Bohrasseln *Limnoria lignorum*. Sie legen Bohrgänge unter der Holzoberfläche an, die sich fensterartig nach außen öffnen. Die einzelnen Höhlen sind selten über 2,5 cm lang und 1 cm tief. Die Tiere liegen meist an den blinden Enden ihrer Gänge. Nach MENZIES (1957) werden Holzpfähle besonders häufig in der Gezeitenzone über der Schlammfläche angegriffen. Charakteristisch für einen starken Limnorienbefall ist die nur bei Ebbe sichtbare bleistiftförmige Zerstörung der Pfähle unterhalb des normalen Wasserspiegels. Um Bohrasseln in großen Mengen zu erbeuten, empfehlen JOHNSON & RAY (1962), in einen stark befallenen Pfahl einen zentralen Kanal zu bohren, der mit einer konzentrierten Lösung von Natriumchlorid in Seewasser angefüllt und durch einen Korken verschlossen wird. Nach einigen Tagen sammeln sich infolge der Diffusion der starken Salzlösung Tausende von Bohrasseln an der Oberfläche des Stammstückes, von wo sie mit Leichtigkeit abgesammelt werden können. Geräte zum **Sammeln benthischer Crustaceen**, speziell von *Mesidotea entomon* (L.), beschreibt HAAHTELA (1978).

Reine Süßwassertiere, die zuweilen auch ins Brackwasser vordringen, findet man beim Auswaschen von Wasserpflanzen und unter Steinen in stehenden oder langsam fließenden Gewässern. Sie werden entweder mit einem kleinen Netz oder mit den Fingern gefangen.

Verschiedene Arten, die interessanterweise zum Teil marinen Familien angehören, trifft man in Höhlen und unterirdischen Wasserläufen an. Viele davon sind weiß.

Die Landformen treten teils im Bereich von Gewässern, teils in trockneren Lebensräumen, aber auch in Steppen und an Wüstenrändern auf. Es sind fast ausschließlich Pflanzenfresser. Man fängt sie mit der üblichen Siebtechnik oder durch Aufstellen von Bodenfallen (▶ **Abb. 10**). Regelmäßig sind sie unter flachen Steinen oder verrotteten Brettern anzutreffen. Einige Landasseln leben auch ständig in Ameisennestern.

Asseln lassen sich auch an einem Köder fangen. GEISER (1928) empfiehlt, eine lange, dünne Kartoffel oder eine starke Karotte mit einem Korkbohrer längs zu durchstechen. Ein kurzes Stück des ausgestanzten Materials wird auf einer Seite wieder als Stopfen verwendet. Derartige Fallen legt man an geeigneten Plätzen, wie Streu- oder Komposthaufen aus und bedeckt sie mit verrottetem Material. Nach einiger Zeit wird es entfernt, die vertikal gehaltene Falle scharf umgedreht und der Inhalt in eine Porzellanschale geschüttet. Auf diese Weise können Hunderte von Asseln gefangen werden.

Asseln, ganz gleich aus welchem Biotop stammend, tötet und fixiert man am besten in 70%igem Alkohol. Formol ist ungeeignet, die Tiere werden darin für eine Bearbeitung zu hart und nach einiger Zeit leiden auch die Kalkeinlagerungen des Außenskeletts. Im Alkohol rollen sich die landlebenden Formen zusammen. Aber wenn man sie nach dem Abtöten gleich ausrichtet und mit einer Präpariernadel einige Löcher in die Bauchhaut zwischen den Laufbeinen sticht, bleiben sie ausgestreckt.

## Präparieren

Für wissenschaftliche Zwecke werden Crustaceen in der Regel nur in Alkohol konserviert und aufbewahrt. Um mikroskopisch kleine Formen zu bestimmen, ist oft die Anfertigung mikroskopischer Präparate erforderlich.

## Niedere Krebse

Haltbare Dauerpräparate lassen sich von Copepoden, Phyllopoden und Ostracoden wie folgt anfertigen: Der lebende Krebs wird in wenig Wasser unter ein Deckglas gelegt. Dann tropft man ein wenig 4%iges Formalin auf den Objektträger und saugt es mittels Fließpapier von der gegenüberliegenden Seite des Deckglases an den Krebs. Zum Fixieren wird das Objekt mit Hilfe eines Pinsels in ein Blockschälchen gelegt, das ein Gemisch folgender Zusammensetzung enthält: 30 Teile Aqua dest., 15 Teile Alkohol 96%ig, 5 Teile Formalin 30%ig und 1 Teil Eisessig. Nach jeweils 5 Minuten wird es auf gleiche Weise in 50-, 70- und 96%igen Alkohol überführt. Als Einbettungsmittel dient Caedax. Damit das Deckglas waagerecht liegt, bringt man vorher Wachsfüßchen an oder legt Deckglassplitter unter. Spezielle Einzelheiten über Einbettung und Färbung derartiger Objekte enthalten die Arbeiten von ECKERT (1934 u. 1937), SCHRÄDER (1956), GÖKE (1964) und SIEG (1973).

### Höhere Krebse

Nachteilig wirkt sich bei der üblichen Alkoholkonservierung aus, dass die Krebse im Laufe der Zeit fast völlig ihre ursprüngliche Färbung verlieren. Um diese zu erhalten, konserviert VERNE (1921) die Krebse in wässriger, gesättigter Lösung von Schwefelammonium. Zuvor sind die im Cephalothorax liegenden Eingeweide durch einen Einschnitt, den man zwischen Cephalothorax und Abdomen anbringt, zu entfernen. Es empfiehlt sich, die Lösung nach einigen Tagen zu erneuern.

Das wohl beste Verfahren ist **die Aufbewahrung in Zuckerlösung.** Nach ELMHIRST (1930) injiziert man den Krebs zuerst gründlich mit Formol (1:9) und legt ihn je nach Größe 12 bis 24 Stunden zum Abtöten von Mikroorganismen in die gleiche Lösung. Nach kurzem Waschen und Abspülen in Leitungswasser wird das Objekt in eine Zuckerlösung überführt, die aus $\frac{1}{2}$ kg Rohrzucker, 1 l Aqua dest. und 10 ml Kalziumformiat bereitet wird. In dieser Konservierungsflüssigkeit lassen sich Krebse unbegrenzt lange aufbewahren, wenn man 5 % Formol oder etwas Salicylsäure zusetzt, um das Auftreten von Schimmelpilzen zu verhüten.

Die Farben treten bei dieser Konservierung deshalb besser hervor, weil die Außenschicht ein wenig transparenter wird. Bei größeren Krebsen ist dies von Vorteil, aber kleinere und dünnschaligere, beispielsweise Garnelen, werden indessen nach und nach völlig durchsichtig. Es dauert im Allgemeinen mehrere Jahre, ehe die Durchsichtigkeit unangenehm auffällt. Will man ein durchsichtiges Tier zum gewöhnlichen Aussehen zurückführen, wird der Zucker ausgewässert und das Objekt in 70%igen Alkohol gelegt. Darin verlieren die Krebse allerdings wie üblich ihre Farbe.

Derartig konservierte Objekte wirken besonders instruktiv, wenn sie in Form von Entwicklungsreihen montiert werden oder wenn man biologische Eigenheiten demonstriert, wie es ▶ **Abb. 77** zeigt.

Größere Krebse eignen sich durchaus zum **Anfertigen von Trockenpräparaten.** Zuerst wird eine detaillierte Farbskizze oder ein Farbfoto vom frisch getöteten Tier hergestellt, damit das fertige Präparat danach bemalt werden kann. Dann trennt man das Abdomen vom Cephalothorax und entfernt aus beiden Teilen mittels Schere sowie entsprechend großem Drahthaken Muskulatur und Eingeweide. Die Scheren der ersten Schreitfüße

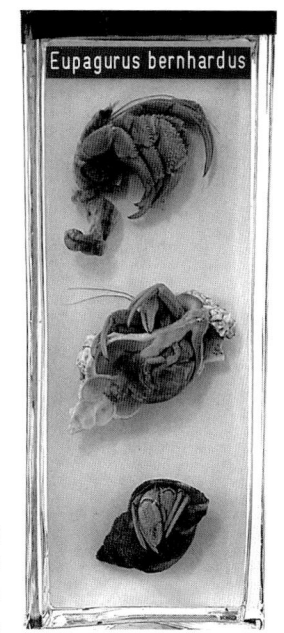

**Abb. 77** Einsiedlerkrebs, Eupagurus bernhardus. Oben aus der Schale gezogener Krebs, Mitte aufgeschliffene Schale, in der man die Lage des Krebses erkennt, unten Krebs in einer Wellhornschnecke, Buccinum undatum.

lassen sich öffnen, indem die „Daumen" aus den Gelenken gelöst werden. Durch die freigelegte Gelenköffnung holt man mit einem Drahthaken die Muskulatur heraus. Bei großen Hummern oder Langusten muss auch aus den übrigen Schreitfüßen durch die zwischen jedem Segment sitzenden häutigen Membranen die Muskulatur mit kleinen Drahthaken entfernt werden.

Die Carapax von Krabben lässt sich säubern, indem das Tier bauchseits aufgeschnitten wird. Derart vorbehandelte Crustaceen legt man dann für 48 Stunden in eine wässrige Lösung von 10 % Phenol und 10 % gebranntem Alaun. Nach dieser Zeit werden die Skelettteile aus der Lösung genommen und in kaltem Wasser abgespült. Dann feilt man Spitzen an dünne Drähte, um sie durch die Beine in den Cephalothorax schieben zu können. Nunmehr lässt sich der Panzer mit seinen Extremitäten in lebensähnlicher Haltung mittels Nadeln herrichten und zum Trocknen aufstellen. Sobald der Panzer völlig trocken ist, werden die Beindrähte mit in Leim getränkter Watte befestigt. Dadurch bekommt das Tier eine gewisse Festigkeit und kann auf einem passenden Brett montiert werden. Vor dem noch erforderlichen Bemalen wird der gesamte Panzer mehrere Male mit Terpentin grundiert. Die Ölfarbe tupft man am besten nur auf, indem der Pinsel etwas mit Malmittel angefeuchtet und dann die Farbe aus der Tube entnommen wird. Auf keinen Fall dürfen die Objekte einfach angepinselt werden.

**Kleinere Krebse** müssen nicht unbedingt ausgenommen werden, wenn man sie als Trockenpräparat aufstellen will. TEISSIER (1938) empfiehlt, sie in eine Lösung von 35 g Borsäure, 80 g Borax, 35 g Salpeter, 35 g Magnesiumchlorid, 100 g Glycerol und 1 l Meerwasser zu legen. Die Salzlösung wird auf 40 °C erhitzt und die Tiere müssen, entsprechend ihrer Größe 2 bis 3 Tage darin verbleiben. Danach trocknet man die Krebse ohne direkte Sonneneinstrahlung. Die entstehenden Salzausblühungen werden mit einem in Süßwasser angefeuchteten Schwamm entfernt. Bei Anwendung dieses Verfahrens bleibt die Elastizität der Extremitäten erhalten.

Noch einfacher ist die Herstellung eines Formalin-Trockenpräparates. Diese Methode eignet sich für Tiere bis zu der maximalen Größe eines Flusskrebses bzw. einer Wollhand- oder Strandkrabbe. Hierbei werden zunächst vorsichtig die Mundwerkzeuge und das Abdomen entfernt. Bei Krabben wird das Telson zurückgeklappt. Anschließend wird der Carapax (Rückenschild) abgehoben. Ggf. ist es dazu nötig, mit einem Skalpell, einem feinen Messer oder einer Lanzettnadel das Gewebe entlang der Coxen zu lösen. Anschließend wird das Tier möglichst weitgehend entfleischt. Mit einer spitzen Pinzette entfernt man die Muskulatur aus den Beinen, mit einer kräftigen, stumpfen Pinzette die inneren Organe und die Körpermuskulatur. Dabei ist darauf zu achten, dass nicht die innen am Carapax befindliche Haut beschädigt wird, da diese maßgeblichen Anteil an der Färbung und Zeichnung der Tiere hat. Um die kräftigen Muskeln aus den Scheren der Vorderbeine zu extrahieren wird der „Daumen" überdehnt und entfernt und die Pinzette durch diese Öffnung geführt. Ebenso ist mit dem Abdomen zu verfahren. Wenn möglich kann der Hinterleib in die einzelnen Segmente zerlegt werden. Nun wird die Körperflüssigkeit mit Wattetupfern entfernt. Schließlich wird der Körper innen mit Formalinlösung ausgepinselt. Ebenso wird Formalin durch die Intersegmentalhäute in die Extremitäten injiziert. Nun lässt man das Präparat langsam trocknen (2 bis 3 Tage). Zu schnelles Trocknen führt zu Verformungen! Danach werden die Einzelteile wieder zusammengefügt und mit einem Kunstharzkleber verleimt. Schließlich muss das Objekt noch an einem gut gelüfteten Ort einige Zeit nachtrocknen. Bei diesen Arbeiten sollten Gummihandschuhe getragen werden, da Krebse bisweilen einen sehr strengen Geruch aufweisen, vor allem aber um Hautkontakt mit dem Formalin zu vermeiden.

Eine ausführliche Anleitung zur **Präparation von höheren Krebsen** liegt von AHRENDT (1986) vor. Darin wird empfohlen, den Rückenpanzer vom Körper abzuheben, indem man die unter dem Panzer liegenden Muskeln durchschneidet. Anschließend wird das Abdomen vom Vorderleib getrennt und die Schreitbeine sowie die Antennen entfernt. Dabei ist darauf zu achten, dass die Beine mit nummerierten Marken gekennzeichnet werden, um eine Verwechslung bei der späteren Montage zu vermeiden. Körper und Extremitäten werden gründlich entfleischt, ohne jedoch die weichhäutige Unterpartie des Hinterleibes mit den Bauchfüßen zu beschädigen. Danach wird das Objekt 24 Stunden in 5%iger Formollösung fixiert. Um ein späteres Reißen des Panzers zu vermeiden, werden Scheren und Panzer mit Zellstoff und Leim ausgeklebt (AHRENDT bezieht sich bei seinen Ausführungen auf die Präparation eines Hummers). Die Schreitbeine sind in feuchtem Zustand zu montieren, da sonst ein Richten unmöglich ist. In die Beine werden zur Stabilisierung Drähte eingezogen. Als Halterung der Drähte im Körper dient ein Styroporklotz, der mit Papier und Leim umkleidet ist. Nach Montage der Beine wird das Abdomen angebracht, welches ebenfalls mit einer Styroporfüllung versehen ist. Nun werden die Scheren wieder zusammengeklebt und der Körper in die richtige Stellung gebracht. Wenn das geschehen ist, werden die noch feuchten und biegsamen Antennen mit dünnen Drähten angebracht und die beim Zerlegen durchtrennten Gelenke mit einer dünnen Leimschicht überzogen. Die Bemalung erfolgt in der üblichen Weise.

Die **Morphologie eines Krebses** lässt sich sehr gut an einem zergliederten Exemplar demonstrieren (▶ **Abb. 78**). Zur Herstellung eines derartigen Präparates werden völlig unbeschädigte, in Alkohol konservierte Krebse benötigt. Die Zergliederung beginnt mit dem Abtrennen des Abdomens, das von Segment zu Segment in einzelne Teile zerlegt wird. Vor dem Aufstecken zum Trocknen taucht man jedes Teilstück, um es gegen Schadinsektenfraß zu schützen, in eine gesättigte Boraxlösung. In gleicher Weise wird mit den einzelnen Teilen des Kopfbruststückes verfahren. Nachdem alle Teile getrocknet sind, werden sie in symmetrischer Anordnung in einen flachen, weiß ausgemalten Holzkasten geklebt, etikettiert und eingeglast.

Die früher gebräuchlichen **Trockensammlungen von Isopoden** sind nach GRUNER (1965) grundsätzlich abzulehnen. An getrockneten Tieren sind die Mundteile und die Pleopoden so geschrumpft, dass sie sich zur Determination nicht mehr eignen.

Zur **Rückführung getrockneter Asseln** mit anschließender Aufbewahrung in Alkohol erprobte ELLIS (1981) mehrere chemische Behandlungen, die aber alle Vor- und Nachteile aufweisen. Alle Lösungen werden mit Aqua dest. angesetzt

- 1,2 % Natriumchlorid. Einwirkungszeit hängt von der Art ab. 4 bis 5 Stunden für kleine, bis 24 Stunden für große Objekte. Diese Methode dauert zwar länger als andere, hat aber den Vorteil, auch für zerbrechliche Objekte geeignet zu sein.
- 2 % Natriumphosphat. Länge der Einwirkung 4 bis 6 Stunden. Nach 4 Stunden ist die Prozedur zu beobachten, damit die Objekte nicht zu stark erschlaffen. Ein weiterer Nachteil besteht darin, dass sich ein spezieller Niederschlag an der Basis von Körperanhängen entwickeln kann. Dieser Niederschlag kann nur durch mechanische Hilfsmittel beseitigt werden, wodurch Beschädigungen auftreten können.
- 0,5 % Formaldehyd und 5 % Natriumsulfat. Länge der Einwirkung 3,5 bis 6 Stunden.
- 2 % Zitronensäure und 20 % Natriumcitrat 1:1. Einwirkung bis 4 Stunden. Es besteht die Gefahr, dass die Objekte zu schlaff werden.
- 90%iges Ethanol 30 Teile; 0,5 % Formaldehyd 50 Teile; 5 % Natriumcitrat 20 Teile. Länge der Einwirkung 1 bis 24 Stunden. Die mit dieser Methode erzielten Ergebnisse fallen sehr variabel aus.

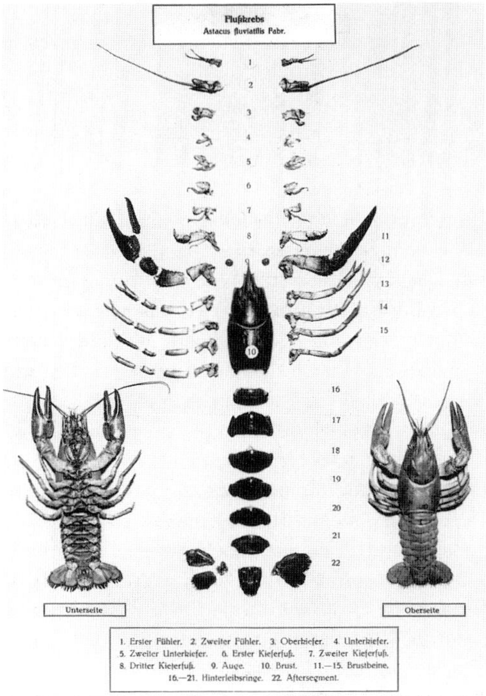

**Abb. 77** Zergliederter Flusskrebs, Astacus fluviatilis als Trockenpräparat montiert. Links unten Ventralansicht, rechts unten Dorsalansicht.

Nach der chemischen Behandlung werden die Objekte in Aqua dest. eine Stunde lang gewässert und danach in 80%igen Alkohol überführt.

Parallel zur Sammlung ganzer Asseln in Alkohol empfiehlt SCHMÖLZER (1965), eine Sammlung mikroskopischer Präparate anzulegen.

## Spezielle Hinweise

Sollten die vorstehend angeführten Methoden nicht die gewünschten Erfolge gebracht haben, wird auf die detaillierten Arbeitsanleitungen zur Narkotisierung mariner Krebse von SMALDON & LEE (1979) verwiesen.

Vor der **Anfertigung anatomischer Präparate** orientiere man sich über die Lage der Organe zuerst im Leitfaden für das zoologische Praktikum von STORCH & WELSCH (2005). Die **Injektion der Blutgefäße** bei Krebsen und Hummern bereitet keine besonderen Schwierigkeiten. Man verwendet am besten Männchen für diesen Zweck, da bei den Weibchen die Blutgefäße durch das Ovarium verdeckt sind. Die Krebse werden in einem Eisbad betäubt, und dann werden vom Hinterrand des Panzers kleine Stücken abgebrochen, bis das darunter liegende Herz sichtbar ist. Die Injektionsnadel führt man in einem Winkel von etwa 30° in das Herz und injiziert je nach Größe des Tieres 1 bis 2 ml rot gefärbten Latex. Der Verlauf der Injektion lässt sich durch die in den Kiemen erscheinende Farbmasse kontrollieren. Die vom Panzer befreiten Präparate werden in 10%igem Formalin aufbewahrt. Über die Injektion des Gefäßsystems mittels Tusche berichtet BAUMANN (1918) ausführlich. Die technischen Methoden zur **Darstellung des Nervensystems** beim Sumpfkrebs beschreibt MAZOUÉ (1933). Am geeignetsten zur Mazeration ist ein Gemisch von 4%iger Salpetersäure und 75%igem Alkohol, in dem die Tiere 12 bis 18 Stunden verweilen müssen.

# Viel- oder Tausendfüßer (Myriapoda)

Die bisherige Auffassung von der Klasse Myriapoda ist phylogenetisch nicht mehr haltbar. Vielmehr geht man davon aus, dass die Gruppe der Vielfüßer in die Klassen Chilopoda (Hundertfüßer) – 2800 Arten, und Progoneata gegliedert werden muss. Letztere unterteilt sich in die Ordnungen Symphyla (Zwergfüßer) – 120 Arten, Diplopoda (Doppelfüßer) – über 10 000 Arten und Pauropoda (Wenigfüßer) – ca. 500 Arten. Gemeinsam mit den Insekten bilden diese beiden Klassen die Überklasse Antennata. Im Folgenden kann jedoch lediglich auf Chilopoden und Diplopoden eingegangen werden.

Bei den Chilopoden ist das erste Laufbeinpaar zu zangenförmigen Kieferfüßen umgestaltet, in dessen Spitze eine Giftdrüse mündet. Die Rumpfsegmente tragen mit Ausnahme der beiden letzten je ein Beinpaar. Die Anzahl der Körperringe mit Laufbeinen schwankt bei den verschiedenen Arten zwischen 15 und 170. Als größte Art gilt der Riesenskolopender, er kann 26,5 cm lang werden.

Bei den Diplopoden tragen die Körperringe – abgesehen von den 4 vorderen – je 2 Beinpaare. Die Mehrzahl der Arten hat einen hart gepanzerten Rumpf, den sie spiralig einrollen können.

## Sammeln

Zum Sammeln von Myriapoden empfiehlt ATTEMS (1931) eine Umhängetasche, die unter dem Deckel mit möglichst vielen Fächern zur Aufnahme von Glasröhrchen (Eprouvetten) versehen ist, zu verwenden oder die Tiere lebend in kleine, feste Leinenbeutel zu stecken. Ferner wird eine mit Ring versehene lange Pinzette (sog. Skorpionspinzette) an einer Schnur um den Hals gehängt, damit sie jederzeit griffbereit ist. Sehr wichtig ist ein Stück wasserdichtes Tuch, auf das man sich im Herbst auf feuchten Untergrund knien kann. Als außerordentlich nützlich hat sich neben dem individuellen Sammeln der Gebrauch eines Siebbeutels (▶ **Abb. 49a**) oder eines Siebkastens (▶ **Abb. 49b**) erwiesen. Zwergtausendfüßer – das sind Wenigfüßer (Pauropoda) – werden am besten mit Hilfe eines Exhaustors (▶ **Abb. 6**) von der

Unterseite von Holz, Rindenteilen oder Steinen, die am Boden liegen, gesammelt (HASENHÜTTL, 1987).

## Hundertfüßer (Chilopoda)

Obwohl davon viele Vertreter in Mitteleuropa vorkommen, lebt die überwiegende Anzahl der Arten in wärmeren Ländern. Die großen, außerordentlich beweglichen Skolopender – es sind die einzigen wehrhaften Myriapoden – fängt man am sichersten, indem das Vorderende mit dem Finger auf die Erde gedrückt und das Tier dann mit der Pinzette gefasst wird. Es kostet anfangs eine gewisse Überwindung, die heftig schlängelnden Chilopoden sicher festzuhalten, aber beim Sammeln stellt man sich schnell auf diese Verhaltensweise ein. Da sich die räuberisch lebenden Tiere tagsüber verborgen halten, muss man unter Steinen, abgefallenem Laub, loser Baumrinde oder direkt im Boden nach ihnen suchen. ADLUNG (1963) befestigt zum Fang rindenbewohnender Arthropoden Wellpappringe an den Stämmen von Weißtannen. Nach regnerischem Wetter halten sich darunter massenhaft große Chilopoden und Juliden auf. Kleine Formen – sie sind in wissenschaftlicher Hinsicht meist wertvoller – lassen sich am sichersten mit dem Ausleseverfahren gewinnen. Dazu füllt man den Oberteil des Siebbeutels mit faulendem Laub, Moos oder Teilen eines verrotteten Baumstammes. Nach kräftigem Schütteln bleiben die groben Bestandteile auf dem Sieb liegen und nur das feinere Substrat fällt zusammen mit dem Tiermaterial durch. Das Gesiebe wird dann auf ein Sammeltuch (▶ **Abb. 9**) geschüttet und die Hundertfüßer manuell ausgelesen.

Wie KOREN (1986) betont, liegt der große Vorteil dieser Methode im Erfassen tieferer Bodenschichten. Dabei werden nicht nur die Imagines, sondern auch alle Juvenilen mit erfasst. Die Bodenproben werden in dichten Leinensäckchen transportiert und daheim mittels einer weichen Uhrfederpinzette oder eines Berlese-Apparats (siehe Seite 19) ausgelesen.

## Doppelfüßer (Diplopoda)

Die meisten Diplopoden leben mehr oder minder zahlreich in steinigen Gegenden und vor allem im Gebirge. Gesteinslose Ebenen beherbergen nach VERHOEFF (1939) nur eine geringe Anzahl von Arten. Sie fehlen fast gänzlich in den europäischen Überschwemmungsgebieten, während sich einige tropische Vertreter gerade an diese Biotope angepasst haben. Alle Doppelfüßer sind mehr oder weniger feuchtigkeitsliebend, deshalb ist das Sammeln im Frühjahr (März bis April) und im Herbst (Mitte September bis Anfang Oktober) in Mitteleuropa erfolgreicher als in den oft trockenen Sommermonaten. Der Oktober ist der günstigste Monat zum Sammeln, weil in diesem Monat die meisten Tiere in entwickeltem Zustand anzutreffen sind. Als erfolgreichste Tageszeit erwiesen sich die Morgen- und Abendstunden. Diplopoden leben überwiegend von Pflanzenabfällen. Deshalb sucht man sie an gestürzten Baumstämmen oder unter alten Brettern. Holzteile haben für Diplopoden eine besondere Anziehungskraft, wenn sie mit glasigen Schleimpilzen überzogen sind. Laubwälder sind durchwegs besser besiedelt als Nadelwälder. Besonders geschlossenen Farnbeständen muss der Sammler seine Aufmerksamkeit widmen. Die unter den verwelkten Wedeln liegende Humusschicht gibt geeignetes Siebmaterial ab. Nicht weniger wichtig ist die Untersuchung der Bauten von Ameisen und Termiten. Auch die Nester von Kleinsäugern sollten kontrolliert werden. Man kennt in Mitteleuropa bisher nur eine blinde Juliden-Art aus dem Nest des Maulwurfs. Echte Höhlenbewohner unter den Diplopoden findet man erst in Südeuropa. Sie halten sich am ehesten in solchen Höhlen auf, in die Holzteile gelangt sind. Im Bereich des Meeresstrandes kommen in Europa nur zwei Arten vor. Sie leben in der Gezeitenzone unter Steinen und im Spülicht, den an flachen Küsten angeschwemmten Ballen verfilzter Vegetationsteile.

## Fixieren und Konservieren

Die gefangenen Myriapoden tötet man in Gläschen, die zu $2/3$ mit 70- bis 80%igem Alkohol gefüllt sind. Der Alkohol darf keinesfalls eine höhere Konzentration haben, weil sonst sehr leicht Schrumpfungen auftreten, die manche Strukturen völlig unkenntlich werden lassen. Das gilt insbesondere für die Erdläufer (Geophilidae). Nachdem die Tiere verendet sind, werden sie aus dem Alkohol genommen und etwas gestreckt. Große Arten wie Skolopender bindet man am besten an ein flaches Holzstäbchen, um Krümmungen zu vermeiden, und injiziert dann etwas Alkohol durch die Intersegmentalhäute in den Körper. Insbesondere Diplopoden muss man wegen ihres festen, kalkhaltigen Hautskeletts injizieren oder notfalls anschneiden, damit der Alkohol eindringen kann. Nach dieser Behandlung lässt sich die Ausbeute beliebig lange im Alkohol aufbewahren. Das Material muss wie üblich einzeln mit Etiketten versehen werden. Die mit Watte verschlossenen Glasröhrchen kommen dann in eine Weithalsflasche. Der im Lauf der Zeit verdunstende Alkohol lässt sich durch Zugießen in das große Gefäß sehr schnell ergänzen.

Da Diplopoden infolge der Kalkeinlagerungen in ihrem Chitinskelett beim Trocknen keine Veränderungen erleiden, kann man kleine Arten auch als **Trockenpräparate** auf genadelte Kartonplättchen kleben. Abgesehen von den großen Scolopendromorphen lassen sich die übrigen Chilopoden nur als Trockenpräparate herrichten, wenn sie paraffiniert werden (vgl. Seite 124 f.).

Das Bestimmen kleiner Formen ist lediglich unter dem Binokular möglich. Bei verschiedenen Arten müssen dazu von den Mundwerkzeugen mikroskopische Präparate angefertigt werden. Die Herstellung derartiger Dauerpräparate beschreiben EDWARDS (1959) und KOREN (1986).

# Insekten (Hexapoda)

Zu den Insekten (Sechsfüßer, Kerbtiere, Kerfe) gehören drei Viertel aller rezenten Tierarten. Sie werden meist in die zwei großen Gruppen der Apterygota und Pterygota eingeteilt. In der 1. Gruppe sind die primär flügellosen Insekten, die Urinsekten, und in der 2. Gruppe die Fluginsekten zusammengefasst. Letztere sind ursprünglich durchweg geflügelte, sekundär mitunter flügellose Insekten. Von den Urinsekten kennt man ungefähr 3500 kleine bis mittelgroße Arten von 0,25 mm bis 4 cm Länge. Die Fluginsekten oder höheren Insekten umfassen über 800 000 Arten. Die ▶ **Abb. 79** zeigt, dass der Anteil der einheimischen Insektenordnungen vom bisher bekannten Artenbestand der ganzen Welt nur 5 % beträgt. Die kleinsten Fluginsekten messen 0,2 mm. Die längste Art stellt eine 33 cm lange Gespensterheuschrecke dar, die Art mit dem größten Körpervolumen ist der 14 cm lange Goliathkäfer. Auf Grund ihrer Entwicklung trennen die Systematiker die Insekten mit unvollkommener Verwandlung (Hemimetabolie) von denen mit vollkommener Verwandlung (Holometabolie). Die hemimetabole Metamorphose kennt im Gegensatz zu der holometabolen Metamorphose kein ruhendes Puppenstadium zwischen dem letzten Larvenstadium und dem geschlechtsreifen Insekt (Imago).

Spezielle Hinweise über die **Behandlungstechnik der Ektoparasiten** von Säugetieren und Vögeln finden sich auf Seite 30 f. des vorliegenden Buches.

Die Behandlung der zu den Fluginsekten gehörenden Ordnungen wurde aus praktischen Gründen nicht in der üblichen systematischen Reihenfolge vorgenommen. Käfer und Schmetterlinge mussten deshalb vorangestellt werden, weil man die für sie üblichen Verfahren in vieler Hinsicht auch bei den übrigen Ordnungen anwenden kann. Die sonst unumgänglichen Wiederholungen können auf diese Weise vermieden werden. (So wird z. B. das für sehr viele Insektengruppen anwendbare Verfahren nach MCRAE (1987) im Rahmen der Präparationstechnik von Käfern erläutert.) Wer Anleitung zur Sektion von Insekten sucht, sei auf PAWLOWSKI (1960) verwiesen. Spezielle Angaben über die Injektion des Tracheensystems macht LEHMANN (1924).

An dieser Stelle sei unbedingt auf die große Bedeutung der **Herstellung von Genitalpräparaten** zur Absicherung von Artdiagnosen hingewiesen. ASPÖCK (1971) empfiehlt, die herauspräparierten, in Kalilauge mazerierten und aufgehellten Kopulationsorgane nicht in starre Medien (Kanadabalsam, Kunstharze) einzubetten, sondern sie nach Untersuchung in Glycerol auch darin aufzubewahren. Hierfür eignen sich kleine Glas- oder Kunststoffröhrchen, durch deren Stopfen man die Nadel mit dem zugehörigen Tier steckt. Sehr zweckmäßig sind hier 0,2 ml PCR-

Insekten (Hexapoda)

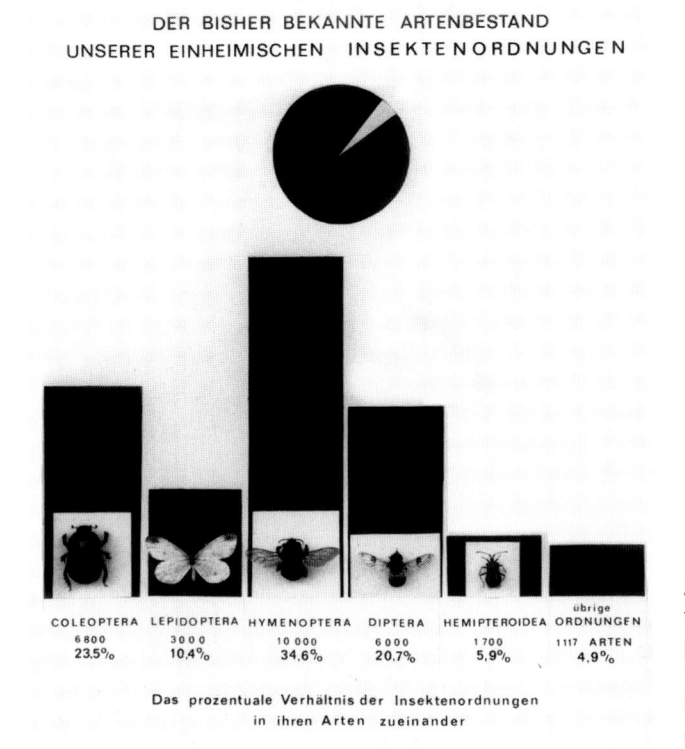

DER BISHER BEKANNTE ARTENBESTAND
UNSERER EINHEIMISCHEN INSEKTENORDNUNGEN

| COLEOPTERA | LEPIDOPTERA | HYMENOPTERA | DIPTERA | HEMIPTEROIDEA | übrige ORDNUNGEN |
|---|---|---|---|---|---|
| 6 800 | 3 000 | 10 000 | 6 000 | 1 700 | 1117 ARTEN |
| 23,5% | 10,4% | 34,6% | 20,7% | 5,9% | 4,9% |

Das prozentuale Verhältnis der Insektenordnungen
in ihren Arten zueinander

**Abb. 79** Schaukasten mit präparierten Insekten zur Demonstration des prozentualen Verhältnisses einzelner Insektenordnungen am Gesamtbestand sowie der Anteil der mitteleuropäischen Arten.

Tubes mit anhängendem Deckel, die – mit Glycerol und dem Genital versehen – zuverlässig verschlossen werden können und ebenfalls an der Nadel des zugehörigen Tieres befestigt werden. Dabei wird die Nadel durch die Lasche des Deckels geführt. (s. ▶ **Abb. 80**) Große Genitalarmaturen können nach SCHULZE (1990) auch in kleinen Hartgelatinekapseln trocken aufbewahrt werden. Diese Kapseln sind zweiteilig, zusammensteckbar und können leicht mit an der Insektennadel befestigt werden.

Da im Rahmen ökologischer Untersuchungen große Mengen von Mikrolepidopteren und Coleopteren anfielen, die eine Rationalisierung des Arbeitsverfahrens notwendig machten, entwickelte DRECHSEL (1972) ein Verfahren, mit dessen Hilfe in relativ kurzer Zeit die Genitalien einer

**Abb. 80** Aufbewahrung von Genitalpräparaten in Glycerol in 0,2 ml PCR-Tubes. Zur Aufbewahrung wird die Insektennadel des zugehörigen Tieres durch den anhängenden Deckel geführt.

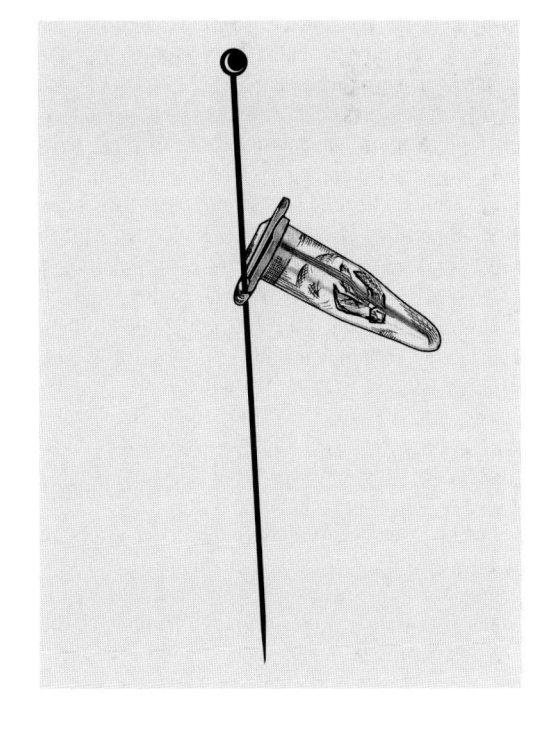

# Gliederfüßer (Arthropoda)

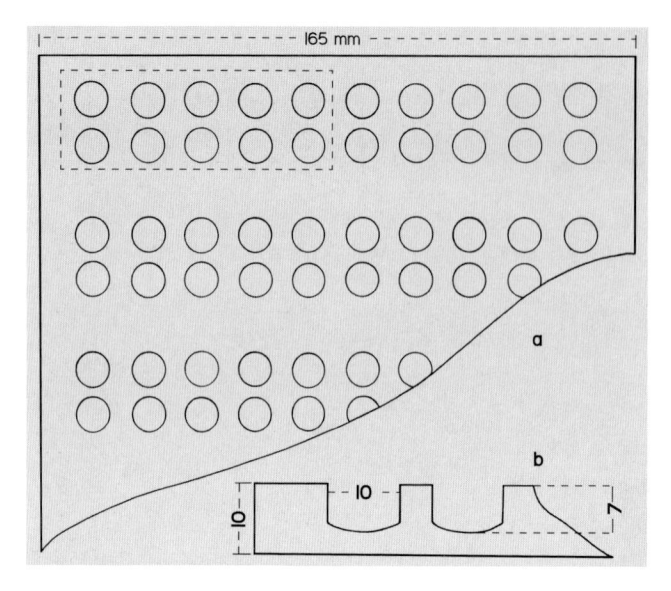

**Abb. 81** Arbeitsplatte zur Herstellung von Genitalpräparaten in Serien nach Drechsel. a) Platte mit den in Doppelreihen angeordneten Bohrungen in Aufsicht. Die gestrichelte Umrandung oben links entspricht der Größe eines Objektträgers. b) zwei Bohrungen im Aufriss.

großen Zahl von Individuen isoliert werden konnten. Als technische Hilfsmittel werden dazu 10 mm starke Plexiglasplatten von 165 x 165 mm geschnitten und mit mehreren Doppelreihen von Bohrungen versehen (▶ **Abb. 81**). In den Bohrungen werden die für die Genitalpräparation erforderlichen Arbeitsgänge durchgeführt. Die erste Reihe dient zum Weichen der Tiere in 3- bis 4%iger Essigsäure unter Zusatz eines Spülmittels. Die Etiketten zu den Objekten werden in einer den Bohrungen entsprechenden Reihenfolge auf eine Styroporplatte gesteckt. Aus dem genügend weichen Objekt wird das herausgelöste Genital, bzw. bei kleineren Tieren das abgetrennte Abdomen, in die darunter liegende Bohrung der folgenden Reihe überführt. Die Gewebeteile werden danach mit wenigen Tropfen verdünnter Kalilauge aufgelöst. Zur Beschleunigung der Mazeration kann die Platte, nachdem die Präparate mit Objektträgern zugedeckt worden sind, bei 70 bis 100 °C im Trockenschrank erhitzt werden. Zum Herausspülen der Kalilauge überführt man ein Genital nach dem anderen in die wassergefüllten Bohrungen der dritten Reihe. Danach ist das Objekt zum Studium hergerichtet.

Die gleichen Dienste leisten die in der Virologie für das ELISA-Verfahren gebräuchlichen Mikrotestplatten aus Kunststoff. Auf Grund der optischen Eigenschaften dieser Platten lassen sich die Objekte bereits gut unter einem Binokular betrachten, wenn sie noch in einer der Kammern liegen.

Sollte der Wunsch bestehen, das Objekt in Harz einzubetten, sei dringend darauf hingewiesen, dass zwar sowohl die Mazeration als auch das Führen durch die Alkoholreihe bequem in diesen Mikrotestplatten durchführbar sind, für die Überführung in ein Intermedium zur Harzeinbettung müssen jedoch unbedingt Glasbehälter benutzt werden, da die dafür üblichen Chemikalien (z. B. Xylen) den Kunststoff angreifen und die Genitalien mit dem gelösten Material verkleben. Werden die Insekten auf ein Aufklebeplättchen montiert, klebt man das Genital ebenfalls mit Insektenleim fest (▶ **Abb. 99**), anderenfalls wird es, wie bereits erwähnt, in einem Glasröhrchen bzw. PCR-Tube oder nach Negrobow & Marina (1979) in einem Stückchen Korrex-Band, das mit auf die Insektennadel gesteckt wird, aufbewahrt.

## Urinsekten (Apterygota)

Da die Vertreter der Urinsekten meist kleine Arten sind, die eine gleiche Vorgehensweise erfordern, werden sie nicht getrennt nach Ordnungen, sondern summarisch betrachtet.

### Sammeln

Die bekanntesten und größten Arten Mitteleuropas sind die Fischchen (Lepismatidae), z. B. Silberfischchen und Ofenfischchen. Man findet sie in

Gebäuden, besonders nachts an feuchtwarmen Örtlichkeiten. Die Mehrzahl der Apterygoten lebt jedoch auf dem Erdboden in verrottetem Holz, unter Steinen und einige Arten auf erwärmten Steinen oder Sand an der Meeresküste. Manche Arten wohnen in den Nestern von Ameisen und Termiten. Besonders häufig trifft man die winzigen Springschwänze an der Küste sowie an Gewässerrändern. Im Gebirge leben im Bereich der Schneegrenze die sog. „Schnee- oder Gletscherflöhe", siehe STRÜBING (1958). Die größeren Arten fängt man manuell, die kleinen mit einem alkoholbefeuchteten Pinsel oder einem Exhaustor (▶ **Abb. 6 und 82**). Um quantitative Ergebnisse zu erzielen, müssen die Bodenproben mit einem Stechbohrer entnommen, einzeln in Folietüten transportiert und in einer Ausleseapparatur behandelt werden. Auch der Einsatz von Baumeklektoren (siehe Seite 142) liefert größere Mengen von Springschwänzen. Vom Algenbewuchs der Stämme ernähren sich Collembolen aus der Gruppe der Kugelspringer (Sminthuridae).

Einzelheiten über die Sammel- und Untersuchungstechnik bringen SGONINA (1935), BOCKEMÜHL (1956), NAGLITSCH (1959), KIKUZAWA u. a. (1967) sowie VALPAS (1969). Die rationale Aufbereitung von Collembolenfängen aus der Bodenmesofauna beschreibt GROSSMANN (1988).

### Präparieren

Aus der Ausleseapparatur fallende Apterygoten fixiert man am besten in dem durch v. TÖRNE (1965) modifizierten GISINschen Fixierungsgemisch, bestehend aus 1000 Teilen Isopropanol, 30 Teilen Eisessig und 3 Teilen Formol. Dieses Fixierungsgemisch kann als Konservierungsmittel verwendet werden, wenn man es zu gleichen Teilen mit Aqua dest. verdünnt. Eine elegante Methode zur **Streckung von Mikroinsekten** verwendet ZUR STRASSEN (pers. Mitt.). Mit einer Mischung von 60%igen Ethanol und konz. Essigsäure 9:1 erzielt man verblüffende Effekte. Diese Mischung sollte bei Expeditionen zum Fixieren vorrätig gehalten werden. Große Arten lassen sich nadeln oder auf Kartonplättchen aufkleben. Die Tiere müssen vorsichtig behandelt werden, denn sie sind sehr zerbrechlich. Von kleinen Formen fertigt man mit Hilfe von Einbettungsmitteln **mikroskopische Präparate** an, die vor allem der Artbestimmung dienen (siehe Seite 271 ff.). Das von STÜBEN (1949) eingeführte Einbettungsgemisch setzt sich wie folgt zusammen: 25 ml konzentrierte Milchsäure, 25 ml Phenol-Lösung, 50 ml Aqua dest., 20 g Gummi arabicum und 20 g Chloralhydrat. Milchsäure und Phenol werden vermischt, das Wasser wird unter Umschütteln hinzugegeben und schließlich das Gummi arabicum darin gelöst. Zuletzt wird das Chloralhydrat hinzugefügt. Falls Unreinheiten im Gummi arabicum sind, wird das Gemisch durch Glaswolle filtriert. Den Trichter bedeckt man dabei mit einer Glasscheibe, da das Filtrieren recht langsam vor sich geht und die Verschmutzung und Verdunstung sonst zu stark würden. Die Objekte werden am zweckmäßigsten aus dem Fixierungsgemisch auf einen sauberen Objektträger gelegt, das Einbettungsgemisch darauf getropft und mit einem Deckgläschen vorsichtig bedeckt. Bereits nach einem Tag sind die Tiere genügend aufgehellt und können betrachtet werden. Bei größeren Objekten ist es angebracht, einen Lackring um das Deckglas zu ziehen, ohne den sie nach einiger Zeit vertrocknen. Alternativ besteht die Möglichkeit, die Objekte in warmer Kalilauge aufzuhellen und anschließend in Neutralbalsam einzubetten. Die Verwendung von BERLESE-Gemisch statt Balsam hat den Vorteil, dass man die langwierige Entwässerung über die Alkoholreihe umgeht. Präparate mit BERLESE-Gemisch sind jedoch nicht sehr lange haltbar.

Eingehendere Anweisungen, die vielfach für alle kleinen Arthropoden gelten, liegen von folgenden Autoren vor: KUHN (1933), GLANCE (1956), V. TÖRNE (1957), OSSIANNILSSON (1958), MÜLLER (1962 u. 1969) sowie SCHLIEPHAKE (1966).

## Käfer (Coleoptera)

Charakteristisch für die Käfer ist, dass die Vorderflügel zu kräftig sklerotisierten Flügeldecken umgebildet sind, die meist den ganzen Hinterleib bedecken. Es sind überwiegend typische Landinsekten, die teilweise sehr gut fliegen können, aber bei weitem nicht so gewandt wie Dipteren oder Hymenopteren. Die meisten Arten sind Pflanzenfresser, es gibt aber auch räuberische und von Aas oder Wirbeltierexkrementen lebende Formen. Einige Arten haben sich dem Wasserleben angepasst, ganz wenige sind zu Ekto- oder Entoparasiten geworden. Eine empfehlenswerte Einführung in die Käferkunde mit Hinweisen auf Sammelgeräte, Fangmethoden und Präparation verfassten FREUDE, HARDE & LOHSE (1965). Zusätzlich sei auf die Bibliographie von GRASER (1985) hingewiesen, der versucht, alle in der Koleopterologie gebräuchlichen Methoden zu erfassen. Hinweise auf Sammelmethoden und Sammelplätze sowie die Lebensweise der Käfer ergeben sich oft auch aus faunistischen Veröffentlichungen. Besonders zu beachten sind ZAHRADNIK (1985) und KOCH (1989).

## Allgemeine Sammeltechnik

Bezüglich der Ausrüstung eines Käfersammlers wird empfohlen, die bereits im 1. Kapitel gegebenen allgemeinen Hinweise zu beachten. Neben Kescher (▶ **Abb. 8**) und Exhaustor (▶ **Abb. 6**) gehört unbedingt ein Insektensieb und ein Sammeltuch sowie ein Klopfschirm dazu. REITTER (1910) bezeichnet das Insektensieb als das wichtigste Fanginstrument des Coleopterologen (▶ **Abb. 49**). Ein derartiges Sieb kann ohne großen Aufwand aus einem etwa 80 cm langen Sack aus dichtem, festem Stoff und zwei Drahtbügeln mit Griffen von etwa 30 cm Ø hergestellt werden. Die Metallbügel werden in einem Abstand von 25 cm eingenäht. Der untere Bügel hält das erforderliche Sieb aus nichtrostendem Metall- oder Kunststoffdraht (z. B. starke Angelsehne) mit einer Maschenweite von 5 bis 8 mm. Die untere Sacköffnung wird vor dem Sieben mit einer Schnur verschlossen. Das aus den aufgenommenen Proben erhaltene Gesiebe wird in dichten, aber luftdurchlässigen Säckchen transportiert. Solche Siebe sind auch im entomologischen Fachhandel erhältlich.

FRITSCHE (pers. Mitt) verwendet ein Sieb, dessen oberer Bügel ein U darstellt. Die offene Seite wird mit Gummiband bespannt, das sich beim Anlegen, z. B. den Konturen eines Baumstammes anpasst, so dass Siebeverluste reduziert werden können. Zum Sieben eignet sich feuchte Laub- oder Nadelwaldstreu besser als trockene. Ferner versäume man nicht, bei Frühjahrs- und Sommerüberschwemmungen den Spülsaum zu sieben. Lohnend ist auch das Sieben von Proben aus Komposthaufen, faulenden Holzstämmen und Baumschwämmen. Auch zerzupfte Wurzelstöcke, Gras- und Schilfbülten, Holz- und Rindenspäne sowie Ameisenbauten bringen lohnende Ausbeuten. Sofern kleine Kadaver im verfaulten oder vertrockneten Zustand angetroffen werden, lege man diese zusammen mit dem darunter befindlichen Erdreich behutsam, jedoch recht schnell auf das Sieb und klopft einige male kräftig dagegen. In unseren Breiten lohnt sich die Siebmethode vor allem im Frühjahr, mitunter auch im Herbst, kaum aber im Sommer. Zu beachten ist unbedingt das Sieben in den Nachtstunden. Im Boden lebende Käfer dringen nachts in höhere Bodenschichten vor (SCHWEIGER 1951/52).

Da insbesondere auf längeren Sammelreisen größere Gesiebemengen anfallen, sollte das Volumen des Gesiebes verringert werden. Dazu eignet sich in besonderem Maße die wiederholt ausführlich beschriebene **Schwemm-Methode**. SCHEERPELTZ (1957) arbeitet wie folgt: Um große Ausbeuten zu schwemmen, wird ein zylindrischer Behälter aus starkem Segeltuch von etwa 80 cm Durchmesser und 80 cm Höhe verwendet. Auf kleinen Exkursionen und beim Schwemmen auf Sand- und Schotterbänken kann ein sog. „Tränkeimer" aus Segeltuch verwendet werden. Das vorhandene Gefäß soll nur bis auf etwa zwei Drittel mit Wasser gefüllt werden. Die Gesiebesäcke werden über den Behälter gehalten und das Gesiebe in dünnem Strom in das Wasser gestreut. Mit einem glatten Stab rührt man langsam und stetig alles um. Schon nach wenigen Sekunden bildet sich auf der Wasseroberfläche eine schwimmende Schicht aus Holzstückchen, Wurzelfasern, Blattresten und sonstigen pflanzlichen Teilen, in der man bald ein größeres Tier sich bewegen sieht. Ist die schwimmende Schicht etwa 1 bis 2 cm stark, muss mit dem Einrühren aufgehört und die Schicht mit einem kleinen Netz abgeschöpft werden. Danach wringt man den Detritusballen im Behälter aus. Der leicht ausgedrückte Ballen wird dann mit der Hand von unten durch den Bügel hindurch geschoben und in ein dichtes Leinensäckchen geleert. Darin muss der Ballen zerbröckelt werden, um die Tiere nicht allzu lange der Pressung auszusetzen.

Das Abschöpfen wird so lange in der gleichen Weise fortgesetzt, wie sich noch eine schwimmende Schicht nach mehrmaligem Umrühren des Bodensatzes zeigt. Das „Geschwemmte" in den Säckchen stellt noch einen Bruchteil des Ausgangsmaterials dar. Diese Volumenverminderung ergibt den Hauptvorteil der Methode. Das Geschwemmte wird dann mit einem Ausleseapparat weiter behandelt. Übrigens lassen sich die Tiere im Apparat viel rascher aus dem geschwemmten

Material auslesen als aus natürlich feuchten Gesieben. Diese Methode lässt sich in vereinfachter Weise auch zum Ausschwemmen von Säugetierkot gut anwenden.

Käfer, die sich auf blühenden Stauden, Sträuchern oder kleinen Bäumen aufhalten, werden abgeschüttelt oder abgeklopft, so dass sie in einen unter die Pflanze gestellten **Klopfschirm** fallen. Dazu eignet sich jeder stabile Regenschirm mit möglichst einfarbiger heller Bespannung. Praktischer sind **Klopftrichter**. Der zusammenlegbare Bügel hat 70 cm Durchmesser und ist mit einem trichterartigen Tuch versehen. Den beim Klopfen abgebundenen Trichterausgang kann man leicht öffnen, so dass die Insekten direkt in ein Sammelglas gegeben werden können. Herstellung und Einsatz eines Klopfkeschers, der sich speziell zum Erfassen von Käfern und Wanzen in der Krautschicht bewährte, beschreiben GOTTWALD (1971) und JUNG (1982). Sehr hilfreich ist auch ein großes **Klopftuch**, welches jedoch nach dem Klopfen sofort zusammengeschlagen werden muss, um ein Abfliegen der Käfer zu verhindern.

Die Käferfauna der Wipfel großer Bäume ist durch Abklopfen nur schwer zu erlangen. Eine Möglichkeit der Erfassung besteht beim Fällen der Bäume. FREUDE (1956) lässt Fichten so schlagen, dass ihre Wipfel auf große ausgelegte Planen fallen, wonach die Käfer ohne Schwierigkeiten gesammelt werden können.

FLOREN & SCHMIDL (2003) stellen die Methode **Baumkronenbenebelung** vor. Dabei wird ein Insektizid mit Hilfe eines Benebelungsgeräts in der Baumkrone ausgebracht. Dieses Gerät erzeugt eine sehr schnell schwingende Luftsäule, in der das Insektizid sehr fein (Tröpfchengrößen von < 10 µm) zerstäubt wird. Dadurch entsteht ein echter Nebel, der nicht benetzend ist und eine sehr große wirksame Oberfläche besitzt. Der Nebel ist warm und steigt nach oben in die Baumkrone, wo er schnell wirkt. Die betroffenen Tiere fallen in vorbereitete Fangtrichter oder auf eine unter dem Baum ausgelegte Plane, werden dann mit feinborstigen Handbesen auf Tabletts gekehrt, grob vorausgelesen und entsprechend der interessierenden Tiergruppe abgetötet (mit Essigether, durch Einfrieren oder Einlegen in Ethanol).

Als Insektizid wird ausschließlich natürliches Pyrethrum empfohlen, da es hochgradig arthropodenspezifisch ist und schon Sekunden nach der Applikation wirkt. Die Tiere werden meist nicht abgetötet, sondern nur betäubt und erholen sich nach kurzer Zeit wieder – d. h., es besitzt bei geringer ‚knock-out'-Wirkung eine sehr hohe ‚knockdown'-Wirkung. Pyrethrum wird innerhalb weniger Stunden rückstandsfrei photochemisch zersetzt, wodurch die Belastung für die Umwelt sehr gering ist.

Zum Sammeln sollte man neben dem bereits beschriebenen Arbeitstuch (▶ **Abb. 9**) noch ein umsäumtes Nessel- oder Rohleinentuch in der Größe eines normalen Tischtuches bei sich haben. Um Reisig und Astwerk abzusammeln, bindet man es in dieses Tuch ein und schlägt kräftig mit einem Stock auf das Bündel. Nach einiger Zeit wird das Bündel nochmals durchgeklopft und dann geöffnet. Die heruntergefallenen Tiere werden dann in jeweils passender Weise aufgesammelt. Nasses Genist oder Moos legt man tropfnass auf das Sammeltuch, schlägt es sackartig ein und windet es gleich einem Wäschestück aus. Der halbtrockene Rest wird nach dieser Vorbehandlung zerzupft und gesiebt. Auf diese Weise ist es möglich, moosbewachsene Flusswehre, die Umgebung eines Quellsumpfes und ähnliche Biotope in kurzer Zeit zu bearbeiten. Aus feuchten Gräben und verlandenden Tümpeln wird mit einem Rechen das Gewirr von Sumpf- und Wasserpflanzen geborgen und in gleicher Weise behandelt.

Feuchter Mist und Kot lässt sich neben der Schwemmethode auch mit einem speziellen Auslesegerät bearbeiten, geeignet ist auch der Einsatz von Fallen (MÜLLER, 1954; LUMARET, 1979; BERNON, 1980). Besonders lohnend ist die Durcharbeitung von Tauben-, Hühner- und Kaninchenmist. Zur Erfassung von Käfern aus derartigen Substraten eignen sich die gebräuchlichen Mundexhaustoren nicht. Das direkte Ansaugen kann z. B. zu einer Infektion mit der durch Stechfliegen hervorgerufenen Beulenkrankheit „Myiasis" führen. Über das hygienische Verhalten beim Umgang mit Insekten berichtet GASCHE (1986). Hygienisch einwandfrei sammelt man Käfer mit dem von AUDRAS (1959) beschriebenen **Aspirator** (▶ **Abb. 82**). Er besteht aus einem Gummisaugball und aus zwei Glasröhren verschiedenen Durchmessers. Das Ansaugrohr muss etwa einen Zentimeter Abstand von der Gaze haben, damit im unteren Teil des im Gummiball haftenden weiten Glasrohres beim Zusammendrücken des Balles kein Luftwirbel entsteht und die Beutetiere wieder hinausbefördert werden. Das Ansaugröhrchen passt man in einen

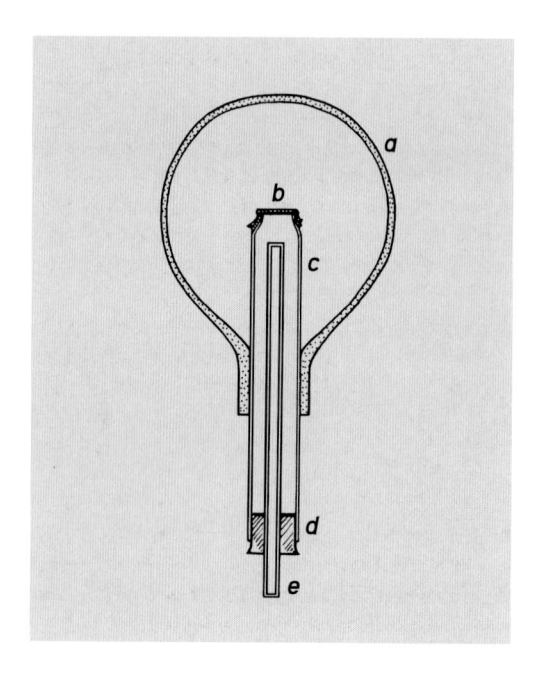

**Abb. 82** Insektenaspirator nach AUDRAS. a) Gummisaugball, b) feinmaschige Gaze zum Verschluss der 20 mm weiten Glasröhre (c), d) durchbohrter Korken, e) Ansaugrohr.

binden, um sie so vor Verlust zu schützen. Mitunter werden auch Sammelgläser mit Klappdeckel empfohlen (▶ **Abb. 83a**). Diese haben jedoch den Nachteil, dass der Deckel selten absolut dicht schließt.

Die Tötungsgläser sind gebrauchsfertig, wenn Zellstoff- oder Fließpapierstreifen (es eignen sich auch trockene, staubfreie Buchenholzsägespäne, Kork- oder Holundermarkstücke) eingelegt und mit einigen Tropfen Essigether befeuchtet wurden.

Im Tötungsglas sollten die Käfer etwa 24 Stunden verbleiben, bei zu geringer Konzentration der Essigetherdämpfe wachen die Tiere sonst wieder auf, auch muss sich die Totenstarre wieder lösen. Besonders bei höheren Temperaturen und größerer Feuchtigkeit (z. B. Wasserkäfer) dürfen Käfer aber auch nicht zu lange im Tötungsglas verbleiben, da sonst Fäulnis eintreten kann, die zum Zerfall der

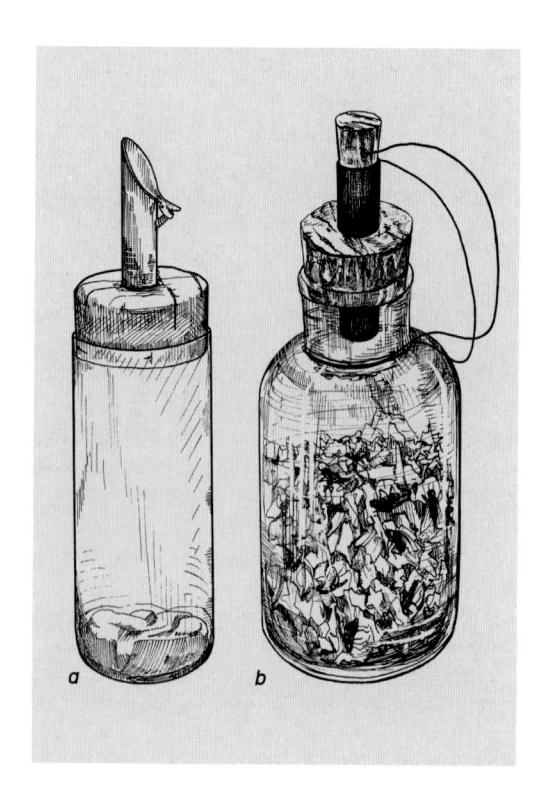

leicht abnehmbaren Gummi- oder Korkstopfen ein. Die Bohrungen lassen sich gut mit Korkbohrern ausführen, wenn diese mit Glycerol angefeuchtet werden.

Zum Ausleeren der Insekten kehrt man den Apparat um, nimmt den das Mittelröhrchen haltenden Korken heraus und schüttet das Material in ein Tötungsglas. Einen ähnlichen Aspirator, mit dem kleine Arthropoden unmittelbar in Alkohol gesaugt werden, entwickelte SINGER (1964).

Eine **Elektro-Bodenfalle** zur Untersuchung der Aktivität von Käfern beschreibt BARNDT (1982). Zum Fang von flugaktiven Coleopteren sind Angaben über verschiedene Fallen bei MUIRHEAD-THOMSON (1991) nachzulesen.

Als **Tötungsgläser** eignen sich starkwandige Glastuben oder Glasflaschen mit Korkstopfen oder noch besser die unzerbrechlichen Plastikflaschen. In den Korken sollte ein Loch gebohrt und ein Einwurfröhrchen eingesetzt werden, welches wiederum mit einem kleinen Kork zu verschließen ist (▶ **Abb. 83b**). Es empfiehlt sich, die Korken durch einen festen Faden mit der Flasche zu ver-

**Abb. 83** Mit Essigether beschickte Tötungsgläser. a) mit Klappdeckel, b) mit Einwurfröhrchen im Verschlusskorken.

Käfer führt. Verwendet man zur Tötung ein Gemisch von 50 ml Essigether mit 2 Tropfen weißem Kreosol (= Homobrenzcatechin, = Toluol-3,4-diol), lässt sich Fäulnis weitgehend verhindern, was sich besonders in den Tropen (EVERS pers. Mitt.) bewährt hat. In Essigether getötete Käfer lassen sich leicht präparieren, sie sind auch problemlos wieder aufzuweichen.

Für die Tötung sehr großer, auch stark behaarter und sehr bunter Käfer werden gelegentlich andere Tötungsmittel empfohlen. Zu nennen wäre hier die Tötung mit Schwefeldioxid, das zwar die genannten Käfer schnell tötet, auch die Behaarung leichter erhält und Farben nicht sofort angreift, jedoch den Nachteil der schlechten Bevorratung, schnellen Flüchtigkeit und bei längerer Einwirkung eine stark bleichenden Wirkung hat. Auf die gesundheitsschädigende Wirkung muss außerdem hingewiesen werden. Die Verwendung der früher sehr gebräuchlichen Zyankali-Giftgläser vermeidet zwar die genannten Nachteile, macht die Käfer aber sehr steif, so dass sie oft ohne Aufweichprozess nicht präparierbar sind.

**!** Da Zyankali (Kaliumcyanid) zu den stärksten Giften gehört (Gefahrenklasse I) – 50 bis 70 mg wirken beim Menschen bereits tödlich – ist von einer Anwendung unbedingt abzuraten.

Abschließend muss noch erwähnt werden, dass Käferfang auch bei Nacht möglich ist und oftmals Arten erbringt, die sonst nicht auffindbar sind. Nach SCHWEIGER (1951/52) kann der **Nachtfang** im Sommer überall dort betrieben werden, wo die nächtlichen Temperaturen nicht allzu tief absinken. Die besten Resultate werden an windstillen, schwülen Abenden erzielt. Anwendbare Methoden sind der Lichtfang, wie ihn die Lepidopterologen betreiben, oder das direkte Ableuchten des Erdbodens, das Keschern und Klopfen sowie das Sieben. Nach SCHWEIGER scheint sich die Bodenfauna in manchen Gegenden tagsüber in die Tiefe zurückzuziehen. Erfahrungen über den Lichtfang von Käfern liegen von TASHIRO & TUTTLE (1959), KERSTENS (1961) sowie ENGELMANN (1973) vor. Die von FROST (1957) beschriebene Pennsylvania-Lichtfalle für Insekten kann auch bei Tageslicht erfolgreich eingesetzt werden. SAMKOV (1989) sammelte auf diese Weise Käfer, parasitische Hautflügler und Fliegen (Brachycera).

## Sammeln in bestimmten Biotopen

Käfer sind praktisch überall und zu jeder Jahreszeit zu finden (siehe ROSSKOTHEN & WÜSTHOFF 1934/35). Wertvolle Ausbeuten wird allerdings nur der Sammler erlangen, der die Lebensweise der Coleopteren kennt. Da sich diese in keiner Weise verallgemeinern lässt, erscheint es geboten, die Erfahrungen bekannter Spezialisten zu berücksichtigen.

**Winterruhe haltende Käfer** erreicht man nach NETOLITZKY (1938) durch Grabungen an steilen Flussufern, aus Spalten und freiliegendem Wurzelwerk. Lohnend ist es, locker sitzende Erdschollen abzubrechen, hinter denen oft viele Tiere sitzen, um vor Überschwemmungen geschützt zu sein. Als weitere Örtlichkeiten müssen Sand-, Schotter- und Lehmgruben untersucht werden. Auch die Regionen zwischen einer Hauswand und der Erde, die Umgebung einzelner Bäume sowie alte Holzpfosten können Material beherbergen. Als Hilfsmittel bei dieser Arbeit dienen stets Sammeltuch und Käfersieb.

Über die Sammeltechnik von **terrikolen Käfern aus tieferen Erdschichten** berichten HOLDHAUS (1911) sowie SCHEERPELTZ u.a. (1938). Zum Abtragen von feuchten, mit Sand durchmischten Schutthaufen in Fluss- oder Bachnähe versehe man sich mit einer Exkursionshacke. Beim Abtragen des Gerölls findet man die ersten Käfer oft erst in 50 cm Tiefe in den vor Nässe glitzernden Hohlräumen. Je tiefer gegraben wird, um so interessanter ist oft die Ausbeute. Entsprechend geeigneter Boden lässt sich am besten in Querschnitten erschließen. Zum Aufsammeln der überwiegend kleinen, dem Leben in diesen Biotopen angepassten Arten benutze man den von SCHEERPELTZ (1928) beschriebenen Pumpexhaustor oder den Gummiballaspirator (▶ Abb. 82).

Das **Sammeln auf Lehmboden** bringt nach NETOLITZKY (1926) Arten, die anderswo kaum zu finden sind. Man untersucht in Ziegeleien neben frischen Abgrabungen auch verlassene, bereits mit Huflattich bestandene Böschungen. Im Bereich einer Pfütze oder wenigstens eines feuchten Fleckes auf der ebenen Abgrabung beginnt die Sammeltätigkeit, indem die Ränder durch Fußtritte erschüttert werden, nicht anders, wie es an Teichen oder Flussufern üblich ist. In einer „guten" Ziegelei lassen sich auf diese Weise mindestens ein Dutzend verschiedener Laufkäfer der Gattung *Bembidion* sammeln. Daneben halten sich in den

Abhängen, dem Rutschterrain, verschiedene Arten unter Wurzelwerk auf die als echte „Lehmtiere" nur in solchen Biotopen leben. Man versäume nicht, auch im tiefsten Schatten des Waldes liegende Lehmstellen und Wurzellager umgestürzter Bäume zu untersuchen.

Nach SCHEERPELTZ (1926) erbringen locker aufgeschichtete **Schotter-, Sand- und Schlammbänke,** ganz gleich, ob es sich dabei um die eines großen Stromes oder eines wilden Bergbaches handelt, die interessanten Ausbeuten. Man wird allerdings nur dann Käfer finden, wenn diese Biotope wenigstens 4 bis 5 Wochen lang nicht überflutet worden sind. Durch ein Probesuchen – am besten in einem Streifen quer über die Mitte der meist länglichen Bank vom Wasser bis zum höheren Ufer – verschaffe man sich einen Überblick über den Besatz des Biotops. Man legt sich je nach der Höhe des Bankrandes über dem Wasserspiegel bäuchlings auf den Schotter und beginnt vorsichtig, die größeren Steine zu drehen. Die kleineren werden mit den Fingern aufgelockert und der feine Sand zwischen und unter den größeren Steinen durch leichtes Flachdrücken oder Flachklopfen mit den Fingern in Bewegung gebracht, so dass die oft in den feinen Zwischenräumen versteckten Tiere zum Verlassen ihrer Schlupfwinkel veranlasst werden. An ergiebigen Stellen wimmelt es bald von kleinen Käfern, die mit dem Exhaustor oder der Pinzette gesammelt werden. Besonders winzige Tiere wird man nicht aufsaugen, sondern mit einem Stück Zeichenkarton samt der Umgebung des Tieres aufnehmen. Mit einem feuchten Pinsel fängt man das Tier und bringt es in ein kleines Gläschen, das mit Papierschnitzeln gefüllt ist oder in ein Röhrchen mit 70%igen Alkohol.

Sofern die Probeuntersuchung Erfolg verspricht, gestalte man das Sammeln durch Anwendung der bereits beschriebenen Schwemm-Methode rationeller. SCHEERPELTZ (1957) empfiehlt, in folgender Weise zu arbeiten: „Der große Schwemmbottich oder der kleinere Eimer steht am Rande des Wassers auf der Sandbank. Nach der Füllung, die ja hier begreiflicherweise sehr schnell erfolgen kann, wird mit einer kleinen Schaufel der Streifen der Sandbank eingeschaufelt, in dem vorher einige Tiere konstatiert worden waren. Es empfiehlt sich auch hier zu zweit zu arbeiten. Einer der Sammler schaufelt Sand und Schotter ein, der zweite Sammler schöpft gleichzeitig und ununterbrochen ab, um den außerordentlich flüchtigen Tieren der Sandbänke die Möglichkeit zu nehmen, vom Bottichrand oder gar von der Wasseroberfläche weg – wie sie es gern und besonders im prallen Sonnenschein tun – abzufliegen. Der Schwemmrückstand ist hier minimal und zeigt mitunter beim ersten Anblick nicht eine Bewegung des Lebens. Erst nach einiger Zeit der Trocknung im dichten Transportsäckchen erhält der karge Rückstand Leben und man staunt dann oft über die geradezu unglaubliche Menge der im Gesiebe-Automaten auslaufenden Tiere."

Schließlich bilden die **Lebensstätten unter Steinen** wichtige Fundorte für den Sammler. Nach SCHÖNBORN (1961) sind die Steine, die eine Fläche von 100 bis 400 cm$^2$ und eine Dicke bis zu 10 cm besitzen, am typischsten besiedelt. Bei Steinen mit anderen Maßen lässt die Häufigkeit einer Art und die Artendichte sehr schnell nach. Nach dem Aufheben des Steines werden die Tiere, die sich in der Bodenzelle befinden, am besten mit dem Exhaustor, der Federstahlpinzette oder einem mit Alkohol angefeuchteten Pinsel gefangen. Sind diese Tiere eingesammelt, so räumt man mit der Pinzette vorsichtig die Detritusschicht beiseite, die sich unter vielen Steinen befindet. Die Tiere der Detritusschicht sind meist recht unbeweglich oder fliehen zumindest nicht so schnell, da ja nach Abheben des Steines in dieser Schicht noch Dunkelheit herrscht. In Steppen und Halbwüsten halten sich vor allem Laufkäfer tagsüber unter flachen Steinen auf. Auch in diesen Biotopen werden vorzugsweise Steine von etwa 300 cm$^2$ besiedelt. Offensichtlich herrscht lediglich unter Steinen dieser Größenordnung ein optimales Mikroklima. Wichtig ist auch die Beschaffenheit des Bodens und der Struktur der darauf liegenden Steine. Unter glatten Steinen, die auf hartem, undurchlässigen Lehm- oder Schlickboden aufliegen, wird kaum etwas zu finden sein. Lockere Bodenstruktur, z. B. sandiger Lehm und eine reich gegliederte Auflagefläche des Steines sind günstiger. Neben Steinen sind auch umherliegendes Holz und Ähnliches zu beachten.

In asiatischen Wüstenformationen verkriechen sich sehr viele Käferarten tagsüber zwischen den Wurzeln von *Saxaul, Caragana, Nitraria* und *Cynomorium*. Mit Hilfe eines Feldspatens konnte KASZAB (pers. Mitt.) viele neue Formen ausgraben. Dieses Verfahren ermöglicht es, besonders solche Arten zu erbeuten, die auch nachts nur ausnahmsweise an die Oberfläche kommen.

Zur Erfassung der **Käferfauna in Brüchen oder Mooren** empfiehlt KORGE (1963) folgende Sammelmethoden: Zur Einrichtung von „Grasfallen" wird die Vegetation eines kleinen Fleckens dicht über dem Boden abgeschnitten und auf einen Haufen geworfen. Die gute Versteckmöglichkeit und die durch biologische Prozesse entstehende Temperaturerhöhung veranlassen zahlreiche Käfer, in den Haufen hineinzukriechen. Wenn er nach einigen Tagen über einem Tuch ausgeschüttelt oder ausgesiebt wird, kann man Hunderte von Käfern und anderen Kleintieren finden.

Die **Tret-Methode** bringt bei warmem Wetter den besten Erfolg. Nach Treten des Bodens laufen die darin verborgenen Tiere einige Zeit nach der Störung fort. Da sie meist nur für Augenblicke sichtbar sind, muss der Sammler sehr aufmerksam sein. Im Sumpf, wo man die Bülten unter Wasser treten kann, treiben die Tiere – oft erst nach einiger Zeit – an die Wasseroberfläche. Die echten Moorkäfer kann man fast nur durch Treten aufspüren. Besonders ergiebig ist die Tret-Methode an den feuchten Ufern von Flüssen. Nachdem man auf der niedrigen Vegetation herumgetreten ist, kommen die Käfer in großer Zahl an die Oberfläche. Ein auf dem gleichen Prinzip beruhendes Verfahren wendet BAEHR (pers. Mitt.) besonders in den Tropen an. Dabei lässt er seinen schweren Geländewagen einige Zeit im Stand laufen. Durch die Erschütterungen werden die Käfer veranlasst, aus dem Boden herauszukommen und können so gesammelt werden.

Schließlich siebe man alles geeignete Substrat, Laub, altes Gras, Torfmoos, einzelne mit dem Beil „gefällte" Seggenbülten, und klopfe oder streife die Vegetation ab, um die auf den Pflanzen lebenden Arten zu erhalten. Besonders vor einem heraufziehenden Gewitter klettern Käfer zum Abflug an Grashalmen empor.

Nach BENICK (1928) sind auch **Küste und Meeresstrand** überaus ergiebige Sammelgebiete. Hier finden sich die charakteristischen salz- oder sandliebenden Uferbewohner. Am flachen Sandstrand ist das Tierleben auf dem Feuchtstreifen sehr spärlich. Die ergiebigste Fangstelle liegt wenig außerhalb der Wasserlinie. Die angespülten Tanghaufen halten die Feuchtigkeit und bilden den Lebensraum für viele Tierarten. Am günstigsten sind die Aussichten für den Sammler, wenn er etwa eine Woche alte Tanghaufen untersucht, besonders bei warmer Witterung. Die Tangmassen werden über einem Sammeltuch ausgeschüttelt und die Insekten in der üblichen Weise aufgesammelt. Wichtig ist, auch die unter den Tanghaufen liegenden Sandschichten zu untersuchen. Sofern keine frei laufenden Käfer mehr sichtbar sind, wird der Sand kräftig mit der flachen Hand geklopft. Kurze Zeit danach streben alle darunter befindlichen Tiere zur Oberfläche. Doch muss betont werden, dass günstige Witterung – Wärme nach Niederschlägen oder Strandüberflutungen – eine wichtige Voraussetzung ist; bei Kälte verkriechen sich alle Insekten so tief, dass sie schwer erreichbar sind.

Eine detaillierte Darstellung der Erfassungs- und Konservierungsmethoden phytophager Käfer im Literal der Nordseeküste liegt von TISCHLER (1985) vor. Beschrieben wird der Einsatz von Photoeklektoren unterschiedlicher Konstruktion sowie die Remissionsfarbschalen-, Windreusen-, Bodenfallen- und Lichtfang-Methode.

In der artenarmen, oft aber individuenreichen **Dünenregion** und auf ähnlichen Sandflächen sind nur spezialisierte Käferarten zu finden. Charakteristisch für diese Lebensstätten sind die Sandlaufkäfer. Diese sind sehr gewandt, vermögen aus dem Stand aufzufliegen und sind mit Sicherheit nur zu erlangen, wenn man über sie einen möglichst durchsichtigen Kescher (festes Schmetterlingsnetz) schlägt. Bei trübem Wetter verbergen sie sich in selbstgegrabenen Röhren oder unter trockenem Detritus, wo sie mit einigem Geschick und Aufwand zu erbeuten sind. An den **Steilküsten** suche man Hänge auf, wo Sickerquellen austreten, dort ist das Tierleben am reichhaltigsten. Die sich ständig ändernde Situation an der Küste erfordert wiederholte Besuche der Fundstellen, nur dann ist es möglich, das spezifische Artenspektrum nach und nach weitgehend vollständig zu erfassen.

In reinem Meerwasser findet man weder Schwimmkäfer (Dytiscidae) noch Wasserkäfer (Hydrophilidae). Vertreter dieser Familien sowie die übrigen Wasserkäfer leben in stehenden oder fließenden Binnenlandgewässern, gelegentlich auch im Brackwasserbereich. Die Limnologen unterscheiden die stehenden Gewässertypen See, Weiher, Teich, Tümpel und Kleinstgewässer. Überall kann man sammeln, wenn auch mit unterschiedlichem Erfolg. Nach HOCH (1955) verspricht das Pflanzengewirr der aus Laichkräutern, Wasserpest, Tausendblatt und Wasserhahnenfuß bestehenden Unterwassergesellschaft die reichste Ausbeute. Weniger ergiebig sind die See- und Teichrosenzone sowie die freie Wasserfläche. Man fährt entweder mehrmals mit dem Wassernetz (▶ **Abb. 13**) durch das Pflanzengewirr oder holt es mit einem Korbrechen (▶ **Abb. 17**) ans Ufer bzw. an Bord eines Kahnes. Nachdem das Wasser abgelaufen ist, wird das Netz ausgedrückt und der Inhalt auf ein weißes Wachs- oder Gummituch geschüttet. Die großen Arten werden von Hand, die kleinen mit dem Exhaustor aufgesammelt. Zum Töten und Konservieren kleiner Wasserkäfer eignet sich nach SCHEERPELTZ (1936) folgende Mischung: 65 Teile reiner Alkohol, 5 Teile Eisessig und 30 Teile destilliertes Wasser. In dieser Mischung kann man die Käfer jahrelang aufbewahren. Sie bleiben weich und können jederzeit präpariert werden. Zuweilen, leider nicht immer, treten die zur Determination erforderlichen Geschlechtsorgane hervor. Größere Wasserkäfer werden wie üblich mit Essigetherdämpfen getötet. Gegebenenfalls kann man sie auch mit kochendem Wasser übergießen.

Beim **Fang in Fließgewässern** werden Quelle, Oberlauf, Mittellauf und Unterlauf unterschieden.

Derartige Gewässer weisen nicht nur unterschiedliche Fischbestände, sondern auch sehr deutlich ausgeprägte Insektengesellschaften auf. Quellmoosbewuchs behandelt man in der bereits beschriebenen Weise durch Ausdrücken oder Ausschwemmen und Nachbehandlung in einem Ausleseapparat. Der Beutelinhalt kann auch einige Tage an der Luft getrocknet und dann auf einem weißen Tuch ausgelesen werden. In kleinen Bächen sammelt man mit einem Teesieb, in breiteren Wasserläufen mit größeren Metallsieben (▶ **Abb. 84**). Fangsiebe aus Metall sind vor allem auf Reisen von Vorteil, weil sie im Gegensatz zu nassen Stoffnetzen sofort in den Rucksack gesteckt werden können. Im Sieb lässt sich die Ausbeute außerdem besser aussuchen als in einem feuchten, verklebten Netz.

Man kann auch mit grober Müllergaze bespannte Netzbügel senkrecht in den Bachlauf halten, so dass der ganze Wasserstrom das Netz durchfließen muss. Die vor dem Netz liegenden Steine bewegt man oder bürstet sie ab, so dass die Käfer vom Wasser ins Netz getrieben werden. In diesem Zusammenhang sei noch auf die Arbeiten folgender Autoren hingewiesen: KELLEN (1953), MUNDIE (1956) und SCHIEFERDECKER (1963). Letzterer beschreibt den Bau und die Aufstellung von Kleinreusen, die sich besonders zum Fang von Wasserkäfern bewährt haben.

Wasserkäfer sind das ganze Jahr über aktiv. Die besten Zeiten sind das Frühjahr (April bis Mai) und nach der Puppenruhe der neuen Generation der Herbst (September bis Oktober). Lässt sich im Winter das Eis eines Weihers aufhacken, wird man oft erstaunt sein, wie groß die Menge der lufthungrigen Käfer ist, die sich dort zusammendrängt. Je geringer die Jahresamplitude eines Gewässers ist, desto geringer ist auch die Schwankung des Arten- und Individuenbestandes. Bei Quellen scheint zwischen Sommer und Winter kein Unterschied zu bestehen (HOCH 1955). Erfahrungen über den **Lichtfang unter Wasser** liegen von CARLSON (1971), ESPINOSA & CLARK (1972) und ENGELMANN (1973) vor. Letzterer beschreibt den relativ einfachen Bau einer Lichtfalle mit Ekazell-Schwimmkörper und Batterieeinsatz. Die ergiebigsten Fänge gelangen bei

**Abb. 84** Fang von Wasserinsekten mit einem Metallsieb.

Neumond und stark bedecktem Himmel und bei hoher Luftfeuchtigkeit (Schwüle). VARELA (pers. Mitt.) weist darauf hin, dass grüne chemische Leuchtstäbe (so genannte „Knicklichter") sehr gut für Unterwasser-Lichtfang geeignet sind. Eine Attraktivität ist für viele aquatische Insekten nachweisbar, bei Wasserkäfern sind Ergebnisse beeindruckend. Dieser nahezu unbekannten Methode sollte in Zukunft sicherlich mehr Aufmerksamkeit gewidmet werden.

Eine effektive **Falle zum Fang von Wasserkäfern** und deren Larven stellen JAMES & REDNER (1965) vor. Diese besteht aus einem kleinen Käfig mit reusenartigem Eingang und einer Sammeldose, die ähnlich einer Eklektorkopfdose auf der Oberseite angebracht ist. Die Falle bedarf keines Köders. Sie wird lediglich mit der Sammeldose nach unten in das Gewässer gebracht, so dass sich dieses Gefäß etwa zur Hälfte mit Wasser füllt. Dann dreht man die Konstruktion um und befestigt sie an einer in den Grund gerammten Stange in beliebiger Tiefe. Zum Einbringen verfährt man genau umgekehrt.

Den Bau einer **automatisch arbeitenden Falle** beschreibt SCHAEFLEIN (1983). Benötigt wird ein Konservenglas mit Schraubverschluss, Inhalt etwa 1 Liter, ferner ein Plastiktrichter (Ø 11 cm) mit einem Auslaufdurchmesser von 12 bis 20 mm. Um diesen Trichter axial in den Blechdeckel zu befestigen, muss ein Loch von 4 cm Durchmesser eingeschnitten werden. Daraufhin leimt man beiderseits eine 8 bis 10 mm starke Scheibe aus Plastik oder Balsaholz auf, mit einer zentral konisch ausgeweiteten Fläche zur Halterung des einzuleimenden Trichters. Sein dünnes Ende muss möglichst weit ins Innere des Glases reichen. Nach dem Aufschrauben dieser Vorrichtung ist das Fanggerät einsatzbereit. Das Glas soll eine Luftblase von etwa $\frac{1}{4}$ des Inhalts enthalten, damit die Käfer atmen können. Die Falle wird schräg nach unten ins Wasser gebracht (▶ **Abb. 85**). Damit der Trichter nicht nach oben steigt, muss ein entsprechendes Gegengewicht angebracht werden. Das Gerät soll gewissermaßen im Wasser schweben. Als Köder verwendet man frische Leber, die jeden zweiten Tag gewechselt werden muss. Eine farbige Schnur dient zur Befestigung und Markierung der Falle im Dickicht von Wasserpflanzen. Der Einsatz dieser Vorrichtung ist nur in stehenden oder Buchten von schwach fließenden Gewässern möglich. FICHTNER (1984) empfiehlt an Stelle von Gläsern entsprechende Plastflaschen zu verwenden; möglichst solche, die einen Henkel besitzen, an dem eine Schnur leicht zu befestigen ist. Sofern man Trichter mit einer größeren Tülle (Ø 18 mm) einbaut, können auch Tiere der Gattung *Dytiscus* gefangen werden. Der Einsatz der Falle erbringt arten- und individuenreiche Ausbeuten.

Beim Fang von Wasserkäfern ist zu beachten, dass einige Arten abfliegen, sobald sie das Wasser verlassen.

Die einleitend bereits erwähnten Voraussetzungen, dass zum Auffinden der Käfer die Kenntnis ihrer Biologie gehört, gelten nach MÜLLER (1954) insbesondere für das Auffinden von Koprophagen (Mist- oder Dungfresser). Sie bevorzugen die Exkremente von Wiederkäuern. Das Vorkommen von Koprophagen ist nicht nur von der Verbreitung der die Exkremente liefernden Tiere abhängig, sondern mehr von den Pflanzen, die diesen als Hauptnahrung dienen. Excrementum humanum wird deshalb gern angenommen, weil der Mensch Mischnahrung zu sich nimmt. Aus diesem Grunde lassen sich viele Koprophagen

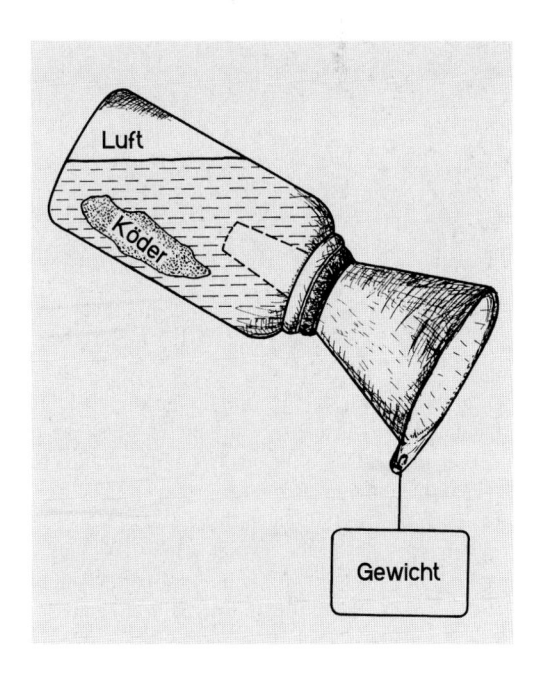

**Abb. 85** Automatische Falle zum Fang von Wasserkäfern. Gerät im Einsatz (die Schnur zum Befestigen ist nicht dargestellt). Nach SCHAEFFLEIN.

auch damit ködern (siehe MOCZARSKI 1941). Ferner lohnt es sich stets, auch unter Ausscheidungen, die nicht befallen zu sein scheinen, mit der Stechschaufel nach Kotpillen zu graben. Diese werden von den Brutpflege treibenden Arten als Larvennahrung eingetragen. Lohnende Ausbeute versprechen Pferdemist, Rinderdung, Schafdung und Wildlosung. Eine vom allgemeinen Verhalten der Koprophagen abweichende Lebensweise haben die Vertreter der Gattung *Lethrus*, der Rebenschneider, die in Südosteuropa beheimatet sind. Sie schneiden Blätter der verschiedensten Pflanzen, besonders Weinlaub, und tragen sie als Nahrung für sich und ihre Larven ein. Diese Arten sind deshalb nicht im Mist zu finden.

Abgesehen von den Wintermonaten, findet man die Koprophagen zu jeder Jahreszeit. Je wärmer es jedoch ist, desto größer ist der Arten- und Individuenreichtum. Beim Sammeln werden die Exkremente am besten mit einem **Mistbesteck** untersucht. Dazu gehören ein fester Löffel, eine Pinzette und mehrere Spatel. Wichtig ist, stets den Untergrund unter dem Mistfladen auszuheben und auf das Sammeltuch zu schütten, denn alle Koprophagen flüchten schnell in die Erde. Wenn Wasser in der Nähe ist, kann man die Kothaufen auch in der üblichen Weise aufschwemmen und absammeln.

Wertvolle Ausbeuten erbringt auch das Eintragen von Wildkot. Nur bei warmem und trockenem Wetter, am besten vor einem Gewitter, nehme man die Dungproben oder die befallenen Kothaufen mit dem darunter liegendem Erdreich mit. Dies lohnt sich besonders bei lockerem Boden. Einige der koprophagen Käfer graben allerdings recht tiefe Gänge, um Brut und deren Nahrung unterzubringen. Zu Hause verwendet man Blumentöpfe, in die man die nach Fundorten getrennten Säckchen ausschüttet. Der Topf wird mit Leinenlappen zugebunden und bleibt in der Sonne stehen, doch muss der Inhalt feucht gehalten werden, damit sich die Larven weiter entwickeln. Mehrmals am Tage kann man die auskriechenden Käfer absuchen. Auf diese Weise wird man in den Besitz seltener Aphodien kommen. Über das Sammeln und Züchten von Mistkäfern berichtet OHAUS (1929) ausführlich.

Lohnende Ausbeuten bringt auch die Untersuchung des Inhalts von Fuchs- und Dachsbauen. Vertreter anderer Familien bevorzugen die unterirdisch angelegten Nester von Insektenfressern und Nagetieren. Wer diese Biotope absammeln möchte, orientiere sich in den grundlegenden Arbeiten von BEIER & STROUHAL (1929) sowie ERMISCH & LANGER (1933) über das Sammeln der in Maulwurfgängen lebenden Käfer. Die günstigste Zeit für das Sammeln der Maulwurfsgäste sind die Monate November bis März. In dieser Zeit ist die größte Menge der Individuen und Arten in den geschützten und trockenen Nestern konzentriert, denn die draußen herrschende Kälte macht sie unbeweglich und hindert sie am Umherlaufen in den Gängen. Über den **Fang von Käfern in den Laufgängen von Kleinsäugern** berichten BAUMANN (1971) sowie HACKMANN (1971) und über die Zucht von Nestbewohnern DORN (1912). Für eine Reihe von Arten, die sich in den Nestern entwickeln, sind die späteren Monate günstiger, da dann erst mit Imagines zu rechnen ist. Die Nesthügel sind immer besonders groß und liegen meist auf trockneren Lebensräumen. Der ausgegrabene Nestballen wird am besten in einem Leinenbeutel untergebracht. Das Material wird dann zerzupft, gesiebt und am erfolgreichsten mit einem Ausleseapparat 8 bis 14 Tage behandelt, oder aber löffelweise durch ein feines Sieb auf einem Blatt weißen Papiers ausgebreitet. Man sieht dort selbst die kleinsten Tierchen weglaufen. Sie werden dann mit einer Federstahlpinzette oder mit dem Pinsel aufgenommen und mit Essigether getötet. VOGT (1956) führt 17 Käferarten an, für die das Winternest des Maulwurfs ein typischer Fundort ist.

IHSSEN (1940) hat mit Hilfe der **Ködermethode** die Käferfauna von Murmeltiernestern untersucht. Diese nehmen gegenüber anderen Nagernestern insofern eine Sonderstellung ein, als die Insassen des Baues drei Viertel des Jahres völlig von der Außenwelt abgeschlossen sind. MARIÉ (1951) berichtet ausführlich über seine diesbezüglichen Erfahrungen. Für den Bau einer Falle werden Maschendrahtstücke von 25 × 25 cm, Maschenweite maximal 10 mm, benötigt. Der Maschendraht wird dann röhrenförmig zusammengebogen. Die Falle wird mit altem Heu gefüllt und in die Mitte stark angefaultes Fleisch gelegt. Dann muss ein Draht an der Falle befestigt und diese so weit wie möglich in den Bau geschoben werden. Man verwendet dazu eine lange, biegsame Stange. Das aus der Eingangsröhre ragende Drahtende wird an einem Stein nahe des Eingangs befestigt. Nach etwa 8 Tagen zieht man die Falle an diesem Draht wieder aus dem Bau. Lässt man die Falle länger im

Bau, vertrocknet der Köder und verliert seine anziehende Wirkung auf die Insekten. An Ort und Stelle wird die Falle kontrolliert und das angelockte Insektenmaterial ausgelesen. HACKMAN (1971) beschreibt fünf verschiedene Methoden zum Fang von Insekten aus Laufgängen und Nestern von Kleinsäugern.

Üblich ist auch, in durchlöcherten Blechbüchsen Köder in Form von Aas, gärenden Früchten oder stark riechendem Käse an geeignet erscheinenden Astgabeln von Bäumen aufzuhängen oder in den Erdboden einzugraben. Überreife, durch Zuckerzusatz zum Gären gebrachte Kirschen oder gar Rotwein (direkt in die Falle gegossen oder auf einen Wattebausch gegeben) ziehen vor allem Laufkäfer an. Das Ködermaterial stellt eine bevorzugte Lebensstätte dar, auf der sich die auf Duftstoffe reagierenden Käfer zuweilen massenhaft einfinden. Die angelockten Käfer werden dann jeden Morgen in der üblichen Weise abgesammelt, damit sich die in die Büchse geratenen Tiere nicht gegenseitig beschädigen. Hinweise über Ködermethoden zum Käfersammeln an Greifvogelhorsten liegen von GRASER (1961) vor.

Zur Erlangung der sich im Holz entwickelnden Käfer wurde früher die Einrichtung einer **Holzkammer** empfohlen. VOGT (1972) lehnt dieses aufwendige Verfahren ab und benutzt dafür mit bestem Erfolg durchsichtige Plastiksäcke. Larvenhaltiges Holz, Pilze, Krautstengel, Tannenzapfen oder trockene Früchte werden vom Spätherbst bis zum zeitigen Frühjahr ungeschützt im Freien liegengelassen. Ende April schnürt man handliche Bündel daraus, etikettiert diese und packt sie in Plastiksäcke passender Größe. Um natürliche Schlupfzeiten zu erhalten, werden die zugebundenen Säcke dann an einem trockenen Ort im Freien gelagert. Entsteht Kondenswasser, muss der Sack gelüftet werden, damit das Pflanzenmaterial nicht schimmelt. Mindestens alle 14 Tage wird dann kontrolliert, beim Erscheinen von Käfern das Material auf einem 1 m$^2$ großen Sammeltuch (weißes Wachstuch) ausgeklopft.

Umfangreiche Abhandlungen über **Fang, Zucht und Beobachtung myrmecophiler Käfer** – das sind in irgendeiner Beziehung zu Ameisen stehende Arten – verfassten MOLITOR (1931) und ROUBAL (1932). Zum Fang von Myrmecophilen sind folgende Geräte nötig: eine kräftige Hacke mit etwa 40 cm langem Stiel, ein starker Pflanzenstecher, ein langes, scharfes Stemmeisen, ein Exhaustor sowie ein Feldspaten. Zum Aussieben des gewonnenen Materials dient ein Käfersieb (▶ **Abb. 49**) oder besser das speziell für diese Sammeltätigkeit von MERISUO (1937) konstruierte **Myrmecophilensieb**. Dieses stellt die Kombination eines gewöhnlichen Insektensiebes und des sog. Ameisensiebes dar. Es wird ganz wie ein gewöhnliches Sieb aus Stoff hergestellt, die Siebnetze werden an Rahmen aus Eisendraht befestigt. Konstruktion und Maße zeigt ▶ **Abb. 86**. Der obere Teil des Siebes (1) ist ein an zwei einander gegenüberliegenden Gelenken zusammenklappbarer Rahmen aus Eisendraht, unten befindet sich ein Metallgitter als Boden, Maschenweite etwa 7 mm. Beim mittleren Teil des Siebes (2) besteht der Boden ebenfalls aus einem Metallgitter, jedoch mit einer Maschenweite von nur 2 bis 3 mm. (3) bildet den Bodensack und (4) den Seitensack (die Öffnungen beider Säcke sind mit einem Drahtring verstärkt). Am Seitensack befindet sich ein Knopfloch (c), mit dessen Hilfe der Sack an einem, im oberen Teil (1) des Siebes befindlichen Knopf (d) befestigt werden kann. Die Verbindung zwischen dem mittleren Teil des Siebes (2) und dem Seitensack (4) ist frei (ohne eine trennende Wand). Gebrauchsanweisung: Zuerst schnürt man

**Abb. 86** Konstruktionszeichnung des Myrmecophilensiebes nach MERISUO.

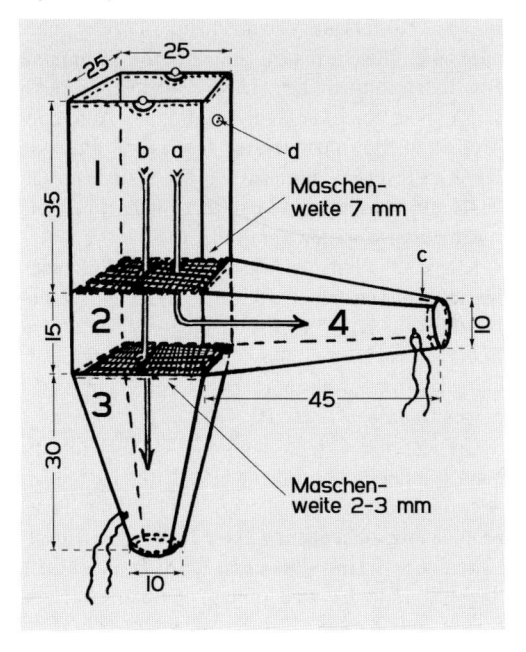

die beiden Säcke (3 u. 4) mittels der an den Sacköffnungen angebrachten Schnüre fest zu. Sack 4 wird emporgehoben und am Knopf c des oberen Siebabschnitts befestigt. In den oberen Siebabschnitt (1) wird nun das zu siebende Nestmaterial hineingeschüttet und die Sieböffnung durch Zusammenklappen des Drahtrahmens geschlossen. Beim Sieben geraten nun die feineren Bestandteile bis in den Bodensack (Pfeil b), während die gröberen Bestandteile, die Ameisen sowie die größeren Käfer im mittleren Teil (2) zurückbleiben, aus dem sie in den Seitensack (4) geschüttet werden können, wenn dieser vom Knopf c gelöst wird (Pfeil a).

Der Vorteil des Myrmecophilensiebes liegt darin, dass der größte Teil der myrmecophilen Käfer (die meisten Arten sind klein) von den Ameisen getrennt wird. Aus dem Sack 3 können sie leicht ausgelesen werden, weil die Arbeit nicht durch Ameisen gestört wird. Die großen und lebhaft beweglichen Käfer wiederum lassen sich leicht aus der Masse der Ameisen herausklauben.

Neben den interessanten **Ameisengästen** gibt es auch zahlreiche Käfer, die zu Wespen und Bienenarten in Beziehung stehen. MOLITOR (1931) weist darauf hin, dass sie mehr oder minder willkommene Gäste der Hautflügler sein können oder als Schmarotzer Feinde der Hymenopteren und ihrer Brut. Sie können aber auch das Opfer von Grabwespen und anderer räuberischer Wespenarten sein.

Ähnlich enge Beziehungen bestehen zwischen „Pilzkäfern" und „Käferpilzen". Diese Zusammenhänge hat BENICK (1953) beeindruckend dargestellt. Unter den 1116 pilzbesuchenden Käferarten sind die Kurzflügler (Staphylinidae) am häufigsten vertreten. Die Stärke des Käferbesuches der Pilze nimmt in den verschiedenen Biotopen in folgender Reihe zu: Feld und Wiese, Knick, Nadelwald, Hochwald, feuchter Laubwald mit Unterholz. Der Käferbesuch ist um so schwächer, je höher der Pilz am Baum wächst. Alle diesbezüglichen Einzelheiten hat BENICK (1951) ausführlich erörtert und Hinweise für die Ausrüstung gegeben.

Nach FREUDE u.a. (1965) sowie LOHSE & LUCHT (1989) erhält man die besten **Kescherfänge aus der Luft** entweder an sonnigen Frühjahrstagen oder an windstillen, warmen Abenden vor Sonnenuntergang. Günstige Orte für dieses Verfahren sind Waldschneisen und feuchtes Wiesengelände. Noch

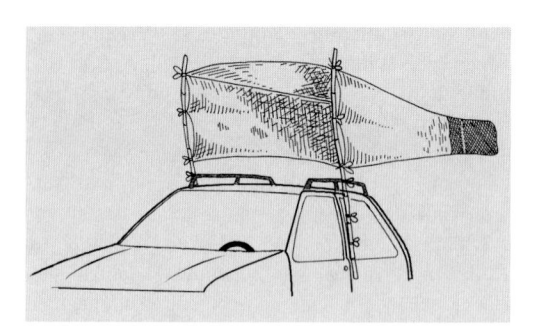

**Abb. 87** Autokescher

weit größere Ausbeuten lassen sich mit einem **Autokescher** erzielen. LOHSE verwendet dafür ein Netz aus engmaschigstem Gardinenstoff, dessen Öffnung einen Umfang von 3 Metern besitzt und das fast 2 Meter lang ist. Den Netzabschluss bildet ein abnehmbarer Beutel aus dichtem, leichtem Nylongewebe. Mit diesem Netz auf dem Wagendach (▶ **Abb. 87**) fährt man in mäßigem Tempo geeignete Biotope ab. Das vom Kescher erfasste Luftplankton sammelt sich hinten im Beutel, der nach einer bestimmten Zeit oder bei einem Wechsel der Lokalität durch einen neuen Beutel ersetzt wird.

Da der Einsatz des beschriebenen Autokeschers nicht in jedem Gelände möglich ist, hat FRITSCHE (pers. Mitt.) einen aufgepumpten Fahrradschlauch in einen Beutelsaum entsprechender Größe eingenäht und fallschirmartig aller 15 bis 20 cm mit Bindfaden umwunden. Diese Vorrichtung lässt sich nun an einem beliebigen Punkt am Auto oder Moped, selbst am Fahrrad anbringen und zum Fangen einsetzen. Im aufgeblasenen Zustand hält der Schlauch den Beutel auf, im schlaffen Zustand benötigt der Kescher wenig Platz.

KARNER (1994) entwickelte einen **Fahrradkescher**, der besonders für den Einsatz auf schmalen oder für KFZ gesperrten Wegen geeignet ist. Diese Konstruktion lässt sich in kurzer Zeit aufbauen und kann zusammengeklappt leicht transportiert werden.

Die Kescherausbeute tötet man im verschlossenen Nylonbeutel in einem Gefäß mit Essigether oder in heißem Dampf vor der Öffnung eines Kessels mit kochendem Wasser ab. Weitere Einzelheiten über diese auch in den USA gebräuchliche Sammelmethode beschreiben SOMMERMAN & SIMMET (1965) sowie SOMMERMAN (1967).

Wer Ratschläge über das **Käfersammeln in den Tropen** sucht, findet sie in den Abhandlungen von OHAUS (1913), RIBBE (1913) und WÜRMLI (1976). Außerdem hat HAAF (1960) berichtet, dass sich auf seinen Reisen durch Afrika der Klopfschirm beim Fang von Curculioniden, Cerambyciden, Cassiden und anderen Familien als das einzig brauchbare Sammelgerät erwies.

Nicht zuletzt muss noch erwähnt werden, dass neben den Imagines auch die Entwicklungsstadien der Käfer gesammelt werden sollten. Je nach Art verschieden, leben sie im Erdreich, unter Baumrinde, in Pflanzenstengeln oder minieren in Blättern. Zum Transport legt man etwas von dem Substrat, in dem die Larven gefunden worden sind, in die Sammelschachtel. Man darf die Behälter niemals der direkten Sonne aussetzen – infolge Temperaturerhöhung und Kondensation von Feuchtigkeit im Inneren der Schachtel sterben die Larven. Im Wasser lebende Larven verenden sehr schnell, wenn sie aus kaltem, sauerstoffreichem Wasser kommen. Am besten lassen sie sich in einer Thermosflasche transportieren. Weitere diesbezügliche Hinweise enthalten die Arbeiten von BERTRAND (1956/57).

Mitunter kann es für ökologische Erhebungen wichtig sein, **Käfereier aus Substraten** (Boden, Laubstreu u.a.) zu extrahieren. MOLS, VAN DIJK & JONGEMA (1981) stellen zwei diesbezügliche Methoden vor.

## Sammeln systematischer Gruppen

Nachfolgende Übersicht wurde nicht für Spezialisten zusammengestellt, sondern für Sammler, die sich zu einer systematischen Gruppe hingezogen fühlen und entsprechende Literaturhinweise suchen. Die angeführten Arbeiten enthalten zum Teil weitere Zitate.

**Cicindelidae:** HORN (1931) berichtet, wie Sandlaufkäfer und ihre Larven in den Tropen gesammelt werden.

**Carabidae:** Ratschläge zum Sammeln von Laufkäfern geben BREUNING (1927), DAVIES (1959), SCHERNEY (1959) und SKUHRAVÝ (1970).

**Haliplidae:** Unter den Hinweisen von FICHTNER (1971) über das Sammeln und Präparieren dieser Wasserkäfer ist vor allem wichtig, dass sie in 60%igem Alkohol abgetötet und auf dreieckige Plättchen geklebt werden. Voraussetzung zum Bestimmen sind völlig reine Tiere, die man am besten durch Waschungen im Wasser, das mit einem handelsüblichen Spülmittel gemischt ist, erhalten kann.

**Dytiscidae:** Abgesehen von den üblichen Geräten beschreibt STEINBICHLER (1928) den Bau und die Anwendung eines großen Streifnetzes für den Schwimmkäferfang. Es besteht aus einem rechteckigen Rahmen aus verzinktem, $\frac{3}{8}$ Zoll starkem Gasrohr, die Länge misst 100 cm, die Breite 50 cm. Der Fangsack wird aus gut wasserdurchlässigem Gewebe angefertigt und soll etwa 60 cm tief sein. Der obere Teil muss der Beanspruchung und Haltbarkeit wegen mit Rohleinen oder Jute eingefasst werden. Im Abstand von 10 cm werden feste Bänder oder Ringe angenäht, mit denen der Netzsack am Rahmen befestigt wird. Das Ende eines jeden Rahmenteiles trägt einen kleinen Ring, durch den das betreffende Band gezogen wird. Ein Verschieben des Netzes am Rahmen ist dadurch unmöglich. Das Streifnetz wird eingesetzt, indem zwei Mann ins Wasser gehen und aus $1\frac{1}{2}$ bis 2 m Entfernung vom Ufer das Netz mehrere Male kräftig uferwärts ziehen. Die erzielten Ausbeuten sind in der Regel mit anderen Netzen nicht erreichbar. SCHIEFERDECKER (1963) verwendet Reusen zum Fang von Wasserinsekten und BRANCUCCI (1978) eine schwimmende Falle in Kastenform und eine Bodenfalle zum Sammeln kleiner Dytisciden.

**Leptinidae:** Pelzflohkäfer halten sich in den unterirdischen Gängen und Nestern verschiedener Mäusearten auf. Besteht die seltene Gelegenheit, einen frischtoten Biber zu finden, klopfe man das Tier über einem weißen Sammeltuch (▶ **Abb. 9**) oder Fließpapier aus und sammle die ca. 2,5 mm großen Biberkäfer nebst Entwicklungsstadien ein (PIECHOCKI 1959).

**Catopidae:** Über das Sammeln von Vertretern der Nestkäfer berichtet SOKOLOWSKI (1956). Mit den üblichen Methoden fängt man sie nur selten und dann auch nur in geringer Zahl. Quantitativ die besten Erfolge hat man beim Ködern mit einem Katzen- oder Hühnerkadaver oder auch kleineren Kadavern bis zur Größe einer Maus oder eines Singvogels. Der Kadaver wird einige Tage in eine nicht zu trockene und nicht zu feuchte Grube gelegt und mit einem Blech abgedeckt. Nach dem Öffnen wickelt man den Kadaver zuerst in das Sammeltuch und fängt die Grube aus. Danach wird der Kadaver abgeklopft und alle vorhandenen Käfer mit dem Exhaustor gefangen. Mit Aussicht auf Erfolg kann man Köder auch in Baumhöhlen legen, sofern diese nicht mit Ameisen besetzt sind und etwas Mulm enthalten.

**Liodidae** und **Colonidae:** Eine Anleitung zum Sammeln der meist 2 bis 3 mm langen Schwammkugel- oder Trüffelkäfer und der etwa ebenso großen Kolonistenkäfer verdanken wir FLEISCHER (1927). Die Käfer der genannten Gruppen leben vom Pilzmyzel, das sich an den Wurzeln von Moosen und höheren Gräsern entwickelt. Mit dem Streifkescher wird der Pflanzenbestand abgestreift, wenn die Tiere vor Sonnenuntergang an den Pflanzen hochzuklettern beginnen und über sie hinschwärmen. Vermag man sich Herbsttrüffeln zu beschaffen, werden sie in einer Flasche als Köder ausgelegt. Schon nach 2 bis 3 Tagen ist die Flasche oft mit den gewünschten Arten besetzt. Die ungeflügelten Gebirgsformen müssen aus Moospolstern gesiebt werden.

**Staphylinidae:** Über das Sammeln von Kurzflüglern, speziell von alpinen Arten, berichtet SCHEERPELTZ (1926). Erfolgreich siebt man sie in gleichmäßig feuchten Biotopen. Das Material wird, nach Fundorten getrennt, mit Essigetherdämpfen getötet.

Um kleine Staphyliniden zu fangen, erprobte SCHEERPELTZ (1954) eine einfache Ködermethode, die alle an ausfließendem Baumsaft zu findenden Insekten anlockt. Das notwendige Ködergemisch wird in folgender Weise hergestellt: Man löst Rohrzucker in warmem Wasser auf und legt in diese Lösung abgekratzte Harzreste zufällig gärend angetroffener Laubbäume oder entsprechende Rindenstücke. Der zugedeckte Topf wird an einem gleichmäßig warmen Ort zum Gären gestellt. Sobald dieser Vorgang kräftig verläuft, wird in die Brühe etwas Glycerol gerührt, um das Vertrocknen des ausgestrichenen Mittels zu verhüten. Kleine Formen fängt man am sichersten, wenn auf die Köderstelle ein Stück mit Saft getränkte Rinde gebunden wird. Man entfernt es bei untergehaltenem Sieb, so dass die sich darunter befindlichen kleinen Arten leicht gefangen werden können.

Über die Möglichkeit, Staphyliniden durch chemische Substanzen in einer Lockfalle zu fangen, berichtet GOTTSCHALK (1958). Das Sammeln von *Leptotyphlites* beschrieb COIFFAIT (1959). VOGEL (1983) stellte fest, dass Fangzahlen und Artenspektrum der Staphyliniden bei Bodenfallenfängen von der Art der verwendeten Konservierungsmittel stark abhängig sind. In einem lindenreichen Stieleichen-Hainbuchen-Wald wurden jeweils 3 Bodenfallen (Höhe 16 cm, Ø 7 cm) mit 70%igem Ethanol (mit Glycerolzusatz), gesättigter Kochsalzlösung und 3%igem Formalin in Abständen von je 10 m exponiert. Es ergab sich, dass Ethanol für viele Staphyliniden eine Köderwirkung besitzt. Die geringen Fangzahlen in Formalin-Fallen zeigten, dass für einige Arten eine eher abstoßende Wirkung besteht. KLIMA (1987) machte die Erfahrung, dass man in warmen schwülen Abenden in der Dämmerung viele flugaktive Käfer am Licht fangen kann. Das trifft besonders auch auf die Kurzflügler zu.

**Cleridae:** Dass die schönen Buntkäfer in den Sammlungen meist so schwach vertreten sind, hat nach WINKLER (1961) zwei Ursachen: Einerseits sind sie wirklich selten, andererseits werden ungeeignete Sammelmethoden angewandt. Für die größte Zahl der Arten bewährt sich das Abklopfen. Am geeignetsten für den Fang ist ein Wald, der von Borkenkäfern stark befallen wurde. Ameisenbuntkäfer sind nämlich die Hauptfeinde der Borkenkäfer. Die Buntkäfer reagieren außerordentlich empfindlich gegen Erschütterungen. Deshalb muss man sich äußerst vorsichtig an die Tiere heranpirschen. Als wertvolles Hilfsmittel dient ein langer, weicher Pinsel, mit dessen Hilfe die Käfer festgehalten und in das Sammelglas hinein gekehrt werden können. Seine Erfahrungen beim Sammeln tropischer Cleriden hat CORPORAAL (1950) eingehend beschrieben.

**Cerambycidae:** Die Familie der Bockkäfer erfreut sich in der Regel einer besonderen Beliebtheit unter den Sammlern. BOOS (1957) hat unter den Gesichtspunkten „Wo finde ich Cerambyciden", „Wann finde ich Cerambyciden" und „Wie fange ich Cerambyciden" alles Wissenswerte auf Grund reicher Erfahrungen zusammengefasst.

**Chrysomelidae:** Über das Sammeln von „Erdflöhen" berichtet HEIKERTINGER (1941). Wie bei allen pflanzenfressenden Kleinkäfern muss das Aufsuchen auch bei den Halticinen nach den Pflanzen erfolgen. Nicht auf Tiere, sondern auf Pflanzen muss der Sammler ausgehen, wenn er seltene Arten mit dem Kescher erbeuten will. Man hält dazu den Streifsack schräg unter eine Einzelpflanze und schüttelt die auf ihr sitzenden Tiere ab. Die Bestimmung und Notiz der Nährpflanze ist eine notwendige Forderung, da die Käfer weitgehend an diese gebunden sind. „Denn nicht das verwüstende wilde Käschern bringt die

Seltenheiten ein, sondern nur das wohlüberlegte Suchen und Forschen auf der festen Grundlage der Nährpflanzenkenntnis."

**Curculionidae:** Über die verschiedenen Möglichkeiten, die ausschließlich phytophagen Rüsselkäfer zu sammeln, berichten PENECKE (1927) und KRAUSE (1978).

**Scolytidae (Ipidae):** Eine Anleitung zum Sammeln und Züchten von Borkenkäfern liegt von SEDLACZEK (1935) vor. Die tabellarische Zusammenstellung der Scolytiden, unterteilt nach Befallspflanzen und Befallssitz (Krone, Stamm, Stock, Wurzel), erleichtert dem Sammler die Übersicht. Da die meisten Borkenkäferarten nur kränkelnde oder absterbende Bäume befallen, stellen sie für die Forstwirtschaft ein großes Problem dar. Daher wurden von dieser Seite aus zur Verminderung der Populationen biotechnische Verfahren entwickelt. Die gebräuchlichsten Methoden sind der Einsatz von mit Lockstoffen beschickten Flug- oder Landefallen. In ihnen fangen sich aber nicht nur Borkenkäfer sondern auch deren Feinde, die sich an den Pheromonen ihrer Beute orientieren. Oftmals handelt es sich dabei um seltene Käferarten.

Nur eine geringe Zahl von Arten der Familien **Buprestidae**, **Chrysomelidae** und **Curculionidae** führen als Larven eine **blattminierende Lebensweise**. HERING (1930) stellt in seiner Arbeit alle bekannten Arten und deren Wirtspflanzen zusammen und gibt ausführliche Anweisungen über das Sammeln und die mühelose Zucht der minierenden Coleopterenlarven.

## Verpackung von Ausbeuten

Auf Reisen oder Expeditionen gesammeltes Insektenmaterial lässt sich am vorteilhaftesten in so genannten **Insektenbriefen** aufbewahren (▶ **Abb. 88a**). Auf den entsprechend zurechtgeschnittenen Papierumschlag wird eine Lage geleimter Watte, Flanellwatte oder Zellstoff gelegt. Gewöhnliche Watte eignet sich für diesen Zweck nicht, denn in ihr verhaken sich die Endkrallen der Extremitäten oder die Fühler sehr leicht und reißen dann beim Herunternehmen von der Polsterlage ab. Die getöteten Insekten, möglichst gleicher Größenordnung, legt man dann Stück für Stück nebeneinander auf die Unterlage in eine jeweils mit der Pinzette vorbereitete kleine Grube.

Die zum Einlegen der Insektenbriefe erforderlichen Pappkästen lässt man sich aus luftdurchlässiger Rohpappe herstellen. Kästen von etwa 15 × 15 cm Größe und 8 bis 10 cm Höhe sind praktischer als solche größerer Abmessungen. Pappkästen der vorgeschlagenen Größe fassen etwa 10 Insektenbriefe (▶ **Abb. 88b**). Auf den vorbereiteten Unterlagen können mühelos etwa 500 mittelgroße Insekten untergebracht werden. Die notwendigen Fundortangaben und das Datum schreibe man stets auf den Papierumschlag. Beigelegte Etiketten können innerhalb des Briefes verrutschen!

Auf Expeditionen ist es zweckmäßig, jeweils 1 Dutzend mit Insektenbriefen gefüllten Pappschachteln in einer entsprechend großen Blechkiste oder mit Zinkblech ausgeschlagenen Holzkiste zu transportieren. Die so vor Feuchtigkeit

**Abb. 88** Links: so genannter „Insektenbrief" in gefülltem Zustand vor dem Einlegen in eine Pappschachtel entsprechender Größe; rechts: Schachtel mit Unterlagen zum Transportieren umfangreicher Insektenausbeuten. Die Vorderfront ist zur Einsicht in den Kasten angeschnitten und heruntergeklappt gezeichnet.

geschützten Insekten müssen jedoch vorher gut getrocknet werden. Zu diesem Zweck sind die Pappschachteln, die mit Insekten belegte Unterlagen enthalten, bei jeder passenden Gelegenheit geöffnet an einen luftigen, warmen Ort zu stellen. Das Material trocknet unter normalen Bedingungen in derartigen Schachteln sehr gut. Nur wenn die Insekten schnell trocknen, behalten sie ihr frisches Aussehen und dunkeln nicht nach. Da die Briefe einzeln herausgehoben werden können, ist eine schnelle Kontrolle bezüglich des Auftretens von Schimmelbefall möglich. Auf den mit einem Gummiband festgehaltenen Schachteldeckel wird jeweils das Sammelgebiet notiert und vermerkt, ob das Material bereits ausgetrocknet ist. Als besonderer Vorteil wäre noch anzuführen, dass derart aufbewahrte Insektenausbeuten leicht zu übersehen sind, wenn sie präpariert, geordnet oder an Spezialisten verteilt werden sollen.

SCHWARTZ (1980) empfiehlt das **Eintüten von Käfern zum Versand unter Klarsichtfolie** (▶ **Abb. 89**). Man benötigt dazu einen Klammerhefter, nicht zu festen Karton, Zellstoff und glasklare Plastikfolie. Vor dem Eintüten wird die Pappe mit den erforderlichen Angaben beschriftet. Dann legt man die Käfer auf den Zellstoff unter die Folie und heftet sie fest. Zur Entnahme der Objekte wird die Plastfolie mit einer Rasierklinge oder einem Skalpell innerhalb der Klammern aufgeschnitten.

Zum Schutz gegen Schadinsekten ist es erforderlich, eine kleine Menge eines Insektizides hinzuzugeben. Dabei sprechen gegen das bewährte Lindan gesundheitliche Bedenken. Weiterhin ist jedoch zu beachten, dass das Mittel nicht die Folie angreift (wie es z. B. bei Paradichlorbenzen der Fall ist). Unter diesem Aspekt kann entweder Naphthalin oder am besten handelsübliches Mottenpapier empfohlen werden.

Zum **Verpacken kleiner Mengen** von Käfern eignen sich Bambusstäbe oder andere hohle Pflanzenstengel ausgezeichnet. Das als Schutzhülle dienende Material muss jedoch absolut trocken sein, sonst verschimmeln die darin untergebrachten Käfer in kurzer Zeit. Mit einem Wattepfropfen wird das Material festgelegt und die Röhre gleichzeitig verschlossen. Die Aufbewahrung kleiner Arten erfolgt am besten im hohlen Teil eines Gänsefederkiels. Darin kann man Käfer sogar in einem Brief risikolos verschicken. Statt der Federkiele kann man auch stabile Plastiktrinkhalme verwenden.

Einsammlungen florikoler Insekten werden nach EVERS (pers. Mitt.) aus dem Exhaustor in ein Sammelgläschen überführt, mit einem Zellstoffröllchen festgelegt und dieses vor dem Zustopfen mit 4–5 Tropfen Essigether-Kreosotgemisch versehen. Derart verpackte Ausbeuten sind damit vor Schimmelbefall geschützt und bis zur endgültigen Präparation lange Zeit haltbar.

Falls kein solches Material zur Verfügung steht, werden **Papierröllchen** angefertigt, die man über ein Rundholz (z. B. einen Bleistift) wickelt und dann am Rande verklebt. Leere Zigarettenhülsen eignen sich für diesen Zweck ebenfalls vortrefflich. Die Rollen werden nach dem Einfüllen der Insekten mit Wattestopfen oder mittels eines Klammerhefters verschlossen. In eine Zigarrenschachtel eingelegt, lassen sie sich gut transportieren.

Die von MIZUTANI et al. (1982) erprobte **Aufbewahrung von Insekten in einer Tiefkühltruhe** empfiehlt PÜTZ (1986) zur Gefrierkonservierung von Coleopteren. Die im Tötungsglas mit Essigether abgetöteten Käfer werden mit den Sägespänen darin belassen, und vor dem Einfrieren fügt man einige Kristalle Thymol oder Naphthalin hinzu. Dies schützt das Material beim späteren Auftauen vor Schimmel. Die fest ver-

**Abb. 89** Bockkäfer zum Versand unter Klarsichtfolie auf Zellstoff eingeklammert.

schlossenen Tötungsgläser werden bei einer Temperatur von –10 bis –15 °C eingefroren. Vor dem Präparieren genügt es, die Gläser bei Zimmertemperatur 30 bis 40 Minuten auftauen zu lassen. Vorteilhaft ist, dass das Material zu jedem Zeitpunkt bearbeitet werden kann.

## Konservierung in Flüssigkeit

Formalinlösungen sind zum Konservieren ungeeignet. Die an sich übliche Konservierung von Käfern in Alkohol hat große Nachteile. Bewahrt man die Objekte in zu schwachem Alkohol auf, ist die Fixierung ungenügend, und in zu starkem Alkohol werden sie steif. Aus verschiedenen Gründen ist eine ideale Konservierung in Alkohol praktisch nicht erreichbar. Die Forderung an ein brauchbares Gemisch lautet: hinreichende Konservierung der Weichteile, verbunden mit einer minimalen Härtung von Geweben und Gelenken. Nach VALENTINE (1942) erfüllt **BARBERS Reagens** diese Forderung besser als alle anderen Gemische. Mit Essigether getötetes Material kann darin jahrelang in einem ausgezeichneten Zustand aufgehoben werden. Es ist nur darauf zu achten, dass durch ausgetretenes Öl dunkel gewordene Aufbewahrungsflüssigkeit ersetzt werden muss. Bei großen Materialmengen ist ein öfterer Wechsel erforderlich. BARBERS Flüssigkeit setzt sich ursprünglich wie folgt zusammen: Alkohol (95%ig) 265 Teile, Wasser 245 Teile, Essigether 95 Teile, Benzen 35 Teile. Auf Grund der hohen Giftigkeit und Karzinogenität des Benzens sollte dieses jedoch unbedingt durch Toluol (= Methylbenzol) ersetzt werden. Die Ergebnisse sind vergleichbar. Das **Weichhaltegemisch** ist vielseitig brauchbar. Außer zum Aufweichen ist es unentbehrlich zum Restaurieren alter, schmierig gewordener Exemplare und löst viele der üblichen Aufklebeleime.

## Präparation der Imagines

Auf Exkursionen frisch getötete Käfer sollte man erst nach 24 Stunden präparieren. Die Tiere haben dann die Totenstarre überwunden und können gespannt werden. Ggf. müssen sie zur Konservierung in das **Quellgemisch nach SCHEERPELTZ** überführt werden. Es enthält 60 Teile reinen Alkohol (96%ig), 30 Teile Wasser und 10 Teile Speiseessig. Die Mischung soll das Hervortreiben der Kopulationsorgane sowohl der Männchen als auch der Weibchen bewirken. Das Quellgemisch kann mit Erfolg bei nahezu allen Arten vor der Präparation verwendet werden.

Expeditionsausbeuten, die in trockener Form vorliegen, müssen aufgeweicht werden, ehe man sie präparieren kann. Dazu kann man mit großem Erfolg BARBERS Reagens benutzen (siehe weiter oben). Werden trockene, mit Essigether getötete Exemplare in das Gemisch getaucht, lassen sie sich bereits nach kurzer Zeit präparieren und selbst Genitalsektionen durchführen.

Eine ausgezeichnete Methode, altes Alkoholmaterial oder solches aus Formalin-Fallen-Fängen wieder gut präparierbar zu machen, beschreibt KLEß (1986). Man löst unter Schütteln 1 g Pepsin in 100 ml Wasser und fügt zur Aktivierung 1 ml konzentrierte Salzsäure hinzu. Dieses ergiebige Gemisch ist im Kühlschrank viele Monate haltbar. Das Material wird nach gründlicher Wässerung direkt in das Gemisch gelegt. Kleine Arten werden bei Zimmertemperatur nach 3 bis 4 Tagen sehr schön weich, geschmeidig und auch einwandfrei sauber. Bei größeren Käfern kann eine Behandlungsdauer bis zu 14 Tagen oder länger notwendig sein. Eine Temperaturerhöhung auf 37 °C beschleunigt den Vorgang beträchtlich. Durch starke Verfettung wird das Gemisch bernsteinfarben, in diesem Zustand muss es erneuert werden. Zum Abspülen der Käfer dient Wasser, dem einige Tropfen Entspannungsmittel zugesetzt werden. Die Farben verändern sich nicht. Selbst weichhäutige Tiere werden in der Lösung nicht unansehnlich. Sogar eine 10-monatige Einwirkungszeit schadet den Käfern nach KLEß nicht. Diese Methode ist nicht nur für Käfer anwendbar. Alle Insekten, die durch einen unmittelbaren Flüssigkeitskontakt keinen Schaden nehmen, kann man im **Pepsin-Bad** aufweichen.

Ein anderes einfaches Verfahren zur Behandlung von formolgehärtetem Material entwickelte ŠUSTEK (1987). Er kocht die Käfer in 20%iger Zitronensäure und spült sie anschließend in warmen Wasser. Die Dauer der Behandlung ist abhängig von der Größe der Tiere. Der Autor gibt für große Arten (20 bis 30 mm) eine Zeit von 2 bis 3 Stunden, für mittlere (10 bis 20 mm) 1 bis 2 Stunden und für kleine etwa 1 Stunde an. Negative Auswirkungen auf Feinstruktur und Farbe wurden nicht beobachtet.

Viele Aufweichverfahren basieren auf der Wirkung von **Wasserdampf.** WEAVER & WHITE

## Gliederfüßer (Arthropoda)

(1980) stellen eine Apparatur vor, die viele Entomologen in abgewandelter Form kennen. Dazu füllt man in ein Behältnis (bevorzugt wird ein großes Becherglas) etwa 5 cm hoch Wasser ein. Anschließend hängt man eine Plattform so in das Gefäß, dass sie sich einige Zentimeter über der Wasseroberfläche befindet. Auf der Plattform liegt ein Korken, auf dem die aufzuweichenden Tiere stecken. Der Wasserbehälter wird mit einer Uhrglasschale verschlossen und auf eine Heizplatte gestellt. 10 bis 15 Minuten über kochenden Wasser reichen im Allgemeinen aus, um die Tiere zu weichen. Auch diese Methode ist für alle Insekten geeignet, die feucht werden dürfen, jedoch sind bei Tieren aus Fallen mit Formalinkonservierung die Ergebnisse nicht in jedem Falle überzeugend.

Das Weichen kann auch in einer **feuchten Kammer** erfolgen. Als solche eignet sich jedes Glas- oder Plastikgefäß mit Deckel. In das Gefäß oder die Schale wird eine 2 bis 3 cm dicke Schicht Seesand gestreut, mit 5%iger Essigsäure oder gewöhnlichem Speiseessig angefeuchtet und mit einer Lage Fließpapier bedeckt. In einer so eingerichteten Kammer breitet man die trockenen Käfer aus. Je nach Größe und Art verschieden, haben die Tiere im Verlauf von 1 bis 2 Tagen so viel Feuchtigkeit aufgenommen, dass man sie recht gut nadeln und präparieren kann. Anstelle des Essigs kann man mit großem Erfolg handelsübliches Fensterputzmittel verwenden. Das Sandbett kann durch Blumensteckmasse ersetzt werden. Sollte diese Methode negativ verlaufen, empfiehlt NAUMANN (1986) verhärtete Käfer zum Aufweichen in Speiseessig zu werfen und sie je nach Größe 2 bis 20 Tage darin zu belassen. Sehr empfindlich gegen das Aufweichen sind lediglich grün gefärbte Rüssler. Falls man derartige Stücke in trockenem Zustand erhält, weiche man sie durch Betupfen der Unterseite mit warmem Wasser auf.

Zum Präparieren werden folgende **Utensilien** benötigt: Insektennadeln aus rostfreiem Stahl der Stärken 000 bis 6 (je nach Größe der Tiere, für sehr große tropische Käfer auch Stärke 7), Spannnadeln mit Glasköpfen, eine Steckplatte mit glatter Oberfläche, ein Präparierbesteck, bestehend aus Präpariernadeln, spitzer Schere, spitzer Pinzette und feinem Haarpinsel sowie Fundort- und Artetiketten.

Als Regel gilt, Käfer bis maximal 10 mm Länge aufzukleben und die über 10 mm Länge zu nadeln. Die Käfer werden dabei so auf Nadeln gespießt, dass der Rücken des Tieres 1 cm unter dem Nadelkopf liegt. Die erwünschte Gleichmäßigkeit erzielt man am sichersten durch Benutzung eines für diesen Zweck leicht herstellbaren Holzklötzchens (▶ **Abb. 90**). Der obere Teil der Nadel dient zum Anfassen des Objektes mit den Fingern. Die Nadel entsprechender Stärke wird bei den Käfern so an die rechte Flügeldecke nahe der Mittelnaht gestochen, dass sie, senkrecht zur Frontalebene geführt, zwischen Mittel- und Hinterhüfte des zweiten und dritten Beinpaares heraustritt (▶ **Abb. 91**). Für die Wahl der richtigen Nadelstärke ist Folgendes zu bedenken: eine zu dicke Nadel deformiert oder zerstört das Objekt, während an einer zu dünnen Nadel das Insekt nur wenig Halt findet. Außerdem führen sehr feine Nadeln zu Problemen beim

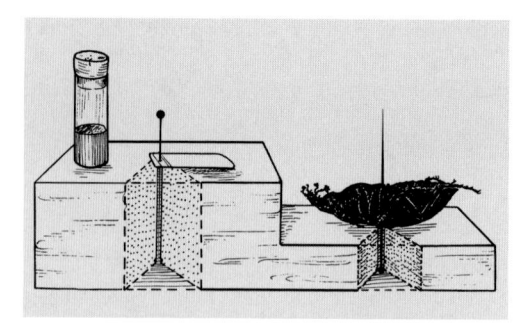

**Abb. 90** Holzklötzchen zum gleichmäßigen Aufkleben und Nadeln von Käfern. Das Glasröhrchen enthält Leim zum Aufkleben kleiner Käfer.

**Abb. 91** Richtiger Nadeleinstich und -austritt bei einem Käfer. a) Oberseite, b) Unterseite.

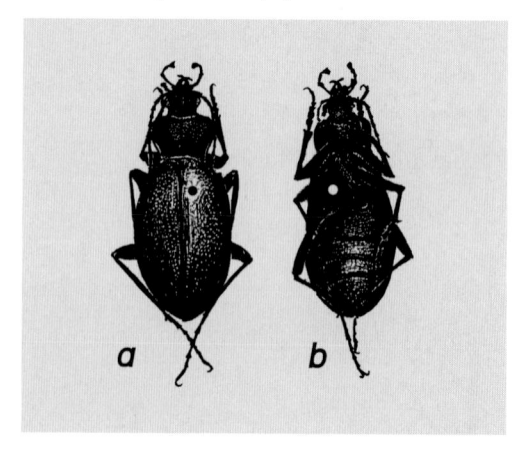

Einstecken in Insektenkästen mit festeren Unterlagen, da sich die Nadel oft verbiegt oder deren Spitze umknickt.

Zum sachgemäßen Präparieren größerer Käfer benötigt man Steckplatten. Diese lassen sich einfach aus weichem Material herstellen. Geeignet ist Styropor – FRITSCHE (1985) beschreibt seine mechanische Bearbeitung – das in weißes saugfähiges Papier fest eingeschlagen wird. Bei der Verwendung feinporigen Schaumstoffes (z. B. Plastazote, Poretan, Plastoprint, Poroplex oder Riplex) kann das Papier entfallen. Die genadelten Käfer werden auf diese Unterlage gesteckt. Mit Hilfe einer Pinzette oder Präpariernadel schiebt man dann die Vorderfüße nach vorn und das 2. und 3. Beinpaar nach hinten recht eng an den Körper, so dass nur die Kniegelenke vorstehen (vgl. ▶ **Abb. 91**). Sollten einzelne Beine oder die Fühler nicht die angestrebte Lage behalten, werden sie zum Trocknen am besten mit Glaskopfnadeln festgesteckt. Nur auf diese Weise erzielt man eine möglichst symmetrische Haltung. Diese Behandlungsweise ist vor allem deshalb zweckmäßig, weil derart gespannte Käfer in wissenschaftlichen Sammlungen wenig Platz einnehmen und die Extremitäten vor dem leidigen Abbrechen besser geschützt sind. In der Regel nadelt man die Individuen einzeln. Als berechtigte Ausnahme gilt, ein in Kopulation gefangenes Paar übereinander zu spießen, wenn es beieinander bleiben soll (▶ **Abb. 92**). Mit abgespreizten Fühlern und in Laufhaltung ausgebreiteten Füßen präpariert man Käfer nur, wenn sie für biologische Gruppen oder für Demonstrationspräparate benötigt werden (▶ **Abb. 93**).

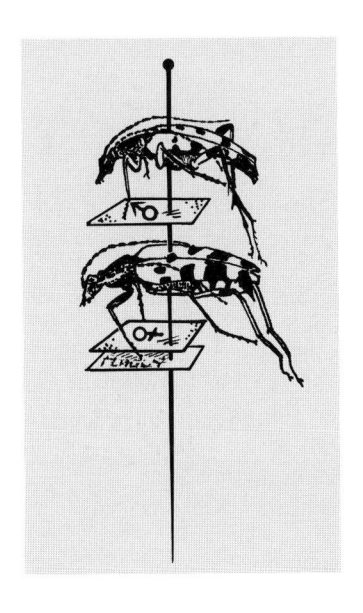

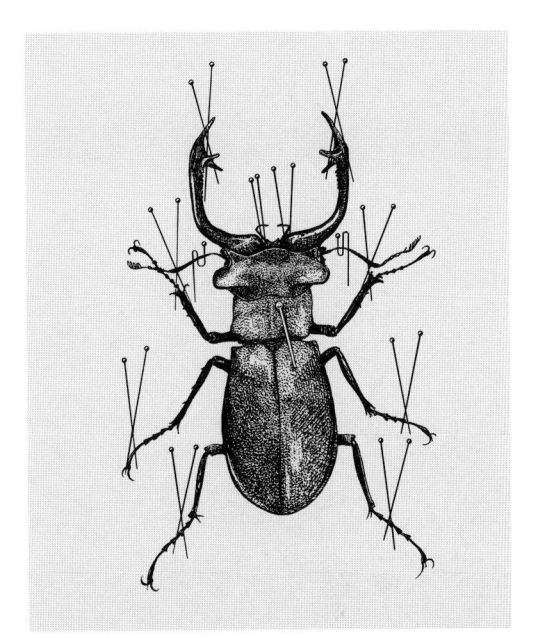

**Abb. 93** Für Demonstrationszwecke präparierter Hirschkäfer. Die über Kreuz gesteckten Nadeln verhindern ein Verziehen der Extremitäten während des Trocknens.

Zum Trocknen stellt man die gespannten Käfer mit der Steckplatte an einen luftigen, vor Staub und direkten Sonnenstrahlen geschützten Platz. Je nach Temperatur, Luftfeuchtigkeit und Größe der Käfer trocknen sie im Verlauf von 2 bis 10 Tagen. Das Abnadeln darf erst dann erfolgen, wenn sich Beine oder Fühler nicht mehr bewegen lassen.

Sollten sich aufgeweichte und dann erst genadelte Käfer an ihrer Nadel drehen, muss man von der Unterseite her etwas Leim an die Austrittsstelle der Nadel tropfen. Die Käfer müssen vor allem dann festgeleimt werden, wenn derartiges Material transportiert oder verschickt wird.

Vor dem Präparieren müssen vor allem Laufkäfern und Kurzflüglern die Mandibeln mit Hilfe einer spitzen Präpariernadel geöffnet werden damit die zum Bestimmen wichtigen Merkmale sichtbar sind. Bei großen Staphyliniden ist es

**Abb. 92** In Kopulation gefangenes Pärchen, auf eine Nadel gespießt.

erforderlich, das Abdominalende mit der Pinzette zu fassen, um den Hinterleib gerade zu richten und zu strecken. In der Regel bedürfen die Käfer keiner weiteren Vorbehandlung. Es gibt allerdings einige große, weiche Formen, z. B. die *Meloë*- und *Lytta*-Arten, deren Weibchen insbesondere vor der Eiablage ein sehr stark ausgeweitetes Abdomen haben. Damit dieses nicht verfault oder einschrumpft, muss es ausgenommen werden. Zu diesem Zweck führt man auf der Unterseite des Käfers mit einer spitzen Schere einen Längsschnitt aus, wobei der erste und der letzte Hinterleibsring geschont werden muss. Mit einer spitzen Pinzette zieht man Eischläuche nebst Eingeweiden und Fettkörper heraus und reinigt das entleerte Abdomen mit Watte. Der entstandene Hohlraum muss dann so mit Watte ausgefüllt werden, dass sich die Schnittränder noch zusammendrücken lassen, damit das Abdomen wieder seine natürliche Form erhält. In den Tropen müssen sehr große Käfer dagegen stets ausgeweidet werden. Am schnellsten geschieht dies durch Aufschneiden der unter den Deckflügeln weichen Hinterleibsringe. Früher war es üblich, in das Abdomen einen mit Arseniklösung getränkten Wattebausch einzuschieben, ehe man den Schnitt wieder mit den Flügeln verdeckt, um späterem Schadfraß vorzubeugen. Die Anwendung dieses gefährlichen Giftes ist jedoch nicht unbedenklich und aus Gründen der Sicherheit abzulehnen. Einen möglichen Fäulnisprozess kann man unterbinden, wenn in den Hinterleib ein Wattebausch gebracht wird, der mit alkoholischer Borsäurelösung getränkt ist (s. Anhang). Einfacher ist es, die inneren Organe des Abdomens durch Injektion einer mindestens 4%igen Formalinlösung zu härten. Dazu wird die Kanüle durch die Intersegmentalhäute eingeführt und so viel Formalin appliziert, dass die natürliche Form des Abdomens erhalten bleibt. Unbeschuppte Käfer kann man auch einige Zeit in der Lösung liegen lassen. Wichtig ist dann jedoch, dass die Tiere vorher präpariert sind und sehr langsam getrocknet werden.

Die Schwierigkeit bei der Herstellung von Trockenpräparaten besteht darin, den Exemplaren Wasser zu entziehen, ohne dass deren Strukturen darunter leiden (was besonders bei weichhäutigen Arten zu Problemen führt). Solche Methoden wie Gefrier-Trocknung oder „Critical-Point"-Trocknung scheiden oft auf Grund der dafür nötigen technischen Voraussetzungen und der damit verbundenen Kosten aus. Eine sehr brauchbare Methode, die für viele Insektengruppen (Coleoptera, Orthoptera, Diptera einschl. deren Larven) anwendbar ist, entwickelte McRae (1987). Dabei werden die Tiere nach dem Abtöten zunächst in 80%igen und dann in absoluten Alkohol gebracht. Anschließend überführt man das Material in ein Diethylether-Bad (= „Schwefel-Ether", Narkose-Ether). Auf dem Boden des Ether-Gefäßes befindet sich eine Schicht von wasserfreiem Kupfersulfat, um auch das letzte Wasser aus dem Bad aufzunehmen. Sobald sich das Kupfersulfat blau färbt ist es zu entfernen und unter einem Abzug zu trocknen. Die Dauer des Ether-Bades wird durch die Erfahrung bestimmt. McRae gibt eine Zeitspanne von 12 Stunden (Schmeißfliege) bis zu einer Woche (Küchenschabe mit umfangreichen Fettkörper) an. Danach nimmt man das Material aus dem Ether und lässt es trocknen. Dabei lege man es in eine offene Petri-Schale und nicht auf Filterpapier, da die Saugwirkung feine Strukturen verändern könnte. Sollen die Tiere genadelt werden, so ist das zu tun, bevor sie ganz trocken sind, da sie dann eine gummiartige Oberfläche besitzen. Ein weiterer Vorteil dieser Methode besteht darin, dass die natürlichen Farben weitgehend erhalten bleiben. Schließlich ist das Verfahren auch noch dazu geeignet, **Trockenpräparate aus Alkoholmaterial** herzustellen. Dazu überführt man die Insekten aus ihrer bisherigen Konservierungsflüssigkeit in absoluten Alkohol und anschließend in Ether. Danach ist weiter wie oben beschrieben zu verfahren. Zur Herstellung solcher Trockenpräparate von alkohol-konservierten Insekten eignen sich auch besonders das Verfahren von Baumann (1979) und die Verwendung von HMDS, die weiter unten bei den Dipteren beschrieben wird.

Kleine Käfer von weniger als 10 mm Länge werden am zweckmäßigsten auf weiße Kartonplättchen geklebt. Die entweder rechteckigen oder spitzen Aufklebeplättchen hält man sich in verschiedenen Größen vorrätig, um sie dem Käfer entsprechend auszuwählen (▶ **Abb. 94, 95 und 98**). Das erforderliche Plättchen wird auf das Holzklötzchen gelegt und die Nadel als Träger so eingestochen, wie es ▶ **Abb. 90** zeigt. Diese einfache Vorrichtung gewährleistet die gleichmäßige Höhe aller Aufklebeplättchen an den Nadeln.

Zum **Aufkleben kleiner Käfer** benötigt man Aufklebeplättchen verschiedener Größen und einen geeigneten Leim. Häufig findet wasserlösli-

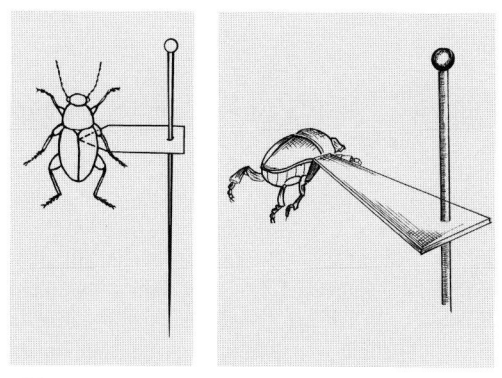

**Abb. 94** Für die Bestimmung vorteilhaftes Aufkleben kleiner Käfer. Nach FREUDE u. a.

**Abb. 95** Seitenansicht eines auf ein spitzes Kartonplättchen aufgeklebten Käfers.

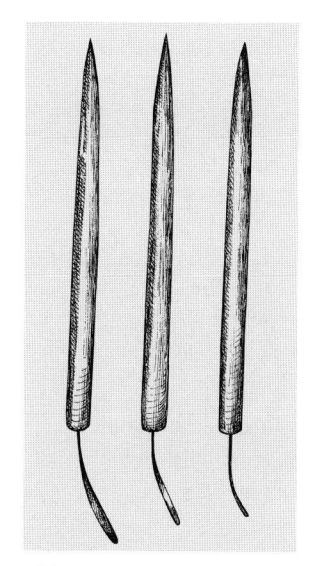

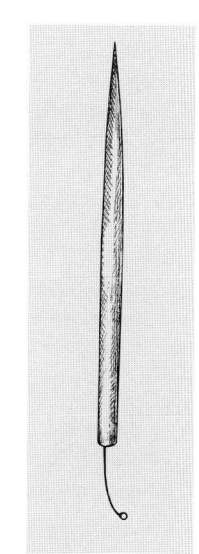

**Abb. 96** Mit Holzgriffen versehene Spatelnadeln verschiedener Breite (1, 2 und 3 mm).

**Abb. 97** Leicht gebogene, am Ende in ein winziges Öhrchen eingekrümmte Klebenadel.

che Methylzellulose (Tapetenleim) Verwendung. Dieser Kleber ist leicht zu handhaben, hat aber die Nachteile, dass er nur eine geringe Klebkraft hat und mitunter zur Schimmelbildung neigt. Nach wie vor ist der Fischleim „Syndetikon" sehr zu empfehlen. Zwar ist dieser Kleber nicht transparent – das spielt aber bei sorgfältiger und sparsamer Anwendung keine Rolle. Die Klebkraft ist ausgezeichnet und die Klebung ist froststabil (was bei einigen Verfahren des Sammlungsschutzes von Bedeutung ist). Außerdem kann auch dieser Fischleim bei Bedarf mit warmen Wasser wieder gelöst werden. Abzuraten ist hingegen von Klebern auf Basis von Kunstharz oder Polyvinylacetat (PVAC, Latex-Bindemittel, Holzkaltleim). Letzterer erfreut sich besonders bei amerikanischen Entomologen großer Beliebtheit und wird dort unter der Bezeichnung „White Glue" vertrieben. Diese Leime lassen sich jedoch nicht oder nur unter größten Schwierigkeiten wieder ablösen.

SCHEERPELTZ (1936) empfiehlt, wie folgt zu verfahren: Die Tiere werden aus dem Aufbewahrungsgläschen mit der Quellflüssigkeit (siehe weiter oben bzw. Anhang) in eine weiße Porzellanschale geworfen. Mit einem feinen Haarpinsel legt man das zu präparierende Stück auf saugfähiges Papier. Auf diesem Papier werden die Tiere unter einer geeigneten Stativlupe oder einem Binokular mit einem spitzen, leicht angefeuchteten Pinsel ausgepinselt – das heißt, man streckt die meist am Körper der Tiere liegenden Füße und Fühler aus. Dabei wird das Tier mit einer flachen, so genannten „Spatelnadel" (▶ **Abb. 96**) gehalten, die man sich aus hartem Draht leicht selbst anfertigen kann.

Ehe man den derart vorbereiteten Käfer auf das Aufklebeplättchen legt, muss dieses mit Leim versehen werden. Dazu eignet sich eine so genannte Öhrnadel (▶ **Abb. 97**) oder ein feiner Pinsel. Mit Hilfe dieses Werkzeuges wird ein Leimpunkt auf das Plättchen getupft, gerade so viel, dass der Käfer gut haftet. Man hüte sich davor, zu viel Leim aufzutragen! Der Leim darf beim Auflegen des Objektes auf keinen Fall sichtbar sein oder gar hervorquellen. Zum Auflegen werden die Tiere mit dem nur ganz wenig angefeuchteten Pinsel durch Berühren an ihrer Oberfläche gehoben, in richtiger Lage aufgesetzt und mit der Spatelnadel etwas angedrückt. Sobald die aufgesetzten Käfer genügend angetrocknet sind, richtet man mit dem Pinsel oder einer Präpariernadel die Körperanhänge in die zweckmäßigste Stellung. Fühler und Beine dürfen keinesfalls über den Plättchenrand hinausragen.

Falls bekannt ist, dass man bei bestimmten Tieren die Unterseite zum Studium benötigt und nur ein Exemplar vorhanden ist, empfiehlt SCHEERPELTZ, die normalen Plättchen mit einem entsprechenden Stanzeisen zu lochen (vgl.

## Gliederfüßer (Arthropoda)

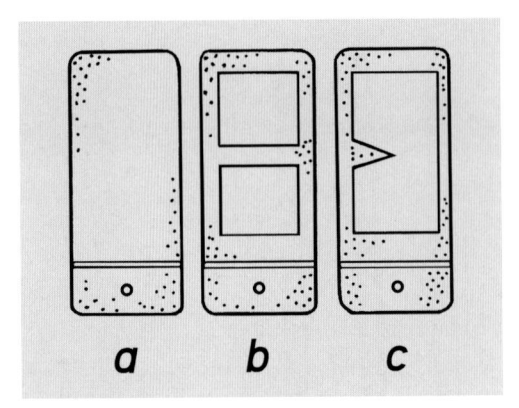

**Abb. 98** Ausgestanzte Aufklebeplättchen.
a) normale Form, b) mit ausgestanztem Mittelsteg,
c) mit ausgeschnittener Mittelspitze.

▶ **Abb. 98b, c**). Auf den Mittelbalken oder die ausgeschnittene Spitze werden kleine Käfer dann wie beschrieben aufgeklebt. Eine andere Möglichkeit besteht darin, Aufklebeplättchen aus glasklarem Kunststoff oder Deckgläschen (siehe Seite 144; ▶ **Abb. 70**) zu benutzen.

Anstelle der üblichen Aufklebeplättchen (▶ **Abb. 98a**) kann auch ein kleines spitz zugeschnittenes Pappstück benutzt werden. Das hat zwar den Nachteil, dass die Tiere nicht durch das große Plättchen vor Beschädigungen geschützt sind, andererseits besteht der große Vorteil, die Käfer von nahezu allen Seiten betrachten zu können. Besonders in Amerika ist dieses Verfahren inzwischen sehr verbreitet. Dabei wird die Spitze ein wenig gebogen, so dass die Kontaktstelle zwischen Karton und Objekt möglichst gering ist (▶ **Abb. 94, 95**).

Zum Festhalten der auf dem Rücken liegenden kleinen Käfer benutzt NERESHEIMER (1918) einen festen Federkiel. Dieser wird so halbrund eingeschnitten, dass zwei gegenüberliegende schmale Stege stehen bleiben, über die dann ein dünnes Haar gespannt werden muss, welches den Käfer festhält und ohne ihn zu beschädigen, niederdrückt.

ERMISCH (1956) schreibt: „Sehr hinderlich bei dem Erkennen der Arten ist die übliche, völlig unzweckmäßige **Präparation der Mordelliden,** die einst REITTER empfahl. Wenn die Tiere auf der Seite liegend präpariert werden mit ventral angeschlagenem Kopf, sind für die Bestimmung wichtige Teile meist gar nicht oder nur unzureichend sichtbar (Taster, Fühler, Vordertarsen). Dickflüssiger Leim und einige Übung verleihen sehr bald die Fertigkeit, auch Mordelliden zweckmäßiger zu präparieren." ERMISCH empfiehlt, wie folgt zu verfahren: Die Tiere müssen mit Essigether abgetötet und nicht in Alkohol oder einer anderen Konservierungsflüssigkeit, sondern trocken aufbewahrt werden. Um beim Präparieren die Hände frei zu haben, wird mit einer so genannten Uhrmacherlupe gearbeitet. Das Tier wird auf weißem Schreibpapier auf den Rücken gelegt und mit Hilfe eines üblichen Klebeplättchens mit der linken Hand festgehalten. Mit der rechten Hand wird mit einem feinen Haarpinsel zunächst das Analschild (Pygidium) in horizontale Lage gebracht und die Hinterbeine etwas abgespreizt, danach werden die mittleren Beine ausgepinselt. Der angeschlagene Kopf, Taster und Fühler müssen dann vorsichtig nach vorn gestrichen werden. Widerstand setzt oft das Halsschild entgegen, das mitunter mit der Mittelbrust verklebt ist, so dass die Vorderbeine (Schenkel) nicht ausgepinselt werden können. Ein sanfter Druck mit einer feinen Nadel genügt zumeist, um die Artikulation des Halsschildes zu erreichen. Das so vorbereitete Tier wird nun wie üblich auf ein mit Leim versehenes Klebeplättchen gesetzt und unter dem Binokular nochmals ausgerichtet. Die Hinterbeine werden nicht auf das Klebeplättchen gedrückt, sondern etwas angehoben, so dass Schienen und Tarsen über den Flügeldecken stehen. Das ist zweckmäßig, da dadurch die Kerbung der Hinterschienen und deren Tarsen besser betrachtet werden kann.

Bisweilen ist für die Determination der Coleopteren die Betrachtung des **Aderverlaufes der Hinterflügel** (Alae) nötig. Eine kurze Anleitung zu deren Präparation gibt KRELL (1992). Hierbei werden die Alae abgetrennt und auf doppelseitiger Klebefolie fixiert, die ihrerseits auf Karton-Plättchen aufgebracht wurde. Zuerst wird der posteriore Bereich der Hinterflügel proximal der Cubitalfalte aufgelegt. Danach werden Flügelspitze und Analfeld aufgeklappt. Um eine Verschmutzung der unbelegten Klebefläche zu vermeiden, wird anschließend wieder die transparente Schutzfolie aufgelegt. Sollen die Flügel wieder abgelöst werden, legt man das Plättchen in Essigether, worin der Klebstoff aufgelöst wird.

Schließlich noch einige Hinweise zum **Reinigen von Käfern.** Sehr oft trifft man Rüsselkäfer an, die mit einem erdigen Überzug behaftet sind, der die

Struktur der Oberseite des Tieres mehr oder weniger stark verhüllt. Nach PENECKE (1929) können diese Exemplare leicht wie folgt davon befreit werden: Die in Wasser gut aufgeweichten, von ihren Klebeplättchen abgehobenen oder von ihrer Nadel abgestreiften Tiere werden 5 bis 10 Minuten in zur Hälfte mit Wasser verdünnte Salzsäure gelegt und dann unmittelbar in eine Lösung von doppeltkohlensaurem Natron, sog. Speisesoda, übertragen. Dabei tritt eine heftige Gasentwicklung auf, wodurch die Erdteilchen, durch die Säurebehandlung von dem sie verkittenden Kalk befreit, abgeschleudert werden. Man lässt die Käfer etwa $\frac{1}{4}$ Stunde in der Sodalösung, damit auch der letzte Säurerest neutralisiert ist. Dann werden die Tiere in destilliertem Wasser oder Regenwasser mit einem weichen Borstenpinsel sorgfältig abgewaschen. Bei manchen Arten ist das Absprühen mit einer Spritzflasche angebracht.

Leichte Verschmutzungen lösen sich recht gut, wenn man auf die Objekte Ammoniak tropft und den gelösten Schmutz dann in einem Wasserbad abpinselt.

Ausgezeichnete Resultate ergibt das Reinigen der Käfer in einem Ultraschallbad (z. B. Brillen- oder Gebissreiniger auf Ultraschallbasis). Einige Sekunden bis wenige Minuten sind ausreichend, um Schmutzpartikel von den Tieren abzulösen. Nach FRANK (1978) eignet sich dieses Verfahren auch für stark behaarte oder beschuppte Käfer. Exemplare, die man in einer Pepsin-Lösung nach KLEß (1986) aufgeweicht hat, werden gleichzeitig einwandfrei sauber.

Zum Reinigen gehört auch das zuweilen erforderliche **Entfetten** der frisch gefangenen oder besser erst präparierten und getrockneten Käfer. Befinden sich in der Sammlung Exemplare, die offensichtlich verfettet sind – man erkennt dies an dem öligen Überzug der Tiere oder den gelben Flecken auf den Klebeplättchen -, sortiert man sie zur Überführung in ein Entfettungsbad aus. Zur Entfettung eignen sich verschiedene Lösemittel. IHSSEN (1939) empfiehlt die Anwendung von Xylen, VALENTINE (1942) von „Schwefeläther" (= Diethyläther). Handelsübliche Nitroverdünnung oder Waschbenzin sind ebenfalls erfolgreich anwendbar. Zum Entfetten nutzt man kleine Glasgefäße mit Korkstopfen. Auf der Unterseite des Korkens steckt man die verölten Tiere mit deren Nadel fest und verschließt das Gefäß, so dass sich das Objekt im Lösemittel befindet. Man kann auch größere Gefäße verwenden und die Tiere mit ihrer Nadel frei schwimmend in die Flüssigkeit bringen. Wenn sich das Reinigungsmittel gelblich-bernsteinfarben verfärbt, muss es erneuert werden. Je nach Größe der Käfer und Verölungsgrad sollte man die Tiere 12 Stunden bis 2 Tage im Bad belassen. Eine längere Einwirkungszeit schadet nicht. Anschließend müssen die Käfer getrocknet werden. Besonders bei stark behaarten Exemplaren reicht es nicht, sie einfach lufttrocknen zu lassen, da sonst die Haare verkleben. Vielmehr sollte man die Tiere aus dem Reinigungsbad nehmen, auf eine lösemittelbeständige Steckplatte (z. B. Kork) stecken und mit feinem Buchensägemehl oder Meerschaumpulver überstäuben. In diesem Zustand lässt man die Käfer ca. 24 Stunden trocknen. Anschließend kann man durch leichtes Klopfen an die Nadel die meisten Partikel entfernen und dann die Käfer mit einem weichen Pinsel abbürsten.

Beim Entfetten von aufgeklebten Käfern kann es vorkommen, dass sich der Leim auflöst und die Tiere von ihrem Aufklebeplättchen abfallen. Dann müssen sie erneut aufgeklebt werden.

Die Fundortetiketten der Insekten müssen immer unmittelbar beim jeweiligen Gefäß bleiben. Niemals dürfen mehrere Exemplare gleichzeitig in einem Entfettungsbad behandelt werden, da die Gefahr einer Verwechslung der Etiketten sehr groß ist. Nach einer gründlichen Entfettung haftet kein Staub mehr auf dem Chitinpanzer und deshalb tritt auch die natürliche Färbung besonders hervor. Spezielle Hinweise zur Erhaltung der Farbe von Schildkäfern (Cassidinae) liegen von DAYDIE (1922) und JOLIVET (1948) vor.

### Genitalpräparate

Da die Systematik sich nicht allein auf die Morphologie der äußeren Merkmale stützt, sondern die Kopulationsorgane zur Determination heranzieht, müssen diese bei vielen Arten heraus präpariert werden. Der Penis liegt in einer Genitalkammer, die hauptsächlich vom Sternum des 9. Abdominalsegments gebildet wird. Der Penis besteht aus dem Hauptteil des Begattungsgliedes (Aedoeagus) dessen Basis (Phallus) und den Parameren. Die verschiedenartige Ausbildung ist wichtig für die Determinierung. SCHEERPELTZ (1927 u. 1937) beschreibt eingehend die Präparation der Genitalorgane frischer Exemplare nach

Vorbehandlung mit dem bereits erwähnten Quellgemisch.

STEFFAN (1957) hat sich über die Brauchbarkeit der verschiedenen Methoden geäußert und empfiehlt, wie folgt zu verfahren: „Der aus dem Abdomen eines alten Sammlungsexemplares entnommene eingetrocknete und verschrumpfte Penis wird mit einem Tropfen 70%iger Milchsäure auf einen Objektträger gebracht und einen Augenblick über der Flamme leicht erwärmt. Sofort lösen sich die verklebten Teile voneinander, entfalten sich die feinen Membranen und der Penis nimmt unter leichter Aufquellung wieder seine ursprüngliche Gestalt an." Da die Genitalpräparate aufgehoben werden müssen, bettet man sie am besten mit dem FAURESCHEN Gemisch ein. „Es besteht in vereinfachter Form aus 2 Teilen Glyzerin, 3 Teilen Gummi arabicum, 5 Teilen Chloralhydrat und 5 Teilen destilliertem Wasser. Nach der Aufhellung und Aufquellung in Milchsäure kann der zu untersuchende oder aufzubewahrende Genitalapparat direkt in das Fauresche Einschlussmedium überführt werden. Um störende Luftblasen zu entfernen, kann man nach Auflegen des Deckgläschens das Präparat, ohne das eingebettete Objekt zu beschädigen, nochmals kurz über der Flamme erwärmen. Anschließend werden diese Präparate im Thermostaten bei einer Temperatur bis zu 55 °C langsam getrocknet – bei höherer Temperatur färbt sich das Einbettungsmittel braun." Das Fauresche Gemisch ist Identisch mit dem Berlese-Gemisch.

Die Aufbewahrung der Präparate auf einem Objektträger hat den Vorteil, dass die Organe vor Staub und Beschädigungen geschützt sind. Andererseits besteht jedoch die Gefahr, dass separat aufbewahrte Objekte verloren gehen oder nicht mehr exakt zugeordnet werden können. Deshalb kann die Unterbringung in einem kleinen Gefäß und die Aufbewahrung an der Nadel des Insekts sehr empfohlen werden (siehe Seite 162 f.).

CUMMING (1992) beschäftigt sich ausführlich mit der Nutzung von **Milchsäure als Mazerationsmittel.** Die größten Vorteile bestehen darin, dass Milchsäure zwar die Weichteile entfernt, die sklerotisierten Strukturen aber nicht angreift oder aufhellt. Dadurch besteht auch nicht die Gefahr, dass die Objekte zerstört werden, wenn man sie zu lange mazeriert (wie es leider bei Kali- oder Natronlauge oftmals der Fall ist). Weiterhin ist es auch nicht nötig, das Präparat nach der Behandlung zu neutralisieren. Das Material wird in 85%ige Milchsäure gelegt, welche nun für 10 bis 15 Minuten vorsichtig zu erhitzen ist. Da dieses Mazerationsmittel gut mit Glyzerin mischbar ist, kann man danach das Objekt zur Untersuchung auf einen Objektträger mit Glyzerin legen. Sollen stark pigmentierte Teile ein wenig aufgehellt werden, so kann man sie nach kurzem Ausspülen in Wasser für wenige Minuten in KOH oder NaOH überführen. Anschließend lege man sie nochmals in Milchsäure, um die basische Wirkung zu neutralisieren. Der einzige Nachteil von Milchsäure bestehe darin, dass die Membranen, die die Sklerite verbinden, nicht erweicht werden, wodurch die manuelle Präparation mitunter etwas erschwert wird.

Nach ERMISCH (pers. Mitt.) ist die **Extraktion der männlichen Genitalarmaturen bei den Mordelliden** verhältnismäßig leicht durchführbar. Nachdem ein Männchen wie beschrieben frisch aufgeklebt wurde, wartet man etwa 10 Minuten, bis der Leim völlig getrocknet ist und das Tier festsitzt. Mit der einen Hand hält man das unter dem Binokular liegende Klebeplättchen fest und hebt mit einer feinen Nadel in der anderen Hand das Analschild (Pygidium) hoch; setzt es Widerstand entgegen, so hilft ein Tröpfchen Wasser, das mit der Pinselspitze auf die Basis des Pygidiums gebracht wird. Dann wird unter dem Pygidium mit einer feinen Nadel der gesamte Genitalschlauch herausgezogen und auf ein zweites Klebeplättchen gebracht, auf dem sich etwas Leim befindet. Dieses Plättchen wird nun mit der linken Hand unter das Binokular gebracht, und mit der rechten Hand werden mittels einer Nadel oder mit dem Pinsel die einzelnen Teile getrennt (Penis, Sklerit, Parameren). Man bringt sie dann mit dem feuchten Pinsel auf das Klebeplättchen, das das dazugehörige Männchen trägt, und fixiert diese Teilchen mit etwas transparenten Leim. Die Parameren müssen von der Chitinplatte, auf der sie sitzen, gelöst und voneinander getrennt werden, um sie nebeneinander mit der einander zugekehrten Seite aufkleben zu können (vgl. ▶ **Abb. 99**). Als vorteilhafter erwies sich die Einbettung der Genitalien auf durchsichtige Kunststoffplättchen. Die Cellon-Plättchen können auf die Objektnadel gesteckt werden, so dass eine Trennung von Imago und Genitalarmatur vermieden wird. Dieses Verfahren hat sich für Coleopteren weitgehend durchgesetzt. Den männlichen Kopulationsapparat bei den winzigen **Ameisenkäfern** *Cephennium*-Arten präpariert LAZORKO (1962) auf folgende Weise: Frische

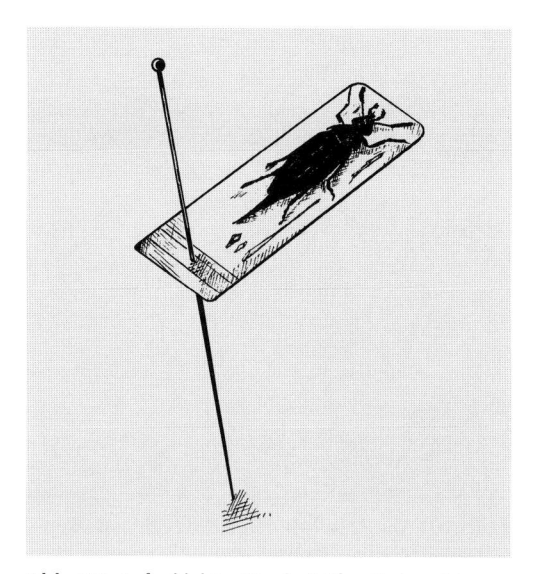

**Abb. 99** Aufgeklebter Stachelkäfer. Zu beachten ist die Montage des Genitalschlauches auf der rechten Seite des Klebeplättchens.

Käferchen legt er für 2 bis 5 Stunden, ältere entsprechend länger in Aqua dest., dem je ml 1 Tropfen Eisessig zugefügt wird. Sobald die Tiere aufgeweicht sind, wird die überflüssige Feuchtigkeit auf Fließpapier entfernt und der Käfer auf ein Stück weißen Karton geklebt. Die Präparation erfolgt unter einem Binokular bei mäßig starker Vergrößerung (40fach). „Man muss rasch arbeiten, da das winzige Käferchen schnell wieder trocken ist. Nach entsprechender Mazeration ist bei frisch gesammelten Tieren die Analöffnung weit geöffnet, und häufig ist das Endstück des Kopulationsapparates sichtbar oder auch nach außen vortretend. Bei alten Stücken verbleibt die Analöffnung meistens geschlossen und muss mit Hilfe einer sehr scharfen Nadel zuerst geöffnet werden. Wenn die Analöffnung endlich weit gespalten ist, erfolgt das eigentliche Herauspräparieren des ♂-Kopulationsapparates mit Hilfe einer winzigen Minutie, die am Ende mit einem mikroskopisch feinen Häkchen versehen ist und die in ein entsprechend langes und starkes Holzstielchen eingeschoben wird. Um den winzigen Apparat nicht zu verletzen, soll die Minutie weit genug in die Analöffnung eingeführt und der Apparat von hinten nach vorn herauspräpariert werden. Nach erfolgreicher Präparation ist der Käfer wiederum in seine ursprüngliche Position auf ein Klebeplättchen anzukleben. Ob der ♂-Kopulationsapparat als Dauerpräparat in Kanadabalsam eingebettet oder nach BESUCHET in einen Tropfen von Balsam auf einem kleinen Zellophan-Plättchen aufbewahrt wird, ist ganz gleichgültig." Spezielle Angaben über die Herstellung von **Kurzflügler-Genitalpräparaten** der Gattung *Xantholinus* liegen von WEISE (1970) und über die Fixierung ausgestülpter Präputialsäcke von ZWICK (1970) vor. Weitere diesbezügliche Ausführungen verfassten BESUCHET (1957) und BONADONA (1976). Die Um- und Genitalpräparation alten Sammlungsmaterials von **Pilzkäfern** beschreiben SCHÜLKE & UHLIG (1989).

KNAAR (1990) nutzt zur Genitalpräparation das proteolytische Enzym Genitase. Bei einem pH-Wert von 9,5 bis 10 und einer Temperatur von 60 °C lässt man das Genital über Nacht in der Enzymlösung liegen. Am nächsten Tag sind die Muskeln gelöst, während die chitinisierten Strukturen, einschließlich der Membranen, unberührt bleiben.

Zum Aufbewahren von Genitalien empfiehlt MOUSSET (1970) die Verwendung von Mikrotuben, das sind kleine Glastuben von 3 bis 6 mm Durchmesser und 10 bis 15 mm Länge, die mit einem entsprechenden Korken versehen werden. Mit einer Nadel bringt man einen Tropfen Glycerol auf den Boden der Tube. Der Aedoeagus wird direkt aus dem Wasser oder Alkohol in diesen Glyceroltropfen übertragen. Zur Befestigung der Tube im Sammlungskasten muss die Insektennadel schräg durch den Korken gesteckt werden. Folgendes ist zu beachten: „Vor Einbringen des Glyceroltropfens muss die Tube sauber und trocken sein. Die Glycerolmenge soll so klein wie möglich bleiben: nur so viel, dass das Objekt bedeckt ist. Bei einem Zuviel werden Korken, Nadel und Etikett bald fettig; das im Korken enthaltene Tannin färbt das Glycerol schwarz, das Präparat wird schließlich unbrauchbar. Die Tuben sind schräg in den Insektenkasten zu stecken, damit der Glyceroltropfen am Boden der Tube, der Korken trocken bleibt. Bei Entnahme des Präparats darf keinesfalls der obere Teil der Tube mit Glycerol beschmiert werden. Passiert es doch, ist die Tube auszuwaschen und zu trocknen." Um derartige Probleme zu vermeiden, kann man statt des Korkens einen Stopfen aus geeignetem Kunststoff benutzen. All diese Schwierigkeiten lassen sich umgehen, wenn man

# Gliederfüßer (Arthropoda)

statt der Microtuben 0,2 ml PCR-Tubes mit anhängendem Deckel verwendet. Die kleinen Kunststoffbehälter werden an der Nadel des zugehörigen Tieres angebracht, indem man diese durch die Deckellasche führt (▶ **Abb. 80**).

Eine kurze aber instruktive Übersicht über verschiedene Präparations- und Aufbewahrungsmethoden von Käfergenitalien gibt SCHULZE (1990).

## Präparation von Entwicklungsstadien

Käferlarven und -puppen werden für systematische Studien oder Demonstrationszwecke benötigt. Die Konservierung der Entwicklungsstadien kann entweder in trockener oder nasser Form erfolgen. Am zweckmäßigsten ist es, größere Ausbeuten so zu behandeln, dass die Larven oder Puppen sowohl für Sektionszwecke als auch zur **Herstellung von Trockenpräparaten** brauchbar sind. Keinesfalls darf man gesammelte Entwicklungsstadien einfach in Alkohol oder Formalin werfen, denn das führt zu einer schnellen äußeren Fixierung, während im Inneren des Körpers Fäulnisprozesse ablaufen können. Sie werden völlig schwarz und sind für eine weitere Bearbeitung unbrauchbar. Zur Herstellung von Trockenpräparaten entwickelte DEEGENER (1912) folgendes Verfahren: Die Larven und Puppen werden ½ bis

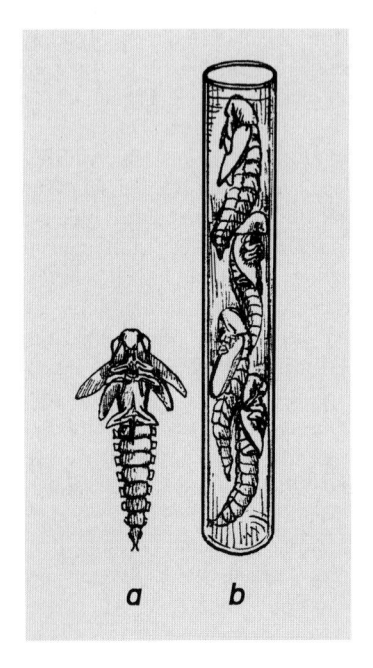

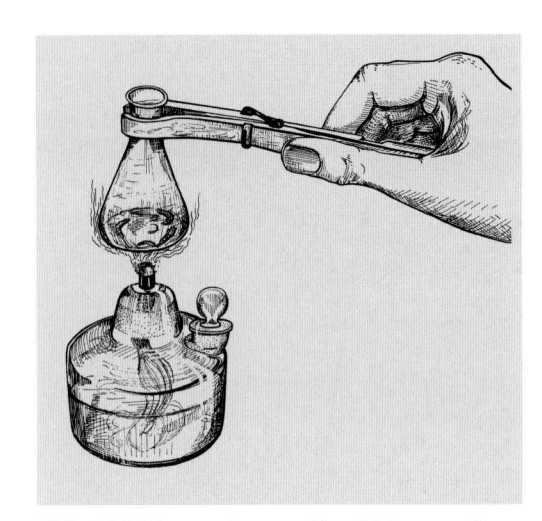

**Abb. 101** Die entwässerten Entwicklungsstadien werden über einer Flamme getrocknet.

1 Minute in Wasser gekocht, nachdem sie im Tötungsglas getötet und in kaltes Wasser gebracht worden sind. Durch diesen Vorgang wird erreicht, dass das Eiweiß koaguliert. Da Käferpuppen beim Kochen ihre Flügelanlagen in unnatürlicher Weise abspreizen, wird empfohlen, die lebenden Puppen vor dem Kochen in ein passendes Glasröhrchen zu stecken (vgl. ▶ **Abb. 100**). Bei einer derartigen Behandlung unterbleibt die Deformierung. Man achte bei den Larven darauf, dass sie vor der Behandlung nicht längere Zeit gehungert haben, weil sonst später häufig Schrumpfungen auftreten, die das Präparat verderben. Nachdem das Wasser erkaltet ist, werden die Tiere je 24 Stunden in folgenden Flüssigkeiten belassen: 40-, 60-, 80-, 96%iger und dann absoluter Alkohol, Alkohol und Xylen zu gleichen Teilen, Xylen. Die dem Xylen entnommenen Objekte kann man entweder auf Fließpapier im Thermostaten oder, falls kein derartiger Apparat vorhanden ist, in einem kleinen Erlenmeyer-Kolben über einer Flamme trocknen (▶ **Abb. 101**). Dabei muss der Kolben ständig geschüttelt werden, sonst verbrennt das Material. So behandelte Entwicklungsstadien können nicht

**Abb. 100** a) In der üblichen Weise gekochte Käferpuppe mit gespreizten Flügelanlagen. b) Zur Vermeidung dieser unnatürlichen Haltung müssen die Puppen in engen Glasröhrchen gekocht werden.

genadelt werden, sondern man kann sie entweder aufkleben oder lose in Behältern aufbewahren. Wem dieses ausgezeichnete Verfahren zu aufwendig ist, wende die von BREINL (1966) beschriebene **Acetonmethode** an. Nachdem die Tiere abgetötet worden sind, injiziere man durch eine möglichst dünne Kanüle Aceton in den Hinterleib, bis er prall gefüllt ist. Das so vorbereitete Objekt wird dann für mindestens 24 Stunden in ein gut schließendes, mit Aceton versehenes Gefäß überführt. Nach dieser Zeit gibt man es für weitere 6 Stunden in frisches Aceton und lässt es danach 2 bis 3 Tage an der Luft trocknen.

Soll das Material auch für wissenschaftliche Zwecke brauchbar bleiben, wird es wie beschrieben narkotisiert, gekocht und nach COLE (1942) in KAHLES Fixierungsflüssigkeit überführt. Diese Lösung setzt sich wie folgt zusammen: 95%iger Alkohol 30 ml, 35- bis 40%iges Formalin 10 ml, Eisessig 2 ml und Wasser 60 ml. Die Entwicklungsstadien können nach 8 bis 12 Stunden weiterbehandelt oder ständig darin aufbewahrt werden.

Mit der von PAMPEL (1914) entwickelten Fixierungsflüssigkeit – 96%iger Alkohol 27 ml, 35- bis 40%iges Fomralin 11 ml, Eisessig 7 ml, und Wasser 55 ml (sie ähnelt auffallend dem zuvor angeführten Gemisch) – machte SCHERF (1957) folgende Erfahrungen: Larven von Coleopteren, Dipteren und Hymenopteren, die nach Abtötung sogleich in die Flüssigkeit geworfen werden, ändern ihre Dimensionen kaum. Zur Vermeidung unerwünschter Krümmungen frischer Objekte wird empfohlen, diese in eine Glasröhre zu schieben (▶ Abb. 100b). Bei Verwendung des PAMPELschen Gemisches behalten die Entwicklungsstadien noch nach Monaten ihre Geschmeidigkeit. Sollte diese im Laufe der Zeit nachlassen, so lässt sie sich durch Zugabe von Eisessig wieder herstellen.

OEHLKE (1989) beschreibt nachstehende Alkohol-Xylen-Methode für weiche, in Holz lebende Insektenlarven und -puppen: „Ein Rundkolben mit Schliff von 200–300 ml Fassungsvermögen wird zur Hälfte mit reinem, etwa 94%igem Alkohol gefüllt und die Larven lebend hineingegeben. Der Kolben kommt zur Hälfte in ein Wasserbad und wird mit einem Rückflusskühler fest montiert. Gegebenenfalls bei großen Arten unter Zugabe von ein wenig 30 % Formaldehyd wird das Material langsam erhitzt, bis es bei fast 90 °C zu kochen beginnt. Die Kochzeit sollte mindestens vier Stunden betragen.

Nach zwei- bis dreimaligem Wechsel des Alkohols, wobei jedesmal langsam abgekühlt werden muss, ist in der Regel eine solche Fixierung erfolgt, dass sich die Larven fest anfühlen und außerdem fast vollständig entwässert sind. Nun wird eine Mischung von Xylen und wenigstens 94%igem Alkohol etwa im Verhältnis 1:1 auf die Larven gegeben und wieder vier – sechs Stunden gekocht. Nach Abkühlung erfolgt das Kochen in reinem Xylen (p. a.), was keine Trübung aufweisen darf. Bei großen Larven sollte auch hier das Bad noch einmal gewechselt werden."

Die Larven entimmt man dem noch lauwarmen Xylenbad und legt sie einzeln in Schalen mit Filtrierpapier. Danach werden sie möglichst schnell in der Sonne oder auf einer warmen Unterlage im Abzug getrocknet. Dauer des Verfahrens: etwa 3 Tage.

OEHLKE empfiehlt bei Larven oder Puppen, deren natürliche Färbung hellgelb bis bräunlichgelb ist, statt Xylen gereinigtes Terpentinöl zu verwenden. Mischungsverhältnis und Methode sind gleich. Bei tadellosem Material beträgt die Ausbeute an guten Präparaten etwa 70 %.

Da ausschließlich in reinem Alkohol aufbewahrte Entwicklungsstadien im Laufe der Zeit hart und steif werden, bewahre man zu Sektionszwecken dienendes Material in folgender, von KRYGER (1949) mitgeteilten Flüssigkeit auf: Eisessig 62,5 ml, Sublimat 62,5 ml, Glycerol 62,5 ml, 90%iger Alkohol 312,5 ml und Aqua dest. 500 ml. Die Larven oder Puppen werden in der Flüssigkeit getötet und wie beschrieben über einem schwachen Feuer gekocht. Nach Arten getrennt, überführe man die Entwicklungsstadien in kleine Gläschen und verschließe sie mit Watte. Die Gläschen kommen dann in ein großes Gefäß und werden in der angegebenen Flüssigkeit aufbewahrt.

Spezielle Arbeiten über die sammel- und präparationstechnische Behandlung von Entwicklungsstadien verfassten VAN EMDEN (1921) über Carabiden, BERTRAND (1934) über aquatile Coleopteren, HUSLER (1940) über Elateriden, CARNE (1951) über Scarabaeiden und SCHARF (1964) über Curculioniden. KLAUSNITZER (1991) gibt eine allgemeine Einführung zur Thematik der Käferlarven.

# Gliederfüßer (Arthropoda)

## Einrichten von Sammlungen

Im 1. Kapitel wurde bereits auf die Bedeutung des Etikettierens besonders unter Feldbedingungen hingewiesen. Sofern die Objekte nach dem Präparieren noch Sammelnummern tragen, schreibe man die endgültigen Etiketten unbedingt, ehe die Tiere in die Sammlung eingegliedert werden. Das Format der Etiketten sollte so bemessen sein, dass sie bei aufgeklebten Käfern die Größe der Klebeplättchen nicht wesentlich überragen. Bei kleineren genadelten Käfern können die Etiketten etwas größer als der Umfang des Tieres sein, wodurch es etwas geschützt wird. Nähere Informationen zur Etikettierung sind auf Seite 274 f. nachzulesen.

Nachdem die Käfer gesammelt, präpariert und etikettiert sind, gehören sie in sauber gearbeitete, auf Nut und Feder absolut dicht schließende Insektenkästen. Derartige Kästen, die am besten mit Plastozote oder ähnlichem Material ausgelegt und mit weißem Papier ausgeklebt sein sollten, sind bei erfahrenen Anbietern zu beziehen. Man schaffe sich von vornherein genormte Kastengrößen an, die sich später in einem Insektenschrank unterbringen lassen. Entsprechende Bezugsquellen erfährt man in einem Zoologischen Museum oder aus einschlägigen Fachzeitschriften. Zweckmäßig ist es, an den Kästen Etikettenhalter anzubringen, die gleichzeitig als Griff dienen (▶ **Abb. 104**).

Oft werden systematische Sammlungen nach einem bestimmten System eingerichtet. Das erfordert, in den Kästen oft viel Platz freizulassen für Arten, die noch nicht vorhanden sind, um sie später einordnen zu können. Seit einigen Jahren sind in vielen Museen sog. Unit-Systeme (auch Kombi- oder „Boxing-In"-System) gebräuchlich (vgl. ▶ **Abb. 105**). Nach CORPORAAL (1929) hat dieses System folgende Vorteile:

- Das Umstecken der ganzen Sammlung beim stetigen Zuwachs ist nicht mehr nötig. Wünscht man neue Arten einzureihen oder braucht man mehr Raum für schon vertretene Arten, so verschiebt man nur die in Frage kommenden Schächtelchen und fügt neue an den entsprechenden Stellen ein. Dies geht selbstverständlich nicht nur sehr viel schneller als Umstecken der ganzen Sammlung, sondern man vermeidet die großen Beschädigungsgefahren und auch die nicht zu unterschätzende Gefahr, dass man Stücke versehentlich unter falsche Namenszettel steckt.
- Es ist nicht mehr nötig, von vornherein viel leeren Raum für einstweilen fehlende Arten frei zu lassen.
- Sollte es vorkommen, dass Teile von trockenen Tieren oder, bei aufgeklebten Stücken, sogar die ganzen Tiere abfallen, so fallen sie automatisch

**Abb. 102** Mit Fundort- und Artetikett versehener Käfer.

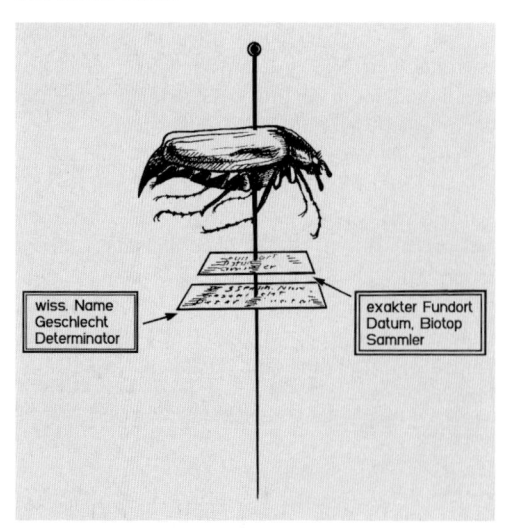

**Abb. 103** Verschiedene gebräuchliche Formen von Fundort- bzw. Determinationsetiketten.

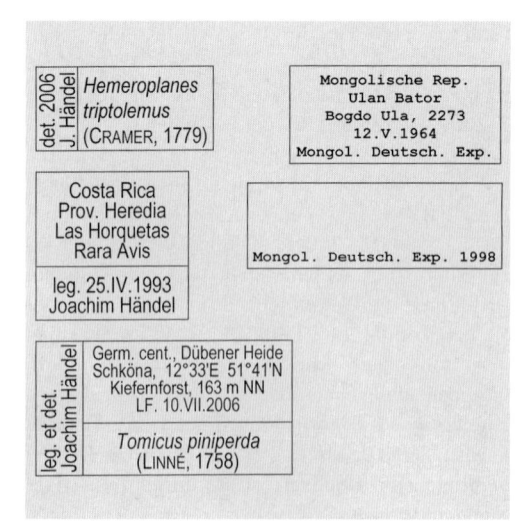

Insekten (Hexapoda)

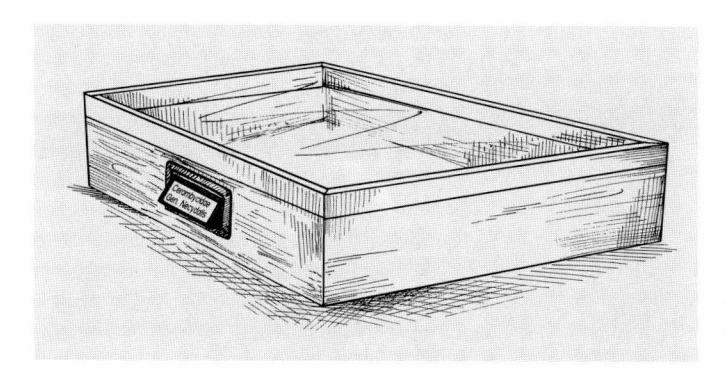

**Abb. 104** Insektenkasten mit abnehmbarem Glasdeckel; der Griff dient als Etikettenhalter.

ins Schächtelchen der zugehörigen Art und sind somit leicht wiederzufinden.
- Wenn man bei der Arbeit einige verwandte Arten vergleichen will, so kann man leicht die betreffenden Schächtelchen aus den Kästen nehmen und braucht nicht am Arbeitstisch mit den großen Kästen herumzuhantieren.
- Wenn man zu einem Vortrag oder zu einem ähnlichen Zweck nur wenige Arten vorzeigen will, so kann man leicht die einzelnen Schächtelchen herausnehmen und, z. B. mit einem passenden Deckel versehen, in der Tasche mitbringen.

Erfahrungen mit dem Archivierungssystem teilt ALTSTLEITNER (1988) mit. Die ausgeklebte Bodenfläche eines Insektenkastens (40 × 50 oder 42 × 51 cm) mit der lichten Höhe von mindestens 46 mm wird ersetzt durch 16 Schachtelelemente „A" (Größe 92 × 117 mm) oder durch acht Elemente „B" (Größe 117 × 184 mm). Es ist auch eine beliebige Kombination beider Elemente möglich, da „B" genau zweimal der Größe „A" entspricht. Verbleibender Zwischenraum wird ggf. durch Styropor- oder Schaumgummistreifen ausgefüllt.

Derartige Schachteln kann man einfach aus 2 mm starken Karton selbst anfertigen oder in

**Abb. 105** Insektenkästen aus systematischen Sammlungen. Links die herkömmliche Einrichtung, rechts das Unit-System mit herausnehmbaren Pappschachteln.

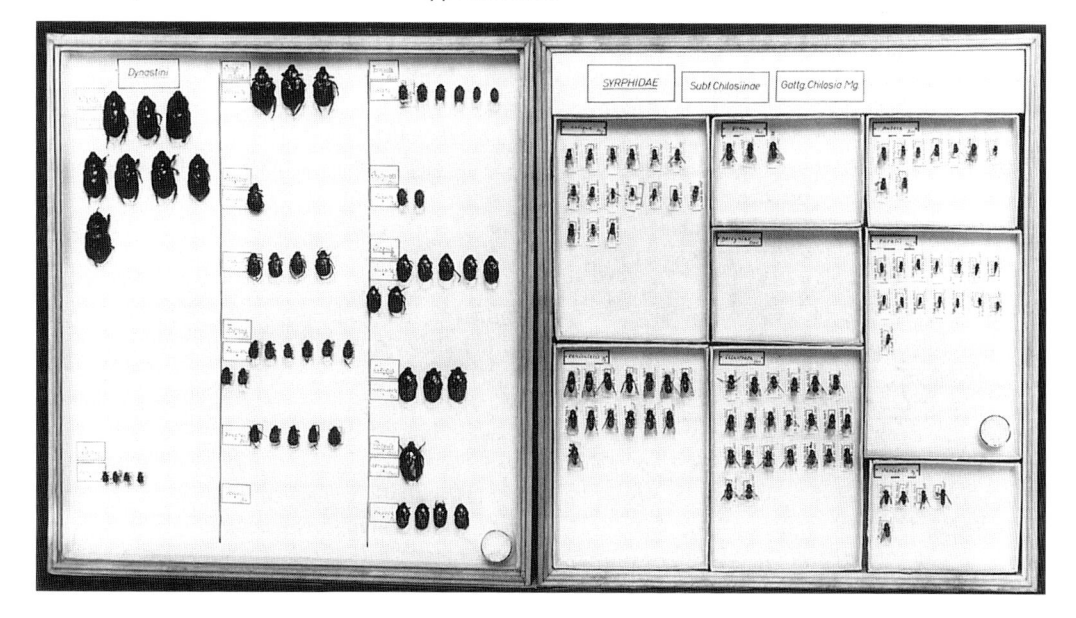

einer Kartonagenfabrik herstellen lassen. Inzwischen sind sie in verschiedenen Größen und Ausführungen im Fachhandel erhältlich. Als Steckmaterial eignet sich Styropor oder Frelen (Plastozote). Letzteres zeichnet sich neben hervorragenden mechanischen Eigenschaften besonders durch hohe Chemikalienresistenz aus.

Ein weiterer Vorteil dieses Systems zeigt sich, wenn man bedenkt, dass viele Objekte sehr empfindlich sind und bisweilen schon der Sog, der beim Öffnen des Kastendeckels entsteht, ausreicht, um ihnen Schaden zuzufügen. Um solche gefährdete bzw. besonders wertvolle Stücke – z. B. Typen – zu schützen, kann man sie einzeln in geschlossene Kästchen mit durchsichtigem Deckel stecken, die dann ihrerseits in Unit-Insektenkästen untergebracht werden. Geeignet sind u.a. Kästchen passender Größe, wie sie in Ausstellungen und Mineraliensammlungen Verwendung finden (z. B. sog. Jousi-Finnenkästchen). Dieses Verfahren bietet die Möglichkeit, einzelne Exemplare zu handhaben, ohne dass andere davon beeinträchtigt würden. Gegen mögliche Schadfraß bieten die separaten, dicht schließenden Kästchen eine zusätzliche Sicherheit.

Zum Ein- und Umstecken der genadelten Objekte ist eine Feinmechanikerzange oder eine Steckpinzette (▶ **Abb. 106**) erforderlich. Ihre vielseitige Verwendung zeigt auch ▶ **Abb. 69**.

Das Planen, Einrichten und zweckmäßige Aufstellen einer dem Studium systematischer oder zoogeographischer Fragen dienenden Käfersammlung beschreibt SCHEERPELTZ (1939/40). Winke zur Unterhaltung und Präparation der **Käfersammlung in den Tropen** liegen von NEVERMANN (1935) vor.

Sofern die Techniken des Sammelns und Präparierens von Imagines und deren Entwicklungsstadien beherrscht werden, sollte man es nicht versäumen, **biologische Sammlungen** anzulegen. Früher wurden sie in wesentlich größerem Umfang für Unterrichts- und Demonstrationszwecke eingesetzt. In Zeiten allgemeiner Entfremdung von der Natur ist es wichtig, die Vielfalt der Tier und Pflanzenwelt anschaulich darzustellen. Besonders Biologielehrer haben die Möglichkeit, instruktives Anschauungsmaterial herzustellen, ohne viel Geld für teure Lehrmittel aufzuwenden. Es scheint jedoch, als ob die geringen technischen Voraussetzungen zur Herstellung solcher Demonstrationsobjekte vergessen worden sind. Dabei ist nicht viel mehr erforderlich, als aufmerksam alle Entwicklungsstadien eines bestimmten Tieres und deren Tätigkeitszeugnisse zu sammeln. Erd- und Mulmbauten müssen nach dem Freilegen mit dünnem Zaponlack (feiner sprühfähiger Nitrolack) getränkt werden, damit sie Halt bekommen. Zuerst lässt man eine sehr dünne und danach eine konzentriertere Lösung einfließen. Bleibt auf der Oberfläche des behandelten Objektes eine glänzende Schicht stehen, kann diese durch vorsichtiges Abpinseln mit Aceton oder Essigether wieder vollständig entfernt werden.

Wenn alles erforderliche Material für eine Art vorhanden ist, kann die Montage beginnen. In kurzen Zügen sei das am Beispiel des Schrotbockes *Rhagium inquisitor* beschrieben (vgl. ▶ **Abb. 107**). Die ausgewählten Rindenstücke werden entsprechend der Kastengröße zurechtgeschnitten und nochmals mit verdünntem Lack getränkt, damit das Fraßmehl und sonstige Partikel fest haften bleiben. Mit Tischlerleim klebt man die Stücke auf den weißen Untergrund. Danach werden die Entwicklungsstadien und Imagines an den vorgesehenen Stellen befestigt und die Etiketten angebracht.

Falls eine **angewandt-zoologische Lehrsammlung** aufzubauen ist, berücksichtige man die Ausführungen von DINGLER (1936). Die Möglichkeiten einer **Darstellung der Coleopteren-Systematik** beschreibt TITSCHACK (1937). Dazu sind insbesondere möglichst große Familienvertreter erforderlich. Biologische Eigenheiten werden speziell demonstriert, z. B. das Springen der Elateriden, Fraßbilder von Borkenkäfern, Hypermetamorphose von *Meloë*, Brutpflege der Lamellicornier, Rassenaufspaltung einzelner Arten und anderes mehr.

Für Biologien vieler Arten muss man auch **frische Pflanzenteile präparieren,** um Fraßspuren, Blattminen oder auch das Tier in seiner natürlichen Umgebung zeigen zu können (▶ **Abb. 108**). Dazu

**Abb. 106** Steckpinzette.

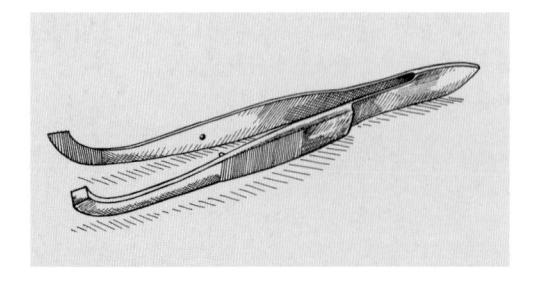

Insekten (Hexapoda)

**Abb. 107** Entwicklungsbiologie des Schrotbockes Rhagium inquisitor.

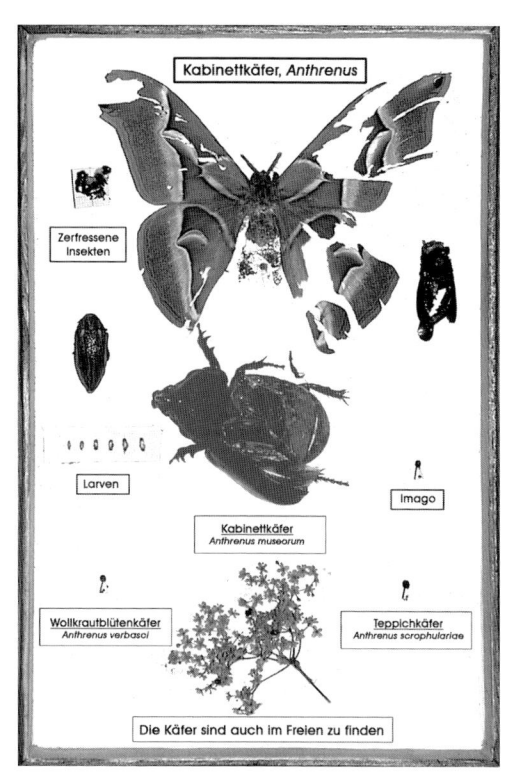

**Abb. 108** Beispiel einer Schädlingsbiologie: Kabinettkäfer als Sammlungszerstörer. Kastengröße 23 x 17 cm.

müssen die ausgesuchten, möglichst nicht zu wasserhaltigen Pflanzen in staubfreien Seesand oder in gereinigten Quarzsand eingebettet werden. Am besten eignet sich dazu ein Holzkasten mit Siebeinsatz (▶ **Abb. 109**). Es genügt auch ein alter Insektenkasten, in den man einige Löcher bohrt, die vor dem Einfüllen des Sandes mit Korken verschlossen werden. Dann wird etwa 2 cm Sand auf den Boden des Kastens geschaufelt, das Pflanzenmaterial einzeln darauf gelegt und langsam in angewärmten Sand eingebettet. Das geschieht am einfachsten, indem man den trockenen Sand aus der gefüllten Hand auf die Pflanzen rieseln lässt. Je nach Wetterlage sind die Pflanzen bei Zimmertemperatur in 8 bis 14 Tagen soweit getrocknet, dass der Sand abgelassen werden kann. Schimmelbildung auf den Pflanzen verhütet man durch Übersprühen des Sandes mit in 96%igem Alkohol aufgelöster Salicylsäure. Es empfiehlt sich, die Pflanzen nach dem Trocknen mit alkoholischem Fixativ einzusprühen und, falls erforderlich, leicht anzufärben. BURKHARD (pers. Mitt.) führt derartige Färbungen mit alkoholischen Holzbeizen durch. Zwecks Stabilisierung sollten so behandelte Pflanzen mit aushärtendem Haarlackspray überzogen werden.

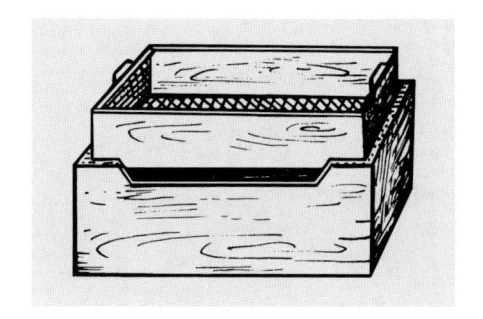

**Abb. 109** Sandkasten zum Trocknen von Pflanzen.

MERKER (1967) beschreibt ein Gerät zur Herstellung von Pflanzen-Trockenpräparaten. Die Apparatur arbeitet nach dem Prinzip der Sandeinbettung und Trocknung im Warmluftstrom. Mit dem weitgehend mechanisierten Verfahren können serienmäßig qualitativ einheitliche Pflanzenpräparate höchster Lebensechtheit hergestellt werden. SCHLÄFLI (1975) erzielte sowohl mit der Trocknungsmethode als auch mit der Gefriertrocknung brauchbare Resultate. Das gilt insbesondere für derartig behandelte Pilze, auf die JAHN & ULLRICH (1979) hinweisen. Methoden der Pflanzenpräparation, die sich für eine Ensemblegestaltung in Kombination mit Tierexponaten als zweckmäßig erwiesen haben, stellt KÜHN (1979) vor. GOTTSCHALK (1988) erörtert alle gebräuchlichen Verfahren der Herstellung von Pflanzenpräparaten für Ausstellungszwecke.

Sehr oft werden für Biologien auch **Pflanzengallen** benötigt. Sie lassen sich nach DRESSLER (1963) wie folgt konservieren: Die befallenen Zweige von Laub- oder Nadelbäumen werden mit einer verdünnten wässrigen Lösung von Dekalin HK 52 kräftig eingepinselt. Die Lösung zieht nach 1 bis 2 Stunden in das Pflanzenmaterial ein und hinterlässt keine sichtbaren Spuren. Nach dieser Zeit werden die Pflanzenteile nochmals mit derselben Lösung behandelt. Nach dem Trocknen bleiben Form und Farbe naturgetreu erhalten. Das in der Originalarbeit empfohlene Dekalin HK 52 war ein Holzkaltleim auf Polyvinylacetat-Basis (PVAC), der inzwischen nicht mehr hergestellt wird aber durch ähnliche Produkte ersetzt werden kann.

Zur **feuchten Aufbewahrung von Gallen** oder von an Pflanzenteilen sitzenden **Schildläusen** hat sich nach SCHULZE (1915) folgende Flüssigkeit sehr gut bewährt: 200 ml Glycerol, 200 ml Aqua dest. und 1 g kristallisiertes Phenol. Es empfiehlt sich, die Flüssigkeit einige Zeit nach der Konservierung zu wechseln. Größere Objekte sticht man an, um besseres Eindringen der Lösung zu ermöglichen.

In Schausammlungen stellt man vielerorts **Kleindioramen** auf. Dabei wird angestrebt, naturgetreu die Umwelt und lebenswahr die Biologie der Objekte zu zeigen. Als Beispiel, was darunter zu verstehen ist, soll der von Friedrich KANTAK, in vorbildlicher Weise angefertigte sowie fotografierte Dioramenausschnitt (▶ **Abb. 110**) dienen. Wer sich eingehender über die Herstellung derartiger Insektengruppen orientieren will, sei auf HOPE (1931) verwiesen.

Nicht zuletzt sei noch erwähnt, dass man mit recht einfachen Mitteln **Insektenzergliederungen** anfertigen kann. Man beschafft sich entweder frisches Material oder verwendet in einer Konservierungsflüssigkeit aufbewahrte Objekte. Für eine Maikäferzergliederung, wie sie in ▶ **Abb. 111** dargestellt ist, sind drei Exemplare erforderlich. Zuerst werden Männchen und Weibchen in Laufstellung präpariert. Ein drittes Stück soll vollständig zergliedert und jeder Teil auf einer Steck-

**Abb. 110** Kleindiorama: Laufkäfer bei der Nahrungssuche am Rande eines Getreidefeldes, hergestellt und fotografiert von F. KANTAK.

# Schmetterlinge (Lepidoptera)

Charakteristisch für Lepidopteren sind die im Verhältnis zu ihrem Körper sehr großen, meist dicht beschuppten Flügelpaare. Die Spannweite der Flügel beträgt minimal 3 mm, maximal 32 cm. Schmetterlinge machen eine vollkommene Verwandlung durch. Die früher üblichen Begriffe Mikro- und Makrolepidoptera haben keine systematische Bedeutung, werden hier aber aus praktischen Gründen weiterhin genutzt.

## Allgemeine Sammeltechnik

Das wichtigste Hilfsmittel zum Fang von Schmetterlingen ist das **Fangnetz.** Es besteht aus dem Netzbügel, dem Netzbeutel und einem Stock. Im Handel sind derartige Netze mit zusammenlegbaren oder festen Bügeln erhältlich. Sie lassen sich mit einer Schraubvorrichtung an einem entsprechend starken Stock befestigen. Bewährt haben sich besonders auf Reisen solche Netze, deren Bügel aus Federstahl hergestellt sind (sog. Japan-Kescher). In drei Schlingen zusammengelegt passen sie sogar in die Hosentasche.

Man kann sich einen praktischen Netzbügel auch gut in der aus ▶ **Abb. 112** ersichtlichen Weise selbst herstellen. Der Netzbeutel soll 50 bis 70 cm lang sein und spitz auslaufen. Er wird am besten aus engmaschigem, weichem Gewebe angefertigt. Durch eine 3 bis 4 cm breite Hohlsaumeinfassung aus festem Leinen kann der Netzbeutel über den Bügel geschoben werden.

Um Schmetterlinge zu fangen, die sich in den höheren Regionen der Bäume aufhalten, benutze man so genannte Tropenkescher. Dabei handelt es sich um extra große Netze (1 bis 1,2 m lang, Durchmesser 50 bis 70 cm) die im Fachhandel erhältlich sind.

Zum Schmetterlingsfang gehören jedoch nicht nur das beschriebene Netz, sondern auch biologische und ökologische Kenntnisse. Die zweckmäßigste Fangtechnik erlernt man erst im Lauf der Zeit durch Übung. Am sichersten fängt man Falter mit einem Netzschlag gegen die Flugrichtung (▶ **Abb. 113**). Wichtig ist, jeden Netzschlag möglichst schnell auszuführen. Nach dem Fang wird das Netz sofort etwa $\frac{1}{4}$ um seine Achse gedreht. Dadurch verschließt sich der über den Bügel herabhängende Netzbeutel, so dass der darin befindliche Falter nicht entweichen kann (▶ **Abb. 114**).

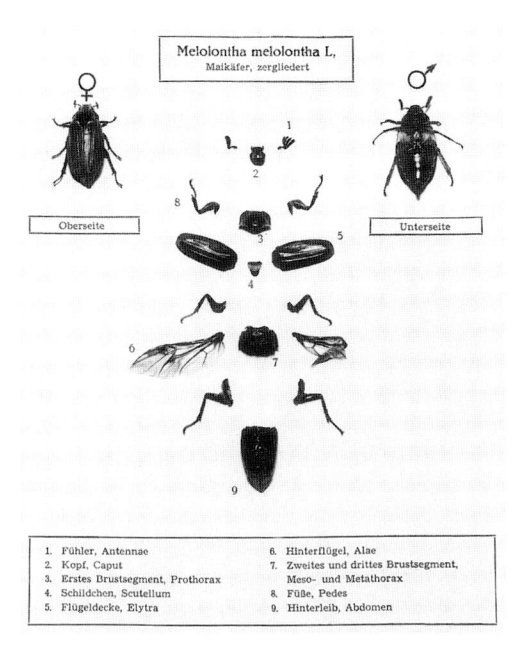

**Abb. 111** Trockenpräparat eines zergliederten Maikäfers Melolontha melontha L.

platte festgesteckt werden. Nach dem Trocknen klebt man das vorbereitete Material nebst Etiketten in ein Holzkästchen passender Größe und verschließt es mit einer Glasscheibe.

## Hinweis auf Strepsipteren

Die Fächer- oder Kolbenflügler werden an dieser Stelle erwähnt, weil offenbar bestimmte Verwandtschaftsverhältnisse zu den Käfern bestehen. Strepsipteren sind kleine, meist 1 bis 5 mm, selten 2 bis 3 cm lange, periodische oder permanente Entoparasiten von Insekten (Thysanura, Orthoptera, Hemiptera, Hymenoptera). Die weichhäutigen Tiere härtet man erst 24 Stunden in 96%igem Alkohol oder Isopropanol und bewahrt sie dann in 70%igem Alkohol auf. Lediglich bei den Weibchen ist es erforderlich, das Abdomen anzustechen oder aufzuschneiden. Die Anfertigung von Trockenpräparaten ist lediglich für Schausammlungen vertretbar. Detaillierte Sammel- und Präparationsanleitungen liegen von HOFENEDER (1947) und KINZELBACH (1978) vor.

## Gliederfüßer (Arthropoda)

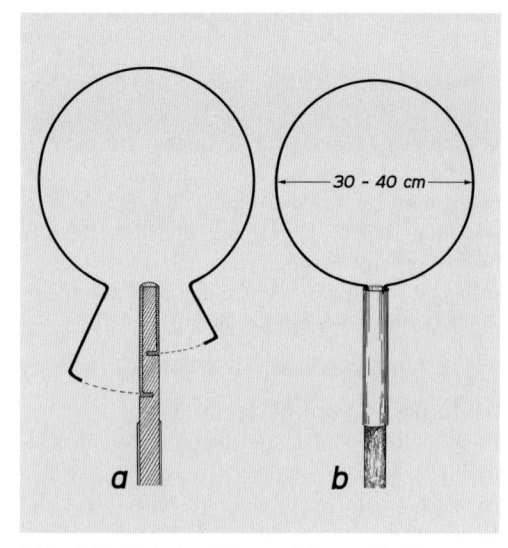

**Abb. 112** Einfache Haltevorrichtung für Netzbügel. a) aus Stahldraht gebogener Netzbügel, der in entsprechend tief ausgefräste Rinnen des Netzstockes gesteckt und durch ein verschiebbares Stück Messingrohr festgehalten wird. b) der befestigte Stahldrahtbügel. Das Netz ist gebrauchsfertig, sobald der mit einem Hohlsaum versehene Netzbeutel auf den Netzbügel geschoben wird.

**Abb. 113** Falter werden am sichersten mit einem Netzschlag gegen die Flugrichtung gefangen.

Größere Tagfalter lassen sich schnell betäuben, wenn der Thorax durch das Netz hindurch gefasst und mit Daumen und Zeigefinger leicht zusammengedrückt wird (▶ **Abb. 115**). Man darf den Thorax jedoch nur dann zusammendrücken, wenn der Falter seine Flügel nach oben geschlagen hat. Alle übrigen Lepidopteren werden im Netz ins offene Tötungsglas überführt. Sobald das geschehen ist, deckt man das Glas mit der Hand ab und verkorkt es außerhalb des Netzes. Benutzt man eine **Tötungsspritze** (s. u.), so führe man die Injektion durch die Maschen des Netzbeutels durch. Das ist die schnellste und schonendste Methode.

Leichter als im freien Flug lassen sich auf Blüten und Blättern sitzende Falter fangen. Zuweilen sitzen saugende Lepidopteren so fest an den Blüten, dass man sie direkt ins geöffnete Giftglas stupsen kann. Bei flüchtigen Arten schlägt man das Netz von der Seite her auf sie zu oder senkt es von oben auf das Tier herab, wobei man mit einer Hand das Ende des Netzbeutels nach oben hält. Fliegt der Falter auf, so verfängt er sich im Kescher und

**Abb. 114** Nach dem Fang wird die Netzöffnung so gegen den Netzbeutel gedreht, dass der Falter nicht entweichen kann.

**Abb. 115** Tagfalter betäubt man mit Daumen und Zeigefinger durch leichten Druck auf den Thorax. Nachtfalter werden im Netz ins Tötungsglas gebracht oder durch das Netz hindurch injiziert.

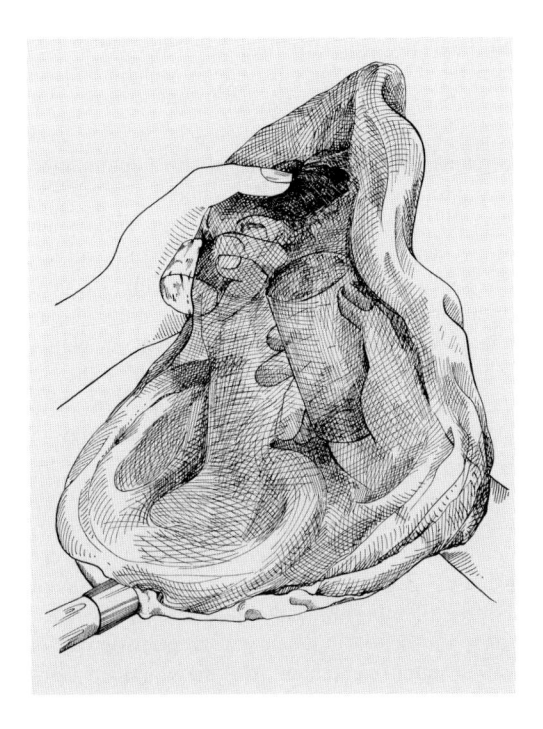

kann durch umklappen des Netzbügels am Entweichen gehindert werden. Die gefangenen Tiere werden dann, wie bereits beschrieben, in das Tötungsglas überführt oder injiziert. Besonders ergiebig ist der Falterfang stets im Bereich blühender Bestände von Disteln, Klee, Tabak und anderen nektarträchtigen Pflanzen. ALBERTI (1942) fing im August fast bis zur völligen Dunkelheit von den Rosetten blühender Sonnenrosen in 1–1½ Stunden mit dem Tötungsglas über 100 Eulen. Lediglich zum Fang der Schwärmer war ein Netz erforderlich. Man kontrolliere jedoch auch alte Zäune, Scheunen, Masten, Stämme, Heuschober, Mauern und ähnliche Objekte mit rauen Oberflächen. Auf ihnen halten sich tagsüber gern Nachtfalter auf. Das tiefe biologische Kenntnisse erfordernde Sammeln von Blütenspannern (*Eupithecia*, Geometridae) beschreibt WEIGT (1980).

Eine inzwischen fast in Vergessenheit geratene Methode zum Sammeln von Schmetterlingen ist bei STANDFUSS (1891) nachzulesen. Dabei handelt es sich darum, dass die in Sträuchern, Büschen oder Krautbeständen ruhenden Tiere mittels Rauch ausgetrieben werden. Zu diesem Zwecke bedient man sich des in der Imkerei üblichen Räucherapparates. Der Rauch wird in den jeweiligen Strauch hineingeblasen und die abfliegenden Falter sofort mit dem bereitgehaltenen Kescher gefangen. Eine wichtige Voraussetzung für den Erfolg dieser Methode ist Windstille.

Gefangene Makrolepidopteren müssen möglichst schnell getötet werden, sonst flattern sie sich ihre Flügelschuppen bis zur Unkenntlichkeit ab. Früher wurde für die meisten Falter ein Tötungsglas mit **Cyankalifüllung** benutzt. Inzwischen muss von diesem Verfahren abgeraten werden. Cyankali wirkt auch auf den Menschen außerordentlich giftig. Das Einatmen geringster Mengen der sich im Tötungsglas entwickelnden Blausäure ruft schwerste Vergiftungen hervor. Außerdem werden die in solchen Gläsern getöteten Falter schnell hart und lassen sich schlecht präparieren. Statt der Cyankaligläser sollte man besser Tötungsgläser benutzen, die mit Essigether bestückt werden. Neben der geringen Giftigkeit bieten diese den Vorteil, dass die Tiere nach der Totenstarre im Glas schön weich bleiben.

Als „Giftgläser" eignen sich besonders unzerbrechliche Kunststoffgefäße mit fest schließendem Stopfen oder dickwandige Gläser. Die gebräuchlichsten Maße schwanken zwischen 4 und 10 cm Durchmesser und 10 bis 14 cm Höhe.

Um die Gläser gut verschließen zu können, empfiehlt es sich, anstelle der schweren Gummistopfen Korken zu verwenden, die man vorher in erhitztes Paraffin taucht. Nach dem Auskühlen können die Korken eingepasst werden.

Sollte man aus irgendwelchen Gründen doch ein Cyankaliglas benutzen wollen, so stelle man dieses wie folgt her. Auf den Gefäßboden wird etwas trockener Gips geschüttet und anschließend etwa 5 g Cyankali möglichst in Stücken darauf gelegt. Dann füllt man mit einem Teelöffel langsam Gipspulver auf, bis das Gift völlig bedeckt ist. Mit einer 1 cm hohen, dickflüssigen Gipsschicht wird die trockene Füllung eingebettet. Zum Austrocknen wird das Tötungsglas unter direkter Wärmeeinwirkung in einem chemischen Abzug oder außerhalb geschlossener Räume etwa einen Tag lang offen stehengelassen. Sobald sich der Rand der Gipsschicht vom Glas abgelöst hat, ist der Trockenvorgang beendet.

## Gliederfüßer (Arthropoda)

Größere Schmetterlinge tötet man am schnellsten und sichersten mit der **Tötungsspritze**. Geeignet sind besonders Einweg-Insulinspritzen mit integrierter Kanüle. Diese sind englumig und man kann die Injektionsmenge gut dosieren. Die Schutzkappe, die sich über der feinen Injektionsnadel befindet, erlaubt es, auf Exkursionen die Spritze in der Hosen- oder Jackentasche zu transportieren. Eine einfache Spritze lässt sich auch aus einem Pipettenhütchen, einer Metallolive mit Recordkonus und einer nichtrostenden Injektionsnadel leicht selbst herstellen (▶ **Abb. 116**). Als Gift dient verdünnter Salmiakgeist (Ammoniak-Wasser), den man am besten in einer beim Umfallen nicht gleich auslaufenden Tropfflasche (vgl. ▶ **Abb. 74**) oder unterwegs in einer so genannten Durchstichampulle vorrätig hält. Die Konzentration des Salmiakgeistes ist ausreichend, wenn der typische Geruch noch wahrnehmbar ist. Durch gelinden Druck auf das Gummihütchen füllt sich die eingetauchte Spritze. Mit einer Füllung können mehrere Falter durch eine Injektion in den Thorax getötet werden, da bereits ein einziger Tropfen ausreicht, um einen Schmetterling in Sekundenbruchteilen zu töten. Ein weiterer Vorteil dieser Methode besteht darin, dass keine Totenstarre eintritt, wodurch sich die Tiere sehr gut präparieren lassen.

Die Injektionsspritze ist vor allem zum Töten von Widderchen und Blutströpfchen (Zygaenidae) ein unentbehrliches Requisit, weil letztere in den üblichen Giftgläsern, ganz gleich, welche Füllung sie enthalten, viel zu langsam sterben.

Ein hervorragendes, leider fast in Vergessenheit geratenes Tötungsmittel für kleine Lepidopteren ist Ammoniumcarbonat (=Hirschhornsalz). Besonders für „Kleinschmetterlinge" ist das die absolut zu bevorzugende Methode. Dazu wird in ein kleines Glasröhrchen (z. B. Tablettenröhrchen oder Schnappdeckelgläschen) etwas Ammoniumcarbonat gegeben und durch eine lockere Watteschicht fixiert. Zum Abtöten kommt der Falter in das Gläschen, welches dann verschlossen wird. Das Ammoniumcarbonat zerfällt allmählich in Ammoniak, Wasser und Kohlendioxid (wobei das Ammoniak dann teilweise in Lösung als Ammoniakwasser/Salmiakgeist vorliegt). Die Ammoniakdämpfe töten die Tiere innerhalb weniger Minuten. Diese sind weicher als bei anderen Tötungsmitteln (einschließlich Essigäther oder sogar Einfrieren) und sehr gut zu präparieren. Es ist nur darauf zu achten, dass die Gläschen nicht allzu kühl gelagert werden, damit das entstehende Wasser nicht an der Innenseite kondensiert und die Schmetterlinge befeuchtet. Lediglich für einige grüne Geometriden ist dieses Verfahren nicht geeignet, da das Ammoniak die empfindliche grüne Farbe zerstört.

Für große, unruhige Schmetterlinge ist dagegen die Injektion mit Salmiakgeist besser geeignet.

**Abb. 116** Tötungsspritze. a) Gummihütchen, b) Olive mit aufgesteckter Kanüle, c) Reinigungsdraht, d) zusammengesteckte Vorrichtung, e) Anwendung der Tötungsspritze.

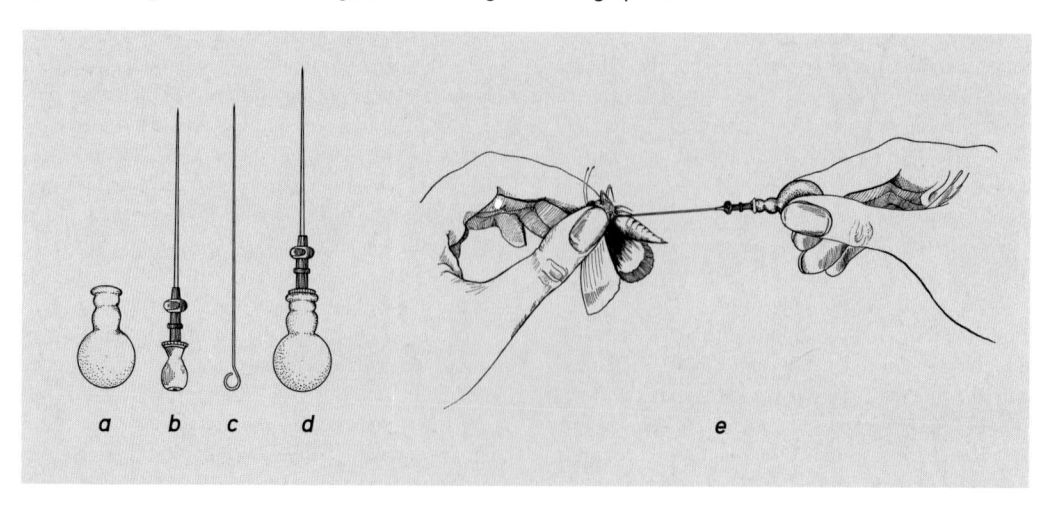

Zum **Töten von grünen Faltern,** besonders Spannern (Geometridae) verwende man als Injektionsflüssigkeit Oxalsäure, da diese die empfindliche Farbe nicht angreift.

Wem der Gebrauch einer Spritze nicht liegt, kann besonders für Zygaenen, aber auch für alle anderen Falter die **Nikotintötungsmethode** nach WIEGEL (1958) anwenden. Man laugt auf kaltem Wege Tabakabfälle mit Wasser aus, lässt das Exsudat sirupartig eindicken und taucht die Insektennadeln vor dem Sammeln zu $\frac{3}{4}$ ihrer Länge in den mit einem Tropfen Ammoniak versehenen Nikotinsaft.

Da an ergiebigen Sammeltagen oft große Mengen von Zygaenen anfallen, raten WIEGEL & NAUMANN (o.J.), ein Röhrchen mit gebrauchsfertigem Saft an einer dünnen Schnur um den Hals zu tragen. Im Röhrchen befinden sich einige Insektennadeln. Der Entomologe hat beim Sammeln stets das Fangnetz, das Nikotinröhrchen und eine Sammelschachtel bei sich. In der Sammelschachtel stecken genügend Insektennadeln der Stärken 1 oder 0. Die entdeckte Zygaene nimmt man mit Daumen und Zeigefinger der linken Hand an den Fühlern von der Blüte, vom Halm oder aus dem Sammelnetz. Es ist darauf zu achten, dass das Tier wirklich nur an den Fühlern berührt wird. Eine Insektennadel passender Stärke wird mit zwei Fingern der rechten Hand aus dem Nikotinröhrchen herausgezogen und dabei gegen die im Röhrchen befindliche feuchte Watte gedrückt. Danach nadelt man die Zygaene durch die Thoraxmitte sofort an Ort und Stelle und schiebt sie auf $\frac{2}{3}$ der Nadelhöhe (▶ **Abb. 117a + b**). Gewöhnlich tritt nach dem Nadeln ein kleiner Tropfen gelber Körperflüssigkeit aus dem Thorax aus. Bei großen Tieren wird er nach vorn abgeschüttelt, bei kleineren Exemplaren bald wieder vom Körper aufgesaugt. Nikotin und Körperflüssigkeit dürfen keinesfalls Fühler oder Flügel berühren!

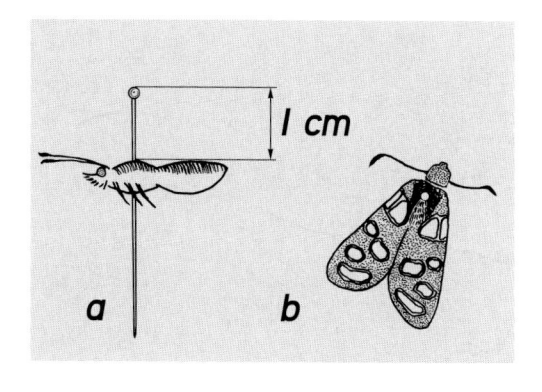

Das getötete Tier wird sogleich in die bereitgehaltene Sammelschachtel gesteckt. Bei größeren Serien muss zunächst zwischen den einzelnen Zygaenen Abstand gehalten werden, damit die auch nach dem Tode noch anhaltenden Nervenzuckungen der Beine und Fühler die Nachbartiere nicht beschädigen können. Nach einigen Stunden können die Tiere dann in eine Versandschachtel gesteckt werden, die zuvor mit einer dünnen Watteschicht ausgelegt worden ist.

Bei dieser Vorgehensweise ist unbedingt auf Sorgfalt zu achten, da Nikotin (das Alkaloid der Tabakpflanze *Nicotiana spec.*) zu den stärksten bekannten Giften gehört. Es ist nicht nur ein Atem- und Magengift, sondern kann auch über die Haut leicht aufgenommen werden.

Für Auswertung und Aufbau einer Spezialsammlung ist die Qualität des Materials von entscheidender Bedeutung. Als diesbezüglichen Maßstab geben WIEGEL & NAUMANN folgende kurze Definition des angestrebten Erhaltungszustandes: „Als einwandfrei ist grundsätzlich nur die Zygaene anzusehen, deren Aussehen dem eines ex-larva-Stückes entspricht. Hierbei ist auf Fransenreinheit, Farbfrische und Beschuppungsdichte besonders zu achten."

Ein weiteres Mittel zur Anwendung im Giftglas ist Narkoseether (=Diethylether, „Schwefelether"). Sein Vorteil besteht darin, dass es schneller wirkt als Essigether. Andererseits werden die Tiere aber sehr starr. Zu beachten ist außerdem, dass die Etherdämpfe explosiv sind.

Für alle Falter mit dachförmiger Flügelhaltung empfiehlt DIEHL (1955) seine **Etherspritzmethode**. Dabei wird der Ether (Diethylether) aus der Pipette eines Pipettfläschchens (wie für Augentropfen üblich) auf den ruhenden Falter getropft oder gespritzt, der nach einigen Flügelschlägen betäubt ist und dann leicht ins Tötungsglas gebracht werden kann. So ist es z. B. möglich, die tropischen Riesenulen, die sich oft schon im Netz beschädigen, ganz zu schweigen vom Einbringen ins Tötungsglas, in tadellosem Zustand zu erbeu-

**Abb. 117** Korrekt genadelte Zygaene.
a) in Seitenansicht, b) in der Aufsicht.
Einstich am Treffpunkt der Tegulae.

ten. Man muss sich dabei sehr vorsichtig diesen scheuen Tieren nähern und, wenn die Pipette nahe genug herangebracht ist, den ganzen Inhalt der Pipette auf den Thorax des Falters spritzen. Die Öffnung der Pipette darf nur sehr fein sein, da sonst der Ether vorzeitig ausläuft. Falls erforderlich, kann man die Tropfen aus 40 bis 50 cm Höhe und mehr auf ein sitzendes Tier fallen lassen, das sonst in einem Gestrüpp nicht erreichbar ist. Sind die Falter aber wirklich zu scheu, um sie frei zu spritzen, so lässt man sie sich im Netz mit möglichst weit aufgebauschtem Sack beruhigen und spritzt dann rasch durch das Netz, ein Einklemmen im Netz wie bei Sphingidaen würde den empfindlichen Schopf zerstören.

Als ganz unentbehrlich hat sich die Etherspritzmethode beim abendlichen Schwärmerfang an Blüten erwiesen. Da die Zeitspanne hierfür in den Tropen höchstens 20 bis 30 Minuten beträgt, heißt es, diese Zeit zu nützen, vor allem auch angesichts der Zahl der anfliegenden Falter: Der von der Blüte weggefangene Falter wird sofort in den oberen Netzwinkel eingeklemmt, was durch Straffziehen und zugleich Halten des Netzes mit der linken Hand (wobei die Knie den Stock halten) geschieht; dieselbe Hand übernimmt aus der Rechten das Etherfläschchen (das man in der linken Brusttasche oder rechten Hosentasche trägt). Die Rechte öffnet es, aspiriert den Ether und spritzt, worauf die Pipette sogleich wieder auf das Fläschchen aufgeschraubt wird. Der Falter aber wandert, falls er brauchbar ist (was man oft schon vorher durch Hochhalten des Netzes sehen kann) ins Tötungsglas, ist er nicht einwandfrei, wirft man ihn ins Grün zurück, wo er rasch aus der Narkose erwacht. Auf diese Weise konnte Diehl selbst noch bei fast völliger Dunkelheit arbeiten, sofern sich der Falter etwas gegen den Abendhimmel abhob.

Mit Ether sollte man alle selbstgezüchteten Falter vor dem Injizieren von Salmiakgeist betäuben. Lediglich für die allerkleinsten Geometriden und gewisse Lycaeniden ist die Ethermethode nicht geeignet, da bei ersteren der Saum, bei letzteren der Metallglanz leiden kann.

Statt des Ethers kann man mit großem Erfolg auch Chlorethan (= Ethylchlorid, Aether chloratus, Chlor-Ethyl-Ether, Eisether) benutzen, was normalerweise als Lokalanästhetikum (Vereisungsmittel) Verwendung findet. Noch besser – weil ungefährlicher – ist handelsübliches Eis-Spray auf der Basis der Flüssiggase Butan bzw. Propan.

Früher waren mit Schwefelfaden versehene Tötungsgläser recht gebräuchlich. Als nachteilig erwies sich, dass die Insekten darin sehr leicht verschmutzten. Fritsche (1984) entwickelte ein Schwefelglas, das diesen Mangel unterbindet. Es werden zwei Schraubdeckel von kleinen Honiggläsern großflächig ausgeschnitten, feinmaschige Gaze dazwischen gelegt und die Deckel mit Zweikomponentenkleber zusammengeklebt. Danach wird jeder Deckel mit einem Glas versehen. Das untere wird mit Schwefelfäden bestückt, das obere dient der Aufnahme von Insekten. Bei richtiger Handhabung ist das Schwefelglas auch in der Wohnung ohne Belästigung durch Dämpfe anwendbar: die Insekten im oberen Glas unterbringen, im unteren den Schwefel entzünden und Streichholz gleich mit einwerfen, sofort den Deckel mit dem „Insektenglas" aufschrauben. Fritsche stellte ferner fest, dass manche Arten im Schwefelglas die Flügel spreizen, die dann nur mit Mühe wieder korrigiert werden können. Er betäubt deshalb die Tiere erst mit Essigether bis sie bewegungslos sind und gibt sie dann erst ins Schwefelglas. Meist können die Insekten schon nach 2 bis 4 Stunden präpariert werden. Sie sind weich und lassen sich deshalb hervorragend ausrichten. Wichtig ist, dass die Farben tadellos erhalten bleiben und manche Zeichnungen oder Strukturen der Oberfläche stärker hervortreten, so dass die Determination erleichtert wird (Fritsche pers. Mitt.).

Für das **Sammeln in den Tropen** sind einige Besonderheiten zu beachten. Der Fang ist hier nicht nur aus klimatischen, floristischen und geographischen Gründen beschwerlicher, sondern auch deshalb, weil viele Falter äußerst scheu sind und im freien Flug gefangen werden müssen. Das Jagen in dem oft gebirgigen, mit Steinen, Dornen oder Termitenhügeln besäten Gelände ist nicht leicht. Hat man sich einmal auf Netznähe herangepirscht, so muss der Schlag äußerst rasch geführt werden. Vor dem Falter muss man jedoch eine Sekunde verharren, da er sonst das Netz über sich hinweggehen lässt und dann das Weite sucht. Auf Grund der hohen Temperaturen sind die Falter auch deutlich schneller und wendiger, als man es aus den gemäßigten Breiten gewöhnt ist.

Die langgeschwänzten Papilios dürfen nur mit einem Schlag gegen die Flugrichtung gefangen werden, sonst brechen allzu leicht die Schwänze ab. Sofern sie vor allem morgens an einer Wasserpfütze sitzen, schlage man nicht mit dem Netz zu.

Man warte ab, bis sie genügend lange gesaugt haben, und fange dann die guten Stücke mit der Hand, selbst auf die Gefahr hin, dass der eine oder andere abfliegt.

Zum Fang von Vertretern der Gattung Morpho benutzten bereits die Entomologen im 19. Jahrhundert blaue Seidentücher, die in der Luft geschwenkt werden, um die Tiere zu locken. Bei diesem Vorgehen hat es sich als günstig erwiesen, zu zweit zu arbeiten. Während eine Person das Seidentuch schwenkt, fängt die andere die schnell heran- (und ebenso schnell wieder abfliegenden) Falter.

WELLS (1980) teilt eine Beobachtung mit, wonach sich Nachtfalter, besonders Schwärmer, durch blütengroße weiße Plastikscheiben, die nachts auf einer Wiese ausgelegt werden, anlocken lassen. Diese Methode ist besonders in mondhellen Nächten anwendbar, wo dem Lichtfang wenig Erfolg beschieden ist.

Eine mit vielen Einzelheiten versehene Anleitung liegt ferner von RIBBE (1912) vor. Außerdem veröffentlichten MAESSEN (1951) seine in Westafrika, STRAATMAN (1955) die in Australien, WYNTER-BLYTH (1957) die in Indien und SCHINTLMEISTER (1980) die in Sumatra gemachten Erfahrungen.

Über den außerordentlich wichtigen **Schutz von Insektenausbeuten vor Schädlingen** in den Tropen berichtet LINDNER (1961) (siehe Seite 41). Bei hoher Luftfeuchtigkeit lässt sich Schimmelbildung auf den Objekten nur vermeiden, wenn man Kästen und Schachteln, in denen das gesammelte Material aufbewahrt wird, von innen gründlich mit Phenol-Lösung anstreicht. LÖDL (1985) setzte bei Tropenreisen auf Dichlorvos-Basis wirkende „Vapona"-Streifen ein und konnte sich von der bemerkenswerten Stärke des Insektizids bei der Versorgung von Insektenausbeuten unter ungünstigen Bedingungen überzeugen. Außerdem scheint bei Überdosierungen auch eine fungizide Wirkung vorzuliegen, wodurch sich der Einsatz in feuchtheißen Gebieten empfiehlt.

Die schonendste Behandlung erfahren die Falter, wenn man immer nur ein Stück in ein Tötungsglas steckt. Es empfiehlt sich deshalb, ein halbes Dutzend oder mehr Giftgläser bei sich zu haben. Falls dies aus äußeren Gründen nicht möglich ist, halte man dem Durchmesser des Giftglases entsprechende runde Zellstofflagen bereit, die von Fall zu Fall auf den verendeten Falter gelegt werden. Die so lagemäßig fixierten Tiere scheuern sich beim Laufen des Sammlers dann nicht ab.

Je nach Materialanfall wird an geeigneten Plätzen haltgemacht, um die Ausbeute gleich unterwegs zu nadeln und in eine Steckschachtel einzureihen. Als solche eignen sich recht gut mindestens 5 cm hohe Zigarrenkistchen aus Holz, sofern sie vorher mit geeignetem Material ausgelegt und mit weißem Papier ausgeklebt worden sind. Es sind aber auch spezielle Steckschachteln im Fachhandel erhältlich.

Sehr dickleibigen, eiträchtigen oder tropischen Faltern sollte am besten gleich nach dem Abtöten der **Hinterleib ausgenommen** werden, um das später meist einsetzende Verölen zu vermeiden. Man schneidet dazu mit einer Präparierschere das Abdomen ventral auf, ohne die letzten Hinterleibsringe zu beschädigen, entfernt den gesamten Leibesinhalt und füllt die entstandene Höhlung möglichst formgetreu wieder mit Watte aus. In ausführlicher Form hat SKELL (1941) diesen wichtigen Konservierungsvorgang beschrieben. FISCHER (1954) empfiehlt, weiblichen Noctuiden das Abdomen nicht aufzuschneiden, sondern durch Luft mit Hilfe einer Injektionsspritze, die eine sehr feine Kanüle trägt, aufzublähen. Der Hinterleib trocknet nach dieser Behandlung langsam auf sein normales Volumen zusammen.

Fällt auf Sammelreisen eine größere Menge dickleibiger oder zur Verölung neigender Falter an, hält das Ausnehmen den Fänger unangenehm auf. Diese Arbeit lässt sich nach HAYEK (1959) wie folgt umgehen: Nach dem Abtöten wird Eulen und kleinen Spinnern von unten her in die vordere und hintere Hälfte des Hinterleibs je $^{1}/_{10}$ ml, größeren Arten entsprechend mehr Wundbenzin injiziert. Alle so behandelten Falter haben im Verlauf von 10 Jahren keine Verölung gezeigt.

Beim **Nadeln** ist wie folgt zu verfahren: Man fast größere Falter von der Unterseite her an der Brust mit Daumen und Zeigefinger der einen Hand, kleinere mit der Pinzette. Dann wird eine Nadel passender Stärke mit der anderen Hand senkrecht durch die Thoraxmitte gestochen, so dass sie im Schnittpunkt der zentralen Körperachse sitzt. Falls der Durchstich nicht gelungen ist, ziehe man die Nadel wieder heraus und versuche es noch einmal. Nur ein korrekt genadeltes Exemplar lässt sich später richtig spannen. Die Nadel wird am besten gleich so tief eingesteckt, dass der Rücken des Falters 1 cm unter dem Nadelkopf

## Gliederfüßer (Arthropoda)

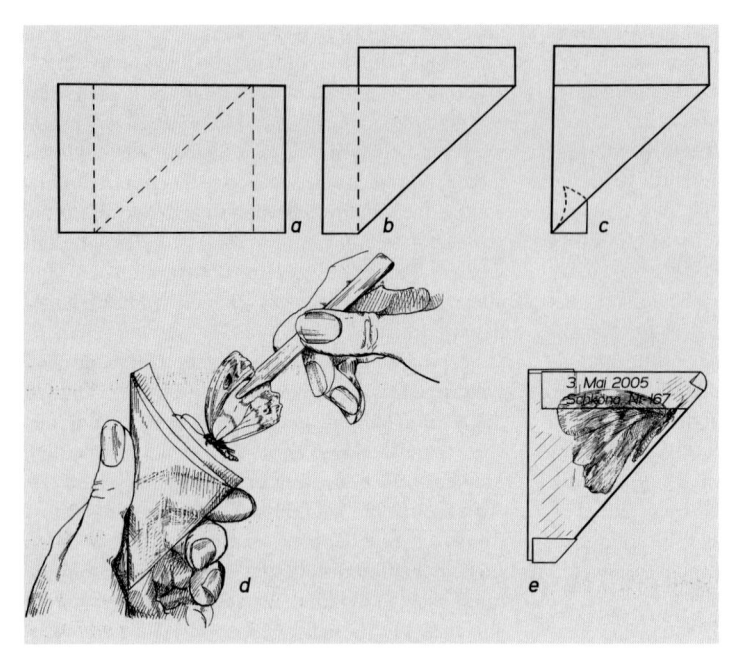

**Abb. 118** Herstellung von Faltertüten. a) bis c) Faltschema einer Tüte, d) Einlegen des Falters mit einer Pinzette, e) richtig verpacktes und beschriftetes Exemplar.

liegt. Zum Transport steckt man die ungespannten Falter eng nebeneinander in die Schachteln.

Auf größeren Expeditionen werden vornehmlich aus Platzgründen alle Arten, deren Flügel sich nach oben schlagen lassen, als so genannte **„Tütenfalter"** transportiert. Die erforderlichen Tüten kann man im Fachhandel beziehen oder stellt sie sich in verschiedenen Größen am besten aus dem sehr glatten Pergaminpapier her (▶ **Abb. 118**). Die Benutzung durchsichtigen Papiers ist deshalb so vorteilhaft, weil man sieht, ob der Falter richtig in der Tüte steckt und man jederzeit mühelos kontrollieren kann, in welchem Erhaltungszustand sich das Material befindet. Frisch eingelegte Falter sollten nach feuchtem Wetter vor allem in tropischen Gebieten anfänglich auf Schimmel- und Schadinsektenbefall hin kontrolliert werden. Sobald Schimmelansätze sichtbar sind, müssen die Falter an einem sonnengeschützten luftigen Ort zum Trocknen ausgelegt werden. Gegen Fraß schützt man die Tütenfalter durch Zugabe handelsüblichen Mottenpapiers oder Einstreuen von Paradichlorbenzen in die Schachtel. Empfehlenswert ist es, den Deckel danach mit einem Klebeband zu verschließen. In die gefalteten Tüten lassen sich die Makrolepidopteren am besten mit einer weichen Uhrfederpinzette stecken. Dabei ist zu beachten, dass der Leib parallel zur Längsseite der Tüte zu liegen kommt und die Falter mit nach oben zusammengeklappten Flügeln eingetütet werden. Auf diese Weise sind Flügeloberseite und Thoraxbehaarung geschützt. Jedem Schmetterling, der beim Abtöten die Flügel nach unten zusammenschlägt, sollten diese alsbald mit einem leichten Druck der Pinzette auf die Flügelwurzel nach oben gelegt werden. Nach der erforderlichen Beschriftung werden die Falter in eine nicht zu große Schachtel geschichtet. Man achte darauf, dass sich die Tüten nicht bewegen können. Tütenfalter dürfen jedoch auch nicht zu stark gedrückt werden, sonst leidet die Körpergestalt. Mit einer entsprechend dicken Watteschicht lassen sich die Tüten festlegen.

**Kleinschmetterlinge**, die so genannten Mikrolepidopteren, können zwar in gleicher Weise wie die großen Arten gefangen werden, jedoch bedürfen sie einer anderen Vorbehandlung. Die beim Durchstreifen der Bodenflora gesammelten Vertreter bringt man aus dem Netz in kleine Gläschen. Dazu werden diese über die ruhig sitzenden Tiere gestülpt. Sobald sie im Glas hochgelaufen sind, verschließt man es mit einem Korken. Es empfiehlt sich, die Korken zu durchbohren und das Loch durch aufgeleimte Gaze zu verschließen. Jeder Falter wird in ein besonderes Glas gesperrt, damit sie sich gegenseitig nicht verletzen können.

Wer Mikros fangen geht, muss deshalb zahlreiche Gläschen mit sich führen. Zur Aufbewahrung der Gläser empfiehlt Eckstein (1933) eine besonders eingerichtete zweiteilige **Sammeltasche**. In die eine Abteilung kommen die leeren, in die andere die bereits Falter enthaltenden Gefäße. Auf diese Weise kann die Ausbeute gut 1 bis 2 Tage lebend transportiert werden. Wenn die Möglichkeit besteht, sollten die Tiere kühl aufbewahrt werden, um Bewegung zu minimieren (die meisten Arten überleben bei Kühlung mehrere Tage in sehr gutem Zustand). Wenn man bereit für die Bearbeitung ist, gibt man die Falter für ca. 10 min in ein kleines Tötungsglas mit Ammoniumcarbonat. Die Ammoniakdämpfe töten die Tiere innerhalb weniger Minuten. Anschließend können sie sofort präpariert werden.

Wenn man doch lieber Essigether benutzen möchte, so benötigt man ein Giftglas mit durchbohrtem Kork. In die Bohrung kommt ein Stück Glasrohr, das mit Essigether getränkte Watte enthält. Die äußere Rohröffnung wird nach dem Auftropfen des Tötungsmittels mit einem kleinen Korken verschlossen. Sobald die Mikros am Arbeitstisch verendet sind, müssen sie gespannt werden.

Wer aber auf länger währenden Sammelreisen keine Zeit hat, sich mit der endgültigen Präparation der Tiere zu beschäftigen, der kann die Kleinschmetterlinge auch ungespannt lassen, wenn er die von Amsel (1935) erprobte **Vorpräparation** durchführt: „Die gesammelten Falter müssen nach dem Töten sofort auf Minutenstifte, am besten nichtrostende, gespießt und in die Sammelschachtel so eingesteckt werden, dass der Leib unmittelbar den Boden des Kastens berührt. Dann werden die Flügel, indem man mit einer Insektennadel von hinten unter sie fährt, rechts und links hochgezogen, als ob man das Tier spannen wolle. Die hochgezogenen Flügel halten sich in dieser Lage ausgezeichnet, wenn man als Papierüberzug des Torfbodens kein allzu glattes, sondern ein etwas raues Papier benutzt, denn dann kann dieser raue Papierüberzug dem Zurückgleiten der Flügel den nötigen Widerstand entgegensetzen. Beim Hochziehen der Flügel muss besonders darauf geachtet werden, dass die Fransen in ihrer natürlichen, radiären Stellung bleiben und nicht zusammengezogen werden." Die so behandelten Tiere können entweder so nach dem Trocknen in die Sammlung eingeordnet oder aber in einer feuchten Kammer vorsichtig angeweicht werden. Wenn sie dann auf ein für Kleinschmetterlinge übliches Spannklötzchen gebracht und soweit eingesteckt werden, dass die Flügel eben aufliegen, so ist der Falter schon fertig präpariert.

Da in der Natur gefangene Falter sehr oft stark abgeflogen und teilweise sogar beschädigt sind, ist es bei den Lepidopterologen seit langem üblich, auch **Entwicklungsstadien** (Eier, Raupen und Puppen) zu sammeln, diese aufzuziehen, schlüpfen zu lassen und die Falter für die Sammlungen zu töten. Obwohl die Zuchtmethode viel Arbeit macht, birgt sie viele Vorteile in sich. Der Sammler lernt dabei alle Entwicklungsstadien kennen, er kann der Zucht jederzeit Material für Biologien entnehmen und erhält völlig einwandfreie Falter. Nicht zuletzt ist der Sammler in der Lage, biologische Beobachtungen zu machen, die in der Natur kaum durchführbar sind. Zur Erlangung der Raupen bediene man sich des bei den Käfern beschriebenen Klopfschirmes bzw. Klopftuches oder suche die Futterpflanzen ab. Mit einiger Übung wird man die oftmals gut getarnten Tiere entdecken. Die Raupen vieler Arten laufen vor der Verpuppung lange Zeit auf der Suche nach einem geeigneten Platz rastlos umher und können so oft auf Waldwegen und Straßen gefunden werden. Saufley (1973) benutzt zum Aufsammeln der Geometridenraupen vom Klopftuch einen umgebauten Kleinstaubsauger.

Wer Zuchtanleitungen sucht, findet sie in folgenden Werken: Hering (1893), Forster (1954), Illies (1956), Koch (1955 u. 1963) sowie Gleichauf (1968) und Friedrich (1971).

Es sei nochmals erwähnt, dass auch beim Sammeln von Faltern oder deren Entwicklungsstadien stets ein bestimmtes Ziel verfolgt werden muss. Bezüglich der faunistischen Erfassung von Eulen und Spannern hat Löbel (1982) seine Erfahrung über Tag-, Licht- und Köderfang sowie über den Nachtfang mit der Taschenlampe detailliert zusammengestellt.

## Lichtfang

Der Lichtfang ist das ergiebigste Sammelverfahren für Nachtschmetterlinge. Aus diesem Grunde ist der Lichtfang im höchsten Maße geeignet, die Lepidopterenfauna eines bestimmten Gebietes in relativ kurzer Zeit zu erfassen. Man kann schon Lichtfang treiben, indem Weg- oder Straßenbeleuchtungen systematisch abgesucht werden.

Erfolgreicher ist jedoch der aktive Fang, d. h. mit Hilfe bestimmter Lampen und dem notwendigen Leinentuch in Haus, Hof, Garten, Feld oder Wald zu leuchten. Die besten Anflüge wird man von Sonnenuntergang bis Sonnenaufgang vor allem in windstillen, möglichst warmen Nächten mit starker Bewölkung erzielen. In kalten, mondhellen Nächten lohnt sich der erforderliche Aufwand in der Regel nicht. Besonders in den Tropen ist der Lichtfang bei Nebel ergiebig. Spätestens 15 min. vor Sonnenuntergang sollte man mit dem Leuchten beginnen.

Nach LÖDL (1989), der die historische Entwicklung des Lichtfanges beschreibt, wird dieser schon seit mehr als 150 Jahren betrieben. Zuerst mit primitiven Lichtquellen, danach folgte bald die Verwendung des elektrischen Lichtes. Anfänglich galt der Einsatz nur der bloßen faunistischen Auswertung. Inzwischen ist der Lichtfang zu einer modernen Methode entwickelt worden, die auch zur Klärung ökologischer Fragestellungen dient. LÖDL (1987) fand insgesamt mehr als 2000 Literaturzitate über Lichtfang. Nach Studium eines repräsentativen Querschnittes von etwa 800 Arbeiten waren folgende Teilbereiche der Lichtfangforschung erkennbar:

> 1. Technische Grundlagenforschung
> 2. Vergleichende Lichtfangforschung
> 3. Analytische Lichtfangforschung
> 4. Physiologische Lichtfangforschung
> 5. Angewandte Lichtfangforschung
> 6. Integrierende Lichtfangforschung.

Da in diesem Rahmen nicht alle Arbeiten zitiert werden können, sei auf wenige, wichtig erscheinende Veröffentlichungen hingewiesen. Von zentraler Bedeutung ist dabei die Publikation von STEINER (1994). Darin erörtert der Autor nicht nur die technischen Grundlagen, sondern setzt sich auch intensiv mit der Bedeutung äußerer Faktoren (z. B. Witterung) und der Aussagefähigkeit von Fangergebnissen auseinander.

SCHÖNBORN (2003) weist darauf hin, dass die Wirkung des Lichtfanges nicht auf einer „Anlockung" (im Sinne des aktiven Aufsuchens einer Ressource) beruht, sondern dass nur solche Tiere an das Licht kommen, die sich bereits auf Dispersionsflug befinden. Nachtfalter orientieren sich offenbar am Mond und halten die Flugrichtung, indem sie einen konstanten Winkel zum Mond einhalten. Diese natürliche Orientierung wird von den Tieren auch auf künstliche Lichtquellen übertragen. Das Verhalten der Tiere wird demnach erst im unmittelbaren Bereich der Lampe gestört.

Das wird auch von HAUSMANN (1990) bestätigt. An Fangorten, die zum Teil nur 45 m voneinander entfernt lagen, konnte er deutliche Unterschiede im Artenspektrum nachweisen, woraus er folgert, dass nur die für den Punkt des jeweiligen Lichtfallen-Standortes typische Artenzusammensetzung nachgewiesen wird.

Dem wiedersprechen jedoch die intensiven mark/recapture Untersuchungen von CAVE (pers. Mitt.) in Honduras, der den Wirkungsbereich einer 175 W HQL-Lampe von ungefähr 200 m nachweisen konnte.

Bei der Auswahl der Lichtquelle ist zu beachten, dass kurzwelliges Licht die besten Ergebnisse erbringt, während rötliches Licht nahezu wirkungslos ist. So eignen sich beispielsweise Hochdruck-Quecksilberdampflampen (HQL) ausgezeichnet zum Lichtfang. Diese gibt es in verschiedenen Bauarten und Leistungsklassen. Üblicherweise befindet sich das Entladungsgefäß (der „Brenner") noch in einem weiteren Glaskolben. Diese Kolben können entweder aus klaren Quarzglas bestehen oder aus einem auf der Innenseite mit einem Leuchtstoff versehenen Milchglas. Erstere besitzen ein grelles Licht mit sehr hohem UV-Anteil während bei der zweiten Bauform ein Teil des ultravioletten Lichtes durch den Leuchtstoff in weißes Licht umgewandelt wird. In jedem Falle sollte man vermeiden, unmittelbar in die Lampe zu sehen, da unangenehme Augenentzündenden die Folge sein können. Ggf. bietet es sich an, beim Lichtfang eine leicht getönte Sonnenbrille mit UV-Filter zu tragen. Eine Sonderform der Hochdruck-Quecksilberdampflampen sind die so genannten Mischlichtlampen, bei denen zusätzlich zur Gasentladungslampe eine Glühwendel eingebaut ist. Deshalb erzeugen diese Lampen neben den für HQL üblichen kurzwelligen Licht auch die von der herkömmlichen Glühlampe bekannten Wellenlängen. Allerdings ist die Lebensdauer bedingt durch die Glühwendel auf ca. 2000 Stunden begrenzt. HQL-Lampen mit einer Leistung 125 bis 175 W bringen sehr gute Ergebnisse. Lampen mit höherer Leistung werden deutlich heißer, ohne dass sie eine spürbar bessere Wirkung haben.

Weitere geeignete Lampen sind die energiesparenden Leuchtstoffröhren, die in speziellen Formen ebenfalls einen sehr hohen UV-Anteil erzeugen können

Die **Lichtfallen** sind meist nach dem Trichterprinzip gebaut. Unter der von oben abgeschirmten Lichtquelle befindet sich ein großer Trichter, der die angeflogenen Insekten in ein abschraubbares Tötungsglas gleiten lässt (**„Minnesota-Falle"**). Eine aus Kunststoff gebaute und mit einer U-förmigen Neonleuchte bestückte Lichtfalle zeigt ▶ **Abb. 119**. BUSCHING (1992) verändert das Prinzip der Minnesota-Falle dahingehend, dass die Tiere nicht abgetötet werden, sondern in einem Gazekasten gelangen, wo sie bis zur Auswertung am nächsten Morgen ruhig verharren. Eine ähnliche Lichtfanganlage, bei der die Falter ebenfalls am Leben bleiben stellt NEWMAN (1965) vor. Das Gerät besteht aus einem runden Gefäß mit einem Durchmesser von ca. 60 cm und einer Höhe von 15 cm. Darauf liegt ein nach oben gewölbter Deckel aus durchsichtigem Kunststoff, bei dem in

**Abb. 119** Zwischen Kiefernstämmen aufgehängte, mit U-förmiger Leuchtstoffröhre bestückte Lichtfalle.

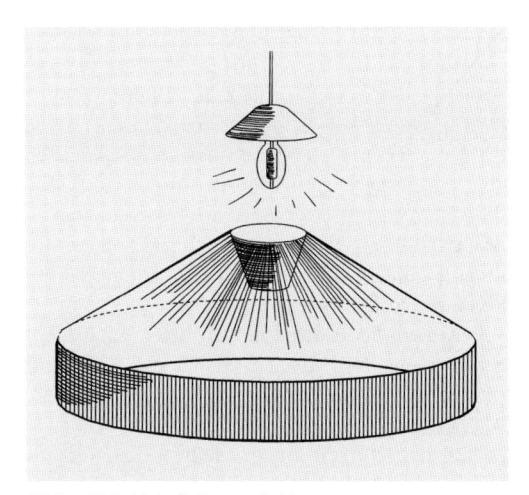

**Abb. 120** Lichtfalle nach NEWMAN.

der Mitte eine Öffnung mit Ø 30 cm ausgeschnitten ist. Hierin befindet sich ein Metalltrichter, dessen untere Öffnung einige Zentimeter groß ist. Unmittelbar über diesem Trichter wird die Lichtquelle angebracht. Die Falter werden durch die Lampe angelockt und gelangen durch den Trichter in das Auffanggefäß, das mit einem rauen Material (Eierpappen) ausgelegt ist, woran die Tiere ruhig sitzen bleiben (▶ **Abb. 120**). Am nächsten Morgen wird die Ausbeute in Ruhe durchgesehen. Die Tiere, die nicht als Beleg oder zur Eiablage benötigt werden, kann man wieder freilassen.

Da nicht auf alle Fallentypen eingegangen werden kann, folgt auszugsweise die wichtigste Literatur: STEINER & NEUFFER (1958/59), JALES (1960), CLEVE (1964), SCHWETSCHKE (1965), TRPIŠ (1965) sowie LEHMANN & BECH (1965) und MUIRHEAD-THOMSON (1991). Falls kein elektrischer Strom vorhanden ist, beschaffe man sich die nach WETTSTEIN (1964) von STRANDER konstruierte, zerlegbare Lichtfalle, die durch Glühstrümpfe und Propangas beleuchtet wird.

Über den Lichtfang, wie ihn der entomologische Liebhaber betreiben kann, berichten ausführlich KOCH (1958) und BRATKE (1969). Wer Ausführungen über den Lichtfang im Dienste angewandter Wissenschaft sucht, benutze die folgende Literatur: FOLTIN (1951), DANIEL (1952), BOURGOGNE (1953), CLEVE (1954), BRETHERTON (1954), SCHADEWALD (1955/56), MERE & PELHAM-CLINTON (1957), STAMM (1958), HANSON (1959),

HOUYEZ (1959), EBERT (1961), JÄCKH (1961), COMMON & UPTON (1964), MESCH (1965), ANDREYEW u. a. (1966), DANIEL (1966), WENZEL (1967), WILDECK & SCHIEFERDECKER (1967) sowie NATON (1972). Detaillierte technische Angaben über ein **Batterie-Leuchtgerät** für den Lichtfang führt SCHINTLMEISTER (1983) an. Das vom Stromnetz unabhängige Gerät eignet sich besonders für Lichtfangunternehmungen mit Expeditionscharakter (z. B. Hochgebirge oder Tropen).

Beachtenswerte Erfahrungen über Lichtfanggeräte liegen von MÜLLER (1970) vor. Angeführt werden unterschiedliche Licht- und Stromquellen. Als besonders geeignet für Lichtfang im Gelände erwies sich ein mit einem kleinen Benzinmotor ausgestatteter Stromerzeuger. Bauzeichnungen einer Leuchtwand und eines Leuchtturms ergänzen die wertvollen Ausführungen.

JUNG (1982) beschreibt den Bau einer Lichtfanganlage unter Verwendung einer Heimhöhensonne. NOVÁK (1970) beschreibt eine Lichtfalle, die sich dadurch auszeichnet, dass vor der Reflektionswand ein Gitter angebracht ist, durch das ein Strom von 2 mA bei 2000 bis 3000 Volt fließt. Die anfliegenden Insekten stoßen an das Gitter, werden durch den Strom betäubt und fallen in das Auffangglas mit Chloroform oder Tetrachlorkohlenstoff. Durch diese zweistufige Abtötung bleibt das Material im gut determinierbaren Zustand. CORDILLOT & DUELLI (1986) beschreiben eine batteriegetriebene Lichtfalle zum Fangen von Insekten, die in Vegetationsflächen einfliegen oder von dort ausfliegen. Die Falle erhält ihre Richtungsspezifität dadurch, dass die Lichtquelle im Zentrum eines 10 m langen und 2,5 m hohen Nylonnetzes (Maschenweite 1,5 mm) eingesetzt wird. Das Gerät ist bedienungsfreundlich, preisgünstig und kann leicht selbst hergestellt werden.

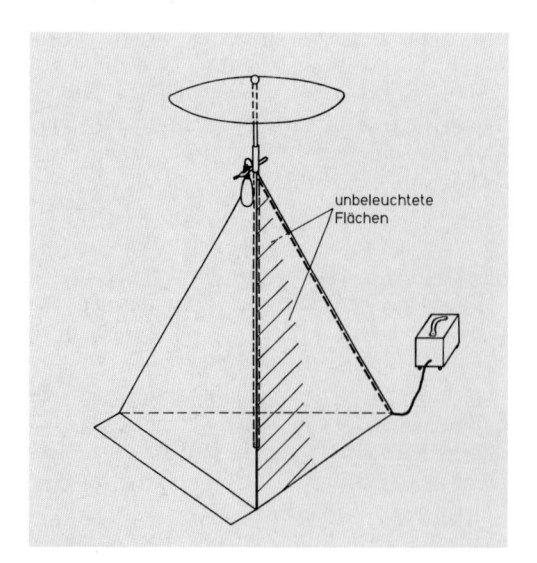

Die Eignung des **Lichtfangs für synökologische Untersuchungen** an Nachtfaltern prüften BEMBENEK & KRAUSE (1983). Zum Einsatze gelangte ein leicht transportierbares Leuchtgerät. Die Leinwand wurde in Form eines dreiseitigen steilen Zeltes aufgespannt (▶ **Abb. 121**). Den etwa 10 cm tief in den Boden gerammten Zeltstab (130 cm) hielten 3 Spannleinen (ca. 130 cm), über die die Leinwand gezogen wurde, vor ihr lag ein etwa 20 cm breiter Streifen flach nach vorn dem Boden auf. Die Lichtquelle schützte ein aufgesteckter, gekürzter Regenschirm. Die Lampe beleuchtete nur die Seite des Zeltes, die in die ausgewählte Biozönose zeigte. Ein transportabler Generator diente als Stromquelle. Der Leuchtbeginn lag jeweils bei Einbruch der Dunkelheit, bis zur Leerung des Tanks konnte etwa 3 Stunden geleuchtet werden.

Schließlich sei noch auf den von GRAY (1955) abgebildeten und beschriebenen Apparat zum schnellen Aussortieren in Trichterfallen gefangener Lepidopteren und Coleopteren verwiesen. Besteht keine Möglichkeit, das gefangene Material gleich zu bearbeiten, kann es in gut verschlossenen Plastikbeuteln praktisch unbegrenzt in einer Tiefkühltruhe aufbewahrt werden (MIZUTANI et al. 1982).

Erfahrungen bezüglich der **Anästhetika in der Lichtfallentechnik** stellte LÖDL (1985) zusammen. Grundsätzlich müssen die Sammelbehälter auswechselbar sein und so groß ausgewählt werden, dass sie den Erfordernissen entsprechen. Gebräuchlich sind Blech-, Glas- und Plastikbehälter. Die in sie zu hängenden oder zu stellenden Verdampfungsgefäße (Evaporatoren) für die Anästhetika sind in der einfachsten Form wattegefüllte Flaschen. Am besten eignen sich dazu weithalsige Marmeladegläser, die mit feiner Gaze überspannt werden. So wird verhindert, dass Insekten in den Evaporator eindringen, und man erreicht obendrein eine höchstmögliche Verdunstung. Gleichermaßen praktikabel und wirkungsvoll ist die Ver-

**Abb. 121** Der Aufbau eines Leuchtgerätes nach BEMBENEK & KRAUSE.

wendung von Gummistopfen, die man vorher im Tötungsmittel (z. B. Chloroform) quellen lässt und dann, nach dem Abtropfen, zum Abtöten der Insekten in den Sammelbehälter hängen kann. Die erforderliche Menge des Tötungsmittels richtet sich vor allem nach der Größe des Luftraumes, der versorgt werden muss. LÖDL fand etwa 0,16 l Chloroform auf ein Luftvolumen von ca. 40 dm$^3$ pro Nacht als ausreichend. Für Tetrachlorkohlenstoff oder Chloroform benötigte MESCH (1965) pro Nacht durchschnittlich 0,01 l für ein Fangglas von 1 dm$^3$ Inhalt.

LÖDL (1985) erprobte folgende Anästhetika:
- Tetrachlorkohlenstoff ist eines der besten und kostengünstigsten Tötungsmittel. Vorteilhaft wirkt sich aus, dass es weder entzündlich noch explosiv ist, und relativ geringe Mengen zum Abtöten der Insekten genügen. Vorsichtig anwenden, beim Menschen ist eine leberschädigende Wirkung nachgewiesen!
- Chloroform (Trichlormethan) wirkt zwar schnell, jedoch macht sich eine merkliche Steife (verzerrte Flügel- und Beinstellung) der getöteten Insekten bemerkbar. Chloroform ist ein nicht brennbares Lösungsmittel, das auch auf den Menschen als starkes Narkotikum wirkt und Herzlähmung sowie Leberschäden verursacht.
- Tetrachlorethan entwickelt zur Luft relativ schwere Dämpfe, und durch die hohe Verdunstungszahl eignet es sich besonders gut für den Dauerbetrieb von Lichtfallen (über 4 Tage ohne Zwischenkontrolle). Häufig wird es mit Chloroform vermischt angewendet. Vorsichtig damit umgehen, da nach Inhalation beim Menschen Leberschäden auftreten. Auch Hautschäden sind beim Kontakt mit Tetrachlorethan nachgewiesen.
- Essigsäureethylester (Ethylacetat), das fälschlicherweise als „Essigether" populär gewordene Tötungsmittel kann für Lichtfallen nicht empfohlen werden. Die zu den Fruchtestern gehörende Substanz ist zu flüchtig. Die Wirkung ist schwer über eine Fangnacht aufrecht zu erhalten. Außerdem tötet dieses Narkotikum recht langsam und erhöht deshalb den Unruhegrad unter den angeflogenen Insekten.
- Dichlorvos ist ein Insektizid auf Phosphorsäureesterbasis. Im Unterschied zu anderen Phosphorsäureestern ist Dichlorvos auch bei Zimmertemperatur flüchtig und äußerst diffusionsfähig. Der Wirkstoff ist in Form wachsartiger Streifen oder als emulgierbare Lösung im Handel. Auf Grund seiner Langzeitwirkung ist es für Lichtfallen geeignet. PERROT (1969) verwendete ebenfalls mit Erfolg einen Streifen handelsübliches „Vapona" für sechs Wochen durchgehenden Betrieb von Lichtfallen. Vorsicht ist geboten, denn der Wirkstoff Dichlorvos wirkt in hohen Konzentrationen auch auf den Menschen als Atemgift.

KAHANPÄÄ (pers. Mitt.) nutzt Essigether-Wachs als Tötungsmittel in Lichtfallen. Dazu werden ca. 7 cm$^3$ Kerzenwachs in kleine Flocken geschnitten und in 100 ml Essigether gegeben. Diese Mischung im Wasserbad erwärmen, bis das Wachs schmilzt und sich im Essigether löst. Auf ausreichend Lüftung achten! Keine offene Flamme verwenden! Wenn sich das Wachs völlig aufgelöst hat, die Lösung in einen geeigneten Behälter gießen (z. B. flache Blech- oder Kunststoffdose). Nach Erstarren besitzt das Gemisch eine seifenartige Konsistenz. Der Behälter kann in die Lichtfalle gestellt werden. Das Mittel soll dann zwei bis drei Wochen wirksam sein.

### Köderfang

Obwohl der Köderfang im Allgemeinen zahlen- und artenmäßig geringere Ergebnisse bringt als der Lichtfang, soll auch dieser beschrieben werden. Am Köder lassen sich insbesondere die versteckt lebenden Eulen nieder. Man kann zu diesem Zweck Bäume oder Zäune mit einem **Ködermittel** anstreichen oder mit Apfelscheiben versehene **Köderschnüre** aushängen. Geködert wird im Frühjahr und Herbst, also vor oder nach der Blütezeit. Als Köder eignen sich gärende Früchte jeder Art mit bestimmten Zusätzen. Es sind schon viele Rezepte beschrieben worden. Sie fußen aber alle mehr oder weniger stark auf HEINZELS (1924) Ausführungen: Der Streichköder wird gewonnen, indem man Sirup, kalt oder warm, mit abgestandenem Bier zu einer noch dickflüssigen Masse verdünnt und dieser Masse noch kurz vor dem Gebrauch einige Tropfen Rum und Apfelether zusetzt. Dieselbe Masse lässt sich auch in verdünnter Form zur Zubereitung des Hängeköders gebrauchen, indem man die Schnüre, Dörrobstschnitten und dergleichen mit dieser Flüssigkeit tränkt. Besser eignet sich zur Durchtränkung des Hängeköders in heißem Wasser aufgelöster

Bienenhonig, den man vergären lässt. Auch den Schnüren werden kurz vor dem Gebrauch in der Transportbüchse einige Tropfen Rum und Apfelether zugesetzt.

Nach BECK (1938) sollte auf den Zusatz synthetischer Riechstoffe zum Köder verzichtet werden. Eine gute Grundsubstanz des Köders ist auch Apfelmus, das mit abgestandenem oder gekochtem Schwarzbier und viel Zucker oder Sirup versetzt wird. Zur Erhöhung der Duftwirkung sind einige Tropfen Weinbrand oder Rum angebracht. Einen hervorragenden Köder bilden zerquetschte überreife Pflaumen, Aprikosen oder Reineclauden. Der Brei wird von den Steinen befreit, in einer offenen Schale in der Wärme (bei etwa 20 bis 25 °C) 2 bis 3 Tage der Gärung überlassen und erst dann mit viel Zucker versetzt. Er ist nach Lösung des Zuckers gebrauchsfertig. Namentlich Catocalen nehmen diesen Köder mit Vorliebe an. Wie AUE (1928) bereits anführte, ist ein Zusatz von Glycerol (50 ml je Liter) zu empfehlen. Das hygroskopische Glycerol zieht Feuchtigkeit aus der Luft und verhütet so das vorzeitige Eintrocknen des Köders. Anstelle von Bier kann der Köder auch mit Wein angesetzt werden; Honig oder Zucker gibt man hinzu, bis eine zähflüssige Masse entstanden ist.

Nach FORSTER (1954) bringt auch das Aufhängen überreifer Bananen in tief herabhängende Zweige von Bäumen oder Sträuchern sehr gute Ergebnisse. Vor allem Ordensbänder gehen oft massenhaft an solche Bananenköder. Selbstverständlich kann man Bananen auch zum Herstellen von Streichködern verwenden.

Zur Untersuchung der Eulenfauna eines Gebietes bringt der Lichtfang gute Ergebnisse, trotzdem sollte nach den Erfahrungen von POLTAWSKI & SCHINTLMEISTER (1988) gleichzeitig auch Köderfang betrieben werden. Die Aufsammlungen erfolgten mittels automatisch fangender Trichterfallen. Als Lichtquellen kamen Mischlichtlampen, Quecksilberdampfhochdrucklampen und superaktinische Leuchtstoffröhren zum Einsatz. In den etwas kleineren Köderfallen befand sich an Stelle der Lampe ein Behälter mit einem Schwamm, getränkt mit Köderflüssigkeit (Weißwein unter Zugabe von Zucker bis zur Sättigung).

In tropischen Regionen verwenden Sammler zum **Anlocken von Tagfaltern** ein Gemisch von Bier und Fruchtsäften unter Zusatz von Urin und Tierkot, das am besten in der Nähe von Bachufern ausgegossen wird.

**Geeignete Köderplätze** bieten Waldränder, besonders an Wiesen und Landstraßen, breite und luftige Waldschneisen mit viel Unterholz, auch größere Parkanlagen. Die Köderstelle suche man so zeitig auf, dass spätestens mit Einbruch der Dunkelheit alle Vorarbeiten beendet sind. Diese bestehen im Bestreichen der Bäume mit der Ködermasse, der jetzt etwas Rum und Apfelether zugesetzt ist. Man streiche nur handgroße Flächen in Brusthöhe und zwar so, dass der Köder nicht am Baum herunterläuft, weil man sonst tiefsitzende Falter leicht übersieht oder sehr schlecht fangen kann. Es empfiehlt sich, den Stamm von etwaigen Ästchen zu befreien und dorniges Unterholz (Schlehen, Brombeeren u. ä.) zu entfernen, damit man nachher nicht mit dem Netz hängenbleibt oder es gar zerreißt. Man streiche in nicht zu dichten Abständen, um ohne Köderverschwendung einen größeren Bezirk besammeln zu können, also etwa alle 6 bis 10 m, je nach dem Stand der Bäume. Wenn möglich, streiche man längs einer Straße auf beiden Seiten oder ein Geviert, damit man nachher ohne Pause ableuchten kann. Zwischen den Streichstellen kann man in größeren Abständen auch noch einige Schnüre aufhängen. Schlecht sichtbare Stellen markiert man des leichteren Auffindens wegen mit hellen Papierstreifen. Mit einer Taschenlampe werden nach dem Einsetzen der Dunkelheit die Köderplätze abgeleuchtet. Bemerkt man einen Falter, so nähert man sich der Stelle schnell, aber vorsichtig, mit abgewendetem Licht, da die Tiere oft leicht abfliegen, wenn sie das Licht direkt trifft. Das Netz wird nun waagerecht unter die Streichstelle gehalten und vorsichtig am Stamm in die Höhe geführt, während man die Lampe dem Falter zuwendet. Sobald das volle Licht den Nachtfalter trifft, fliegt er in der Regel nach unten ab, direkt ins Netz hinein. Jetzt macht man einen raschen Zug nach oben, schlägt gleichzeitig das Netz über den Bügel und drückt es dann sofort mit dem Bügel fest auf die Erde, damit der Falter nicht entkommt. Nun stellt man die Lampe auf den Boden und befördert den Falter in das Tötungsglas. Manchmal kann man allerdings auch Catocalen, besonders wenn diese schon länger gesogen haben, mit dem Netzbügel berühren, ehe sie sich bequemen, nach unten abzufliegen. Ganz verkehrt ist es dann, mit dem Netz einfach zuzuschlagen. Nur die nötige Ruhe behalten – der Falter fliegt in den allermeisten Fällen nach unten ab. Sitzen an dem Köder nur kleinere Eulen, wird die

Lampe an einen Jackenknopf gehängt, so dass man beide Hände zum Einsammeln frei hat. Bei der Gelegenheit werden gleich die vor der Eiablage stehenden Weibchen für Zuchtzwecke in kleine Behälter aussortiert. Alle anderen Falter werden abgetötet und am besten, wie eingangs beschrieben, gleich genadelt.

Falls an einem Köderplatz die Ameisen lästig werden, streiche man rings um den Baumstamm mit dem Pinsel oberhalb und unterhalb einen Köderring. Auf diese Weise lässt sich das Gros der Ameisen vom eigentlichen Köderplatz abhalten.

Zum eingehenderen Studium dieser Fangmethode sei auf LEDERER (1959) und WIESMANN (1967) verwiesen. Diese Autoren vermitteln sowohl die diesbezüglichen physiologischen Grundlagen als auch eine praktische Anleitung.

Eine empfehlenswerte **automatische Falle zum Ködern** von Nachtschmetterlingen mit vergorenem Bienenhonig entwickelte ZOERNER (1971 u. 1972). Sie lässt sich prinzipiell für alle chemisch anlockbaren flugfähigen Insekten verwenden. Mehrere Zeichnungen erläutern den Aufbau des relativ einfach herstellbaren Gerätes. Über seine Erfahrungen mit dieser Köderfalle berichtete ZOERNER (1976).

Bekannt ist die Tatsache, dass sich einige Arten mit stark riechendem Weichkäse ködern lassen (**Käseköder**). Das gilt beispielsweise für Schillerfalter und Eisvögel, aber auch für eine Reihe tropischer Falter, die üblicherweise Feuchtigkeit und Mineralien aus tierischen Exkrementen aufnehmen. Dazu legt man ein oder mehrere Stücken Käse an Waldrändern oder sonnigen Waldwegen ab. Die sonst eher scheuen Tiere lassen sich recht leicht fangen, wenn man über den Käse etwas Rum gießt.

Eine gebräuchliche **Falle zum Fang von Tagfaltern** besteht aus einem zylinderförmigen Gazekäfig von ca. 30 cm Durchmesser und einer Höhe von etwa 50 cm, der unten offen ist (siehe ▶ **Abb. 122**). Gute Dienste leistet ein feinmaschiger Setzkescher, aus dem der Boden herausgeschnitten wird. Unterhalb der Öffnung wird ein Brett mit drei Schnüren in einem Abstand von etwa 6 cm angebracht. Darauf stellt man eine Schale mit Stoff oder Wollfäden die mit einer zuckerhaltigen Köderlösung getränkt sind. Die Konstruktion wird senkrecht in die Vegetation gehängt und zwar in einer Höhe, die von den Schmetterlingen beflogen wird. Die Falter gelangen auf der Suche nach

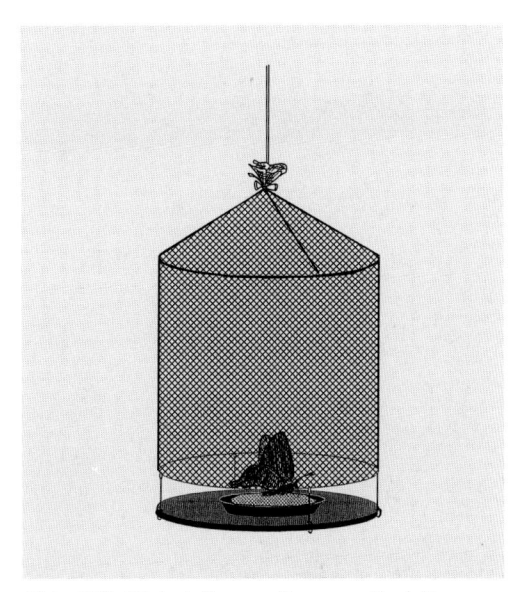

**Abb. 122** Köderfalle zum Fang von Tagfaltern.

Nahrung durch die Öffnung an den Köder. Wenn sie nun auffliegen, streben sie nach oben und gelangen nicht mehr nach draußen. Diese Falle ist möglichst täglich zu kontrollieren.

## Präparation von Makrolepidopteren

Nach dem Tode nehmen die Flügel der Falter meist die übliche Ruhelage ein. Sie sind also entweder nach oben zusammengeklappt oder bedecken dachförmig das Abdomen. In beiden Fällen sind die zur Bestimmung erforderliche Flügelzeichnung und die Aderung nicht vollständig sichtbar. Aus diesem Grund ist es notwendig, für wissenschaftliche Sammlungen vorgesehene Falter mit ausgebreiteten Flügeln zu **spannen**. Da man dies in recht unterschiedlicher Art und Weise tun kann, hat sich vor allem aus ästhetischen Gründen eingebürgert, alle Falter in bestimmter Form zu nadeln und in symmetrischer Flügelhaltung einheitlich zu spannen. Man präpariere Lepidopteren möglichst in frischem Zustand, denn getrocknete und dann wieder aufgeweichte Tütenfalter lassen sich schwerer nadeln und spannen.

Zum Spannen von Makrolepidopteren werden Insektennadeln verschiedener Stärken, Spannadeln mit Glasköpfen, am besten verstellbare Spannbretter, durchsichtige Spann- und Deckstreifen

**Abb. 123** Spannbretter für Makrolepidopteren. a) Schnitt durch ein Spannbrett zur Demonstration der Schaumstoff- oder Torfeinlage unter der Körperrinne, b) Spannbrett, feststehende Ausführung, c) Spannbrett mit verstellbarer Körperrinne.

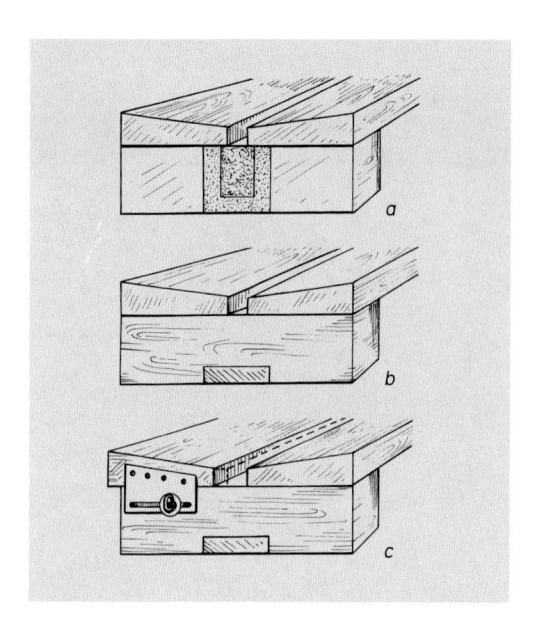

verschiedener Breiten und ein Präparierbesteck benötigt. Diese Artikel führt jedes entomologische Fachgeschäft.

Die in der Regel 30 cm langen Spannbretter sollten aus astfreiem Linden- oder Pappelholz angefertigt sein. Bei den feststehenden Ausführungen steigt mit der Rillenbreite für den Körper, die minimal 3 mm und maximal 12 mm beträgt, die Größe der Flügelauflagefläche. Die verstellbaren Spannbretter werden der Körperbreite einer Falterserie jeweils angepasst. Die verschiedenen Formen und den Aufbau von Spannbrettern zeigt ▶ **Abb. 123**. Wenn die Flügelauflageflächen eines Spannbrettes nach häufigem Gebrauch rau geworden sind, glätte man sie mit feinem Sandpapier.

Grundsätzlich sollten alle im Giftglas getöteten Falter erst gespannt werden, wenn sie 24 Stunden unter einer Aufweichschale gesteckt haben. Um **ausgetrocknete Tütenfalter** wieder in einen spannfähigen Zustand zu versetzen, bedarf es einiger Kniffe. Als besonders effektiv hat sich dabei folgendes Verfahren erwiesen. In ein abdeckbares Gefäß wird kochendes Wasser gegossen, worauf man ein Styroporplatte schwimmen lässt. Auf diese Platte werden die getrockneten Falter gelegt oder, falls sie schon genadelt sind, gesteckt. Anschließend ist das Gefäß abzudecken. Es ist wichtig, dass dieses Behältnis schräg gestellt wird, damit das sich am Deckel bildende Kondenswasser entlang der Neigung abfließen kann und nicht auf die Tiere tropft. Wird in drei- bis fünfstündigen Abständen diese Prozedur etwa dreimal wiederholt, so sind die Falter dann schon spannweich. Günstig ist hierbei die Zugabe von einigen Millilitern Alkohol, das aus dem heißen Wasser schnell verdampft und in die getrockneten Tiere einzieht, dabei das Wasser mittransportiert. Bei größeren Exemplaren kann man außerdem etwas heißes Wasser in den Thorax injizieren, ohne dabei jedoch die Tiere zu befeuchten. Nach SKELL (1941) kann man den aufgeweichten Tütenfalter erst dadurch wieder richtig spannfähig machen, dass man ihm auf beiden Körperseiten dicht unter den beiden Flügelwurzeln des Vorder- und Hinterflügels mit einem scharfen, feinen Messer je einen kräftigen und tiefen Einschnitt beibringt (vgl. ▶ **Abb. 124**). Diese beiden Einschnitte lösen beim richtig aufgeweichten Falter sofort die panzerartige Verspannung des zusammengepressten und erstarrten Vorderleibes, machen die Flügel in ihrer Wurzel wieder frei nach unten und vorn beweglich und ergeben sogar in den meisten Fällen eine sich selbst wieder einstellende normale Rückenbreite. Statt des Messers eignet sich auch eine scharf geschliffene Lanzettnadel oder eine größere Injektionskanüle. Begreiflicherweise bedarf es am Anfang einer gewissen Übung und Geschicklichkeit, diese Schnitte richtig zu setzen und auszuführen. Von Vorteil ist es dabei, die Einschnitte unmittelbar vor dem Spannen mit nicht zu rasch trocknendem Insektenleim auszufüllen, wodurch nicht nur das Abschließen des Einschnittes, sondern besonders auch ein Nachlassen bzw. Senken oder Ansteigen der Flügel nach dem Abnehmen vom Spannbrett und in späterer Zeit in der Sammlung unbedingt verhindert wird.

Die Anwendung des von DE LAJONQUIERE & BARAUD beschriebenen Aufweichverfahrens empfiehlt URBAHN (1960): Die trockenen Falter werden 1 bis 2 Tage lang auf feuchtem Sand vorsichtig angeweicht. Dann spritzt man ihnen mit feiner Injektionsnadel etwas Salmiakgeist (Ammoniaklösung) in die Brust, lässt die Flüssigkeit einige

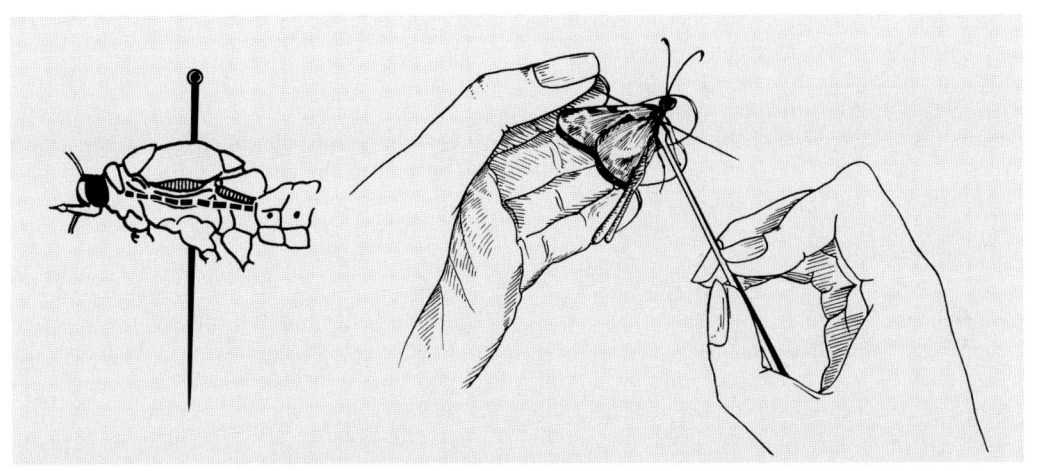

**Abb. 124** Links: Seitenansicht eines richtig genadelten Falters. Die schraffierten Regionen sind die Wurzeln der Vorder- und Hinterflügel. Die darunter befindliche punktierte Linie zeigt die Lage und Länge der Einschnittstelle für das Lösen der Flügel, großer, besonders starrer Tütenfalter nach Skell. Rechts: Beim Durchtrennen der Flugmuskulatur hält man den genagelten Falter mit der einen Hand, während mit der anderen Hand die Schnitte ausgeführt werden.

Stunden einwirken und kann dann jede Falterart verhältnismäßig leicht und gut durchweicht spannen. Entstehende Durchtränkungen von Leib oder Flügeln mit Ammoniak lassen beim Trocknen keine Spuren zurück, selbst bräunliche Verfärbungen bei manchen weißen Arten *(Parnassius, Melanargia)* verschwinden wieder. Dagegen sind die empfindlichen grünen Falter auch hierbei nur mit größter Vorsicht zu behandeln. Sie dürfen nur ganz kurz etwas angeweicht werden, das Ammoniak darf die Flügel und Körperteile nicht benetzen, aber bei genügender Geschicklichkeit sollte auch das Spannen dieser Falter gelingen.

Die empfindlichen **grünen Falter** werden nach Heydemann (1943) am besten wie folgt angeweicht: Man bildet auf dem feuchten Sand kleine, spitze Häufchen, steckt die Tiere so hinein, dass die Spitze dieser kleinen Sandpyramiden gerade den Thorax und die Gelenke der Flügelwurzeln berühren, und lässt sie so offen ohne Glasglocke stehen. Je nach Größe sind die Falter dann in 2 bis 8 Stunden spannfähig, wenn auch nicht so weich wie unter der Glocke aufgeweichte. Nach einer zusätzlichen Ammoniakinjektion lassen sie sich dann ohne große Umstände recht gut spannen.

Speziell das **Aufweichen von Bläulingen** führt Waller (1968) wie folgt durch: In das Weichgefäß werden unten 2 cm hoch Torf-Sägemehlbrei, darüber 2 cm zerkleinertes, ausgekochtes, trockenes Moos und darauf eine dünne Schicht Naphthalin und einige Tropfen Lysoform gegeben. Daraufhin die Falter auf die Moosschicht legen, das Gefäß mit Löschpapier abdecken und dieses mit einem Brett beschweren. Die nach 24 Stunden spannweichen Tiere können selbst 1 Woche schadlos darin verbleiben.

Um gefangene **Schmetterlinge spannfähig zu erhalten,** benutzt Hunzinger (1963) eine Plastikdose, in der auf feuchte Watte ein mit wasserabweisendem Kunstfasergewebe bespannter Rahmen aufgelegt wird. Legt man auf dieses Gewebe frisch getötete Insekten, bleiben sie monatelang frisch. Zur Schimmelverhütung wird Paradichlorbenzol beigefügt.

Mühl (1966) verwendet im Aufweichgefäß als Feuchtigkeitsträger Schaumgummi oder Viskoseschwamm von 2,5 cm Stärke. Schimmelbildung wird durch Zusatz einiger Tropfen Karbolwasser vermieden. (Karbolwasser ist eine 1- bis 3%ige wässrige Phenol-Lösung). Bei 20 bis 24 °C kann nach etwa 2 bis 3 Tagen mit dem Präparieren begonnen werden. Nach dem Öffnen der Weichdose sollte man die Falter nicht sofort spannen, sondern erst die Oberflächenfeuchtigkeit verdunsten lassen, da sonst die Farbschuppen leicht beschädigt werden können. Als sehr brauchbar hat sich anstelle des Schaumgummis für diesen Zweck auch Blumensteckmasse erwiesen.

Sehr gute Ergebnisse erhält man, wenn man anstelle des Wassers handelsübliches Fensterputzmittel in die feuchte Kammer gibt. So sind die Tiere nach 12 bis 24 Stunden spannweich. Eine längere Einwirkungszeit schadet im Allgemeinen nicht.

**Alkohol zum Aufweichen** von Insekten verwendete zuerst SEVASTOPULO (1937). Nach JURZITZA (1961) ist die Wirkungsweise dieser Methode folgende: Alkohol hat die Eigenschaft, trockene Insektenkörper sehr rasch zu benetzen und in sie einzudringen. Wenn man ihm 30 % Wasser beimengt, zieht er dieses mit und bringt es an die Stellen, an denen es seine Wirkung entfalten soll. Da der Alkohol beim Verdunsten nur noch 4 % Wasser mitnimmt, reichert sich dieses an und löst relativ schnell die Starre der Gelenke und Muskeln. Normalerweise wird das Verfahren jedoch nur zum Nachspannen von Schmetterlingsfühlern oder zum Korrigieren der Kopf- und Beinhaltung von Insekten verwendet. Eine Übersicht über gebräuchliche Aufweichverfahren gibt HÄNDEL (1993).

Aufgeweichte Tütenfalter neigen dazu, nach dem Spannen in getrocknetem Zustand ihre Flügellage zu verändern. Das Nachlassen der Spannung kann wie folgt verhütet werden: Man löst Gummitraganth in Wasser zu einer dickflüssigen Masse auf und setzt etwas Syndetikon (Fischleim) zu. An die Basis der gespannten Falterflügel wird beiderseits ein Tropfen Leim gebracht, möglichst dicht an den Körper, damit die Flügel nicht am Spannbrett festkleben. Der Leim trocknet unsichtbar ein. Vor allem nicht völlig trocken stehende Falter müssen so behandelt werden. Bei kleinen Arten kann man das Absinken der Flügel nach dem Trocknen durch Betupfen der Flügelbasis mit verdünntem Zaponlack (Nitrolack) verhindern.

Wie bereits betont, achte man darauf, dass die Schmetterlinge einheitlich gespannt werden. In seinen trefflichen Ausführungen nimmt SKELL (1941) wie folgt dazu Stellung: Die große Beweglichkeit der einzelnen Teile des 2. und 3. Körpersegments zueinander verlangt, grundsätzlich zu beachten, dass die Insektennadel nicht bloß genau senkrecht zur Körperlängsachse wie auch zur Querachse durchgestochen wird, sondern dass sie unter allen Umständen genau in der Mitte und Höhe des Mittelrückens eingeführt und genau zwischen dem zweiten Beinpaar bzw. dessen Hüftringen herausgeführt wird. Nur in diesem Fall weitet sich beim Spannen der Vorderflügel das zweite Vorderleibsegment vollkommen gleichmäßig auf beide Seiten aus; ebenso wird sich aber auch bei einigermaßen subtilem Vorgehen beim Hinaufziehen der Unterflügel das sie tragende dritte Vorderleibsegment gleichmäßig ebenso weiten und die breiten Hinterflügel nach links und rechts gleichweit hinaustreten lassen. Im gegenteiligen Fall, ganz besonders aber bei unrichtigen Nadeln, wird man immer wieder die Erfahrung machen, dass der linke oder der rechte Hinterflügel ungleich weit zur linken oder rechten hinteren Vorderflügelecke zu liegen kommt und damit der Schmetterling ein hässlich einseitiges oder schiefes Aussehen erhält.

Beim **Einstecken** des genadelten Falters **in die Körperrinne des Spannbrettes** muss die Nadel fest im Untergrund stecken. Besonders gewissenhaft ist zu beachten, dass die Flügelwurzelfläche niemals höher oder tiefer orientiert ist als die Fläche des Spannbrettes, sonst entsteht ein fehlerhafter Knick an der Flügelwurzel. Dann werden die Flügel mit einer Präpariernadel leicht angehoben, damit man die Vorderbeine kopfwärts und die übrigen Beinpaare an das Abdomen schieben kann. Das eigentliche Spannen geschieht auf folgende Weise: Die erforderlichen Spannstreifen werden an der vorderen Schmalseite parallel zur Rinne des Spannbrettes festgesteckt, so dass sie wenige Millimeter vom Kantenrand entfernt sind. Zuerst steckt man das rechte Flügelpaar des Falters vorläufig so fest, wie es auf dem Spannbrett liegt, indem der Spannstreifen straff angezogen und hinter dem Hinterflügel mit einer Spannadel befestigt wird. Danach nimmt man den linken Spannstreifen auf, setzt die spitze Präpariernadel nahe der Basis des Vorderflügels unterhalb der vorderen Mittelader ein und zieht ihn langsam nach vorn, den Hinterflügel ständig nachholend, wobei der Spannstreifen etwas angehoben wird. Die richtige Stellung des Vorderflügels ist dann erreicht, wenn der Hinterrand senkrecht zur Rinne des Spannbrettes steht. Der Hinterflügel ist dann in richtiger Position, wenn etwa vier Fünftel des Vorderrandes der Hinterflügel unter den Hinterrand der Vorderflügel geschoben worden sind. Falls auf diese Weise bei manchen Arten die Flügelzeichnung verdeckt wird, muss das in notwendigem Maße berücksichtigt werden. Sobald auch der Hinterflügel richtig liegt, wird er festgesteckt. Ist die linke Seite fertig gespannt, wird die rechte Seite in gleicher Weise behandelt (▶ **Abb. 125**).

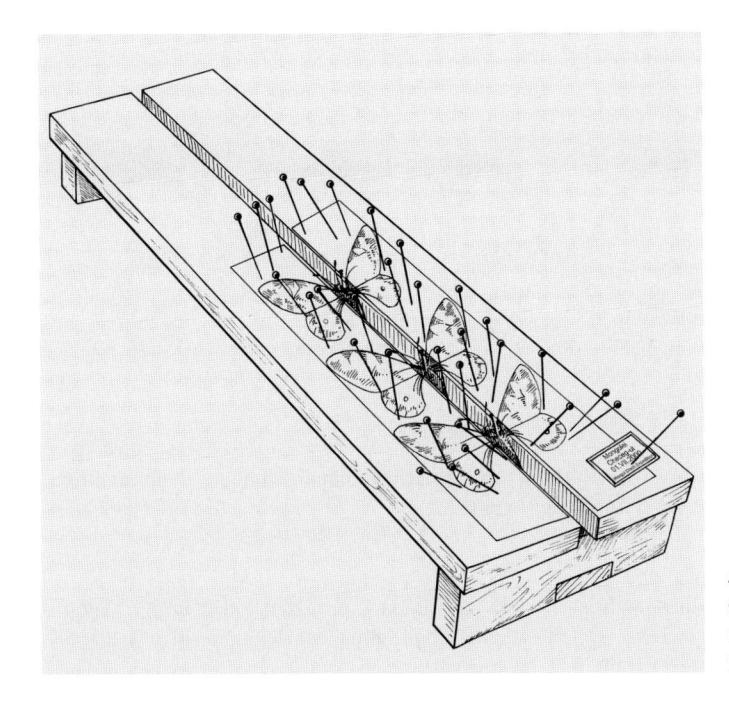

**Abb. 125** Spannbrett mit gespannten Faltern. Die Flügel müssen mit transparenten Spannstreifen überdeckt werden.

Es ist deshalb wichtig, zuerst die linke Seite zu spannen, damit man mit der Hand nicht über die Nadeln der rechten Seite operieren muss, um die linken Flügel zu bearbeiten. Ein Linkshänder sollte deshalb zunächst die rechte Seite präparieren.

Bei gut gespannten Lepidopteren muss das Abdomen die geradlinige Verlängerung des Thorax bilden. Das erreicht man durch Unterlage eines kleinen Wattepolsters und beiderseits daneben gesteckte Spannadeln. Falls der Hinterleib nach oben steht, wird er mit einer knieförmig gebogenen Nadel in die richtige Stellung gebracht. Ähnlich verfährt man mit dem Kopf und den Fühlern. Ist das Brett mit gespannten Faltern gefüllt, sollten die frei gebliebenen Flügelflächen unbedingt mit einem durchsichtigen Spannstreifen festgelegt werden, damit diese völlig faltenfrei trocknen.

Ein **Spannbrett mit Magneten** beschreibt FRITSCHE (1984). Die Flügelauflageflächen werden aus Styropor hergestellt und mit Blechstreifen versehen. Da diese auf dem Schaumstoff schlecht haften, muss erst Karton darunter geklebt werden, der sich besser mit dem Styropor verbindet. Die Flügel können durch Dauermagneten arretiert werden. Zur Vergrößerung der Spannfläche und zur Schonung der Flügel klebt FRITSCHE unter die Magneten durchsichtige Plastikplättchen (rechteckige oder dreieckige). Damit lassen sich Insektenflügel schnell spannen, aber auch Beine und Fühler können so bis zum Austrocknen fixiert werden.

Übrigens ist es ein grober Fehler, die trocken erscheinenden Falter schon nach wenigen Tagen vom Spannbrett zu nehmen. Mittelgroße Falter brauchen bei normaler Zimmertemperatur 6 bis 8 Wochen, ehe sie ohne die Gefahr einer nachträglichen Veränderung der Flügelhaltung in die Sammlung eingereiht werden können. Zum Trocknen größerer Mengen gespannter Falter empfiehlt sich die Anschaffung eines elektrischen Trockenschrankes. Bei 28 bis 30 °C trocknen die Falter in wesentlich kürzerer Zeit als bei Zimmertemperatur. Wie vom Spannbrett genommene, sammlungsfertig präparierte Falter aussehen sollten, zeigt ▶ **Abb. 126a**.

BRYK (1953) weist völlig berechtigt darauf hin, dass durch die übliche „Paradestellung" der Falter stets der vordere Teil des Hinterflügelvorderrandes oberseits und die Unterseite des hinteren Teils des Vorderflügels völlig verdeckt wird. Der Betrachter sieht deshalb nie, was für ein Zeichen- und Farbenmuster sich dahinter verbirgt. „Mit einem kleinen Kunstgriff, indem man die andere (rechte) Seite des Hinterflügels bei der Präparation auf den Vorderflügel legt, hat man dem Manko abgeholfen" (vgl.

**Abb. 125** Spannhaltung von Faltern. a) in der üblichen symmetrischen Flügelhaltung, b) in der von Bryk empfohlenen Stellung, Ansicht von oben, c) Ansicht von unten.

▶ **Abb. 126b + c**). Diese Methode konnte sich jedoch nicht durchsetzen.

Die **Klärung systematischer Fragen** erfordert zuweilen, das Flügelgeäder sichtbar zu machen. Nach Corti (1929) geht man dabei wie folgt vor:
1. Flügel in ein **Oxidationsbad** legen, bestehend aus gleichen Teilen reinen Acetons und 3- bis 5%iger wässriger Kaliumpermanganatlösung, 1 bis 12 Stunden, je nach dem gewünschten Grad der Aufhellung.
2. Wässrige Lösung von 5- bis 10%igem Natriumbisulfit anwenden zur Entfernung des Braunsteinbelages. Der Vorgang lässt sich durch Erwärmung beschleunigen. Der Flügel wird weiß mit dunklen Adern.
3. Wasserbad.
   Anmerkung: Duftschuppen entfärben sich nicht, sie bleiben schwarz.

Weniger aufwendig ist es, die Schuppen vollständig zu entfernen. Händel (1989) legt dazu ein am Thorax abgetrenntes Flügelpaar etwa 10 Minuten in Ethanol (70%ig) und überführt es danach in Wasser, dem etwas Entspannungsmittel beigegeben wird. Nach einiger Zeit werden die Flügel dem Wasserbad entnommen und auf glattes Papier gelegt. Mittels Pinzette und einem Stückchen Filz oder einfach mit der Fingerbeere wischt man, der Äderung vorsichtig folgend, die Schuppen ab. Nach dem Trocknen zwischen Fließpapier erfolgt die Aufbewahrung der Präparate in 6 × 6 cm Diarahmen. Sie können so in Diakästen aufbewahrt

und bei Bedarf projiziert oder in ein Vergrößerungsgerät eingelegt wie Negative behandelt werden.

## Präparation von Microlepidopteren

Prinzipiell werden Kleinschmetterlinge genauso gespannt wie große Arten, allerdings erfordern die zarten Tiere eine spezielle Behandlungstechnik. Zum Spannen benötigt der Sammler folgende Hilfsmittel: handelsübliche **Mikrospannbretter** mit einer Rillenbreite von 2 und 2,5 mm zum Gebrauch von Insektennadeln, ferner Mikrospannbretter für Minutienstifte mit 1,5 und 2,5 mm Rillenbreite. Zur besseren Handhabung der kleinen Spannbrettchen kann man eine Haltevorrichtung herstellen, deren Aufbau in ▶ **Abb. 127** dargestellt wird. Den Eigenbau von Spannbrettchen aus Mark beschreibt Arnold (1920) wie folgt: Im Winter schneidet man sich aus den dicken Exemplaren von *Verbascum thapsus*, der Wollblume, die Stängel 15 cm über dem Boden ab, schält das Holz streifenweise vom harten Mark ab und trocknet es einige Tage bei Zimmertemperatur. Die Markstängel haben eine Dicke von $1\frac{1}{2}$ bis 3 cm. Mit Messer, Feile und feinstem Schmirgelpapier fertigt man nun je nach der Dicke des Markes 1 cm breite und $1\frac{1}{2}$ cm lange bis 2 cm breite und 3 cm lange Brettchen mit paralleler Ober- und Unterseite an. Die Spannbrettchen-Oberseite, die sehr fein zugearbeitet und gleichmäßig geglättet sein muss, wird mit einem scharfen Federmesserchen hergestellt,

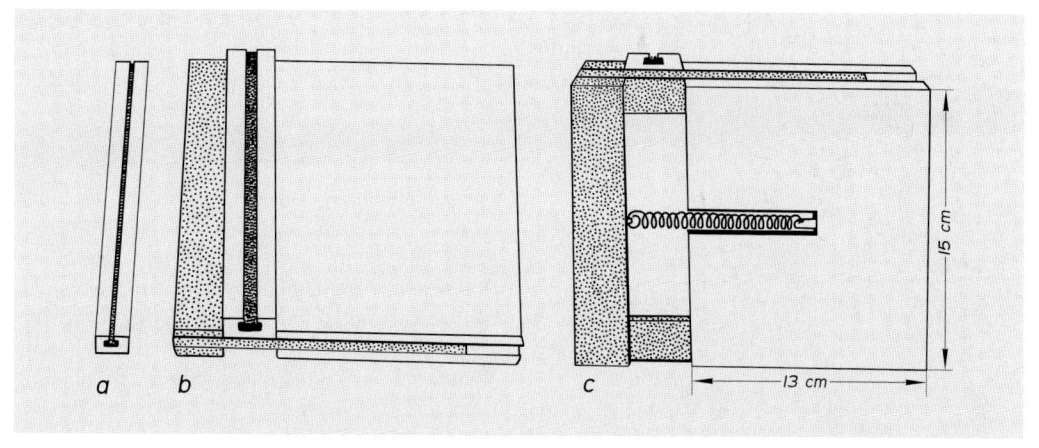

**Abb. 127** Haltevorrichtung für Mikrospannbretter. a) schmales Spannbrett, b) in die Haltevorrichtung eingespanntes breiteres Spannbrett, c) Ansicht der Haltevorrichtung von unten. Die beweglichen Teile der Haltevorrichtung sind punktiert dargestellt.

die entsprechend schmalere, breitere oder tiefere Rinne parallel eingeschnitten. Ist die Oberseite abgenützt, kann sie neu abgeschliffen und eingeschnitten werden. Weil die Minutienstifte beim Feststecken des Falters auf der Unterseite der nur 5 bis 15 mm dicken Markspannbrettchen austreten können, nadelt man das Spannbrettchen bei Benutzung auf einer etwa 6 cm langen und 4 cm breiten Korkplatte von ca. 8 mm Dicke fest, und zwar mit abgezwickten Stahlnadeln von der Seite her. Durch die Korkplatte geht in der Mitte ein kreisrundes Loch von 8 mm Durchmesser. Es dient zur Aufnahme des etwas vorstehenden Minutienstiftes, der natürlich über diesem Loch in die Spannrinne eingesteckt werden muss. Das kleine Spannbrettchen aus Wollblumenmark und die dazugehörigen Holz- oder Korkunterlagen können in aufeinander geheftetem Zustand beliebig gedreht werden, was die Präparation bedeutend erleichtert.

Ein Spannbrett, auf dem die Falter quer, nicht längs, gespannt werden, beschreibt Lewis (1965). Durch Verwendung von Plexiglasstreifen, die mit Einschnitten für die einzelnen Falter versehen sind, wird das Prinzip der elektrostatischen Anziehung ausgenutzt. Diese Methode ist besonders zum Spannen schmalflügeliger Mikros geeignet. Eine beachtliche Vereinfachung dieses Verfahrens bildet der Vorschlag von Eichler (1968), die Mikros auf etwa würfelzuckergroßen Klötzchen aus Schaumstoff (Styropor, Riplex etc.) in einer Haltevorrichtung zu spannen. Da sich auch diese Schaumstoffe durch geringe Reibung statisch aufladen, haften die Flügel leicht auf den Spannklötzchen und auch die Fühler bleiben meist in jeder gewünschten Stellung liegen.

Größere „Mikros" spießt man mit den dünnsten Insektennadeln und spannt sie wie Makrolepidopteren. Die kleinsten Formen werden dagegen mit 12 bis 15 mm langen Minutienstiften aus rostfreiem Stahl- oder Silberdraht genadelt, auf ein Klebeplättchen oder ein Schaumstoff- bzw. Pflanzenmarkklötzchen gesteckt und dann an eine stärkere Insektennadel montiert (▶ **Abb. 128**).

Zum **Nadeln und Spannen der Mikros** wird stets eine Lupe benötigt. Geeignet ist entweder eine Stativlupe mit beweglichem Spiralarm, eine Kopflupe oder noch besser ein Binokular. Der zu nadelnde Falter wird dorsal auf ein Mikrospannbrett gelegt und das spitze Ende der Minutiennadel mit einer anatomischen Pinzette senkrecht durch die Thoraxmitte gestochen. Der in der Körperrinne haftende Falter wird dann leicht angehoben, damit sich die Flügel ausbreiten lassen. Dazu eignet sich recht gut eine Schweinsborste, die man in einem Päpariernadelgriff befestigt. Durch leichtes Blasen heben sich die Flügel, so dass sie mit Hilfe der Borste oder der Minutiennadel unter den schmalen Spannstreifen ausgerichtet und danach festgesteckt werden können. Da Kleinschmetterlinge auch auf Reisen am besten bald nach dem Tode gespannt werden sollten, führen die entomologischen Handlungen **Mikrospannbrett-Tansport-**

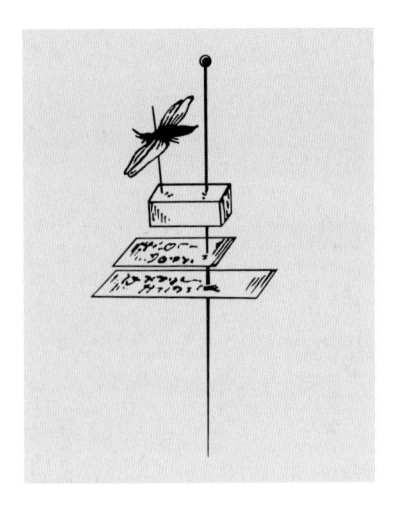

**Abb. 128** Mit Minutiennadel auf Schaumstoff- oder Pflanzenmarkklötzchen montierter Kleinschmetterling. Eine stärkere Insektennadel trägt das Klötzchen und die erforderlichen Etiketten.

**kästen,** in die sich je nach Größe mehrere Spannbretter einschieben lassen (siehe Koch 1961).

Die trockenen Mikros werden abgenadelt und mit einer geraden Pinzette vom Spannbrett gehoben. Das Insekt wird dann umgedreht, das Ende des Minutienstiftes in flüssigen Leim getupft und in ein vorgebohrtes Loch eines Auflebeplättchens gesteckt. Die Verleimung kann unterbleiben, wenn die Minutien in Mark- oder Schaumstoffklötzchen gesteckt werden (▶ **Abb. 128**). Obwohl zu diesen Manipulationen etwas Geschick gehört, ist die Technik leicht zu erlernen.

Spezielle Einzelheiten enthalten die Arbeiten von Hering (1893), Calmbach (1921), Tagestad (1974) und Robinson (1976).

### Anfertigung von Genitalpräparaten

In zunehmendem Maße wird zur Bestimmung von Lepidopteren die Genitalmorphologie herangezogen. Im Allgemeinen sind außer den üblichen Merkmalen die präparativ leichter zu bearbeitenden männlichen Genitalapparate in die Bestimmungsschlüssel aufgenommen. Es besteht kein Zweifel über den Wert der Genitalsystematik, doch sei davor gewarnt, sie ausschließlich zu betreiben.

Es ist allgemein üblich, von den Kopulationsorganen mikroskopische Präparate herzustellen. Dazu werden die letzten Hinterleibsegmente abgeschnitten, in Alkohol getränkt und je nach ihrer Beschaffenheit in 3- bis 10%iger Kalilauge mazeriert. Die erhalten gebliebenen Chitinteile werden in einen hohlgeschliffenen Objektträger gelegt und unter dem Binokular mit Hilfe einer Präpariernadel gesäubert und ausgebreitet. Nach der Präparation wäscht man die Objekte in Wasser aus, neutralisiert sie kurz in Essig, führt sie durch eine steigende Alkoholreihe in Xylen und bettet sie in Kanadabalsam ein. Eine derartige Behandlung kann in 24 Stunden abgeschlossen sein. Die Beschreibung der Sexualarmaturen und Einzelheiten über die Herstellung der Präparate entnehme man folgenden Arbeiten: Skell (1928), Hering (1931), Doux (1933), Albers (1934), Gotthardt (1934), Bytinski-Salz (1935), Jäckh (1951), Kevan (1952), Koch (1961), Birket-Smith (1959), Jordan (1963), Habeler (1966), Sattler (1973) sowie Weigt (1979) und Pühringer (1992).

Nachteilig wirkt sich bei derartigen Mikropräparaten aus, dass sie nur in der Lage betrachtet werden können, in der sie eingebettet wurden. Standfuss (1914) schlug wohl als erster vor, die männlichen Genitalapparate von Lepidopteren nicht einzubetten, sondern sie in einem flüssigen Medium aufzubewahren, damit sie einer allseitigen Betrachtung zugänglich bleiben. So kann man die Präparate in kleinen verkorkten Gläschen in Glycerol aufbewahren. Anstelle der Glasröhrchen haben sich kleine, 0,2 ml PCR-Tubes mit anhängendem Deckel sehr gut bewährt. Diese werden an der Nadel des zugehörigen Falters befestigt, indem man die Nadel durch die Deckellasche führt (▶ **Abb. 80**).

Einige Entomologen bevorzugen statt des reinen Glycerols ein Gemisch aus zwei Teilen 70%igen Alkohols und einem Teil Glycerol.

In letzter Zeit ist es auch bei Lepidopteren üblich geworden, das Genital auf einem durchsichtigen Aufklebeplättchen zu montieren, welches ebenfalls an der Nadel des Insekts befestigt wird. Dieses Verfahren ist jedoch mit einiger Skepsis zu betrachten, da sich beim Trocknen feine Strukturen des Präparates verziehen können, was die Gefahr einer Fehlinterpretation und -determinierung birgt.

## Restaurieren von Faltern

Jeder Faltersammler wird eines Tages feststellen, dass sich insbesondere unter seinen Nachtfaltern Exemplare befinden, deren Hinterleib, zuweilen auch die Flügel, ein dunkles Aussehen angenommen haben. Beim genaueren Hinsehen stellt sich heraus, dass die Tiere von innen heraus verfettet oder, wie es meist heißt, verölt sind. Mit der gleichen Überraschung muss der Sammler rechnen, wenn er längere Zeit gelagerte Tütenfalter präparieren will. Auf diese Weise unansehnlich gewordene Lepidopteren muss man baldigst **entfetten.**

Am gebräuchlichsten ist das Verfahren, den betroffenen Stücken den Hinterleib vorsichtig abzubrechen und jeden einzeln in ein entsprechend großes, mit einem Entfettungsmittel gefülltes Glas zu werfen. Man kann dazu Waschbenzin, Xylen, oder Diethylether verwenden. Gute Dienste leistet auch Nitroverdünnung. Wichtig ist es, die Gefäße zu verschließen und das Lösemittel so oft zu wechseln, bis es völlig farblos bleibt. Der Hinterleib wird nach dem Trocknen mit Insektenleim wieder an den Thorax geklebt. Falls dies bei großen Exemplaren Schwierigkeiten bereitet, zwickt man von einer Insektennadel den Kopf ab, steckt die Nadel zur Hälfte in das Abdomen und die andere Hälfte in den Thorax. Mit einem Tropfen Leim lassen sich die aneinander gedrückten Teile wieder dauerhaft verbinden.

**Gespannte Falter** können am sichersten im Ganzen entfettet werden, wenn man vor dem Einfüllen des Lösungsmittels auf den Boden des Glases ein Stück weiches Holz oder eine Korkplatte klemmt, auf die die Falter gesteckt werden. Man kann sie auch einfach in das Gefäß mit dem Lösungsmittel legen. Nachdem sie anfangs noch an der Oberfläche schwimmen, sinken sie bald zum Grunde. Nach einiger Zeit nimmt man die Objekte aus dem Bad, lässt sie auf einem Spannbrett gut abtrocknen und versucht dabei, die Körperhaare und die Behaarung des Flügelsaumes durch Betupfen mit einem weichen Pinsel wieder in die richtige Lage zu bringen. Da dies vor allem bei kleinen Faltern nicht immer gelingt, empfiehlt CRETSCHMAR (1950), wie folgt zu verfahren: „Auf ein Spannbrett, in dessen Rinne der Körper des zu behandelnden Falters möglichst knapp hineinpasst, legt man zu beiden Seiten der Rinne Glasscheiben, deren Ausmaß der Flügelfläche und Spannweite des Falters entspricht, d. h. diese etwas übertrifft. Für die meisten kleineren Arten eignen sich z. B. sehr gut die in der mikroskopischen Technik benutzten Objektträger sowie vor allem auch Deckgläschen des Formates 24 × 32 mm. Diese Scheibchen werden zunächst gründlich von etwaigen Fettspuren (Fingerabdrücke!) gesäubert, indem man sie mit einem Leinenläppchen abreibt, das mit reinem Lösungsmittel (Xylen, Benzin usw.) leicht angefeuchtet ist. Sodann legt man die Glasscheiben so auf das Spannbrett, dass zwischen ihnen nur die Rinnenbreite frei bleibt. Ferner stellt man sich ein kleines Gefäß mit frischem Lösungsmittel nebst einem Pinselchen griffbereit. Erst jetzt wird der Falter aus dem letzten Entfettungsbad herausgenommen und rasch so auf das Spannbrett gesteckt, dass die Flügel mit allen Rändern auf den Glasscheiben aufliegen. Meist haftet an den Flügeln noch so viel von dem Lösungsmittel, dass die Saumschuppen sich in der auf die Glasscheiben austretenden Flüssigkeitsschicht sofort in richtiger Anordnung ausbreiten. Sollte das nicht der Fall sein, so tropft man mit dem Pinsel zusätzlich etwas frisches Lösungsmittel auf die Flügelränder. Vor allem ist auch darauf zu achten, dass die Behaarung am Analrand der Hinterflügel sich auf dem Glas richtig ausbreitet und nicht am Innenrand des Flügels haften bleibt. Meist ist es dafür erforderlich, die Glasscheiben nach dem Aufstecken des Falters noch etwas dichter zusammenzuschieben, wobei natürlich die Flügel nirgends an den Scheiben haften dürfen, also reichlich mit Lösungsmittel betropft sein müssen. Haben sich alle Randschuppen und -haare auf den Glasscheiben in der richtigen Lage angeordnet, dann lässt man die Lösung völlig verdunsten und kann danach den Falter von den Glasscheiben abheben. Voraussetzung für die Anwendung des Verfahrens ist natürlich, dass die Flügel vorschriftsmäßig waagerecht präpariert, also vor allem nicht nach oben verzogen sind.

Bei zarten Faltern, aber auch z. B. bei den der Entfettungsprozedur bekanntlich oft bedürfenden Schilfeulen, kann es vorkommen, dass sich die Flügel nach der völligen Verdunstung des Lösungsmittels wohl durch die restlose Austrocknung etwas verbiegen. Dem lässt sich vorbeugen, indem man den Falter, sobald die Flügelsäume mit richtig gelagerten Fransen trocken geworden sind, von den Glasscheiben vorsichtig abhebt und für kurze Zeit unter die Weichglocke steckt, ohne es bis zum wirklichen Aufweichen kommen zu lassen. Noch sicherer ist natürlich längeres Belassen in der feuchten Luft der Weichglocke und neue Präparation, eine Arbeit, die man bei wertvolleren Stücken gewiss in Kauf nehmen wird."

Nach den Erfahrungen von ORTNER (1946) sollte man die in Diethylether entfetteten Exemplare mit geraspelten Meerschaumspänen trocknen, da sich nur diese unschwer von den Faltern entfernen lassen.

Nach dem Aufweichen fettig gewordener Falter bringt DE LATTIN (1952) diese erst 24 Stunden in 96%igen Alkohol, so dass sie nach dem Abtupfen auf Zellstoff direkt in Xylen übertragen werden können.

Am einfachsten und effektivsten ist es, die Falter über Nacht in das Lösemittel zu legen. Am folgenden Morgen nimmt man die Tiere aus der Flüssigkeit, lässt sie flüchtig abrinnen und bringt sie sofort in eine flache Schachtel mit feinstkörnigem Buchensägemehl. Die Falter werden so tief eingesteckt, dass die Flügel auf der Sägemehlschicht liegen, und dann mit weiterem Sägemehl eingestreut. Leichtes Klopfen gegen die Schachtel bewirkt, dass das Sägemehl sich dicht an die Tiere anlegt. Nach einigen Stunden wird das Sägemehl vorsichtig abgeschüttelt und die Falter durch Abblasen und mit Hilfe eines Pinsels völlig gereinigt. Um zu vermeiden, dass sich die Flügel der Falter verziehen, kann man auf dem Boden der Schachtel ein Spannbrett befestigen, worauf dann der Falter gelegt und mit Sägemehl überstreut wird. Auf gleiche Weise können auch alle anderen Insektenarten entfettet werden.

Veröltes Tütenmaterial sollte man vor dem Entfetten aufweichen und präparieren. Das ist zwar schwierig und erfordert besondere Geduld, da sich die Tiere während des Weichens oft mit Wasser vollsaugen und die Flügel aneinanderkleben. Haben die Falter aber erst einmal im Lösemittelbad gelegen, werden sie nie wieder richtig spannweich.

**Wasserflecken** an aufgeweichten Faltern lassen sich nach HEYDEMANN (1943) wie folgt entfernen: Man überstreut das Spannbrett mit Bolus und spannt die Falter zwischen weiße Fließ- oder Löschpapierstreifen, die man wiederum mit Bolus überstreut. Dann werden die Falter mehrmals mit einem Alkohol-Benzin-Gemisch zu gleichen Teilen übergossen, um die Flecken allmählich auszuziehen. Bei alten, schon gelblich gefärbten Flecken hilft dieses Verfahren allerdings nicht mehr.

Sofern Falter in Sammlungskästen zu feucht stehen, setzen sie meist sehr bald **Schimmel** an; diesen zu entfernen, ist eine schwierige Sache. Sie sollte eigentlich nur bei wertvollem Material versucht werden. Wieder beschaffbare Stücke nehme man einfach aus der Sammlung und ersetze sie durch frisch gespannte Exemplare. Das mühevolle Entfernen des Schimmels wird am besten mit Hilfe eines weichen Pinsels versucht, der mit einer alkoholischen Kampfer-Thymol-Lösung angefeuchtet ist, um das Myzel gleichzeitig abzutöten. Die Lösung setzt man wie folgt zusammen: 100 ml Alkohol 96%ig, 5 g Kampfer- und 10 g Thymolkristalle. OTTO (1920) stellt schimmelnde Falter in ein Gefäß mit verdunstetem Formalin. Der Schimmel wird mit einem Pinsel vorsichtig abgebürstet, sobald er völlig abgestorben ist. HEINZE (1988) benutzt zur Schimmelbekämpfung handelsübliches Fleckenwasser. Da diese Verfahren keinen Erfolg garantieren, darf auf vorbeugende Maßnahmen nicht verzichtet werden.

Besteht nicht die Möglichkeit, die gereinigten Falter unter günstigeren Bedingungen aufzubewahren, bleibt nichts anderes übrig, als die Insektenkästen vorübergehend innen mit Phenol-Lösung auszupinseln. Sofern verölte oder verschimmelte Falter mit Messingnadeln gespießt sind, setzen sie an den Berührungsstellen mit dem Thorax häufig Grünspan an, was häufig zum Abbrechen der Nadeln führt. Dieses Übel lässt sich nur durch **Umnadeln** der Exemplare auf Stahlnadeln beseitigen. Dazu müssen die Falter 1 bis 2 Tage angeweicht werden. Dann wird die Nadel oberhalb des Körpers mit einer Zange gefasst und der Falter mit Daumen und Zeigefinger der anderen Hand am Thorax unter den Flügelwurzeln festgehalten. Durch vorsichtiges Drehen der Nadel mit der Zange wird diese gelockert und anschließend herausgezogen. Oft ist es von Vorteil, die Nadel, nachdem sie gelockert wurde, oberhalb des Thorax abzukneifen und den Rest nach unten aus dem Falter herauszuziehen. Danach steckt man in das gleiche Loch eine etwas stärkere Nadel. Sie wird zuerst so weit durch den Thorax gedrückt, dass sich der Nadelkopf eben noch festhalten lässt, dann bringt man von unten an Thorax und Nadel einen Tropfen Leim und schiebt danach den Falter im richtigen Verhältnis auf die Nadel. Beim Umnadeln von altem Sammlungsmaterial ist zu bedenken, dass es früher oftmals üblich war, die Nadeln schräg durch den Thorax zu führen und dann ober-

und unterhalb des Körpers senkrecht zu biegen. In einem solchen Falle ist die Nadel erst wieder geradezubiegen, bevor sie entfernt werden kann.

Upton (1991) stellt eine Methode vor, mit Hilfe elektrischen Stroms alte Nadeln zu lösen.

Zuweilen ist es notwendig, **feucht konservierte größere Schmetterlinge** als Belegexemplar für faunistische Zwecke zu **trocknen.** Man nimmt solche Falter nach Malicky (1973) mit einer Pinzette aus dem Konservierungsmittel und überführt sie für mindestens 30 Minuten in 70%igen Alkohol. Danach werden sie herausgenommen und sofort genadelt. Schließlich folgt das Eintauchen für etwa 1 Minute in 96%igen Alkohol und nach dem Abtropfen ein ebenso langes Bad in chemisch reinem Toluol oder Xylen. Die herausgenommenen Falter trocknen dann unter vorsichtigem Anblasen in etwa 2 Minuten. Wenn sie trocken sind, werden sie wie üblich aufgeweicht und gespannt.

**Verstaubte Falter** lassen sich recht gut auf dem Spannbrett reinigen. Man streicht dazu die Flügel mit einem weichen Pinsel von der Wurzel zum Rand hin behutsam ab. Geeignet ist auch eine fein ausgezogene Pipette mit Schlauchmundstück zum Abblasen verstaubter Exemplare.

Werden beim Reinigen oder auf einem Transport Falter beschädigt, lassen sich diese auch wieder **reparieren.** Relativ leicht können Flügeleinrisse geklebt werden, indem man eine Nadel in gelösten Gummitraganth taucht und vorsichtig etwas davon in den Riss bringt. Zu derartigen Arbeiten gehört etwas Geschick. Man übe die Technik erst an weniger wertvollen Objekten, lasse sich jedoch beim Gelingen derartiger Arbeiten nicht dazu verleiten, Raritäten oder Zwitter anzufertigen (siehe Kotzsch 1943). Als Insekten-Reparaturleim eignet sich auch wasserunlöslicher Alleskleber auf Zelluloid- oder Kunstharzbasis, sofern dieser genügend mit Aceton oder Essigether verdünnt wird. Beim Reparieren tupft man möglichst wenig Leim mit einer Präpariernadel an die Bruchstelle und fügt mit einer Pinzette alsbald den abgebrochenen Körperteil entsprechend dagegen.

## Präparation von Entwicklungsstadien

Entwicklungsstadien werden für morphologische Zwecke meist als Feuchtpräparate, für biologische Sammlungen als Totalpräparate hergerichtet. Es ist darauf zu achten, dass keine schlaffen oder überfetteten Raupen, ebenso keine Exemplare im Vorpuppen- oder Häutungsstadium verwendet werden.

**Schmetterlingseier** kann der aufmerksame Sammler beim Ausnehmen von legereifen Weibchen oder auf pflanzlichen Unterlagen finden. Sie werden einzeln, in Reihen oder als Haufen abgelegt, es gibt jedoch auch Eiringe oder Eischwämme.

Frisch abgelegte Eier tötet man am besten in einem Giftglas ab. Danach werden die Eier einzeln mit einer Insektennadel angestochen, damit sie beim Einlegen in 70%igen Alkohol oder beim Trocknen nicht schrumpfen. Eigelege trocknet man entweder in einer Ofenröhre oder, falls vorhanden, 10 bis 20 Minuten in einem **Raupenofen** (▶ **Abb. 129**). Die getrockneten Eigelege werden mit ihrer Unterlage genadelt oder auf ein Stück Pappe geklebt und in die Sammlung eingereiht.

Sofern man geschrumpfte Eier im Abdomen getrockneter Falter findet, wird dieses nach Carayon (zit. in Jordan 1963) in ein Gemisch von Wasser und Essigsäure im Verhältnis 1:1 gebracht und fast bis zum Kochen erhitzt. So behandelte Eier lassen sich dann leicht aus dem Abdomen heraus präparieren.

Sollen **Raupen in einer Konservierungsflüssigkeit** aufbewahrt werden, ist folgende Vorbehandlung erforderlich: Vor dem Abtöten mit Essigether lässt man sie 1 bis 2 Tage fasten, denn ein prall gefüllter Darm beeinträchtigt die Farberhaltung sehr. Dann werden die Raupen je nach Größe $\frac{1}{2}$ bis 2 Minuten in sehr heißes, jedoch noch nicht siedendes Wasser gelegt. Nachdem das Wasser abgekühlt ist, führt man sie über eine steigende Alkoholreihe in 80%igen Alkohol zur Aufbewahrung. Günstiger auf die **Farberhaltung** wirkt sich folgende **Konservierungsflüssigkeit** aus: In 100 ml siedendem Wasser werden 10 g Kochsalz und 5 g pulverisiertes Alaun gelöst. Nach dem Abkühlen wird 1 g Phenol zugesetzt und die Flüssigkeit filtriert. Franssen (1930) wirft bis 3 cm lange Raupen lebend in ein Gemisch von 95%igem Alkohol und 75%iger Milchsäure zu gleichen Teilen. Selbst grüne Raupen behalten darin mehrere Jahre ihre natürliche Form und Farbe.

Eine Konservierungsflüssigkeit, in der sich grüne, gelbe, rosa, weiße und violette Farben 5 bis 6 Monate und dunkle Töne mehrere Jahre halten, erprobte Merzheyeskaya (1965). Die Flüssigkeit wird wie folgt hergestellt: 2 g Salicylsäure werden in 100 ml 96%igem Alkohol gelöst, gleichzeitig stellt man 100 ml einer 1%igen wässrigen Lösung

## Gliederfüßer (Arthropoda)

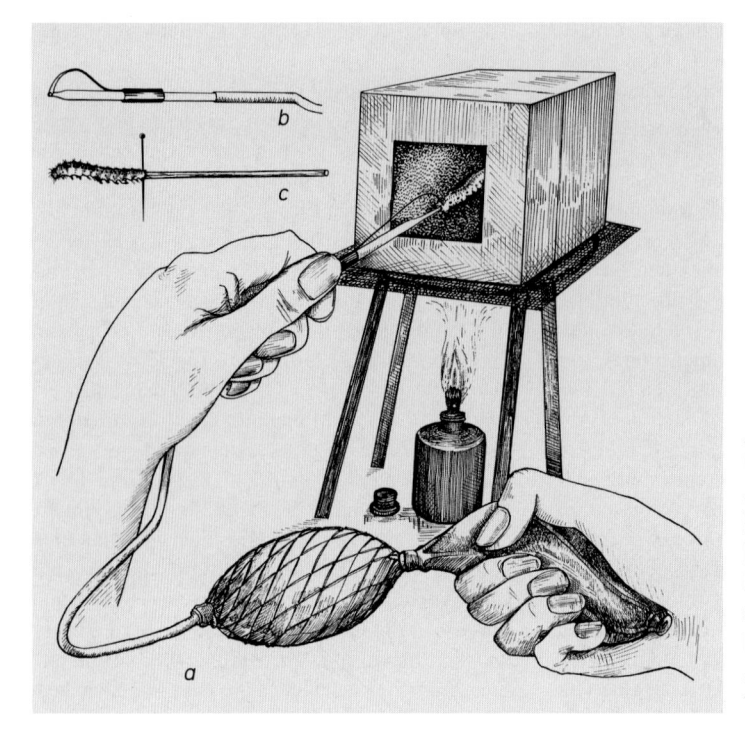

**Abb. 129** Anfertigung von Raupen-Trockenpräparaten. a) Trockenofen im Betrieb, b) in den Schlauch des Doppelgebläses gestecktes Pipettenrohr mit Federklemme, c) auf Strohhalm festgesteckte Raupe. Ggf. kann die Raupe auch auf einem Strohhalm trockengeblasen werden.

von chemisch reinem Kochsalz in Aqua dest. her. Nachdem beide Lösungen gemischt worden sind, gießt man die erst in 24 Stunden verwendungsfähige Flüssigkeit in ein dunkles Gefäß. Die lebenden Raupen werden dann in die Konservierungsflüssigkeit überführt und im Dunklen aufbewahrt.

Nach JOLIVET (1947/48) ist das **Einbetten von Raupen in Gelatine** eine weitere Möglichkeit. Die Arbeitsweise verläuft folgendermaßen:

1. Abtöten der einzubettenden Exemplare in heißem Wasser, bis die Leichenstarre eingetreten ist. Danach werden sie 24 bis 36 Stunden in folgende Fixierungsflüssigkeit gelegt: 20 Teile Wasser, 15 Teile 96%iger Alkohol, 6 Teile 40%iges Formol und 1 Teil Eisessig. Nach der Fixierung müssen die Objekte 12 Stunden fließend gewässert werden.
2. Um **Pflanzenmaterial mit Raupenfraß** zu konservieren, wird es 10 Minuten lang in eine gesättigte Kupfervitriollösung (= Kupfersulfatlösung) getaucht und danach für 3 bis 7 Tage in Formollösung (1:9) behandelt.
3. Um Luftblasen vor dem Einlegen aus den Objekten zu entfernen, taucht man sie für 2 bis 3 Minuten in Gelatine gleicher Zusammensetzung, wie sie zum Einbetten verwendet wird.
4. Das **Medium zum Einbetten** besteht aus 100 g Wasser, 10 g extra feiner Gelatine und 2 g Chloralhydrat. Anstelle von Chloralhydrat können auch Borsäurekristalle verwendet werden. Die Gelatine lässt man 15 bis 20 Minuten quellen, dann wird unter kräftigem Umrühren als Antiseptikum Chloralhydrat bzw. Borsäure hinzugefügt, um Schimmelbildung zu vermeiden. Die Mischung wird etwa 20 Minuten lang in einem Wasserbad auf 70 °C gehalten und dann durch mit warmem Wasser angefeuchtete Watte filtriert. Dieses Einbettungsmedium muss verschlossen aufbewahrt werden.
5. Vor dem Einbetten werden die Präparatengläser mindestens 3 Minuten ausgekocht oder am besten sterilisiert.
6. Das Einbettungsmedium wird wie beschrieben erhitzt und davon so viel in das Präparateglas gegossen, dass noch Raum für das einzulegende Exemplar bleibt. Mit einem Tropfenzähler werden vor dem Verschließen auf je 100 ml Medium 2 Tropfen Formol gebracht.
7. Vor dem Abkühlen der Gelatine in kaltem Wasser wird das Objekt orientiert. Erst nach 24 Stunden verschließt man das Präparateglas.

Am gebräuchlichsten ist die **Herstellung von Trockenpräparaten** im Raupenofen (▶ **Abb. 129**). Man benötigt dazu ein Doppelgebläse aus Gummi, wie es in Sanitätsgeschäften erhältlich ist, Pipettenröhrchen verschiedener Stärken mit Federklammern (vgl. ▶ **Abb. 129b**). eine Blechschachtel, ein Stativ und eine Heizquelle (Spiritusbrenner, Gasflamme oder elektrischer Kocher). Einfacher als ein solcher Raupenofen aus Blech ist die Verwendung eines Rundkolbens in einem Klemmstativ (▶ **Abb. 130**)

Die eingesammelten Raupen werden in einem Giftglas abgetötet und danach auf glattes Filtrier- oder Löschpapier gelegt. Mit Hilfe eines runden Glas- oder Kunststoffstabes drückt man erst am After, dann von der Körpermitte und schließlich vom Kopf aus den Darm samt Inhalt vorsichtig aus der Raupenhaut. Sobald die Raupe völlig entleert ist, wird der Darm hinter der Afterklappe abgeschnitten. Damit sich die Hautmuskulatur wieder etwas kontrahiert, bleibt die entleerte Raupe etwa 10 Minuten liegen. Während dieser Zeit wärmt man den Raupenofen an und reibt die Spitze des Pipettenrohres gut mit Glycerol ein. Dann wird die Spitze des Blasrohres 2 bis 3 mm weit in die Afteröffnung eingeführt und die Federklemme auf das letzte Segment gesetzt. Der versuchsweise außerhalb des Ofens aufgeblähte Raupenbalg wird dann in den Ofen gehalten. Dabei muss ständig etwas Luft durch den Balg strömen, was sich mit dem Gebläse leicht erreichen lässt. Keinesfalls dürfen die Häute wie Wurstdärme aufgebläht oder zu lange getrocknet werden. Das richtige Maß zu finden, ist Übungssache!

Beim Abnehmen der Raupe wird die Federklammer angehoben und das Röhrchen unter vorsichtigem Drehen aus dem After gezogen. Falls die Haut zu fest angeklebt ist, tropfe man etwas 70%igen Alkohol auf die Afterklappe der Raupe. Die fertig getrockneten Stücke werden entweder auf einen dünnen, mit etwas Leim bestrichenen trocknen Grashalm geschoben und durch das etwa 5 mm herausragende Ende genadelt, oder man klebt sie auf präparierte Stücke der Futterpflanze. Die genadelten Raupen werden gewöhnlich in die systematische Sammlung gesteckt und die aufgeklebten zur Ausstattung von Entwicklungs- oder Schädlingsbiologien verwendet.

Der Einfachheit halber kann man auch auf die Pipette verzichten und nach dem Ausdrücken der Raupe sofort einen Gras- oder Strohhalm einführen. Durch diesen kann man dann die Raupenhaut mit dem Mund aufblasen, während das Präparat im Raupenofen unter Drehen getrocknet wird.

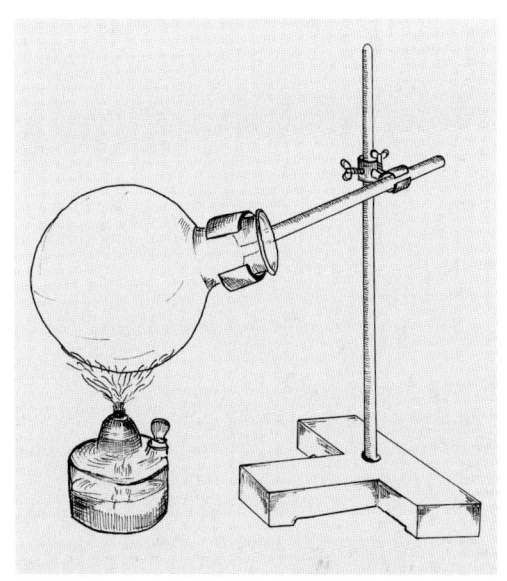

**Abb. 130** Als Alternative zum Trockenofen (▶ **Abb. 129**) kann auch ein Rundkolben zur Herstellung von Raupen-Trockenpräparaten verwendet werden.

Besonders schwierig lassen sich stark behaarte Raupen behandeln. Vorteilhaft ist es, die Raupen vor dem Ausdrücken in einen erschlafften Zustand zu versetzen. Man bringt sie dazu einige Zeit in eine Temperatur von 0 °C. Die so vorbehandelten Raupen werden am besten zwischen Fließpapier gelegt und langsam mit dem Zeigefinger ausgedrückt, damit die Haare trocken bleiben. Das Trocknen muss bei mäßiger Wärme erfolgen, sonst deformieren sich die Haare sehr leicht.

Wer in den Tropen Raupen als Trockenpräparate herrichten möchte, kann sich nicht auf ein aus klimatischen Bedingungen leicht unbrauchbar werdendes Gummigebläse verlassen, sondern versehe sich mit der von MILLER (1935) beschriebenen und abgebildeten Metallpumpe.

Wem der diesbezügliche technische Aufwand zu groß ist, kann ausgerollte Raupen auch mit der von BREINL beschriebenen **Acetonmethode** (siehe Seite 256 f.) präparieren.

Neben der Herstellung hohler Trockenpräparate, die hinsichtlich ihrer Gestalt oft nicht ganz befriedigen können, besteht die Möglichkeit, Raupen-

## Gliederfüßer (Arthropoda)

häute mit geeigneten Stoffen zu füllen. COLE (1930) gibt Rezepte zur **Injektion** von Kollodium, Formalin und Zelluloid in Aceton gelöst, wobei die Eingeweide erhalten bleiben. Nach Entfernen der Eingeweide können Raupen mit Paraffin, Formalin mit Gips gemischt oder Zelluloid in Aceton gelöst ausgegossen werden. Die Entfärbung der Objekte lässt sich jedoch mit keiner der angeführten Methoden verhindern.

Ansprechende Ergebnisse erzielt man mit folgender, von JOHN (1952) beschriebenen Arbeitsweise: „Die Raupe wird, wie vor dem Blasen, vorsichtig entleert und dann mit einer Masse bestimmter Zusammensetzung gefüllt. An Material wird benötigt: 1 Injektionsspritze mit dicker Hohlnadel (10 ccm Inh.), chemisch reines Glyzerin, weiße Gelatine, Schlämmkreide, Borax, Präpariernadeln, Torf. Die Hohlnadel wird mittels einer scharfen Feile auf die Länge von 2 bis 3 cm gekürzt, schräg zugespitzt und vorn sanft abgerundet. Die Gelatine wird kurze Zeit in Wasser geweicht, etwas an der Luft getrocknet, um überflüssiges Wasser zu entfernen, und im Wasserbade geschmolzen. Etwa $\frac{1}{3}$ Glyzerin wird warm hinzugerührt und etwas Borax hinzugetan, um späteres Faulen zu verhindern. Unter stetem Rühren erhitzt man die Mischung noch etwa 10 Minuten, um möglichst alles Wasser abdampfen zu lassen, und hat dann eine nach dem Erkalten halbstarre Glyzerin-Gelatine-Lösung, die in einer gut geschlossenen Flasche aufbewahrt werden kann. Die Schlämmkreide wird zwischen Zeitungspapier mit einem Hammer geklopft, bis sie pulverförmig ist. In einem Topf wird jetzt die Glyzerinlösung erwärmt, teelöffelweise Kreide zugesetzt und mit einem Hölzchen glatt verrührt. Die Masse muss eine gewisse Zähigkeit und geringes Klebevermögen besitzen, wenn sie richtig bereitet ist. Man überzeugt sich von ihrer Brauchbarkeit, indem man das Ansatzstück der Injektionsspritze hineinhält und vorsichtig anzieht. Folgt die Masse allzu leicht, so ist sie zu dünn und muss durch Kreidezusatz gefestigt werden. Nach Aufsatz der Hohlnadel muss sie sich in einem dünnen Streifen herausdrücken lassen. Die Masse erkaltet schnell, ist dann leicht brüchig und gestattet, vorkommende Beschmutzungen der Raupenhaut zu entfernen. Nach einem Tage ist sie sehr fest und zäh geworden, ohne an Volumen eingebüßt zu haben. Sie ist jetzt für starkbehaarte, sehr dunkle und gewisse graue und weißliche Raupen gebrauchsfertig. Für grüne, gelbe und sehr zarthäutige, andersfarbige Raupen bedarf sie eines Farbenzusatzes. Hierfür kommen nur Erd- oder Metallfarben in Frage, da Anilinfarben sofort durchschlagen. Geeignet sind Chromgelb, Bergblau, Casselerbraun usw., die als Farbpulver in Drogerien erhältlich sind. Diese Pulver werden warm in die Masse verrührt. Es empfiehlt sich, ein gewisses Quantum Masse jeder Farbe zu bereiten und aufzubewahren, da die Masse jahrelang immer wieder zu benutzen ist.

Zur Präparation selbst ist folgendes zu sagen: Es ist praktisch, jedesmal 20 bis 30 Raupen einer Art zu präparieren. Die Abtötung erfolgt eine halbe Stunde vorher im Tötungsglase. Mit einem runden Hölzchen wird nun der Leibesinhalt in bekannter Weise entfernt, doch muss man sich hüten, durch zu starken Druck die Pigmentierung der Haut zu zerstören. Raupen mit brüchigen Haarbüscheln werden auf der Seite liegend ausgedrückt. In dieser Art bereitet man die getöteten Raupen vor, deren Häute dann kleine zusammengeschrumpfte Klümpchen bilden. Nun wird die Masse im Wasserbade erwärmt und darin belassen, um zu schnelle Abkühlung zu vermeiden. Der Kolben der Spritze wird vor dem Gebrauch geölt, um ein Kleben zu verhindern, und 5 bis 6 ccm Masse wird nun eingezogen. Mit einem Lappen säubere ich das Mundstück, setze die Hohlnadel auf und ziehe die Raupenhaut über. Dabei drücke man mit zwei Fingern der linken Hand die Afterklappen an die Nadel, um Beschmutzung zu vermeiden. Die Raupenhaut dehnt sich nun unter dem Füllungsdruck und ich fülle ziemlich prall bis zum letzten Hinterleibsglied, das ich leer lasse. Dann ziehe ich vorsichtig die Nadel heraus und setze die Raupe auf ein Stück Torf. Die noch flüssige Masse quillt nun in den letzten Ring, deren Afterklappen ich durch eine dagegengesteckte Nadel schließe. In dieser Art fülle ich soviel Raupen, wie Inhalt in der Spritze ist, säubere die Spritze durch mehrfaches Einziehen und Ausspritzen von heißem Wasser und montiere die Raupen. Ich hebe und ordne mit einer bereitgehaltenen Nadel die Füße, setze die Raupen auf vorbereitete kleine Zweige und bringe sie durch seitlich, vor und dahinter gesteckte Nadeln in die gewünschte Stellung. Dann fülle ich die nächsten Raupen bis ich fertig bin, indem ich jedesmal 4 bis 6 Raupen vornehme, die Spritze säubere und die Tiere sogleich auf den für sie bestimmten Zweig setze. Am folgenden Tage durchsteche ich die Raupen an zwei Stellen mit

Insektennadeln und befestige sie damit am Zweige. Die Nadeln kneife ich dicht an der Haut mit einer scharfen Zange ab und lasse durch leichten seitlichen Fingerdruck oder sanftes Emporheben den Nadelrest unter der Haut verschwinden. Die Raupen sind jetzt fertig präpariert und können in die Sammlung gesteckt werden. Auch gestorbene oder angestochene Exemplare können noch sehr gut verwendet werden. Die Beschreibung dieses Verfahrens ist zweifellos umständlicher als seine Ausführung, wenn die Mittel in geeigneter Weise vorbereitet sind."

Große, sehr **stark behaarte Raupen** paraffiniert man am besten nach dem von SAVINSKI (1953) beschriebenen Verfahren: Die abgetöteten Exemplare müssen gründlich mit pulverisiertem Kolophonium eingestreut und dann mit alkoholischer Kolophoniumlösung übersprüht werden. Nach dem Festwerden dieser Harzhülle wird die Raupe unterseits aufgeschnitten und der Darm nebst Muskulatur entfernt. Durch mehrmaliges Einstreuen von Kochsalz entwässert man die Haut und bringt die ausgetrocknete Raupe in ein Benzin- oder Etherbad, um die Formschicht aufzulösen. Die von ihrer Hülle befreite Haut wird zuletzt in einem Paraffinbad durchtränkt. Festigkeit erhält die paraffinierte Haut nach dem Ausfüllen mit Gips, der mit Tischlerleim angerührt wird. Bei dieser Behandlung bleiben vor allem die roten und dunklen Pigmentbildungen erhalten.

Einschlägige Angaben über die Behandlung bestimmter Raupenarten enthalten die Arbeiten von BELLINGER (1954), PURI & PRASAD 1957), HOUYEZ (1959) sowie MC FARLAND (1965).

Im Gegensatz zu vorstehenden Methoden, die mit relativ geringem Aufwand durchführbar sind, verlangt die wesentlich bessere Präparate liefernde **Gefriertrocknung** von Raupen eine apparative Ausrüstung; die in der Regel nur in Institutionen vorhanden ist. Einzelheiten über das Töten der Raupen, das Einfrieren in der Tiefkühltruhe und das Trocknen im Vakuum beschreiben NIPPE (1963) und KLEMSTEIN (1966).

Lebende **Puppen** werden zur Präparation im Giftglas getötet und dann in Alkohol gelegt oder getrocknet. Große Puppen nadelt man direkt, kleine werden auf Kartonplättchen geklebt. Sind die Puppen von einem Kokon umgeben, wird dieser angeschnitten, um die Lage der Puppe in ihm zu demonstrieren.

Da es auch eine ganze Reihe von Puppen gibt, die sich bei dieser Behandlung verfärben oder einschrumpfen, empfiehlt SCHAMS (1957), die Puppenhüllen besser wie folgt zu präparieren: Vor dem Schlüpfen wird die Puppe in ein Glas gelegt, damit kein Teil der gesprengten Hülle verlorengeht. Beim Ausschlüpfen sprengt der Falter die Kappe (Flügelstücke) und das Bruststück der Puppe ab, der übrige Teil bleibt unversehrt. Dieser Teil wird baldigst nach dem Schlüpfen mit fein geschnittener Watte ausgefüllt, dass die ursprüngliche Gestalt der Puppe wieder voll in Erscheinung tritt und die Puppenringe sich runden. Dann werden die abgesprengten Teile sauber wieder aufgeklebt. Auf diese Weise besitzt man Falter und Puppe und kann sie auch mit der Geschlechtsangabe versehen.

Es gibt eine Anzahl von **Puppen mit leicht vergänglicher goldener Färbung** oder Fleckenzeichnung. Diese lässt sich nur in der von SEVASTOPULO (1937) erprobten Flüssigkeit, bestehend aus einer gesättigten Lösung von Quecksilberbichlorid (= Sublimat) in Wasser und der gleichen Menge 95%igem Alkohol konservieren. Besonders schön hält sich die Färbung der brillant goldgefleckten Puppe von *Aglais urticae* L. In dieser Flüssigkeit können alle metallisch glänzenden Puppen konserviert werden.

!  Auch an dieser Stelle muss jedoch noch einmal auf die extreme Giftigkeit von Sublimat hingewiesen werden. Dieses Verfahren sollte nur in Ausnahmen angewendet werden und auch nur, wenn ein späterer Kontakt mit den Präparaten weitgehend ausgeschlossen werden kann.

### Einrichten von Sammlungen

Bezüglich der Einrichtung von Faltersammlungen gilt sinngemäß das bereits im vorangehenden Abschnitt auf Seite 192 ff. angeführte. Falter für Schausammlungen oder Demonstrationszwecke werden in übersichtlicher Gliederung einzeln oder paarweise in die Insektenkästen gesteckt. Falterserien, wie sie für systematische oder geographische Sammlungen erforderlich sind, gruppiert man, um Platz zu sparen, überlappend (vgl. ▶ Abb. 131). Spezielle Einzelheiten entnehme man den Arbeiten von FORSTER (1954) und BOURGOGNE (1955).

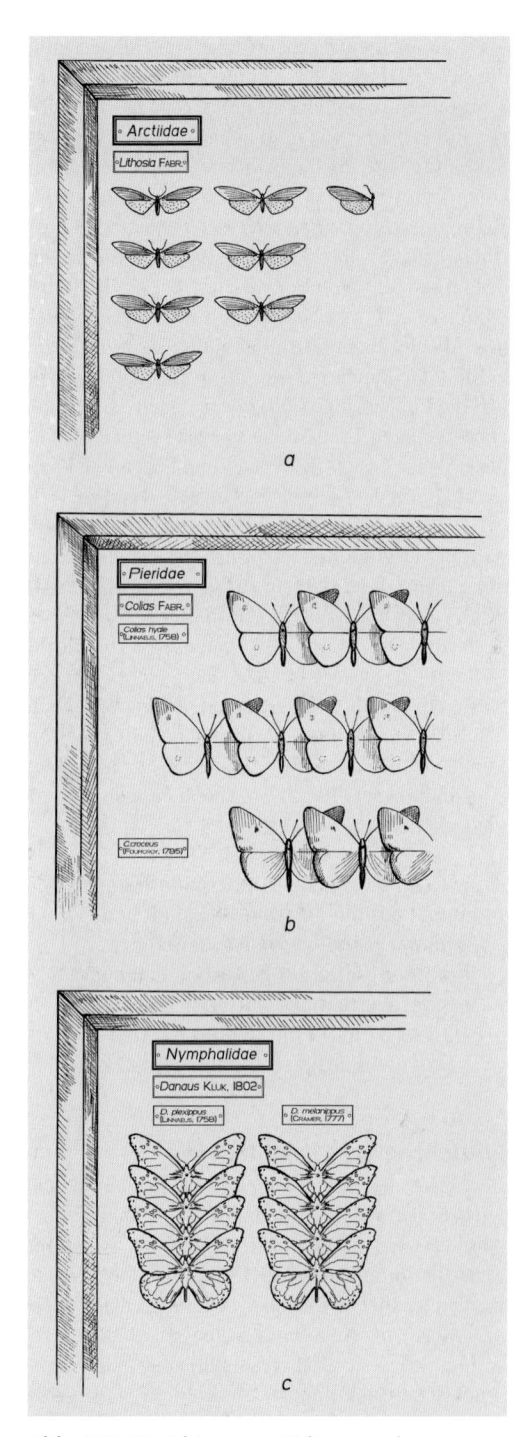

**Abb. 131** Einrichtung von Faltersammlungen. a) Insektenkasten für Schauzwecke, b) + c) übereinander gesteckte Falterserien einer wissenschaftlichen Sammlung.

## Hautflügler (Hymenoptera)

Zu den Hautflüglern gehören winzig kleine bis große, 0,2 mm bis 5 cm lange Arten. Es sind meist robuste, seltener schlanke holometabole Insekten mit beißenden oder leckend-saugenden Mundwerkzeugen und zwei häutigen, meist glasartig durchscheinenden Flügelpaaren.

### Allgemeine Sammeltechnik

Die Hauptsammelmethode ist der Einzelfang. Als Fangnetz wird ein gewöhnlicher Insektenkescher benutzt.

Werden auf Expeditionen größere Mengen von Hautflüglern gefangen, ist es vorteilhaft, stark behaarte Exemplare, insbesondere Hummeln, nicht unmittelbar abzutöten, sondern so lange lebend aufzubewahren, bis ihre Präparation möglich ist. Die im Netz befindlichen Tiere werden am besten mit einer stumpfen Pinzette herausgenommen und zum Lebendtransport in einen Leinenbeutel übergeführt. Man kann derartige Beutel je nach Größe der Tiere mit 30 bis 50 Exemplaren besetzen und sie 1 bis 2 Tage darin halten. Bei dieser Verfahrensweise verklebt die Behaarung des Körpers nicht, wie es nach dem Transport in einem Tötungsglas in der Regel der Fall ist.

Beim Abtöten mit Essigether werden viele Hymenopteren zu weich und lassen sich schlecht präparieren, da sie kaum in Form zu bringen sind und ihren Halt verlieren. Um das zu vermeiden, kann man die Tiere mit Diethylether (= Narkoseether, „Schwefelether") oder einem Gemisch aus gleichen Teilen Diethyl- und Essigether abtöten.

Am besten führt man mehrere Tötungsgläser verschiedener Größen bei sich. Gut bewährt haben sich Flaschen, durch deren Kork eine 14 mm weite Röhre führt, die oben und unten reichlich 1 cm vorsteht (▶ **Abb. 83b**). Die Röhre dient zum Einwerfen der Hymenopteren mit den Fingern oder zur direkten Aufnahme aus dem Netz. Die Röhre sollte undurchsichtig, also entweder aus Metall oder aus Kunststoff sein, damit die Tiere dem Licht, also dem Inneren der Flasche, zustreben.

Damit Hummeln trocken bleiben, muss die auf dem Boden des Glases liegende, mit Ether getränkte Wattelage mit einer starken Schicht Zellstoff abgedeckt werden. Es empfiehlt sich, die Hummeln nach dem Abtöten gleich zu nadeln und in einer mitgeführten Sammelschachtel unterzubringen. Man steckt sie am besten schräg in den Torfuntergrund, damit der schwere Hinterleib nicht herabhängt. Müssen die Hummeln mangels Schachteln auf Wattelagen (siehe Seite 179) transportiert werden, strecke man die häufig eingekrümmten Abdomen, sonst liegen die Tiere schlecht auf der Unterlage, wobei die Flügel meist stark gedrückt werden. Sehr vorteilhaft ist es auch, die Leinenbeutel für mehrere Tage in einem Tiefkühlschrank bei ca. –30 °C unterzubringen. Die Hummeln werden ohne Schaden zu nehmen abgetötet.

Es empfiehlt sich, die reich gelb pigmentierten, schönen *Nomada*-Arten, besonders aber die Faltenwespen, in Dämpfen von Schwefelfäden abzutöten. Das hat den Vorteil, dass die gelben oder roten Körperpartien nicht nachdunkeln. Man verwende dazu Tötungsgläser, durch deren Kork ein verschließbares, dünnes Glasrohr führt. Ein kurzes Stück Schwefelfaden wird mit einer Nadel an den Korken gesteckt, angezündet und die Flasche sofort verschlossen. Der verbrennende Schwefel erzeugt ein für mehrere Stunden genügendes Quantum schwefeliger Säure. Die durch das Glasröhrchen eingeführten Hymenopteren müssen einige Stunden in der Flasche bleiben, um ein Wiederbeleben zu verhindern.

Ein **Hilfsmittel zum Fangen und Töten von Grabwespen und Bienen,** den „Wespenvertreiber", beschreibt MERISUO (1946). Die Konstruktion des in ▶ **Abb. 132** dargestellten Gerätes ist sehr einfach. Es besteht aus zwei Teilen: einem an dem einen Ende geschlossenen, nicht zu engen Glasrohr oder einer kleinen bauchigen, mit weiter Öffnung versehenen Flasche, die als Behälter für den Essigether dient, und einem daran mittels eines Korkes angeschlossen, an beiden Enden offenen, engeren Glasrohr, dessen unteres, dem Etherbehälter zugekehrtes Ende mit einem dichten Netz aus feiner Nylongaze (Metall ist unbrauchbar) verschlossen ist; das obere Ende ist, wenn das Gerät nicht benutzt wird, bzw. zwischen den Fängen verkorkt. Dieser letztgenannte Teil ist das eigentliche Fangrohr. Der Verschlusskorken wird mit einer Schnur am Fanggerät befestigt. Sollte das Fangrohr während des Fanges beschlagen, wird es sofort entleert. Nach Abnahme vom Unterteil bläst man in das dem Netztuch gegenüberliegende Ende und das Fangrohr trocknet augenblicklich. Der Wattebausch des Etherbehälters muss stark mit Essigether getränkt werden, damit die ins Fangrohr gelangenden Dämpfe zum Töten des Fanges ausreichen, sobald sich das Gefäß in der Hand erwärmt. Um die Öffnung des Fangrohres dicht an ein Schlupfloch waagerecht drücken zu können – dazu ist das Gerät speziell gedacht –, wird es mit einer 1 bis 3 mm über den Glasrand hinausragenden Leder- oder Gummimanschette versehen.

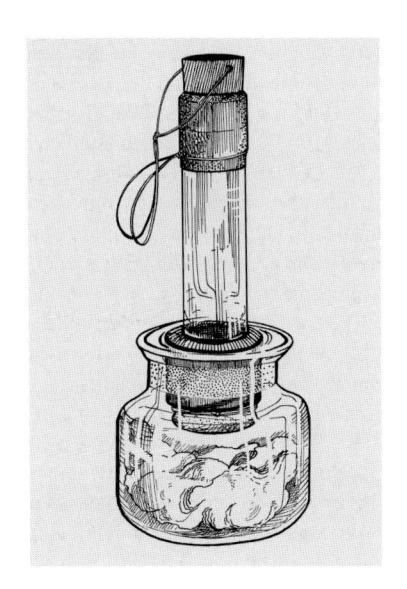

Fallen auf Sammelreisen größere Mengen von Hymenopteren an, werden diese entweder genadelt oder auf geeigneten Unterlagen ausgelegt und in Schachteln transportiert (▶ **Abb. 88**).

Eine Übersicht über Biologie und Systematik sowie Fang, Zucht und Präparation von Hymenopteren geben BETTS u.a. (1986).

## Sammelmethoden

Die vielfältige Lebensweise der Hymenopteren bringt es mit sich, dass man sie bei warmem Wetter, wenn die Sonne scheint und Blumen blühen, nahezu überall antrifft. Man kann Hautflügler gezielt oder durch Streifen des Netzes über Blumen und Gräsern fangen. Hummeln und Bienen hängen bei ungünstiger Witterung oder bei Dunkelheit oft klamm an ihren Nahrungspflanzen. Es lohnt sich deshalb, abends nach Sonnenuntergang derartige Pflanzenbestände zu inspizieren.

**Abb. 132** „Wespenvertreiber" - Tötungsglas nach Merisuo.

OEHLKE (1970) bezeichnet als **Hauptsammelmethode für Grab- oder Sandwespen** (Sphegidae) den Einzelfang mittels Kescher. Entsprechend ihrer Biologie geben sandige Wege oder Hänge, Lehmwände, verrottetes Holz oder alte Zaunpfähle die besten Fangplätze ab. Ferner bringt das Abkeschern von Blüten gute Erfolge. Viele Arten sonnen sich mit Vorliebe auf größeren, glatten Blättern, beispielsweise von Eiche oder Flieder. Stark mit Blattläusen besetzte Pflanzen werden gern zur Nahrungsaufnahme (Honigtau) aufgesucht.

Wie Falter lassen sich viele Arten durch süße Köder anlocken. Nach DÖHRING (1960) eignet sich als Köderflüssigkeit am besten Himbeersirup, dem $\frac{1}{5}$ Starkbier zugesetzt wird. Um die Wirkung zu erhöhen, gibt man Weinhefe dazu. Die anfliegenden Faltenwespen werden sofort mit einem Netz weggefangen, denn in die Flüssigkeit gefallene Exemplare sind stark verklebt.

Verschiedene Hymenopteren nisten in alten Käferlöchern an Hauswänden, Baumstämmen, Zaunpfählen und dergleichen. Außer zum Nisten werden derartige Löcher in noch größerem Umfang als Übernachtungsorte benutzt. Wer diese Verhaltensweisen beim Sammeln berücksichtigt, wird häufig auch seltene Arten finden. Nach MERISUO (1946) bietet das **Anbringen von Kunstlöchern** günstige Fangmöglichkeiten. Künstliche Schlupflöcher, die als Aufenthaltsorte übernachtender Hymenopteren dienen sollen, dürfen nur 1,5 bis 2,0 cm tief sein. Kurze Löcher sind vor allem deshalb günstig, weil sofort wahrgenommen wird, ob sie besetzt sind. Bringt man das Fangrohr (▶ **Abb. 132**) an die Lochmündung, schlüpft das Tier sofort hinein, weil eine Flucht in das Holz unmöglich ist. Der Lochdurchmesser sollte 2,5 bis 3,5 mm betragen, doch werden auch 4 mm weite Löcher noch angenommen. Zur Herstellung der Löcher genügt ein gewöhnlicher Holzbohrer. MERISUO geht dabei folgendermaßen vor: „An einem Einsammlungsort angelangt, habe ich gewöhnlich zuallererst eine Untersuchung der vorhandenen Möglichkeiten zum Löcherfang unternommen. Schon am Vormittag, spätestens aber am Nachmittag habe ich an geeigneten Stellen, wie in die Wandbalken der Gebäude, in Telephonstangen und Zaunpfähle, in Baumstämme an rindenlosen Stellen u. dgl. m., Löcher gebohrt, und zwar sowohl in die Nachbarschaft schon vorhandener Insektenlöcher als auch dort, wo es solche nicht gegeben hat. Am ergiebigsten sind solche Löcher gewesen, die von der Abendsonne beschienen werden. Die Wespen fliegen nämlich gerade zu jener Zeit an den Wänden hin und her oder an den Pfählen und Stangen auf und ab auf der Suche nach einem geeigneten Übernachtungsort. Daher liefern vormittags angelegte Löcher schon am selben Tage Beute. Stellt man sie dagegen spät am Abend her, so ist ein Resultat vor dem Abend des folgenden Tages kaum zu erhoffen.

Das frisch gebohrte Loch muss sorgfältig von dem gebildeten Bohrmehl gesäubert werden. Meistens hilft dabei schon ein kräftiges Blasen, andernfalls kann man mit einem dünnen Holzsplitter nachhelfen. Ist jedoch die Holzoberfläche etwa wegen Regen oder infolge hohen Alters zottig geworden, so bleiben die Ränder des Loches rissig. In solchem Fall entfernt man rund um die Lochöffnung von der Holzoberfläche einen dünnen, breiten Span, so dass das unterliegende Holz bloßgelegt wird. Reine Lochränder erhält man auch dann, wenn das Loch in der Richtung des Holzes, z. B. in die Enden der Wandbalken gebohrt wird. Durch Regen, oft auch schon durch intensiven Tau, kann sich der Locheingang später verengen. Dann muss man ihn bei eintretender trockner Witterung und wenn das Holz selbst wieder getrocknet ist, wieder erweitern.

Es empfiehlt sich, die Löcher in der Nähe von laubreichen Sträuchern und Bäumen anzulegen, an deren Blättern die Wespen auch sonst tagsüber zu sitzen und herumzufliegen pflegen. Das Einsammeln kann recht gut auch vor Sonnenuntergang begonnen werden, denn oft fliegen die Wespen schon zu dieser Zeit rekognoszierend bei den Löchern herum und können dann mit dem Kescher gefangen werden. Die Ausbeute kann dabei sogar eine beträchtliche sein. Die Tiere bleiben aber jetzt noch nicht in den Löchern, obgleich sie hin und wieder in diese hineinschlüpfen, sondern kriechen bald wieder rückwärts aus ihnen heraus, um beim nächsten Loch die gleiche Untersuchung zu wiederholen." Der Fang erfolgt am besten mit dem bereits beschriebenen „Wespenvertreiber" (▶ **Abb. 132**). Die künstlichen Fanglöcher werden vorzugsweise von Grabwespen (Sphegidae) angenommen.

FYE (1965) bot beuteeintragenden Hymenopteren **künstliche Nistgelegenheiten** in Form 16 cm langer Rundhölzer (z. B. Holunderzweige) an, deren Mark in verschiedenen Durchmessern ausgebohrt wurde. Dutzendweise gebündelt hängte man diese Niströhrenstäbe im Freiland an verschiedenen Plätzen und Höhen in Bäumen auf. Besiedelte Röhren wurden ausgetauscht, im Labor geöffnet oder zur Überwinterung aufbewahrt.

Sehr effektive und **wiederverwendbare Nisthilfen** bestehen aus übereinander liegenden Brettchen, die auf der Ober- und Unterseite mit Nuten versehen sind. Diese Nuten befinden sich genau übereinander und bilden so die Niströhren. Durchmesser von 5 bis 8 mm haben sich als günstig erwiesen. In DORN & WEBER (1988) sind derartige Nistanlagen abgebildet und beschrieben. Mauerbienen *(Osmia)* wählen sehr gern trockene Schilfhalme als Nistgelegenheit. Unter günstigen Bedingungen gelingt es auch, sie anzusiedeln. Dazu muss man ihnen waagerecht gelagerte, etwa 20 cm lange Bambusstücke von 7 bis 10 mm lichter Weite anbieten. Ferner sei noch erwähnt, dass *Osmia bicolor* SCHRANK auch in leeren Cepaea-Schneckenhäusern Brutzellen anlegt. Die besetzten Gehäuse werden außen meist mit vielen Pünktchen aus Blattbrei versehen und danach mit Hälmchen von 1 bis 15 cm Länge getarnt. Weitere diesbezügliche Hinweise und Anregungen liegen von PETERS (1973) vor.

Über eine einfache, jedoch wirkungsvolle **Flaschenfalle** zum Fang der in der Erde lebenden Schmalbienen *Halictus spec.* berichtet PLATEAUX-QUENU (1959). Es handelt sich um eine Glasflasche, deren Kork mit einem Glasrohr versehen ist. Diese Einrichtung wird umgekehrt von einem aus biegsamen Draht hergestellten Dreibein festgehalten. Das freie Ende des Glasrohres wird der Eingangsöffnung des Nestes aufgesetzt (▶ **Abb. 133**). Wenn diese außen in einen schornsteinartigen Fortsatz endet, muss er erst mit Spirituslack getränkt werden. Man kann auch vorsichtig den Schornsteinfortsatz abtrennen und die Umgebung des Nesteinganges mit Lack härten. Die Insekten kriechen beim Verlassen des Nestes durch das Glasrohr und bleiben in der als Reuse wirkenden Flasche gefangen. Einen **Vakuumapparat** zum Sammeln von Honigbienen und anderen Insekten in Bäumen beschreiben GARY & MARSTON (1976).

Flügellose, nächtlich in Sandbiotopen auftretende Hymenopterenarten lassen sich durch das von WASBAUER (1957) beschriebene **Lichtfangverfahren** erbeuten. Die Falle besteht aus einer Lampe, die in einem geeigneten Biotop auf den Boden gestellt und von einem Ring Porzellanschüsseln umgeben wird. Die Schüsseln müssen so weit in den Boden versenkt werden, dass der Schüsselrand

**Abb. 133** Flaschenfalle, zum Fang von Schmalbienen über dem Nesteingang aufgestellt.

eben mit der Oberfläche abschließt. Die Falle funktioniert am sichersten, wenn ein geschlossener Ring von etwa 7 Schüsseln um jede Laterne gestellt wird. In der Zeit von Anfang Juni bis Anfang September wurden neben den Wespen verschiedene Ameisenarten, bestimmte Käfer, Spinnen, Skorpione und in großer Zahl Thysanuren gefangen.

Überhaupt ist zu beobachten, dass eine ganze Reihe von Hymenopteren regelmäßige Gäste beim Lichtfang sind. Deshalb sollte es ein Hautflüglerspezialist nicht versäumen, an den Lichtfangexkursionen der Lepidopterologen teilzunehmen oder diese wenigstens bitten, die am Licht anfliegenden Hautflügler einzusammeln.

Schmarotzende Goldwespen findet man in der Regel nur dort, wo ihre Wirtstiere verkehren oder deren Brutplätze sind. So treffen wir sie auf jenen Blüten, die ihre Wirtstiere auch besuchen oder wir finden sie auf Blüten in der Nähe jener Niststätten. Bevorzugt sind allerlei Schirmblüten (Umbelliferen), auf Sandstellen Mauerpfeffer-Arten *(Sedum)* und Thymian, Jasione und Grasnelke *(Armeria)*, auf so genannten Unkrautstellen Schafgarbe *(Achillea)*, Graukresse *(Berteroa)*, Duftlose Kamille *(Matricaria inodora)*. Aber auch an feuchten Plätzen kann man ihnen begegnen, und zwar auf Bertramsgarbe *(Achillea ptarmica)*, auf Lauch

*(Allium)*, sogar auf der Blumenbinse *(Butomus)* und auch auf den Blättern jeweils benachbarter Pflanzen. Die Hauptsache ist in jedem Falle warmes Wetter mit recht viel Sonne, wenn man ihrer habhaft werden will. Dann herrscht auch bei ihren Wirtstieren Hochbetrieb (zuweilen allerdings mit Aktivitätstief zur Mittagszeit) und es lohnt sich, die Wohnstätten der Wirtstiere zu beobachten, als da sind: kalkige, lehmige oder sandige Böschungen, morsche Baumstämme, Balken, Planken, Zaunpfähle und dergleichen, Ziegelwände mit lockeren Fugen, Gartenmauern und Wände aus Lehm; je verfallener eine Baulichkeit ist, um so besser. Die anfliegenden Goldwespen zu erbeuten, erfordert indes besondere Geschicklichkeit, denn sie sind sehr flüchtig. Wer über eine sichere Hand verfügt, kann gute Erfolge mittels des schnell übergestülpten Fangglases erzielen. Vorzuziehen ist aber das Netz, mit dem man das Tier rasch bedeckt. Die Goldwespen haben die Gewohnheit, rückwärts abzufliegen oder sich fallen zu lassen, und nur selten ist der Netzschlag gegen das z. B. an einer Wand sitzende Tier vergeblich. Goldwespen auf Blüten sitzen zu sehen und dann mit dem Netz zuzuschlagen, ist wohl der seltenere Fall. Vorzuziehen ist der Fang mittels Streifnetz über besuchte Blüten. Dabei ist aber dem „Bodensatz" des Netzes besondere Aufmerksamkeit zu widmen. Kleinere Chrysididen bleiben oft eine ganze Weile regungslos liegen, ehe sie sich wieder bewegen und an der Wandung des Netzes empor klettern. Man warte also mit dem Verwerfen all dessen, von dem man meint, es nicht brauchen zu können, und durchsuche die unvermeidliche Ansammlung von allerlei Pflanzentrümmern am Boden des Netzes, bevor man es ausräumt.

Bezüglich des Sammelns von Schlupfwespen weist OEHLKE (1967) darauf hin, dass durch **Zucht** aus einwandfrei bestimmten Wirten erlangtes Material wertvoller und leichter determinierbar ist als das aus Freilandfängen stammende. Einzelheiten über Zuchtmethoden entnehme man vorstehend zitierter Arbeit sowie den Ausführungen von HINZ (1968), BAESCHLIN (1972) sowie GRUBER & PRIETO (1976). Über die bereits angeführten Sammelmethoden hinaus geht OEHLKE auf das Sammeln kurzgeflügelter oder ungeflügelter (brachypterer) Schlupfwespen ein. Dazu bedient man sich neben dem Kescher und dem Klopfschirm besonders der Bodensuche. Diese erfolgt am besten an Böschungen kleiner Bäche, im dichtbewachsenen Unterwuchs, zwischen Schilf und überall dort, wo eine dickere und feuchte Schicht modernder Pflanzenteile liegt. Diese wird vorsichtig ausgebreitet und das Leben in ihr genau beobachtet. Zum Einsammeln benutzt man einen Exhaustor (▶ **Abb. 6**) oder schüttelt das Pflanzenmaterial durch einen Siebbeutel (▶ **Abb. 49a**) von 3 bis 4 mm Maschenweite. Entweder wird das Gesiebe an Ort und Stelle auf einem Sammeltuch durchgesehen oder zu Hause in einem Auslaufkasten ausgebreitet.

Schließlich sei unbedingt noch auf die von MALAISE (1937) entwickelte Insektenfalle hingewiesen. Diese zeltartige Falle eignet sich vor allem für Hymenopteren und Dipteren, aber auch Lepidopteren und Coleopteren kann man damit fangen. Die MALAISE-Falle besteht aus vier senkrechten, in der Mitte zusammengefügten Stoff- oder Plastikfolieflächen und einem pyramidenförmigen Dach. Die offene Dachspitze führt in ein Gefäß, das ein Tötungsmittel enthält. Das Prinzip der Falle besteht darin, dass die Insekten die seitlichen Flächen anfliegen, das Hindernis zu umgehen suchen, nach oben fliegen und so in das Tötungsglas gelangen. Die Falle kann entweder feststehend montiert oder transportabel gebaut werden. DORN (pers. Mitt.) und der Autor haben mit großem Erfolg eine relativ kleine Form der Malaise-Falle verwendet, bei der die vier kreuzförmig zueinander stehenden Seitenflächen mit einer Größe von ca. 1 m² durch Stäbe fixiert und mit Zeltheringen am Boden verankert wurden (▶ **Abb. 134**). So konnten Tiere gefangen werden, die aus allen Richtungen anfliegen. Damit kann man sich auch das Verhalten vieler Insekten zunutze machen, die sich bevorzugt bei den höchsten Erhebungen im Gelände aufhalten oder diese überfliegen (sog. „Hilltopping"). Über den vielseitigen Einsatz der Falle haben TOWNES (1962), BUTLER (1965), CHANTER (1965) und ROBERTS (1970) berichtet. Diese relativ unhandliche Falle veranlasste TOWNES (1972), ein wesentlich leichteres Modell zu erproben. TERESHKIN u. a. (1989) konstruierten eine effektive Malaise-Falle (▶ **Abb. 135**) für den Fang von Hymenopteren, Dipteren und Lepidopteren. Eine gigantische Variante dieses Fallentypes baute AUBERT (1969) zum Fang von wandernden Insekten. STEYSKAL (1981) hat alle wesentliche Literatur zu dieser Methode zusammengetragen. Die Vor- und Nachteile der Malaise-Falle erörtert KUHLMANN (1994). MUIRHEAD-THOMSON (1991) führt neben

Insekten (Hexapoda)

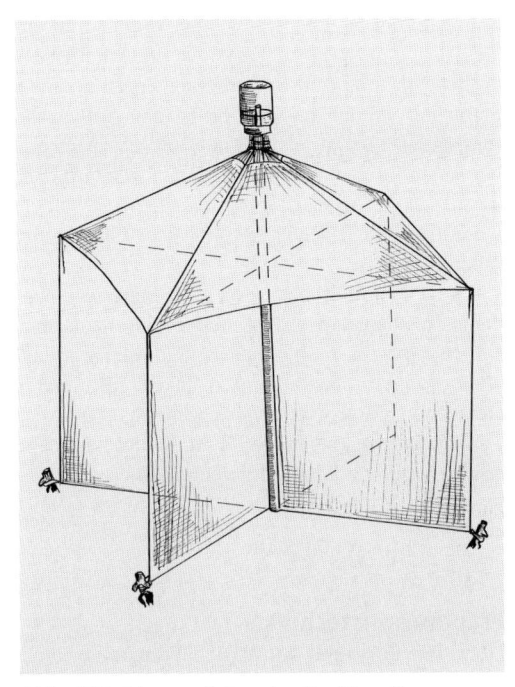

**Abb. 134** MALAISE-Falle mit allseitig offenen Anflugflächen.

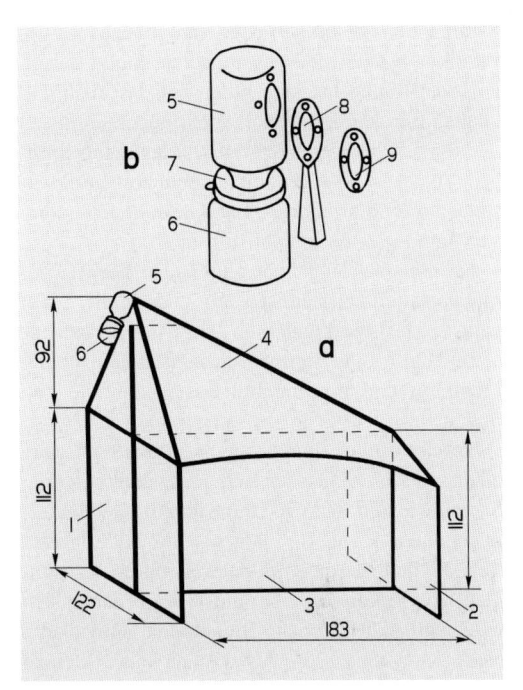

**Abb. 135** Aufbau der MALAISE-Falle nach TERESHKIN u. a. a) äußere Form, b) Fangglas: 1 bis 3 Vorder-, Rück- und Seitenwand, 4 Dach, 5 Polyethylengefäß, 6 Glasgefäß, 7 Deckel, 8, 9 äußerer und innerer Ring, Maßangaben in cm.

Malaise-Fallen verschiedener Bauart auch andere Fallentypen an, die für den Fang von Hymenopteren geeignet sind.

NOYES (1982) hat alles Wissenswertes zu Fang und Präparation von **Mikrohymenopteren** zusammengefasst. Wer sich mit dieser Gruppe beschäftigen möchte, dem sei diese Arbeit dringend empfohlen.

Fangen kann man die Tiere mit dem Streifkescher. Empfohlen wird ein Bügel in Form eines abgerundeten Dreiecks mit einer Kantenlänge von ca. 45 cm. Der Netzbeutel sollte möglichst luftdurchlässig sein aber gleichzeitig auch kleinste Arten zurückhalten. Leinen ist völlig ungeeignet, da sich bei diesem Material vor dem Netz die Luft staut und die Tiere nicht in den Beutel gelangen. Der Netzbeutel sollte möglichst auch durchscheinend sein

Mit einem Exhaustor (▶ **Abb. 6**) kann man die Hymenopteren in der Vegetation fangen, wo man nicht keschern kann, so auf Blättern und an Stämmen, aber auch an Fenstern.

Weiterhin empfiehlt NOYES die „Licht Box", eine dunkle Schachtel, in die (je nach Größe) ein bis zwei Löcher geschnitten wurden. Durch diese Löcher führen gläserne Trichter, an denen außen durchsichtige Sammelgläschen befestigt sind. In die Box wird Substrat gelegt und die Hymenopteren streben zum Licht und gelangen durch die Trichter in die Sammelgläschen. Mit dieser Methode lassen sich Arten erbeuten, die mit anderen Verfahren nicht gefangen werden, da sie zu klein oder unbeweglich sind. Als Substrat eignet sich Laub, Blüten und andere Pflanzenteile

Die Klopfschirm-Methode kann man für unzugängliche und dornige Zweige anwenden. Der Fang fällt deutlich geringer aus als beim Keschern, weil viele Insekten entkommen. Tatsächlich kann man so aber sehr interessante Arten erlangen. Das Verfahren bringt die besten Ergebnisse bei kühlem Wetter oder morgens bzw. abends, wenn Insekten am wenigsten aktiv sind

Weiterhin eignet sich das Ausbringen von Pyrethrum. Dabei werden Büsche oder einzelne Zweige mit Pyrethrum eingesprüht. Zuvor wird ein

Sammeltuch (▶ **Abb. 9**) oder ein einfaches weißes Plastiktuch unter die entsprechende Stelle gelegt. Die betroffenen Insekten fallen auf das Tuch und können mit dem Exhaustor, einem feuchten Pinsel oder einer Pinzette abgelesen werden. Zum Sprühen eignet sich z. B. handelsübliches Insektenspray auf Pyrethrumbasis. Für die Anwendung dieser Methode muss es windstill sein.

Außerdem gelangt man durch den Einsatz der Malaisefalle, von Farbschalen und durch Zucht parasitierter Insektenlarven zu Mikrohymenopteren. Häufig sind Vertreter dieser Tiere auch beim Lichtfang und im Material aus Bodenfallen zu finden.

**Brackwespen** führen ein verstecktes Leben unter schattigen Büschen und an feuchten Stellen. Sie entwickeln sich als Parasiten in Schmetterlingsraupen sowie in Fliegen- und Käferlarven. Man kommt zu diesem Material durch Einsammeln von Kokons oder Gespinsten, aus denen sich in Zuchtbehältern viele Braconiden entwickeln. Nach KETTNER (1965) lassen sich diese kleinen Insekten im Freien nur mit einem sehr engmaschigen Netz fangen.

Das **Sammeln von Ameisen** erfolgt in der Regel durch Öffnen ihrer Bauten. Man findet sie als Haufen, in Baumstubben, unter Rinde und Steinen oder im Erdreich. Nach BRAUNE (pers. Mitt.) sind viele Arten nur bei Kenntnis ihrer Lebensgewohnheiten bzw. ökologischen Ansprüche auffindbar. Das gilt besonders für die zahlreichen Sozialparasiten, die man nur durch intensive Suche in den Nestern der Wirtsarten auffinden kann.

Wichtig ist es, mehrere Vertreter eines Nestes zu sammeln. Wenn möglich, sollte man Arbeiterinnen, Weibchen und Männchen als aus einem Nest stammende Tiere kennzeichnen. Größere Exemplare werden mit Daumen und Zeigefinger gefasst, kleinere Arten lassen sich mit einem angefeuchteten Finger oder Pinsel aufsammeln. Beim Sammeln muss auch auf Entwicklungsstadien und Ameisengäste geachtet werden. Dazu benutzt man am besten ein **Myrmecophilensieb** (▶ **Abb. 86**). Für viele Arten ist auch der Exhaustor (▶ **Abb. 6**) geeignet, wobei jedoch darauf zu achten ist, dass man nicht zu viel Ameisensäure in den Mund bekommt. Ggf. kann man auch einen Insektenaspirator nach AUDRAS (▶ **Abb. 82**) benutzen.

Wenn es unmöglich ist, gesammelte Ameisen bald zu präparieren, konserviere man sie in 70- bis 80%igem Alkohol. Diese Aufbewahrung gestattet es, anatomische Untersuchungen durchzuführen, die vor allem bei sozialparasitischen Arten erforderlich sind, da zur Bestimmung deren Ovarien betrachtet werden müssen. Sollte das Aufbewahrungsgefäß einmal austrocknen und das Material beim Auffüllen von Alkohol darauf schwimmen, wirft man die Ameisen kurz in kochendes Wasser, worauf sie, in frischen Alkohol überführt, sofort untertauchen.

Findet man in Stubben oder alten Stämmen markante Nestbauten von Holz- oder Riesenameisen, sollten diese für die biologische Sammlung aufbewahrt werden. Nach dem Tränken mit einem Holzschutzmittel sind sie unbegrenzt haltbar.

Wer sich eingehend über Haltung und Sammeln von Ameisen und deren Larven orientieren möchte, sei auf VIEHMEYER (1918) sowie STITZ (1939) verwiesen.

### Präparationstechnik

Über die Art und Weise der Präparation von Hymenopteren für die Sammlungen gibt es keinerlei Festlegung. „Es muss aber verlangt werden, dass alle Tiere in einer Weise hergerichtet werden, dass sie sich dem Auge des Beschauers durch eine gewisse Schönheit angenehm darstellen und dass alle für spätere Untersuchungen wichtigen Körperstellen der Betrachtung oder Prüfung zugänglich bleiben. Es sind also eine ästhetische und eine wissenschaftliche Forderung zu erfüllen" (HAUPT (1956).

Wichtig ist, Hymenopteren niemals auf zu dicke Nadeln zu spießen. Nach OEHLKE (1970) ist darauf zu achten, dass Schildchengrube, Vordercoxenhöhle und die mediane Furche des Mesosternums nicht zerstört werden, da dies die Bestimmung nicht nur erschwert, sondern teilweise unmöglich machen kann. Das Nadeln durch den rechten Teil des Mesonotums kann bei einiger Übung auch bei kleinen Arten korrekt durchgeführt werden. Die Flügel werden meist nicht wie bei den Schmetterlingen gespannt, sondern mit Nadeln bei der Präparation so festgesteckt, dass sie schräg nach oben stehen, wobei darauf zu achten ist, dass alle Zellen deutlich sichtbar sind. Das Abdomen ist so zu richten, dass der Hinterleibsstiel gut sichtbar ist.

Getötete größere Tiere werden auf eine Spannplatte gelegt, und eine passende Nadel wird durch das Mesonotum gestochen. Die Insektennadel muss wie üblich senkrecht zur Körperachse stehen

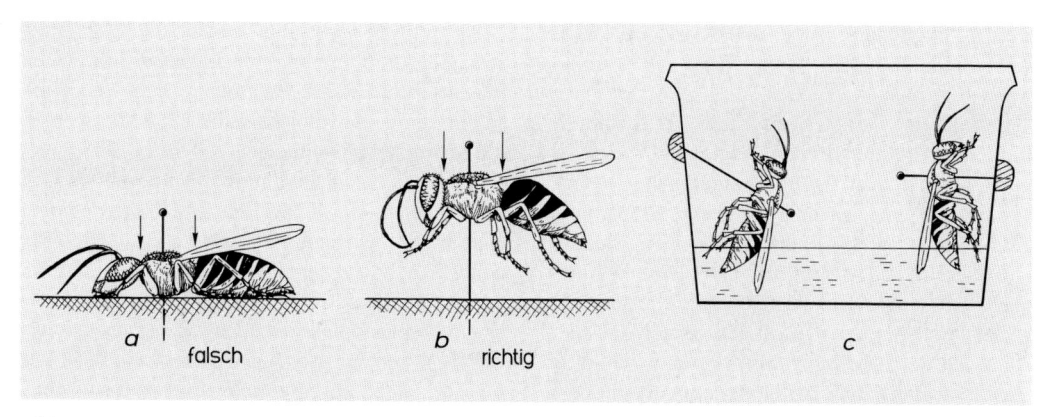

**Abb. 136** Wespen sollten nicht wie Käfer auf einer festen Unterlage präpariert werden, weil sich dann die ursprünglich senkrechte Kopfstellung so verändert, dass der Scheitel an das Pronotum gedrückt wird, das Abdomen die Rückwand des Mittelsegments verdeckt und die Beine über den Körperseiten liegen, was die Detremination erschwert (a). Abgespreizte Flügel – gleich in welcher Lage – sind immer besser als anliegende (b). Zum Hervorziehen männlicher Genitalien eingeweichtes Material (c).

und 1 cm über den Rücken hinausragen. Nun kommt es darauf an, dass das Tier eine Stellung erhält, die ein späteres Umpräparieren überflüssig macht (▶ **Abb. 136**). Nach BISCHOFF (1956) geschieht das am zweckmäßigsten an dem frei an der Nadel steckenden, nicht auf einer Unterlage ruhenden Insekt. Mit einem dünnen Pinsel werden die Schenkel von den Seiten des Thorax nach unten abgedrückt. Mit einer weichen, stumpfen Uhrfederpinzette ergreift man die Tarsen und zieht an ihnen die Schienen von den Schenkeln ab nach unten gegen die Mittellinie des Körpers hin, an den beiden hinteren Beinpaaren mit Richtung nach hinten. Mit Hilfe des Pinsels bringt man die linke und rechte Seite in Symmetrie.

Da Hautflügler meist nicht gespannt werden, richte man die Flügel möglichst so aus, wie sie beim lebenden Tier liegen. Da der Kopf bei den Hymenopteren sehr beweglich ist, muss auf seine richtige Stellung geachtet werden. Bei einer Ansicht von vorn soll eine Tangente an den oberen Augenrändern waagerecht liegen. Der Scheitel darf nicht dem Pronotum angedrückt sein, besser ist es, die Nackenhäute durch einen Druck gegen die unteren Gesichtspartien etwas zu strecken. Anderenfalls muss das Tier erst wieder eingeweicht werden, wenn es nötig ist, die Struktur oder Behaarung des Scheitels sowie des Pronotums zu untersuchen. Die gleichen Schwierigkeiten entstehen, wenn die Vorderseite des ersten Abdominalsegments an die Rückwand des Mittelsegments gepresst ist. Die richtige Stellung lässt sich leicht durch eine untergeschobene Kartonstütze oder schräges Einstecken der Nadel in die Steckfläche erreichen.

Beim Ausrichten des Kopfes sollen kurze Fühler seitlich nach vorn, lange nach hinten gerichtet werden. Um die Bruchgefahr zu mindern, dürften sie keinesfalls in Richtung des Nadelkopfes aufragen. Schließlich sei noch erwähnt, dass man nicht versäumen sollte, den **Kopulationsapparat** der Männchen mit einer feinen Nadel aus der Analspalte herauszuziehen. An frisch getöteten Exemplaren lässt sich dies sehr viel leichter durchführen als bei trockenem Museumsmaterial. ECK (pers. Mitt.) steckt alte, genadelte Tiere einen Tag so in ein mit Wasser gefülltes Gefäß, dass nur das Ende des Abdomens eintaucht (▶ **Abb. 136**). Deckt man das Gefäß ab, wird die Wespe im ganzen weich, so dass das Tier gefahrlos fest angefasst werden kann, ohne dass Fühler oder Extremitäten abbrechen.

Empfindliche Objekte kann man nach HAUPT (1952) auch in stark verdünntem Alkohol (etwa 30%ig) mazerieren. Von Vorteil ist, dass die Muskeln nicht völlig zerstört werden wie bei der Einwirkung von Kalilauge, von Nachteil, dass die Mazeration Monate dauert. Sofern Ichneumoniden-Imagines für morphologische Untersuchungen im weichen und elastischen Zustand benötigt

## Gliederfüßer (Arthropoda)

werden, empfiehlt es sich, die Pampelsche Konservierungsflüssigkeit (siehe Seite 191) anzuwenden.

Besonderes Geschick erfordert die **Aufbereitung von Alkoholmaterial.** Nach Oehlke (1967) überführt man dazu die in 70%igem Alkohol aufbewahrten Tiere je nach Größe vor der Präparation einige Sekunden bis Minuten in 96%igen Alkohol. Aus diesem Bad werden sie unter eine Wärmequelle auf saugfähiges Papier gelegt und sogleich genadelt und präpariert, so dass keinerlei Ver- oder Ankleben der Behaarung zustande kommt. Sollte die dichte Behaarung bei Hummeln verklebt sein (das kommt z. B. häufig vor, wenn sie mit Essigether getötet wurden), so legt man die Tiere in ein flüchtiges Lösemittel (z. B. Diethylether, Essigether, Aceton oder Waschbenzin). Anschließend lässt man sie unter einer Glühlampe trocknen, während man die Haare vorsichtig mit einem Pinsel bürstet. Dabei ist natürlich auf eine ausreichende Arbeitsplatzlüftung zu achten.

Um Gelenke oder Antennen kurzfristig zur Determination oder zum Ausrichten aufzuweichen, wurde früher Barbers Reagens empfohlen. Dieses setzt sich wie folgt zusammen:

> 53 ml 96%igen reinen Alkohol
> 7 ml Benzen
> 19 ml Essigsäureethylester
> 49 ml Aqua dest.
> (Nur in der angeführten Reihenfolge mischen!)

Mittels Pinzette oder Pinsel werden ein oder wenige Tropfen an Flügelwurzel, Beine oder Kopf gebracht und nach weniger als einer Minute sind die Teile beweglich.

Auf Grund der hohen Giftigkeit und der cancerogenen Eigenschaften des Benzens sollte man dieses Gemisch aber nicht mehr verwenden. In der ursprünglichen Rezeptur kann das Benzen durch Toluol ersetzt werden. Diese veränderte Mischung weicht zwar nicht mehr ganz so schnell und intensiv, die Wirkung ist aber nach wie vor sehr überzeugend. Ganz problemlos lässt sich anstelle von Barbers Reagens auch handelsübliches Fensterputzmittel verwenden. Ein Tropfen davon auf die Gelenke weicht diese innerhalb kurzer Zeit auf.

Die möglicherweise beste Methode auch zur Aufbewahrung größerer Mengen von **Mikrohymenopteren** ist der Insektenbrief (▶ Abb. 28).

Noyes (1982) empfiehlt jedoch, die Tiere zwischen Zellstoff in mehreren Lagen in luftdichten Plastikschachteln unterzubringen. Zum Abschluss sollten einige Thymol-Kristalle beigefügt werden um Schimmel zu vermeiden.

Geeignet ist weiterhin die Aufbewahrung in Papierhülsen, Glas- bzw. Plastikröhrchen oder in Hartgelatine-Kapseln. Bei letzteren kann eine dünne Watte-Einlage eingebracht werden, auf die die Tiere gelegt werden. Anschließend wird mit einem Wattestopfen und dem Kapseldeckel das Behältnis verschlossen. Die Kapsel kann mit einer Insektennadel im Bereich des Wattestopfens durchstochen und in einen Insektenkasten gesteckt werden.

V. Novitzky (1955 u. 1956) empfiehlt die Unterbringung der Tiere in leeren Zigarettenhülsen, Plasttrinkhalmen oder hohlen Federkielen. Auf den Papierröhrchen werden Datum und Fundort vermerkt, während die Plastikröhrchen und Federkiele in Stücke geschnitten, mit Watte verschlossen und genadelt werden. Nach dem Austrocknen sind die Kleinwespen für Jahrzehnte haltbar, wenn man sie gegen schädliche Insekten (z. B. Museums- und Speckkäfer, Kleidermotten) sowie allzu heftige Erschütterungen schützt. Die gefüllten Zigarettenhülsen legt man in Zigarettenschachteln, die ihrerseits in größere Blechbehälter kommen, die man mit Insektiziden beschickt und erst nach dem vollkommenen Austrocknen der Insekten luftdicht verschließt.

Baur (pers. Mitt.) empfiehlt Nicht-Spezialisten, denen entsprechende Erfahrungen fehlen (Ökologen, Schädlingsbekämpfer, angewandte Entomologen usw.), Mikrohymenopteren, insbesondere Vertreter der Überfamilien Chalcidoidea, Proctotrupoidea, Cynipoidea und Ceraphronoidea, in 80%igen Ethanol abzutöten und in dieser Flüssigkeit dunkel und kühl bis kalt (zwischen +10 °C und –20 °C) aufzubewahren. So vorbehandeltes Material bleibt gut erhalten und kann vom Spezialisten problemlos weiterverarbeitet werden. Wichtig ist dabei, dass tatsächlich 80%iges Ethanol verwendet wird. Das erbringt die besten Ergebnisse und solches Material ist auch ohne weiteres für DNA Analysen verwendbar. Bei niedrigerer Konzentration jedoch (< 75 %) quellen die Tiere auf und einige Arten sind schwer oder fast unmöglich zu determinieren; bei höherer Konzentration (> 85 %) schrumpfen viele empfindliche Exemplare. Noyes (1982) weist darauf hin, dass die Tiere

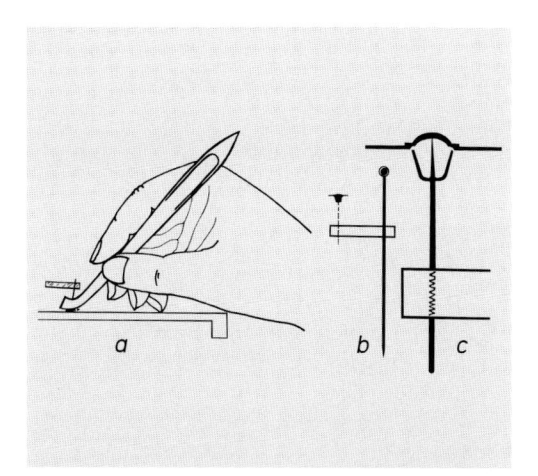

**Abb. 137** a) Einstechen des Minutienstiftes mit der Steckpinzette in den Mesothorax des Insekts, b) das montierte Präparat, c) zu beachten ist, dass die Minutie möglichst nicht aus dem Rücken austritt.

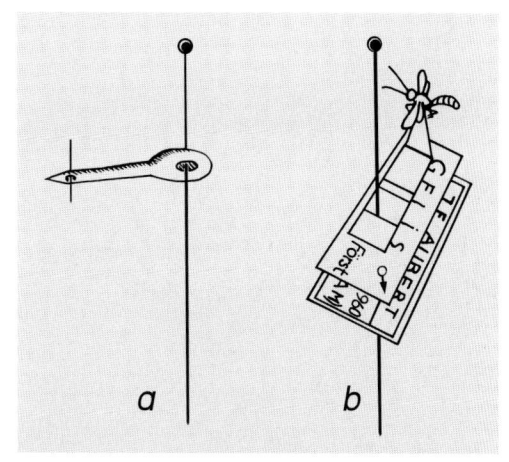

**Abb. 138** a) Insektennadel mit 10 mm langen Klebeplättchen. An der Spitze des Plättchens der eingeleimte Minutienstift. Ansicht von unten um die Leimstellen zu demonstrieren, b) Mikrohymenoptere auf rechtwinklig nach oben gebogene Spitze geklebt.

im Alkohol bei ungünstigen Bedingungen (zu hell bzw. zu warm) rasch ihre Zeichnung und Färbung verlieren können.

Mikrohymenopteren können auch „minutiiert" werden. Dazu nadelt man die Tiere nur von unten zwischen den Hüften auf Minutienstifte, die durch ein zugespitztes Kartonplättchen geführt und dann festgeleimt werden (vgl. ▶ **Abb. 137** und **138**). Wichtig ist, dass nichtrostende Minutien mit konischer Spitze von ungefähr 10 mm Länge verwendet werden. An Stelle des Pappplättchens eignen sich ca. 15 mm lange Steckklötzchen von 2 × 2 mm Kantenlange aus feinporigem Schaumstoff oder Material von Porlingen der Gattung *Polyporus*. Die mit Essigether getöteten Exemplare legt man unter einem Binokular auf den Rücken und sticht die Minutie in den Mesothorax, wobei das Mesosternum zwischen den Coxae der Vorder- und Mittelbeine durchdrungen wird. Dabei fasst man die Nadel mit einer griffigen Pinzette oder feinen Steckzange. Man muss vor allem vermeiden, dass die Spitze der Minutie auf dem Rücken wieder heraustritt. Anschließend wird das andere Ende der Minutie in das Kartonplättchen bzw. das Steckklötzchen getrieben. Bei den heute üblichen Minutien mit einem spitzen und einem stumpfen Ende wähle man die stumpfe Seite aus, um das Insekt daran zu befestigen, da die Kutikula der Nadel wesentlich weniger Widerstand entgegensetzt als das Steckklötzchen. Das Präparat wird anschließend auf eine Nadel mittlerer Größe montiert und etikettiert (▶ **Abb. 138**). Man achte darauf, dass die Oberseite der Stirn gut zu sehen ist, die Beine langgezogen und die Flügel gelüftet sind. Meist breiten sich diese von selbst aus, wenn die Minutie beim Durchstechen des Mesothorax auf die Flugmuskeln einwirkt.

Man kann auch versuchen, bei kleinen Arten die Flügel auszurichten. Das erfolgt am besten in der von HAUPT (1956) beschriebenen Weise: Man fasst die Goldwespe, die bereits genadelt sein muss, mittels einer Pinzette so in der Mitte des Thorax, dass die Flügel nach unten klappen und etwas schräg nach vorn gerichtet sind. Drückt man den Thorax dann mäßig zusammen, so beharren die Flügel in der Regel schon fast in der richtigen Lage. Wenn man hierauf ein dachförmig gekniffles Streifchen von Zeichenkarton an der Minutiennadel empor schiebt, so dass die Flügel in waagerechter Lage die oberen Ränder der papiernen Rinne berühren, lassen sie sich leicht nach Wunsch ordnen, denn durch das Haften an den Rändern des Kartons wird ihre Lage fixiert (▶ **Abb. 139**). Nach dem Trocknen werden die Papierstützen vorsichtig entfernt und die Tiere auf die Kartonplättchen montiert.

## Gliederfüßer (Arthropoda)

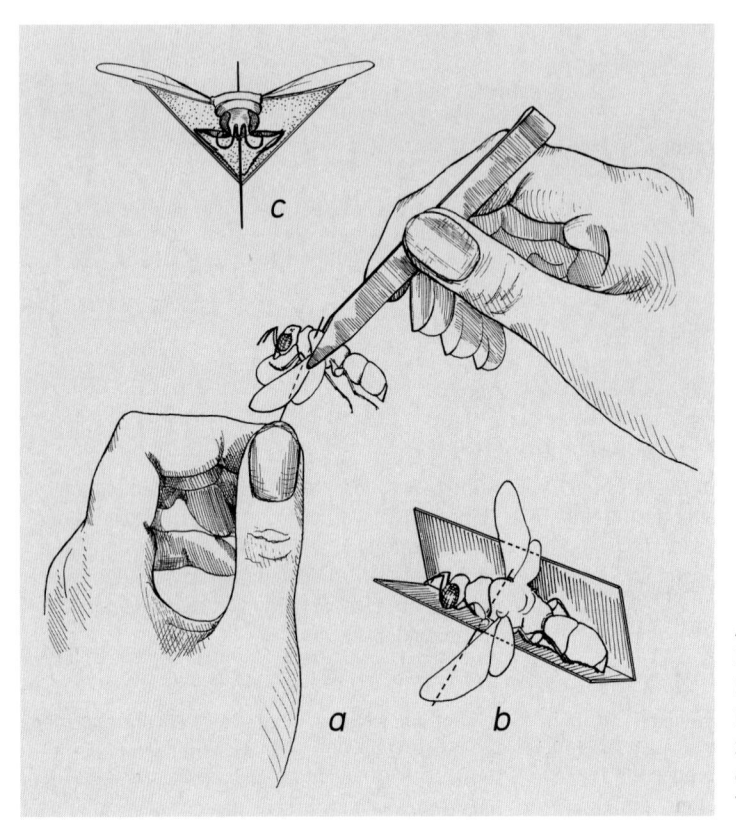

**Abb. 139** Spannmethode für kleine Hymenopteren nach Haupt. a) Niederdrücken der Flügel, b) dachförmige Stütze zum Ausrichten der Flügel, c) Vorderansicht eines zum Trocknen gespannten Tieres.

Zu beachten ist ferner, dass lediglich frisch getötete Mikrohymenopteren auf Minutien montiert werden sollten. Trockenes oder nach Alkoholkonservierung getrocknetes Material löst sich nach der Montage oft wieder von der Nadel ab.

Weiterhin besteht auch die Möglichkeit, die Objekte aufzukleben. Bei der Verwendung zugespitzter Aufklebeplättchen bringt man an der Spitze ein kleines Tröpfchen Leim an. Mit einem angefeuchteten feinen Pinsel berührt man das Insekt am linken Mesopleurum und hebt es auf den Leimpunkt, so dass das rechte Mesopleurum festklebt. Mit dem Pinsel sanft andrücken. Anschließend werden die Antennen und Vorderflügel so ausgerichtet, dass die Segmentierung der Fühler sowie Aderung und Beborstung der Flügel gut zu sehen sind.

Der Nachteil dieser Methode besteht darin, dass die Tiere relativ ungeschützt auf dem Plättchen sind. Das kann man umgehen, wenn man sie mittig auf rechteckige Plättchen klebt. Das früher übliche Verfahren, die Hymenopteren ventral festzukleben hat jedoch zur Folge, dass wichtige Merkmale des Gesichts und der Unterseite sehr schlecht zu sehen sind. Deshalb sollten die Exemplare seitlich aufgeklebt werden. So sind die Bestimmungsmerkmale – besonders im Kontrast zu der hellen Fläche des Plättchens – recht gut zu erkennen. Außerdem ist die Kontaktfläche zwischen Insekt, Leim und Aufklebeplättchen größer, weshalb die Präparate besser halten und die zerbrechlichen Tiere gut durch den Karton geschützt sind.

Bei diesem Verfahren platziert man einen Tropfen Leim der Größe von ein bis zwei Drittel des Thorax mittig auf dem Klebeplättchen. Mit einem feuchten Pinsel hebt man das Tier auf den Leimtropfen, dass es auf der rechten Seite liegt und der Körper in einem Winkel von 45 bis 80° geneigt ist. Anschließend werden die Antennen und Flügel, wie oben beschrieben, ausgerichtet.

GIBSON (pers. Mitt.) empfiehlt als **Leim zum Aufkleben von Mikrohymenopteren** Schellack-Gel (s. Anhang). Beim Montieren der Insekten dauert es ein paar Minuten, bis der Leim vollständig fest ist, so dass das Tier genau platziert und noch manipuliert werden kann. Wegen seiner langsamen Trocknung ist Schellack-Gel nicht für große, schwere Insekten geeignet. Wenn das Insekt wieder entfernt werden soll, kann man es in Chloroform einweichen. Der Schellack löst sich nicht auf, wird aber gummiartig und löst sich leicht von dem Tier ab. Es bleiben keine Rückstände auf dem Objekt.

Wie schon beim Minutiieren geschrieben, werden die Plättchen an einer Insektennadel mittlerer Größe befestigt und etikettiert.

Zur **Herstellung von Mikropräparaten** eignet sich entweder Hoyers Reagens oder Neutral- bzw. Kanadabalsam. Hoyers Reagens sollte nur für wenige Stücke einer Serie benutzt werden, da es wasserlöslich ist und die Gefahr besteht, dass es austrocknet und sich dabei verzieht, wobei die Objekte beschädigt werden können. Deshalb sollte Hoyer niemals für Typen-Material verwendet werden. Ein Vorzug dieses Mediums ist jedoch, dass sein Brechungsindex viel niedriger als der von Chitin ist und somit feine Strukturen besser zu erkennen sind. Weiterhin ist das Verfahren schnell anwendbar. Für wertvolles Material (Typen!) sollte jedoch unbedingt Balsam verwendet werden.

**Aufbewahrung und Präparation von Ichneumoniden** führt Hinz (1968) in folgender Weise durch: Die mit Essigether getöteten Tiere bleiben noch einen oder mehrere Tage in Präparategläschen, die ein mit Essigether angefeuchtetes Papier enthalten, um die Verkrampfung der Flügelmuskulatur zu verlieren. Zur weiteren Behandlung der Tiere benutzt Hinz Rinnen, die durch einmaliges Falten eines Papierstückes von 10 × 4 cm in der Längsrichtung entstehen. Bei jedem Tier werden durch Druck auf das Mesonotum mit einer feinen Pinzette die Flügel nach oben gerichtet, diese mit der Pinzette erfasst und die Tiere eines hinter dem anderen in die Papierrinne gelegt. Durch diese mit Tieren gefüllte Rinne werden am oberen Rand 3 Insektennadeln gesteckt und das ganze dann für einen Tag an einen nicht zu trockenen Ort gestellt. Danach nimmt man die Tiere heraus und legt sie in normale dreieckige Tüten, die man aus 10,5 × 7,5 cm großem, dünnem Papier herstellt (▶ **Abb. 118**). Die Tüten werden in eine Zigarrenkiste in Lagen gepackt und mit einem Briefumschlag mit wenig Paradichlorbenzen etwas beschwert. In einer Zigarrenkiste lassen sich so Tüten mit einigen tausend Tieren stapeln.

Zur Aufarbeitung werden die Ichneumoniden vorsichtig aus den Tüten genommen und unter dem Binokular ausgesucht. Die zur Präparation ausgewählten Tiere werden in eine Petrischale gebracht, deren Boden mit einer Schicht aus feuchtem Filtrierpapier bedeckt ist. Aus der geschlossenen Schale kann man schon nach einer halben Stunde mit der Präparation der kleinsten Tiere beginnen. Die Objekte müssen gerade so weit aufgeweicht sein, dass man die Beine ohne Schwierigkeiten in die gewünschte Stellung bringen kann, sie dürfen jedoch nicht so weich sein, dass sie gummiartig wieder zurückschnellen. Am besten ist es, wenn man die im Sommer gefangenen Tiere im darauffolgenden Winter aufarbeitet. Sind aus Zuchten größere Mengen der gleichen Art vorhanden, hebe man diese trocken (▶ **Abb. 88**) oder für mikroskopische Zwecke in Alkohol mit einigen Tropfen Glycerolzusatz auf.

Ameisen werden meist auf rechteckige Plättchen geklebt. Beim Präparieren ist darauf zu achten, dass wenigstens von einer Seite das vollständige Profil von Thorax, Petiolus und Postpetiolus (zweigliedriger Hinterleibsstiel) zu sehen ist. Viel besser lassen sich Ameisen jedoch auf spitz auslaufenden Plättchen betrachten, sofern Kopf und Thoraxvorderteil frei herausragen. Allerdings ist bei dieser Verfahrensweise die Gefahr der Beschädigung größer. Es empfiehlt sich ferner, stets mehrere Exemplare aus einem Nest auf eine Nadel zu schieben. Dabei wird Platz gespart und gleichzeitig die Determination erleichtert. Wichtig ist, einen Teil der gesammelten Ameisen in 80%igem Alkohol aufzubewahren.

Die **Präparation von Entwicklungsstadien** der Hymenopteren erfolgt nach dem Abtöten im Essigetherglas je nach habitueller Form des Objektes, wie bei Coleopteren und Lepidopteren beschrieben. Darunter ist zu verstehen, dass madenähnliche Larven sowie Puppen entwässert und dann getrocknet werden können. Die raupenähnlichen Larven von Blattwespen lassen sich wie Raupen behandeln, während man die bei verschiedenen Arten vorkommenden festen Kokons einfach trocknet.

### Erhaltung von Tätigkeitszeugnissen

Bienen, Wespen und Ameisen legen zur Aufzucht ihrer Brut vielgestaltige Nester oder Bauten an. Diese sollten soweit wie möglich in eine biologisch ausgerichtete Sammlung aufgenommen werden. Zweckmäßig ist es, aufgefundene Nestanlagen am Standort zu fotografieren und erst dann der Umgebung zu entnehmen. Man gehe bei noch beflogenen Nestern der mit Giftstachel versehenen aculeaten Hymenoptern recht vorsichtig vor. Im Freien hängende oder stehende „Papiernester" sozialer Wespen der Gattungen *Polistes* und *Vespa* werden erst dann von der Unterlage entfernt, wenn man eine Anzahl der anfliegenden oder am Nest tätigen Arbeiterinnen gefangen hat. Um Verwechslungen auszuschließen, ist es erforderlich, das Nest und die abgetöteten Imagines zwischen Zellstofflagen in einer entsprechend großen Pappschachtel gemeinsam aufzubewahren. Lediglich auf diese Weise eingesammelte Nester dürfen nach Determination der gleichzeitig gefangenen Imagines als zur Art gehöriges Tätigkeitszeugnis etikettiert werden. Enthält das Nest Brutstadien, müssen diese entfernt und wie in diesem Kapitel auf Seite 190 f. beschrieben konserviert werden. Nester mit zugedeckelten Puppen bewahre man in Beuteln oder Schachteln auf, um die nach und nach schlüpfenden Imagines noch für die Sammlung zu gewinnen. Sind die Nester sehr brüchig, müssen sie vor dem Abnehmen mit einer verdünnten Schellack- oder Zaponlacklösung übersprüht werden. Dann trennt man das Nest möglichst mit einem Stück Unterlage, sonst wenigstens mit vollständigem Stiel, ab. In Erdbauten lebende Hymenopteren lassen sich durch Eingießen von Schwefelkohlenstoff abtöten. Vorsicht! Schwefelkohlenstoff (= Kohlendisulfid) ist leicht entzündlich und giftig. Werden Hummel- oder Wespennester aus dem Erdreich geborgen, gehört zu den Waben auch das Hüllmaterial. Einzelheiten über das Sammeln und die Erforschung der Bienen- und Wespennester enthält die zusammenfassende Arbeit von MALYSHEV (1933).

JACOBY (1952) erzielte bei **Ausgüssen des Nestes** der Blattschneideameise mit Gips keine, bei der Anwendung folgender Zementmischung jedoch gute Erfolge: Zuerst werden 1 kg Zement auf 10 l Wasser verwendet. Diese dünne Mischung soll bis zur Basis des Baues vordringen und gleichzeitig die Wände mit einer dünnen Zementschicht versehen. Dann wird die Mischung verstärkt, zuerst auf 3 bis 4, zuletzt auf 5 kg je 10 l Wasser. Sobald das Wasser am Eingang des Baues stehenbleibt, wird Zementpulver nachgefüllt, bis alles Wasser herausgedrückt ist. Während des Eingießens muss der Zement ständig gerührt werden, damit er sich am Boden der Kanne nicht festsetzt. Sobald der Zement abgebunden hat, kann vorsichtig mit dem Ausgraben des Ausgusses begonnen werden.

**Ameisenbauten** gießt MARKIN (1964) mit einer Legierung von 92% Blei und 8% Zinn aus. In sehr feuchten Böden wird die Qualität der Ausgüsse durch Dampfbildung beeinträchtigt; in trockenen und grobkörnigen Böden versickert die Schmelze auch außerhalb des Nestbereiches. Auf Grund der starken Umweltgefährdung sollte auf dieses Verfahren verzichtet werden.

Sehr schöne Ergebnisse lassen sich nach PLATEAUX-QUÉNU (1959) beim Ausgießen von Erdbauten mit einer 20%igen Lösung von Polyvinylchlorid in Aceton erzielen. Man geht dabei wie folgt vor: Der Ausguss erfolgt im Frühling, nachdem die Nester angelegt worden sind. Sofern eine schornsteinförmige Öffnung am Nesteingang vorhanden ist, wird diese zuerst entfernt. Dann fängt man den größten Teil der Bewohner mit der Flaschenfalle (▶ Abb. 133) aus dem Nest, wobei die Königin stets darin bleibt. Nach dieser Vorbereitung wird die Ausgussmasse mit Hilfe eines kleinen Trichters in einen durch Zusammendrücken von der Luft geleerten Gummidruckball gefüllt. Nun ersetzt man den Trichter durch ein kanülenartig ausgezogenes Glasrohr, das genau in den Eingang passt, und injiziert die Ausgussmasse durch Zusammendrücken des Gummiballes in das Nest. Wenn nach 2 bis 3 Tagen das Lösungsmittel verdunstet ist, gräbt man den das Nest enthaltenden Erdklumpen aus und legt mit Hilfe eines kräftigen Wasserstrahles den entstandenen Abguss des Gangsystems frei. Die restliche noch am Abguss festklebende Erde lässt sich mit Schwefelsäure und Wasser oder einem entsprechend großen Ultraschallbad entfernen. Anschließend wird der Abguss mit Lauge neutralisiert (bei Schwefelsäurebehandlung) und nach dem Abspülen in Wasser in trockenem Zustand montiert.

## Zweiflügler oder Fliegen (Diptera)

Zweiflügler sind kleine bis mittelgroße, etwa 1 mm bis 5,5 cm lange Insekten. Charakteristisch für Fliegen ist, dass sie nur ein Flügelpaar und entweder saugende oder stechend-saugende Mundwerkzeuge besitzen. Dipteren sind holometabole

Insekten. Sie werden in die Unterordnungen Mücken (Nematocera) und Fliegen (im engeren Sinne – Brachycera) eingeteilt.

## Allgemeine Sammeltechnik

Zum Fang von Fliegen benutze man einen festen Netzbügel (▶ **Abb. 112**), über den ein Netzbeutel aus feinmaschigem Tüll oder Müllergaze gezogen ist (sog. Dipterennetze). Kleine Dipteren, vor allem Mücken, lassen sich leicht mit einem Exhaustor (▶ **Abb. 6**) sammeln. Dazu eignen sich am besten Modelle, deren Luftstrom beim Ansaugen nicht direkt in die Mundhöhle des Sammlers gelangt. Ferner verwende man zum Abdichten des Exhaustors möglichst feinmaschige Gaze, damit von Fliegen abgesetzte Eier beim Ansaugen aufgehalten werden. In bestimmten Gebieten der Erde (Russland, Amerika und Alaska) besteht nach HURD (1954) sonst die Gefahr der Infektion mit der Beulenkrankheit (Myiasis). Sollen Mücken in lebendigem Zustand aufbewahrt werden, verwende man den von KUZNETSOV (1970) beschriebenen und abgebildeten Exhaustor. Dieser kann von Biotop zu Biotop jeweils mit einem neuen tubenartigen Einsatz versehen werden, der nach dem Herausnehmen aus dem Fanggerät gleich als Käfig dient.

Aus dem Netz wird der Fang in ein weithalsiges Giftglas überführt. Fliegen können in gleicher Weise wie Hymenopteren getötet werden. Wichtig ist, mit dem Ethergemisch sparsam umzugehen, damit die Tiere trocken bleiben. In dieser Hinsicht hat man keine Probleme, wenn die von MUCHE (1958) empfohlenen Sammelgläser benutzt werden. Man benötigt dazu mit Gummikorken versehene weithalsige Gläser von 10 cm Länge und etwa 3 cm Durchmesser. Der Boden des Glases wird mit einer reichlich 1 cm hohen **Füllung von Paradichlorbenzen** ausgegossen, das in einem Reagenzglas über einer Flamme geschmolzen wurde. Nach dem Erstarren des Paradichlorbenzens ist das Glas gebrauchsfertig. Es lassen sich mit diesen Gläsern keine Massenfänge abtöten, aber für einzelne Fliegen, Hautflügler oder Libellen haben sie sich ausgezeichnet bewährt. Das gilt insbesondere für Tipuliden, die beim geringsten Anlass ihre Füße verlieren. Sobald die Tiere verendet sind, entnimmt man sie den Tötungsgläsern mit einer weichen Pinzette. Beim Abtöten einiger Gruppen – z. B. kleiner Schwebfliegen – kann die Benutzung des Paradichlorbenzen-Glases jedoch zu erheblichen Verkrampfungen führen, was beim Präparieren nachteilig ist.

Musciden sollte man nur trocken aufbewahren, da sich bei nasser Konservierung wichtige Bestimmungsmerkmale wie Farbe und Bestäubung verändern.

## Spezielle Sammelmethoden

Fliegen sind bei günstigem Wetter während der Sommermonate überall anzutreffen. Man fängt sie leicht in der Umgebung von ausgelegten Ködern (z. B. Leber, Kot, Weichkäse) oder aus hohem Gras mit dem Netz. Die meisten Vertreter sind tagsüber aktiv, es gibt aber auch Formen, die nachts fliegen. Diese Besonderheiten haben zur Entwicklung mannigfaltiger **Fang- und Zuchtmethoden** geführt.

LINDNER (1949) gibt eine Übersicht, welche Dipterenformen sich züchten lassen und welche nicht. Allein durch die Zucht ist es möglich, alle Entwicklungsstadien und die Imagines beider Geschlechter zu erlangen, deshalb sollte dieser Sammelmöglichkeit große Aufmerksamkeit gewidmet werden. Speziell wird in der Anleitung auf die Zucht von Minenfliegen und Gallmücken eingegangen. Einen **mechanischen Ausleseapparat** für diese Zwecke beschreibt SKUHRAVÁ (1957). Außerdem liegt von der gleichen Autorin (1963) eine Anleitung zum Sammeln und Züchten von Gallmücken und ihrer Gallen auf Wildpflanzen vor.

TARSHIS (1968) testete die Verwendung von verschiedenen Geweben – die besten Ergebnisse wurden mit feinmaschiger Leinengaze erzielt – zum Sammeln von Simuliiden-Larven aus Fließgewässern für deren Zucht in stark belüfteten Aquarien. Angaben über die Selbstherstellung und Verwendung von Zuchtkapseln, speziell für Dipteren, liegen von ZOERNER (1970) vor.

HADORN et al. (1952) stellen zum Fang von *Drosophila* eine **Ködermasse aus Früchten** her, der etwas Hefe zugesetzt wird. Auf den Boden von 5-Liter-Gefäßen gießt man etwa 1 Liter der Ködermasse und fängt die sich einfindenden Fliegen ab.

Über die Sammel- und Zuchtmethoden **parasitärer Fliegen** berichtet EICHLER (1952) ausführlich. BEREZANTZEV (1952) verwendet zum Fang von Stechfliegen eine **dunkle Stoffglocke.** Im oberen Teil des transportablen Gerätes befindet sich eine Öffnung von 14 cm Durchmesser, in die ein Mullsieb eingebaut ist. Alle Blutsauger, die in die Stoffglocke geraten sind, beginnen auf diese Öffnung zuzufliegen und fallen in das Mullsieb. Mit dem Gerät lassen sich nicht nur Stechmücken, sondern auch Bremsen fangen. Die Arbeit enthält eine detaillierte Bauanleitung. Dasselbe gilt für die Ausführungen von VAN DINTHER (1953) sowie von GROTH (1968). Letzterer beschreibt den **Einsatz reusenartiger Fliegenfallen** unter besonderer Berücksichtigung der Köderfrage, ebenso STEINBORN (1981). Vergleichende Untersuchungen der Ergebnisse verschiedener Fangverfahren an brachyceren Dipteren liegen von POTAPOV & BOGDANOVA (1973) sowie BÄHRMANN (1976) vor. Ferner sei auch noch auf den von LAUTERER & CHEMLA (1972) praxiserprobten Fangapparat für synanthrope Fliegen in Räumen hingewiesen.

Hinweise zum Sammeln und Züchten der Larven von Vogelblutfliegen gibt LINDNER (1959/60).

JONASSON (1954) konstruierte eine **Trichterfalle**, die an einem Korkschwimmer unter Wasser gelassen wird, um die Schlupfhäufigkeit von Insekten zu erfassen. Auch nach LINDEBERG (1958) lassen sich die sonst kaum erreichbaren, aus kleinen Felstümpeln schlüpfenden Chironomiden sehr gut mit einer Trichterfalle fangen. Eine ähnliche Falle, die auch bei geringer Wassertiefe (bis 5 cm) eingesetzt werden kann, beschreiben AUBIN u.a. (1973).

Eine **schwimmende Klebfalle** setzte DEONIER (1972) zum Fang von Dipteren und anderen auf der Wasseroberfläche lebenden Insekten ein. Dazu wird eine auswechselbare Plastscheibe von 22 cm Durchmesser auf einem Styroporstück angebracht und mit einem geeigneten Klebstoff bestrichen.

SCHNEIDER (1958) setzt überdimensionierte **künstliche Blumen zum Fang** von Schwebfliegen und anderen Dipteren ein. Die Attraktionswirkung der gelben Papierblumen erreicht im März ihr Maximum, wenn erst wenige Futterpflanzen vorhanden sind und die Fliegen zur Entwicklung ihrer Ovarien auf Pollennahrung angewiesen sind. Die Blumen bestehen aus starkem, gelben Papier oder Halbkarton und besitzen die Form eines zwölfzackigen Sterns von etwa 15 cm Durchmesser. Sie werden mit einer dünnen durchsichtigen Rohrzuckerglasur überzogen. In der Mitte wird ein rundes Loch von 7 mm Durchmesser ausgestanzt. Um den Blumenattrappen auf dem Boden einen sicheren Halt zu geben sowie die Kontrastwirkung zu erhöhen und als Schutz gegen Bodenfeuchtigkeit werden sie dann lose auf quadratische, schwarze, unterseits paraffinierte Kartonplatten geklebt. Zwischen Blume und Karton schiebt man einen Streifen Fließpapier, auf den unmittelbar vor Gebrauch durch die runde zentrale Öffnung ein Tropfen Duftstoff aufgetragen wird. Als Duftköder wird eine Mischung gleicher Teile von Pfefferminz-, Thymian- und Anisöl verwendet. Geeignete Sammelplätze sind Waldränder an Steilhängen, die nach Süden abfallen. Die Blumen werden am Morgen eines sonnigen windstillen Tages in isolierten Gruppen von 10 bis 25 Stück rund um Erdkuppen oder Bodenwellen ausgelegt, so dass sie nicht nur von oben, sondern auch seitlich aus verschiedenen Himmelsrichtungen gesehen werden können. Bei Windstille sind die „Blumenfelder" in eine Duftwolke gehüllt. Wenn sich Fliegen in der Nähe aufhalten und die Temperatur und Windverhältnisse günstig sind, beginnt der Anflug in der Regel sofort. Die Fliegen setzen sich auf den Zuckerbelag, den sie mit ihrem Speichel abzulösen beginnen. Diese Art der Nahrungsaufnahme ist jedoch viel mühsamer und dauert bedeutend länger, als wenn die Nahrung in flüssiger Form dargeboten würde. Man hat also reichlich Zeit, mit dem Netz die Fliegen von den einzelnen Blumengruppen abzufangen.

Zum selbsttätigen Fang von Bremsen und Blumenfliegen eignen sich auch die im ersten Kapitel beschriebenen **Farbschalen** (MOERICKE-Schalen). Bei niedriger Vegetation stellt man die Schalen auf den Boden. Bei Pflanzenbeständen von mehr als einem halben Meter Höhe werden die Fangschalen in einen aus Walzdraht gebogenen Ständer gehängt.

Über die Verwendung von matt-schwarzen Farbschalen im Bereich von Baumkronen zum Fang von Dolichopodiden berichten DIESTELHORST & LUNAU (2001). Dabei macht man sich die Tatsache zunutze, dass die Larvalentwicklung vieler Vertreter dieser Familie in wassergefüllten Baumhöhlen und anderen feuchten Stellen wie z.B. Astgabeln stattfindet. Auf der Suche nach geeigneten Eiablageplätzen fliegen die Weibchen die dunklen Farbschalen an. So gelangt man an sehr interessante Arten, die sonst kaum gefangen werden.

Seine Erfahrungen über die Fangweise von Bremsen für systematische Zwecke hat MOUCHA (1963) zusammengestellt. Tabaniden treten am häufigsten in der Nähe von Gewässern auf. Die höchste Flugaktivität liegt unter mitteleuropäischen Verhältnissen in den heißen Mittagsstunden. Man fängt Bremsen mit dem üblichen Luftnetz in der Nähe von weidenden Haustieren. Weibliche Bremsen kann man auch mit Kohlendioxid anlocken, indem man Trockeneis auslegt. THOMPSON (1967) testete mit Trockeneis beschickte, kegelförmige Plastikfallen und erzielte damit gute Ergebnisse. Nicht blutsaugende Arten halten sich besonders an Korbblütlern auf. Die erbeuteten Tiere werden in Essigetherdämpfen getötet und danach gleich genadelt oder auf Expeditionen zwischen Papierwatteschichten transportiert (▶ **Abb. 88**). Wichtig ist, bei den Arten der Gattung *Tabanus* die Zahl der Augenbinden am lebenden Tier festzustellen. Man schreibt es am besten auf den Fundortzettel, denn am trockenen Präparat sind sie nicht mehr zu erkennen. Sollten die Angaben beim Bestimmen fehlen, müssen die in Betracht kommenden Exemplare einige Stunden in eine feuchte Kammer gesteckt werden. Nach der Rehydration sind die Binden wieder deutlich sichtbar. In schwierigen Fällen benutze man die von GOFFE (1932) angegebene Rezeptur, bestehend aus 1 Teil Eisessig, 1 Teil Glyzerin, 1 Teil Quecksilber-Perchlorid-Lösung und 48 Teilen absoluten Alkohols. Legt man frisch abgetötete Tiere in diese Lösung, so bleiben die Binden erhalten, bei ausgetrocknetem Material werden diese schnell und gut sichtbar.

Da die Bremsen wohl die wichtigste Familie der blutsaugenden Dipteren darstellen, beschäftigt man sich nicht nur aus hygienischen, sondern auch aus wirtschaftlichen Gründen recht intensiv mit deren Erforschung. Erprobte Sammelmethoden stellten THOMPSEN (1969) und BASTIAN (1986) zusammen.

Über den besonders erfolgreichen Einsatz einer **Malaise-Falle von goldgelber Farbe** für diese Zwecke berichtet ROBERTS (1970 und 1971). Beschreibung und Abbildung der vielfältig nutzbaren **Manitoba-Fliegenfalle** liegen von THORSTEINSON u. a. (1965), KUNDSEN & REES (1968), THOMPSON (1969) sowie KNIEPERT (1979a) vor. Über Passregionen wandernde Imagines können in großen Mengen auch mit den von AUBERT (1969) erprobten 6 m hohen und 12 m tiefen, halbkreisförmig aufgebauten Fangnetzen erbeutet werden. Das unterschiedliche Verhalten der Bremsen führte auch zur speziellen Entwicklung von Fangmethoden für Männchen und Weibchen. Einzelheiten entnehme man der umfassenden, mit 8 Abbildungen unterschiedlicher Fallentypen versehenen Publikationen von VÖLLGER (1985).

Fallen zum **Fang von Kriebelmücken und Bremsen** entwickelten VLADIMIROVA & POTAPOV (1963). KNIEPERT (1979) nutzt die anlockende Wirkung der Lichtspiegelung an Wasseroberflächen für den Fang von Bremsen. Über einer 1,5 × 3 m großen Folie aus schwarzem, glänzendem PVC, die an gut sichtbarer Stelle im Freien auf den Boden gelegt wird, gelang es, weitaus mehr Bremsen-♂♂ zu erbeuten, als dies mit bisher bekannten Methoden erreichbar ist. Den **Einsatz des Autokeschers** (▶ **Abb. 87**) zum Studium von Dipterenpopulationen beschreiben BIDLINGAMAYER (1966) sowie STEELMAN u. a. (1968). Letztere verwendeten zum Fang von blutsaugenden Dipteren auch einen **Bootskescher**.

WAEDE (1961) berichtet über Bau und **Anwendung eines Erdbohrers,** der sich bei Untersuchungen der Biologie einiger Gallmücken bewährt hat. Für nähere Informationen über das Sammeln von Dipteren spezieller Lebensräume schlage man bei folgenden Autoren nach: IVES (1953) – Höhlenbewohner, BRELAND (1957) – holzbewohnende Dipteren, GRIGARICK (1959) – Fliegen der Wasseroberfläche, DUBROVSKY u. a. (1970) – Sandfliegen und BAUMANN (1977) – Dipteren in unterirdischen Gangsystemen. Weiterhin beschäftigen sich die Arbeiten von DOW (1959) mit Blutsaugern und von FREDEEN (1959) mit den Simuliidae.

Das Sammeln von Halm- und Minierfliegen mittels Farbschalen, Bodenfallen, Photoelektoren, Isolationsquadraten, Windreusen und auf Feuerschiffen beschreibt v. TSCHIRNHAUS (1981) ausführlich.

Welche Bedeutung der **Lichtfang** in der Dipterologie erlangt hat, beweisen die methodischen Arbeiten folgender Autoren: NELSON & CHAMBERLAIN (1955), KIRCHBERG (1956), HANSON (1959), LOOMIS & SHERMAN (1959), LOOMIS (1959) und ZHOGOLEV (1959). Sofern kein Stromanschluss vorhanden ist, verwende man die von SHCHERBINA (1964) entwickelte **transportable Lichtfalle.** Mittels Batterie wird sowohl die Lampe als auch ein zweiflügeliger Ventilator, der die ans Licht fliegenden Insekten ansaugt, betrieben.

Den Einsatz motorbetriebener Saugfallen zum Fang großer Mengen von Dipteren beschreiben DOWELL (1965), MATHYS (1965) sowie DAVIS & GOULD (1973).

## Gliederfüßer (Arthropoda)

Eine Reihe verschiedener Fallentypen unterschiedlichster Art (Licht-, Saug-, Kleb-, Köder- und Tiermodellfallen stellt MUIRHEAD-THOMSON (1991) vor.

### Präparationstechnik

Auch bei Dipteren wird in der Regel so verfahren, dass man große Arten nadelt, kleine Formen dagegen auf Minutienstifte montiert, festklebt oder als Mikropräparat einbettet bzw. in Flüssigkeit aufbewahrt. Obwohl die Präparation an sich einfacher ist als bei Käfern und Faltern, erfordert sie nicht weniger Aufmerksamkeit und Geschick. Grundsätzlich sollten Dipteren möglichst frisch präpariert werden. Bleiben sie im Gelände zu lange im Tötungsglas, leidet durch das unvermeidliche Schütteln bald die feine Bereifung und mitunter auch die Beborstung, die für die Bestimmung außerordentlich wichtig ist. Das bei getrockneten Insekten übliche Aufweichen vertragen Fliegen nur in beschränktem Maße.

Dipteren, die größer als Stubenfliegen sind, werden mit Insektennadeln Nr. 0 oder Nr. 1 genadelt. Meist wird die Fliege von der Oberseite des Thorax her hinter der Transversalnaht etwas rechts von der Mittellinie genadelt. Wie üblich muss man die Nadel im rechten Winkel zur Längsachse des Körpers durch den Thorax stecken. Auf einem Spannklotz wird die Nadel vorsichtig so weit durch das Tier geschoben, bis der Nadelkopf etwa 10 mm über dem Rücken der Fliege steht. Fliegen werden dann nicht wie Schmetterlinge gespannt. Nach LINDNER (1933 und 1949) genügt es bei den Dipteren, dass die Flügel – wenn möglich – horizontal in einem spitzen Winkel zueinander, symmetrisch zur Körperlängsachse, so weit vom Körper abstehen, dass Zeichnung, Färbung, Behaarung und Beborstung des Abdomens von oben gut sichtbar sind. Sehr oft sind bei Tipuliden und Nematoceren die Flügel nach oben gestellt. Wenn sich bei den betreffenden Stücken ein erheblicher Widerstand gegen eine Veränderung der Stellung bemerkbar macht, lässt man sie am besten in der eingenommenen Haltung. Um das lästige Absinken des Abdomens zu verhindern, genügen meist zwei kreuzweise darunter gesteckte Insektennadeln. Das sollte auch auf Exkursionen getan werden, sobald man die Fliegen in die Sammelschachtel gesteckt hat.

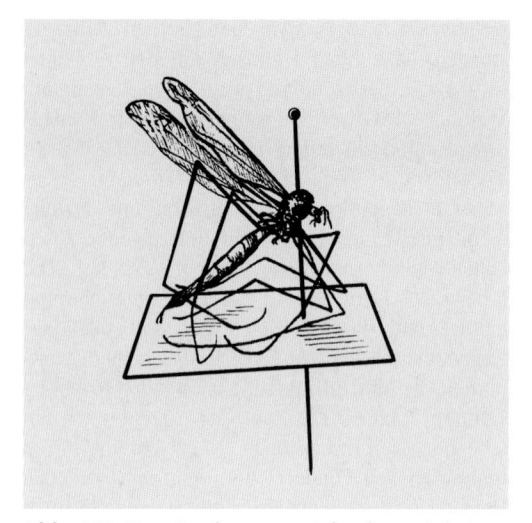

**Abb. 140** Zum Trocknen von Schnaken wird ein Kartonplättchen auf die Nadel geschoben. In dieser Stellung nehmen die Beine den geringsten Platz ein und brechen beim Hantieren nicht ab.

Sehr wichtig ist, die Beine der größeren Fliegen nicht abstehen zu lassen, sondern sie möglichst unter dem Körper zusammenzulegen. Das ist besonders bei der Präparation von Tipuliden zu beachten, deren lange Füße körbchenförmig zusammengeschoben werden müssen, damit sie bei der Determination nicht abbrechen (vgl. ▶ **Abb. 140**).

Sehr brauchbar für die Präparation von Dipteren und deren Larven ist die Methode von MCRAE (1987). Dabei wird das Material über die Alkoholreihe in absoluten Alkohol gebracht und anschließend in einem Diethylether-Bad entwässert. Das Verfahren wurde bereits bei den Käfern ausführlich erörtert.

Bezüglich der **Präparation von Schmarotzer- und Aasfliegen** empfiehlt HERTING (1961) u. a. folgendes zu beachten:

1. In den Zuchtgefäßen ausgekommene Tachinen werden zweckmäßigerweise erst getötet, wenn das Chitin voll ausgefärbt und erhärtet ist. Andererseits sollte man die Tiere nicht tagelang unbeachtet lassen, bis sie bereits beschädigt oder eingegangen sind.

2. Zum Töten verwendet man am besten Essigether. Eine direkte Berührung mit dem flüssigen Tötungsmittel ist zu vermeiden, da sonst die Körperoberfläche durchtränkt und schließlich fettig ist, wodurch die charakteristische Berei-

fung verschwindet. Der Essigether erzeugt eine kurzzeitige Totenstarre, die nach 2 bis 4 Stunden wieder verschwindet.
3. Um unbeschädigte Präparate zu erhalten, ist es notwendig, die Fliegen noch während der Starre (etwa 1 Stunde nach dem Einbringen in das Tötungsglas) zu nadeln, solange nämlich die Borsten noch elastisch in ihrer natürlichen Lage verbleiben. Nach Lösung der Starre (etwa 6 Stunden später, bis dahin ist ein Antrocknen der Tiere zu vermeiden) kann man die abgespreizten Beine in den Gelenken beugen und unter den Körper biegen. Zwischen Pleuren und Femora und zwischen diesen und den Tibien muss jedoch soviel Platz bleiben, dass alle morphologischen Einzelheiten sichtbar sind.

Zahlreiche Fliegenarten lassen sich nur nach dem Bau des männlichen Genitalapparates bestimmen. Es wird deshalb geraten, bei Vertretern der Familien Calliphoridae, Tachinidae, Muscidae und Asilidae den **Genitalapparat** vor dem Erhärten der Fliege, einige Stunden nach dem Abtöten, mit einer spitzen Nadel hervorzuziehen und, falls erforderlich, in geeigneter Weise auf der vorhandenen Unterlage festzustecken. Trockenes Material muss zu diesem Zweck erst in der üblichen Weise aufweichen. Im Gegensatz zu vielen Calliphoridae, wo das Hypopygium abgeklappt werden kann, muss es nach ZIELKE (1971) bei den Muscinae mit feinen Lanzettnadeln heraus präpariert werden. Dies ist nach einiger Übung ohne Verletzung des Abdomens möglich. Beim Weibchen kann auf ähnliche Weise das letzte Segment abgenommen werden, in dem sich die teleskopartig zusammengeschobene Legeröhre befindet. ZIELKE mazeriert die Genitalien rund 16 Stunden in 15%iger Kalilauge. Nach anschließender gründlicher Wässerung präpariert er bei den männlichen Genitalien mit Hilfe von Nadeln die Cerci mit den Paralobi und das Phallosom frei und bringt es auf Objektträger. Das Phallosom wird seitlich, die Cerci werden dorso-ventral eingebettet wie die weibliche Legeröhre. Als Einbettungsmedium hat sich der optischen Eigenschaften wegen das BERLESE-Gemisch bewährt.

Die Vorteile von **Milchsäure als Mazerationsmittel** beschreibt u.a. CUMMING (1992). Nähere Informationen dazu wurden bereits bei den Käfern gegeben.

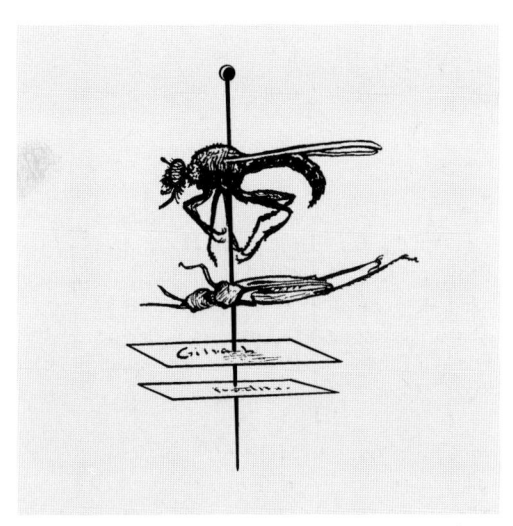

**Abb. 141** Raubfliege, mit ihrem Beutetier auf eine Nadel montiert.

SZILÁDY (1943) empfiehlt, die Schnaken an den Flugwurzeln zu fassen und die Nadel langsam durch den Thorax zu schieben. Dabei darf die Nadelspitze nicht durch eine Hüfte austreten, sonst reißt die betroffene Extremität ab. Sobald das Tier richtig auf der Nadel sitzt, schiebt man ein der Größe des Tieres entsprechendes Kartonplättchen nach und drückt es bis auf 1 cm an den Körper. Nun werden die Beine auf dem Plätzchen geordnet und die Schnake wird zum Trocknen aufgestellt (▶ **Abb. 140**). Vor dem Einordnen in die Sammlung streift man das Plättchen vorsichtig ab und steckt den erforderlichen Fundortzettel an seine Stelle.

Zuweilen werden Raubfliegen (Asilidae) mit einem Beutetier gefangen. Es empfiehlt sich, beide Insekten in der üblichen Weise zu präparieren und dann gemeinsam auf eine Nadel zu spießen (vgl. ▶ **Abb. 141**).

Kleine Fliegen oder Mücken bringt man am besten, vor Hitzeeinwirkung geschützt, in lebendem Zustand nach Hause. Sie werden dann unmittelbar nach dem Abtöten unter einer Lupe oder dem Binokular genadelt. Man steckt die Minutiennadel mit einer Steckpinzette im rechten Winkel zur Längsachse des Tieres entweder seitlich oder von unten in den Thorax. Vorteilhaft für das Insekt und für den Systematiker ist es, wenn der Thorax dabei möglichst nicht durchstochen wird. Der Thorax und vor allem die Beborstung

## Gliederfüßer (Arthropoda)

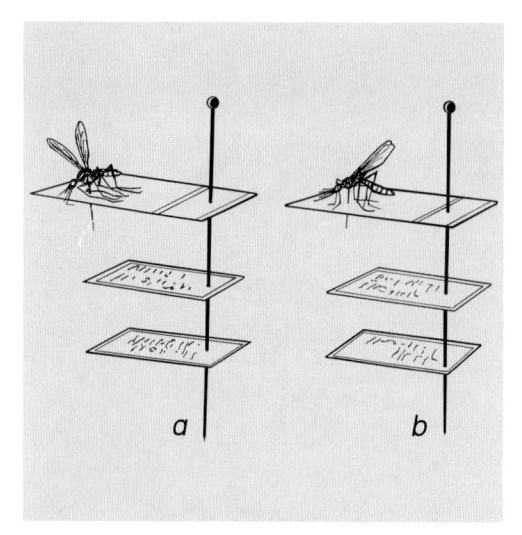

**Abb. 142** Auf Minutienstifte genadelte Mücken.
a) seitlich in den Thorax genadeltes Exemplar,
b) in aufrechter Haltung montiertes Exemplar, die Minutie steckt zwischen den Hüften.

des Rückens werden dabei meist so stark lädiert, dass die Bestimmung des Objekts große Schwierigkeiten bereitet, zuweilen sogar unmöglich ist. Das genadelte Insekt wird dann auf ein Kartonplättchen oder Schaumstoffklötzchen montiert. Wie Nadeln und Plättchen angeordnet werden, zeigt ▶ Abb. 138. Für Mücken wähle man die Unterlage möglichst in rechteckiger Form, damit die Beine geschützt auf ihr liegen können (▶ Abb. 142).

Das **seitliche Aufkleben** kleiner Dipteren auf zugespitzte Kartonplättchen ist wenig gebräuchlich. Nachteilig wirkt sich vor allem aus, dass das Objekt nur einseitig betrachtet werden kann und der Leim zuweilen die Beurteilung der Beborstung unmöglich macht. Diese Mängel weist das Klebverfahren nach Kessel (1962) nicht auf. Die Arbeitsweise gliedert sich folgendermaßen: Bald nach dem Abtöten müssen die Flügel der Tiere parallel über dem Rücken zusammengedrückt werden. Man benötigt dazu eine spitze Pinzette, die beiderseits an der Basis der Flügel angesetzt wird, wenn das Insekt auf dem Rücken liegt. Die derart vorbehandelten Fliegen werden an der dem Präparator zugewandten Kante eines Präparierblockes in einer Reihe so hingelegt, dass der Kopf nach links und die Flügel zum Präparator zeigen (▶ Abb. 143a). Vor dem Montieren wird das auf eine Insektennadel geschobene Kartonplättchen am spitz zulaufenden Ende vorsichtig mit einem farblosen Klebstoff (z. B. Nagellack) eingestrichen und die Spitze mit der Fliege in Berührung gebracht (▶ Abb. 143b). Die Montage ist gut, wenn die Spitze des Kärtchens das rechte Pleuralgebiet berührt und der rechte Flügel ganz angeleimt ist (▶ Abb. 143c). Die Nadel kann herumgedreht werden, wenn die Fliege ausreichend haftet. Dieses einfache Verfahren kombiniert die guten Eigenschaften mehrerer traditioneller Methoden.

**Abb. 143** Klebverfahren nach Kessel. a) An der Kante des Präparierblockes zum Aufkleben richtig orientiert liegende Fliege. Die Spitze des Klebeplättchens wird aufgelegt. b) Das Klebeplättchen im richtigen Kontakt mit Flügel und Körper, c) die fertig aufgeklebte Fliege.

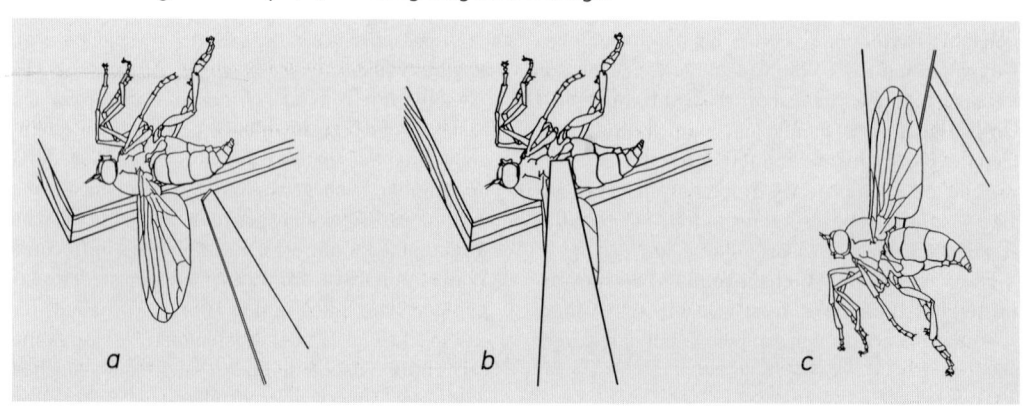

Für einige besonders kleine Arten („Mikrodiptera") besteht die günstigste Präparationsmethode darin, die Exemplare in Kanadabalsam oder einem ähnlichen Medium einzubetten, da Trockenpräparate zu empfindlich sind uns sehr schnell unbrauchbar würden. Mit der **Anfertigung von Mikropräparaten** aus altem, genadeltem Material befassen sich MENZEL & MOHRIG (1991). Dazu wandeln sie das Pepsin-**Aufweichverfahren** nach KLEß (1986) - siehe Abschnitt Coleoptera - etwas ab und mischen 2,5 g Pepsin, 2,5 ml konzentrierte Salzsäure und 100 ml Aqua dest. In diese Lösung werden die genadelten Insekten gegeben. Nach 24-stündiger Wärmebehandlung bei 50 °C lassen sich die Tiere problemlos von den Nadeln lösen. Anschließend wird das Material über die Alkoholreihe entwässert und nach 15-minütiger Kreosotbehandlung wird das Hypopygium der Männchen abgetrennt und neben dem Tier in Ventalansicht eingebettet.

Mitunter kann es erforderlich sein, Trockenpräparate von Mücken anzufertigen, die in Alkohol aufbewahrt wurden. Um zu verhindern, dass sich die Flügel beim Trocknen zusammenfalten, entwickelte FÖRSTER (1973) folgende Methode: Man bringt die Mücke auf ein Blatt Fließpapier unter das Binokular oder die Präparierlupe. Nun dreht man die Mücke mit der Ventralseite nach oben und richtet sie mit der Präpariernadel so aus, dass ein Flügel links und ein Flügel rechts zu liegen kommt. Jetzt bringt man mit einer Pipette je einen Tropfen Alkohol auf jeden Flügel: diese glätten sich sofort. Gelegentlich muss man mit der Nadel etwas nachhelfen, aber unter Ausnutzung der aufschwemmenden Wirkung des Alkoholtropfens ist die Ausbreitung der Flügel sehr leicht zu erreichen. Nun lässt man die Flügel auf dem Fließpapier trocknen. Wenn sie trocken sind, fährt man mit einer Präpariernadel unter die Mücke und hebt diese leicht ab, die Flügel werden mit der Nadel vom Papier gelöst. Anschließend wird die Mücke nach der üblichen Methode aufgeklebt. Aus Schalenfängen entnommene Dipteren, die als genadelte Trockenpräparate aufbewahrt werden sollen, kann man auch für einige Minuten in Essigsäureäthylester überführen. Anschließend werden sie mit einem Haarfön getrocknet, wobei sich die verklebte Körperbehaarung wieder aufrichtet (CLAUSSEN 1982).

Natürlich eignet sich zur Herstellung solcher Trockenpräparate von alkohol-konservierten Insekten auch besonders die **Vakuum-Gefriertrocknung**. Dazu wird das Material genadelt (z. B. auch auf Minutien), für weitere 4 bis 6 Stunden in frischen Alkohol gelegt und danach kurz mit Aqua dest. gespült. Dann werden die Tiere in ein gefriersicheres Gefäß gebracht und unter vollständiger Wasserbedeckung eingefroren. Nun schließt man das Vakuum an. Nach BAUMANN (1979) trocknet das Material bei einem Druck von 5 mm Hg und einer Temperatur von −15 °C über Nacht, wobei eine Nachtrocknung im Hochvakuum das Ergebnis verbessert. Auf Grund des hohen technischen Aufwandes nehmen viele Entomologen jedoch Abstand von dieser Methode.

BAUMANN (1979) stellt ein Verfahren vor, das bei geringem apparativen Aufwand viel Zeit erfordert. Hierbei wird eine durchsichtige Kühlschrankdose bis zur Hälfte mit grobkörnigen Calciumchlorid gefüllt und dieses mit fester Nylongaze abgedeckt. Die Gaze wird an den Wänden der Dose festgeklebt. Die Tiere werden wie bereits oben beschrieben genadelt und dann „kopfunter" in möglichst enge Kunststoffröhrchen oder speziell dafür angefertigte, mit Bohrungen versehene Plexiglasplatten gebracht. Nun wird tropfenweise so viel Wasser zugegeben, dass die Insekten gerade bedeckt sind (je mehr Wasser, um so länger dauert die Trocknung). Diese Röhrchen werden auf den Deckel der Kühlschrankdose gestellt. Die Dose selbst wird mit ihrer Calciumchloridfüllung über die Präparate gestülpt und auf den Verdampfer eines Haushaltskühlschrankes gestellt. Eine Temperatur von −5 °C reicht aus. Tiefere Temperaturen verlangsamen den Prozess ohne bessere Ergebnisse zu erzielen. Der Autor gibt bei einer Dosengröße von $10 \times 20 \times 6$ cm und einer Probenanzahl von 140 mit insgesamt nur 6 bis 8 ml Wasser eine Trocknungszeit von drei Wochen an. Nach der Entnahme aus dem Kühlschrank lässt man Tiere noch einen Tag lang akklimatisieren und nachtrocknen.

Brown (1993) verwendet zur Präparation von Dipteren HMDS (Hexamethyldisilazan). Dazu werden die Objekte in absoluten Alkohol entwässert. Dann für eine Stunde in ein kleines Röhrchen mit reinem HMDS legen. Nach 30 Minuten das HMDS wechseln, bei viel Material (50 Tiere und mehr) das HMDS ein zweites mal wechseln. Danach das HMDS mit den Fliegen unter einem Abzug in eine flache Schale gießen und das HMDS verdunsten lassen. Die Tiere sind jetzt in einem perfekten Zustand für die Trockenpräparation. Unbedingt einen Abzug verwenden – HMDS ist eine hautreizende, leicht brennbare Flüssigkeit!

Ausführliche Angaben über das Montieren von Dipteren macht AUDCENT (1942). Ein Verfahren, mikroskopische Dauerpräparate von Mücken herzustellen, ohne sie in Kanadabalsam einzubetten, beschreibt REICHARDT (1951). Hinweise über die Konservierung von Gallmücken enthält die Arbeit von FRÖHLICH (1960).

Sehr eingehend begründet SCHLEE (1966), dass das Nadeln von Chironomiden abzulehnen ist, weil an Trockenpräparaten zahlreiche Merkmale nicht mehr exakt erfassbar sind. Frisch getötete Imagines bewahre man in 70 bis 80%igem Alkohol auf. Von diesem Material werden dann mikroskopische Dauerpräparate angefertigt. Spezielle Einzelheiten entnehme man der Originalarbeit; dasselbe gilt für die Ausführungen von SCHLEE (1968) über die Behandlung ausgeblichenen bzw. getrockneten Materials und das Reparieren schadhafter Präparate.

Obwohl unter einigen Dipterenspezialisten eine Abneigung besteht, mit Alkoholmaterial zu arbeiten, entschied sich v. TSCHIRNHAUS (1981) doch zu solch einer Konservierung, weil sich die empfindlichen Farben der Halm- und Minierfliegen einschließlich der Augenfärbung nicht verändern, wenn das Material – nachdem es zur Vermeidung von Schrumpfungen einige Tage bis Wochen in 70%igem Alkohol gelegen hat – in absoluten Alkohol überführt wird. Zur **Aufbewahrung von Dipteren in Alkohol** eignen sich nach STARK (pers. Mitt.) besonders solche Gefäße, die in der Kryotechnik üblich sind (sog. Microvials). Sie sind chemikalienresistent, dichtschließend und unzerbrechlich, weshalb man sie auch für den Versand von Sammlungsmaterial in Alkohol benutzen kann. Um Manipulationen am alkoholgehärteten Material weitgehend zu vermeiden, erfolgte die Genitalpräparation möglichst bald nach Abtötung. Einzelheiten über die Anfertigung derartiger Präparate und die zweckmäßige Aufbewahrung von Genitalpräparaten beschreibt eingehend v. TSCHIRNHAUS.

Die **Präparation der Entwicklungsstadien** großer Dipteren lässt sich in gleicher Weise wie bei den Käfern auf Seite 190 f. und bei den Schmetterlingen auf Seite 221 ff. beschrieben durchführen. Sollen Nematocerenlarven für mikroskopische Zwecke eingebettet werden, muss man sie in gestrecktem Zustand töten. Brachyceren- und *Anopheles*-Larven strecken sich am besten durch Übergießen mit kochendem Wasser, *Aëdes*- und *Culex*-Larven in einem Gemisch von Alkohol 90%ig und Schwefelether (2:1). Nach dem Tode werden die Larven sofort in 70%igen Alkohol übertragen, in Abständen von 24 Stunden entwässert, über Zedernöl geführt und in Kanadabalsam eingebettet.

Weitere Angaben enthalten folgende Arbeiten: EICHLER (1940), FOOTE (1952), FRIEDERICHS (1941) sowie MENON (1951).

## Schnabelkerfe (Rhynchota, Hemiptera)

In dieser Ordnung werden auf Grund des Baues ihrer stechend-saugenden Mundteile die Wanzen (Heteroptera) mit über 40 000 Arten, die Zikaden (Auchenorhyncha, Homoptera) mit ca. 30 000 Arten sowie die Pflanzensauger (Sternorrhyncha – etwa 8000 Arten) mit den Blattläusen (Aphidina), Schildläusen (Coccinea), den Mottenschildläusen (Aleyrodina) und den Blattflöhen (Psyllina) zusammengefasst. Die Größe der Wanzen schwankt zwischen 1 mm und 10 cm Länge. Es sind meist gedrungene, seltener stabförmige Insekten mit zwei gut entwickelten, auf dem Rücken zusammengelegten Flügelpaaren. Der überwiegende Teil der Wanzen lebt auf dem Lande, nur eine geringe Anzahl von ihnen ist sekundär zum Leben im Wasser übergegangen. Während es unter den Heteropteren sowohl pflanzensaftsaugende, räuberische und blutsaugende Arten gibt, sind Auchenorrhyncha und Sternorrhyncha durchweg pflanzensaugende Landinsekten. Abgesehen von den überwiegend in warmen Regionen lebenden großen Zikaden handelt es sich meist um kleine Arten.

### Allgemeine Sammeltechnik

Zum Sammeln von Wanzen benötigt man die gleichen Hilfsmittel wie für Käfer. Das wichtigste Fanggerät ist der **Streifsack** oder **Kescher** (▶ **Abb. 144**). Er besteht aus einem Stiel, dem mit Löchern versehenen Stahlbügel und dem Beutel. Durch die Löcher wird der feste Leinenbeutel angenäht. Man schiebe den Beutel also nicht wie beim Luftnetz

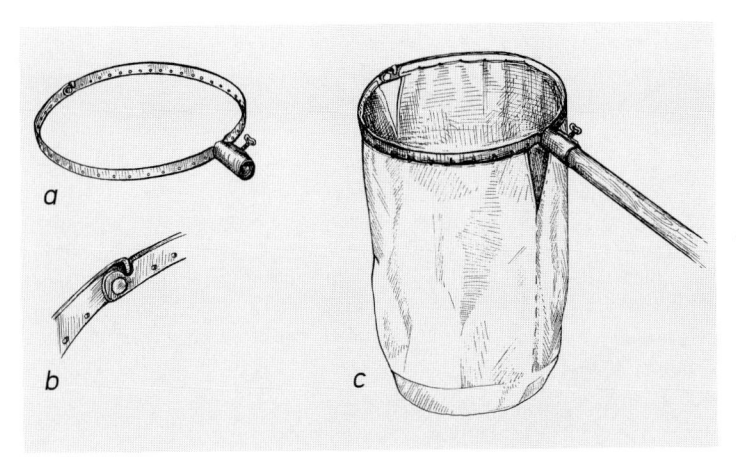

**Abb. 144** Streifsack oder -kescher. a) Zusammenlegbarer Stahlbügel mit Bohrungen zum Befestigen des Stoffsackes, Durchmesser 30 cm; b) Haltevorrichtung am Bügel, c) montierter Streifsack mit Stiel.

auf den Bügel, da sonst der Rand des Streifsackes beim Keschern zu schnell zerschlissen wird. Mit dem Kescher werden die Pflanzenbestände systematisch abgestreift (s. ▶ **Abb. 8**). Jeweils nach wenigen Schlägen entnehme man dem Streifsack die gefangenen Exemplare, anderenfalls werden die Wanzen leicht beschädigt. Zum Herausnehmen der meist sehr zarten Tiere eignet sich eine weiche Federstahlpinzette besonders gut. Das **Abklopfen von Sträuchern und kleinen Bäumen** ist die beste Methode zur Erfassung von Weich-, Blind- und Blumenwanzen. Aus dem Klopfschirm oder dem untergelegten Sammeltuch werden die flüchtigen Insekten am besten mit einem **Exhaustor** (▶ **Abb. 6 und 82**) aufgesaugt.

Seltenere Tiere findet man beim **Sieben** von verschiedenartigen Bodenproben, Baummulm oder Laubstreu mit einem **Käfersieb** (▶ **Abb. 49**). Das so gewonnene Material wird entweder direkt ausgelesen oder in einen **Berlese-Apparat** gefüllt.

Erwähnt sei noch, dass auch der **Fang mit Licht** gute Ergebnisse bringt. Wie vor allem die Lepidopterologen wissen, sind viele Vertreter anderer Insektengruppen mehr oder weniger häufige Gäste beim Lichtfang. So sind auch eine Reihe von Zikadenarten zu erwarten. Erstaunlicherweise handelt es sich dabei um Arten, die auf andere Weise nicht oder kaum erbeutet werden können. Erfolgversprechend ist nach Meurer (1956) eine **Lichtfalle** nach Robinson (1954). Seine Erfahrungen über den Zikaden-Lichtfang teilt Förster (1960) mit. Beachten sollte man auch nachts die beleuchteten Fenster von Wohnhäusern. Lehmann & Bech (1965) beschreiben eine kastenartig in eine Fensteröffnung eingepasste Lichtfalle. Der stärkste Wanzenanflug war bei Temperaturen um 27 °C und vor einem Gewitter festzustellen. Für den Fang von Heteropteren ist es ratsam, mit dem Leuchten schon kurz vor Einbruch der Dunkelheit zu beginnen. Der größte Zuflug war vom Beginn der Dämmerung an etwa 2 bis 3 Stunden lang zu verzeichnen, danach fällt die Flugaktivität stetig ab.

Die im oder auf dem Wasser lebenden Arten lassen sich leicht mit einem **Wassernetz** (▶ **Abb. 13**) oder Drahtsieb (▶ **Abb. 84**) erbeuten. Der Netzinhalt wird auf einen weißen Teller geschüttet und aussortiert. Gegenüber Direktfängen erzielten Washino & Hokama (1968) mit einer Lichtfalle im Flachwasser wesentlich bessere Ergebnisse.

Zur Ausrüstung gehört auch eine größere Zahl kleiner Glasröhrchen. Da vor allem kleine Wanzen unmittelbar nach dem Abtöten präpariert werden sollen, nimmt man sie möglichst lebend mit nach Hause. In jedes Röhrchen werden kleine Stücke Fließpapier oder Grashalme gelegt, damit sich die Tiere auf dem Transport festhalten können, anderenfalls würden sie Schaden erleiden.

Zikaden lassen sich am einfachsten mittels kleiner Giftgläschen von der Innenwand des Streifsackes fangen, wenn sie daran empor klettern. Selbstverständlich kann dazu auch ein Exhaustor verwendet werden. Die im Exhaustor befindlichen Tiere betäubt man mit einem Tröpfchen Essigether und tötet sie dann im Giftglas. Die in subtropischen oder tropischen Regionen lebenden großen Zikaden sind sehr flüchtig und deshalb mit dem Luftnetz kaum zu erreichen. Man schlägt sie aber recht gut mit einer so genannten Fliegenklatsche

# Gliederfüßer (Arthropoda)

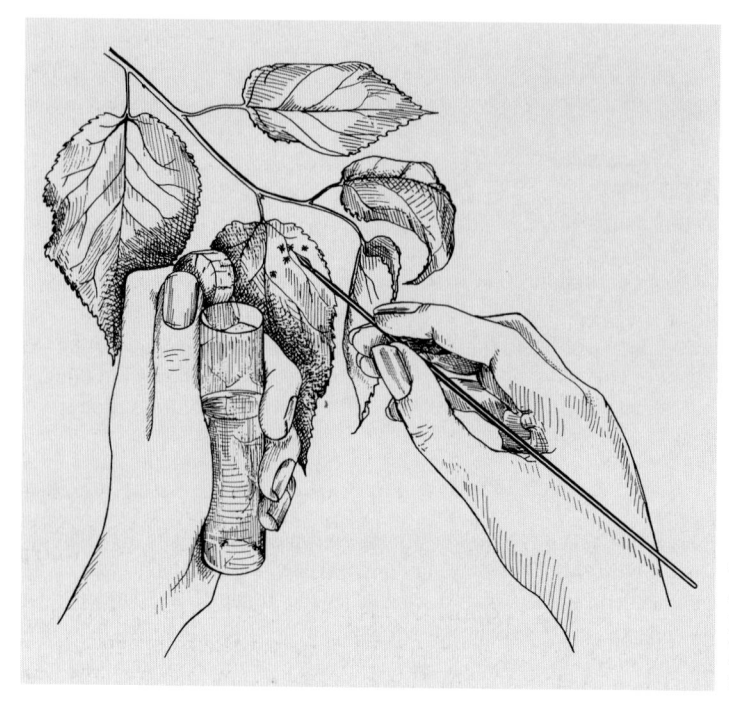

**Abb. 145** Gebrauch eines mit Alkohol angefeuchteten Pinsels zum Einsammeln von Blattläusen und anderen kleinen Insekten.

oder ganz einfach mit der Mütze von den Sträuchern. Relativ einfach lassen sich so auch kopulierende Paare fangen.

Die nur wenige Millimeter großen, meist sehr zarten Blattläuse werden mit Hilfe eines mit Alkohol befeuchteten Haarpinsels von den befallenen Pflanzenteilen abgelesen und gleich in 70%igen Alkohol übergeführt (▶ **Abb. 145**). Blattläuse, Blattflöhe, Mottenschildläuse und Zikaden lassen sich nach Nolte (1954) sehr gut durch Aufstellen von Gelbschalen anlocken (siehe Seite 20 f.).

## Sammeln in bestimmten Biotopen

Wer irgendeine Gruppe von Rhynchoten sammelt, weiß aus Erfahrung bald, wo diese oder jene Vertreter zu finden sind.

Das **Abklopfen von Bäumen und Büschen** ist die beste Methode, Landwanzen zu sammeln. Man erhält dabei vor allem Blindwanzen (Miridae) und Schildwanzen (Pentatomidae). Besonders lohnend erweist sich im Frühjahr das Abklopfen von Eichen, Ulmen, Eschen, Birken, Espen und Haselbüschen. Koniferen klopft man auch im Winter ab, da viele Arten daran in Verstecken überwintern.

Das Abstreifen blühender Vegetation lohnt sich vor allem an warmen und sonnigen Tagen, wenn sich die Wanzen an Blüten und Halmen aufhalten. Da sie dies zu unterschiedlichen Zeiten tun, sollte im Laufe des Tages mehrmals am gleichen Ort gesammelt werden.

Das Durchsieben von zerbröckeltem Moos, Heu und Streu erbringt Bodenwanzen (Lygaeidae) sowie Netzwanzen (Tingidae). Man verwende dazu speziell auf Baumstämmen wachsendes Moos. Es empfiehlt sich aber auch, feuchtes Torfmoos zu untersuchen. Dabei muss das Wasser erst ausgedrückt werden.

Einträgliche Fundplätze sind die Bodenlagen unter Hecken sowie Stroh- und Heuschober. An diesen Örtlichkeiten überwintern vor allem Langwanzen. Es lohnt sich stets, auch sandige Biotope zu untersuchen. In Gruben lagernde Steine geben sehr oft einen Unterschlupf ab. In Sanddünen leben viele Küstenarten, besonders zu beachten sind feuchte Aushöhlungen in Dünen. Offenes, trockenes Gelände mit spärlicher Vegetation von Sauerampfer wird bevorzugt von Wanzen bewohnt, vor allem die sandigen und kalkhaltigen Stellen.

Die Raubwanze *Coranus subapterus* (Degeer) findet man bei der Kontrolle von Heidekrautwurzeln, während Arten der Gattung *Drymus* am Boden von Holzstößen, am Rande von Lichtungen und in Wäldern gefunden werden können. Besonders in den Wintermonaten ist es ratsam, an diesen Plätzen liegende große Steine umzuwenden. Auch unter loser Rinde toter oder absterbender Bäume halten sich mehrere Arten auf. Nach der Untersuchung lege man die Rinde für spätere Kontrollen wieder an den ursprünglichen Platz. Verschiedene Arten der Familie Microphysidae bewohnen die flechtenbewachsenen Baumstümpfe von Kiefern und Eichen. Man findet die winzigen, 1 bis 1,5 mm langen Tiere am ehesten Ende Juli und im August.

Die Ufer von Teichen, Bächen und Flüssen sollten nicht minder sorgfältig abgesucht werden, denn feuchte Stellen erbringen vielfach interessante Wanzen. Auch das am Ufer liegende Genist birgt oft wichtige Arten. Bei Hochwasser sammle man treibendes Pflanzenmaterial in einem Sack und untersuche es im Laboratorium.

Zum Sammeln der Grundwanze *Aphelocheirus aestivalis*, die in den Sommermonaten bei Störungen rasch aus ihren Verstecken flüchtet, erwiesen sich nach MESSNER u. a. (1983) folgende Fangmethoden als erfolgreich:

- Ein Wassernetz wurde mit einer geraden Vorderkante vorsichtig auf die Leeseite eines Steines gehalten, der mehrmals leicht angehoben wurde, so dass die Unterseite stärker umspült wurde.
- Bestand das Bachbett nur aus kleinen Schottersteinen, so ging der Fänger langsam gegen die Fließrichtung über die Steine und führte das Netz hinter sich haltend, dicht über die Steine. Der Netzbeutel war von dem durchströmenden Wasser immer gespannt.
- Bei Wassertemperaturen unter 10 °C musste folgende Fangmethode angewandt werden: In ruhiger fließenden Flachwasserbuchten wurde das Netz ebenfalls an der Leeseite von Steinen aufgestellt, deren umgebender Stand dann mit den Fingern oder mit einer kleinen Harke aufgelockert wurde. Das Netz musste länger in dieser Stellung gehalten werden, da die steifträgen Tiere bei der stark verminderten Fließgeschwindigkeit langsamer ins Netz gelangten.

Zum Fang von Wasserläufern (Gerridae) eignet sich sehr gut der von GROSSEN & HAUSER (1982) beschriebene **quadratische „Wurf-Fangrahmen"** (Seitenlänge 50 cm, Höhe 30 cm) aus Balsaholz. Das an einer langen Schnur befestigte Gerät erlaubt sowohl das gezielte als auch das zufällige Einfangen von bis zu 5 m vom Ufer entfernten Tieren.

In Salzsümpfen halten sich an den spezifischen Pflanzen bestimmte Arten auf, die anderswo nicht vorkommen. Vor allem im Frühjahr und Herbst beachte man die Salzpflanzen.

Recht wenig sind bisher alle Arten von Vogel- und Säugetiernestern untersucht worden. Das sollte geschehen, sobald die Jungen ihr Nest verlassen haben. Besonders der Inhalt von Spechthöhlen verdient Beachtung!

Verschiedene Pflanzenwanzen sind mit Ameisen assoziiert. Man findet sie durch **Aussieben** der Nester von *Formica rufa* L. Einige äußerst aktive Arten leben in den Gängen der Bauten, sie halten sich zuweilen aber auch auf großen Gräsern in der Nähe der Nester auf.

In Dachstuben alter Häuser, in Scheunen oder Mühlen findet man nicht selten die große Schnabelwanze *Reduvius personatus* L. Mit den Adulti kann erst im Juli und August gerechnet werden. Diese Raubwanze kommt auch zum Licht. Vor allem in Mühlen nisten sich auch bestimmte kleine Arten ein.

Aus der Aufzählung dieser mannigfaltigen Biotope ergibt sich zwangsläufig, dass eine repräsentative Lokalsammlung nur zusammengebracht werden kann, wenn man intensiv sammelt und keine Mühe scheut.

An den vorstehend angeführten Plätzen findet der aufmerksame Sammler auch Zikaden. Besonders reiche Fänge versprechen frisch gemähte Wiesen. Nach stürmischem Wetter oder anhaltenden Regentagen versuche man unter Laubbäumen, die aus den Kronen gewehten Arten mit dem Streifnetz zu fangen. Auch beim **Lichtfang** sind Zikaden anzutreffen. Methoden zur quantitativen Erfassung der Zikadenfauna bestimmter Biotope beschreiben SCHIEMENZ (1964) sowie GÜNTHART & THALER (1981).

Die Vertreter der übrigen Gruppen treten meist als Pflanzenschädlinge in Erscheinung. Deshalb müssen welkende Pflanzen beim Sammeln besonders aufmerksam abgesucht werden. Über das Sammeln von Deckelschildläusen berichtet SCHMUTTERER (1959) ausführlich. Man findet sie das ganze Jahr über, am sichersten jedoch im Winter und Frühjahr, weil dann die kahlen Bäume leichter zugänglich sind als im Sommer die belaubten. Sofern während der kalten Jahreszeit systematisch die Rindenpartien von Bäumen und Sträuchern sowie die Nadeln von Koniferen abgesucht werden, lässt sich mit Sicherheit eine größere Zahl von Diaspididen-Arten nachweisen. Die Arten mit hellen Schilden fallen dabei recht gut auf, schwieriger ist es, die Arten mit rindenfarbigen Schilden zu entdecken.

Die Gewächshaus-Deckelschildläuse kommen im Gegensatz zu den im Freiland lebenden Arten sehr oft auch an den Blättern ihrer immergrünen Nährpflanzen vor. Nur sehr wenige Arten saugen stets oder vorwiegend an verholzten Teilen.

Die gefundenen Deckelschildläuse werden mit einem Stück ihrer Unterlage am besten in 70 bis 80%igem Alkohol konserviert. Man kann sie im Alkohol unbegrenzt aufbewahren oder nach einigen Tagen herausnehmen und trocknen lassen.

### Präparationstechnik

Wanzen von 5 bis 7 mm Länge und darüber werden durch den unpaaren Rückenteil der Brust (Pronotum) oder durch das Schildchen (Scutellum) genadelt, wenn dieses groß genug ist (▶ **Abb. 146**). Die bei den Käfern gegebenen Hinweise über das Nadeln und Spannen gelten auch für die Heteropteren. Die kleineren Arten werden in der Regel in der gleichen Weise vorbehandelt und aufgeklebt, wie bei den Coleopteren beschrieben. Die mit angelegten Beinen hergerichteten Wanzen dürfen an keiner Stelle über das Plättchen hinausragen. Da beim Bestimmen von Wanzen öfter auch die Ventralseite untersucht werden muss, empfiehlt es sich, Exemplare der gleichen Art in Dorsal- und Ventralansicht aufzukleben. Wichtig ist, darauf zu achten, dass die vorderen Tarsen der männlichen Ruderwanzen (Corixidae) flach aufliegen. Obwohl die Präparation etwas langwieriger ist, hat es sich als vorteilhaft erwiesen, kleinere Wanzen auf Minutienstifte zu montieren, statt sie aufzukleben. Falls die Unterseite betrachtet werden muss, spart man sich das Abweichen und braucht keine Fehldetermination zu befürchten.

Viele, vor allem grüngefärbte Blindwanzen (Capsidae) verlieren bald nach dem Tode ihre Farbe. Dies kann bei vielen Arten verhindert werden, indem die frisch getöteten und hergerichteten Objekte in einen dicht schließenden Aufbewahrungskasten gelegt und konzentrierten Formalindämpfen ausgesetzt werden. Erst nach etwa 6 Monaten überführt man sie in die Hauptsammlung.

Besonders die Bodenwanzen (Lygaeidae) neigen zum Verölen. Man entölt die Objekte am einfachsten, indem sie mit der Nadel an die Unterseite des Verschlusskorkens einer weithalsigen Flasche gesteckt werden. Als Lösungsmittel eignen sich die bei den Käfern auf Seite 187 angeführten Flüssigkeiten.

Die **weichhäutigen Wanzenlarven** ergeben keine brauchbaren Trockenpräparate. Die frisch geschlüpften Larven werden als Mikropräparat eingebettet, ältere Entwicklungsstadien bewahrt man in 70%igem Alkohol auf.

Für taxonomische Zwecke wird vielfach die **Untersuchung der männlichen Geschlechtsorgane** verlangt, die in den Genitalhaken recht konstante Artmerkmale aufweisen. Die Genitalhaken werden am besten unter dem Binokular heraus präpariert und mit auf das Klebeplättchen montiert (vgl. ▶ **Abb. 99**). Von kleinen Arten muss der Genitalapparat für die mikroskopische Untersuchung eingebettet werden.

Große Zikaden werden von oben her neben dem Scutellum durch den Clavusteil des rechten

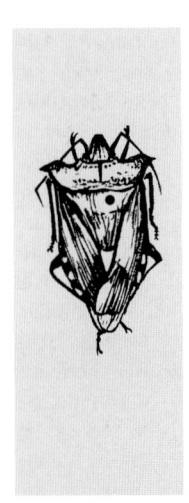

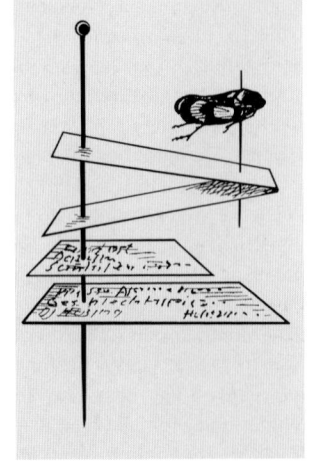

**Abb. 146** (links) Landwanze. Der schwarze Punkt im Scutellum zeigt die Einstichstelle der Nadel.

**Abb. 147** (rechts) Durch V-förmig gefaltetes Kartonplättchen gesteckter Minutienstift mit genadelter Zikade.

Vorderflügels genadelt. Man vermeidet damit, dass sich die Flügel spreizen. Die kleinen Arten werden grundsätzlich von unten her mit Minutienstiften durch den hinteren Thorax genadelt. Der Minutienstift wird dann wie üblich auf ein Kartonplättchen gesteckt und festgeleimt oder besser in ein kleines Schaumstoffklötzchen gesteckt, das dann seinerseits mit einer Insektennadel mittlerer Stärke festgesteckt wird. Um den montierten Objekten etwas mehr Halt zu geben, können die Minutienstifte auch durch ein V-förmig gefaltetes Kartonplättchen gestochen werden (▶ Abb. 147). Das Aufkleben von Auchenorrhynchen ist nicht zu empfehlen, weil die Unterseite und die Genitalien der Untersuchung zugänglich bleiben müssen.

Es hat sich als ungünstig erwiesen, kleine Zikaden in Alkohol zu legen, wenn sie im Verlauf einer Expedition längere Zeit transportiert werden. Durch das ständige Schütteln leiden die zarten Objekte außerordentlich stark. Vorteilhafter ist es, derartiges Material in Insektenbriefen (siehe Seite 179) aufzubewahren.

Die Präparation der meist kleinen Objekte lässt sich am besten unter dem Binokular oder einer Standfußlupe ausführen. Wer über ein solches Instrument nicht verfügt, sei auf die von Schmidt (1957) beschriebene Verwendung der Exkursionslupe als Präparierlupe hingewiesen. ▶ Abb. 148 zeigt, wie sich Pinsel, Pinzette oder Präpariernadel mit Hilfe eines verstellbaren rechtwinkligen Armes mit einer Lupe verbinden lassen. Die aus den Schutzschalen herausgenommene Einschlaglupe wird durch Heben oder Senken auf dem Armstück scharf auf das Objekt eingestellt.

Von den meist recht kleinen Hemipteren aller anderen Gruppen müssen mikroskopische Präparate angefertigt werden. Man bettet die Objekte zur Aufbewahrung und Bestimmung entweder in das Stübensche Gemisch ein (siehe Seite 165) oder wendet die für bestimmte Tiergruppen speziell beschriebenen Verfahren an (siehe Seite 271 f.). Von Roepke (1928), Börner (1942), Heinze (1952) und v. Emden (1972) liegen Präparationsanweisungen für Blattläuse, von Haupt (1938) für Pflanzenläuse, von Schmutterer (1959) für Schildläuse und von Knight (1965) für Kleinzirpen vor.

Über die Herstellung mikroskopischer Präparate von Insekten berichten Kuhn (1933) und v. Kéler (1956) ausführlich.

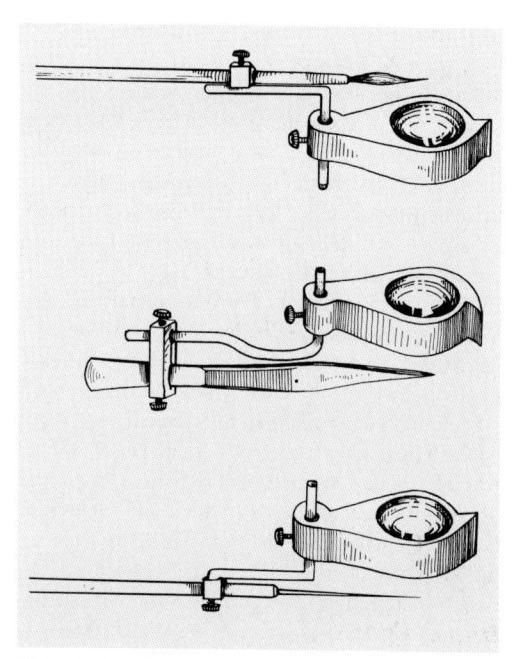

**Abb. 148** Haltevorrichtung zur Verwendung der Exkursionslupe als Präparierlupe nach Schmidt.

## Geradflügler i.w.S. (Orthopteromorpha)

Unter dem Namen Orthopteromorpha werden jene Insekten zusammengefasst, die kauende Mundwerkzeuge, einen mehr oder weniger frei beweglichen Prothorax und meist sklerotisierte Flügeldecken besitzen, die in Ruhelage die häutigen Flügel bedecken. Schließlich haben sie am Hinterleibsende faden-, griffel- oder zangenförmige Anhänge. Üblicherweise werden zu den Orthopteromorpha folgende Ordnungen gezählt: Dermaptera (Ohrwürmer – über 1200 Arten), Mantodea (Fangschrecken, Gottesanbeterinnen – ca. 1800 Arten), Blattodea (Schaben – etwa 4000 Arten), Isoptera (Termiten – über 2100 Arten) sowie Phasmatodea (= Phasmida, Gespenst- bzw. Stabschrecken – 2500 Arten), Ensifera (Laubheuschrecken und Grillen – ca. 8000 Arten) und die Caelifera (Feldheuschrecken – etwa 11 000 Arten).

Auch diese Tiergruppe erreicht in den tropischen und Subtropischen Gebieten ihre größte Entfaltung.

## Sammeltechnik und -methoden

Fast alle **Ohrwürmer** sind ausgesprochene Dämmerungs- und Nachttiere. Man trachte deshalb danach, die abgeplatteten Tiere in ihren Verstecken zu finden. Gelingt dies, wird man sie oft in größerer Anzahl erbeuten können. Besonders gern verkriechen sie sich unter lockere Rinde und in hohle Pflanzenstengel. Diese Verhaltensweise kann man durch Auslegen abgeschnittener und ausgehöhlter Pflanzenstengel unter Hecken ausnutzen. Im Verlauf einer Woche versammeln sich in derartigen Fallen oft größere Mengen von Ohrwürmern. In Gebirgen vorkommende Arten verkriechen sich vornehmlich unter nicht zu tief, jedoch auch nicht zu flach liegenden größeren Steinen. Der Sandohrwurm *Labidura riparia* hält sich im Dünensand oder in der Strandregion von Seen und Meeren in nicht zu feuchtem Genist auf. Am häufigsten ist die Art unter oberflächlich ausgetrockneten Kuhfladen anzutreffen. Die größte Sammelausbeute erzielten wir an den Seen der westlichen Mongolei, wenn derartiges Material zerbrochen und dann stückweise umgewendet wurde. Die blitzschnell ins Dunkle flüchtenden Tiere lassen sich am sichersten mit der Hand fangen. Es ist darauf zu achten, dass neben den mit großen Zangen versehenen Männchen auch die meist beträchtlich kleineren Weibchen gesammelt werden. BEIER (1959) empfiehlt, je nach Örtlichkeit auch unter Holz, Reisig, in Samenkapseln, Distelblüten, zusammengerollten Blättern, Blattachseln und Baumhöhlungen zu suchen. Mit gutem Erfolg kann man in offenem Gelände abends angefeuchtete Lappen oder Matten auslegen und diese dann am nächsten Morgen umwenden. Durch Auslegen mit einem Kleiebrei beköderter Schachteln wird man auch Material gewinnen können. Da die Tiere bei Störungen sofort flüchten, muss man sie sehr schnell einsammeln, das geschieht am besten durch Einwerfen oder Einschaufeln des befallenen Materials in einen Leinenbeutel. Dieser wird vor dem Auslesen in eine verschließbare Blechbüchse gelegt und zur Betäubung des lebenden Materials Essigether darauf getropft.

**Fangschrecken** leben fast ausschließlich in tropischen und subtropischen Gebieten. Dort haben sie zum Teil bizarre Formen hervorgebracht. Insgesamt sind 1800 Arten zwischen 1 und 16 cm Länge bekannt. Am häufigsten ist die in Europa vor allem in Weinbaugebieten vorkommende Gottesanbeterin *Mantis religiosa*. Die ausgesprochenen Tagtiere lassen sich, sofern man sie entdeckt, leicht mit der Hand fangen; fliegende Männchen erreicht man relativ leicht mit einem Luftnetz.

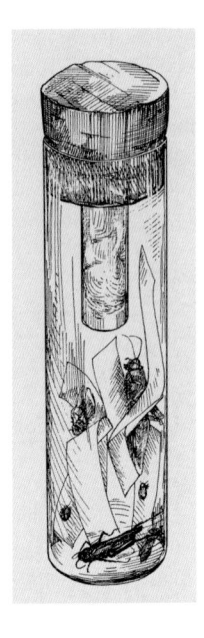

**Abb. 149** Essigether-Tötungsglas. Das in den Korken eingesetzte Glasröhrchen wird mit Watte gefüllt und dann mit Essigether angefeuchtet.

Die Sammelausbeute wird in einem mit Essigether beschickten Giftglas abgetötet. Das auf ▶ **Abb. 149** dargestellte Glas ist deshalb besonders empfehlenswert, weil die Objekte darin nur den Etherdämpfen ausgesetzt sind und deshalb zwischen den eingelegten Fließpapierstreifen schön trocken bleiben.

Die freilebenden **Schaben** findet man auf bodennahen Standorten unter Laub, loser Rinde, Steinen und in Höhlen. Die in Gebäuden, Backstuben, Tierhäusern und Kellern lebenden synanthropen Arten bevorzugen warme Plätze, wo sie auf Grund ihres flachen Körperbaues unterschlüpfen können. Im Freien siebt man die Waldschaben aus der Bodenstreu oder sucht nach ihren Schlupfwinkeln. Die sich in Gebäuden aufhaltenden Arten ködert man mit weichem Obst, Gurken, Tomaten, Schwarzbrot oder gekochten Kartoffeln. Der Köder wird in glattwandige, mit einer Einstiegsmöglichkeit versehene Glasgefäße gelegt. Eine Falle, in welcher Schaben oder Fliegen isoliert vom Köder gefangen werden, verwendet POLESHCHUK (1967). Es handelt sich um ein Glasgefäß, dessen Öffnung einen Durchmesser von etwa 7,5 cm aufweist. In sie wird über den Köder ein engmaschiger Metalleinsatz nebst Trichter aus

**Abb. 150** Köder-Trichterfalle zum Lebendfang von Schaben und Fliegen.

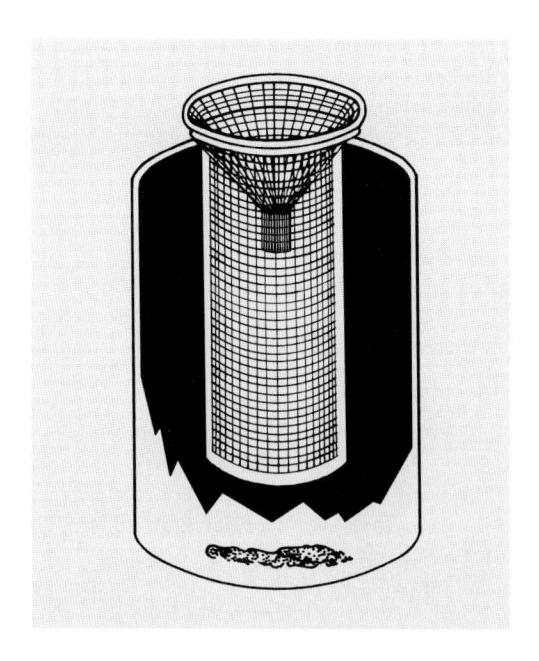

gleichem Material gehängt (▶ **Abb. 150**). Die Insekten gelangen durch die Trichteröffnung in die Falle. Nachts kann man die Schaben auch überraschen, wenn die Aufenthaltsorte mit einer Taschenlampe abgeleuchtet werden. Am besten lassen sie sich durch Bedecken mit der flachen Hand fangen. Man achte besonders auf Weibchen, die am Abdomen ihren für jede Art charakteristisch geformten Eikokon (Ootheca) tragen. Derartige Exemplare eignen sich besonders zur Demonstration einer Form der Brutpflege bei Insekten.

Wer die vorwiegend in tropischen Arealen lebenden **Termiten** sammeln will, rüste sich nach SNYDER (1929) mit einem schweren Beil aus. Es muss einen kleinen Axtkopf und einen kräftigen kurzen Stiel haben, um in hartes Holz hineinzukommen. Eine kleine Säge, ein Meißel und ein kräftiges Messer sind weitere nützliche Hilfsmittel. Aus den geöffneten Bauten entnimmt man die zarten Tiere mit einer Uhrfederpinzette oder Kamelhaarbürste und konserviert sie in 70- bis 80%igem Alkohol. Die geflügelten Formen sind in der Regel nur periodisch zu finden. Einige Arten fliegen in dieser Zeit künstliche Lichtquellen an, von anderen fliegen die geflügelten Formen am Vormittag, gewöhnlich nach Regenfällen. Die Anwendung einer bei den Eingeborenen auf Ost-Java üblichen Falle zum Fang von geflügelten Termiten vor dem Hochzeitsflug beschreibt LIEM (1953).

Die über der Erde angelegten, oft steinharten Termitenbauten lassen sich nur unter großen Schwierigkeiten öffnen. Auch während der Trockenperiode muss der Boden aufgehackt werden, wenn man in die Nester gelangen will. Reproduktive Formen und Termitengäste werden am besten ausgesiebt, sie halten sich besonders am Grund nahe der Kammer der Königin auf. Von jedem Nest, aus dem gesammelt wurde, fertige man zuvor eine Fotografie an.

Die etwa 2500 bekannten Arten der **Gespenst-** und **Stabschrecken** leben nur in den warmen Gebieten der Erde. Es sind durchweg Pflanzenfresser, die ein verstecktes, größtenteils nächtliches Leben führen. Nach BEIER (1957) lassen sich bezüglich des Fanges gerade bei dieser Ordnung nur schwer Anweisungen geben. Da es Pflanzenfresser sind, wird man nach ihren Fraßspuren suchen müssen, was besonders nachts, mit einer Lampe versehen, zu empfehlen ist. Auch Klopfen und Keschern führt manchmal zum Erfolg. Die flugfähigen Männchen einiger tropischer Arten, die nachts unsichere Gleit- und Flatterflüge unternehmen, kommen bisweilen ans Licht. Sofern man Eier erhält, lassen sich die Tiere relativ leicht züchten. Das bekannteste Laboratoriumstier dieser Ordnung ist die Gemeine Stabheuschrecke *Carausius morosus*.

Die meisten **Springheuschrecken** (Laub- und Feldheuschrecken) sind wärmeliebende Pflanzenfresser, die steppenartige Lebensräume bevorzugen; lediglich die Maulwurfsgrillen führen in ähnlichen Biotopen eine unterirdische Lebensweise. Die bei Sonnenschein äußerst agilen Heuschrecken fängt man am besten mit einem langstieligen Streifsack (▶ **Abb. 144**) oder einem Luftnetz. Singende Männchen werden aufgescheucht und dann mit dem Netz oder mit der Hand gefangen, sobald sie nach meist kurzem Schwirrflug wieder eingefallen sind. Flugunfähige Arten fasst man am Rücken mit Daumen und Zeigefinger. Nähert man sich einem im Gesträuch oder Gestrüpp sitzenden Exemplar mit einer bis auf ein Blattbüschel an der Spitze entblätterten Gerte, klettert es oftmals darauf. Dann kann man das Tier erst langsam und dann mit plötzlichem Ruck ins Netz befördern. Zweckmäßig ist es auch, eine lange Pinzette mitzuführen, mit der man die Heuschrecken zuweilen direkt greifen kann, wenn sie, wie es in Steppen und Halbwüsten oft der Fall ist, in stacheligen Sträuchern sitzen. Auch scheue Arten lassen sich relativ leicht mit der Pinzette erbeuten, sofern man nicht aufrecht gehend an den bewohnten Busch herantritt, sondern bis Reichweite herankriecht. Feldgrillen werden mit einem Grashalm aus ihrem Loch gelockt. Die streitbaren Tierchen halten den Halm für einen Feind, beißen hinein und lassen sich so herausziehen oder verfolgen ihn und kommen ans Tageslicht. Die unter Steinen lebenden Arten sind relativ leicht zu fangen, wenn man die Steine umwendet. Heimchen, die meist in Ritzen oder Spalten versteckt sind, verlassen diese augenblicklich, wenn ein Sprühmittel hineingeblasen wird. Ihre Vorzugsbiotope bilden Backstuben und Brauereien sowie Heizungsanlagen. Die unter der Bodenoberfläche fingerdicke Gänge anlegenden Maulwurfsgrillen muss man ausgraben. Da sie nachts an die Oberfläche kommen, lassen sie sich auch in bis zum Rand eingegrabenen, glasierten Schalen fangen.

Nach BEIER (1955) muss besonders danach getrachtet werden, die in den Baumkronen lebenden Arten zu erlangen. In den Tropen liefert der **Lichtfang** zuweilen gute Ergebnisse, aber meist fängt man nur Männchen einiger Tettigoniiden-Arten. Gewisse Rhaphidophoriden *(Centophilus* und andere) können nachts durch Aufstriche gärender Früchte (Bananen u. a.), die man an Baumstämmen anbringt, geködert werden.

Zur Erfassung von Orthopteren, die auf kurzen, xerophilen Rasen leben, entwickelte ROBERT (1970) ein rechteckiges, mit Schwenkachse versehenes Streifgerät. Es gestattet, mit einem Maximum an Genauigkeit quantitative Proben zu nehmen, die man mit dem üblichen Streifsack in diesem Milieu nicht erzielt.

Da vor allem die dickleibigen Springheuschrecken bald nach dem Abtöten in Verwesung übergehen, sollten sie in lebendem Zustand transportiert werden. Auf diese Weise wird verhütet, dass die Tiere im Tötungsglas die Hinterbeine verlieren, sich die Fühler verletzen oder mit Kropfinhalt beschmutzen. Erfahrungsgemäß ist es jedoch unmöglich, große Vertreter der gleichen oder mehrerer Arten gemeinsam lebend in einem Behälter aufzubewahren. Unter solchen Bedingungen beißen sich die Tiere, wobei häufig erhebliche Verletzungen entstehen. Man versehe sich deshalb stets mit drei- bis fünfwandigen Papierröllchen unterschiedlichen Durchmessers. Sie werden über Glasröhren oder Bleistifte gewickelt, verklebt und nach dem Trocknen heruntergezogen. Die gefangenen Exemplare schiebt man dann einzeln, den Kopf voran, mit gestreckten Sprungbeinen in die Röhrchen (▶ **Abb. 151a**). Durch scharfes Einkniffen, Anbringen einer Heft- oder Büroklammer oder durch einen Wattepropfen werden die Öffnungen verschlossen. Zum Lebendtransport eignen sich auch Tablettenröhrchen, wenn ein luftdurchlässiger Verschluss verwendet wird. Derartige Gläser dürfen jedoch nicht der Sonne ausgesetzt werden, sonst sterben die darin gefangengehaltenen Tiere in kurzer Zeit. Bei richtiger Aufbewahrung bleiben größere Orthopteren ohne weiteres 2 bis 3 Tage am Leben. Die erforderliche Präparation wird dann zu Hause oder auf Expeditionen im Arbeitszelt vorgenommen. Selbstverständlich darf nicht versäumt werden, die Transportröhrchen zu beschriften oder mit Etiketten zu versehen.

Wenn man die Möglichkeit hat, bietet es sich bei diesen Insektengruppen an, die gefangenen Tiere frisch einzufrieren. Das tötet sie in schonender Weise und konserviert sie bis zur weiteren Präparation. Sie müssen später nur noch aufgetaut und dann aber schnell weiterverarbeitet werden.

## Präparationstechnik

Nachfolgende Ausführungen sind nicht in systematischer Hinsicht, sondern nach den Erfordernissen der Praxis gegliedert.

Zerbrechliche Arten, insbesondere **Klein- und Waldschaben**, klebt man in der bekannten Weise auf genadelte Kartonplättchen. Falls sich bei kleinen Schaben beim üblichen Vorziehen der Vorderbeine der Halsschild unnatürlich aus der Körperebene nach oben biegt, werden auch sie nebst Fühlern nach hinten gerichtet. Von den **Heuschrecken** werden alle kleinen Arten der Gattung *Tetrix* und die winzigen flügellosen Ameisen- und Käfergrillen aufgeklebt oder in Alkohol konserviert.

**Große Schaben** nadelt man in der Mitte des Halsschildes oder wie Käfer durch die rechte Flügeldecke. Es ist erforderlich, einige Tiere jeder Serie halbseitig zu spannen (vgl. ▶ **Abb. 151d**), um Drüsengruben, Flügelgeäder oder Endsegmente studieren zu können.

Für wissenschaftliche Untersuchungen sind stets auch in 70- bis 80%igem Alkohol aufbewahrte Exemplare sehr wertvoll; das gilt vor allem für

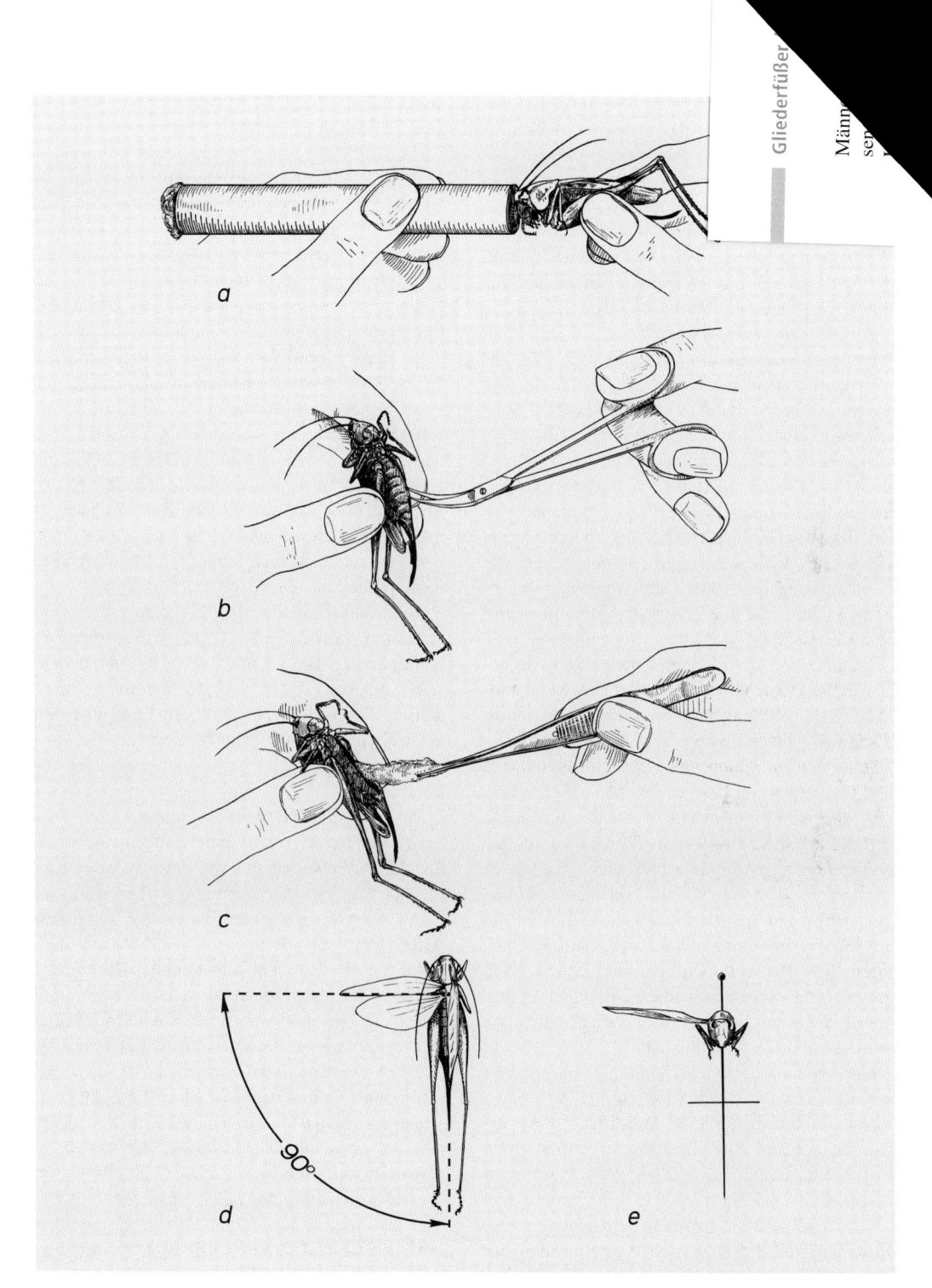

**Abb. 151** a) Die noch lebende Heuschrecke wird in ein Papierröllchen passender Größe geschoben, b) seitliche Schnittführung vor dem Ausnehmen der Eingeweide, c) Einführen der vorbereiteten Wattefüllung, d) genadelte und halbseitig gespannte Laubheuschrecke, e) Ansicht von vorn, beachte die Flügel- und Beinhaltung.

(Arthropoda)

chen von Ectobiiden. Weiche **Termiten** lassen sich am besten in Alkohol konservieren. Die Königinnen mit ihrem großen Körper müssen eine Minute in Wasser gekocht werden, ehe man sie in Alkohol legt. Als Trockenpräparate können sie wie Käferlarven in der auf Seite 190 f.) beschriebenen Weise hergerichtet werden. Die Präparation der in den Pilzgärten von Termiten lebenden Termitoxinien beschreibt FRANSSEN (1931).

Alle lebend transportierten Tiere werden – evtl. mit dem einseitig geöffneten Papierröllchen – für ca. eine Stunde in ein Tötungsglas mit Essigether gegeben. Wenn kleine Formen mit dünnem Hinterleib nicht ausgenommen werden können, lässt man sie zuvor erst 1 bis 2 Tage hungern. Anschließend muss das Material möglichst sofort weiterverarbeitet werden. Angefaultes oder verschimmeltes Material ist meist völlig wertlos. Alle größeren Arten, die trocken aufbewahrt werden sollen, sind wie folgt zu behandeln: Man führt mit einer feinen Schere ventral auf einer Seite des Abdomens entlang der Hautfalte der Intersegmentalhäute einen Schnitt. Dabei darf die Subgenitalplatte nicht beschädigt werden. (▶ **Abb. 151b**). Durch die seitliche Schnittführung bleiben die taxonomisch wichtigen Hinterleibssegmente unverletzt. Dann nehme man mit einer feinen Pinzette den Darm, den Fettkörper und die Ovarien bzw. Hoden heraus, ohne die Pigmentschicht auf der Innenseite des Hinterleibes zu zerstören. Der Darm sollte am Hinterende abgeschnitten und nicht abgerissen werden. Es darf ferner nicht versäumt werden, vom Hinterleib aus mit einer kleinen Pinzette in den Thorax zu fahren und den darin befindlichen, meist stark gefüllten Kropf herauszuziehen. Nach diesem Eingriff schiebe man die auseinander gezogenen Segmente wieder zusammen. Schließlich wird die im Körper enthaltene Feuchtigkeit mit etwas Zellstoff oder einen Wattetupfer entfernt und der Hinterleib mit einem vorher gedrehten kleinen Wattebausch ausgefüllt (▶ **Abb. 151c**), sonst erhält das Präparat eine unnatürliche Gestalt. BAUR (pers. Mitt.) empfiehlt, statt der Watte Hanffasern zu verwenden. Diese werden in 1 bis 2 mm kurze Stücke geschnitten mit denen zunächst vom Hinterleib aus der Thorax und anschließend das Abdomen gefüllt wird. Hanf hat den Vorteil, dass es schnell trocknet und die Tiere problemlos genadelt werden können. Abschließend wird eine alkoholische Borsäure-Lösung (siehe Anhang) in die Füllung injiziert um Fäulnis zu verhindern.

Danach drückt man die Wundränder mit einer Pinzette vorsichtig zusammen.

Dünnleibige, kleine Arten bis etwa 18 mm Körperlänge schneidet man unterseits nicht auf, sie lassen sich besser wie folgt präparieren: Der Kopf des mit Daumen und Zeigefinger einer Hand gehaltenen Tieres wird brustwärts gedrückt und von dorsal eine spitze Pinzette durch die freiliegende Nackenhaut abdominalwärts geschoben. Mit Hilfe der Pinzette können die Eingeweide meist recht gut aus dem Körper gezogen werden. Damit das entleerte Tier nicht zusammentrocknen kann, schiebt man durch den Nackenspalt ersatzweise einen trockenen Grashalm passender Länge und Stärke in den Hinterleib. Danach wird mit einem Tropfen Leim der Kopf wieder fixiert. Besteht unterwegs keine Möglichkeit, die Tiere zu nadeln, werden sie wieder in ihre Papierrollen gesteckt oder in Insektenbriefen (▶ **Abb. 88b**) transportiert.

Beim Ausnehmen von Orthopteren fallen nicht selten mit parasitierenden Tachinenlarven besetzte Exemplare an. Das gleiche gilt für das Vorhandensein von noch nicht geschlechtsreifen Saitenwürmern (vgl. Seite 92 f.). Diese **Entoparasiten** konserviere man mit dem Wirtstier in 70%igem Alkohol und übergebe sie einem Spezialisten zur Bearbeitung.

Das Ausnehmen der großen Heuschrecken dient der Konservierung und **Farberhaltung**. Bei allen dunklen Arten lassen sich auf diese Weise befriedigende Ergebnisse erzielen. Zur Verbesserung der Farbkonservierung grüner, besonders zartgrüner Arten empfiehlt SCHIEMENZ (1956) nach dem Auslegen mit Watte ein halbstündiges Einlegen in Aceton. Man überführt die Tiere dazu am besten in breite Wägeschälchen mit eingeschliffenem Deckel. Sollten sich während der Acetonbehandlung Farbveränderungen ergeben, ist das Tier sofort aus dem Bad herauszunehmen. Da die Heuschrecken durch die Behandlung hart werden, müssen sie unmittelbar nach dem Herausnehmen präpariert werden. Spannen lassen sich mit Aceton entwässerte Exemplare meist nicht mehr. Badet man die Tiere zu lange, bleichen sie aus, werden sie zu kurz gebadet, dunkeln sie nach. Die richtige Behandlungszeit zu finden, ist Übungssache. SCHIEMENZ badet auch mit lebhaften hellweinroten oder grünen Farben versehene Feldheuschrecken in Aceton. Damit die Flüssigkeit gut eindringt, wird der Hinterleib entlang der Intersegmentalhäute kurz aufgeschnitten, ohne jedoch die inneren Organe zu entfernen.

Nach erfolgter Vorbehandlung werden die Exemplare rechts von der Mitte kurz vor dem Hinterrand des Halsschildes genadelt und in die Rinne eines Spannbrettes gesteckt. Bei prall mit Watte ausgestopften Tieren kann das Einstechen der Nadel gewisse Schwierigkeiten bereiten – ein Problem, das bei der Verwendung von Hanffasern nicht auftritt. RAMME (1929) empfahl, allen Heuschrecken folgende Stellung zu geben, die sowohl den ästhetischen als auch allen praktischen Anforderungen gerecht wird: Vorder- und Mittelbeine werden in den Kniegelenken eingewinkelt, schräg nach vorn bzw. schräg nach hinten gerichtet, so dass alle zusammen eine Kreuzfigur bilden. Die linken Flügel sind gespannt, und die rechten liegen wie in Ruhestellung dem Körper an (▶ **Abb. 151d**). „Von derartig präparierten Tieren kann man erstens alle benötigten Maßverhältnisse ohne Hilfsmittel entnehmen, zweitens die systematisch wichtige Aderung und Zeichnung der Vorderflügel und die Färbung der Hinterflügel ohne weiteres erkennen, drittens benötigt das halbseitig gespannte Tier viel weniger Raum als das beiderseits gespannte, und viertens kommt die Schönheit von Flügelfärbung und -form auch bei halbseitig gespannten Tieren voll zur Geltung."

Die Hinterbeine können entweder ausgestreckt und parallel nach hinten gerichtet präpariert werden oder aber im Kniegelenk angewinkelt, so dass die Schiene den Schenkel berührt und unmittelbar unter diesem liegt. Letztere Form hat den Vorteil, dass die Tiere in der Sammlung weniger Platz beanspruchen und die empfindlichen Beine vor dem Abbrechen geschützt sind.

Manche Entomologen bevorzugen jedoch auch das Spannen der rechten Flügel. Das ist reine Ansichtssache. Außer der Ästhetik bzw. der Gewohnheit gibt es keinen Grund, die eine oder andere Seite zu bevorzugen.

Gespannt wird auf entsprechend großen Spannbrettern. Der Vorderflügel wird zunächst so ausgerichtet, dass sein Hinterrand im rechten Winkel zur Körperlängsachse steht (▶ **Abb. 151**). Dann wird der Hinterflügel behutsam ausgebreitet und mit Hilfe eines auch über den Vorderflügel reichenden Spannstreifens festgesteckt. BEIER (1955) weist darauf hin, dass bei dieser Gelegenheit auch gleich die männlichen Cerci gespreizt sowie die Supraanal- und Subgenitalplatte in eine solche Lage gebracht werden sollten, dass sie ihre natürliche Form bewahren und leicht untersucht werden können. In manchen Fällen ist es auch notwendig, die Titillatoren – das sind paarige Anhänge des männlichen Begattungsapparates – so weit vorzuziehen, dass sie gut sichtbar sind, oder von ihnen ein Präparat anzufertigen.

Da große Orthopteren in den Tropen sehr schnell in Fäulnis übergehen, empfiehlt HENRY (1933), sie in der bekannten Weise auszunehmen und dann mit einer Pipette ein paar Tropfen 5%iges Formol in die Körperhöhlen zu spritzen, um die zarten Pigmentschichten und die Muskulatur zu fixieren. Nach einigen Minuten der Einwirkung tupft man das Fixierungsmittel mit saugfähigem Material auf und füllt das Abdomen mit Watte.

Das von ROHLF (1957) zur **Trockenpräparation** weichhäutiger Insekten und Spinnen beschriebene Verfahren ist nach RENTZ (1962) auch für die Präparation ebensolcher Orthopteren brauchbar. Im Gegensatz zu den üblichen mechanischen Ausfüllverfahren wird bei dieser chemischen Methode das entwässerte Tier bei Hitzeeinwirkung durch den Druck des im Körper verdampfenden Ethers aufgebläht. Das Verfahren verläuft wie folgt: Vor dem Abtöten müssen die Orthopteren mehrere Tage hungern. Danach werden sie gespannt und langsam durch eine aufsteigende Alkoholreihe (▶ **Abb. 69**) geführt. Es empfiehlt sich, das Abdomen großleibiger Formen, wie das der Gottesanbeterin, mit Alkohol zu injizieren. Dadurch behält es seine natürliche Form und wird schneller entwässert. Nach der Alkoholbehandlung müssen die Tiere mehr als 24 Stunden lang in ein Ethyletherbad. Das aus der Flüssigkeit entnommene Objekt wird dann unter eine Wärmequelle (Glühlampe von 100 Watt) gehalten, bis es trocken ist. Das Trocknen ist der kritischste Punkt des Verfahrens. Wenn das Objekt zu heiß wird, kann es platzen. Ist es nicht warm genug, unterbleibt die Ausdehnung. Man kann die mittlere Entfernung oder den Punkt, wo das Aufblähen des Abdomens bei der natürlichen Größe aufhört, dadurch ermitteln, dass man das Objekt auf die Wärmequelle zu und wieder weg bewegt. Die Methode ist besonders zum Herstellen von Trockenpräparaten für Schau- und Lehrsammlungen geeignet.

Eine **Füllmethode zur Trockenkonservierung** von Tettigoniiden, Mantiden und größeren Blattiden beschreibt KALTENBACH (1958). Das Prinzip besteht darin, die Haemolymphe des zu präparierenden Tieres durch ein geeignetes Injektionsmittel zu ersetzen. Von Vorteil ist, dass das Abdomen in der Regel nicht ausgeweidet und wieder mit Watte gefüllt werden muss. Der Arbeitsvorgang gliedert sich wie folgt: Die im Giftglas frisch getöteten Geradflügler werden durch einen kleinen Nackenschnitt mittels Schere oder Impffeder möglichst vollständig entblutet. Der Kopf der an den Hinterbeinen festgehaltenen Tiere wird dabei nach unten gehalten und die aus dem Einschnitt quellende Haemolymphe mit Filtrierpapierstreifen abgesaugt. Durch leichtes Pressen der Abdomenseiten wird das Ausfließen der Haemolymphe gefördert. Auf diese Weise wird die gesamte Ausbeute vorbehandelt und im zweiten Arbeitsgang mit dem wasserlöslichen Polyglycol 1500 oder „Carbowax" injiziert.

Das Polyglycol wird im Wasserbad in einem Erlenmeyerkolben langsam geschmolzen und dann mittels Pipette oder Recordspritze durch den Nackenschnitt in das Tier gebracht. Dazu schiebt man die Kanüle bis in den Hinterleib und drückt, unter langsamen Entleeren der Spritze, die Injektionsmasse in den Körper. Bei größeren Saltatorien ist es ratsam, auch den Darmkanal durch den Anus mit Polyglycol zu füllen. Im Verlauf der Anwendung des Verfahrens stellte KALTENBACH (pers. Mitt.) fest, dass es sich günstig auf die Farberhaltung auswirkt, wenn man bei größeren Tettigoniiden den meist stark wasserhaltigen Vormagen (Proventriculus) entfernt. Weiterhin hat es sich als vorteilhaft erwiesen, die sehr großen Sattelschrecken der Gattung *Ephippigera* und alle *Saga*-Arten vor der Polyglycolbehandlung auszunehmen und mit Watte zu füllen. Die Watte bildet damit gewissermaßen eine Art Gerüstsubstanz. Tritt beim Herausziehen der Kanüle Flüssigkeit oder Carbowax aus der Einstichstelle, wird diese mit Zellstoff aufgesaugt oder nach dem Erstarren mit einem spitzen Skalpell entfernt. Die so behandelten Tiere werden nun in der üblichen Weise genadelt, Fühler und Beine gerichtet, oder auf Reisen in Papierröllchen für die spätere Präparation aufbewahrt. Die auf diese Weise behandelten Tiere können jederzeit wieder aufgeweicht werden. Schwierigkeiten bereitet die Präparation jedoch, wenn die Tiere halbseitig gespannt werden sollen. Breitet man die Flügel zu früh aus, läuft das noch flüssige Carbowax aus, wird zu lange gewartet, bewegen sich die Flügelwurzeln nicht mehr, und es entstehen Knicke an der Flügelbasis. Es ist in solchen Fällen ratsam, immer ein Tier nach dem anderen zu behandeln. Nach HARZ (1962) besteht die ganze Kunst darin „nicht zu viel oder zu wenig der Flüssigkeit einzuspritzen: im ersten Fall dehnt sich – besonders bei Feldheuschrecken-♀♀ – der Hinterleib zu stark aus, im letzteren entstehen beim Trocknen Dellen. Richtig ausgespritzt und nachher wie gewöhnlich gespannt, trocknen die Tiere in 7 bis 14 Tagen und haben dann nicht nur die natürliche Form, sondern auch in vielen Fällen die natürliche Farbe behalten".

Da eine Anzahl von Arten, besonders bunt gefärbte Acrididae, bei Polyglycolbehandlung stärker nachdunkeln als beim Ausfüllen mit Watte, wird empfohlen, für Demonstrationszwecke bei entsprechendem Materialanfall nach beiden Methoden zu präparieren und jeweils die geeignetsten Exemplare auszuwählen.

Infolge starken Nachdunkelns erwiesen sich folgende Arten für die Polyglycolbehandlung als ungeeignet: *Euthystira brachyptera* (OSKAY) und *Chrysochraon dispar* (GERM.) sowie alle übrigen Goldschrecken, ferner verändern sich bei den kleinen *Chorthippus*-Arten die hellen Farben zu düsteren Tönen.

Es sei noch erwähnt, dass man Ohrwürmer am besten durch den After injiziert, wobei eine gute Form- und Farberhaltung erzielt wird. Falls für Demonstrationszwecke **Dermapteren mit ausgebreiteten Flügeln** präpariert werden sollen, lässt sich das der Länge und Breite nach zusammengelegte zweite Flügelpaar relativ leicht wie folgt öffnen: Nachdem die gefangenen Ohrwürmer in 96%igem Alkohol getötet worden sind, hebt man die kurzen Flügeldecken etwas an und überträgt das Tier in ein mit Wasser gefülltes Schälchen. Der durch das Zusammentreffen von Alkohol und Wasser entstehende Wirbel entfaltet die Flügel von selbst. Es ist dann lediglich erforderlich, die an der Wasseroberfläche ausgebreiteten zarten Flügel mit einem Stückchen Fließpapier aufzufangen und das Exemplar dann auf einem Spannbrett zu trocknen.

In wissenschaftlichen Sammlungen bewahrt man Ohrwürmer am besten in 70%igem Alkohol auf, da genadelte Objekte stark eintrocknen und leicht beschädigt werden können.

Wenn man nicht die Absicht hat die Flügel zu spannen, so ist die Methode von MCRAE (1987) für alle Orthopteren zu empfehlen. Auf dieses Verfahren wurde bereits ausführlich bei den Käfern eingegangen. Einer der vielen Vorteile besteht in der guten Farberhaltung.

Natürlich können Heuschrecken auch in Alkohol aufbewahrt werden. Das hat sich besonders bei kleinen und weichhäutigen Arten bewährt. Auch für große Exemplare ist diese Methode geeignet, meist lassen sich aber dabei die Farben nicht erhalten. Keinesfalls dürfen die Tiere jedoch einfach in das Ethanol geworfen werden. Das würde dazu führen, dass die Objekte zwar äußerlich konserviert sind, im Inneren aber in Fäulnis übergehen. Zur Herstellung von Alkoholpräparaten werden die Orthopteren im Essigetherglas getötet (ca. 1 Stunde) und anschließend für etwa fünf Stunden in Kahles Fixierungsflüssigkeit (s. Anhang) gelegt. Hierbei hat es sich als günstig erwiesen, ebenfalls einen kleinen Schnitt entlang der Intersegmentalhäute des Abdomens zu führen, ohne jedoch den Hinterleib auszunehmen, damit die Flüssigkeit besser eindringen kann. Große Arten sollten etwas länger in diesem Bad verbleiben. Danach kommen sie für einige Stunden in 60%igen Alkohol, um das Fixierungsmittel auszuspülen. Schließlich werden die Präparate in 75%igen Alkohol überführt und in der üblichen Weise aufbewahrt (▶ **Abb. 71**).

## Hinweis auf Staubläuse und Flechtlinge (Psocoptera)

Üblicherweise sieht man die Psocoptera systematisch in der Nähe der Orthopteromorpha, weswegen sie hier betrachtet werden sollen. Es handelt sich dabei um eine etwa 2000 Arten umfassende Gruppe von 1 bis 5 mm (tropische Vertreter bis zu 1 cm) großen weichhäutigen Insekten. Die in Ruhe blattlausartig dachförmig über dem Körper zusammengelegten Flügel sind bei den Weibchen öfter als bei den Männchen verkürzt oder fehlen ganz. Die Psocopteren unseres Faunengebietes sind ziemlich wetterfest und halten sich im Freien bis zu den ersten Frösten im November oder sogar Dezember auf, wenn andere Pterygoten längst abgestorben sind oder ihre Winterverstecke aufgesucht haben.

Staubläuse sammelt man mit Erfolg durch **Abklopfen der Äste** in ein untergehaltenes weißes Tuch, welches zwischen zwei Stäben ausgespannt ist. Der Streifsack ist nur mit Vorsicht zu gebrauchen. Von Baumstämmen, Zäunen, Mauern usw. nimmt man Psocopteren mit Hilfe eines in Alkohol angefeuchteten Pinsels oder mit einer Uhrfederpinzette. Auch in Lichtfängen befinden sich häufig Psocopteren (GÜNTHER 1988). Die Tiere legt man möglichst sofort in 90%igen Alkohol, worin sie nicht allzu lange bleiben dürfen. Zu Hause werden sie dann mit einem Stückchen Fließpapier aus dem Alkohol so herausgefischt, dass sich die Flügel flach ausbreiten. Danach spießt man sie nach oberflächlichem Abtrocknen auf Minutienstifte. So behandelte Tiere schrumpfen nicht und behalten ihre natürlichen Farben. Statt Staubläuse zu nadeln, kann man sie auch auf weiße Aufklebeplättchen montieren. Besonders für kleinere Arten eignet sich jedoch auch die mikroskopische Präparationsmethode, wie sie auf Seite 171 ff. beschrieben wird.

Detailliertere Angaben über Sammel-, Präparier- und Untersuchungsmethoden liegen von GÜNTHER (1974) vor.

## Libellen (Odonata)

Gegenwärtig sind über 5000 Arten von Libellen bekannt. Odonaten sind schlanke, 2 bis 13 cm lange, im Imaginalzustand stets mit 2 Flügelpaaren versehene, teils düster, teils lebhaft oder bunt gefärbte Fluginsekten. Die sich im Wasser entwickelnden Larven leben ebenso wie die Imagines räuberisch. Man unterscheidet drei rezente Unterordnungen. Die Großlibellen (Anisoptera) und die Kleinlibellen oder Wasserjungfern (Zygoptera) sind weltweit verbreitet. Die Anisoptera sind robuste Insekten, die ihre Flügel in der Ruhestellung flach ausbreiten, während die zierlicheren Zygopteren ihre Flügel in der Ruhestellung geschlossen über dem Abdomen tragen. Die Vertreter der dritten Unterordnung, der Anisozygopteren, zu der nur eine rezente Gattung mit zwei Arten gehört, leben in Japan und Indien.

Eine sehr gute Übersicht über alle gängigen Sammel- und Präparationsmethoden der Odonaten liegt von HIEKEL (1992) vor.

### Sammeltechnik

Beim Sammeln ist zunächst zu bedenken, dass alle einheimischen Vertreter geschützt sind.

Zum Fang von Libellen benötigt man mit festem Stiel versehene Luftnetze (▶ **Abb. 112**). Mit einem Netz von etwa 25 cm Bügeldurchmesser lassen sich relativ leicht die meist in Pflanzenbeständen sitzenden Zygopteren fangen. Die größeren und vor allem schnelleren Anisopteren erreicht man besser mit einem Bügelnetz von etwa 40 cm Durchmesser. Der Netzbeutel darf nicht aus zu feinmaschigem Stoff hergestellt werden. Am geeignetsten ist eine Maschenweite von 2 bis 3 mm, weil man damit blitzartig durch die Luft schlagen kann. Nach dem Zuschlagen verschließt man das Netz sofort durch eine Vierteldrehung (▶ **Abb. 114**). In flachem Gelände kann das Netz auch rasch auf den Boden geschlagen werden. Die gefangene Libelle greift man durch das Netz mit Daumen und Zeigefinger an der Flügelbasis und schiebt sie aus diesem in ein Tötungsglas oder bewahrt sie vorerst lebend auf. Mangels eines Netzes kann man auch versuchen, mit der Hand ins Wasser zu schlagen und die Libelle mit einem kräftigen Schwall Wasser zu treffen. Einige Entomologen bespritzen fliegende Libellen mit einem Pflanzensprüher oder einer Spritzflasche. Die getroffenen Tiere fallen ins Wasser oder zu Boden und können dort aufgesammelt werden. Nach Regenfällen kann man einige Libellenarten per Hand von ufernahen Sträuchern absammeln. Bei kühlem Wetter und in den Morgenstunden kann man Libellen auch mit der Klopfschirmmethode erbeuten. Beim Abklopfen von Zweigen und dünnen Ästen lichter Sträucher und kleiner Bäume lassen sich die ruhenden, noch klammen und unbeweglichen Tiere einfach fallen und können so dem Klopfschirm oder -tuch entnommen werden.

Empfehlenswert ist es, alle Libellen, die im Bereich des Wohnsitzes oder auf Exkursionen von 2- bis 3tägiger Dauer gefangen werden, lebend nach Hause zu bringen. Für den **Transport lebender Libellen** eignen sich durchsichtige Fototüten (6 × 10 oder 7,5 × 13 cm) oder einfache Briefumschläge. PETERS (pers. Mitt.) benutzt zum Eintüten von Libellen mit bestem Erfolg Stanniolpapier. Aus diesem Material gefaltete Tüten halten so fest zu, dass die Tiere nicht entweichen können. Außerdem schützt Stanniolpapier die gesammelten Exemplare vor dem Vertrocknen. BEUTLER (1984) vermeidet Flügelbeschädigungen beim Eintüten und während des Transportes, indem Vorder- und Hinterflügel gefangener Imagines dorsal zusammengelegt werden und danach ein vorgefertigtes gefaltetes Kartonstück, etwas größer als das Format beider Flügel, von vorn über die Flügel geschoben und mit einer Büroklammer

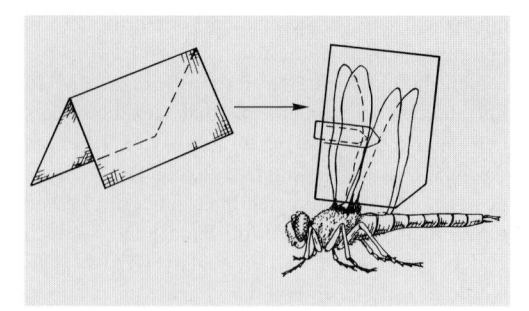

**Abb. 152** Anlegen einer Faltkartonklammer über die Flügel der Libelle vor dem Lebendtransport (Größe von etwa 30 × 50 mm ist ausreichend für große Aeshniden).

festgeklemmt wird (▶ **Abb. 152**). Der gefaltete Karton lässt sich im Felde gleichzeitig für Notizen (Fundort, Datum usw.) verwenden. Derart vorbereitete Libellen können dann wie üblich getütet und transportiert werden. Als Transportbehälter für getütetes Sammlungsmaterial eignen sich die handelsüblichen Kühlschrankboxen aus Plastik recht gut. In diesem Falle muss jedoch auf genügend Lüftung geachtet werden, damit die Tiere nicht ersticken und keine Fäulnis auftritt. Dass die Libellen nach und nach ihren Darm entleeren, wirkt sich günstig auf die Farberhaltung aus.

Da Libellen mehr oder weniger stark ans Wasser gebunden sind, ergibt sich von selbst, wo man sie erwarten kann. Beim Sammeln wird nicht der planlos Umherlaufende, sondern nur der ausdauernd ein Gewässer nach dem anderen Absuchende Erfolg haben. Man richte seine Aufmerksamkeit insbesondere auf die relativ leicht zu fangenden **Paarungsketten** oder **Paarungsräder**. Von Vorteil ist, dass es sich bei den kopulierenden Partnern stets um ausgefärbte Exemplare handelt und man mit Sicherheit die vielfach unterschiedlich gefärbten Männchen und Weibchen einer Art gleichzeitig erbeutet.

SOEFFING (1985) entwickelte eine **Reusenfalle zum Fang von Libellenlarven.** Als Material dient ein durchsichtiges Rohr (Ø 15 cm, Länge 50 cm) aus Plexiglas, dessen offenes Vorder- und Hinterende mit je einem Trichter (Öffnung 4 bis 5 cm) verschlossen wird. Bei Fängen im Oberflächenwasserbereich versieht man die Falle mit einem Schwimmer aus Styropor. Bei Verwendung eines externen Schwimmers und Halteschnüren für die Falle kann in jeder beliebigen Wasserschicht gefangen werden. Bei der Herausnahme der Falle verschließt man sie mit entsprechenden Sieben und gießt danach den Fang in eine bereitgestellte Schale. BROCKHAUS (1989) verwendet als Fallenkörper einfache Plastlampions (10,5 × 14,5 cm, Ø 6 cm), die er mit am Standort vorgefundenen Substrat füllt, an einem Stock befestigt und dann in die Torfschlenken einbringt. Vor allem Larven der typhobionten Arten halten sich von Ende Mai bis Mitte Juni in den oberen erwärmten Bereichen der Sphagnen auf.

## Präparationstechnik

Wie schon erwähnt, bereitet die **Farberhaltung** der Libellen in präparationstechnischer Hinsicht gewisse Schwierigkeiten. Auf sehr verschiedene Art und Weise ist schon versucht worden, diesem Übel abzuhelfen. Nachfolgend sollen erst einzelne Methoden besprochen und dann am Ende des Kapitels in einer tabellarischen Übersicht zusammengestellt werden, welche Verfahren jeweils am zweckmäßigsten sind.

Das **Töten** von Libellen erfolgt unmittelbar vor der Präparation – von rot pigmentierten Arten abgesehen – im Essigetherglas. Die Leuchtkraft der roten Farben lässt sich nach MOORE (1951) nur erhalten, wenn derart gezeichnete Arten mit Schwefeldioxid getötet werden. Dazu mische man jeweils kleine Mengen gleicher Teile von gepulvertem Kaliummetabisulfit und gepulverter Zitronensäure auf dem Boden eines Glasröhrchens, bedecke es mit einem dünnen Stopfen Löschpapier und feuchte es mit ein paar Tropfen Wasser an. Dann wird die Libelle in das verschließbare Röhrchen gesteckt. Sobald alle Bewegungen aufgehört haben, nimmt man das Tier zum Präparieren aus dem Glas. Mit einer Füllung können mehrere Exemplare hintereinander getötet werden. Bei späteren Gelegenheiten muss man wieder frisches Gemisch herstellen. Bisweilen ist es üblich, die getöteten Tiere durch einfrieren abzutöten. Bei grünen und blauen Exemplaren leidet während des Auftauens jedoch oftmals die Farbe.

Bei der Präparation mittels der **Borsäure-Alkohol-Methode** nach TÜMPEL wird die Unterseite des Hinterleibes mit einer feinen Schere aufgeschnitten, ohne dabei die Genitalorgane am zweiten Hinterleibssegment zu verletzen. Nachdem auch die Brust zwischen den Hinterhüften geöffnet worden ist, nimmt man mit einer Pinzette den nur vorn und hinten festgewachsenen Darm aus dem Körper. Am Vorderende reißt er meist ab, dagegen muss er am Hinterende abgeschnitten werden. Nachdem das Tier sauber ausgenommen ist, wird ein Wattestrang von passender Länge und Stärke, der kurz vorher in Borsäure-Alkohol (s. Anhang) getränkt worden ist, in den Hinterleib gelegt. Eine auf gleiche Weise getränkte Wattekugel kann mit der Pinzette durch den Brustschnitt in den Thorax gesteckt werden. Da es aber Schwierigkeiten bereitet, mit der Insektennadel durch die Wattekugel zu stechen, wird empfohlen, Zellstoff für diesen Zweck zu verwenden. Das Feststecken der aufgeschnittenen Libelle auf einer Torfplatte ist nicht erforderlich. Bei einigem Geschick lassen sich die angefeuchteten Einlagen auch gut unterbringen, wenn man das Tier mit den Fingern festhält.

Die von BUCHHOLZ (zit. nach SCHIEMENZ 1953) eingeführte **Acetonmethode** wird folgendermaßen durchgeführt: Der Hinterleib muss, wie bereits beschrieben, ausgenommen und ein entsprechend langer, trockener Stroh- oder Grashalm in den Körper gesteckt werden. Damit der Hinterleib wieder Halt bekommt, schiebt man den Halm vorsichtig bis an das Vorderende der Brust und drückt dann den Leib wieder zusammen. Nachdem von der Hinterkopfhöhlung her zur besseren Farberhaltung die Augen angestochen worden sind, wird das so vorbereitete Tier in eine Petrischale gelegt und Aceton daraufgegossen. Nach $\frac{1}{2}$- bis 2stündiger Einwirkung ist der Wasserentzug erfolgt und die Libelle muss sofort gespannt werden. Da die Libellen nach dieser Behandlung sehr spröde sind, gilt es, beim Nadeln größte Vorsicht walten zu lassen. Andere Entomologen legen die frischtoten Tiere unausgenommen für ca. 24 Stunden in das Acetonbad. Die Flügel sind mit einer Büroklammer oberhalb des Körpers fixiert (▶ **Abb. 152**). Anschließend werden die Exemplare so schnell wie möglich an einem gut gelüfteten Ort oder unter einer Schreibtischlampe getrocknet. Spannen lassen sich diese Libellen nicht mehr. Sie werden in Tüten aufbewahrt. Ein Acetonbad reicht für mehrere Tiere – wenn sich das Lösungsmittel gelb verfärbt, ist es auszuwechseln.

Die von SCHIEMENZ (1953) beschriebene **Trockenmethode nach BILEK** ist wie folgt vereinfacht worden: Unmittelbar nach dem Abtöten öffnet man bei Anisopteren das Abdomen ventral vom dritten Segment bis zum After mit einer kleinen, spitzen Schere. Man verwende möglichst eine nach oben gebogene Schere (vgl. ▶ **Abb. 151**), damit der Darm nicht angeschnitten wird. Danach führt man noch einen kleinen Schnitt ventral am Thorax zwischen dem letzten Beinpaar und dem ersten Segment. Durch diese Öffnung wird der Darm (bzw. Magen) des Tieres mit einer spitzen Pinzette gegriffen, herausgezogen und durchtrennt. Danach fasst man den Enddarm unmittelbar am After, schneidet ihn hier ab, hebt ihn langsam hoch bis etwa zur Mitte des Abdomens und zieht das letzte Stück ebenfalls langsam vollends heraus. Sollte der Darm zerreißen, muss jedes auch noch so kleine Reststück unbedingt entfernt werden. Bei den Weibchen wirkt es sich günstig aus, wenn auch noch die Ovarien herausgenommen werden. Dazu greift man nach der Darmentnahme mit der Pinzette flach in das zweite Abdominalsegment, ergreift die Ovarien und hebt sie, ohne zu wischen oder zu kratzen, vorsichtig heraus. Nur wenn die Organmasse richtig ergriffen worden ist, lässt sie sich mit einem Zug herausnehmen. Bei den *Somatochlora*-Arten erübrigt sich auf jeden Fall die Entnahme der Gonaden. Um ein optimales Resultat zu erzielen, ist es bei den Vertretern der Gattungen *Cordulegaster*, *Anax* und *Sympetrum* notwendig, nach der Darmentnahme noch die verbliebenen Häutchen nebst den Malpighischen Gefäßen zu entfernen. Dazu wird ein Streifen Zellstoff in den Hinterleib gelegt, zart angedrückt und sogleich wieder abgezogen. Sofern die angeführten Organe am Zellstoff haften, ist die Libelle fertig ausgenommen.

Zum Ausfüllen des Abdomens wird ein kurzer, auf einer festen Unterlage rund gedrehter Wattestrang in den ersten bis dritten und ein winziges Wattepfröpfchen mit einer Pinzette in den letzten Hinterleibsring geschoben. In das vierte bis neunte Segment wird ein Strang aus dem gleichen Material eingelegt. Das Einlegen muss – ebenso wie das Ausnehmen – sehr vorsichtig erfolgen, sonst wird die empfindliche Farbschicht verletzt. Nach dem Auslegen des Hinterleibes lässt man die Libelle, bevor man sie spannt oder eintütet, über Nacht auf dem Rücken liegen.

Beim Ausfüllen des Abdomens von *Aeschna*-Männchen ist darauf zu achten, dass die charakteristische schlanke Taille erhalten bleibt. Dazu wird vor dem Ausnehmen des Tieres ein der Größe des Körpers entsprechend langer Grashalm an der Stelle, die im Taillenbereich zu liegen kommt, mit dem Skalpell etwas ausgekehlt. Danach entleert man das Abdomen, legt den vorbereiteten Halm auf die noch feuchte Hülle des Hinterleibes und drückt diese mit den Fingern aneinander, bis sie am Halm haftet.

Wenn man nicht gleich in der Lage ist, die vorpräparierten Libellen zu spannen, werden sie eingetütet. Sie können zu gegebener Zeit dann aber nicht wie Schmetterlinge in Wasserdunst aufgeweicht werden, da sie erheblich nachdunkeln würden, sondern als Aufweichlösung verwende man das für diesen Zweck von Bilek (1968) erprobte Barbers Reagens (siehe Anhang). Es wird empfohlen, im Abstand von 5 Minuten zweimal das Gemisch mittels eines feinen Pinsels auf die Flügelwurzeln zu übertragen und es etwa 5 bis 30 Minuten einwirken zu lassen; danach kann die Libelle gespannt werden (Bilek 1978).

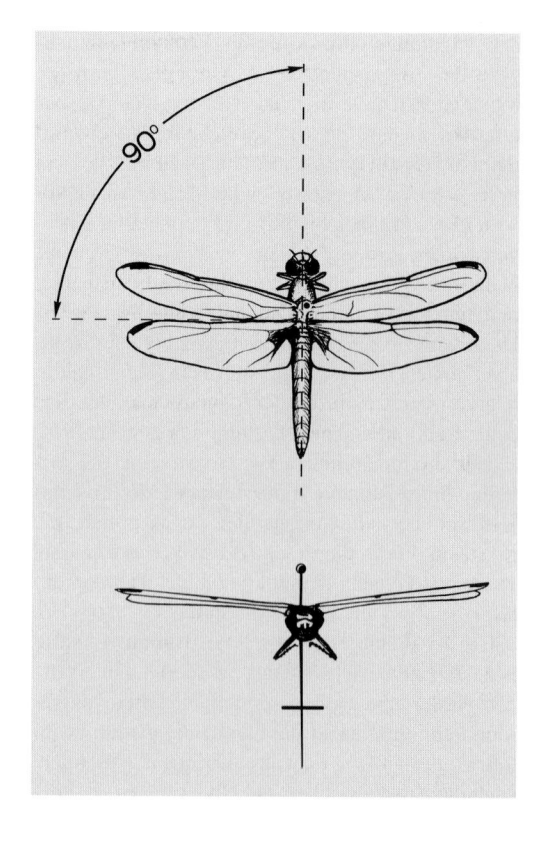

**Abb. 153** Richtige Haltung einer für die Sammlung gespannten Libelle.

# Insekten (Hexapoda)

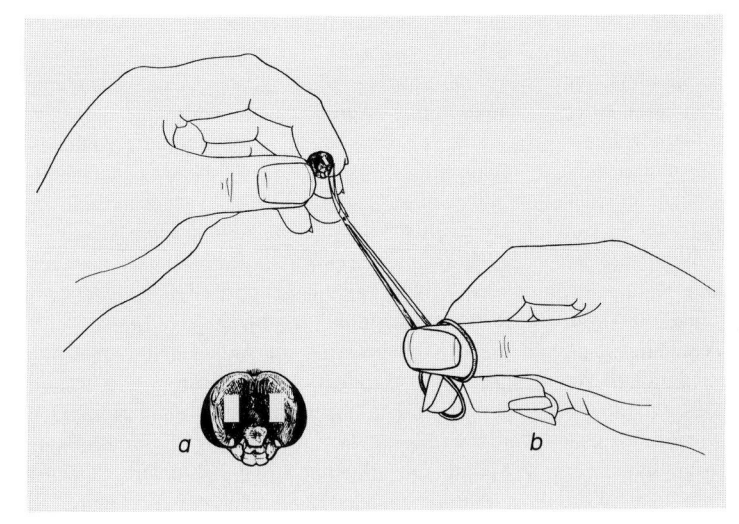

**Abb. 154** Öffnung der Kopfkapsel zur Erhaltung der Augenfarbe („Fenstern"). a) Aufgeschnittener Kopf von hinten, b) Haltung des Libellenkopfes beim Einschneiden der Fenster.

Das Spannen von Libellen erfolgt in gleicher Weise wie bei den Faltern. Die Nadel führt man zwischen den Wurzeln der Vorderflügel so durch den Thorax, dass sie auf der Unterseite der Brust dicht hinter den Hinterhüften wieder herauskommt. Dann wird die Libelle auf ein genügend breites Spannbrett, wie es für Lepidopteren verwendet wird, gesteckt. Beim Befestigen der ausgebreiteten Flügel mit Spannstreifen ist darauf zu achten, dass der Vorderrand der Hinterflügel senkrecht zur Körperlängsachse steht und der Hinterrand der Vorderflügel an seiner Basis dicht vor dem Hinterflügel, jedoch nicht auf ihm zu liegen kommt (▶ **Abb. 153**). Unter den Hinterleib steckt man zwei gekreuzte Nadeln, damit er beim Trocknen nicht herabsinkt. Die unerwünschte Zersetzung der Farbpigmente lässt sich am sichersten unterbinden, wenn die Tiere auf dem Spannbrett in warmer Luft bei 40 bis 45 °C getrocknet werden. Ein regulierbarer Trockenschrank eignet sich sehr gut für diesen Zweck.

Zur **Erhaltung der Augenfarbe** müssen bei großen Arten auf der Hinterseite des von der Libelle entfernten Kopfes zwei Öffnungen angebracht werden, indem man hinter jedem Facettenauge ein kleines Chitinfeld herausschneidet (▶ **Abb. 154**). Dabei darf man die Schere nicht zu tief in den Kopf stecken, sonst wird die Farbschicht an der Innenseite des Auges beschädigt. Anstatt die Öffnung mit einer Schere zu schneiden, kann man sie auch mit einem Kugelbohrer, wie er in der Zahnmedizin üblich ist, bohren. Damit der Kopf möglichst schnell austrocknet, lagert man ihn mit den Öffnungen nach oben am besten in der Rinne des Spannbrettes. Vor dem Einordnen der ausgetrockneten Tiere in die Sammlung – was bei normaler Lufttrocknung frühestens nach 8 bis 14 Tagen erfolgen darf – wird der Kopf an den Thorax geklebt. Besonders bei weiblichen Aeschniden kommt es vor, dass der Hinterleib nach dem Trocknen verfettet erscheint. In diesem Fall wird das Abdomen abgetrennt, über Nacht in Essigether entfettet, auf Löschpapier getrocknet und dann wieder angeleimt.

Schlanklibellen (Agrionidae) werden unmittelbar nach dem Abtöten mit geradegerichtetem Abdomen, ohne es aufzuschneiden, in kleine, mit Löchern versehene Tüten gelegt. So verpackt, überführt man die Tiere für 4 Tage in ein Acetonbad. Sollen derart entwässerte Tiere gespannt werden, darf man sie nicht wieder völlig aufweichen, sondern lediglich die Flügelwurzel und die Beine im Abstand von 5 Minuten zwei- bis dreimal mit 60- bis 70%igem Alkohol einpinseln. Auch Anisopteren, die längere Zeit trockengelegen haben, darf man nur 7 bis 9 Stunden in eine Aufweichschale legen. Danach werden die Bein und Flügelwurzeln mit 70%igem Alkohol bepinselt, dasselbe nach 3 Minuten wiederholt und die Flügel langsam auseinander gepresst und gespannt. Sollte die blaue Bereifung der *Libellula*- und *Orthetrum*-♀♀ verlorengegangen sein, legt man die Tiere 10 Stunden lang in ein Acetonbad, worauf sich die blaue Färbung wieder einstellt.

Da auf größeren Expeditionen gesammeltes Material in der Regel nicht ausgenommen wird und deshalb meist völlig schwarz aussieht, entwickelte BILEK (1955) ein Verfahren zur **Wiederherstellung der Zeichnungselemente.** Derart verfärbte Exemplare (nur adulte, völlig ausgefärbte Stücke) werden unterseits am Abdomen an jedem Segment vorsichtig angestochen und dann für 5 bis 10 Minuten in ein recht warmes Wasserbad gebracht. Nach dem Weichen schneidet man den Hinterleib auf und entfernt sorgfältig die Darmreste. Danach wird ein Gras- oder Strohhalm in das Abdomen gelegt, um ihm Halt und Form zu verleihen. Handelt es sich um eingetütete Libellen, ist es meist erforderlich, die Flügelwurzeln anzustechen, damit die Flügel leichter ausgebreitet werden können. In noch feuchtem Zustand wird das Tier dann für 2 bis 3 Stunden in ein Acetonbad gelegt. Nachdem das Aceton auf einer Fließpapierunterlage abgesaugt worden ist, treten die ursprünglichen Zeichnungselemente wieder klar hervor. Vor dem Spannen weicht man die Flügelwurzeln durch Betupfen mit 70%igem Alkohol auf.

Besonders für Expeditionen in tropischen Gebieten empfiehlt HIEKEL (1992) als unkomplizierte und schnelle Methode das **Eintüten mit Kieselgel.** Dabei wird in Thorax und Abdomen der ausgenommenen Odonaten Kieselgel gefüllt und die Tiere anschließend in Tüten gebettet, denen auch etwas Kieselgel beigefügt wurde. Auf Grund der hygroskopischen Eigenschaften des verwendeten Materials trocknen die Tiere zuverlässig. Schrumpfungen und Farbveränderungen wurden nicht beobachtet. Wichtig ist es jedoch, dass möglichst feinkörniges Kieselgel benutzt wird. Die Autorin weist darauf hin, dass es von Vorteil ist, neben Funddatum und -zeit auch Angaben zur Abdomenlänge, Körper- und Augenfarbe sowie zur Behandlung im Expeditionstagebuch oder auf den Sammeltüten zu notieren.

In einer ausführlichen Arbeit hat sich MOORE (1951) mit der **Problematik der Farberhaltung** bei Libellen und anderen Insekten auseinander gesetzt. Er rät, blaue und grüne Schlankjungfern auf kleine Brettchen zu spannen und über Nacht in ein Bad von Essigether zu legen. Nachdem die Objekte etwa eine Stunde an der Luft getrocknet worden sind, kann man sie in die Sammlung einordnen. Die auf diese Weise behandelten Libellen zeigen gute Zeichnungskontraste und geben elegante Sammlungsstücke ab. VOGLER (1987) bezeichnet die Einschlusstechnik als die einzig mögliche Methode zur farberhaltenden Präparation. Vor nahezu 30 Jahren eingeschlossene Anisopteren belegen diese Aussage.

Das von DICKEHUTH (1976) erprobte **Bemalen** gespannter und getrockneter Libellen mit schnelltrocknender Lackfarbe nach Vorbehandlung in einem Aceton- oder Alkoholbad für längstens 12 Stunden ist bestenfalls für Schausammlungen geeignet. Die Farbe wird mittels Zeichenfeder oder feinstem Haarpinsel vorsichtig aufgetragen.

Zur Konservierung von Anisopteren eignet sich besonders die **Vakuumtrocknung**, sie ist im Gegensatz zur Lufttrocknung in einigen Stunden abgeschlossen. Bei Anwendung dieser Methode werden die ausgehungerten Exemplare in einen gläsernen Exsikkator gebracht, der als chemisches Trockenmittel Phosphorpentoxid oder konzentrierte Schwefelsäure enthält. Folgende Punkte sind nach MOORE (1951) zu beachten:

- Allen Libellen durchschneidet oder durchsticht man vor der Vakuumtrocknung die Thorax und Abdomen trennende Membran. Das ist erforderlich, damit bei der Evakuierung keine Verzerrungen entstehen und die Objekte schneller trocknen.

- Anisopteren und Zygopteren müssen in getrennten Serien getrocknet werden.

- Anisopteren werden dem vollen Vakuum ausgesetzt; sobald das Manometer konstant anzeigt, lässt man diesen Unterdruck 5 Minuten einwirken. Zygopteren werden nur im verminderten Vakuum getrocknet, die Evakuierungsdauer wird durch Erfahrung bestimmt.

- Das Trockenmittel darf nicht zu knapp bemessen sein; man stellt es am besten in einer Porzellanschale in den Fuß des Exsikkators.

- Im Verlauf von 24 Stunden sind die Objekte meist trocken. Große Anisopteren brauchen etwas länger. Da die Augen zuletzt austrocknen, kann man an ihnen feststellen, wann der Trocknungsvorgang beendet ist. Während der Trocknung werden die zuerst durchscheinenden Tiere undurchsichtig; das ist charakteristisch für diese Konservierungsmethode.

- Nach dem Trocknen baut man das Vakuum ab, indem der Absperrhahn langsam geöffnet wird, bis der Ton der eindringenden Luft gerade zu hören ist. Bevor nicht der Ausgleich hergestellt ist, darf man den Hahn nicht weiter öffnen, sonst kann der Luftdruck die Objekte zerstören.

Sofern *Anax imperator* LEACH im Vakuum getrocknet werden soll, muss man das Abdomen vorher entfetten. Nach dem Entfetten und Trocknen sieht das Abdomen fast weiß aus. Die natürliche Farbzeichnung stellt sich erst wieder ein, wenn der Hinterleib in geschmolzenes Paraffin getaucht wird. Der eventuell an der Außenseite haftende Paraffinüberschuss lässt sich leicht mit einer Bürste entfernen. Das so behandelte Abdomen wird dann in der üblichen Weise an den Thorax geklebt.

Auf die Möglichkeit des Austrocknens von Odonaten im Vakuum bei niedrigen Temperaturen (Gefriertrocknung) macht DAVIES (1954) aufmerksam.

In der Tabelle auf Seite 266 f. wurden nach der zitierten Literatur alle Präparationsverfahren zusammengestellt. Die Entscheidung, welche Methode benutzt wird, hängt von den gegebenen Möglichkeiten ab. Stets berücksichtige man die im Text angeführten speziellen Hinweise.

In eine Libellensammlung werden die Tiere meist in gespanntem Zustand eingeordnet. Das gilt insbesondere für alle Anisopteren. Von den Zygopteren genügt es, ein Pärchen jeder Art zu spannen, während die übrigen Exemplare in Tüten oder genadelt aufbewahrt werden. SCHIEMENZ (1956) empfiehlt, ungespannte Kleinlibellen seitlich durch den Thorax zu nadeln. Man legt das Tier dazu auf die rechte Körperseite und ordnet die Flügel derart über dem gestreckten Abdomen an, dass sie übereinander liegen. Der Kopf wird so gedreht, dass seine Oberseite mit der linken Körperseite der Libelle in einer Ebene liegt. Die Beine knickt man so ein, dass die Schenkel nach hinten und die Schienen nach vorn zeigen. Diese Stellung hat den Vorteil, dass man die Libellen gut untersuchen kann, besonders auch ihre Genitalorgane. Zygopteren lassen sich für morphologische Zwecke recht gut auch in 70%igem Alkohol aufbewahren. Die Stücke werden möglichst einzeln in Glasröhrchen gesteckt und mit den erforderlichen Etiketten versehen.

Die Aufbewahrung mit zusammengefalteten Flügeln konservierter Libellen in Zellophantüten empfiehlt bereits KORMANN (1965). Zur Versteifung und Etikettierung wird in die Tüte ein Kartonblatt gesteckt. Die Tüten können dann in Karteikästen untergebracht werden. Als Vorteile gegenüber der konventionellen Aufbewahrung gelten vor allem Zeit-, Raum- und Kostenersparnis. Die Exemplare sind vor mechanischer Beschädigung weitgehend geschützt und die Tiere können in den Tüten bequem verschickt werden. Diese Aufbewahrungsmethode hat sich in letzter Zeit bei wissenschaftlichen Libellensammlungen durchsetzen können.

In einer Libellensammlung sollten auch die **Larvenstadien** nicht fehlen. Man sammelt sie mit Hilfe eines Wassernetzes oder Drahtsiebes von 3 bis 5 mm Maschenweite. Die Pflanzen- oder Bodenproben, in denen sich die Larven aufhalten, werden aus dem Gewässer geschöpft und gründlich durchgespült. In feuchtem Moos verpackt, kann man die Larven lebend transportieren und in einem entsprechend eingerichteten Aquarium auch leicht weiter züchten.

Zygopterenlarven tötet man durch Einwerfen in erwärmten 70%igen Alkohol. Die festeren Anisopterenlarven werden kurz in Alkohol aufgekocht. Die Herstellung von Trockenpräparaten erfolgt in der üblichen Weise (vgl. Seite 190 f.).

Trockene Larvenhäute (**Exuvien**) findet man im Frühjahr häufig an Schilfstängeln und anderen Pflanzen in Wassernähe. Sie werden einfach getrocknet und durch eine der rechten Flügelscheiden genadelt oder trocken in verschlossenen Glasröhrchen aufbewahrt. Eine Unterbringung in 70%igem Alkohol ist ebenfalls möglich. Nach HEIDEMANN & SEIDENBUSCH (1993) sind für die Untersuchungen besonders die Fangmaske, speziell die Innenseite des Mentums und die Procte der Zygopteren (Anhängsel am Hinterende der Larven, auch Kiemenblätter oder Lamellen genannt) von Bedeutung. Da der Kopf bei der Betrachtung der Fangmaske leicht abreißt, empfehlen die Autoren, das Postmentum nach dem Aufweichen zu durchtrennen und das Mentum separat auf ein Kartonplättchen zu kleben und mit an der Nadel zu befestigen oder es zwischen zwei Objektträger zu pressen, die mit Klebstreifen zusammengeklebt und beschriftet werden. Die Procte der Zygopterenlarven sind normalerweise miteinander verklebt und müssen zur Untersuchung voneinander getrennt und ausgebreitet werden. Sollten sie dabei abbrechen, kann man sie ebenso wie das Mentum aufbewahren. Zum **Aufweichen der Exuvien** kann man das bereits mehrfach erwähnte BARBERsche Reagens oder handelsübliches Fensterputzmittel benutzen.

Das **Sammeln von Exuvien für faunistische Zwecke** sollte unbedingt Beachtung finden, da es inzwischen hierfür zuverlässige Bestimmungsliteratur gibt und keine streng geschützten Tiere der Natur entnommen werden müssen.

## Gliederfüßer (Arthropoda)

Präparationsverfahren für Libellen

| Gattung | Tötungsart | Direktes Spannen | Vakuumtrocknung | Entwässerungsmitteltrocknung (Aceton oder Essigether)[1] |
|---|---|---|---|---|
| **Zygoptera** | | | | |
| Calopteryx | Essigether | ● | | |
| Sympecma | Essigether | ● | | ● |
| Lestes | Essigether | ● | | ● |
| Platycnemis | Essigether | | ● | ● |
| Pyrrhosoma | Schwefeldioxid | ● | ● | ● |
| Ceriagrion | Schwefeldioxid | ● | ● | ● |
| Ischnura | Essigether | | ● | ● |
| Enallagma | Essigether | | ● | ● |
| Agrion | Essigether | ● | ● | ● |
| Erythromma | Essigether | | ● | ● |
| Nehalennia | Essigether | ● | | ● |
| **Anisoptera** | | | | |
| Brachytron | Essigether | | ● | |
| Aeschna | Essigether | | ● | |
| Anaciaeschna | Essigether | | | |
| Anax | Essigether | | ● | |
| Hemianax | Essigether | | | |
| Gomphus | Schwefeldioxid | ● | ● | |
| Ophiogomphus | Essigether | | | |
| Onychogomphus | Essigether | | | |
| Cordulegaster | Schwefeldioxid | ● | ● | |
| Cordulia | Essigether | ● | | |
| Symatochlora | Essigether | ● | | |
| Oxygastra | Schwefeldioxid | ● | | |
| Epitheca | Essigether | | | |
| Libellula | Essigether | ● | ● | |
| Orthetrum | Essigether | ● | ● | |
| Crocothemis | Schwefeldioxid | ● | ● | |
| Symperum ♂ | Schwefeldioxid | ● | ● | ● |
| Symperum ♀ | Essigether | ● | ● | ● |
| Leucorrhinia | Schwefeldioxid | ● | ● | ● |

[1] Nach wiederholtem Gebrauch muss das Entwässerungsmittel erneuert werden.

| Darmentnahme (nachfolgend Aceton-) oder Trockenmethode | Gras- oder Strohhalm | Seiden- oder Wollfaden (farbig) | Augen fenstern | Entfetten |
|---|---|---|---|---|
| | | | | |
| | | | | |
| | | | | |
| | | | | |
| | | | | |
| | | | • | |
| | | | • | |
| | | | | |
| | | | • | |
| | | | | |
| | | | | |
| | | | | |
| • | • | | • | • |
| • | • | • | • | • |
| • | • | • | • | • |
| • | • | • | • | • |
| • | • | | • | • |
| • | • | • | • | |
| • | • | • | • | |
| • | • | | • | |
| • | • | | • | |
| • | • | | • | |
| • | • | | • | |
| • | • | | • | • |
| • | • | | • | • |
| • | • | | • | |
| • | | | • | |
| • | | • | • | |
| | | • | • | |
| | | | • | |

## Netzflüglerartige i.w.S. (Neuropteroidea)

Unter dieser Bezeichnung werden die Schlammfliegen (Megaloptera), die Kamelhalsfliegen (Raphidioptera) und die Landhafte oder Netzflügler i.e.S. (Planipennia) zusammengefaßt. Die dazugehörigen Arten besitzen in der Regel fast gleichartige, netzförmig geäderte Flügelpaare, die in Ruhe dachartig auf dem Rücken zusammengelegt werden. Die Größe der Arten schwankt zwischen 2 mm und 7,5 cm. Die Netzflüglerartigen umfassen rund 4500 rezente Arten, allein 4000 gehören zu den Planipennia. Wie erfolgversprechend es in wissenschaftlicher Hinsicht ist, sich mit den Vertretern dieser Ordnungen zu beschäftigen, zeigen SCHIEMENZ (1960) und RICHTER (1961).

### Sammeltechnik

Die meisten Neuropteren fängt man beim Keschern mit einem Streifsack (▶ **Abb. 144**) in Ufer- oder Auwaldbiotopen. Dabei sollte das Abklopfen von kleinen Bäumen und Sträuchern nicht unterlassen werden. Ameisenjungfern werden im Hochsommer auf Waldwiesen und in Nadelwäldern der Ebene mit dem Schmetterlingsnetz gefangen. Ziemlich regelmäßig erscheinen sie auch abends beim **Lichtfang**. Die Larven leben in sehr unterschiedlichen Biotopen. Die bekanntesten Lebensstätten sind die in trockenem Sand angelegten Trichter der „Ameisenlöwen". Will man diese Larven fangen, wird der Sand kräftig weggeblasen, bis das durch seine Saugzangen charakterisierte Tier sichtbar ist. Die ebenfalls räuberischen Larven der Kamelhalsfliege findet man unter Nadelholzrinde. Sie stellen vor allem der Borkenkäferbrut nach. Eine **Falle zum Sammeln von Neuropteren** und ihren Parasiten beschreibt NEW (1967). Erfahrungen über den Einsatz von Lichtfallen zum Fang von Neuropteren liegen von MALICKY (1975) vor. GEPP (1975) empfiehlt das Absuchen von Luftfiltern, wie sie in Hochhäusern mit Klimaanlagen Verwendung finden. Die Imagines tötet man im Essigetherglas und die Larven durch kurzes Aufkochen in 70%igem Alkohol.

### Präparationstechnik

Schlamm- und Kamelhalsfliegen werden mit feinen Insektennadeln durch den Prothorax genadelt und mit dachförmig angelegten Flügeln getrocknet. Kleine Arten spießt man auf Minutienstifte und befestigt diese wie üblich auf Kartonplättchen oder besser auf Schaumstoffklötzchen. Die eigentlichen Netzflügler werden zwischen den Flügelwurzeln genadelt und wie Schmetterlinge mit ausgebreiteten Flügeln gespannt (vgl. ▶ **Abb. 125**). Bei Arten über 35 mm Körperlänge empfiehlt es sich, das Abdomen aufzuschneiden, den Darm vorsichtig mit einer Pinzette herauszuziehen und die Haut dann mit einem dünnen Grashalm auszufüllen. Kleine Arten präpariert man wie Mikrolepidopteren.

Nach FRIEDRICH (1953) besitzen die Genitalanhänge der Männchen auch beim Bestimmen dieser Arten große Bedeutung. Man muss deshalb auch **Material für morphologische Zwecke** in 70%igem Alkohol und zur Herstellung histologischer Präparate in Formol konservieren. Gelege und Puppenkokons können einfach getrocknet werden. Für Schausammlungen empfiehlt es sich, den Totalobjekten vergrößerte Abbildungen (vgl. ▶ **Abb. 56**), sowohl Übersichtsbilder als auch Detailbilder, beizugeben. Die systematischen wie biologischen Merkmale sind in der Regel zu klein, um den Laien eine deutliche Vorstellung vermitteln zu können.

## Eintagsfliegen (Ephemeroptera)

Eintagsfliegen oder Hafte sind zarte 1 bis 6 cm lange Fluginsekten. Man erkennt sie an ihren zwei Flügelpaaren und den drei fadenförmigen Schwanzborsten. Bisher sind 2000 Arten beschrieben worden.

### Sammeltechnik

Vollkerfe und Subimagines fängt man am besten abends durch Abkeschern der Ufervegetation mit einem Streifsack (▶ **Abb. 144**). Befindet sich in Wassernähe eine Lichtquelle, wird man im Sommer dort meist Ephemeriden vorfinden. Andernfalls ist ein **Lichtfang**, wie er für Schmetterlinge durchgeführt wird (vgl. Seite 205 ff.) auch für diese Tiere sehr erfolgversprechend. Die Larven leben vorwiegend in fließenden, seltener in stehenden Gewässern unter Steinen, an Pflanzenteilen und im Schlamm. Man sucht sie manuell oder durch Aussieben von Schlamm- und Pflanzenteilen.

### Präparationstechnik

Imagines und Entwicklungsstadien werden in der Regel in 75%igem Alkohol abgetötet und einzeln in Röhrchen aufbewahrt. Da die Imagines außerordentlich leicht zerbrechen, spannt man sie nur in Ausnahmefällen wie Schmetterlinge mit ausgebreiteten Flügeln. Exakte Bestimmungen und morphologische Untersuchungen können lediglich an Alkoholpräparaten durchgeführt werden. Exuvien- und Subimagohäute lassen sich auf Kartonplättchen kleben.

## Ufer-, Steinfliegen (Plecoptera)

Die Ufer- und Steinfliegen sind kleine bis mittelgroße, 5 bis 30 mm lange, schlanke, meist düster gefärbte Fluginsekten. Sie machen eine unvollkommene Verwandlung mit etwa 20 imagoähnlichen Larvenstadien durch. Die ganze Entwicklung dauert ein bis mehrere Jahre. Die Lebensdauer der Imagines währt zwischen einigen Stunden bis zu einem Monat. Bisher wurden etwa 2000 Arten beschrieben.

### Sammeltechnik

Uferfliegen findet man am ehesten an den Ufern klarer, fließender Gewässer. Es sind meist schlechte Flieger, die sich maximal 15 bis 20 m vom Gewässerufer entfernen. Sie werden am besten mit einem Streifnetz aus Gräsern, Stauden und Zweigen gekeschert. Eine weiche Pinzette dient zum Ablesen von Steinen oder Baumstämmen. JOOST (1967) fing Steinfliegen in den ersten Monaten des Jahres größtenteils mit einem weichfoliebespannten Klopfschirm. Wegen seiner glatten Oberfläche, auf der sich kaum ein Insekt halten kann, und seiner Unbenetzbarkeit durch Wasser hat sich dieser Schirm im Gelände sehr gut bewährt. Die weichhäutigen Imagines konserviert man an Ort und Stelle in 75%igem Alkohol und bewahrt sie möglichst einzeln in Glastuben auf.

Die **lichtscheuen Larven** sind fast ausnahmslos Bewohner schnellfließender, kühler Gewässer. Der Sammler findet sie bestimmt, wenn er, in einem Bergbach watend, die Unterseite von Steinen mit der Pinzette absucht. Die Entwicklungsstadien werden in 80%igem Alkohol getötet und aufbewahrt.

### Präparationstechnik

Wie bereits erwähnt, bewahre man Imagines für wissenschaftliche Zwecke stets in 70%igem Alkohol auf, denn an getrockneten Exemplaren werden die zur Bestimmung wichtigen Merkmale unkenntlich. Nach der Determination können für Schausammlungen selbstverständlich auch Trockenpräparate angefertigt werden, indem man die Tiere mit angelegten oder ausgebreiteten Flügeln wie Schmetterlinge spannt. Sollten sich die im hochprozentigen Alkohol gehärteten Tiere nicht spannen lassen, weiche man sie 24 Stunden in 30%igem Alkohol auf oder benutze die Pepsinlösung nach KLEß bzw. ein Bad in handelsüblichem Fensterputzmittel. Auch ein Betupfen mit BARBERS Reagens führt zum Erfolg. Je nach der Größe der Arten ist zu entscheiden, ob sie direkt genadelt oder auf Minutienstifte gespießt werden. Die Nadel wird am besten in Höhe der Hinterhüften durch den Thorax gestochen. Sofern trockenes Material regeneriert werden soll, müssen die genadelten Tiere im Nadelbereich mit einem Geschirrspülmittel beträufelt werden, wodurch sie sich bereits nach wenigen Minuten mühelos von der Nadel streifen lassen. Danach überführt man sie in das Spülmittel, worin sie so lange verbleiben, bis sie ihre ursprüngliche Form wiedererlangt haben, was ein bis mehrere Tage dauern kann; Weiterbehandlung siehe Seite 43.

## Köcherfliegen (Trichoptera)

Die nahe mit den Schmetterlingen verwandten, meist eintönig gefärbten Köcher- oder Frühlingsfliegen sind kleine bis mittelgroße, 5 mm bis 4 cm lange Fluginsekten. Am bekanntesten sind die im Wasser in selbstgebauten Röhren lebenden Larven. Die Grundlage der Röhre ist ein Seidengespinst, das die Larven in einer für ihre Art typischen Weise mit Fremdmaterial belegt. Als solches findet man auf den Köchern Steinchen, Pflanzenteile oder kleine Schneckenschalen. Bisher sind etwa 7000 rezente Trichopteren beschrieben worden.

### Sammeltechnik

Die auf Büschen, auf in Wassernähe stehenden Bäumen oder in der Ufervegetation sitzenden Köcherfliegen lassen sich mit der Hand oder mit einem Streifsack fangen. Versteckt sitzende Tiere

## Gliederfüßer (Arthropoda)

müssen durch Klopfen und Schütteln aufgescheucht werden, dann sind sie leichter zu erbeuten. Viele Arten schwärmen von Ende Juli bis Anfang September auch um Lichtquellen. TOBIAS (1964) beschreibt 5 Fallentypen, die sich zum Anlocken von Köcherfliegen bewährt haben. Sofern beim Lichtfang der Sammelbehälter mit Konservierungsflüssigkeit gefüllt wird, ist Alkohol oder Brennspiritus ungeeignet. Er hat den Nachteil, dass die Tiere darin schon nach kurzer Einwirkungszeit brüchig werden. Verdünntes Formol (2 %) härtet ebenfalls sehr stark und ist nicht zu empfehlen. Speziell für Trichopteren verwenden TOBIAS & TOBIAS (1981) als Fangflüssigkeit eine Mischung aus Ethylenglycol und Wasser im Verhältnis 1:1. Als Entspannungsmittel wird etwas handelsübliches Geschirrspülmittel beigemengt. MEY (1981) berichtet über Lichtfangergebnisse, die in einer Entfernung von 2,5 bis 4 km von stehenden Gewässern erzielt wurden. Zum Fang von Köcherfliegen benutzte CHRISTIAN (1985) eine **Lichtfalle** (HQL 150 W, Höhe über dem Erdboden 1,8 m) die auf einer Erhebung einer Insel installiert war, so dass das Licht ungehindert alle Gewässer der Umgebung erreichen konnte. Um die gesamte Taxozönose zu erfassen, wurden zusätzlich Emergenzzelte (siehe Seite 25) eingesetzt. Zum Abtöten der Köcherfliegen wird ein Essigetherglas benutzt (▶ **Abb. 149**). Die verendeten Imagines bewahrt man in Tüten auf oder nadelt sie sofort.

Die mannigfaltig gestalteten **Larvenköcher** sind jedem Sammler bekannt. Man konserviert sie am besten in 80%igem Alkohol. Es ist auch reizvoll, Trichopteren zu züchten und den leeren Köcher, den jede Art in charakteristischer Form baut, dann neben das geschlüpfte Imago in die Sammlung zu stecken.

### Präparationstechnik

Köcherfliegen werden wie Falter gespannt (▶ **Abb. 125**). Beim Anfall größerer Materialmengen empfiehlt es sich, auch Imagines in Kahles Flüssigkeit (siehe Anhang) aufzubewahren, dasselbe gilt speziell für Eier, Larven und Puppen. Die Larven können leicht aus dem Köcher vertrieben werden, wenn man in die hintere Öffnung des Köchers einen Grashalm oder eine Knopfsonde einführt. Die Entwicklungsstadien lassen sich, wie auf Seite 190 f. beschrieben, gut als Trockenpräparate für Biologien herrichten. Die Köcher werden einfach getrocknet und je nach Größe genadelt oder aufgeklebt.

## Schnabelfliegen (Mecoptera)

Wie der Name sagt, fallen diese 1 bis 3 cm langen Fluginsekten insbesondere durch ihren rüsselartig verlängerten Kopf auf. Sie sind mit zwei gleichartigen, in der Ruhe meist flach auf dem Rücken zusammengelegten Flügelpaaren versehen. Von den rezenten Schnabelfliegen kennt man bisher ca. 400 Arten. Die raupenähnlichen Larvenstadien leben im Boden oder in bodennahen Biotopen.

### Sammeltechnik

Die häufigsten Vertreter dieser Ordnung, die Skorpionsfliegen, finden sich im Sommer oft als Beifang beim Keschern mit dem Streifsack. Die Mückenhafte bewohnen in südlicheren Gegenden die gleichen Biotope. Im Gegensatz dazu sind die flugunfähigen Winterhafte ausgesprochene „Schneeinsekten", die weit nach dem Norden vorgedrungen sind und die Hauptzeit ihrer Entwicklung in den Winter verlegt haben. Wann und wo *Boreus hiemalis* L. zu finden ist, entnehme man der Schrift von STRÜBING (1958).

### Präparationstechnik

In präparationstechnischer Hinsicht werden die Vertreter dieser Ordnung genau sowie Neuropteren (siehe Seite 268) behandelt.

## Insektengruppen, die eine mikroskopische Präparation erfordern

Obwohl es nicht ganz konform mit der Thematik dieses Buches ist, sollen hier kurz einige Insektengruppen behandelt werden, deren Präparation eher in den Bereich mikroskopischer Technik fällt. Grund dafür ist die oftmals enorme Bedeutung, die einige Vertreter dieser Ordnungen haben, weswegen sicherlich der eine oder andere Leser hier Informationen zur Bearbeitung dieser Insekten suchen wird.

Näher betrachtet werden die Ordnungen Flöhe (Siphonaptera) und Fransenflügler (= Blasenfüße,

= Thripse, Thysanoptera). Prinzipiell lassen sich die Methoden für alle sehr kleinen Insekten anwenden.

Bei den Flöhen handelt es sich um 1,5 bis 3 mm große holometabole Insekten. Der gesamte Bauplan, insbesondere die seitliche Körperabflachung und die nach hinten gerichtete Beborstung dient dem ektoparasitischen Leben im Haar- oder Federkleid ihrer Wirte. Flöhe sind weltweit verbreitet, bekannt sind etwa 2000 Arten.

Fransenflügler sind kleine, meist nur 1 bis 2 mm lange Insekten mit stechend-saugenden Mundwerkzeugen und zwei paar schmalen, langgefransten Flügeln. Die genaue Kenntnis dieser Gruppe besitzt eine enorme Bedeutung, weil ein großer Teil der Schäden im landwirtschaftlichen und gärtnerischen Anbau auf Vertreter der Thysanopteren zurückgeht. Gegenwärtig sind ca. 4700 Arten bekannt, jedoch sind in den nächsten Jahren bei intensiver Beschäftigung mit der Ordnung noch weitere Arten zu erwarten.

## Sammeltechnik

**Flöhe** kommen auf allen warmblütigen Wirbeltieren und in ihren Bauten oder Nestern vor. Einzelheiten über den Fang von Parasiten siehe Seite 30 f. Hierbei ist es besonders wichtig, gefangene Wirbeltiere sofort nach dem Fang auf Parasiten zu untersuchen. Mittels Pinsel oder feiner Federstahlpinzette werden die Ektoparasiten abgelesen und in ein Röhrchen mit 70%igen Alkohol dem etwas Glycerol zugesetzt wurde, überführt. Außerdem muss ein Zettel in das Behältnis gegeben werden, auf dem die Wirtstierart vermerkt ist. Statt die Flöhe einzeln abzusammeln, kann man das Wirtstier auch über einer weißen glatten Unterlage auskämmen.

**Thysanopteren** sind überwiegend Pflanzensaftsauger. Viele dieser Tiere kann man einfach mit einem feuchten Pinsel ablesen (s. ▶ **Abb. 145**). Weiterhin besteht die Möglichkeit, eine Pflanze mit einem Stock über einer hellen Plastikschale abzuklopfen. Mit einer gewissen Vorsicht können so auch einzelne Pflanzen, bzw. Blüten und Blätter untersucht und die Thripse abgesammelt werden. Mit den Haftblasen an den Füßen halten sich die Tiere an der Plastikschale fest. Dadurch kann man sie durch vorsichtiges Pusten von Blatt- und Blütenresten sowie von Schmutz leicht trennen. Nun können sie mit einem feuchten Pinsel aufgenommen und in ein Sammelröhrchen überführt werden. Es ist wichtig, bei der Etikettierung des Materials die Pflanzenart zu notieren, von welcher das Material stammt.

Als sehr günstig hat sich eine Konservierungs- und Fixierungsflüssigkeit erwiesen, die als AGA (Alcohol-Glycerin-Acetic Acid) bezeichnet wird. Sie setzt sich zusammen aus 6 Teilen Ethanol (60%ig), 1 Teil Glyzerin und 1 Teil Essigsäure (Eisessig). (Die Menge des Ethanols kann entsprechend der gewünschten Härtung und der Erfahrung des Bearbeiters variiert werden).

MOUND (1974) benutzt zum Sammeln von laubstreu- und totholzbewohnenden Tysanopteren modifizierte Berlese-Trichter mit einem Durchmesser von 60 cm und einem Fassungavermögen von 25 000 cm$^3$ (25 l). Zum Beheizen werden vier 25 W Glühlampen benutzt. Ein Vorgang dauert 6 bis 12 Std. Die Ausbeute ist sehr unterschiedlich. Ertragreiches Substrat ergibt bis zu 100 Individuen.

## Präparationstechnik

Die folgenden Verfahren eignen sich für nahezu alle sehr kleinen Insekten, einschließlich Larven. So können auf diese Weise z. B. auch Blattläuse (Aphidina), Blattflöhe (Psyllina), Läuse (Anoplura) sowie Haar- und Federlinge (Mallophaga) präpariert werden.

Da diese Tiere als Trockenpräparate stark schrumpfen und in diesem Zustand keine sichere Determination möglich ist, müssen **mikroskopische Dauerpräparate** angefertigt werden.

Meist ist es angebracht, die Tiere vorsichtig zu mazerieren, um das störende Fett- und Muskelgewebe zu entfernen und die Objekte aufzuhellen. Dazu muss trockenes Material erst für etwa 24 Stunden in 60%igen Alkohol eingeweicht werden. Bei Exemplaren, die in AGA aufbewahrt werden, muss diese Konservierungsflüssigkeit ebenfalls durch 60%igen Alkohol ersetzen werden und die Tiere ca. 24 Stunden darin liegen bleiben. Bei Alkoholmaterial kann sofort mit der Mazeration begonnen werden. Dabei werden die Objekte in kleine verschließbare Gefäße gegeben, das Ethanol mit einer Pipette entfernt und danach einige Tropfen 5%iger Natrium- oder Kaliumhydroxidlösung hinzugefügt. Helle Tiere benötigen für diese Prozedur meistens nur eine Stunde, während andere durchaus über Nacht in dem Mazerationsbad verbleiben müssen. Sehr dunkle und stark chitinisierte Arten benötigen bisweilen sogar 1 bis 2 Tage. Die Mazeration darf jedoch nicht länger als nötig durchgeführt werden, damit die Objekte keinen Schaden nehmen oder gar zerfallen. Während dieser Prozedur werden die Tiere an einer Membranstelle des Abdomen mit einer Minutiennadel oder einer feinen Insektennadel angestochen, damit die Lauge gut eindringen kann. Bei etwas größeren Objekten leistet eine feine Injektionskanüle gute Dienste. Hat man mehrere Exemplare einer Art zur Verfügung, empfiehlt es sich, den Einstich bei den einzelnen Objekten an unterschiedlichen Stellen zu setzen, damit man später insgesamt vollständige Abdomenseiten betrachten kann.

Nach der Mazeration werden die Tiere aus der Lauge in destilliertes Wasser überführt, wo sie für etwa eine Stunde bleiben. Anschließend kommen sie in 60%iges Ethanol. Nun wird mit einem feinen Spatel oder ähnlichem Werkzeug leicht auf das Abdomen gedrückt, damit der Leibesinhalt entweicht. Gleichzeitig werden Beine und Antennen, bei geflügelten Arten die Flügel abgespreizt und ausgerichtet. Ggf. ist der Alkohol auszuwechseln.

Danach werden die Objekte über die Alkoholreihe entwässert. Nicht mazerierte Tiere sollten angestochen werden, um das Eindringen des Alkohols zu erleichtern. Auch sollte man immer wieder darauf achten, dass die Extremitäten, Antennen und Flügel abgespreizt sind. Folgende Konzentrationsstufen und Behandlungszeiten haben sich bewährt: 60%iges Ethanol – 24 Stunden, 70%iges Ethanol – ca. eine Stunde, 80%iges Ethanol – 20 Minuten, 95%iges Ethanol – 10 Minuten, zweimal für 5 Minuten in absolutes Ethanol. Anschließend für ein bis zwei Stunden in Zedern- oder Nelkenöl bis die Tiere völlig klar sind.

Jetzt können die Objekte in Kanada- bzw. Neutralbalsam eingebettet werden. Üblicherweise gibt man dazu einen Tropfen in die Mitte eines Objektträgers. Mit einem Spatel oder einer feinen Drahtschlinge nimmt man das Exemplar aus dem Intermedium. Überschüssiges Öl entfernt man durch Abtupfen der Unterseite des Spatels auf Fließpapier. Dann wird das Tier auf den Objektträger in den Balsam überführt. Nun ein Deckgläschen sorgfältig auflegen und den Objektträger für 15 bis 30 Sekunden auf die Wärmeplatte bei 45–50 °C legen, damit sich dar Balsam gleichmäßig ausbreiten kann. Danach für mindestens einen Monat das Präparat in einem Wärmeschrank bei 37 °C trocknen lassen.

Nach MORITZ (pers. Mitt.) ist es besser, zunächst einen Tropfen Kanadabalsam auf ein sauberes, entfettetes Deckgläschen zu bringen und das Objekt darauf zulegen. Extremitäten und Antennen können jetzt ausgerichtet werden. Nun einen kleinen Tropfen Kanadabalsam auch in die Mitte eines Objektträgers geben. Den Objektträger schnell umdrehen und den Balsamtropfen mit dem Tropfen des Deckgläschens so zusammenbringen, dass das Einbettungsmedium langsam um das Tier fließt. Sofort den Objektträger mit Deckgläschen wieder zurückdrehen. Wie oben beschrieben, wird das Präparat kurz auf die Wärmeplatte gelegt und in einem Wärmeschrank getrocknet.

Um Tiere aus dem Balsam herauszulösen oder ein solches Präparat erneut einzubetten, muss man den Objektträger in ein geeignetes Lösemittel legen. Üblich ist zu diesem Zweck die Verwendung von Xylen; am besten eignet sich das eigens dafür entwickelte, im Fachhandel erhältliche Histoclear.

Eine weitere Möglichkeit der Herstellung von Mikropräparaten wirbelloser Tiere ist die Einbettung in HOYERS Reagens bzw. BERLESE-Gemisch (s. Anhang). Dabei müssen die Objekte trocken sein. Alkoholmaterial muss man bei etwa 60 °C in Wärmeschrank, notfalls unter einer Glühlampe, trocknen lassen. Anschließend werden die Tiere in einer Mischung aus Eisessig (oder Milchsäure) und Lactophenol im Verhältnis von 7:5 bei Raumtemperatur für 24 bis 72 Stunden eingeweicht. Nach dieser Zeit sollten sie sauber sein und eine normale Körperhaltung angenommen haben. Diese Behandlung hat den Vorteil, dass die Exemplare weich sind, so dass Antennen, Flügel und Beine leicht ausgerichtet werden können. Nun gibt man einen kleinen Tropfen von HOYERS Reagens in die Mitte eines Objektträgers und streicht ihn vorsichtig auf die Größe des Deckgläschens aus. Die Größe des Tropfens hängt von den jeweiligen Objekten ab, für kleine Arten sollte eine Höhe von 0,3 bis 0,4 mm ausreichen. Dann das Tier vorsichtig aus dem Essigsäuregemisch auf den Objektträger übertragen. Antennen und Beine sowie ggf. Flügel so ausrichten, dass sie in einer Ebene mit dem Körper liegen. Wenn die Tiere nicht in dem Essigsäuregemisch geweicht wurden, lassen sich die Extremitäten oft nur schlecht ausrichten bzw. springen in ihre Ausgangslage zurück.

Vorsichtig und möglichst ohne das Objekt zu verschieben das Deckgläschen auflegen. Spätere Korrekturen könnten Veränderungen oder die Beschädigung wichtiger Strukturen verursachen!

Die Objektträger für etwa 2 Wochen bei Raumtemperatur oder für 5 bis 7 Tage im Trockenschrank bei 40 °C trocknen lassen. Zum Abschluss sollte das Deckgläschen mit einem geeigneten Lack versiegelt werden, damit das Medium nicht weiter austrocknen kann. Darin liegt auch der größte Nachteil dieser Methode: da das Einbettungsmittel wasserlöslich ist, besteht die Gefahr, dass es austrocknet und sich dabei verzieht, wobei die Objekte beschädigt werden können. Deshalb sollte HOYER niemals für wertvolles Material verwendet werden. Von Vorteil ist jedoch, dass der Brechungsindex von HOYER viel niedriger als der von Chitin ist und somit feine Strukturen besser zu erkennen sind. Weiterhin ist das Verfahren schnell anwendbar.

Euparal ist für die Einbettung von Kleininsekten weniger geeignet, da Schrumpfungen auftreten und durch den Brechungsindex des Euparals die Tiere schlecht zu sehen sind.

In jedem Fall sind die Mikropräparate aussagekräftig zu etikettieren. In vielen Sammlungen ist es üblich, auf der linken Seite des Objektträgers ein Etikett anzubringen, welches den Namen des Tieres (Gattung, Art, Autor), Fundort und -datum und ggf. eine Sammlungsnummer enthält. Auf der rechten Seite ist dann ein Etikett anzubringen, auf dem die Präparationsmethode und vor allem das Einbettungsmedium verzeichnet sind. Diese Etiketten können entweder handelsübliche selbstklebende Druckeretiketten sein oder einfache Papieretiketten, die auf die Objektträger geklebt werden. Als Kleber eignet sich z. B. der in der Entomologie übliche Fischleim (Syndetikon) während KLAUSNITZER (1991) zur Befestigung von Papieretiketten auf Objektträgern Kanadabalsam benutzt. VOEGTLIN (pers. Mitt.) empfiehlt Silikon-Dichtmasse zum Aufkleben von Etiketten. Da das Silikon elastisch bleibt, kann man bei Bedarf das Etikett mit einer Rasierklinge ablösen. Der einzige Nachteil ist der leichte Essig-Geruch während des Abbindens des Silikons.

Die Aufbewahrung der Objektträger erfolgt am besten in speziellen Steckkästen für Mikropräparate.

Robustere Kleininsekten (z. B. Flöhe, Läuse ...) können auch in Glycerin aufbewahrt werden – ähnlich wie es für Genitalpräparate größerer Arten weiter oben beschrieben wurde. Dazu bringt man einen Tropfen Glycerin in ein geeignetes Behältnis und gibt die abgetöteten, ggf. mazerierten Tiere hinein und verschließt es dicht. Auch hierfür sind die schon mehrfach genannten 0,2 ml PCR-Tubes mit anhängendem Deckel sehr gut geeignet (▶ Abb. 80). Zur Bearbeitung können die Objekte dem Glycerin entnommen werden. Eventuell kann man daraus mikroskopische Frisch- oder Dauerpräparate herstellen. Für filigrane, besonders geflügelte Formen ist diese Methode jedoch nicht geeignet, da die Gefahr der Beschädigung während des Herausnehmens aus dem recht zähen Medium sehr groß ist. Außerdem ist es ohne weitere Präparation nahezu unmöglich, die Flügel zu betrachten. Bei solchen Gruppen ist die Herstellung von Mikropräparaten die Methode der Wahl.

## Entomologische Sammlungstechnik

Sofern entomologische Objekte gesammelt und präpariert worden sind, muss man sie auch in entsprechender Weise nutzen und aufbewahren. Die folgenden allgemeinen Hinweise gelten sinngemäß für alle vorher behandelten Ordnungen.

Mit der Anlage einer wissenschaftlichen Sammlung muss ein bestimmter Zweck verfolgt werden. Entomologische Arbeit, die lediglich der Befriedigung des Sammeltriebes dient, ist unverantwortlich. OEHLKE 1992 nennt folgende sieben Punkte für eine wissenschaftliche Sammlungskonzeption:

1. Informationsbedarf
2. Erkenntnisprozess, Klassifikation
3. Methodisch-technische Aufsammlung
4. Wissenschaftliche Bearbeitung
5. Dokumentation, wissenschaftliche Sammlung
6. Verfügbarkeit, Pflege
7. Erneuter Informationsgewinn.

Besonders wertvolle Bestandteile einer Sammlung sind die Typen. An diesen einzelnen Tieren orientiert sich die Charakterisierung einer jeden Art und damit die Zugehörigkeit jedes anderen Individuums zu dieser Art. Der International Code of Zoological Nomenclature (1999) gibt einige Empfehlungen für den Umgang mit Typen. Danach wird Autoren geraten, Typen (Holotypen, Lectotypen und auch Syntypen) in einem Museum oder einer ähnlichen Einrichtung zu deponieren. In diesen Institutionen sollen jene Tiere deutlich und unmissverständlich markiert, sicher aufbewahrt und für die wissenschaftliche Bearbeitung durch Spezialisten zugänglich gemacht werden. Außerdem sollten Listen mit den vorhandenen Typen publiziert werden. Über die Bedeutung dieser Richtlinien und die Probleme bei deren Durchsetzung kann man bei EVERS (1994) nachlesen.

Um Zoologische Sammlungen sachgerecht unterzubringen und zu verwalten bedarf es einiger technischer Voraussetzungen. Die Sammlungs- und Magazinräume sollten unter Ausschaltung des natürlichen Lichtes eine weitgehend konstante Temperatur zwischen 16 und 20 °C sowie eine möglichst nur in dem Bereich zwischen 60 und 70 % schwankende Luftfeuchtigkeit haben. Wer sich über die Verwaltungstechnik entomologischer Sammlungen orientieren möchte, sei auf HELLER (1927), LEE u.a. (1982), ROSE u.a. (1995), SCHAUFF (1997) und MILLAR u.a. (2000) verwiesen.

Das Planen, Einrichten und zweckmäßige Aufstellen einer dem Studium systematischer oder zoogeographischer Fragen dienenden Käfersammlung beschreibt SCHEERPELTZ (1939/40).

Die Darstellung von Insekten in den Ausstellungen der Museen hat nach HEVERS (1985) im Allgemeinen nicht systematischen Gesichtspunkten zu folgen und das dreidimensionale Objekt muss im Mittelpunkt stehen. Damit ist eine solche Ausstellung auch für den Biologie- und Sachkundeunterricht nutzbar. Diesem Zweck dient unter anderem ein Stereomikroskop-Tisch, an dem man in einer glasabgedeckten Vertiefung rings um den Tisch über 100 Insekten und Präparate bis zu 40facher linearer Vergrößerung studieren kann. Über eine ähnlich gestaltete Dauerausstellung berichtet SAMIETZ (1989). Diese **Insektenausstellung** vermittelt in vorbildlicher Art und Weise grundlegende Informationen über den Bau und die Lebensweise dieser großen Tiergruppe. Die Verwendung von Originalobjekten, Dioramen und vergrößerten Insektenmodellen erscheint wohlausgewogen. Über den Bau eines eindrucksvollen Hornissendioramas berichtet KUTZSCHER (1995). Hierin bietet der Autor Lösungen für eine Reihe ausstellungsspezifischer Probleme an, von der optischen Gestaltung eines Dioramas bis hin zu Abform- und Gussverfahren bei der Nachbildung von Larven.

Der Wegbereiter für die Herstellung **wissenschaftlicher Großplastiken** war A. KELLER. Nach SCHUMMER (1989) schuf er für das Zoologische Museum der Berliner Universität von 1930 bis 1955 fünfzig verschiedene zoologische Modelle höchster Qualität.

Die verschiedenen Möglichkeiten, Gliederfüßer als Schauobjekte in Museen und Ausstellungen zu verwenden, beschreiben MEYER (1964) und AMSEL (1965). In zunehmendem Maße werden aus didaktischen Gründen Insektenmodelle als Exponate verwendet. Angaben über deren Herstellung und die erforderlichen Materialien liegen von FONG (1965), DRESSLER (1965 und 1968), SCHICHA (1969 und 1975), DITTMAR (1972) sowie SCHICHA & KOLBE (1973, 1975) vor. Die Bedeutung von Evertebraten-Modellen für die museale Ausstellung erörterte JOOST (1971) und die Projektierung von Modellen sowie die Herstellungstechnologie beschreiben BELLSTEDT (1983) und BELLSTEDT & BURKHARD (1987). FORTHUBER (1995) dokumentiert die Herstellung des Modells einer schlüpfenden Hornisse im Maßstab 50:1.

## Etikettierung

Es wurde bereits mehrfach auf die Bedeutung des Etikettierens hingewiesen. Sofern die Objekte nach dem Präparieren noch Sammelnummern tragen, schreibe man die endgültigen Etiketten unbedingt, ehe die Tiere in die Sammlung eingegliedert werden. Das Format der Etiketten sollte so bemessen sein, dass sie bei aufgeklebten Tieren die Größe der Klebeplättchen nicht wesentlich überragen. Bei kleineren genadelten Exemplaren können die Etiketten etwas größer als der Umfang des Tieres sein, wodurch es etwas geschützt wird.

FLÜGEL (1994) weist darauf hin, dass solche Angaben wie „Saxonia" oder „Fauna Germanica Berolinensis" unnötiger Ballast sind und der Platz auf den ohnehin oftmals knapp bemessenen Etiketten für wichtigere Angaben genutzt werden sollte. Bei Arten ohne äußeren Geschlechtsdimorphismus ist es angebracht, die Präparate mit einem **Genuszettelchen** zu versehen. Für das spätere Studium ist es von großem Vorteil, wenn man sofort übersieht, ob beide Geschlechter in der Sammlung vertreten sind.

Zur Vermeidung von Verwechslungen muss jedes Stück ein Fundortetikett tragen, nicht nur das erste Exemplar einer Serie.

Um die erstrebenswerte Einheitlichkeit zu erzielen, ist es üblich, Fundortetiketten und etwas größere Artetiketten zu verwenden (▶ **Abb. 102** und **103**) oder, wenn es die Größe des Insektes erlaubt, alle Daten auf einem Zettel unterzubringen.

Von der beidseitigen Nutzung von Etiketten ist abzuraten, da viele Entomologen nicht daran denken, auf der Rückseite nachzusehen. Statt dessen sollten dann lieber zwei Etiketten verwendet werden.

Bei gezüchteten Insekten sollte auf den Etiketten sowohl Funddatum und -ort des Präimaginal-Stadiums wie auch das Schlupfdatum des Imagos vermerkt werden. Außerdem die Futterpflanze.

Nicht die Quantität entscheidet den Wert einer Sammlung, sondern die Qualität. Wer beachtenswerte Richtlinien zur sachgemäßen Fundortbezettelung sucht, sei auf v. FROREICH (1950) verwiesen.

Es wird weiterhin empfohlen, eine **Kartei** anzulegen, in der alle Daten und Beobachtungen über eine Art zusammengestellt werden. So hat man Zugriff auf alle Angaben, ohne immer in der Sammlung nachsehen zu müssen (oftmals ist das Lesen der Etiketten beschwerlich, da die Schrift sehr klein und durch das Tier verdeckt ist). Man ordne die Artenblätter innerhalb der Gattungen nicht systematisch, sondern alphabetisch. Nur eine alphabetische Anordnung sichert das rasche Finden jedes benötigten Blattes und erleichtert das jeweilige Einordnen. Es sei aber unbedingt betont, dass eine solche Kartei die Bearbeitung einer Sammlung vereinfacht, nicht aber die Etiketten an den einzelnen Tieren ersetzt.

In immer stärkerem Maße spielen **computergestützte Funddatenerfassung** und Computerfaunistik eine Rolle bei der entomologischen Arbeit. Welche Anforderungen an eine solche Datenbank zu stellen sind, beschreibt GOLLKOWSKI (1994). Der schnelle Zugriff auf die Informationen sowie eine Abfrage unter speziellen Gesichtspunkten und eine einfache Übernahme der Angaben in komplexe Faunenauswertungen sind ein gewaltiger Vorteil dieser Methode. Auf Grund der raschen Entwicklung der Technologie gibt es jedoch Anlass zu der Befürchtung, dass nach 15 bis 20 Jahren keine Maschine mehr die Daten älterer Systeme lesen kann. Deshalb besteht weiterhin die Notwendigkeit, die Informationen auch schriftlich festzuhalten (z. B. in Form eines Ausdruckes).

## Handsammlungen

Obwohl es sich in pädagogischer Hinsicht als zweckmäßig erwiesen hat, ist es viel zu wenig gebräuchlich, Handsammlungen einzurichten. Der meist geringe Arbeitsaufwand macht es möglich, dass sich jeder interessierte Biologielehrer von den verschiedensten Objekten ganze Klassensätze selbst herstellen kann. Auf jeden Fall müssen die Präparate so montiert werden, dass sie der Schüler oder Student ohne weiteres in die Hand nehmen und – falls erforderlich – mit einer Lupe betrachten kann. Nachfolgend einige Beispiele: Die holometabole und heterometabole Insektenentwicklung lassen sich sehr gut demonstrieren, wenn man die einzelnen Stadien in übersichtlicher Weise nebeneinander montiert (▶ **Abb. 155**). Als nahezu unzerbrechliche Montageplatte eignet sich am besten ein 5 mm starker Plexiglasstreifen mit Bohrungen von 16 mm Durchmesser. Dann wird auf einer Drehmaschine in die Bohrungen beiderseits eine Ringnut gefräst. Durch Auflegen runder Deckgläschen, wie sie für mikroskopische Prä-

**Abb. 155** Handsammlungspräparate zur Demonstration der holometabolen bzw. heterometabolen Insektenentwicklung. Oben Messingkäfer, unten Bettwanze.

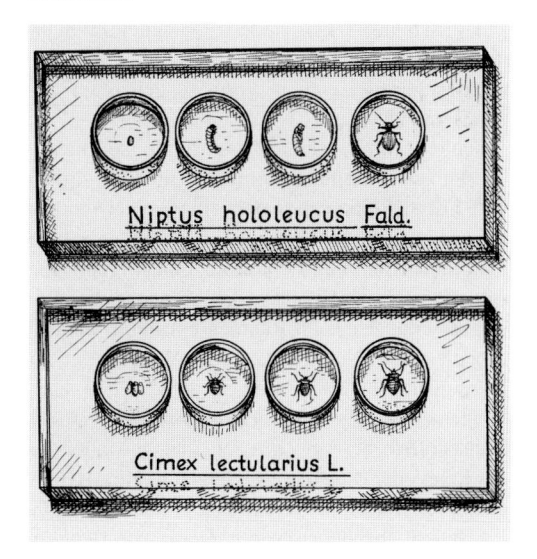

## Gliederfüßer (Arthropoda)

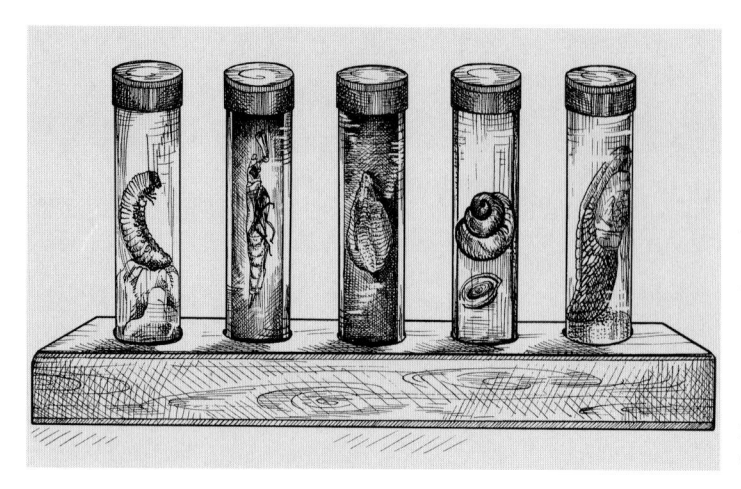

**Abb. 156** In Glasröhrchen montierte Trockenpräparate, als Handsammlung zusammengestellt. Von links nach rechts: Engerling, Libellenlarve mit vorgestreckter Fangmaske, Eikapsel der Gottesanbeterin, Sumpfdeckelschnecke mit Operculum, Nacktschnecke.

parate benötigt werden, entsteht eine kleine Kammer, in die man die vorbereiteten Objekte montiert.

Als Trockenpräparate hergerichtete größere Objekte lassen sich sehr leicht in kleinen Glaszylindern (z. B. Tabletten- oder Schnappdeckelröhren) aufstellen. Je nach Art und Aussehen des Objektes wählt man einen weißen oder schwarzen Plastikstreifen als Montageplatte. Notfalls können die Objekte auch durch Schaumgummi- oder Wattepolsterung in der gewünschten Lage gehalten werden (▶ **Abb. 156**). Es ist anzustreben, dass die Röhrchen alle den gleichen Verschluss und Durchmesser besitzen, damit sich je nach dem Unterrichtsstoff bestimmte Kollektionen auf den mit passenden Bohrungen versehenen Stativklötzen zusammenstellen lassen. Geeignete Behältnisse sind auch im entomologischen oder im Lehrmittelfachhandel z. B. in Form so genannter Lupendosen erhältlich.

Schließlich sei noch auf die Möglichkeit hingewiesen, dass **Handsammlungen auch in Form von Flüssigkeitspräparaten** eingerichtet werden können. Als Konservierungsflüssigkeit verwende man ausschließlich Alkohol. Formolgemische haben den Nachteil, dass die Präparate bei Lagerung in ungeheizten Räumen einfrieren können und die Gläser dabei zerplatzen. Als Behälter für Flüssigkeits-Handsammlungen eignen sich z. B. Reagenzgläser, die mit einem Gummi- oder besser Kunststoffstöpsel verschlossen und anschließend mit Leim oder Kunstharz versiegelt werden (Gummistopfen neigen bisweilen dazu, Farbstoff an die Flüssigkeit abzugeben). So hergerichtete Behälter sind völlig wartungsfrei und können z. B. in Reagenzglasständern aufbewahrt werden.

In diesem Zusammenhang sei nochmals erwähnt, dass sich wirbellose Tiere auch vorzüglich zur **Herstellung von Aufhellungspräparaten** eignen. Bei kleinen Insekten und Würmern führt auch das relativ einfache Verfahren von CARR (1936) zum Erfolg. Die Objekte müssen in 95%igem Ethanol oder Methanol mindestens 48 Stunden gut gehärtet werden. Der Alkohol wird dann dekantiert und durch 90%ige Ameisensäure ersetzt. In hartnäckigen Fällen muss die Ameisensäure im Verlauf einer Woche erneuert werden. Starke Pigmente lassen sich durch Zusatz von 3 % Wasserstoffperoxid bleichen. Die Aufbewahrung erfolgt dann in 2%iger Ameisensäure. Die Transparenz erhöht sich im durchfallenden Licht.

Selbstverständlich ist es auch möglich, einzelne Objekte in durchsichtige Kunstharzmedien einzuschließen. Diese Methode erfreut sich besonders in letzter Zeit zunehmender Beliebtheit. Der Vorteil besteht darin, dass man sich die Objekte von allen Seiten ansehen kann, ohne dass das Tier Schaden nimmt. Wer Handsammlungen in dieser Weise herstellen möchte, orientiere sich in den Arbeiten folgender Autoren: MOORE & SOUTHGATE (1953), HUSSON & DAUM (1955), MÜLLER (1955), KOPP (1957), WYVERN (1962/63), VORMIZEELE (1964), HINNERS (1969), MÜLLER (1970), LAUTENSCHLÄGER (1976), GETTMANN & HASENBEIN (1979) sowie VOGLER (1987).

## Sammlungseinrichtung

Da eine Sammlung im Lauf der Zeit ständig wachsen soll, ist es wichtig, von Anfang an darauf zu achten, dass zur Einrichtung nur erstklassige Insektenkästen verwendet werden. Die Deckel müssen in Nut und Feder schließen und die Scheiben sollten nicht in den Deckelrahmen eingekittet sein, sondern müssen von innen mit einer Leiste befestigt werden. Am besten ist es, die 6 cm hohen Kästen von einem Fachgeschäft zu beziehen. Man achte darauf, dass sie bereits mit einem Polyethylen-Schaum (Handelsnamen Plastazote, LÜCO-Plast, Poretan, Plastoprint o. ä.) oder einem Epoxidharz-Schaumstoff (z. B. Poroplex oder Riplex) ausgelegt sind. Diese ausgezeichneten Materialien haben inzwischen die früher üblichen Kork- und Torfplatten sowie Styropor weitgehend verdrängt.

Jeder Insektenkasten muss außen so etikettiert werden, dass ersichtlich ist, was er enthält (vgl. ▶ **Abb. 104**). Bei der Einrichtung zoogeographischer Sammlungen verwende man die international üblichen Farben für die Etiketten (siehe Seite 44).

Die Einrichtung einer Sammlung hängt davon ab, welchen Zwecken sie dienen soll. Beispiele dafür zeigen die ▶ **Abbildungen 105** und **131**. Die meisten Insektensammlungen sind in Holzkästen und -schränken untergebracht. REHN (1934) weist auf die mannigfachen Vorzüge hin, die Stahlschränke und -kästen haben. Diese Art der Sammelschränke ist so eingerichtet, dass sie auch für alle anderen Arten zoologischer Sammlungen brauchbar ist. Eine platzsparende Methode besteht darin, die Insektenkästen in Regalen senkrecht unterzubringen – ähnlich wie Bücher in einem Bücherregal. Beobachtungen weisen darauf hin, dass bei dieser Form der Aufbewahrung seltener ein Befall mit Sammlungsschädlingen zu verzeichnen ist. Genaue Untersuchungen liegen aber nicht vor. Von Nachteil ist jedoch dabei, dass die zusätzliche Schutzfunktion des Insektenschrankes wegfällt, weshalb auf Licht- und Klimamanagement im Sammlungsraum besonderer Wert zu legen ist.

Viele Museen und größere Sammlungen magazinieren ihr Material in so genannten Verbund-, Kompakt- oder Compactersystemen. Bereits BOVEY & SAUTER weisen 1961 auf die Vorzüge dieser Anlagen hin. Es handelt sich dabei um Schränke oder Regale, die beweglich auf Schienen gelagert sind und unmittelbar hintereinander stehen. Um an das Material zu gelangen, werden mehrere Schränke verschoben, damit der gewünschte Bereich zugänglich ist. Es gibt sowohl elektrische als auch handbewegte Systeme.

Obwohl diese Anlagen von großem Nutzen und inzwischen vielfach bewährt sind, sollten vor der Anschaffung einige Überlegungen angestellt werden:

- So ist zu empfehlen, möglichst in anderen Einrichtungen solche Systeme anzusehen und Erkundigungen über Hersteller einzuholen.
- Bei der Planung sollte man unbedingt einen Architekten oder Bauingenieur mit einbeziehen. Da sich das Gewicht der Anlage auf die kleine Fläche der Schienen konzentriert, ist die Anforderung an die Tragfähigkeit des Bodens nicht unerheblich.
- Außerdem sollte von Vornherein großzügig Platz zum Arbeiten zwischen den Schränken und genügend Abstellfläche außerhalb und seitlich des Systems eingeplant werden.
- Obwohl elektrische Systeme sehr bequem sind, hat der Handbetrieb den Vorteil, die Module sanfter und präziser bewegen zu können. Außerdem hat man so auch im Notfall (Stromausfall) Zugriff auf das Material und kann die Kästen (oder ganze Schrankeinheiten) schnell evakuieren.
- Besonders wenn Lösch- bzw. Sprinkleranlagen in den Räumen vorhanden sind, ist auf dichte Schränke zu achten.
- Weiterhin ist sicherzustellen, dass das Design der Anlage (Breite der Gänge; Höhe der Schränke usw.) den Arbeits- und Brandschutzbestimmungen entspricht.
- Bei der Unterbringung einer Flüssigkeitssammlung in Kompakt-Systemen müssen entweder die Regalböden mit einer rutschhemmenden Matte ausgelegt sein oder die Standflächen der Gläser mit rutschhemmenden Pads beklebt werden (z. B. Neopren).

# Kranzfühler (Tentaculata)

Dieser merkwürdige Tierstamm hat den Systematikern viele Rätsel aufgegeben, da er sich schwer zu den übrigen Stämmen in Beziehung setzen lässt. Die Zusammengehörigkeit der nachfolgend aufgeführten Klassen ist erst spät erkannt worden, denn äußerlich gleichen die Arten oft überraschend Hydrozoen oder Muscheln (▶ **Abb. 157**). Die ihnen gemeinsamen Tentakel sind im wesentlichen bei allen drei Klassen gleichartig gebaut. Der Darm bildet ein U-förmiges Rohr, so dass Mund und After am Vorderende des Körpers liegen. Bislang kennt man etwa 6000 Arten als ganz oder teilweise festsitzende Meeresbewohner. Lediglich durch einige Vertreter der Bryozoen ist der Stamm auch im Süßwasser vertreten.

## ▌ Röhren- oder Hufeisenwürmer (Phoronidea)

Die 15 bekannten Vertreter dieser Klasse sind solitäre, in einer losen Sekretröhre lebende Tentaculaten. Das Hinterende ist aufgetrieben, während das Vorderende durch die charakteristische Tentalkrone auffällt (▶ **Abb. 157**). Die größte Art wird über 30 cm lang. Den Lebensraum der überwiegend kleinen Arten bildet das Schelfgebiet von der Gezeitenzone bis in 50 m Tiefe. Oft sind die Wohnröhren zwischen den zumeist viel zahlreicheren Polychaeten anzutreffen. Durch Verflechtung und enge Aneinanderlagerung ihrer Röhren entstehen

**Abb. 157** Kranzfühler. Oben Hufeisenwurm, Mitte Moostiere, unten Armfüßer („Zungenmuschel") im Boden.

mancherorts auch so genannte *Phoronis*-Rasen. Verschiedene Arten leben kolonieweise in Muschelschalen oder Kalksteinen eingebohrt.

## Sammeln

Beim gezielten Sammeln müssen die angeführten Lebensräume aufgespürt werden. Die rasenbildenden Arten gewinnt man mit einem Kratzer (▶ **Abb. 12**) durch Abkratzen der Standorte. Sie lassen sich jedoch auch mit einer kleinen, beschwerten Sackdredge sammeln. An geeigneten Stellen kann der Sammler Phoroniden durch **Aussieben** von Meeresgrund erlangen. Lose Kalksteine oder leere Austernschalen bringt man in ein Aquarium, wenn die Tiere nach einiger Zeit die Tentakelkrone entfalten, werden die von *Phoronis* bewohnten Stücke herausgesucht (CORI 1932).

## Präparieren

Da sich Phoroniden nur sehr schwer lebend transportieren lassen, müssen sie möglichst bald konserviert werden. Nach CORI (1938) kann man die Tiere leicht wie folgt aus der Röhre isolieren. Zunächst werden die noch in den Röhren befindlichen Tiere in Seewasser mit 5- bis 10%igem Alkoholgehalt 5 bis 10 Minuten narkotisiert. Dann saugt man mit dem Munde oder einer Gummiballpumpe mittels eines in eine Kapillare ausgezogenen Glasrohres die *Phoronis* aus ihrer Wohnröhre. Die lichte Weite der Kapillare muss mit jener der Phoronisröhre übereinstimmen.

Die noch in Röhren befindlichen Tiere lassen sich auch dadurch in ausgestrecktem Zustand narkotisieren, dass man sie in eine Uhrschale in wenig Wasser bringt und diese mit einer zweiten, größeren Schale bedeckt, unter die Tabakrauch geblasen wird. KAPLAN (1969) empfiehlt, wie folgt zu verfahren: „Gewähre den Tieren in einem Gefäß mit Seewasser, sich zu entfalten, wobei sie nicht beunruhigt werden dürfen. Füge aller 15 Minuten einige Tropfen Ethanol (70%ig) hinzu. Die Einwirkungszeit beträgt 3 bis 4 Stunden, zuweilen weniger."

Um die aus den Röhren entfernten Tiere **in gestrecktem Zustand zu konservieren,** überträgt man die narkotisierten Exemplare mit einer Pipette auf trockene Objektträger, so dass sie nur von einer ganz geringen Wassermenge bedeckt sind. Danach wird nur so viel Konservierungsflüssigkeit zugetropft, dass die Adhäsion am Objektträger nicht aufgehoben wird. Auf diese Weise können sich die Tiere nicht kontrahieren. Sobald die Reaktionsfähigkeit erloschen ist, fixiert man die Tiere in einer reichlichen Menge von 10%igem Formalin. Röhrenlose Exemplare bewahrt man in 4%igem Formalin auf, noch in ihren Sekretröhren haftende Exemplare in 75%igem Alkohol.

# Moostiere (Bryozoa)

Bryozoen bilden im Süß-, Brack- oder Salzwasser meist festgewachsene Tierstöcke. Die einzelnen Individuen können ihren weichhäutigen Vorderkörper samt der zusammengefalteten Tentakelkrone in den umfangreichen Basalabschnitt des verkalkten Kutikularskelettes zurückziehen. Die Einzeltiere sind meist knapp $\frac{1}{2}$ mm groß, während die Stöcke insbesondere der marinen Arten recht voluminös werden. Sie erreichen etwa 30 cm, maximal bis 1 m Höhe. Wegen ihrer pflanzenähnlichen Wuchsformen werden die Moostierchenkolonien oft mit Algen, Hydropolypen oder Korallenstöcken verwechselt. Eine sichere Bestimmung der Arten ist nur mit Hilfe des Mikroskopes möglich. Bekannt sind gegenwärtig etwa 5600 rezente, fossil jedoch ca. 16 000 Arten. Gute Einführungen liegen von WIEBACH (1950) und HOC (1963) vor.

## Sammeln

Süßwasserbryozoen findet man an beschatteten Seeufern, im klaren Wasser von Tümpeln und langsamfließenden Bächen. Die Kolonien entstehen meist auf Holzstücken, Zweigen, Steinen oder um Schilfrohr und sogar auf lebenden Sumpfdeckelschnecken *(Viviparus)*. Vom Ufer aus erreicht man die Substratstücke mit der Hand oder

# Kranzfühler (Tentaculata)

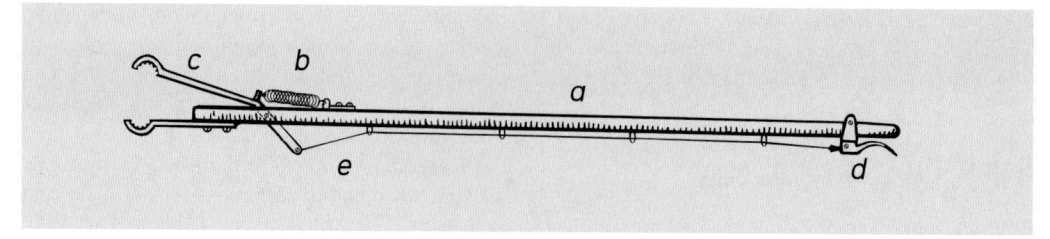

**Abb. 158** Steinzange. a) Etwa 3 m lange Holzstange, b) Stahlfeder, c) Greifhebel, d) Hebelgriff, e) Stahlseil.

mit Hilfe eines Korbrechens (▶ **Abb. 17**). Aus größeren Tiefen werden die Proben vom Boot aus mit einer Steinzange (▶ **Abb. 158**) oder der Dredge heraufgeholt. Die gesammelten Proben fixiert man entweder an Ort und Stelle oder transportiert sie in einer Fischkanne mit genügend Wasser ins Laboratorium.

Marine Formen werden von sekundären Hartböden – das sind Böden mit einer starken Komponente verkalkter Rotalgen – mit der Dredge gesammelt. Mit einem Rechen kann man die vielgestaltigen Wuchsformen aus großen Pflanzenbeständen gewinnen. Der Taucher ist in der Lage, sie aus den Schattengebieten des Felsgrundes heraufzuholen. Sehr häufig treten Bryozoen auch als Schiffsbewuchs auf.

## Präparieren

Bryozoen müssen vor dem Fixieren betäubt werden. Sobald die im Wasser befindlichen Tiere ihre Tentakelkronen entfaltet haben, wird Magnesiumsulfat oder Menthol in Kristallform auf die Wasseroberfläche gestreut. Auch Chloreton oder Chloralhydrat kann man dem Wasser tropfenweise zusetzen. Falls vorhanden, lassen sich Kolonien auch durch Einleiten von Kohlendioxid in das Wasser gut betäuben. Nach 1 bis 3 Stunden, sobald die Tentakelkronen auf Berührung mit einer Nadel nicht mehr reagieren, werden die Tierstöcke fixiert. Geeignete Fixierungs- und Aufbewahrungsmedien sind 4%iges Formalin oder 70%iger Alkohol. Die Herstellung von mikroskopischen Präparaten beschreibt Hoc (1963).

# Armfüßer (Brachiopoda)

Die größte Artenfülle entwickelten die Brachiopoden in der Frühzeit der Erdgeschichte, davon zeugen mindestens 30 000 fossile Spezies. Gegenwärtig kennt man noch etwa 330 rezente Arten; die größte Form erreicht 8 cm Länge, die kleinste misst rund 1 mm. Es handelt sich um muschelförmige, meist festsitzende Tiere mit oder ohne Stiel, die stets von einem Rücken- und Bauchschild umschlossen und mit charakteristischen Mundarmen versehen sind.

## Sammeln

Je nach der Beschaffenheit des Meeresbodens werden Brachiopoden mit entsprechenden Schleppnetzen erbeutet. Im reinen Schlammgrund finden sich langgestielte, aber auch festsitzende Formen, angeheftet auf losen, auf dem Schlamm liegenden Steinen oder Konchylien. Auch Kalkalgengrund bietet diesen Tieren ein günstiges Biotop. Ferner empfiehlt es sich, Steine des Küstengebietes mit der Steinzange (▶ **Abb. 158**) oder der Gabel (▶ **Abb. 18**) zu heben und auf Brachiopoden hin zu untersuchen. Es muss vor allem auf die nur wenige Millimeter messenden, leicht zu übersehenden Formen geachtet werden. In der Regel ist man auf Gelegenheitsfunde angewiesen.

## Präparieren

Da die Brachiopoden über starke Muskeln verfügen, müssen auch sie vor dem Fixieren betäubt werden. Dazu legt man sie etwa eine Stunde in Meerwasser und fügt dann tropfenweise so viel Alkohol hinzu, dass eine 5- bis 10%ige Konzentration entsteht. Die Einwirkungszeit beträgt 6 bis 12 Stunden, gelegentlich weniger. Sobald die Tiere nicht mehr deutlich reagieren, wird zwischen die Schalen ein Stückchen Holz oder Kork geklemmt, damit sie sich beim Fixieren mit 70%igem Alkohol nicht kontrahieren und das zum Bestimmen wichtige Armgerüst sichtbar bleibt. Getrocknete Schalen werden am besten in Glasröhren aufbewahrt, Flüssigkeitspräparate wie beschrieben montiert.

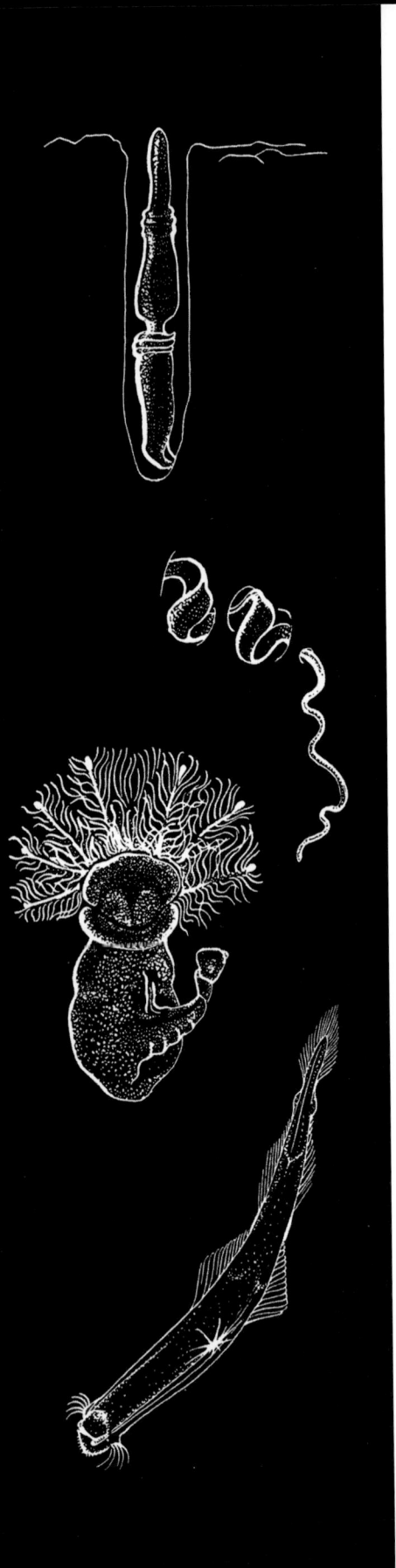

# Pfeilwürmer (Chaetognatha) und Kragentiere (Hemichordata)

Die in diesem Kapitel zusammengefassten Gruppen stehen an der Basis der Neumundtiere (Deuterostomia). Während die exakte systematische Einordnung der Chaetognatha noch nicht vollständig geklärt ist, da sie noch eine Reihe anatomischer Merkmale mit den Protostomia gemeinsam haben, können die Hemichordata schon völlig den Deuterostomia zugeordnet werden.

Die Angehörigen dieser Gruppen sind durchweg marine Vielzeller von bilateraler Symmetrie und stufenweiser Ausbildung der inneren Organe. Der Urmund der Larven wird zum After des erwachsenen Tieres, während die Mundöffnung neu angelegt wird

## ▍ Pfeilwürmer oder Borstenkiefer (Chaetognatha)

Nach bisherigen Erkenntnissen ist diese Gruppe schwer in das System der Tiere einzuordnen. Während ihre Entwicklung bereits Übereinstimmungen mit den Deuterostomia aufweist, zeigt die Anatomie noch eine Reihe von Merkmalen der Protostomia.

Die als Makroplankter in allen Weltmeeren oft in großen Mengen auftretenden, minimal 0,5 cm, maximal 10 cm langen Borstenkiefer oder Pfeilwürmer haben einen fischähnlichen Körper (▶ **Abb. 159**). Am Kopf tragen die glasig aussehenden Tiere die mächtigen Haken- oder Borstenkiefer, die unter eine

**Abb. 159** Oben Eichelwurm im Boden, Mitte Flügelkiemer, unten rechts Pfeilwurm.

häutige Kopfkappe zurückgezogen werden können. Bisher sind ca. 100 Arten bekannt.

## Sammeln

Die meisten Arten findet man im Warmwasser bis 200 m Tiefe. Daneben gibt es Kaltwasserformen, die sich hauptsächlich unterhalb 200 m aufhalten. Man fängt die Tiere am besten mit Planktonnetzen aus Gaze oder Stramin. Ein Bodennetz zum Fang von Chaetognathen erprobte OMORI (1969). Die außerordentlich zerbrechlichen Tiere werden am sichersten durch Umdrehen des Netzbeutels in ein Gefäß mit Meerwasser überführt.

## Präparieren

Damit die Pfeilwürmer ihre typischen Borstenkiefer spreizen, narkotisiert man sie entweder mit Menthol oder Chloralhydrat. Zu diesem Zwecke werden die Tiere in ein kleines Gefäß mit reinem Seewasser gelegt. Danach streut man wenige Kristalle auf die Wasseroberfläche, deckt die Schale zu und lässt das Narkotikum 1 bis 3 Stunden einwirken. Fixiert und aufbewahrt werden Pfeilwürmer in einem Gemisch von 10 Teilen Seewasser und 1 Teil Formalin (40%ig). Einzelstücke für histologische Zwecke fixiert man mit BOUINschem Gemisch. Dazu werden die Tiere auf einem Objektträger ausgebreitet, mit Fließpapier bedeckt und dann mit dem Fixierungsgemisch angefeuchtet. Je nach Größe des Exemplars fixiert man 30 bis 60 Minuten, wäscht zweimal in 50%igem Alkohol aus und bewahrt die Tiere in 4%igem Formalin auf.

# Kragentiere (Hemichordata, Branchiotremata)

Bei dieser Gruppe brechen erstmals Teile des Vorderdarmes als Kiemenspalten nach außen durch.
Der Stamm umfasst drei Klassen:
- Die mit Tentakeln versehenen Flügelkiemer (Pterobranchia) bilden Kolonien. Sie leben in Röhren, die aus Proteinen aufgebaut sind, die die Tiere aber auch verlassen können, um sich kriechend auf dem Boden fortzubewegen. Nach mit Dredgen gewonnenen Bruchstücken zu urteilen, wachsen die verzweigten gelatinösen Gehäuse der meisten Arten bis zu einer Höhe von 25 cm. Äußerlich an Moostierchen erinnernd erreichen sie eine Länge von 5 bis 15 mm (ohne Stiel). Es sind gut 20 Arten bekannt.
- Die Eichelwürmer (Enteropneusta) sind einzeln im Meeresboden lebende Tiere. Die größten bekannten Vertreter sind 2,5 m lang bei etwa 2 cm Durchmesser. Durchschnittlich sind sie 10 bis 50 cm groß. Insgesamt sind ca. 70 Arten bekannt.
- Die aus dem Mittelkambrium und Unterkarbon bekannte fossile Klasse Graptolitha.

## Sammeln

Die Eichelwürmer kommen im Boden aller Weltmeere vor. Einzelfunde stammen aus einer Tiefe von 4500 m. Meist leben sie aber in der Gezeitenzone und im Flachwasser auf dem Meeresgrund. Das Sammeln der leicht zerbrechlichen Tiere bereitet viele Schwierigkeiten. Meist sind die Eichelwürmer im Sand vergraben, wo sie in mit Schleim ausstaffierten Gängen leben (▶ **Abb. 159**). Besetzte Wohnröhren sind an den auffallenden Kothäufchen erkenntlich. Sie sehen denen von *Arenicola* (Wattwurm) sehr ähnlich, doch sind letztere nie so hoch wie diejenigen von *Balanoglossus*. Ferner setzt *Arenicola* stets mehrere Sandwirbel sternförmig um die Öffnung der Wohnröhre ab, während *Balanoglossus* nur einen großen Sandwirbel abscheidet. Der bis 8 cm lange *Dolichoglossus pusillus* RITTER streckt während der Ebbe seine rote Eichel aus dem Sand hervor und verrät in dieser Weise seine Anwesenheit. Hat man erst ein Tier erbeutet, findet man beim Suchen meist mehrere. Mit einer langen Stechschaufel hebt man die Tiere aus dem Boden. In einem Sieb werden sie recht vorsichtig ausgewaschen. Da sich die *Balanoglossus*-Arten bei einer Störung außerordentlich schnell zurückziehen, wird es erklärlich, warum man sie nur gelegentlich mit dem Schleppnetz fängt. Im Schlamm und Ton lebende Arten können mit einer beschwerten Sackdredge erreicht werden. Das Material wird vorsichtig mit reichlich Seewasser versehen. Im Verlauf von 1 bis 4 Tagen erscheinen erhalten gebliebene Tiere oder abgerissene Eicheln an der Sedimentoberfläche (BENNETT, 1959).

Nach VAN DER HORST (1939) ist es viel leichter, die unter Steinen, in Korallentümpeln oder zwischen Algen lebenden Arten zu erbeuten. Durch Abkratzen von Grünalgen mit einem scharfrandigen Netz gelingt es, die sich darin aufhaltenden Spezies unverletzt zu erhalten, wenn das Material in ein Salzwasserbecken gebracht wird. Völlig unversehrt lassen sich auch die in mit sandhaltigem Schlamm angefüllten Muschelschalen lebenden Arten gewinnen.

Die Flügelkiemer leben in ihren Wohnröhren fast immer auf Felsboden, zumeist in Tiefen zwischen 100 m und 650 m. Da vor allem die kleinen Arten mit den üblichen Fanggeräten nur schwer erreichbar sind, erklärt sich auch ihr scheinbar seltenes und lokales Vorkommen. Lediglich einige tropische Arten treten im Flachwasser auf. Die gegen Temperaturschwankungen sehr empfindlichen Tiere sterben meist ab, sobald sie an die Meeresoberfläche kommen.

## Präparieren

Vor dem Fixieren müssen die stark kontraktilen Eichelwürmer unbedingt immobilisiert werden. Nach CORI (1938) ist die Betäubung mit Magnesiumchlorid, mit allmählich dem Milieuwasser zugesetztem Alkohol oder mit Choralhydrat leicht duchführbar. Lästig ist dabei die starke Schleimproduktion. Die Tiere tötet man am besten in Formol (1:9) und überträgt sie dann in 70%igen Alkohol. Der Alkohol muss wenigstens zweimal gewechselt werden, sonst verderben die Tiere, insbesondere dann, wenn zuviel Material in einem Glas untergebracht ist.

Flügelkiemer konserviert man wie Bryozoen in Formalin oder Alkohol. Material, das histologischen Zwecken dienen soll, muss mit Bouin fixiert werden. Die teils weichen, teils festeren Gehäuseröhren werden in Flüssigkeit oder trocken aufbewahrt. Da es sich um Proteingebilde handelt, kann man sie mit Formalin stabilisieren.

# Stachelhäuter (Echinodermata)

Die seltsamen Stachelhäuter wirken als ausgesprochene Fremdlinge innerhalb der Tierwelt, weil sie mit ihren 4 Habitustypen – den dauernd oder zeitweise festsitzenden Haarsternen, den Seesternen, den Seeigeln und den Seewalzen – völlig aus dem Rahmen der üblichen Vorstellung von einem Tier fallen (▶ **Abb. 160**). Weder die äußere Gestalt noch die Art der Fortbewegung lässt oftmals ein Vorn und Hinten klar erkennen. Der meist mit einem festen Kalkskelett versehene Körper der Stachelhäuter ist durch die fünfstrahlig radiär-symmetrische Anordnung der Organe um eine Mittelachse gekennzeichnet. Die Echinodermen sind eine sehr alte Gruppe von Meerestieren. Heute kennt man über 6000 rezente Arten.

## Haarsterne (Crinoidea, Crinozoa)

Charakteristisch für die altertümlichen Haarsterne oder Seelilien ist, dass die langgestielt festsitzenden oder ungestielt frei schwimmenden Arten streng fünfstrahlig gegliedert sind, einen abgeflachten Körper und lange, meist verzweigte Arme besitzen. Die Arme der größten, mit einem 2 m langen Stiel versehenen Tiefseeart erreichen eine Länge von 19 cm, die der größten ungestielten Art bis 35 cm. In den Weltmeeren leben etwa 620 Arten.

**Abb. 160** Stachelhäuter. Oben links festsitzender Haarstern, oben rechts Seewalze, Mitte Seeigel, darunter Seestern, unten Schlangenstern.

## Stachelhäuter (Echinodermata)

### Sammeln

Als ausgesprochene Stillwassertiere bewohnen die gestielten Arten Gebiete vom Flachwasser bis in große Tiefen. Meist sind sie in Regionen um 1000 m Tiefe anzutreffen. Sogar aus Abgründen von 8300 m Tiefe sind schon Vertreter geborgen worden. Diese Tiefseeformen lassen sich natürlich nur von Forschungsschiffen aus dredgen. Manche gestielten Formen treten zuweilen massenhaft in Buchten von 150 bis 250 m Tiefe auf. Von solchen Plätzen können sie mit der Dredge oder der Beam-Trawl erbeutet werden. In flacheren Buchten besteht für den Taucher die Aussicht, frei schwimmende Arten anzutreffen. Derartige Formen sammelt man mit einem Schöpfnetz oder ergreift sie mit einer langen Pinzette. Da unter den frei schwimmenden Federsternen (Comatulidae) einige Arten nur nachts in ausgebreitetem Zustand anzutreffen sind, wird vor allem das **Sammeln in der nächtlichen Aktivitätsperiode** Material erbringen. Weil die Haarsterne zur Autotomie neigen, also leicht zerfallen, müssen sie vor mechanischen Reizen und vor direkter Sonne geschützt werden.

### Präparieren

Zur Betäubung von Haarsternen eignet sich leicht erwärmtes Süßwasser oder Etherwasser. Man kann dem Seewasser jedoch auch bis zu 3 % Magnesiumchlorid oder Urethan zusetzen. WECHSLER (pers. Mitt.) machte die Erfahrung, dass Haarsterne auch bei vorsichtiger Anwendung schwacher Betäubungslösungen sehr starr werden und verkrampfen. Das Betäuben in Süßwasser ist vor allem zweckmäßig, wenn von den Objekten Trockenpräparate angefertigt werden sollen. Nach erfolgter Narkose überführt man die auf eine Holzplatte gespannten Exemplare (vgl. auch ▶ **Abb. 54**) in 70%igen Alkohol. Je nach Größe werden die vorbehandelten Objekte nach 13 Tagen in 85%igem Alkohol aufbewahrt. Langstielige Arten müssen eventuell in mehrere Teile zerschnitten und entsprechend gekennzeichnet aufbewahrt werden. Am besten ist es, wenn jeder Haarstern ein eigenes Glas erhält. Zum **Herstellen von Trockenpräparaten** empfiehlt TABORSKY (1963), die aufgespannten Objekte mit Aceton zu behandeln. Da Aceton rasch entwässert, bleibt die ursprüngliche Farbe erhalten. Falls erforderlich, können die Tiere auch mit Hilfe des Air-Brushs angefärbt werden.

## ■ Seewalzen, Seegurken (Holothuroidea)

Die wurmförmigen, frei beweglichen Seewalzen oder Seegurken unterscheiden sich im Habitus wesentlich von den übrigen Echinodermen. Ihr langgestreckter Körper besitzt eine lederartige Unterhaut, in die kleine, isoliert liegende Skelettteile eingebettet sind. Das Vorderende der Tiere ist von einem Kranz einziehbarer Tentakel umgeben, die Kloakenöffnung befindet sich am Hinterende. Fast alle Arten halten sich auf dem Meeresboden auf, nur wenige können schwimmen oder schweben. Die höchsten Individuen- und Artenzahlen weisen die Küstenregionen des Indischen und des Westpazifischen Ozeans auf. Die ca. 1100 Arten sind über alle Meere verbreitet. Der kleinste Vertreter wird nur 0,5 cm, der größte dagegen in ausgestrecktem Zustand bis 2 m lang bei einem Durchmesser von 5 cm.

### Sammeln

Eine große Anzahl von Arten lebt in mehr als 3500 m Tiefe. Der größte Abgrund, aus dem man eine Seewalze zog, liegt 10 200 m unter der Meeresoberfläche. Die nahe am Strand lebenden Arten lassen sich mit der Hand oder mit Hilfe eines langstieligen Korbrechens (▶ **Abb. 17**) sammeln. Taucher können Material vom felsigen Küstengrund heraufholen. Sehr gute Fänge erzielt man mit Dredgen in Hafengewässern, wo die Seegurken oft massenhaft in schlammigen Sandböden leben. Grabende Formen sind am ehesten mit einer schweren Sackdredge erreichbar. Das Tiermaterial lässt sich leicht durch Aussieben des Schlammes isolieren.

Da eine Reihe von Vertretern der Seegurken essbar sind, versprechen die Fischmärkte tropischer Länder oft interessante Ausbeute. Auf Grund der unsachgemäßen Handhabung sind diese Tiere jedoch oftmals in einem schlechten Zustand.

## Präparieren

Sobald Holothurien in fremde Umgebung kommen, neigen sie dazu, ihre Eingeweide auszuwerfen. Um dies zu vermeiden, müssen sie sehr sorgfältig narkotisiert werden. Als Betäubungsmittel eignet sich die tropfenweise Zugabe von 30%igem Magnesiumchlorid sowie eine 1%ige Chloralhydrat- oder Chloretonlösung in Meerwasser. Auch auf die Wasseroberfläche gestreute Menthol- oder vor die Kloake gelegte Urethankristalle liefern selbst bei großen Individuen oft gute Ergebnisse. In der Regel benötigt man größere Mengen an Narkotika als bei sonstigen Meerestieren. Nach CORI (1938) gelingt die Narkose mit 6- bis 8%igem Etherwasser im Verlauf von 10 bis 15 Minuten bei *Cucumaria, Thyone* und verwandten Gattungen in dem Grade, dass auch die Mundtentakel entfaltet sind. GRÄFE (1983) betont, dass sich zur Betäubung nur tadellos erhaltene Seegurken eignen. Nach dem Fang müssen sie alsbald wieder in Seewasser gelegt werden. Je Tier ist mindestens 1 l erforderlich. Auf einem Schiff sollte das Becken mit den Tieren möglichst auf einem kardanisch aufgehängten Tisch abgestellt werden, der die Schlingerbewegungen weitgehend ausgleicht. Eine deutliche Entspannung und Streckung der anfangs kontrahierten Seegurken tritt normalerweise nach 1 bis 2 Stunden ein. Später erfolgt dann die Ausstülpung des Mundtentakelkranzes. Nur Tiere, die so reagieren, behandelt man weiter, alle übrigen Exemplare werden entfernt. Eine Betäubung ist möglich durch allmähliches Versetzen des Seewassers mit Süßwasser, das in Abständen von etwa einer halben Stunde in Mengen von 50 ml Süßwasser je 4 l Seewasser. zugegeben wird. Zeigen die Holothurien keinerlei Reaktion mehr, können sie nach 24 Stunden ohne Weiteres mit Formalin fixiert werden.

Möglich ist auch die Zugabe einer 10%igen Magnesiumchlorid-Lösung bei sehr vorsichtiger Dosierung. Sobald die Seegurken sich auch nur geringfügig zu verkrampfen beginnen, ist die Zugabe des Betäubungsmittels zu unterbrechen, bis sie sich wieder vollständig entspannt haben. Die Abtötung der völlig reaktionslosen Tiere erfolgt abschließend durch Injektion von 4%igem Formalin durch die Mund- oder Analöffnung in die Leibeshöhle.

Die bei Berührung der Tentakel nicht mehr reagierenden Seegurken werden in 30%igem Alkohol getötet und danach in 70%igen Alkohol überführt, der nach einigen Tagen durch 85%igen Alkohol ersetzt werden muss. Man kann auch vom Gefäßrand her vorsichtig ein Gemisch von 9 Teilen 80%igem Alkohol und 1 Teil Formol zusetzen. In dieser Fixierungsflüssigkeit muss das Tier 24 Stunden verbleiben. Danach wird es in 80%igen Alkohol gelegt, der nochmals gewechselt werden muss. Bei großen Arten empfiehlt es sich, das Konservierungsgemisch in die Leibeshöhle zu injizieren.

Das bisweilen notwendige Schnellverfahren, die Holothurien durch beiderseitiges Abbinden der Körperöffnungen mit anschließender Injektion von 40%igem Formol durch die Kloake daran zu hindern, ihre Eingeweide auszustülpen, hat SCHROLL (1963) folgendermaßen vereinfacht: Es werden mit je einer Injektionsspritze von beiden Seiten gleichzeitig 5 ml 40%iges Formol, dem einige Tropfen Eisessig zugesetzt sind, injiziert. Durch diesen plötzlichen Schocktod wird der Darm niemals ausgespieen und die Tiere sind ausgezeichnet konserviert. Sodann legt man die Seewalzen einen Tag in 4%iges Formol-Seewasser und überführt sie zur Aufbewahrung über die aufsteigende Alkoholreihe in 85%igen Alkohol. In Formalin dürfen Holothurien nicht aufbewahrt werden, weil darin die Skelettelemente entkalken.

Seewalzen werden in der Regel als Nasspräparate montiert. Brauchbare Trockenpräparate erlangt man lediglich durch Paraffinierung festwandiger Arten (siehe Seite 124 f.).

# Seeigel (Echinoidea)

Die Angehörigen dieser Klasse unterscheiden sich von den übrigen Echinodermen nicht nur durch die laibförmige Gestalt, sondern auch dadurch, dass ihr aus großen Kalkplatten bestehendes Skelett eine richtige Schale bildet, die stets mit Stacheln besetzt ist. Man unterscheidet oftmals zwei Unterklassen: Die Regularia besitzen die zentrale Mundöffnung auf der Unterseite und das zentrale Afterfeld auf der Oberseite. Bei den Irregularia ist die Mundöffnung nach vorn und die des Anus in entgegengesetzter Richtung verlagert. Diese Einteilung ist jedoch nicht unumstritten.

Man kennt ca. 850 rezente Arten. Die größte Form erreicht einen Durchmesser von 32 cm.

Eine ausführliche Anleitung zur makroskopischen und mikroskopischen Untersuchung von *Sphaerechinus granularis* liegt von STRENGER (1973) vor.

## Sammeln

Seeigel besiedeln die Meere von der ständig überfluteten Gezeitenzone bis in die Tiefsee. Diesem Verbreitungsspektrum muss die Sammelausrüstung entsprechen. In stillen Buchten der Uferzone erreicht man die dunkel gefärbten und damit gut sichtbaren Regularia am besten mit dem Korbrechen (▶ **Abb. 17**). Die auf etwas tieferen Felsböden haftenden Arten kann der Taucher mit dem Messer abheben und in einem Netz an die Oberfläche bringen. Sedimentböden besiedelnde Seeigel erreicht man mit der Dredge. Die halb oder völlig, bis 15 cm tief im Sand vergrabenen Irregularia lassen sich mittels mit langen Zinken versehenen Rechen ausgraben (▶ **Abb. 51**) oder mit einer schweren Zackendredge gewinnen. Auch der Einsatz von Bodengreifern verhilft dem Sammler zu diesen Arten. Es empfiehlt sich, beim Sammeln von Seeigeln vorsichtig zu sein, da in Finger oder Füße eindringende Stacheln zu schmerzhaften und schlecht heilenden Wunden führen können. Von einigen Arten aus tropischen Meeren sind die Stacheln sogar giftig, deshalb ist es erforderlich, Schutzhandschuhe zu benutzen.

## Päparieren

Kommt es darauf an, die Seeigel mit schön **aufgestellten Stacheln** zu konservieren, müssen sie mit kohlensäurehaltigem Wasser betäubt werden. Legt man Wert auf **ausgestreckte Saugfüßchen,** empfiehlt es sich, die Narkose mit Etherwasser vorzunehmen. Will man Präparate der Pedicellarien herstellen, müssen die Tiere mit Magnesiumsulfat betäubt werden. WECHSLER (pers. Mitt.) empfiehlt, die Seeigel in der geschützten Hand zu halten und Zinksulfat in die Mundöffnung zu spritzen. Zum Abtöten eignet sich in allen Fällen 30%iger Alkohol. Da vor allem die hochgewölbten Arten sehr viel Wasser enthalten, muss dies nach dem Tode durch die Mundregion abgesaugt und durch Konservierungsflüssigkeit ersetzt werden. Anstelle der Injektion kann man bei kugeligen Seeigeln ggf. auch zwei Einschnitte in die Mundhaut anbringen. Bei den herz- oder schildförmigen Arten empfiehlt es sich, zwei kleine Löcher in die Seiten der Schale, notfalls mit einer Dreikantfeile, zu bohren. Nachdem das Meerwasser herausgelaufen ist, werden die Tiere in 85%igem Alkohol aufbewahrt, der wenigstens einmal ausgewechselt werden muss. Sollte sich der Alkohol verfärben, so ist dies ohne Belang, denn fast alle Echinodermen haben in ihrem Körper alkohollösliche Pigmente.

Nach ELMHIRST (1930) lässt sich die **natürliche Farbe** von Echinodermen bei Nasspräparaten am besten erhalten, wenn sie in einer Rohrzuckerlösung konserviert werden (s. Anhang).

Seeigel, die **als Trockenpräparate** aufbewahrt werden sollen, kann man entweder einfach an der Luft trocknen lassen oder sie werden erst in 95%igem Alkohol entwässert, wonach sie schneller und vor allem ohne Geruchsbelästigung trocknen. Um die Trockenpräparate **vor Fraßschäden zu schützen,** empfiehlt JACKSON (1930) folgende Behandlung: Das gesammelte Material wird eine halbe Stunde oder länger in Süßwasser entsalzt und danach etwa 12 Stunden in einer wässrigen Sublimatlösung (1:1000) gebadet. Die herausgenommenen Stücke werden dann außerhalb des Zimmers (aber nicht in der direkten Sonne) oder mit künstlicher Wärme auf einem Drahtgeflecht getrocknet. Es ist unnötig, die Tiere anzubohren, weil die Sublimatlösung leicht durch die Schale in den Körper eindringt.

Eindrucksvolle **Demonstrationspräparate** lassen sich herstellen, wenn man von je einem Vertreter der Regularia und der Irregularia die Stacheln halbseitig entfernt, um die verdeckte Skelettstruktur zu zeigen. Außerdem sollte das mit 5 Zähnen versehene Kiefergerüst, die sog. **„Laterne des Aristoteles",** herausgenommen und daneben montiert werden.

# Seesterne (Asteroidea)

Die dorsoventral abgeflachten Seesterne zeichnen sich durch eine zentrale Körperscheibe aus, von der meist 5 längere oder kürzere, breit angesetzte, unverzweigte Arme abgehen, die auf der Unterseite in medianen Längsrinnen Füßchen tragen. Die Mundöffnung liegt auf der Unterseite der Körperscheibe. Der After, sofern vorhanden, auf der Oberseite des Tieres. Bekannt sind über 1600 rezente Arten. Der größte Seestern erreicht bei einer Armlänge von 45 cm fast einen Gesamtdurchmesser von ca. 1 m.

## Sammeln

Die räuberisch lebenden Seesterne besiedeln den Meeresboden von der flachen Küste bis in die Tiefsee. Sogar in den Polarmeeren treten sie noch in großer Individuenfülle auf. Nach Stürmen fallen Seesterne nicht selten als Strandgut an. Aus flachen Felsküsten holt man sie tauchend mit Maske und Schnorchel. In tieferen, ruhigen Gewässern werden Seesterne mit dem Guckkasten (▶ **Abb. 16**) aufgesucht und dann mit einem langstieligen Korbrechen (▶ **Abb. 17**) oder einem Bodengreifer an Bord geholt. Weicher Meeresboden kann mit der Dredge abgesammelt werden. Sehr erfolgreich wirken Muschelkörbe als Lockfallen oder mit alten Fischköpfen beköderte Reihenangeln. Meist sind Seesterne auch in den Zugnetzen der Fischer sehr zahlreich anzutreffen.

## Präparieren

Zur Betäubung legt man Seesterne mit der Mundscheibe nach oben in eine flache Schale und überschichtet sie mit einer 10%igen Lösung von Chloralhydrat in Meerwasser. Ebenso eignet sich 1- bis 2%iges Etherwasser, dem nach einiger Zeit 2 % Magnesiumsulfat zugesetzt werden. Sobald die Saugfüßchen gut ausgestreckt sind, setzt man langsam so viel Alkohol zu, dass eine 20- bis 30%ige Lösung entsteht. In ihr müssen die Tiere je nach Größe 1 bis 4 Stunden liegen, wobei sie mit ausgestreckten Saugfüßen sterben. Kleine Arten tötet man mit 5%iger Essigsäure und überführt sie dann in Ethanol.

WECHSLER (pers. Mitt.) betäubte Vertreter der Gattung *Acanthaster* in einer 0,5%igen Formalinlösung. Drei von vier Individuen rollten bereits nach 5 bis 10 Sekunden die Arme nach oben. Sobald dies eintritt, setze man die Tiere sofort wieder in normales Seewasser zurück und achte darauf, dass die Arme in Normalstellung verbleiben. Mit drei oder vier Fingern (Handschuhe anziehen, die Stacheln auf der Oberseite von *Acanthaster planci* sind sehr giftig) wird der Seestern heruntergedrückt. Der Tod tritt in normalem Seewasser nach etwa 30 Minuten ein. Zur Kontrolle wird das so behandelte Tier abermals in die 0,5%ige Formalinlösung gebracht. Erfolgt keine Reaktion, kann fixiert werden. Die Fixierung hat ausschließlich in 80%igem Alkohol zu erfolgen, der nach einiger Zeit wenigstens einmal gewechselt werden muss. Besteht die Absicht, Trockenpräparate herzustellen, sollten in tropischen Regionen frisch an Bord gebrachte kurzarmige Seesterne alsbald prall mit 35%igem Formaldehyd injiziert werden. Danach setzt man das so hergerichtete Objekt direkt der Sonne aus, damit es möglichst schnell trocknet. Langarmige Seesterne spannt man in der gewünschten Lage auf ein Brettchen (vgl. ▶ **Abb. 54**) und legt sie 24 Stunden in Formol (1:3). Zum Spannen verwende man nur Nadeln aus korrosionsfreiem Material, anderenfalls treten in der Regel dunkle oder rostähnliche Verfärbungen auf. Die erforderliche **Entwässerung** erfolgt durch die Alkoholreihe. Seesterne mit festem Skelett können dann ohne weiteres getrocknet werden. Erfolg-

## Stachelhäuter (Echinodermata)

versprechend ist es auch, harte wie weichere Formen zu paraffinieren und ihrer natürlichen Farbe entsprechend zu kolorieren.

Auf recht einfache Weise lassen sich Seesterne nach Einlegen in Süßwasser, in dem sie durch den osmotischen Druck prall werden, auch wie Seeigel mit Sublimatlösung konservieren.

Die gut ausgetrockneten Exemplare sind am sichersten unter Glas aufgehoben. In unserer Sammlung hat sich eine mit Holzsockel und Seitenbrettchen versehene Kastenkonstruktion bestens bewährt (▶ **Abb. 161**).

Obwohl **Echinodermenskelette** attraktive Schaustücke sind, trifft man sie sehr selten in Sammlungen an. Dabei bietet die von PURVES (1948) publizierte Technik die Möglichkeit, ohne größeren Aufwand entsprechende Präparate anzufertigen. Zur Herstellung von Skeletten eignen sich am besten mittelgroße Exemplare von *Asterias rubens* L., denn je größer die Objekte sind, desto schwächer ist der Zusammenhang des dorsalen Skeletts. Die Arbeitsweise gliedert sich wie folgt: Zum Abtöten legt man frische Exemplare 15 Minuten in Süßwasser. Danach werden vom Mund aus Radialschnitte entlang der Mitte der Ambulakralfurche geführt und alle Eingeweide entfernt. Nach dem Ausleeren muss die Körperhöhle mit flüssigem Photoxylin (= Zelloidin) ausgefüllt werden, bis das Tier seine natürliche Fülle und Symmetrie aufweist. Zweckmäßig ist es, die Arme mit Leinenzwirn zu umwickeln. Dann müssen die Objekte in 40%igem Alkohol fixiert werden. Nach sechsstündiger Einwirkung holt man die Seesterne heraus und lässt sie gründlich abtrocknen. Bevor die nächste Behandlung beginnt, empfiehlt es sich, die getrockneten Füßchen abzukratzen.

Zum **Entfernen des Ektoderms** eignet sich am besten Chlorkalk. Er wird mit Wasser als Paste angerührt und auf die Oberfläche des Objektes gestrichen. Nach 1½-stündiger Einwirkung wird der Chlorkalk mit warmen Wasser mittels einer weichen Zahnbürste abgewaschen. Durch diese Behandlung wird die Oberfläche des Skelettes freigelegt. Sofern nach Entfernung der Kalkpackung noch nicht alles Gewebe entfernt worden ist, wird die Behandlung lokal wiederholt. Es ist wichtig, dass kein Gewebe auf der Außenseite des Objektes verbleibt. Anschließend wird das Skelett in 5%igem Wasserstoffperoxid gebleicht und erneut getrocknet. Wenn es völlig ausgetrocknet ist, wird die Außenseite mit dünnem, farblosem

**Abb. 161** Trockenpräparat eines Seesternes – zwischen Glasscheiben montiert, die von einer rahmenartigen Holzkonstruktion gehalten werden. In ähnlicher Weise lassen sich Kleinstvitrinen auch aus plexiglasähnlichen Kunststoffplatten anfertigen.

Lack überstrichen, um das knöcherne Netzwerk zu binden. Zuletzt muss man das verbliebene Gewebe nebst Füllmaterial entfernen. Dazu wird das ganze Tier in eine 5%ige Pottaschelösung gelegt, um das verbliebene Gewebe aufzulösen. Wenn alles Gewebe verschwunden ist, trocknet man das Skelett und verflüssigt die Photoxylinpackung in einem Gemisch von Ether und absolutem Alkohol. Der gesamte Vorgang dauert 3 Tage, während es Wochen dauert, wenn man lediglich Pottasche verwendet.

Die erhaltenen Skelette sind an sich recht haltbar. Es ist jedoch empfehlenswert, die Präparate in Kunstharz einzubetten oder unter Glas zu montieren.

# Schlangensterne (Ophiuroidea)

Die Schlangensterne unterscheiden sich von den Seesternen durch die von der relativ kleinen Körperscheibe scharf abgesetzten Arme. Die Ambulakralfüßchen tragen keine Saugscheiben, sondern sind mit Klebdrüsen ausgestattet. Die im Verhältnis zur Körperscheibe vielfach längeren Arme können wie Extremitäten geschwenkt werden. Die Tiere bewegen sich mit den Armen fort und bringen damit auch ihre Nahrung zum Munde. Die afterlosen Schlangensterne werfen die Nahrungsreste durch den Mund wieder aus. Mit ca. 2000 Spezies sind die Ophiuroiden die artenreichste Echinodermenklasse. Sie ist zugleich durch zahllose Individuen von meist recht geringer Größe vertreten, deren Scheibendurchmesser unter 2 cm bleibt. Die größte Art mit unverzweigten Armen hat einen Scheibendurchmesser von 5 cm und eine Armlänge von 23 cm. Unter den Arten mit verzweigten Armen erreicht der größte Vertreter einen Scheibendurchmesser von 14 cm und eine Armlänge bis 70 cm.

## Sammeln

Gleich den Seesternen besiedeln auch die Schlangensterne das Meer in allen Regionen. In das Brackwasser und in die Tiefsee dringen jedoch nur wenige Arten vor. Die in geringer Tiefe lebenden, nächtlich aktiven Formen verkriechen sich tagsüber zwischen Seegras, Algen, in Muschelschalen, unter Steinen und zwischen Felsspalten oder im Boden. In tropischen Meeren findet man sehr viele Schlangensterne, die auf Korallenriffen gewandt umher klettern. Aus der Lebensweise ergibt sich, wo die Tiere am häufigsten anzutreffen sind. Zum Sammeln werden die gleichen Geräte benötigt, wie bei den Seesternen erwähnt. Gute Erfolge bringt regelmäßig der **Nachtfang**. Dazu muss man mit einer starken Lampe rissige Felswände oder im seichten Wasser liegende Steine ableuchten. Da Schlangensterne sofort den Arm abwerfen, an dem sie gepackt werden, empfiehlt es sich, die Tiere mit der Hand oder einer Pinzette im Bereich der Körperscheibe zu ergreifen.

## Präparieren

Die gefangenen Exemplare werden in Meerwasser gelegt und durch Zusatz von 30%igem Magnesiumchlorid oder Magnesiumsulfat betäubt. Für den gleichen Zweck eignet sich auch Etherwasser. Wechsler (pers. Mitt.) setzt den Schlangenstern in 250 cm$^3$ Seewasser und gibt tropfenweise 3%iges Formalin hinzu. Sobald er reagiert, muss man aufhören und abwarten. Nach Beruhigung des Tieres eine Pause einlegen und danach die Dosierung erhöhen. Bei zu starker Konzentration wirft der Schlangenstern seine Arme ab. Nach Löwegren (1961) kann die Autotomie auch verhindert werden, wenn man die Schlangensterne in Süßwasser legt und langsam Alkohol hinzu tropft. Eine andere Möglichkeit besteht darin, den noch in Seewasser befindlichen Exemplaren 30%igen Alkohol in die Körperhöhle zu injizieren. Nach der Narkose wäscht man die Tiere in Süßwasser aus, wobei sie verenden. Das Aufspannen erfolgt wie üblich (vgl. ▶ **Abb. 54**), die Härtung und Aufbewahrung in 80%igem Alkohol, der wenigstens einmal gewechselt werden muss.

Um den **Verlust von Gliedern zu vermeiden,** ist es vorteilhaft, die verendeten Tiere einige Tage in Glycerolalkohol (1:1) aufzubewahren. Nach dieser Behandlung wird das Objekt getrocknet und die Elastizität bleibt ziemlich gut erhalten.

Das durch sehr lange, meist verzweigte Arme auffallende Gorgonenhaupt (*G. caput-medusae*) tötete Wechsler über nacht in einer Urethanlösung. Konserviert wurde es in Alkohol (70%) oder einer konzentrierten Salzlösung. Wird auf die Erhaltung der Farbe Wert gelegt, empfiehlt es sich, die Tiere in einer Rohrzuckerlösung aufzubewahren. Trockenpräparate lassen sich genauso herstellen, wie bei den Seesternen beschrieben.

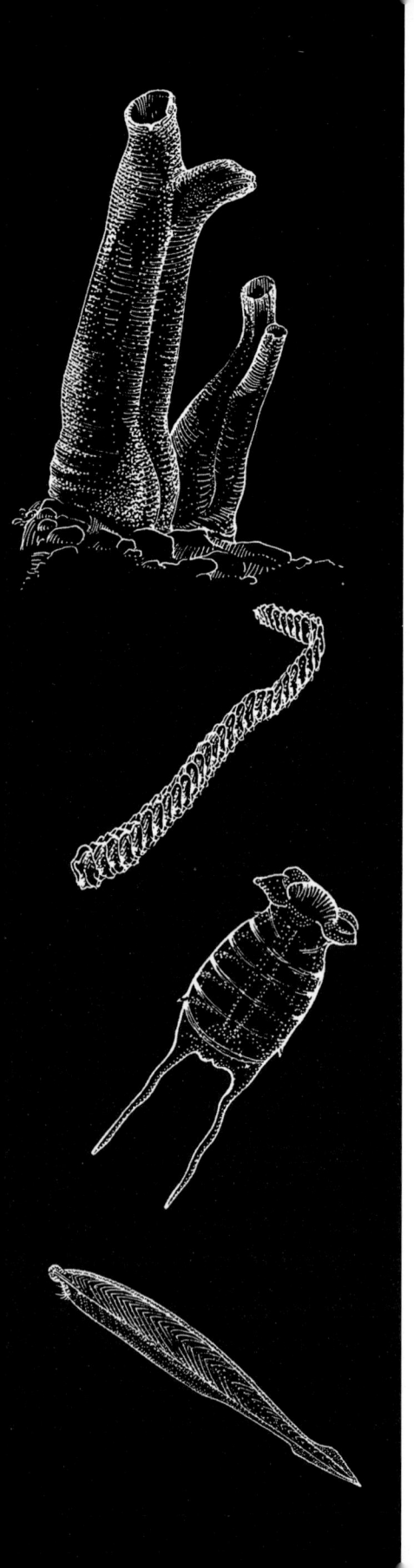

# Wirbellose Chordatiere

Die nachfolgend zusammengefassten Tierklassen stehen innerhalb der Chordatiere (Chordata) den Wirbeltieren (Vertebrata) gegenüber. Bisweilen werden diese Gruppen als Protochordata zusammengefasst. Sie besitzen ein mehr oder weniger ausgeprägtes ungegliedertes Achsenskelett, die Rückensaite oder Chorda dorsalis.

## Urochordata

Die vielgestaltigen, rein marinen Urochordata sind von einem schützenden Cellulosemantel umgeben, der eine gallertige bis lederartige Beschaffenheit hat. Die Rückensaite fehlt oder sie ist nur im Schwanz vorhanden – entweder zeitlebens oder nur bei den Larven. Hierher gehören die Manteltiere (Tunicata) mit der Klasse der Ascididae (= Ascidiacea, Seescheiden) und der Klasse der Thaliacea (Salpen, Feuerwalzen) und die Appendicularien (= Copelata, Larvacea).

Die Appendicularia sind 1 bis 2 mm, mit dem Ruderschwanz 3 bis 10 mm lange, frei schwimmende Tiere. Statt des Mantels tragen sie ein gallertiges Gehäuse. Seescheiden treten in erwachsenem Zustand stets als festsitzende, knollen-, krusten- oder traubenförmige Tunicaten in Erscheinung. Die Größe schwankt von 1 mm bis 20 cm. Salpen und Feuerwalzen sind frei schwimmend, stets oder zeitweise stockbildend und von tonnenförmiger Gestalt. Die Salpen machen einen Generationswechsel durch. Die solitären Ammen lassen

**Abb. 162** Wirbellose Chordatiere. Oben Seescheide. Mitte Salpa democratica, Salpenkette und tönnchenförmige Amme (Solitärform), unten Lanzettfischchen.

auf ungeschlechtlichem Wege eine Kette hintereinander liegender, etwas abweichend gebauter Salpen hervorsprossen, aus deren befruchteten Eiern wieder Einzeltiere entstehen. Die Größe der Einzeltiere schwankt zwischen wenigen Millimetern und Handlänge. Die Salpenketten werden viele Meter lang (▶ **Abb. 162**). Insgesamt kennt man über 2000 Arten von Tunicaten und ca. 70 Arten Appendicularien.

## Sammeln

Die Mehrzahl der Appendicularien gehört dem Plankton des freien Ozeans an. Aber auch in Küstennähe sind die Tiere anzutreffen. Das Sammeln der zerbrechlichen Appendicularien bereitet erhebliche Schwierigkeiten. Nach FENAUX (1969) darf die Netzgeschwindigkeit nur etwa 0,5 m pro Sekunde betragen. Das Plankton muss unmittelbar nach dem Herausnehmen aus dem Wasser fixiert werden. Besonders schnell muss dies bei warmem Klima und bei einer hohen Planktondichte erfolgen. Das gilt vor allem, wenn eine große Zahl von Copepoden darunter sind. Dann muss das Fixierungsmittel noch vor der Konzentrierung des Fanges hinzugefügt werden. Die Behandlung mit einem Anästhetikum ist bei Appendicularien unbedingt zu unterlassen, da diese darin sehr schnell sterben, ohne fixiert zu werden.

Nach RIEDL (1963) sammelt man Seescheiden auf Sedimentböden mit der Dredge. Mit einem großen, doppelseitigen Eisenkamm können bis fast zur Sichttiefe Pflanzen mit Ascidienaufwuchs eingeholt werden. Nicht gerade selten besiedeln Seescheiden auch Hartsubstrat oder lebende Muscheln. Die Formen der tieferen Felsböden entgehen leicht der Zackendredge und werden auch mit Maske und Schnorchel tauchend kaum mehr erreicht. Die sandbedeckten oder reich überwachsenen Arten sind oft kaum als Seescheiden anzusprechen und werden deshalb meist übersehen.

Die in Tiefwasserbereichen lebenden Ascidien lassen sich nur mit nicht zu grobmaschigen Grundschleppnetzen erreichen. Farbige Exemplare fotografiert man möglichst bald nach dem Sammeln. Eine zusammenfassende Darstellung über das Sammeln und die Nasskonservierung von Ascidien liegt von MONNIOT (1971) vor.

Die meisten Salpen sind Planktonten des warmen Oberflächenwassers der Hochsee. Jenseits von 400 m Tiefe treten sie nur selten auf. Manchmal kommen die meist glasklar durchsichtigen Tiere in so großen Schwärmen vor, dass das Wasser einem Brei gleicht. Die großen, walzenförmigen Arten lassen sich am besten mit einem Plastikeimer oder einem Wassernetz, die übrigen Formen mit dem Planktonnetz sammeln. Kleine Salpenketten holt man auf gleiche Weise ein. Ketten großer Salpen können fast wie ein Tau ins Boot gezogen werden.

## Präparieren

Als **Fixierungsmittel** verwendet man in der Regel mit Meerwasser verdünntes Formol. FENAUX (1969) fügt der Menge des Planktonkonzentrates die gleiche Menge 10%iges Formol hinzu, was eine Endkonzentration von ca. 5 % ergibt. In dieser Formol-Meerwasser-Lösung mit einem pH-Wert von 5,5 hielten sich Appendicularien 5 Jahre. Auf alle Fälle ist es günstig, vorhandenes Material so schnell wie möglich zu bearbeiten, da Mazeration mit Veränderungen und Auflösung der Proteine am Ende die Individuen immer beschädigt. Zu beachten ist ferner, dass Behälter mit Plankton nicht geschüttelt werden dürfen, beim Versand darf sich im Inneren keine Luft befinden. In der Mehrzahl der Fälle, in denen Schwanz und Rumpf der Appendicularien getrennt sind, ist dies auf mechanische Stöße zurückzuführen.

Ascidien müssen stets in reichlich Meerwasser und am besten auf einem Stück ihrer Unterlage sitzend betäubt werden. LO BIANCO (1890) empfiehlt, Chloralhydrat 1–2:1000 je nach Gattung 30 Minuten bis 12 Stunden einwirken zu lassen. *Ciona* kann mit einem Gemisch von Eisessig und 1%iger Chromsäure (10:1) behandelt werden. Man bringt nach und nach einige Tropfen auf das Wasser, so dass eine allmähliche Diffusion erfolgt. Es genügt jedoch auch, dem Seewasser, in dem die ausgestreckten Tiere liegen, wiederholt einige Tropfen einer 5- bis 10%igen Lösung von Essigsäure vorsichtig zuzusetzen. Je weiter die Betäubung fortgeschritten ist, desto mehr der Lösung kann auf einmal zugesetzt werden. Der Grad der Betäubung lässt sich durch Reizen der Siphonen mit einer Nadel feststellen.

DYBERN (zit. nach LÖWEGREN, 1961) fand, dass sich das Narkotikum M.S. 222 besonders zum Betäuben für Ascidien eignet (M.S. 222 – ein

Ergebnisse eines Parallelversuchs mit M.S.222 und der meist benutzten Essigsäure.

| Art | M.S. 222 | 9%ige Essigsäure |
|---|---|---|
| Cionia intestinalis (L.) | sehr gut | ziemlich gut |
| Styela rustica (L.) | sehr gut | weniger gut |
| Ascidia mentula (Müller) | sehr gut | etwas schlechter als M.S. 222 |
| Ascidia conchilega (Müller) | sehr gut | etwas schlechter als M.S. 222 |
| Ascidiella scabra (Müller) | sehr gut | etwas schlechter als M.S. 222 |
| Ascidiella aspersa (Müller) | schlecht | gut |
| Corella parallelogramma (Müller) | sehr gut | etwas schlechter als M.S. 222 |

Anästhetikum für kaltblütige Wirbeltiere, Äthyl-3-Aminobenzoat-Methansulfonsäure, = TMS 222, = Tricain, = Tricain-Methansulfonat, = Metacain). Dazu wird die Ascidie in einen Becher mit Wasser gesetzt, so dass die Wasseroberfläche der Ein- und Ausströmöffnung möglichst nahe liegt, wenn das Tier ausgestreckt ist. Dann werden jeweils einige Kristalle von M.S. 222 direkt in die Einströmöffnung gegeben, woraufhin die Betäubung innerhalb weniger Minuten bis maximal $\frac{1}{4}$ Stunde beendet zu sein pflegt. Man kann das Mittel auch in gelöster Form, am besten in der Konzentration von 1–2‰ anwenden. Die Lösung lässt sich aufbewahren und bleibt auch bei wiederholtem Gebrauch wirksam. Die Ergebnisse eines Parallelversuches mit diesem Narkotikum und der meist benutzten Essigsäure zeigt obige **Tabelle**. Ein für alle Arten von Seescheiden brauchbares Narkoticum ist Menthol. WAGSTAFFE & FIDLER (1955) wenden es wie folgt an: Das Tier wird in ein Gefäß mit reichlich sauberem Meerwasser gelegt. Nachdem es sich ausgedehnt hat, werden einige Mentholkristalle auf die Oberfläche des Wassers gestreut und das Gefäß zugedeckt. Die Einwirkungszeit beträgt 6 bis 12 Stunden.

Sowohl zum Fixieren als auch zum Konservieren ist Formol in Meerwasser (1:9) das geeignetste Mittel. Soll das Material in einer Schausammlung aufgestellt werden, empfiehlt sich ein Überführen in 50%igen und nach einigen Tagen in 70%igen Alkohol.

Da die Salpen beim Konservieren sehr leicht die Ein- und Ausströmöffnung schließen, empfiehlt PLATE (1906), eine Glasröhre passender Stärke in die Tönnchen einzuführen. Getötet werden die Tiere durch tropfenweisen Zusatz von Formol oder Essigsäure zum Seewasser. Viele Arten werden in Formol (1:9) trübe, deshalb überführe man sie nach dem Fixieren in Alkohol. LO BIANCO empfiehlt

- für harte Formen: Süßwasser 100 Teile und konzentrierte Essigsäure 10 Teile für etwa 15 Minuten, dann 10 Minuten in Süßwasser auswaschen und nach Einschaltung von Alkoholstufen in 70%igem Alkohol aufbewahren,
- für halbharte Formen: 1%ige Chromsäure 100 Teile und konzentrierte Essigsäure 5 Teile für 10 Minuten, dann direkt in schwachen Alkohol übertragen,
- für weiche Formen: 1%ige Chromsäure 100 Teile und 1%ige Osmiumsäure 2 Teile für 15 bis 60 Minuten je nach der Größe, dann auswaschen in Süßwasser, über die Alkoholstufen führen und in 70%igem Alkohol aufbewahren.

*Doliolum* wird in einem Gemisch von 10%igem Kupfersulfat 100 Teile und gesättigter Sublimatlösung 10 Teile abgetötet, nach einigen Minuten in Süßwasser ausgewaschen und nach Einschalten der Alkoholstufen in 70%igem Alkohol aufbewahrt. Methoden zum Färben ganzer Salpen, um Einzelheiten zu erkennen, beschreiben RADICE (1960) und FOXTON (1965).

# Schädellose (Acrania, Leptocardii, Cephalocordata)

Die Acranier sind fischähnliche Tiere; sie unterscheiden sich von diesen aber durch eine Reihe von Merkmalen. Dem flachen, vorn und hinten zugespitzten Körper fehlen paarige Flossen. Nur der Rücken und die hintere Bauchhälfte tragen in der Medianebene einen Flossensaum (▶ **Abb. 162**). Die vom Rostrum bis in die Schwanzspitze reichende Chorda dorsalis bleibt zeitlebens erhalten. Der kieferlose Mund ist bei den meisten Arten von einer Anzahl Tastborsten umgeben. In der Jugend sind die Tierchen glasig durchsichtig, erwachsen weißlich bis fleischfarben. Lanzettfischchen werden maximal 7 cm lang. Die Acrania umfassen nur zwei rein marine Gattungen mit etwa 25 Arten.

## Sammeln

Das durchschnittlich 5 cm lange Lanzettfischchen, *Branchiostoma lanceolatum,* (PALL.) lebt an den europäischen Küsten bis Südnorwegen sowie an den Mittelmeerküsten Afrikas und Asiens. Als stenohalines Lebewesen ist das Lanzettfischchen im Wattenmeer und in der Ostsee nicht anzutreffen. Die Tiere bewohnen mittelfeine Sande in 4–15 m, maximal 60 m Tiefe. Verschlammten Boden meiden sie. Tagsüber vergraben sich die Acranier fast völlig im Sand und nur nachts schwimmen sie umher. Man erreicht die Tiere mittels ausreichend beschwerter Sackdredge durch vorsichtiges Aussieben des Sandes unter Wasser. Kleinste Larvenstadien werden mit dem Planktonnetz gefangen.

Über das Fischen von *Amphioxus* berichten LIGHT (1923) und DA-SHEN (1961). Nach DA-SHEN findet das Lanzettfischchen im Chinesischen Meer optimale Lebensbedingungen in Sanden, die sich durch ein Sieb mit einer Maschenzahl von 50 bis 200 Maschen je $cm^2$ schütteln lassen. Gefangen wird es von einem Boot aus mittels eiserner Schaufel und Bambussieb. Das Bambusrohr der Schaufel wird zur Erhöhung des Gewichts mit Sand gefüllt. Das Auswaschen des Fanges erfolgt auf einem Floß von Bambusstäben von 1,30 m Länge. Es wird mit Spülbrett, Bambuskelle und Eimer gearbeitet. Die Lanzettfischchen halten sich in den obersten, 3 cm dicken Bodenschichten auf. Mit der Schaufel wird jeweils eine 6 cm dicke und 4 m lange Sandschicht abgeschürft. Man fängt 3 bis 4 Stunden lang bei Ebbe. Der Fang beginnt im August und endet im Januar.

## Präparieren

Lanzettfischchen lassen sich nach CORI (1938) leicht in Meerwasser mit 10%igem Alkohol betäuben, wobei die Cirrenreuse des Mundrandes ihre natürliche Form behält. Auch mit Chloretonlösung kann derselbe Effekt erzielt werden. Damit der Körper durchsichtig bleibt, fixiert man die Tiere in Formalin (1:9). Falls die Überführung in Alkohol erforderlich ist, muss diese stufenweise erfolgen, sonst treten erhebliche Schrumpfungen auf.

# Literatur

ABBOTT, R.T. (1954): How to collect shells. Nat. Hist., N. York, 63: 32.

ABBOTT, R.T. (1966): How to collect shells. Arrangement and study of shell-collections. Marinette (Amer. Malac.Un.), 3rd edit, Wisconsin.

ABDEL-MALEK, E.I. (1951): Menthol relaxation of helminths before fixation. J. Parasitol., 37: 321.

ABRAHAM, R. (1975): Die Erfassung von flugaktiven Insekten mit einer Zeitfalle unter Berücksichtigung von Klimadaten. Faun.-ökol. Mitt., 5: 11.

ABRAHAM, R. (1991): Fang und Präparation wirbelloser Tiere. Gustav Fischer, Stuttgart/New York.

ADAM, H. & G. CZIHAK (1964): Arbeitsmethoden der makroskopischen Anatomie. Ein Laboratoriumshandbuch für Biologen, Mediziner und technische Hilfskräfte. Stuttgart.

ADIS, J. (1979): Probleme der Interpretation beim Fang von Insekten mit Bodenfallen. Zool. Anz., 202: 177.

ADLUNG, K.G. (1963): Eine einfache Methode zum Fang rindenbewohnender Arthropoden. Z. rhein. naturf. Ges., 2: 73.

AHRENDT, T. (1986): Präparation von Krebsen. Der Präparator, 32, 3: 293.

AIKEN, R.B. (1979): A size selective underwater light trap. Hydrobiologia, Den Haag, 65: 65.

ALBERS, T. (1934): Die Technik der Untersuchung des Genitalapparates bei Lepidopteren. Int. ent. Z., 28: 249.

ALBERTI, B. (1942): Noctuen-Fang in der Steppe Südostrußlands. Ent. Z., 56: 189.

ALBRECHT, M.-L. (1959): Die quantitative Untersuchung der Bodenfauna fließender Gewässer (Untersuchungsmethoden und Arbeitsergebnisse). Z. Fisch. N.F., 8: 481.

ALLGÉN, C.A. (1934): Zur Sammel-, Konservierungs- und Präparationstechnik freilebender mariner Nematoden. K. norske Vidensk. Selsk. Trondhjem, 6: 97.

AMSEL, H.G. (1935): Wie präpariert man getrocknete Kleinschmetterlinge?. Ent. Z., 49: 114–116.

AMSEL, H.G. (1965): Neue Prinzipien bei der Gestaltung entomologischer Schausammlungen. Beitr. naturk. Forsch. SW-Deutschl., 4: 105.

ANDERS, A. (1883): Le Attinie. Atti R. Acad. Lincei, 14: 211.

Anders-Grünewald, K. & K. Wechsler (2000): Verschiedene Methoden zum Verschließen von Nasspräparate-Gläsern. Der Präparator. 46 (4): 171–186

ANDREYEV, S.V.; B.K. Martens & V.A. Molchanova (1966): Light traps and their application in practice and in research work. Zool. Z., 45: 850.

ANT, H. (1965): Eine sichere Verpackungsmethode für den Versand spannweicher Insekten. Ent. Z., Stuttgart, 75: 148.

APEL, W. (1885): Beitrag zur Anatomie und Histologie des Priapulus caudatus (LAM.) und des Halicryptus spinulosus (v. Sieb). Z. wiss. Zool., 42: 459.

APSTEIN, C. (1906): Das Sammeln und Beobachten von Plankton. in: Neumayer: Anleitung zum wissenschaftlichen Beobachten auf Reisen, Berlin.

ARKHIPKIN, A.I. (1989): Taxonomoc description plan, collection and processing tecnique used for statoliths of squids and cuttle-fish. Zool. Zh., Moscow, 68: 115.

ARKHIPKIN, A.I. & S.A. Murzoz (1985): A method of preparation of statoliths for growth studies and age determination of squids. Zool. Zh., Moscow, 64: 1721.

Arndt, W. (1933/35): Die Landplanarienfunde in Deutschland. Zoogeogr, 2: 375.

Arndt, W. (1939): Chinosol als Mittel zur Herstellung von Spongien-Mazerationsskeletten. SB. Ges. naturf. Fr. Berlin, Jg. 1938: 94.

Arnold, E. (1920): Die Anlage und Erhaltung biologischer Insekten-Sammlungen für unterrichtliche Zwecke. Dießen.

Aspöck, H. (1971): Grundsätzliche Bemerkungen zur Methodik der Präparation, Konservierung und Darstellung von Insekten-Genitalien. Z. Arbeitsgem. österr. Ent., 23: 62.

Attems, C. (1931): Das Sammeln und Konservieren der Myriopoden. Ann. Naturhist. Mus. Wien, 45: 281.

Aubert, J. (1969): Un appareil de capture de grandes dimensions destiné au marquage d'insectes migrateurs. Mitt. Schweiz entom. Gesell., 42: 135.

Aubert, J.-F. (1961): Techniques de préparation des Ichneumonides en vue de faciliter leur étude systématique. Entomophaga, Paris, 6: 103.

Aubin, A.; J. P. Bourassa & M. Pellisier (1973): An effective emergence trap for the capture of mosquitoes. Mosquito News, 33: 251.

Audcent, H. (1942): Hints on the Mounting of Diptera. Ent.Rec., 54: 60.

Audras, G. (1959): Une poire aspiratrice practique pour la capture des petits insectes. Bull. mens. Soc. linn., Lyon, 28: 152 f.

Aue, A.U.E. (1928): Handbuch für den praktischen Entomologen. 1. Abt.: Lepidoptera. 1. Bd.: Allgemeiner Teil, Fang und Zucht. Frankfurt/M.

Auerbach, M. (1925): Fahrzeuge zur Untersuchung von Binnengewässern. In: Handb. biol. Arbeitsmeth., Abt. IX, Tl. 2: 463.

Baeschlin, R. (1972): Eine einfache Methode zur Gewinnung von adulten Parasiten aus Blattminierern. Mitt. Schweiz. ent. Ges., 45: 111 f.

Bährmann, R. (1976): Vergleichende Untersuchungen der Ergebnisse verschiedener Fangverfahren an brachyceren Dipteren aus dem Naturschutzgebiet „Leutratal" bei Jena (Thür.). Ent. Abh. Mus. Tierkd. Dresden, 41: 19.

Bailenger, J. & E. Neuzil (1953): Nouvelles techniques d'examen des helminthes: Fixation; coloration; montage. Ann. Parasit, 28: 392.

Bailey, J. (1953): Hunting shells on the coast of Kenya. J. E. Afr. nat. Hist. Soc., 22: 20.

Baker, A.D. (1953): Rapid method for mounting Nematodes in glycerine. Canad. Ent., 85: 77.

Baker, F.C. (1921): Preparing Collections of the Mollusca for Exhibition and Study. Trans. Amer. micr. Soc., 40: 31.

Balachandran, T. (1974): On methods of collection, handling and storage of zooplankton in tropics. Curr. Sci, 43: 154 f.

Balashov, J.S. (1972): Collecting the tick Ornithodoros papillipes BIR. in caves on $CO_2$. Ent.Rev., Washington, 51: 122 f.

Balogh, J. (1958): Lebensgemeinschaften der Landtiere. Ihre Erforschung unter besonderer Berücksichtigung der zoozönologischen Arbeitsmethoden. Budapest u. Berlin.

Balogh, J. (1972): The Oribated Genera of the Worl. Budapest.

Barber, H.S. (1931): Traps for cave-inhabiting insects. J. Elisha Mitchell Sci. Soc., 46: 259.

Barndt, D. (1982): Untersuchung der diurnalen und saisonalen Aktivität von Käfern mit einer neu entwickelten Elektro-Bodenfalle. Ent. Bl., 78: 81.

Barnes, H. (1959): Oceanography and Marine Biology. A Book of Techniques. London.

Barnett, P.R.O. & B.L.S. Hardy (1967): A diver-operated quantitative bottom sampler for sand macrofaunas. Helgoländer wiss. Meeresunters., 15: 390.

Barthelmes, D. (1960): Erprobung eines Krautgreifers. Z. Fisch. N.F., 9: 457.

Bastian, O. (1981): Bau und Anwendung eines zweiteiligen Klopfrahmens. Ent. Nachr., 25: 81.

Bastian, O. (1986): Schwebfliegen (Syrphidae). Die Neue Brehm-Bücherei, Wittenberg, Bd. 576.

Bauermeister, W.-D. (1959): Ein vereinfachtes Verfahren zur Herstellung durchsichtiger Totalpräparate. Mikrokosmos, 48: 272.

Baumann, E. (1977): Untersuchungen über die Dipterenfauna subterraner Gangsysteme und Nester von Wühlmäusen. Zool. Jahrb. Syst., 104: 368.

Baumann, E. (1979): Vakuum-Gefriertrocknung von alkohol-konservierten Material. Ent. Gen., 5, 2: 175 f.

Baumann, E. (1979): Die Fauna der Gänge und Nester von Wühlmäusen im Naturpark „Hoher Vogelsberg". III. Die Käfer. Ent. Bl., Krefeld, 74: 145.

Baumann, H. (1918): Das Gefäßsystem von Astacus fluviatilis. Z. wiss. Zool., 118: 246.

Beck, H. (1938): Die Noctuiden-Fauna der Leipziger Tieflandsbucht. Ent. Rdsch., 55: 490.

Beeman, R.D. (1968): The use of succinylcholine and other drugs for anesthetizing or narcoting gastropod mollusks. Publ. Stazione zool. Napoli, 36: 267.

## Literatur

BEER, J. R. & E. F. Cook (1957): A method for collecting ectoparasites from birds. J. Parasitol., Lancaster 43: 445.

BEERS, J.R. & G.L. Stewart (1970): The preservation of acantharians in fixed plankton samples. Limnol. and Oceanogr., 15: 825.

BEHRMANN, G. (1973): Wie entsteht eine meereskundliche Sammlung? Impressionen einer Forschungsreise. Der Präparator, 19: 43.

BEIER, M. & H. STROUHAL (1929): Über das Sammeln der in Maulwurfsnestern lebenden Koleopteren. Coleopt. Rdsch., 15: 22.

BELLINGER, P.F. (1954): Salmon's fluid, a new medium for slides of small larvae and larval pelts of Lepidoptera. Lepid. News, Washington, 7: 170 f.

BELLSTEDT, R. (1983): Historische Studien zum Insekten-Modellbau sowie Dokumentation der Anfertigung eines naturrealistischen Totalmodelles der Eintagsfliegenlarve Epeorus sylvicola (PICTET). Abschlussarbeit im Fachschulstudium Präparation, Mus. f. Naturkunde Berlin.

BELLSTEDT, R. & E. BURKHARDT (1987): Biologische Präparationstechnik. Modellbau. Fachschul-Fernstudium, Berlin: H. 15.

BENICK, L. (1928): Über das Sammeln von norddeutschen Strand- und Küstenkäfern. Coleopt. Rdsch., 14: 114.

BENICK, L. (1951): Über das Sammeln von Pilzkäfern. Ent. Bl. Krefeld, 47: 43.

BENICK, L. (1953): Pilzkäfer und Käferpilze. Ökologische und statistische Untersuchungen. Acta zool. Fenn., 70: 1.

BENNET, H.J. (1959): A method for collecting Balanoglossus (Enteropneusta). Proc. La Acad. Sci., 22: 5.

BENNET, H.J. & K. E. B. (1951): A rapid techniques for the fixation of some trematodes. Proc. La Acad. Sci., 14: 12.

BENSCH, W. (1979): Der Aufbau des Korallenriff-Dioramas „Kubanisches Bankriff" im Museum für Naturkunde an der Humboldt-Universität zu Berlin. Neue Museumskd., 22, 3: 209.

Bentley, A.C. (2004):Thermal Transfer Printers – Applications in Wet Collections: SPNHC Newsletter. 18 (2), 1–2 u. 17–18

BEREZANTZEV, Y.A. (1952): Geräte zum Fangen von Stechfliegen. Zool. Zh. Moscow, 31: 467.

BERLAND, B. (1961): Use of glacial acetic acid for killing parasitic nematodes for collection purposes. Nature, London, 191: 1320 f.

BERLESE, A. (1905): Apparachio per raccogliere presto ed in gran numero piccoli Artropodi. Redia, 2: 85.

BERTRAND, H. (1934): Récolte, élevage, et conservation des larves aquatiques de Coléoptères. Terre et la Vie, Paris, 4: 428.

BERTRAND, H. (1956): Notes sur la récolte et l'identification des larves de Coléoptères aquatiques. Canad. Natural. Montreal N.S., 12: 56.

BERTRAND, H. (1957): Notes sur la récolte et l'identification des larves de Coléoptères aquatiques. Notes africaines, Dakar, 74: 38.

BESUCHET, C. (1957): Une technique nouvelle pour la préparation de l'édéage des Microcoléoptères. Mitt. Schweiz. Ent. Ges., 30: 341 f.

BETTS, C. (Hrsg.) (1986): The Hymenopterist's Handbook. The Amateur Entomologist, 7.

BEUTLER, H. (1984): Eine Methode zum Lebendtransport von Großlibellen (Anisoptera). Ent. Nachr. u. Ber., 28: 136 f.

BIDLINGMAYER, W.L. (1966): Use of the truck Trap for evaluating adult Mosquite Populations. Mosquito News, 26: 139.

BIERI, M. & V. DELUCCHI (1980): Eine neu konzipierte Auswaschanlage zur Gewinnung von Bodenarthropoden. Mitt. Schweiz. Ent. Ges., 53: 327.

BIERI, M.; V. DELUCCHI & C. LIENHARD (1978): Ein abgeänderter Macfadyen-Apparat für die dynamische Extraktion von Bodenarthropoden. Mitt. Schweiz. Ent. Ges., 51: 119.

BILEK, A. (1955): Die Wiederherstellung aller Zeichnungselemente bei alten, schwarz gewordenen Libellen (Odonata). Ent. Z., 65: 166.

BILEK, A. (1964): Die farberhaltende Präparation von Libellen. Ent. Z., 74: 69 f.

BILEK, A. (1968): Über das Aufweichen von Libellen und dickleibigen Faltern. Ent. Z., 78: 77.

BILEK, A. (1978): Ergänzungen zu: „Die farberhaltende Präparation von Libellen" und „Das Aufweichen von Libellen und dickleibigen Faltern". Articulata, 1: 50.

BILIO, M. (1964): Die aquatische Bodenfauna von Salzwiesen der Nord- und Ostsee I. Biotop und ökologische Faunenanalyse: Turbellaria. Int. Revue ges. Hydrobiol., 49: 511 f.

BIRKET-SMITH, J. (1959): Genital Preparations of Male Lepidoptera. Ent. Medd., 29: 170.

BISCHOFF, H. (1964): Präparation von Hautflüglern (Hymenopteren). In: Koch, M., Präparation von Insekten, Radebeul u. Berlin, 9.

BITTELL, W.E. & H. Ciordia (1962): An apparatus for collecting helminth parasites of ruminants. J. Parasitol, 48: 490 f.

BLACKBURN, E.P. (1930): Some notes on winter collecting of land and freshwater snails. Vasculum, Newcastle, 16: 43.

BLEAKNEY, J.S. (1969): A simplified vacuum apparatus for collecting small nudibranchs. Veliger, 12: 142 f.

BLEGVAD, H. (1933): Methoden der Untersuchung der Bodenfauna des Meerwassers. In: Handb. biol. Arbeitsmeth., Abt. IX, Tl. 5, 311.

BOCKEMÜHL, J. (1956): Die Apterygoten des Spitzberges bei Tübingen, eine faunistisch-ökologische Untersuchung. Zool. Jb. Syst., 84: 121.

BÖHM, A. & A. OPPEL (1912): Taschenbuch der mikroskopischen Technik. München & Berlin.

BONADONA, P. (1976): Notes techniques: Préparation des pieces génitales des petits Coléoptères. L'Entomologiste, 32: 232 f.

BOOS, P.H. (1957): Über das Fangen und Sammeln von Cerambyciden. Ent. Bl., 53: 79.

BÖRNER, C. (1942): Über die Anfertigung mikroskopischer Präparate kleiner Insekten. Veröff. dtsch. Kolon.-Mus., Bremen, 3: 367.

BOROFFKA, I. & R. HAMP (1969): Topographie des Kreislaufsystems und Zirkulation bei Hirudo medicinalis (Annelida, Hirudinea). Z. Morph. Tiere, 64: 59.

BÖSENER, R. (1964): Die Lumbriciden des Tharandter Waldes. Zool. Abb. Mus. Tierkd. Dresden, 27: 200.

BOU, C. & R. ROUCH (1967): Un nouveau champ de recherches sur la faune aquatique souterraine. C.R. Acad. Sci., Paris Sér. D., D: 265.

BOUCHE, M.B. (1969): Comparaison critique de méthodes d'évaluation des populations de Lombricidés. Pedobiologia, Jena, 9: 26.

BOUCKOVA, L. & V. DYK (1969): Bewertung verschiedener Nachweismethoden für Ixodes ricinus. Angew. Parasitol., 10: 8.

BOURGOGNE, J. (1953): Les lampes à vapeur de mercure. Etude théorique et pratique destinée aux entomologistes. Rev. franc. Lépid., Paris, 14: 87.

BOURGOGNE, J. (1955): Conseils relatifs aux procédés et au matériel de récolte, de préparation et de arrangement des Lépidoptères. Rev. franc. Lépid., Paris, 15: 76.

BOUWER, R. (1977;1979): Über den Fang xylobionter Coleoptera. Teil I u. II. Mitt. Int. Ent. Ver. Frankfurt/M., 3; 4: 97.

BOVEY, P. & W. SAUTER (1961): Utilisation d'armoires compactes pour le classement de collections entomologiques. Mitt. Schweiz. ent. Ges., 33: 275.

BRADTKE, P. (1969): Bären, Spinner und Schwärmer des Taubenberges bei Sangerhausen. Beitr. Heimatforsch., Sangerhausen, 47.

BRANCUCCI, M. (1978): Méthodes de Capture des Coléoptères aquatiques. Mitt. Ent. Ges. Basel N.F., 28: 7 ff.

BRATCHIK, R.Y. (1976): A method of rapid fixation of terrestrial molluscs. Zool. Zh. Moscow, 35: 1078 f.

BRAUNS, A. (1968): Praktische Bodenbiologie. Stuttgart.

BREHM, V. (1940): Streifzüge mit dem Moossieb. Mikrokosmos, 33: 66.

BREINL, K. (1966): Acetonmethode zum Präparieren von Kerbtieren und deren Larven. Ent. Nachr., Dresden, 10: 75 f.

BRELAND, O.P. (1957): Some techniques for collecting tree hole breeding mosquitos. Mosquito News, Albany, N.Y., 17: 305.

BREMBECK, H. & R. KRAUSE (1983): Ergebnisse des quantitativen Lichtfanges von Noctuiden in verschiedenen Biozönosen der Hinteren Sächsischen Schweiz. Faun. Abh. Mus. Tierk. Dresden, 11: 67.

BREMI, I.I. (1846): Beytrag zur Kunde der Dipteren. Isis, 38: 164.

BRETHERTON, R.F. (1954): Moth traps and their lamps: an attempt at comparative analysis. Ent. Gaz., London, 5: 145.

BREUNING, S. (1927): Ratschläge für das Sammeln von Caraben. Coleopt. Rdsch., 13: 28.

BRINKMANN jr., A. (1953): Fish trematodes from Norwegian Waters. Univ. Bergen, Arbok 1952, Naturwiss. Reihe, 22.

BROCKHAUS, T. (1989): Nachweis von Libellen-Larven (Odonata) mit Hilfe von Wasserfallen. Ent. Nachr. u. Ber., 33: 81 f.

BROEKE, A.T. (1929): Sipunculiden. Die Tierwelt Deutschlands, 15. Teil, Venm I., Jena.

BROWN, B.V. (1993): A further chemical alternative to critical-point-drying for preparing small (or large) flies. Fly Times 11: 10.

BROWNE, E.T. (1901): Variation in Aurelia aurita. Biometrika, Jl. Statist. Stud. Biol. Problems, 1: 90.

BRYK, F. (1953): Entspricht die heute übliche Spannstellung der präparierten Schmetterlinge den wissenschaftlichen Forderungen? Ent. Tidskr., 74: 69.

BUCHSBAUM, R. & L.J. MILNE (1960): Knaurs Tierreich in Farben. Niedere Tiere. München/Zürich.

BUJOR, P. (1901): Sur organisation de la Vérétille Veretillum cynomorium. Arch. Zool. exp. gén., 9: 49.

BUSCHING, W.-D. (1992): Über die Verwendung von Lebendlichtfallen bei der quantitativen Erfassung von Lepidopteren, insbesondere für die Überwachung von wirtschaftlich interessanten Arten. Naturw. Beitr. Mus. Dessau, 7: 133.

## Literatur

Bussau, C. (1990): Freilebende Nematoden aus den Küstendünen und angrenzenden Biotopen der deutschen und dänischen Küsten. Teil I. Zool. Anz., 225: 161.

Butenko, O.M. (1968): A method of collection of mites from the nasal cavity of living birds (russ.). Zool. Z., 47: 451 f.

Butler, G.D. (1965): Modified Malaise insect trap. Pan-Pacif. Ent., 41: 51.

Bytinski-Salz, H. (1935): Zur Technik der Untersuchung des Genitalapparates der Lepidopteren. Int. ent. Z., 29: 66.

Calmbach, V. (1921): Die Präparation der Mikrolepidopteren, unter besonderer Berücksichtigung der kleinsten Arten unter den Kleinen. Ent. Z., 35: 35 f.

Campos Villarroel, R.A. & O. Macsotay (1979): Nociones sobre tecnicas de coleccion, transporte y preservacion de invertebrados marinos. Boletin Soc. venec. Cienc. nat., 34, 136: 157.

Capstick, C.K. (1959): The distribution of free-living nematodes in relation to salinity in the middle and upper reaches of the river Blyth estuary. J. Anim. Ecol., 28: 189.

Carlgren, O. (1912): Über Ceriantharien des Mittelmeeres. Mitt. zool. Stat. Neapel, 20: 367.

Carlson, D. (1971): A method for sampling larval and emerging insects using an aquatic black light trap. Canad. Ent., 103: 1365.

Carne, P.B. (1951): Preservation techniques for Scarabaeid and other insectlarvae. Proc. Linn. Soc. N.S., Wales, 76: 26.

Carr, R.H. (1936): Preparation of transparent specimens of leaves, worms, bees, butterflies, etc. Science, 83: 355 f.

Caspers, N. (1980): Die Emergenz eines kleinen Waldbaches bei Bonn. Decheniana-Beihefte, Bonn, 23: 1.

Castagna, M. (1967): A benthic sampling device for shallow water. Limnol. and Oceanogr., 12: 357.

Cepelak, J. (1955): Tötung und Präparation der höher entwickelnden Fliegen. Biológia, Bratislava, 10: 84.

Cerny, V. (1971): Sammelmethoden für Federmilben. Angew. Parasitol., 12: 85.

Chamberlin, J.C. (1925): Heavy mineral oil as a permanent nonvolatile preservative for valuable biological material. Science, 61: 634 f.

Chanter, D.O. (1965): The Malaise trap. Emtomologist's Rec. J. Var., 77: 224.

Chappuis, P.A. (1927): Die Tierwelt der unterirdischen Gewässer. Stuttgart.

Chappuis, P.A. (1930): Methodik der Erforschung der subterranen Fauna. In: Handb. biol. Arbeitmeth., Abt. IX, Tl. 7, 161.

Chappuis, P.A. (1950): La recolte de la fauna souterraine. Publ. Mus. Hist. nat. Paris, No. 13: 7.

Chatterji, R.C. (1935): Permanent mounts of nematodes. Zool. Anz., 109: 270.

Christian, A. (1985): Köcherfliegen-Lichtfallenfänge in der unteren Havelniederung. Ent. Nachr. u. Ber., 29: 175.

Chubb, J.C. (1962): Acetic acid as a diluent and dehydrant in the preparation of whole, stained helminths. Stain Technol., 37: 179.

Clarke, A.H. (1972): The Arctic dredge, a benthic biological sampler for mixed boulder and mud substrates. J. Fish. Res. Board Can., 29: 1503.

Claussen, C. (1982): Schwebfliegen. aus Gelbschalenfängen (Diptera, Syrphidae). Entom. Mitt. zool. Mus. Hamburg, 7, Nr 115.

Cleave, H.I. v. (1953): Acanthocephala of North American mammals. Illinois biol. Monogr., 23: 1.

Cleave, H.I. v. & J.A. v. Ross (1947): A method for reclaiming dried zoological specimens. Science, 105: 318.

Clémencon, H. (1961): Asselspinnen – Bewohner der Meeresküsten. Mikrokosmos, 50: 262.

Clemens, F. (1987): Fundortetiketten, selbst und einfach hergestellt. Ent. Nachr. u. Ber., 31: 181.

Clench, W.J. (1924): Radula technique for Physa. Nautilus, 38: 13 f.

Clench, W.J. (1931): A preventative for the Scaling of the periostracum. Nautilus, 45: 30 f.

Clench, W.J. (1929): A field method of preserving. Nautilus, 43: 33 f.

Cleve, K. (1954): Einfluß der Wellenlänge des Lichtes auf den Lichtfang der Schmetterlinge. Dtsch. Ent. Tag. Hamburg 1953: 107.

Cleve, K. (1964): Der Anflug der Schmetterlinge an künstliche Lichtquellen. Mitt. Dtsch. Ent. Ges., 23: 66.

Clifford, C.M. & D. T. Lewers (1960): A rapid method for clearing and mounting the genitalia of female ticks. J. Parasitol., 46: 802.

Coher, E.I. (1959): A technique for the collection of adult mosquitos for study. Bull. Wld. Hlth. Org., Geneva, 21: 787 f.

Coiffait, H. (1959): Monographie des Leptotyphlites (Col., Staphylinidae). Rev. Franc. Ent., 26: 237.

Cole, A.C. (1930): Preservation of Lepidopterous larvae by injection. Ent. News, Philadelphia, 41: 106.

Cole, A.C. (1942): Collecting and preserving immature insects. Jour. Tenn. Acad. Sci., 17: 166.

Cole, E.C. (1928): The use of naphthalene in narcotizing earthworms. Science, 67: 492 f.

Cole, E.C. (1934): The obsorption of methylene blue by the nephridum of the earthworm. Science, 79: 163 f.

Commission on Zoological Nomenclature (Hrsg.) (1999): International Code of Zoological Nomenclature. Fourth Edition. - London: The International Trust for Zoological Nomenclature.

Common, I.F.B. & M.S. Upton (1964): A weather-resistant light trap for the of Lepidoptera. J. Lepid. Sco., London, 18: 79.

Cordillot, F. & P. Duelli (1986): Eine richtungsspezifische Lichtfangmethode zur Erfassung von Populationsbewegungen nachts fliegender Insekten. Mitt. Schweiz. Ent. Ges, 59: 275.

Cori, C.I. (1932): Phoronidea. In: Grimpe & Wagler, Tierwelt der Nord- und Ostsee, Leipzig, VII. c2.

Cori, C.I. (1933): Brachiopoda. In: Grimpe & Wagler, Tierwelt der Nord- und Ostsee, Leipzig, VII. c3.

Cori, C.I. (1938): Narkose und Anästhesie wirbelloser Tiere des Süß- und Meereswassers. In: Handb. biol. Arbeitsmeth., Abt. IX, Tl. 6: 543.

Corporaal, J.B. (1929): Über ein neues System zur Einrichtung von Insektensammlungen. 3. Wandervers. Dtsch. Ent. Gießen: 108.

Corporaal, J.B. (1950): Some hints for collecting Cleridae in tropical countries. Amsterdam Naturalist, 1: 35.

Corti, A. (1929): Über die Präparation des Flügelgeäders bei Lepidopteren. Mitt. Schweiz. ent. Ges., 14: 180 f.

Cretschmar, M. (1950): Zur Technik des Entfettens von Schmetterlingen. Z. Lepidopt., 1: 21 f.

Crocker, J. (1969): Storing a spider reference collection. Bull. Br. arachnol. Soc., 1: 44.

Crome, W. (1963): Über Genitaluntersuchungen an Spinnen. Mitt. Dtsch. Ent. Ges., Berlin, 22: 74 f.

Crozier, W.J. (1917): A method of preserving large Nudibranchs. Nautilus, 30: 142.

Cuénot, L. (1922): Sipunculiens. In: Faune de France, Paris, Bd. 4.

Cuénot, L. (1922): Echiuriens. In: Faune de France, Paris, Bd.4.

Cumming, J. (1992): Lactic Acid as an Agent for Macerating Diptera Specimens. Fly Times: 8: 7.

Cymorek, S. (1969): Trockenpräparation von weichhäutigen Kleintieren, insbesondere Arthropoden, und von Pflanzenteilen mit Dichlormethan-Eisessig-Silikagel. Natur u. Museum, 99: 125 f.

Czihak, G. & W. Dierl (1961): Pinna nobilis L. Eine Präparationsanleitung. Großes Zool. Praktikum, Stuttgart, H.16a.

Da-Shen, H. (1961): Die Ökologie des Lanzettfischchens (Branchiostoma belcheri GRAY) und sein Fang in der Bucht von Hsjamen (Chinesisches Meer). Sowjetwissenschaft, Naturw. Beitr., 1. Halbjahr, 82.

Dahl, F. (1901): Über die Anlage einer wissenschaftlich brauchbaren Spinnensammlung. SB. Ges. naturf. Fr., Berlin, 1.

Dahl, F. (1907): Das mechanische Sammeln als wissenschaftliche Forschungsmethode. Zool. Anz., 32: 391.

Dahl, F. (1907): Die mechanische Methode im Sammeln von Tieren. Zool. Anz., 31: 917.

Dance, S.P. (1977): Das große Buch der Meeresmuscheln. Schnecken und Muscheln der Weltmeere. Stuttgart.

Daniel, F. (1952): Praxis des Nachtfangs mit Licht. Nachr. Bl. Bayer. Ent., München, 1: 44.

Daniel, F. (1966): Ein neues Lichtfanggerät. Nachr. Bl. Bayer. Ent., München, 15: 97.

Daniel, M. (1967): Ein Eklektor zur Gewinnung nidikoler Parasiten im Freiland. Angew. Parasitoi. 8 : 50–53.

Daniel, M. (1969): Sammelmethoden für Herbstgrasmilben (Neotrombicula autumnalis). Angew. Parasitol., 10: 224.

Dathe, H. (1950): Über Schulp-Mißbildungen bei Sepia officinalis. Arch. Molluskenkd., 70: 21.

David, P.M. (1965): Die Fauna der Meeresoberfläche. Endeavour, 24, 95.

Davies, D.A.L. (1954): On the preservation of insects by drying in vacuo at low temperature. Entomologist, 87: 34.

Davies, M. (1959): A contribution to the ecology of species of Notiophilus and allied genera (Col., Carabidae). Ent. mon. Mag., London, 95: 26.

Davis, E.W. & D. J. Gould (1973): A portable suction apparatus for collecting mosquitoes. Mosquito News, 33: 246 f.

Daydie, D. (1922): Moyen de conserver les couleurs naturelles des Casidés. Proc.-verb. Soc. linn., Bordeaux, 74: 65 f.

de Lattin, G. (1952): Über das Entfetten von Schmetterlingen. Ent. Z., 62: 60.

Deegener, P. (1912): Über die Konservierung von Insektenlarven und -puppen für Sammlungen. Zool. Anz., 40: 29.

Delphy, J. (1939): Sur quelques problèmes d'actinologie. Bull. Mus. Hist. nat. Paris, 2. sér., 11: 479 f.

## Literatur

DELUCCHI, V. (1961): Techniques de préparations des microhyménoptères. Entomophaga, Paris, 6: 109.

DEMKE, D.O. (1952): Staining and mounting helminths. Stain Tech., 27: 135.

DEONIER, D.L. (1972): A floating adhesive trap for neustonic insects. Ann. ent. Soc. Amer., 65: 269 f.

DEWITZ, H. (1886): Anleitung zur Anfertigung und Aufbewahrung zootomischer Präparate für Studierende und Lehrer. Berlin.

DICKEHUTH, R. & B. DICKEHUTH (1975/1976): Präparationsmethoden zur besseren Farberhaltung bei Libellen (Odonata). Der Präparator, 21/22: 246.

DIEHL, E. (1955): Beitrag zum Fang, Töten und Aufbewahren von Schmetterlingen unter besonderer Berücksichtigung tropischer Verhältnisse. Ent. Z., 65: 116.

DIESTELHORST, O. & LUNAU K. (2001): Leben in der Krone, Farbschalenfänge von Dolichopodiden im Kronenraum einer Buche: Mitt. Dtsch. Ges. allg. angew. Ent. 13: 543-546.

DIETRICK, E.J.; E. I. SCHLINGER & R. v. d. BOSCH (1959): A new method for sampling arthropods using a suction collecting machine and modified Berlese funnel separator. J. econ. Ent., Menasha, 52: 1085.

DIMOV, I. (1959): Neuer Netztyp für den Planktonfang bei großer Fahrt. C.R. Acad. bulg. Sci., 12: 341.

DINGLER, M. (1936): Über die Einrichtung einer angewandt-zoologischen Lehrsammlung. Ent. Rdsch., 53: 113.

DINTHER, J.B.M. v. (1953): Details about some flytraps and their application to biological research. Ent. Ber. Nederland, 14: 201.

DITTMAR, G. (1972): PVC - ein ideales Formmaterial für den Modellbau. Neue Museumskd., 15: 224.

DJAFAROV, S.M. (1961): Method of Heleid (Diptera) catching. Zool. Zh., Moscow, 40: 393.

DOBRORUKA, L.J. (1961): Die Hundertfüßer (Chilopoda). Die Neue Brehm-Bücherei, Wittenberg Lutherstadt, H. 285.

DOBROVOLNY, C.G. (1932): A note on cestode technic. Trans. Amer. Micr. Soc. Menasha, 51: 275 f.

DÖHRING, E. (1960): Zur Häufigkeit, hygienischen Bedeutung und zum Fang sozialer Faltenwespen einer Großstadt. Z. angew. Ent., 47: 69.

DONDALE, C.D.; C. F. NICHOLLS; J. H. Redner; R. B. SEMPLE & A. L. TURNBULL (1971): An improved Berlese-Tullgren funnel and a flotation separator for extracting grassland arthropods. Canad. Ent., 103: 1549.

DÖRJES, J. (1971): Fanggeräte zur Erforschung bodenlebender Tiergemeinschaften. Natur u. Museum, 101: 61.

DORN, K. (1912): Maulwurfsgäste und ihre Zucht. Ent. Jahrb., 21: 167.

DORN, M. (1984): Zur Methode des Farbschalenfanges. Abh. Ber. Naturkundemus. Görlitz, 58: 2: 61.

DORN, M. & D. WEBER (1988): Die Luzerne-Blattschneiderbiene und ihre Verwandten in Mitteleuropa. Band Nr. 582, Die Neue Brehm-Bücherei, Wittenberg.

DOW, R.P. (1959): A method of testing insect traps and attractants, and its application to studies of Hippelates pusio and Culex tarsalis. J. econ. Ent., Washington, 52: 496.

DOWELL, F.H. (1965): Heavy-duty power aspirator for collecting large numbers of adult mosquitoes (Dipt., Culic.). Mosquito News, 25: 325.

DRECHSEL, U. (1972): Ein Verfahren zur Serienanfertigung von Genitalpräparaten bei Insekten. Dtsch. Ent. Z.,N.F., 19: 327.

DRESSLER, F. (1963): Eine neue Konservierungsmethode für Pflanzengallen und Zweige von Laub- und Nadelbäumen. Der Präparator, 9: 252.

DRESSLER, F. (1965): Modellbau von drei Ephemeropterenlarven. Der Präparator, 11: 167.

DRESSLER, F. (1968): Anatomische Insektenpräparate und Modelle. Der Präpartor, 14: 91.

DU TOIT, P.J. (1917): Über das Sammeln und die Zucht unserer heimischen Zecke, Ixodes ricinus L. Berlin. Tierärztl. Wschr., 33: 109.

DUBROVSKY, Y. A.; L. V. KOMAROVA & G. A. SIDOROVA (1970): On the usage of the method of flags for studying the distribution of sandflies on the surface of sand desert (russ.). Zool. Z., 49: 89.

DUDICH, E. & A. KESSELYAK (1938): Die Anwendung des Urethans in der Konservierungstechnik. Museumskd., 10: 69.

DUNCAN, F.M. (1917): Some methods of preserving marine biological specimens. J. R. micr. Soc.: 521–529.

DUNGER, W. (1963): Praktische Erfahrungen mit Bodenfallen. Ent. Nachr., 7: 41.

DUNGER, W. (1984): Sammlungstätigkeit als wissenschaftliche Aufgabe. Abh. Ber. Naturkundemus. Görlitz, 58: 3.

DUNGER, W. (1983): Tiere im Boden. Die Neue Brehm-Bücherei, Wittenberg Lutherstadt, H. 327, 3. Aufl.

DUNGER, W. & H.J. FIEDLER (Hrsg.) (1989): Methoden der Bodenbiologie. Jena.

DUNN, L.H. (1932): A simple method for collecting adult filarial parasites from muscle tissues of monkeys. J. Parasitol., 18: 111 f.

EAGLE, R.J. & J. E. MCCAULEY (1965): Collecting and preparing deep-sea trematodes. Turtox News, Chicago, 43: 220 f.

EARLE jr., H.H. (1956): Automatic device for the collection of aquatic specimens. J. econ. Ent., Menasha, 49: 261 f.

EBERT, W. (1961): Lichtfang und Lichtfanglampen. Ent. Nachr., 5: 57.

ECKERT, F. (1934): Die Präparation des Glaskrebses Leptodora in natürlichem Zustand. Mikrokosmos, 27: 156.

ECKERT, F. (1937): Neue Präparationsmethoden für Kleintiere des Süß- und Meerwassers. Mikrokosmos, 30: 166 f.

ECKSTEIN, K. (1933): Die Schmetterlinge Deutschlands. Bd. 5: Kleinschmetterlinge Deutschlands. Stuttgart.

EDWARDS, C.A. (1959): A revision of the British Symphyla. Proc. zool. Soc., London, 132: 405 f.

EEDEN, J.A. v. (1958): Two useful techniques in freshwater Malacology. Proc. malac. Soc., London, 33: 64.

EICHLER, F. (1968): Präparation von Mikrolepidopteren. Ent. Ber. 1968: 126.

EICHLER, W.D. (1940): Zur Sammel-, Zucht- und Präparationstechnik der Larven und Fliegen unserer Rinderdasselfliegen. Z. hyg. Zool., 32: 97.

EICHLER, W.D. (1952): Behandlungstechnik parasitärer Insekten. Leipzig.

EICHLER, W.D. (1970): Artangabe, Wirtsangabe und Wirtsspezifität bei Ektoparasiten. Erfahrungen und Empfehlungen zur aviparasitologischen Methodik. Beitr. Vogelkde. 16: 72–86.

EICHLER, W.D. (1971): Vogelbälge-Abklopfen als Mallophagen-Sammelmethode. Angew. Parasitol. 12: 38–52.

EIPPER, P.-E. (1995): UV-Schutzfolien. Der Präparator, 41, 3: 129.

EISENTRAUT, M. (1935): Präparieren von Radspinnennetzen. Museumkd. N.F., 7: 178.

EKMANN, S. (1911): Neue Apparate zur qualitativen und quantitativen Erforschung der Bodenfauna der Seen. Int. Revue. ges. Hydrobiol., 3: 553.

ELLIS, J. (1981): Some type specimens of Isopoda (Flabellifera) in the British Museum (Natural History), and the Isopoda in the Linnean collection. Bull. Brit. Mus. Nat. Hist. (Zool.), 40: 121.

ELMHIRST, R. (1930): Preservation of colour in marine organisms. Mus. J., London, 29: 6.

ELSTER, H.J. (1956): Zur Methodik der Planktonforschung. Publ. Staz. zool. Napoli, 28: 250.

EMDEN, F. v. (1921): Über Leben, Fang und Konservierung der Carabidenlarven nebst einer kurzen Bestimmungstabelle ihrer in Mitteleuropa vorkommenden Gattungen. Ent.Jahrb., Leipzig, 20: 121.

EMDEN, H.F. v. (1972): Aphid Technology. London.

ENGELBRECHT, H., O. Jirovec, L. Nemeseriu & B. Rosikcy (1965.): Parasitologische Arbeitsmethoden in Medizin und Veterinärmedizin, Berlin.

ENGELHARDT, W. (1959): Was lebt in Tümpel, Bach und Weiher? Stuttgart.

ENGELMANN, H.-D. (1973): Eine Lichtfalle für den Insektenfang unter Wasser. Ent. Abh. Mus. Tierkd., Dresden, 39: 243.

ERMISCH, K. (1956): Faunistik der mitteleuropäischen Käfer. Mordellidae; Sonderband zu Horion: Faunistik der mitteleurop. Käfer. Ent. Arb. Mus. Frey, 5: 269.

ERMISCH, K. & W. LANGER (1933): Über die Käfergäste im Winterlager des Maulwurfs. Koleopt. Rdsch, 19: 16.

ESPINOSA, L.R. & W. E. CLARK (1972): A Polypropylene Light Trap for Aquatic Invertebrates. Calif Fish and Game, Sacramento, 58: 149.

EVANS, D. (1958): Storage of preserved insect specimens. Canad. Ent., 90: 461–463.

EVANS, G.O. & E. BROWNING (1955): Techniques for the preparation of mites for study. Ann. Mag. nat. Hist., London, 8: 631.

EVERS, A.M.J. (1985): Entomologie und Umweltschutz. Entomol. Blätter, 81: 104.

EVERS, A.M.J. (1994): Über Spezialisten, Museen, Sammlungen, Typenmaterial und den International Code of Zoological Nomenclature. Ent. Bl., 90: 5.

FAGE, L. & R. LEGENDRE (1927/28): Pêches planctoniques à la lumière, effectuées à Banyuls-sur-Mer er à Concarneau. 1.Annélides polychètes. Arch. Zool. exp. gén., 6: 23.

FAUVEL, P. (1923): Polychètes errantes. In: Faune de France, 5: 25.

FEDOTOV, D. (1914): Die Anatomie von Protomyzostomum polynephris FEDOTOV. Z. wiss. Zool., 109: 631.

FELIKSIAK, S. (1936): Rasche Auslese von Vertretern der Bodenfauna. Arch. Hydrobiol., 30: 160.

FENAUX, R. (1969): Sur l'état de conservation des Appendiculaires dans le matériel des Expéditions. Bull. Mus. natn. Hist. nat., Paris, 40: 934–937.

FICHTNER, E. (1971): Einige Hinweise zum Sammeln und Präparieren von Halipliden (Col.). Ent. Nachr., 15: 21.

FICHTNER, E. (1984): Dytiscidenfang mit automatischer Köderfalle nach H. SCHAEFLEIN. Ent. Nachr. u. Ber., 28: 231.

FISCHER, E. (1954): Zur Präparation der Noktuiden. Ent. Z., 64: 73 f.

FISCHER, W. (1925): Sipunculidae. In: GRIMPE & WAGLER, Tierwelt der Nord- und Ostsee, Leipzig, 6d.

FLEISCHER, A. (1927): Anleitung zum Sammeln von Liodinen und Colon-Arten. Colept. Rdsch., 13: 127 f.

FLOREN, A. & J. SCHMIDL (2003): Die Baumkronenbenebelung, Eine Methode zur Erfassung arborikoler Lebensgemeinschaften: Naturschutz und Landschaftsplanung. 35 (3), 69–73.

FLÖSSNER, D. (1975): Moosbewohnende Copepoden (Crustecea) aus dem Riesengebirge, Erzgebirge und Thüringer Wald. Hercynia N. F., 12: 389.

FLÜGEL, H.-J. (1994): Zur Verwendung von Sammlungsetiketten. bembix, 2: 25.

FOLTIN, H. (1951): Der Lichtfang, Erfahrungen und Beobachtungen. Ent. Nachr. Bl., Wien, 3: 201.

FONG, J.C.P. (1965): Die Verwendung von plastischen Kunststoffen bei der Herstellung biologischer Modelle. Der Präparator, 11: 151.

FOOTE, R.H. (1952): A method of making whole mounts of mosquito larvae for special study. J. Parasitol., 38: 494 f.

FÖRSTER, G. (1973): Eine Methode zur Trockenpräparation alkoholkonservierter Mücken. Ent. Ber., Berlin, H. 2: 62.

FORSTER, G.R. (1953): A new dredge for collecting burrowing animals. J. marin. biol. Ass., 32: 193.

FÖRSTER, H. (1960): Zikaden-Lichtfänge. Nachrichtenbl. Oberlaus. Insektenfr., 4: 71.

FORSTER, W. & T. A. Wohlfahrt (1954-1971): Die Schmetterlinge Mitteleuropas. 4 Bde. Stuttgart.

FORTHUBER, M. (1995): Modell einer schlüpfenden Hornisse (Vespa crabro) im Maßstab 50:1. Der Präparator, 41, 3: 121.

FOX, D.L. (1935): A biochemical method for internally cleaning small molluscan shells. Nautilus, 48: 99 f.

FOXTON, P. (1965): An aid to the detiailed examination of salps (Tunicata, Salpidae). J. mar. biol, Ass. U.K. 45: 679.

FOXTON, P. (1969): Biological sampling methods and procedures. J. mar. biol. Ass. U.K., 49: 603.

FRANK, J.H. (1978): Auto-cleaning of captured beetles. Coleopt. Bull, 32: 40.

FRANKLIN, W.R. & D. V. Anderson (1961): A bottom sediment sampler. Limnol. Oceanogr., 6: 233 f.

FRANSSEN, C. (1930): Das Konservieren kleiner Raupen. Natuurhist. Maandbl., 19: 93.

FRANSSEN, C. (1931): Das Präparieren von Temitoxenien. Natuurhist. Maandbl., 20: 132.

FREDEEN, F.J.H. (1959): Collection, extraction, sterilization and lowtemperature storage of blackfly eggs (Diptera: Simuliidae). Canad. Ent., 91: 450.

FREITAG, H. (2004): Adaptations of an Emergence Trap for Use in Tropical Streams: Internat. Rev. Hydrobiol. 89 (4): 363–374.

FREUDE, H. (1965): Beobachtungen über die Käferfauna im Fichtenwipfel. Ent. Bl., 52: 155 f.

FREUDE, H.; K.W. HARDE & G. A. LOHSE (1965): Die Käfer Mitteleuropas, Bd. 1: Einführung in die Käferkunde. Krefeld.

FRIEDERICHS, K. (1941): Einige Ratschläge zur Technik der medizinischen Dipteriologie in den Tropen. Anz. Schädlingskd., 17: 107.

FRIEDLÄNDER, B. (1891): Notizen zur Konservierungstechnik pelagischer Seetiere. Biol. Zbl., 10: 483.

FRIEDRICH, E. (1971): Schmetterlinge. Fang, Zucht, Sammlung. Lehrmeister-Bücherei Nr. 103., Minden.

FRIEDRICH, H. (1953): Neuroptera. In: Bronn, Kl. Ord., Bd. 5, Abt. 3, Buch 12, Tl. a, Leipzig.

FRIESE, G. & E. Königsmann (1962): Ergebnisse der Albanien-Expedition 1961 des Deutschen Entomologischen Institutes. 1. Beitrag: Bericht über den Verlauf der Reise. Beitr. Ent., 12: 765.

FRITSCHE, K.-D. (1984): Schwefelglas (Präparation 2). Ent. Nachr. u. Ber., 28: 228.

FRITSCHE, K.-D. (1984): Spannbrett mit Magneten (Präparation 3). Ent. Nachr. u. Ber., 28: 229.

FRITSCHE, K.-D. (1985): Klebeplättchen mit Latexüberzug (Präparation 4). Ent. Nachr. u. Ber., 29: 33.

FRITSCHE, K.-D. (1985): Bearbeitung von Schaumpolystyrol (Präparation 5). Ent. Nachr. u. Ber., 29: 34.

FRÖHLICH, G. (1960): Gallmücken - Schädlinge unserer Kulturpflanzen. Die Neue Brehm-Bücherei, Wittenberg Lutherstadt: H. 253.

FRÖHLICH, G. (1960): Schlämmgerät zur Untersuchung von Bodenproben und deren Entwicklungsstadien. Nachr. bl. Dtsch. Pflanzenschutzdienst N.F., 14: 41.

FROREICH, V. (1950): Richtlinien für Fundortbezettelung. Ent. Z., 60: 49.

FROST, S.; A. HUNI & W. E. KERSHAW (1971): Evaluation of a kicking technique for sampling stream bottom fauna. Canad. J. Zool., 49: 167.

FROST, S.W. (1957): The Pennsylvania Insect Light Trap. J. econ. Ent., 50: 289.

FROST, S.W. (1959): Insects caught in light traps with new baffle designs. J. econ. Ent., 52: 167 f.

FUNKE, W. (1971): Food and energy turnover of leafeating insects and ther influence on primary production. Ecol. Studies, 2: 81.

FYE, R.E. (1965): The biologyof the Vespidae, Pompilidae and Sphecidae (Hymenoptera) from trap nests in Northwestern Ontario. Canad. Ent., 97: 716.

GALLAGHER, J.J. (1956): Collection methods for benthic rotifers. Proc. Pa. Acad. Sci., 30: 247.

GALTSOFF, P.S.; F. E. Lutz; P. S. Weich & J. G. N. (1959): Culture Methods for Invertebrate Animals. New York.

GARCIA, R. (1962): Carbon dioxide as an attractant for certain ticks (Acarina: Argasidae and Ixodidae). Ann. ent. Soc. Amer., 55: 605 f.

GARNER, M.R. (1953): The preparation of latex casts of soil cavities for the study of tunneling activies of animals. Science, 118: 380 f.

GARY, N.E. & J. M. Marston (1976): A Vacuum Apparatus for Collecting Honey Bees and other Insects in Trees. An. Ent. Soc. Amer., 69: 287.

GASCHE, D. (1986): Die Bedeutung eines hygienischen Verhaltens beim Umgang mit Insekten. Ent. Nachr. u. Ber., 30: 44.

GAY, P.A. (1950): Collecting spiders'webs. AES Bull., 9: 17.

GEE, N.G. (1937): Fresh water sponges. Their collection and preservation. Ward's Nat. Sc. Bull., 10: 3 f.

GEISER, S.W. (1928): A simple trap for the capture of terrestrial isopods. Amer. Midland Natural., 11: 258 f.

GEISTHARDT, G. & M. GEISTHARDT (1974): Schutz von Insektensammlungen durch Lindanpapier. Der Präparator, 20: 117.

GEPP, J. (1975): Die Neuropteren von Graz: Beitrag zur Kenntnis der mitteleuropäischen Großstadtfauna. Mitt. naturwiss. Ver. Steiermark, 105: 265.

GEPTNER, M.V. & K.G. MIKHAILOV (1989): On elasticity restoration of dried-out planctonic samples and dry collections of arthropods. Zool. Zh., Moscow, 68: 132.

GETTMANN, W.W. & B. HASENBEIN (1979): Eine einfache Methode zur Einbettung von Spinnen in Gießharz. Der Präparator, 25: 147.

GEYER, D. (1927): Unsere Land- und Süßwasser-Mollusken. Stuttgart.

GLANCE, G. (1956): Slide mounting of Collembola. Ann. ent. Soc. Amer., 49: 132 f.

GLEICHAUF, R. (1968): Schmetterlinge sammeln und züchten. Stuttgart.

GOFFE, E.R. (1932): On a method of preserving and of restoring the colour bands on the eyes of Tabanidae (Dipt.) after death. J. ent. Soc. S. Engl., 1: 15 f.

GOHAR, H.A.F. (1937): The preservation of contractile marine animals in an expanded condition. J. Marine Biol. Ass., Plymouth, 22: 295.

GÖKE, G. (1964): Methoden zur Präparation von Meeresplankton. Mikrokosmos, 53: 12.

GOLLKOWSKI, V. (1994): Gedanken über eine entomologische Datenbank. Ent. Nachr. u. Ber., 39, 2: 121.

GOODEY, T. (1937): Two methods for staining nematodes in plant tissues. J. Helminth., 15: 137.

GOTTHARDT, H. (1934): Bemerkungen zu „Die Technik der Untersuchung des Genitalapparates bei Lepidopteren". Int. ent. Z., 28: 295.

GOTTSCHHALK, C. (1958): Zur Anlockung von Staphyliniden durch chemische Substanzen. Beitr. Ent., 8: 78.

GOTTSCHHALK, W. (1988): Biologische Präparationstechnik. Botanische Präparation. Fachschul-Fernstudium, Berlin, H. 18: 32 S.

GOTTWALD, R. (1971): Eine neue Klopfkäschermethode. Nachrichtenbl. f. d. Pflanzenschutzd. i. d. DDR, 25: 36.

GRÄFE, M. (1981): Erfahrung bei der Präparation von Vogelspinnen. Der Präparator, 27: 157.

GRÄFE, M. (1983): Über die Konservierung von Seegurken (Holothuroidea) und marinen Nacktschnecken (Nudibranchia) in lebensnaher Stellung. Der Präparator, 29: 49.

GRANSTRÖM, U. (1973): Pitfall traps for studying the activity of groundliving spiders (Araneida). Aquilo Ser. Zool., 14: 93.

GRASER, K. (1961): Einiges über Ködermethoden beim Käfersammeln. Mitteilungbl. Insektenkd., 5: 118.

GRASER, K. (1985): Aus der Praxis des Käfersammlers. Ent. Nachr. u. Ber., 29: 237.

GRAVIER, C. & J. L. DANTAN (1928): Pêches noctunes à lumiere dans la Baie d'Alger. I. Annélides Polychètes. Ann. Inst. océanogr. Paris n. s., 5, 1.

GRAY, A. (o.J.): Nr. 4: How to mount and label hardbodied Insects. The Amer. Mus. of Nat. Hist.

GRAY, A. (o.J.): Nr. 3: How to collect Insects and Spiders for scientific Study. The Amer. Mus. of Nat. Hist.

GRAY, A. (o.J.): Nr. 5: How to make and use spreading boards for Insects. The Amer. Mus. of Nat. Hist.

GRAY, A. (o.J.): Nr. 7: How to keep and rear living Insects and Spiders. The Amer. Mus. of Nat. Hist.

GRAY, A. (o.J.): Nr. 6: How to preserve a collection of soft-bodied Insects and Spiders. The Amer. Mus. of Nat. Hist.

GRAY, A. (o.J.): Nr. 1: How to make and use Safe Insect-Killing Jars. The Amer. Mus. of Nat. Hist.

GRAY, A. (o.J.): Nr. 2: How to make and use Insect Nets. The Amer. Mus. of Nat. Hist.

GRAY, P.H.H. (1955): An apparatus for the rapid sorting of small insects. Entomologist, 88: 92 f.

GRIER, N.M. (1920): A convenient demonstration mounting for jellyfishes. Science N.S., 51: 297.

## Literatur

GRIGARICK, A.A. (1959): A floating pan trap for insects associated with the water surface. J. econ. Ent., 52: 348 f.

GROSSE, B. & R. HAUSER (1982): Über den Umgang mit Wasserläufern (Hemiptera, Gerridae). Mitt. Schweiz. Ent. Ges., 55: 394.

GROSSMANN, K. (1988): Zur rationellen Aufbereitung von Collembolenfängen. Peobiologia, 32: 363.

GROTH, K. (1951): Die Wirkung des künstlichen Lichtes auf Nachtfalter. Z. Lepidopt., 1: 95.

GROTH, U. (1968): Über die Wirkung und Anwendung von Fliegenfallen in der Faunistik und angewandten Entomologie. Abh. Ber. Naturkundemus., Görlitz, 44: 81.

GRUBER, F. & C.-A. PRIETO (1976): A collecting chamber suitable for recovery of insects from large quantities of host plant material. Environm. Ent., 5: 343 f.

GUNTER, G. (1961): Painless killing of crabs and other large crustaceans. Science, 133: 327.

GÜNTHART, H. & K. THALER (1981): Fallenfänge von Zikaden (Hom., Auchenorrhyncha) in zwei Grünlandparzellen des Innsbrucker Mittelgebirges (Nordtirol, Österreich). Mitt. Schweiz. Ent. Ges., 54: 15.

GÜNTHER, B. (1963): Ein neuer Bodengreifer. Z. Fisch. N.F., 11: 635.

GÜNTHER, K.K. (1974): Staubläuse, Psocoptera. in: Die Tierwelt Deutschlands, Jena, 61. Teil.

GÜNTHER, K.K. (1988): Staubläuse (Psocoptera) aus Lichtfängen im Stadtgebiet von Berlin (Insecta). Ent. Nachr. u. Ber., 32: 257.

GÜTEBIER, T. (1978): Kältespray 75 – vielseitige Anwendung auch in der Präparationstechnik. Der Präparator, 24: 215.

GUTHRIE, M.J. (1926): The use of formic acid in fixing fluid. Anat. Rec., Philadelphia, 34: 151.

HAAF, E. (1960): Meine Reise nach Zentral-, Süd- und Ostafrika. Ent. Arb. Mus. Frey, 11: 674.

HAAHTELA, I. (1978): Methoden zum Sammeln benthischer Crustaceen, speziell des Isopoden Mesidotea entomon L. in der Baltischen See. Ann. zool. fenn., 15: 182.

HAAS, F. (1936): Zur Geschichte der Malakozoologie und zur Entwicklung der malakozoologischen Sammlungstechnik. Arch. Molluskenkd., 68: 252.

HAAS, V. (1980): Methoden zur Erfassung der Arthropodenfauna in der Vegetationsschicht von Grasland-Ökosystemen. Zool. Anz., Jena, 204: 319.

HABELER, H. (1966): Rasche und einfache Dauerpräparat-Herstellung bei der Artdiagnose nach dem Kopulationsapparat. Z. Wiener Ent. Ges., 51: 90.

HACKMAN, W. (1971): Insekten-Sammelmethoden für Kleinsäuger-Laufgänge. Angew. Parasitol., 12: 110 f.

HADORN, E.; H. BURLA; H. GLOOR & F. ERNST (1952): Beitrag zur Kenntnis der Drosophilafauna von Südwest-Europa. Z. ind. Abst.-Vererb.-lehre, 84: 135.

HAEFELFINGER, H.R. (1964): Nacktschnecken des Meeres. Natur u. Museum, 94: 376.

HAEGER, E. (1961): Meine Erfahrungen mit Lichtfanglampen. Mitteilungsbl. Insektenkd., 5: 34 f.

HAGMEIER, A. (1933): Die Züchtung verschiedener wirbelloser Meerestiere. In: Handb. biol. Arbeitsmeth., Abt. IX, Tl. 5: 465.

HÅKANSON, L. (1986): Modifications of the Ekman Sampler. Int. Rev. ges. Hydrobiol, 71: 719.

HALE, H.M. (1953): Notes on distribution and night collecting with artificial light. Trans. R. Soc. S.Aust., 76: 70.

HALEY, A.J. (1954): The use of a surface acting to facilitate the examination of intestinal contents for helminth parasites. J. Parasitol., 40: 482.

HÄNDEL, J. (1989): Zur Darstellung des Flügelgeäders bei Lepidopteren. Ent. Nachr. u. Ber., 33: 110.

HÄNDEL, J. (1993): Aufweichverfahren für Insekten. Ent. Nachr. u. Ber., 37, 1: 69.

HÄNDEL, J. (2001): Lindan in der Insektensammlung - Risiken und Alternativen: Mitt. Thür. Entomologenverband. 8, 2: 92-97.

HANNA, G.D. (1955): Preparation of Nudibranchiata. Nautilus, 68: 105 f.

Hanna, G.D. (1957): Collecting shells in the Arctic. Mins. Conch. Club S. Calif., 168: 2.

HANNA, G.D. (1959): Beach collecting in the Arctic. Veliger, Berkeley, Calif., 1: 25 f.

HANSON, J.C. (1959): A new insect killing container for use with the American mosquito light trap. Calif. Vector Views, Berkeley, 6: 85.

HARGIS JR., W.J. (1953): Chlorotone as a trematode relaxer and its use in mass-collecting techniques. J. Parasitol., 39: 224 f.

HARRISON, A.D. (1979): Improved Traps and techniques for the study of emerging aquatic insects. Ent. News, 2: 65.

HARTMANN-SCHRÖDER, G. (1971): Annelida, Borstenwürmer, Polychaeta. in: Die Tierwelt Deutschlands, Jena, Teil 58.

HARZ, K. (1960): Geradflügler oder Orthopteren (Blattodea, Mantodea, Saltatoria, Dermaptera). in: Die Tierwelt Deutschlands, Jena, 46. Teil.

HARZ, K. (1962): Zur Präparation von Orthopteren. Nachr. bl. Bayr. Entomol., 11: 56.

Hasenhütl, K. (1987): Neue Zwergtausendfüßer aus Kärnten. Carinthia II, Klagefurt, 45. Sonderheft, 18.

Hasler, S. (2002): Golfbälle in der Luft oder Kartoffel in der Scholle - bodenbiologischer Vergleich zwischen einer Golfwiese und einer Ackerfläche am Parameter der Regenwurmpopulation. Wettbewerbsarbeit „Schweizer Jugend forscht". St. Gallen.

Haupt, H. (1952): Der Stachelapparat der spinnenfangenden Raubwespen (Pompilidae). Nova Acta Leopoldina N.F., 15, Nr. 109.

Haupt, H. (1956): Die unechten und echten Goldwespen Mitteleuropas (Cleptes et Chrysididae). Abh. u. Ber. Mus. Tierkd. Dresden, 23: 23.

Hauser, I. (1953): Zur Fixierung und Konservierung von Turbellarien. Mikroskopie, 8: 127 f.

Hausmann, A. (1990): Die Bedeutung des genauen Lichtfallen-Standortes für die Aussagekraft des Fangergebnisses (Lepidoptera, Macroheterocera): Atalanta. 21 (3/4): 301-312.

Havant, H.I. & P. Verniéres (1933): Tuniciers Fascicule, 1: Ascidies. in: Faune de France, 27: 8 f.

Hayek, W. (1959): Veröhlung und ihre Verhütung. Z. Wiener Ent. Ges., 44: 66.

Heath, H. (1911): The Solenogastres. Mem. Mus. Harvard, 45.

Heese, W. (1972): Erfahrungen beim Fang von Schwebfliegen mit Gelbschalen (Dipt., Syrphidae). Ent. Ber., Berlin, 91.

Heidemann, H. & R. Seidenbusch (1993): Die Libellenlarven Deutschlands und Frankreichs. Verl. E. Bauer, Keltern.

Heikertinger, F. (1941): Aus der Praxis des Käfersammlers, XL. Über das Sammeln von Phyllotreta-Arten. Coleopt. Rdsch., 27: 1.

Heinze, B. (1988): Schimmelbildung – lieber vermeiden als beseitigen. Ent. Nachr. u. Ber., 32, 2: 94.

Heinze, K. (1952): Polyvinylalkohol-Lactophenol-Gemisch als Einbettungsmittel für Blattläuse. Naturwissenschaften, Berlin, 39: 285 f.

Heinzel, G. (1924): Die Praxis des Köderns. Int. ent. Z., 18: 209.

Heller, K.M. (1927): Zur Verwaltungstechnik entomologischer Sammlungen. Ent. Mitt., 16: 242.

Henderson, C.F. (1960): A sampling technique for estimating populations of small arthropods in soil and vegetation. J. econom. Ent., 53: 115.

Hennig, W. (1985): Taschenbuch der Zoologie, Wirbellose II. Band Band 3, Jena, 4. Aufl.

Hennig, W. (1984): Taschenbuch der Zoologie, Wirbellose I. Band Band 2, Jena, 5. Aufl.

Henry, G.M. (1928): The Collection and Preservation of Stick-Insects. Phasmidae. Mus. J. London, 28: 308.

Henry, G.M. (1933): Preservation of Orthoptera in the Tropics. Mus. J. London, 33: 304.

Herger, P. (1988): Museumskäfer und andere museale Insekten. Mitt.bl. Verb. Mus. Schweiz, Basel, 40: 6-15.

Hering, E. (1893): Über Fang, Zucht, Präparieren und Aufbewahrung von Kleinschmetterlingen. Stettin. ent. Ztg., 54: 152.

Hering, M. (1930): Sammeln und Züchten blattminierender Käfer. Coleopt. Rdsch., 16: 127.

Hering, M. (1931): Methode und Technik der Untersuchung des Sexualapparates der Insekten. Mikrokosmos, 24: 121.

Herting, B. (1961): Präparation der entomophagen Dipteren. Entomophaga, Paris, 6: 115 f.

Hertweck, G. & H.-E. Reineck (1966): Untersuchungsmethoden von Gangbauten und anderen Wühlgefügen mariner Bodentiere. Natur. u. Museum, 96: 429.

Hesse, P. (1905): Das Versenden der lebenden Schnecken. Nachr. bl. Dtsch. malak. Ges., 37: 201 f.

Hevers, J. (1985): Insekten im Museum dargestellt. Mus.kd., 50: 174.

Hevers, J. (1985): Insekten, Begleitheft zum Insektensaal. Braunschweig, 1.

Heydemann, B. (1958): Erfassungsmethoden für die Biozönosen der Kulturbiotope. in Balogh, J.: Lebensgemeinschaften der Landtiere, Berlin: 451.

Heydemann, F. (1943): Erhaltung der grünen Farbe aufzuweichender Schmetterlinge. Ent. Z., 56: 119–120.

Heydemann, F. (1943): Beseitigung von Wasserflecken an aufgeweichten Faltern. Ent. Z., 56, 112.

Heymons, R. (1935): Pentastomida. In: Bronn, Kl. Ord., Leipzig, 5. Bd., 1. Buch.

Heyneman, D. (1959): Cuticular peeling: a dissection technique for preparation of cestode whole mounts. J. Parasitol., 45: 573.

Hiatt, R.W. (1953): Methods of collecting marine invertebrates on coral atolls. In: Handbook for Atoll Research., Atoll Res. Bull., Nr. 17: 78.

Hicks, E.A. (1961): Check-List and Bibliography on the Occurrence of Insects in Birds' Nests. Iowa State College Press, Ames.

Hicks, E.A. (1962): Check-List and Bibliography on the Occurrence of Insects in Birds' Nests. Iowa St. J. Sci., Suppl. I, 233.

Hicks, E.A. (1971): Check-List and Bibliography on the Occurrence of Insects in Birds' Nests. Iowa St. J. Sci., Suppl. II, 123.

## Literatur

Hiekel, I. (1992): Sammlung von Libellen unter mitteleuropäischen und tropischen Bedingungen und deren Präparation zu wissenschaftlichen und Demonstrationszwecken. Abschlussarbeit im Fachschul-Fernstudium Präparation, Mus. f. Naturkunde Berlin.

Hilbert, G.S. (2002): Sammlungsgut in Sicherheit. Berlin.

Hildebrand, H.H. (1954): A study of the fauna of the brown shrimp (Penaeus aztecus Ives) grounds in the Western Gulf of Mexico. Publ. Inst. mar. Sci. Univ. Tex., 3: 233.

Hildebrand, H.H. (1955): A study of the fauna of the pink shrimp (Penaeus duorarum Burkenroad) grounds in the Gulf of Campeche. Publ. Inst. mar. Sci. Univ. Tex., 4: 169.

Hinners, H. (1969): Einbettung anatomisch makroskopischer Insektenpräparate in Kunststoff. Der Präparator, 15: 91.

Hinz, R. (1968): Die Untersuchung der Lebensweise der Ichneumoniden (Hym.) mit Anhang: Bemerkungen zur Präparation von Ichneumoniden. Ent. Nachr., Dresden, 12: 73.

Hoc, S. (1963): Die Moostiere (Bryozoa) der deutschen Süß-, Brack- und Küstengewässer. Die Neue Brehm-Bücherei, Wittenberg Lutherstadt, H. 310.

Hoch, K. (1955): Der Fang von Wasserkäfern. Ent. Bl., 51: 181.

Hofeneder, K. (1947): Über Präparieren von Strepsipteren. Zbl. Gesamt. Geb. Ent., Lienz, 2: 1.

Hofer, B. (1890): Über die lähmende Wirkung des Hydroxylamins auf die contractilen Elemente. Z. wiss. Mikrosk., 7: 318.

Hoffmann, E. (1953): Über die Verwendbarkeit der Penes für die Taxonomie der Phalanglidae, insbesondere des Genus Opilio Herbst. Mitt. zool. Mus. Berlin, 29: 55.

Högger, C.H. (1993): Mustard Flour instead of Formalin for the Extraction of Earthworms in the Field: Bulletin BGS, 17, S. 5-8.

Holdhaus, K. (1911): Die Ökologie und die Sammeltechnik der terricolen Coleopteren. Ent. Bl., 7: 6.

Holme, N.A. (1964): Methods of sampling the benthos. Adv. mar. Biol., 2: 171.

Holthaus, W.A. & S. E. Riechert (1973): A new time-sort pitfall trap. Ann. ent. Soc. Amer., 66: 1362.

Holtz, M. (1940): Nachtfänge im Orient. Ent. Z., 54: 188.

Hope, J.G. (1931): Experiments in the paraffine infiltration of marine worms. Bull. Wagner Free Inst., Philadelphia, 6: 41.

Hope, J.G. (1931): New type of insect habitat group for Museum exhibition. Bull. Wagner Free Inst., Philadelphia, 6: 3.

Hörath, H. (2007): Gefährliche Stoffe und Zubereitungen, Gefahrstoffverordnung – Chemikalien-Verbotsverordnung – Richtlinien der Europäischen Gemeinschaft. Stuttgart.

Horn, W. (1931): How to collect Cincindelids and their larvae in Hong Kong and vicinity. Hongkong Natural, 2: 258.

Horst, C.J. v. d. (1939): Hemichordata. In: Bronn, Kl. Ord., Leipzig, Bd. 4, Abt. 4, 2. Buch, Tl. 2.

Hotz, H. (1938): Proteclepsis tesselata (O.F. Müller). Ein Beitrag zur Kenntnis von Bau- und Lebensweise der Hirudineen. Rev. Suisse Zool. Suppl. 45: 1–380.

Houyez, P. (1959): La chasse à la lumière. Lambillionea, 59: 34 f.

Houyez, P. (1959): Le paraffinage des chenilles. Lambillionea, 59: 10.

Hovgaard, P. (1973): A new system of sieves for benthic samples. Sarsia (Bergen), 53: 15.

Huber, W. (1954): Eine Giftschleuse für Insektencadres. Mitt. Schweiz. Ges., 27, 442 f.

Hunzinger, P. (1963): Wie soll man Schmetterlinge frisch und geschmeidig erhalten?. Mitt. Ent. Ges. Basel N.F., 13: 23 f.

Hurd, P.D. (1954): "Myiasis" resulting form the use of the aspirator method in the collection of insects. Science, 119: 814 f.

Husler, F. & J. Husler (1940): Studien über die Biologie der Elateriden (Schnellkäfer). Mitt. Münchn. Ent. Ges., 30: 343.

Husmann, S. (1971): Eine Rammpumpe zur Untersuchung des subaquatischen Stygorheals. Gewässer-Abwäss., 50–51: 115.

Husson, R. & J. Daum (1955): Méthode commode de présentation des échantillons biologiques: l'inclusion dans les matières plastiques transparents. Ann. Univ. Saraviensis, Saarbrücken, 3: 299.

Ihssen, G. (1937): Über das Präparieren von Käfern. Ent. Bl., 33: 220.

Ihssen, G. (1939): Über das Entfetten von Käfern. Ent. Bl., 35: 62 f.

Ihssen, G. (1940): Die Käferfauna der Murmeltierbaue des bayrischen Allgäus. Mitt. München. ent. Ges., 30: 440.

Illies, J. (1956): Wir beobachten und züchten Insekten. Stuttgart.

Illies, J. (1971): Emergenz 1969 im Breitenbach. Arch. Hydrobiol., 69: 14.

IONESCU, M.A. (1939): Taxonomische Studien an Proturen. Zool. Anz., 126: 148.

ISING, E. (1971): Konstruktion und Betrieb eines Austreibungsgerätes für Nester bewohnende Arthropoden. Z. Angew. Zool., 58: 191.

ISSEKUTZ, L. (1962): Die wissenschaftliche und praktische Bedeutung eines Lichtfallennetzes. Z. Arbeitsgem. österr. Ent., 14: 55.

IVES, J.D. (1953): Tepee technique for collecting cave flies. J. Tenn. cad. Sci., Nashville, 28: 240 f.

IWANOFF, P.P. (1932/33): Die embryonale Entwicklung von Limulus moluccanus. Zool. Jb. Anat., 56: 163.

IWANOW, A.I. (1960): Pogonophora. Fauna SSSR, No. 75.

IWANOW, A.I. (1964): Pogonophora. Biol. Rdsch., 1: 145.

IWANOW, A.I. (1964): Pogonophora. Academic Press, London.

IWATA, K.S. (1948): Opening mechanism of Bivalves by boiling. Contr. Central. Fish. Stat. Japan, 64: 82.

J. PONYI; K. BIRÓ & N. ZÁNKAI (1967): Die Sammeltechnik der schlammbewohnenden Tiere des Balatons und ihre Probleme. Allat. Közlem., 54: 129.

JÄCKH, E. (1951): Praktische Genitalpräparate. Z. Lepidopt., 1: 175.

JÄCKH, E. (1961): Moderner Lichtfang. Ent. Z., 71: 93.

JACKSON, R.T. (1930): Preparing echinoderms and other invertebrates with corrosive sublimate. Mus. J. London, 29: 385 f.

JACOBY, M. (1952): Die Erforschung des Nestes der Blattschneider-Ameise (Atta sexdens rubropilosa FOREL) mittels des Ausgußverfahrens in Zement. Teil I. Z. angew. Ent., 34: 145.

JAECKEL, S.G.A. (1954): Aculifera Aplacophora und Aculifera Placophora im Gebiet der Nord- und Ostsee. Kiel. Meeresforsch., 10: 261.

JAECKEL, S.H. (1953): Praktikum der Weichtierkunde. Jena.

JÄGERSTEIN, G. (1940): Zur Kenntnis der Histologie und Physiologie des Darmes der Myzostomiden. Z. wiss. Zool., 153: 83.

JAHN, I. & M. ULLRICH (1979): Zu Fragen der Pflanzenpräparation für Sammlungen und Museumsausstellungen. Neue Museumskd., 22: 128.

JALAS, I. (1960): Eine leichtgebaute, leichttransportable Lichtreuse zum Fangen von Schmetterlingen. Ann. Ent. Fenn., 26: 44.

JAMES, H.G. & R.L. Redner (1965): An Aquatic Trap for Sampling Mosquito Predators. Mosquito News, 25, 1: 35.

JANETSCHEK (Hrsg.), H. (1982): ökologische Feldmethoden. Hinweise zur Analyse von Landökosystemen. Stuttgart.

JEFFREYS, M.D.N. (1952): Cross river prawn and shrimp fishing. Niger. Fld., 17: 135.

JOHN, H. (1952): Eine Methode zur Trockenpräparation von Raupen. Beitr. Ent., 2: 315.

JOHN, H. (Hrsg.) (1997): Dem „Zahn der Zeit" entrissen! Neue Forschungen und Verfahren zur Schädlingsbekämpfung im Museum. Köln.

JOHNSON, F.H. & D.L. RAY (1962): Simple method of harvesting Limnoria from nature. Science, 135: 795.

JOLIVET, P. (1947/48): Une méthode pratique pour la conservation des chenilles: le montage à la gélatine. Rev. franc. Lép., Toulouse, 11: 910.

JOLIVET, P. (1948): La conservation de la coleur chez des Cassidae. L'Entomologiste, 4: 140.

JONASSON, P.M. (1954): An improved funnel trap for capturing emerging aquatic insects, with some preliminary results. Oikos, Copenhagen, 5: 179.

JOOSSE, J. & J. LEVER (1959): Techniques of narcotization and operation for experiments with Limnaea stagnalis (Gastropoda Pulmonata). Proc. Ned. Akad. Wet. Amst., 62C: 145.

JOOST, W. (1971): Über die Bedeutung von wissenschaftlichen Evertebraten-Modellen für die museale Ausstellung. Neue Museumskd., 14: 12.

JOOST, W. (1982): Fitlösung - ein brauchbares Medium zur Regeneration getrockneter Insekten, speziell von Emergenzmaterial. Ent. Nachr. u. Ber., 26: 184 f.

JOOST, W. (1967): Zur Kenntnis der Steinfliegenfauna des Thüringer Waldes unter besonderer Berücksichtigung des Apfelstädtsystems. Abh. Ber. Naturk.-Mus. Gotha 1967: 45-64.

JORDAN, K.H.C. (1963): Über Untersuchungen innerer Organe bei getrockneten Insekten. Entomolog. Nachr., 7: 26.

JORDAN, K.H.C. (1964): Fang und Präparation von Wanzen und Zikaden (Hemipteren). In: KOCH, M.: Präparation von Insekten, Radebeul und Berlin: 53.

JOYEUX, C. & I.G. Baer (1936): Cestodes. In: Faune de France, 30: 7.

JUDAS, M. (1988): Washing-sieving extraction of earthworms from broad-leaved litter. Pedobiologia, 31: 421.

JUNG, M. (1982): Entomologische Geräte – selbst gebaut. Ent. Nachr. u. Ber., 26: 182.

JURZITZA, G. (1961): Die Verwendung von 70 % Alkohol zum Aufweichen von Insekten. Ent. Z., 71: 115 f.

KADEN, J. (1968): Abbau eines Korallenriffes im westindischen Raum. Neue Museumskd., 11: 335.

KADEN, J. (1975): Über die Anfertigung von Lehrmodellen einiger Invertebraten. Der Präparator, 21: 76.

KAESTNER, A. (1954–1972): Lehrbuch der Speziellen Zoologie. Bd. 1: Wirbellose. Jena.

KALTENBACH, A. (1958): Eine neue Methode zur Trockenkonservierung von orthopteroiden Insekten. Zool. Anz., 160: 116.

KÄMPFE, L. & R. KITTEL (1952/53): Eine zoologische Fangreise in das Nordmeer, zugleich ein Beitrag zur Fauna der Barents-See. Wiss. Z. Univ. Halle, Math.-Nat., 2: 463.

KAPLAN, H.M. (1969): Anesthesia in invertebrates. Fed. Proc., 28: 1557.

KARG, W. (1971): Acari (Acarina) Milben, Unterordnung Anactinochaeta (Parasitiformes), Die freilebenden Gamasina (Gamasides) Raubmilben. In: Die Tierwelt Deutschlands, Jena, Teil 59.

KARLING, T. (1937): Ein Apparat zum Auffangen von Kleintieren des Meeressandes. Acta Soc. Fauna Flora Fennica, 60: 387.

KARNER, M. (1994): Der Fahrradkescher - eine alternative Methode zum Fang fliegender Kleininsekten. Ent. Nachr. u. Ber., 39, 2: 135.

KÉLER, S. v. (1963): Entomologisches Wörterbuch. Berlin.

KÉLER, S. v. (1964): Anfertigung mikroskopischer Präparate von Insekten. In: KOCH, M., Präparation von Insekten, Radebeul und Berlin: 60.

KELLEN, W.R. (1953): A quantitative sampler for aquatic insects. J. econ. Ent., 46: 913 f.

KERNEY, M.P.; R.A.D. Cameron & J.H. Jungbluth (1986): Die Landschnecken Nord- und Mitteleuropas. Hamburg & Berlin.

KERSTENS, G. (1961): Coleopterologisches vom Lichtfang. Ent.Bl, 57: 119.

KESSEL, E.L. (1962): An improved method of mounting small and mediumsized Diptera. Wasman J. Biol., 20: 115.

KETTNER, F.W. (1965): Deutsche Braconiden und ihre Wirte (Hymenoptera). Verh. Ver. naturw. Heimatforsch., Hamburg, 36: 102.

KEVAN, D.K. (1952): A method of mounting genitalia, etc. for incorporation into collections of pinned insects. Ent. Rec., Bishop's Stortford, Herts, 64: 195.

KEVAN, D.K. (1962): Soil Animals. London.

KHAN, N.H. (1953): The bionomics of Tabanid larvae (Diptera). J. Bombay. nat. Hist., 51: 384.

KHOTENOVSKY, I.A. (1966): On Chubb's technique used for making total preparations of trematodes. Zool. Zh. Moscow, 45: 1720 f.

KHOTENOVSKY, I.A. (1974): A method for making preparations of diplozoons. Zool. Zh. Moscow, 53: 1079 f.

KIKUZAWA, K.; P. SAICHUAE; K. NIIJIMA; M. TANAKA & J. AOKI (1967): On the sampling and extracting technique for soil micro-arthropods. Jap. J. Ecol., 17: 20.

KINZELBACH, K.R. (1978): Strepsiptera. in: Die Tierwelt Deutschlands, Jena, Teil 65.

KIRCHBERG, E. (1956): Die "New Jersey Mosquito Light Trap" als Hilfsmittel der limnologischen Forschung. Z. Fisch. N. F., 5: 517.

KIRSTEUER, E. (1967): Marine, Bethonic nemerteans: how to collect and preserve them. Amer. Mus. Novit., Nr. 2290: 1.

KLAUSNITZER, B. (1991): Die Larven der Käfer Mitteleuropas. (1 – Adephaga), Krefeld.

KLAUSNITZER, B. & U. HERR (1987): Faunistische Untersuchungen in Leipziger Kellern (Araneae, Isopoda, Myriapoda, Coleoptera). Ent. Nachr. u. Ber., 31: 274 f.

KLEMSTEIN, I. (1966): Gefriertrocknung – eine neue Methode zur Präparation der Raupen. Ent. Z., 76: 17.

KLEß, J. (1986): Ein neues Verfahren zum Aufweichen unpräparierbarer Käfer. Ent.Bl., Krefeld, 82: 120 f.

KLIMA, H. (1987): Staphylinidae (Coleoptera) aus Lichtfallenfängen in der Umgebung von Erfurt. Ent. Nachr. u. Ber., 31: 274 f.

KLOCK, J.W. (1956): An automatic molluscicide dispenser for use in flowing water. Bull. World Hlth. Org., 14: 639.

KLUGER, J. (1966): Spinnen als Museumsexponate. Ent. Nachr., Dresden, 10: 132.

KLUGER, J. (1977): Sammelanleitungen für Spinnentiere (Arachnida). Ent. Nachr., Dresden, 21: 13.

KNAAR, P. (1990): The use of a proteolytik enzyme in clearing genital preparations. Ent. Ber. (Amsterdam), 50, 10: 141.

KNIEPERT, F.-W. (1979): Eine leistungsfähige Methode zum Fang männlicher Bremsen (Diptera, Tabanidae). Z. angew. Ent., 88: 88.

KNIEPERT, F.-W. (1979): Beschreibung einer modifizierten Manitoba-Falle zum Fang weiblicher Bremsen (Dipt. Tabanidae). Z. f. Angew. Zool., 66: 1.

KNIGHT, W.J. (1965): Techniques for use in the identification of leafhoppers (Homoptera: Cicadellidae). Entomologist's Gaz., London, 16: 129.

KNIGHT JUN., C.B. (1953): Removal of solt parts of snails by freezing. Science, 117: 235.

KNORR, H.A. (1963): Handbuch der Museen und wissenschaftlichen Sammlungen in der Deutschen Demokratischen Republik. Berlin.

KNORRE, E. B. D. v.; H. FRANKE & H. MANITZ (1980): Zur Pflege naturkundlicher Sammlungen. In: Zur Bewahrung und Pflege musealer Sammlungen. Institut für Museumswesen, Berlin, Schriftenr., 15: 86.

KNORRE, D. v. (1992): Ist die Anlage naturkundlicher Sammlungen noch zeitgemäß? MAURITIANA, 14: 1.

KNOX, G.A. (1954): The benzidine staining method for blood vessels. Stain Technol., 29: 139.

KNUDSEN, A.B. & D.M. REES (1968): Methods used in Utah for sampling tabanid populations. Mosquito News, 28: 356.

KOBELT, W. (1886): Das Molluskensammeln in den Mittelmeerländem. Nachr.-bl. Dtsch. malak. Ges., 18: 111.

KOBELT, W. (1905): Sammlerkniffe. Nachr.-bl. Dtsch. malak. Ges., 37: 204 f.

KOCH, K. (1989): Die Käfer Mitteleuropas, E1 Ökologie. Krefeld.

KOCH, M. (1958): Zur Frage des Tötens von Zygaenen. Nachr.bl. Bayr. Ent., 7: 74 f.

KOCH (Hersg.), M. (1964): Präparation von Insekten. Radebeul und Berlin.

KOLBE, W. & E. Schicha (1975): Die Stechmücke Culex pipiens. Der Präparator, 21: 43 f.

KOPP, L.J. (1957): Mounting Lepidoptera in plastic. Nature Mag., Washington, 50: 86.

KOREN, A. (1986): Die Chilopodenfauna von Kärnten und Osttirol, Teil 1: Geophilomorpha, Scolopendromorpha. Carinthia II, 43. Sonderheft.

KORGE, H. (1963): Das Naturschutzgebiet Teufelsbruch in Berlin-Spandau. III. Die Käferfauna. SB. Ges. naturf. Fr. Berlin N.F., 3: 67.

KORINOVÁ, J. & U.J. SIGMUND (1968): The colouring of bottomfauna samples before sorting. Vest. csl. Spol. Zool., 32: 300.

KORMANN, K. (1965): Libellensammlung nach modernen Gesichtspunkten (Odonata). Beitr. naturk. Forsch. SW-Deutschl., Karlsruhe, 24: 189.

KOTZSCH, H. (1943): Über verdorbene und gefälschte Lepidopteren. Ent. Z., 53: 217 f.

KRAUSE, R. (1978): Untersuchungen zur Biotopbindung bei Rüsselkäfern der Sächsischen Schweiz (Coleoptera, Curculionidae). Entom. Abh. Mus. Tierkd. Dresden, 42: 1.

KRAUSSE, A. (1920): Verpackung und Aufbewahrung umfangreicher Insektenausbeuten. Centralbl. Bakt. Abt. 2, Jena, 51: 313.

KREIS, R.D.; R.L. SMITH & J.E. MOYER (1971): The use of limestone-filled basket samplers for collecting reservoir macroinvertebrates. Water Res., 5: 1099.

KRELL, F.-T. (1992): Eine einfache Methode der Präparation der Hinterflügel (Alae) der Coleoptera. Ent. Nachr. u. Ber., 36, 2: 142.

KRUMBACH, T. (1926): Ctenophoren. In: GRIMPE & WAGLER, Tierwelt der Nord- und Ostsee, Leipzig.

KRUMBACH, T. (1930): Scyphozoen. In: GRIMPE & WAGLER, Tierwelt der Nord- und Ostsee, Leipzig.

KRYGER, I.P. (1949): On the rearing of Coleopterous larvae. Ann. Ent. Fenn. Suppl., 14: 147.

KÜHLMANN, D.H.H. (1980): Das Korallenriff-Diorama. Neue Museumskd., 23: 209.

KUHLMANN, M. (1994): Die Malaise-Falle als Instrument der faunistisch-ökologischen Arbeit. bembix, 3: 27.

KUHN, H. (1953): Fauresche Lösung als Einschlussmittel. Mikr. Naturfr., Berlin, 11: 277.

KÜHN, H.-U. (1985): Originaler Sachzeuge oder Modell? – Die Weinbergschnecke als Exponat. Veröff. Naturkundemus. Erfurt, 44.

KÜHN, U. (1979): Botanisches Ausstellungsmaterial und seine Probleme. Neue Museumskd., 22: 131.

KÜKENTHAL, W. & E. MATTHES (1960): Leitfaden für das zoologische Praktikum. 14. Aufl., Stuttgart.

KUTZSCHER, C. (1984): Die museale und präparatorische Aufbereitung von Imaginalstadien der Flöhe (Siphonaptera) für wissenschaftliche Sammlungen, Hausarbeit f. Facharbeiterprüfung. Mus. f. Naturkd., Berlin.

KUTZSCHER, C. (1995): Über den Bau eines Hornissendioramas in der ständigen Ausstellung am Deutschen Entomologischen Institut (DEI). Der Präparator, 41, 4: 159.

KUZNETSOV, V.G. (1970): Aspirator with spare cages (russ.). Zool. Z., 49: 1402.

LA RUE, G.R. (1937): Collection and culture of Planaria. In: Galtsoff, Culture Methods for Invertebrate Animals, Ithaca.

LANDOIS, H. (1879): Conservierungs-Methoden der Spinnen für die Sammlung. Jber. Westfäl. Prov. Ver. Münster, Zool. Sekt., 1878-79: 42 f.

LANG, H. (1921): Ecological and other notes. In: Rathbun, M. J. The Brachyuran crabs collected by the American Museum Congo expedition, Bull. Amer. Mus. Nat. Hist., 43: 392.

LATTIN, J.D. (1956): Introduction to aquatic entomology, Equipment and technique. In USINGER: Aquatic insects of california.

LAUFF, G.H.; K.W. CUMMINS; C.H. ERIKSEN & M. PARKER (1961): A method of sorting bottom fauna samples by elutriation. Limnol. Oceanogr., 6: 462.

LAUTENSCHLAGER, E. (1976): Einbettungen in Kunstharz. Basel.

LAUTERER, P. & U.J. CHMELA (1972): Zusammenlegbarer Fangapparat für synanthrope Fliegen. Angew. Parasitol., 13: 17.

LAZORKO, W. (1962): Zwei neue Cephennium-Arten (Col. Seydmaenidae) mit einer Übersicht der ukrainischen Araten der Tribus Cephenniini. Ent. Arb. Mus. Frey, 13: 273.

LE DOUX, C. (1933): Eine neue Doppelfärbung für Sexual-Armaturen der Lepidopteren. Mitt. Dtsch. Ent. Ges., Berlin, 4: 103 f.

LEDERER, G. (1959): Nahrungssuche und Nahrungsaufnahme der in der Dämmerung und in der Nacht fliegenden Lepidopteren. Grundlagen für das Köder- und Blütenfangverfahren. Ent. Z., 69: 25.

LEDINGHAM, T.C. & G.P. WELLS (1942): Narcotic for marine Invertebrates. Nature, London, 150: 121 f.

LEE, W.L.; BELL, B.M. & J.F. SUTTON (1982): Guidelines for Acquisition and Management of Biological Specimens, A Report of the Participants of a Conference on Voucher Specimen Management sponsored under the auspices of the Council on Curatorial Methods of the Association of Systematics Collections. Lawrence.

LEHMANN, F.E. (1924): Über eine Injektionsmethode zur Darstellung des Tracheensystems der Insekten. Schweiz. ent. Anz., Zürich, 3: 59 f.

LEHMANN, W. (1963): Hymenopteren am Licht. Ent. Nachr., 6: 69.

LEHMANN, W. & R. BECH (1965): Praktische Erfahrungen beim Fang verschiedener Insekten mit einer Lichtfalle. Ent. Ber., 1965: 1–8.

LENGERKEN, H. v. (1939): Über den entomologischen Unterricht in der Landwirtschaftlichen Fakultät der Universität Berlin. Verh. VII. Int. Kongr. Ent., 4: 3093.

LENGERSDORF, F. (1951): Von Höhlen und Höhlentieren. Die Neue Brehm-Bücherei, Wittenberg Lutherstadt, Nr. 26.

LEVI, H.V. (1966): The care of alcoholic collections of small invertebrates. Syst. Zool., Washington, 15: 183.

LEWIS, G.G. (1965): New type of spreading board for minute moths. J. Lepid. Soc., 19: 115 f.

LIEM, S.L. (1953): Termite trapping. Ent. Ber., Amsterdam, 14: 220.

LIGHT, S.F. (1923): Amphioxus fisheries near University of Amoy, China. Science, New York, 58: 57.

LIN, S.-W. (1930): A new technique for Planaria. Bull. Peking Soc. Nat. Hist., 4: 99.

LINDEBERG, B. (1958): A new trap for collecting emerging insects from small rockpools, with some examples of the results obtained. Ann. Ent. Fenn., 24: 186.

LINDNER, E. (1933): Über die Präparation von Dipteren und Hymenopteren. Mus. k. (Berlin) N.F., 5: 73.

LINDNER, E. (1949): Die Zucht der Dipteren. in: Die Fliegen der paläarktischen Region. 17. Kap., Stuttgart, 1: 392.

LINDNER, E. (1959/60): Noch einmal: Vogelblutfliegen (Phormiini, Calliphorinae, Diptera). Vogelwarte, 20: 291 f.

LINDNER, E. (1961): Sicherheit vor Raubinsekten in den Tropen. Ent. Z., Stuttgart, 71: 97.

LINDNER, G. (1982): Muscheln und Schnecken der Weltmeere. 2. Aufl., München, Wien.

LO BIANCO, S. (1890): Metodi usati nella Stazione zoologica er la conservazione degli animali marini. Mitt. zool. Stat. Neapel, 9: 435.

LÖBEL, H. (1982): Bedeutung und Stellenwert verschiedener Sammel- und Arbeitsmethoden für die faunistische Erfassung von Eulen und Spannern. Ent. Nachr. u. Ber., 26: 65.

LÖDL, M. (1985): Die Anästhetika in der Lichtfallentechnik. Ent. Z., Essen, 95: 321.

LÖDL, M. (1987): Die Bedeutung des Lichtfanges in der Zoologischen Forschung. Beitr. Ent., Berlin, 37: 29.

LÖDL, M. (1989): Die historische Entwicklung des Lichtfanges. Beitr. Ent., Berlin, 39: 189.

LOHSE, G.A. & W.H. Lucht (1989): Die Käfer Mitteleuropas. Krefeld, Bd.12, 1. Supplbd.

LONGHURST, A.R. (1959): The sampling problem in benthic ecology. Proc. New Zealand Ecol. Soc., 6: 8.

LOOMIS, E.C. (1959): Selective response of Aëdes nigromaculis LUDLOW to the Minnesota light trap. Mosquito News, Albany N.Y., 19: 260.

LOOMIS, E.C. (1959): A method for more accurate determination of air volume displacement of light traps. J. econ. Ent., 52: 343.

LOOMIS, E.C. & E.J. SHERMAN (1959): Comparison of artifical shelters and light traps for measurement of Culex tarsalis and Anopheles freeborni populations. Mosquito News, Albany N.Y., 19: 232.

LOOSS, A. (1901): Zur Sammel- und Conservierungstechnik von Helminthen. Zool. Anz., 24: 302.

LÖWE, F.-K. (1963): Quantitative Benthosuntersuchungen in der Arkonasee. Mitt. zool. Mus. Berlin, 39: 247.

LÖWEGREN, Y. (1961): Zoologisk Museiteknik. In: Djurens Värld., Malmö, Bd. 15.

LOWRIE, D.C. (1971): Effects of time of day and weather on spider catches with a sweep net. Ecology, 52: 348.

LÜLING, K.H. (1940): Über die Entwicklung des Urogenitalsystems der Priapuliden. Z. wiss. Zool., 153: 136.

MAAR, J. (1963): Some notes on the preservation of marine animals. J. Cons. permanent int. Explor. Mer. Charlottenlund Slot, 28: 121.

MACAN, T.T. (1958): Methods of sampling the bottom fauna in stony streams. Mitt. int. Ver. Limnol., No. 8: 1.

MACFAYDEN, A. (1953): Notes on methods for the extraction of small soil arthropods. J. Anim. Ecol., London, 22: 65.

MAESSEN, T. (1951): How I kept my Butterfly collection in tropical West-Africa. Ent. Ber. Amsterdam, 13: 379 f.

MALAISE, R. (1937): A new insect trap. Ent. Tidsks., 58: 148.

MALENGRIO, K. (1970): Methodik des Leihverkehrs bei wissenschaftlich entomologischen Sammlungen (Prüfungsarbeit). Eberswalde.

MALICKY, H. (1973): Eine Methode zum Trocknen flüssig konservierter Schmetterlinge. Nachrichtenbl. Bayer. Ent., 22: 78 f.

MALICKY, H. (1975): Über die Brauchbarkeit der Lichtfallenmethode für Freilanduntersuchungen an Neuropteren. Anz. Schädlingsk. Pflanzenschutz, Umweltschutz, 48: 120.

MALYSHEV, S.I. (1933): Sammeln und Erforschung der Bienen- und Wespennester. Handb. biol. Arbeitsmethod., Abt. IX, Tl. 7: 329.

MARIÉ, P. (1951): Piégage des Insectes commensaux de la Marmotte des Alpes. Entomologiste, Paris, 7: 79.

MARILL, G.F. (1958): Sur l'appréciation comparative de la richesse des gites en mollusques fluviatiles notamment en Bulinus truncatus AUDOIN. Bull. World Hlth. Org., 18: 1057.

MARKIN, G.P. (1964): A lead-solder casting technique for studying the structure of ants nests. Ann. ent. Soc. Amer., 57: 360.

MARTENS, J. (1965): Verbreitung und Biologie des Schneckenkankers Ischyropsalis hellwigi. Natur u. Museum., 95: 143.

MARTENS, J. (1975): Phoretische Pseudoskorpione auf Kleinsäugern. Zool. Anz., Jena, 194: 84.

MARTENS, J. (1978): Spinnentiere, Arachnida. Weberknechte, Opiliones. in: Die Tierwelt Deutschlands, Jena, Teil 64.

MARTINI, E. (1925): Über die Präparation von Rädertieren in toto. Int. Rev. Hydrobiol., 12: 36.

MATAUSCH, I. (1914): A New Method of Preparing Spiders for Exhibition in numerous Groups. Science N.S., 40: 710.

MATHYS, G. (1965): Le piégeage par aspiration. Entomophaga, Paris, 10: 245 f.

MAYER, F.K. (1931): Röntgenographische Untersuchungen an Gastropodenschalen. Z. Naturw, Jena, 65: 487.

MAZOUÉ, H. (1933): Description de l'innervation des muscles adducteur et abducteur de la pince chez Potamobius leptodactylus. Bull. Mus. nation. Hist. nat. Paris, 5: 457.

MCCRAW, B.M. (1958): Relaxation of snails before fixation. Nature, London, 181: 575.

MCFARLAND, N. (1965): Additional notes on rearing and preserving larvae of Macrolepidoptera. J. Lepid. Soc., New Haven, Conn., 19: 233.

MCGINTY, P.L. & T.L. MCGINTY (1957): Dredging for deep water shells in Southern Florida. Nautilus, 71: 37.

MCRAE, T. (1987): Using diethyl-ether to prepare dried insect material. Entomol. Soc. of Queensland News Bull., 14: 135.

MEEUSE, A.D.J. (1950): Rapid methods for Obtaining Permanent Mounts of Radulae. Basteria, 14: 28.

MEGGITT, F.J. (1924): On the collection and examination of tapeworms. J. Parasitol., 16: 266.

MEHL, R. (1970): Collection of insects and mites from birds and mammals. Fauna, Oslo 23: 237-252.

MEIXNER, J. (1938): Turbellaria Strudelwürmer. In: GRIMPE & WAGLER: Die Tierwelt der Nord- und Ostsee, Leipzig, Tl. IVb.

MENDHEIM, H. (1939): Über eine zweckmäßige Abänderung der Looßschen Schüttelmethode nebst Bemerkungen zur helminthologischen Technik. Z. Paras. kd., 10: 436.

MENON, M.A.U. (1951): Preparing dry mounts of mosquito larvae and larval skin without using absolute acohol. Stain Technol., 26: 33 f.

MENZEL, F. & W. MOHRIG (1991): Revision der durch Franz Lengersdorf bearbeiteten Sciaridae (Diptera, Nematocera) von Taiwan. Beitr. Ent. Berlin, 41, 1: 9.

MENZIERS, R.J. (1957): The marine borer family Limnoriidae (Crustacea, Isopoda). Bull. mar. Sci. Gulf & Caribbean, 7: 101.

MENZIES, R.J.; L. SMITH & K.O. EMERY (1963): A combined under water camera and bottom grab: a new tool for investigation of deep-sea benthos. Int. Rev. Hydrobiol., 48: 529.

MERE, R.M. & E.C. PELHAM-CLINTON (1957): Over 4,000 feet: being an account of collecting with mercury vapour light on Braeriach, Inversshire. Ent. Gaz., London, 8: 99.

MERISUO, A.K. (1937): Ein neues Myrmekophiliensieb. Ann. Ent. Fenn., 3: 98.

MERISUO, A.K. (1946): Praktische Winke für den Hymenopterensammler. Ann. Ent. Fenn., 12: 52.

MERKER, H. (1967): Ein Gerät zur dreidimensionalen Pflanzen-Trockenpräparation. Der Präparator, 13: 191.

## Literatur

MERZHEYESKAYA, O.I. & E.A. GERASTEVITCH (1962): A method of collecting living insects to light. Zool. Zh. Moscow, 41: 1741.

MERZHEYESKAYA, O.I. & E.A. GERASTEVITCH (1965): Neues Fixationsmittel für Raupen. Zool. Zh. Moscow, 44: 299 f.

MESCH, H. (1965): Erfahrungen mit Lichtfallen für den Warndienst. Beitr. Ent., 15: 139.

MESSJATZAEW, I.I. (1930): Trawl und Bodengreifer als Fangwerkzeuge der Bodentiere. Arch. Hydrobiol., 21: 131.

MESSNER, B. (1967): Möglichkeiten und Grenzen beim Einsatz von Barberfallen in der Uferzone. Ent. Ber., Berlin, 1967: 93.

MESSNER, B. (1968): Verbesserungsvorschläge zu Fang- und Präparationsmethoden in der Entomologie. II. Ein neuer farbloser wasserlöslicher Insektenleim. Ent. Ber., Berlin: 107 f.

MESSNER, B. (1968): Verbesserungsvorschläge zu Fang- und Präparationsmethoden in der Entomologie. I. Eine neue Kätscherform. Ent. Ber., Berlin: 1 f.

MESSNER, B.; I. GROTH & D. TASCHENBERGER (1983): Zum jahreszeitlichen Wanderverhalten der Grundwanze Aphelocheirus aestivalis. Zool. Jb. Syst., 110: 323.

METALNIKOFF, S. (1900): Sipunculus nudus. Z. wiss. Zool., 68: 261.

MEURER, J.J. (1956): Waarnemingen van Wantsen (Hem.-Het.) met behulp van een vanglamp. Ent. Ber. Amsterdam, 16: 54.

MEY, W. (1981): Lichtfangergebnisse bei Köcherfliegen im Havelseengebiet (Trichoptera). Beitr. Ent., Berlin, 31: 333.

MEYER, H. & R.G. SOMMER (1972): Automatischer Hebemechanismus zur Sicherung von Fangschalen gegen Überflutungen. Faun.-ökol. Mitt., 4: 112.

MEYER, K.O. (1964): Die entomologischen Sammlungen des Altonaer Museums. Verh. Ver. naturw. Heimatforsch., Hamburg, 36: 23.

MEYER, K.O. (1964): Gliederfüßer als Schauobjekte in Museen und Ausstellungen. Natur u. Museum, 94: 238.

MEYER, M.C. (1957): Spring clips for mounting helminths. Trans. Amer. micr. Soc., 76: 344 f.

MEYL, A.H. (1961): Fadenwürmer (Nematoden). Stuttgart.

MIETENS, H. (1916): Sur la conservation des Siphonophores. Rev. Zool. Russe Moscou, 1: 304.

MILLAR, I.M.; UYS V.M. & R.P. URBAN (2000): Collecting and Preserving Insects and Arachnids, a Safrinet Manual for Entomology and Arachnology. Pretoria.

MILLER, M.C.E. (1935): An improved air-pump for use in the preservation of Larvae. Bull. ent. Res., 26: 355 f.

MINER, R.W. (1935): A transplanted coral reef. Nat. Hist. N. York, 35: 273.

MIZUTANI, M.; J. MISHIMA & Y. KOBAYASHI (1982): The electrode type light trap for the collecting of moths. Appl. Ent. Zool., 17: 172.

MOCZARSKI, E. (1941): Über menschliche Abfallstoffe als Ködermittel. Coleopt. Rdsch., 26: 133.

MÖDLINGER, G. (1943): Über das Sammeln und Konservieren der einheimischen Turbellarien. Fragm. faun. Hung., 6: 67.

MÖDLINGER, G. (1943): Über das Sammeln und Konservieren parasitischer Platt- und Fadenwürmer. Fragm. faun. Hung., 6: 73.

MOERICKE, V. (1951): Eine Farbfalle zur Kontrolle des Fluges von Blattläusen. Nachrbl. Dtsch. Pflschd., Braunschweig, 3: 23 f.

MOLITOR, A. (1931): Über Fang, Zucht und Beobachtung myrmekophiler Käfer. Coleopt. Rdsch., 17: 56.

MOLITOR, A. (1931): Über Lebensweise und Fang von Käfern, die zu Wespen- und Bienenarten in Beziehung stehen. Coleopt. Rdsch., 17: 173.

MOLS, P.J.M.; T.S. V. DIJK & Y. JONGEMA (1981): Two laboratory techniques to separate eggs of Carabids from a substrate. Pedobiologia, 21: 500 f.

MÖNNIG, H.O.A. (1930): Note on the preservation of engorged female ticks. Rep. Direct. veter. Serv. Anim. Industr., Pretoria, August: 199 f.

MONNIOT, F. (1971): Les ascidies littorales et profondes des sédiments meubles. Smithson. Contr. Zool., No. 76: 119.

MONTREUIL, P.L. (1958): Relaxation and fixation of Acanthocephala. Canad. J. Zool., 36: 263 f.

MOORE, B.P. (1951): On preserving the colours of dragonflies and other insects. Trans. S Lond. Ent. nat. hist. Soc. 1949, 50: 179.

MOORE, B.P. & B.J. SOUTHGATE (1953): Embedding specimens in methyl methacrylate: a new cold-casting technique. Mus. J., London, 53: 219.

MOORE, S.J. (1977): Some notes on freeze drying spiders. Bull. Br. arachnol. Soc., 4: 83.

MOOSBRUGGER, G. & E. REISINGER (1971): Zur Kenntnis des europäischen Landblutegels Xerobdella lecomtei (Frauenfeld). Z. wiss. Zool., 183: 1.

MORRISON, J.P.E. (1953): Collecting mollusks on and around atolls. Atoll Res. Bull., 17: 74.

MOUCHA, J. (1963): Fangweise und Präparationstechnik für Bremsen. Angew. Parasitol., 3: 90.

Mound, L.A. (1974): Spore-feeding Thrips (Phlaeothripidae) from Leaf Litter and Dead Wood in Australia: Aust. J. Zool., Suppl. Ser. 27, 1–106.

Mousset, A. (1970): Mikro-Tuben. Ent. Bl., Krefeld, 66: 122.

Muche, H. (1958): Ein Sammelglas mit Paradichlorbenzolfüllung. Mitt. Insektenkd., 2: 62.

Mühl, H. (1966): Das Aufweichen schlecht präparierter oder vor dem Präparieren getrockneter Falter. Ent. Nachr., Dresden, 10: 118.

Muirhead-Thomson, R.C. (1991): Trap Responses of Flying Insects. Academic Press, London/San Diego.

Müller, F. (1955): Verfahren zum Einbetten entomologischer Präparate in Gießharz. Anz. Schädlingsk., 28: 10 f.

Müller, F.P. (1962): Celochloral nach Ossiannilsson, ein Einschlussmittel für die mikroskopische Untersuchung kleiner Arthropoden. Wiss. Z. Univ. Rostock, Math.-Nat. R., 11: 69.

Müller, F.P. (1969): Herstellung mikroskopischer Präparate und Sammeln von kleinen Insekten. Ent. Ber., Berlin, 4.

Müller, H. (1973): Die Flußkrebse. Die Neue Brehm-Bücherei, Wittenberg Lutherstadt, H. 121.

Müller, H.J. (1941): Weitere Beiträge zur Biologie des Rapsglanzkäfers, Meligethes aeneus F. Z. Pflanzenkrankh., 51: 529.

Müller, H.P. (1970): Insekten-Einschlusspräparate aus Polyesterharz. Anz. f. Schädlingskd. u. Pflanzenschutz, 43: 106 f.

Müller, J.K. (1984): Die Bedeutung der Fallenfang-Methode für die Lösung ökologischer Fragestellungen. Zool. Jb. Syst., 111: 181.

Müller, P. (1954): Bemerkungen zum Sammeln von Coprophagen. Ent. Bl., 50: 215.

Müller, R. (1970): Lichtfang-Geräte. Ent. Z., Stuttgart, 80: 181.

Mundie, J.H. (1956): Emergence traps for aquatic insects. Mitt. int. Ver. Limnol., Stuttgart, No. 7: 1.

Muster, C. (1997): Zur Spinnenfauna der Sächsischen Schweiz: Artenspektrum, Phänologie und Ökologie der Lycosidae, Zoridae und Gnaphosidae (Arachnida: Araneae) – Arbeiten zur Fauna der Sächsischen Schweiz (Nr. 30). Faunistische Abhandlungen. 21 (2): 19–32.

Murphy, P.W. (1959): The quantitative study of soil meiofauna. I. The effect of sample treatment on extraction efficiency with a modified funnel extractor. Ent. Expt. et Appl., 1: 94.

Naglitsch, F. (1959): Vergleich bodenzoologischer Auslesemethoden für Kleinarthropoden. Zbl. Bakt., II. Abt.,112: 116.

Naton, E. (1960): Ein Beitrag zur Konservierung von Spinnen durch Behandlung mit Aceton. Zool. Anz., 165: 329.

Naton, E. (1972): Die Fangleistung von Lichtfallen für in Obstanlagen häufige Wickler in Abhängigkeit von Konstruktion und Lichtfarbe. Z. angew. Ent., 71: 270.

Naumann, E. (1986): Essig als Weichmittel. Ent. Nachr. u. Ber., 30: 264.

Nef, L. (1960): Comparaison de l'efficacité de différentes de l'appareil de Berlese-Tullgren. Z. angew. Ent., 46: 178.

Negrobow, O.P. & T.A. Marina (1979): Die Verwendung von „Korrex"-Band für die Aufbewahrung von Präparaten in Flüssigkeit in der entomologischen Sammlung. Zool. Zh., Moscow, 58: 1404 f.

Nelson, D.B. & R.W. Chamberlain (1955): A light trap and mechanical aspirator operating on dry cell batteries. Mosquito News, Albany N.Y., 15: 28.

Neresheimer, J. (1918): Über einen neuen Hilfsapparat zur Präparation von Kleinkäfern. Koleopt. Rdsch, Wien, 7: 9 f.

Netolitzky, F. (1926): Über das Sammeln auf Lehmboden. Coleopt. Rdsch., 12: 207.

Netolitzky, F. (1935): Das Sammeltuch. Coleopt. Rdsch., 21: 201.

Netolitzky, F. (1938): Zur Technik des Sammelns in der Erde lebender Käfer. I. Das Ausgraben von Käfern. Coleopt. Rdsch., 24: 95.

Nevermann, F. (1935): Winke zur Unterhaltung und Präparation der Käfersammlung in den Tropen. Ent. Rdsch., 53: 17.

New, T.R. (1967): Trap-banding as a collecting method for Neuroptera and their parasites, and some results obtained. Entomologist's Gaz., London, 18: 37.

Newman, L.H. (1965): Hawk-Moths of Great Britain and Europe. Cassell, London.

Nicholls, F. (1935): Gehäuse von Meerestieren sollen in eichenen Schubladen leiden. Natur Volk, 65: 138.

Nielsen, S.A. & B.O. Nielsen (1979): A time saving sampling and extraction technique for arboreal arthropods. Ent. Meddr., Copenhagen, 47: 39.

Nippe, B. (1963): Gefriertrocknung – eine neue Methode zur Präparation der Raupen. Nachr.bl. Bayer. Ent., 12: 44.

Nolte, H.W. (1954): Die Verwendungsmöglichkeit von Gelbschalen nach Moericke für Sammler und angewandte Entomologen. Ber. 7. Wandervers. dtsch. Ent., Berlin: 201.

NOSEK, J. & O. KOZUCH (1969): The use of carbon dioxide for collecting of ticks. Zentbl. Bakt. Parasitkd., Abt. 1. Orig., 211: 400.

NOVÁK, I. (1970): Einige Erfahrungen mit einer Lichtfalle eines neuen Types. Ref. auf der 3. Konferenz f. Pflanzensch. d. CSSR.

NOVITZKY, S. v. (1955): Such-, Sammel- und Zuchtmethoden von Kleinschmarotzer-Wespen (Microhymenoptera). Verh. zool.-bot. Ges. Wien, 95: 42.

NOVITZKY, S. v. (1956): Hunting, collecting and rearing of Microhymenoptera. Z. angew. Ent., 38: 355.

NOYES, J.S. (1982): Collecting and preserving chalcid wasps (Hymenoptera: Chalcidoidea). Journal of Natural History, 16: 315-334

O'ROKE, E.C. (1922): A Crayfish Trap. Science, 55: 677 f.

OEHLKE, J. (1967): Fang, Zucht und Präparation von Schlupfwespen (Hymenoptera, Ichneumonidae). Ent. Nachr., Dresden, 11: 69.

OEHLKE, J. (1970): Beiträge zur Insekten-Fauna der DDR: Hymenoptera - Sphecidae. Beitr. Ent., 20: 621.

OEHLKE, J. (1986): Naturschutz und entomologisches Sammeln. Ent. Nachr. u. Ber., 30, 5: 227.

OEHLKE, J. (1988): Anforderungen des Fachwissenschaftlers an den entomologischen Präparator. Neue Museumskd., 31: 54.

OEHLKE, J. (1992): Museologie und entomologische Forschung. Insecta, 2: 32.

OEHLKE, J. & R. OEHLKE (1989): Zur chemischen Präparation von Larvalstadien, insbesondere xylobionter Käferlarven. Der Präparator, 35: 11.

OEKLAND, F. (1929): Methodik einer quantitativen Untersuchung der Landschneckenfauna. Arch. Molluskenkd., 61: 121.

OHAUS, F. (1913): Einige Ratschläge zum Käfersammeln in den Tropen. Ent. Rdsch., 30: 61.

OHAUS, F. (1929): Über das Sammeln und Züchten von Mistkäfern. Coleopt. Rdsch., 15: 141.

ÖKLAND, J. (1962): Notes on methods for collecting and preserving fresh-water invertebrates (norwegisch). Fauna, 15: 69.

OLDROYD, H. (1958): Collecting, Preserving and Studying Insects. London.

OLSEN, C.E. (1930): Wax Infiltration of Gorgonians. Mus. News, 8: 12.

OMORI, M. (1969): A bottom-net to collect zooplankton living close to the sea-floor. J. oceanogr. Soc. Japan, 1969: 25.

OMORI, N. & O. SUENAGA (1957): On the effects of setting places and structures of traps on flies. Studies on the methods of collecting flies. I. Botyu-Kagaku, Kyoto, 22: 51.

ORTNER, A. (1948): Aus der Praxis des Entölens von Lepidopteren. Z. wien. ent. Ges., 31: 172.

OSSIANNILSSON, F. (1958): "Celochloral" – a new mounting medium for insects. Ent. Tidskr., 79: 2.

ÖSTERGREN, H. (1902): Aether als Betäubungsmittel für Wassertiere. Z. wiss. Mikrosk., 19: 300.

OSTERMÖLLER, W. (1967): Versuche zur Fixierung und Präparation von Rädertieren, Narkose mit Strychninnitrat bei Rotatorien der Gattung Philodina. Mikrokosmos, 56: 249 f.

OTTO, R. (1920): Fäulnisverhütung in Sammlungen (Kleine Mitteilungen). Ent. Z., XXXIV: 92.

OWEN, G. (1955): Use of Propylene phenoxetol as a Relaxing Agent. Nature, London, 175: 434.

OWEN, G. & H.F. STEADMAN (1958): Preservation of Mollusca. Proc. malac. Soc., London, 33: 101.

OWEN, J.A. (1976): An artificial nest for the study of bird's nest beetles. Proc. Trans. Br. ent. nat. Hist. Soc., 9: 34 f.

PALM, T. (1956): Fangstmetder för skalbagger. Ent. Tidskr., 77: 64.

PAMPEL, W. (1914): Die weiblichen Geschlechtsorgane der Ichneumoniden. Z. wiss. Zool., 108: 290.

PAWLOWSKI, J.N. (1960): Methoden der Sektion von Insekten. Berlin.

PAX, F. (1936): Das Durchsichtigmachen von Anthozoenkolonien nach dem Verfahren von Spalteholz. Prakt. Mikroskop., 14: 126.

PENECKE, K.A. (1927): Das Sammeln von Rhynchophoren. Coleopt. Rdsch., 13: 233.

PENECKE, K.A. (1929): Ein Mittel zur Entfernung des erdigen Überzuges von der Oberfläche von Käfern. Coleopt. Cbl., Berlin, 4: 85.

PENNAK, R.W. (1953): Fresh-water invertebrates of the United States. New York.

PÉREZ, C. (1936): Procédés pour extaire les pagures de leur coquille. Bull Soc. zool. France, 61: 457.

PERROTT, D.C.F. (1969): A killing agent for use in light trap. N. Z. Ent., 4: 37 f.

PETERS, D.S. (1973): „Nistkästen" für Insekten. Natur u. Museum, 103: 162.

PETERS, E. (1930): Eine einfache Methode zur Betäubung von Rädertieren, Paramecien usw. in ausgestrecktem Zustande. Zool. Anz., 87: 18.

PETERS, W. (1961): Methoden zur Herstellung von Aufhellungspräparaten. Zool. Anz., 167: 233.

PETERS, W. (1980): Zur Herstellung von Aufhellungspräparaten. Der Präparator, 26: 313 f.

PETERSEN, A. (1953): A manual of entomological techniques. Michigan.

PETERSEN, A. (1960): Some techniques used in identifying and recording eggs of insects. XI. Int. Kongr. Entomol., Wien, Verh. 1: 19.

PETRUNKEVITCH, A. (1911): Über die Cirkulationsorgane von Lycosa carolinensis WALCK. Zool. Jb. Anat., 31: 163 f.

PFLUGFELDER, O. (1948): Entwicklung von Paraperipatus amboinensi n.sp. Zool. Jb. Anat., 69: 443.

PFLUGFELDER, O. (1968): Onychophora. Großes Zoologisches Praktikum, Stuttgart, Heft 13a.

PIECHOCKI, R. (1959): Zur Biologie des Biberkäfers Platypsyllus castoris. Beitr. Ent., 4: 523.

PIENING, H. (1997): Modifizierte Inertatmosphären in der Schädlingbekämpfung - oder: Im Zweifel für's Objekt. in: John, H. (Hrsg.): Dem „Zahn der Zeit" entrissen! Neue Forschungen und Verfahren zur Schädlingsbekämpfung im Museum. Köln, 98-107.

PINNIGER, D. (1994): Insect Pests in Museums. London

PLATE, L. (1903): Beiträge zur Technik des Sammelns, der Konservierung und der Aufstellung biologischer Gruppen mariner Tiere. Verh. Dtsch. Zool. Ges., 1903: 143-158.

PLATE, L. (1906): Das Sammeln und Konservieren wirbelloser Seetiere. In: NEUMAYER, G.v.: Anleitung zu wissenschaftlichen Beobachtungen auf Reisen, Hannover, 2: 595.

PLATEAUX-QUÉNU, C. (1959): Un mouveau type de société d'insectes: Halictus marginalus BRULLÉ (Hym. Apoidea). Année biol., Paris, 35: 430.

POLESHCHUK, V.D. (1967): A trap for cockroaches and winged flies. (russ.). Medskaya Parazit, 36: 240.

POLTAWSKI, A.N. & A. SCHINTLMEISTER (1988): Vergleich automatischer Köder- und Lichtfangmethoden am Beispiel der Eulenfauna von Rostov/Don. Ent. Nachr. u. Ber., 32: 267 f.

POLUHOWICH, J.J. (1968): Notes on the freshwater nemertean Prostoma rubrum. Turtox News, Chicago, 46: 2.

PORTER, J.E. & N.M. PORTER (1961): A method for collecting and preserving spider webs. Florida Ent., 44: 99 f.

POSCHINGE, F. v. & A. KORELL (1951): Weitere Vorschläge zur richtigen Fundortbezettelung. Ent. Z., Frankfurt/M., 61: 33.

POTAPOV, A.A. & E.N. BOGDANOVA (1973): A simple trap for registration of the population density of blakkflies. Med. Parazit., Moskau, 42: 618.

PRAWILSTSCHIKOV, N.N. & N.W. KUSNEZOV (1952): Das Anlegen zoologischer Sammlungen und die Technik zur Anfertigung zoologischer Ausstellungsstücke (russ.). Moskau.

PRILOP, H. (1956): Über die Ergebnisse des Käfersammelns mit Fangschalen auf Zuckerrübenfeldem in der Umgebung von Göttingen. Ent. Bl., Krefeld, 52: 92.

PÜHRINGER, F. (1992): Genitaluntersuchung von Schmetterlingen mit einfachsten Hilfsmitteln. Ent. Z., 102, 12: 228.

PULLEN, E.J.; C.R. MOCK & R.D. RINGO (1968): A net for sampling the intertidal zone of an estuary. Limnol. and Oceanogr., 13: 200.

PURI, V.D. & A.R. PRASAD (1957): Note on preservation of the striped sugarcane stemboring larvae (Lepidoptera). Curr. Sci., Bangalore, 26: 16 f.

PURVES, P.E. (1948): A technique for skeletal preparations of Echinodermata. Mus. J. London, 48: 149 f.

PÜTZ, A. (1986): Gefrierkonservierung – eine günstige Methode zur Aufbewahrung von Coleopteren. Novius, Nr. 5: 65 f.

RADICE, J.C. (1960): Coloración in toto por rojo Magdala. Actas Trab. I Cong. sudamer. Zool. 1959, 5: 363.

RAMME, W. (1929): Geradflügler, Orthoptera. In Brohmer, Ehrmann, Ulmer, Tierweit Mitteleuropas. 4., 1. Tl.: Insekten, Leipzig.

RANDOLPH, H. (1900): Chloretone (Acetonchloroform): an Anaesthetic and Macerating Agent for Lower Animals. Zool. Anz., 23: 436.

RAW, F. (1960): Earthworm population studies: a comparison of sampling methods. Nature, London, 187: 257.

REHN, J.A.G. (1934): A newly designed type of steel case for entomological working collections. Science, 79: 568 f.

REICHARDT, H. (1951): Bemerkungen zur Präparationstechnik bei Stechmücken. Zool. Anz., 147: 271.

REICHMUTH, C.; W. UNGER & A. UNGER (1991): Stickstoff zur Bekämpfung holzzerstörender Insekten in Kunstwerken. Restauro, 97, 4: 246.

REINECK, H.-E. (1963): Der Kastengreifer. Natur u. Museum, 93: 102.

REINSCH, F.K. (1929): Limnologische Untersuchungen auf meiner Islandreise. Arch. Hydrobiol, 19: 381.

REISE, H. (1994): Funde der Landplanarie, Rhynchodesmus terrestris (O.F. Müller, 1774) in der Oberlausitz (Turbellaria: Tricladida). Ber. Naturforsch. Ges. Oberlausitz, 3: 89 f.

REISINGER, E. (1960): Vitale Nervenfärbungen bei Plathelminthen und ihre Abhängigkeit vom physiologischen Zustand des Organismus. Z. wiss. Zool., 164: 271.

REITTER, E. (1910): Das Insektensieb, dessen Bedeutung beim Fange von Insekten, insbesondere Coleopteren und dessen Anwendung. Ent. Bl., 6: 65.

REMANE, A. (1927): Gastrotricha und Rotatoria. In: GRIMPE & WAGLER, Tierwelt der Nord- und Ostsee, Leipzig, Tl. 7.

REMANE, A. (1936): Gastrotricha und Kinorhyncha. In: BRONN: Kl. Ord. 4, 11. Abt., 1. Buch, 2. Tl.

RENSCH, B. (1931): Die Molluskenfauna der Kleinen Sunda-Inseln Bali, Lombok, Sumbawa, Flores und Sumba. Zool. Jb. Syst., 61: 361.

RENSCH, B. (1934): Kurze Anweisung für zoologisch-systematische Studien. Leipzig.

RENTZ, D.C. (1962): A technique useful for the dry preservation of soft-bodied Orthoptera. Wasman J. Biol., 20: 159 f.

RICHTER, D. (1961): „Vergessene" Insektenordnungen. Ent. Nachr., 5: 28.

RICHTER, D. (1961): Ein einfacher, selbst herstellbarer Ausleseapparat für Arthropoden aus Moos, Fallaub, Pilzen u.a. Wohnsubstrat. Ent. Nachr., 5: 5.

RICHTER, D. (1962): Über Fanggräben. Ent. Nachr., 6: 107.

RIEBE, C. (1912): Kurze Anleitung zum Käfersammeln in tropischen Ländern. Ent. Rdsch., 29: 38.

RIEBE, C. (1912/1913): Anleitung zum Sammeln von Schmetterlingen in tropischen Ländern. Ent. Rdsch., 29/30: 107.

RIEDL, R. (1953): Quantitativ ökologische Methoden mariner Turbellarienforschung. Österr. zool. Z., 4: 108.

RIEDL, R. (1955): Über die Isolation der lebenden Mikrofauna aus marinen Schlammböden. Zool. Anz., 155: 263.

RIEDL, R. (1960): Ein Kinemeter zur Beobachtung von Dredgen in beliebigen Tiefen. Int. Rev. Hydrobiol., 45: 155.

RIEDL, R. (1963): Probleme und Methoden der Erforschung der litoralen Benthos. Verh. Dtsch. Zool. Ges., 26: 503.

RIEDL, R. (1963): Fauna und Flora der Adria. Ein systematischer Meeresführer für Biologen und Naturfreunde. Hamburg, Berlin.

RICHMOND, N. D. (1951): Field methods for collecting mammal ectoparasites. J. Mammal. 32: 123–125.

ROBERT, J.-C. (1970): Essai d'adaptation du principe du fauchage à l'étude écologique de pelouses rases: le fauchoir articulé. Bull. Soc. ent. France, 75: 105.

ROBERTS, R.H. (1970): Colour of Malaise trap and the collection of Tabanidae. Mosquito News, 30: 567.

ROBERTS, R.H. (1971): The seasonal appearance of Tabanidae as determined by Malaise trap Collections. Mosquito News, 31: 509.

ROBINSON, G.S. (1976): The preparation of slides of Lepidoptera genitalia with special reference to the Microlepidoptera. Entomologist's Gaz., 27: 127.

ROE, R.M. & C.W. CLIFFORD (1976): Freeze-drying of spiders and immature insects using commercial equipment. Ann. ent. Soc. Amer., 69: 497.

ROECKL, K.W. (1937/38): Die Präparation der Süßwasserschwämme. Mikrokosmos, 31: 115.

ROEPKE, W. (1928): Über die Anfertigung mikroskopischer Präparate von Blattläusen (Aphididen). Anz. Schädlingskd., 4: 160 f.

ROHLF, F.J. (1957): A new technique in the preserving of soft-bodies insects and spiders. Turton News, 35: 226.

ROSE, C.L.; HAWKS, C.A. & H.H. GENOWAYS, (Hrsg.) (1995): Storage of Natural History Collections I: A Preventive Conservation Approach. Iowa City.

ROSE, C.L. & A.R. DE TORRES (Hrsg.)(1995): Storage of Natural History Collections (II): Ideas and Practical Solutions. Iowa City.

ROSSKOTHEN, P. & W. WÜSTHOFF (1934): Der Käfersammler in den Wintermonaten Januar und Februar. Ent. Bl., 30: 219 f.

ROSSKOTHEN, P. & W. WÜSTHOFF (1935): Der Käfersammler im März und April. Ent. Bl., 31: 35.

ROSSKOTHEN, P. & W. WÜSTHOFF (1935): Der Käfersammler im Mai und Juni. Ent. Bl., 31: 72 f.

ROTARIDES, M. (1928): Die technischen Verfahren in der Malakozoologie. Z. wiss. Mikrosk., 45: 296.

ROTARIDES, M. (1929): Zur Biologie einer Nacktschnecke (Lipnax flavus L.). X. Congr. intern. Zool., Budapest, Tl. 2: 952.

ROTARIDES, M. (1936): Examen anatomique des mollusques gastéropodes par le procede des preparations transparentes. Allatt. Közlem., 33: 44.

ROTARIDES, M. (1936): Anwendung der Spalteholzschen Methode für die Untersuchung von Schnecken in toto. Z. wiss. Mikrosk., 52: 419.

ROUBAL, I. (1931): Ergänzungen zu A. MOLITOR: Über Fang, Zucht, Beobachtung myrmekophiler Käfer. Coleopt. Rdsch., 17: 56.

ROUBAL, I. (1932): Zum Verzeichnis der mitteleuropäischen myrmekophilen Koleopteren. Coleopt. Rdsch., 18: 120.

ROUDABUSH, R.L. (1947): A Method for Relaxing and Fixing Large Cestodes. J. Parasitol., 33, Suppl.: 17.

RÜSCHKAMP, E. (1930): Einige Worte über Präparation, Bezettelung und Kartei im Dienste der Insektenkunde. Coleopt. Rdsch., 16: 165.

RUSHTON, S.P. & M.L. LUFF (1984): A new electrical method for sampling earthworm populations. Pedobiologia, 26: 15.

RUSSELL, F.E. (1969): Scorpion collecting. Toxicon, 6: 307 f.

RYBALTOVSKY, O.V.; I.P. KOMKOV & V.M. LEVITZKAYA (1967): The method for treatment of cestodes and nematodes fixed in formalin. (russ.). Parazitologiya, 1: 444 f.

SAMIETZ, R. (1989): Insekten – erfolgreichste Tiergruppe der Welt. Neue Museumskd., 32: 84.

SAMKOW, M.N. (1989): The possibility to collect insects using artificial light in the day time. Zool. Zh., Moscow, 68: 110.

SANDERS, O. & N.S. BROWN (1949): Rapid methods for killing Planaria and Lumbricus in an extended condition. Field and Lab., Dallas, 17: 30.

SATCHELL, J.E. (1969): Methods of sampling earthworm populations. Pedobiologia, Jena, 9: 20.

SATTLER, K. (1973): Bemerkungen zur Behandlung und Darstellung von Lepidopteren-Genitalien. Ent. Nachrichtenbl., 18: 86.

SAUFLEY, G.C. (1973): A Rapid Method of Collecting Lepidopterous Larvae. Journ. of Econ. Ent., 66, 3: 818 f.

SAVINSKI, P.I. (1953): Methode zur Trockenkonservierung der Form und Farbe von Insektenlarven, Fischen und anderen Tieren. Zool. J., Moskau, 32: 1285.

SAVORY, T. (1964): Arachnida (Spinnentiere). London/New York.

SCHADEWALD, G. (1955, 1956): Lichtfang. Nachrbl. Bayer. Ent., 4, 5: 75.

SCHAEFLEIN, H. (1983): Dytiscidenfang mit selbsgebauter automatischer Falle. Ent. Nachr. u. Ber., 27: 163.

SCHALIE, H. v. d. (1957): Nembutal as a relaxing agent for mollusks. Amer. Midland Natural., 50: 511 f.

SCHAMS, E. (1957): Über das Konservieren von Puppen. Z. wien. ent. Ges., 42: 72.

SCHANZEL, H. & M. BREZA (1963): Die helminthologische Zerlegung. Angew. Parasitol., 3: 35–37.

SCHAUFF, M.E. (1997): Collecting and Preserving Insects and Mites: Techniques and Tools. Washington, D.C.

SCHEER, G. (1967): Über die Methodik der Untersuchung von Korallenriffen. Z. Morph. Ökol. Tiere, 60: 105.

SCHEERPELTZ, O. (1925): Über die Aufstellung meiner Staphyliniden-Spezialsammlung. Ein Beitrag zur Lösung einiger sammlungstechnischer Probleme. Ent. Anz., 5: 11.

SCHEERPELTZ, O. (1926): Über das Sammeln von alpinen Leptusen (Staph.). Coleopt. Rdsch., 12: 139.

SCHEERPELTZ, O. (1926): Über das Sammeln ripikoler Insekten auf Schlamm-, Sand- und Schotterbänken. Coleopt. Rdsch., 12: 245.

SCHEERPELTZ, O. (1927): Ein einfaches Hilfsmittel zur Präparation des Oedeagalapparates bei Koleopteren. Coleopt. Rdsch., 13: 246.

SCHEERPELTZ, O. (1928): Sammlungstechnisches und sammeltechnische Neuheiten. Ent. Anz., 8: 14 f., 22.

SCHEERPELTZ, O. (1936/37): Über Tötung, Konservierung und Präparation von Käfern. Coleopt. Rdsch., 22/23: 23.

SCHEERPELTZ, O. (1938): Zur Technik des Sammelns in der Erde lebender Käfer 2. Über das Sammeln von terrikolen Käfern, die in tieferen Erdschichten leben. Coleopt. Rdsch., 24: 97.

SCHEERPELTZ, O. (1939/1940): Planung, Einrichtung und Aufstellung einer dem Studium der Systematik und zoogeographischer Fragen dienenden Sammlung. Coleopt. Rdsch., 25/26: 1.

SCHEERPELTZ, O. (1951-1954): Eine einfache Ködermethode für alle an ausfließenden Baumsaft zu findenden Insekten. Coleopt. Rdsch., 32: 97.

SCHEERPELTZ, O. (1957): Die Schwemm-Methode. Coleopt. Rdsch., 35: 22.

SCHEERPELTZ, O. (1960): Ein von Sammlern wenig beachteter Biotop: Vogelnester. Ent. Nachrbl., Wien, 7: 2.

SCHERF, H. (1957): Erfahrungen mit einem wenig beachteten Konservierungsmittel. Mitt. Dt. ent. Ges., 16: 53 f.

SCHERF, H. (1964): Die Entwicklungsstadien der mitteleuropäischen Curculioniden (Morphologie, Bionomie, Ökologie). Abh. senckenb. naturf. Ges., 506: 10.

SCHERNEY, F. (1959): Unsere Laufkäfer, ihre Biologie und wirtschaftliche Bedeutung. Die Neue Brehm-Bücherei, Wittenberg Lutherstadt, H. 245.

SCHICHA, E. (1969): Modell des Kopfes der Honigbiene (Apis mellifica). Der Präparator, 15: 97.

SCHICHA, E. (1979): Lehrmodell einer Mücke. Der Präparator, 25: 105.

SCHICHA, E. & W. KOLBE (1973): Anmerkungen zum Laufkäfermodell aus dem Fuhlrott-Museum in Wuppertal unter besonderer Berücksichtigung seiner Morphologie und Herstellungsweise. Der Präparator, 19: 11.

SCHIEFERDECKER, H. (1963): Über den Fang von Wasserinsekten mit Reusenfallen. Ent. Nachr., 1963: 60.

SCHIEMENZ, H. (1960): Stiefkinder der Entomologie. Mitteilungsbl. Insektenkd., 4: 89.

SCHIEMENZ, H. (1964): Beitrag zur Kenntnis der Zikadenfauna (Homoptera, Auchenorrhyncha) und ihrer Ökologie in Feldhecken, Restwäldern und angrenzenden Fluren. Arch. Natursch. u. Landschaftsf., 4: 163.

SCHIEMENZ, H. (1964): Präparation von Eintagsfliegen (Ephemeropteren) u.a. In: KOCH, M., Präparation von Insekten, Radebeul und Berlin, 103.

SCHINTLMEISTER, A. (1980): Erfahrungen einer entomologischen Sammelreise nach Sumatra. Atalanta, 11: 147.

SCHINTLMEISTER, A. (1983): Ein Batterie-Leuchtgerät für den Lichtfang. Ent. Nachr. u. Ber., 27: 231.

SCHLÄFLI, A. (1975): Pflanzenkonservierung und botanische Ausstellung am Thurgauischen Naturwissenschaftlichen Museum, Frauenfeld. Der Präparator, 21: 36.

SCHLEE, D. (1966): Präparation und Ermittlung von Meßwerten an Chironomidae (Diptera). Gewässer und Abwässer, 41/42: 169.

SCHLEE, D. (1968): Zur Präparation von Chironomiden. Ann. Zool. Fennica, 5: 127.

SCHLESCH, H. (1927,1938): Zur Präparation von Nacktschnecken. Arch. Molluskenkd., 59,70: 317,267.

SCHLIEPHAKE, G. (1966): Erfahrungen über das Arbeiten mit Mikroinsekten, dargestellt an den Thysanopteren. Wiss. Hefte des Pädagogischen Institutes Köthen, H. 2, 5.

SCHMELZER, W. (1933): Das Formalin-Preßverfahren. Z. wiss. Mikrosk., 49: 427.

SCHMID, F. (1935): Beitrag zur Technik der helminthologischen Untersuchung. Zbl. Bakt., Jena, 134: 150 f.

SCHMID, G. (1962): Versuch einer trockenen Konservierung von Nacktschnecken. Mitt. Dtsch. malak. Ges., 2: 19 f.

SCHMIDT, E. (1957): Die Exkursionslupe als Präparierlupe. Mitteilungsbl. Insektenkd., 1: 55.

SCHMIDT, G. (1916): Blutgefäßsystem und Mantelhöhle der Weinbergschnecke Helix pomatia. Z. wiss. Zool., 115: 201.

SCHMIDT, G. (1977): Präparieren von Insekten und anderen Wirbellosen. Minden.

SCHMIDT, H. (1960): Sepia-Fang an der Adria. Natur Volk, 90: 207 f.

SCHMIEDEKNECHT, M. & R. SEILER (1960): Ein einfaches Hilfsgerät für Präparationen unter der Lupe (Lupenklemme). Nachr.bl. Dtsch. Pflanzenschutzdienst N. F., 14: 114 f.

SCHMITZ, S. (1976): Die Schnecken- und Muschelsammlung. Lehrmeister-Bücherei, Minden, Nr. 107.

SCHMUTTERER, H. (1959): Schildläuse oder Coccoidea I. Deckelschildläuse oder Diaspididae. In: Die Tierwelt Deutschlands, Jena, Teil 45.

SCHNEIDER, F. (1958): Künstliche Blumen zum Nachweis von Winterquartieren, Futterpflanzen und Tageswanderungen von Lasiopictus pyrastri (L.) und anderen Schwebfliegen (Syrphidae, Dipt.). Mitt. Schweiz. ent. Ges., 31: 1.

SCHÖNBORN, C. (2003):Methoden der Erfassung von Nachtschmetterlingen - Grundlagen, Möglichkeiten und Voraussetzungen für aussagefähige Ergebnisse (Insecta: Lepidoptera): Beiträge zur bayerischen Entomofaunistik, Bamberg 5, 7–15.

SCHÖNBORN, W. (1961): Untersuchungen über die Schichtung im Hypolithion. Biol. Zbl., 80: 179.

SCHÖNBORN, W. (1963): Vergleichende zoozönotische Untersuchungen an Exkrementen, Kadavern, Hutpilzen und Vogelnestern. Biol. Zbl, 82: 165.

SCHÖNEFELD, P. (1985): Klarsichtschutzbehältnisse für kleine Inekten in Sammlungen. Neue Museumskd., 28: 275 f.

SCHRÄDER, T. (1956): Polyvenylalkohol-Lactophenol-Gemisch als Einbettungsmittel, insbesondere als Hilfsmittel für einfache Herrichtung von Copepoden zur Bestimmung. Gewässer und Abwässer, 14: 52.

SCHRADER, T. (1932): Über die Möglichkeit einer quantitativen Untersuchung der Ufer- und Bodentierwelt fließender Gewässer. Z. Fischerei, 30: 105.

SCHROLL, F. (1963): Verbesserte Methoden zur Konservierung von Zoologischem Kursmaterial. Der Präparator, 9: 265.

SCHÜLKE, M. & M. UHLIG (1989): Sepedophilus – Studien 1: S. pedicularius. Ent. Bl., Krefeld, 85: 147.

SCHÜLLER, L. (1961): Ein neues Verfahren zum Entfetten von Schmetterlingen. Der Präparator, 7: 266 f.

SCHULZ, O. (1979): Höhlenforschung in Österreich. Veröff. Naturhist. Mus. Wien N.F.: 17.

SCHULZE, J. (1990): Biologische Präparationstechnik: Genitalpräparation von Insekten am Beispiel von Käfern (Coleoptera). Fachschulfernstudium-Berlin, H. 16: 15.

SCHULZE, P. (1914): Einfache Methoden zur lebenswahren Fixierung von Actinien und Aplysia. Zool. Anz., 44: 628.

SCHULZE, P. (1915): Zum Konservieren von Gallen. Dtsch. ent. Z. 1915: 204 f.

SCHULZE, P. (1922): Einige neue Methoden für das Zoologische Praktikum. SB. Ges. nautrf. Fr., Berlin, Jg. 1921: 51.

SCHULZE, P. (1928): Das Sammeln zoologischer Untersuchungsobjekte. In: Péterfi, Methodik der wissenschaftlichen Biologie, Bd. 2: 120.

SCHULZE, P. (1932): Die Zecken als Vogelparasiten. J. Orn., 80: 318.

Schummer, R. (1989): Alfred Keller – Bildhauer für wissenschaftliche Plastik. Wiss. Z. d. Humboldt-Univ. zu Berlin, R. Math./Nat. wiss., 38: 341.

Schuurmans-Stekhoven, J.H. (1931): Das Isolieren von Nematoden. Verh. Dtsch. Zool. Ges., 5: 321 f.

Schwanecke, H. (1913): Das Blutgefäßsystem von Anodonta cellensis Schröt. Z. wiss. Zool., 107: 1.

Schwartz, A. (1980): Sammeln, Züchten, Präparieren und Abbilden von Insekten. 12. Eine einfache Methode für die Aufbewahrung und Versand von unpräparierten Insekten. Ent. Nachr., 24: 43.

Schweiger, H. (1951;1952): Käferfang bei Nacht. Ent. Nachr., Wien, 3; 4, 193.

Schwetschke, U. (1965): Ein zweckmäßiger Lichtfangstand. Ent. Ber., Berlin, H. 1: 12.

Schwoerbel, J. (1980): Methoden der Hydrobiologie – Süßwasserbiologie. 2. neubearb. Aufl., Stuttgart,.

Scott, J.A. (1955): Preparation and use of glychrogel mounting medium. J. Parasitol., 41: 219.

Sebestyén, O. (1941): Über das Sammeln, die Konservierung und Bestimmung von Süßwasserschwämmen. Fragin. Faun. Hung., 4 Suppl.: 21.

Sedlaczek, W. (1935): Anleitung zum Sammeln und Züchten von Borkenkäfern. Coleopt. Rdsch., 21: 153 f.

Seibert, H. (1870): Sammeln kleiner Mollusken. Nachr. bl. Dtsch. malak. Ges., 2: 96 f.

Seinhorst, J.W. (1959): A rapid method for the transfer of nematodes from the fixative to anhydrous glycerin. Nematologica, 4: 67.

Seinhorst, J.W. (1962): On the killing, fixation and transferring to glycerin of nematodes. Nematologica, 8: 29.

Sevastopulo, D.G. (1937): Methylated spirit as a relaxing agent. Ent. Rec., London, 49: 113.

Sevastopulo, D.G. (1937): A preservative fluid for metallic pupae. Ent. Rec., London, 49: 113 f.

Sevastopulo, D.G. (1953): The handling of "papered" insects. Ent. Rec., Bishop's Stortford, 65: 197.

Sgonina, K. (1935): Eine neue Sammelmethode für Collembolen. Anz. Schädlingsk., 11: 130 f.

Sgonina, K. (1937): Zum Sammeln von kleinen Bodentieren. Zool. Anz., 120: 319 f.

Shcherbina, V.P. (1964): Portable light trap PSL-1 to collect blood-sucking flying insects (russ.). Zool. Z., 43: 1569.

Sheard, K. (1941): Improved Methods of Collecting Marine Organisms. Rec. S. Aust. Mus., 7: 11.

Sick, F. (1967): Synökologische Untersuchungen über Fliegen (Anthomyiini) auf Kulturfeldern. Z. wiss. Zool., 176: 287.

Sieg, J. (1973): Zum Problem der Herstellung von Dauerpräparaten von Klein-Crustaceen, insbesondere von Typusexemplaren. Crustaceana, 25: 222.

Silhavy, V. (1969): Über die Präparation der Genitalien der Weberknechte. Dtsch. Ent. Z., N. F., 16: 141.

Singer, G. (1964): A simple Aspirator for collecting small arthropods directly into alcohol. Ann. ent. Soc. Amer., 57: 796.

Singer, G. (1967): A comparison between different mounting techniques commonly employed in acarology. Acarologia, 9: 475.

Skell, F. (1928): Über die Präparation der männlichen Genitalanhänge bei Schmetterlingen. Mitt. München. ent. Ges., 18: 67.

Skell, F. (1941): Zur einheitlichen Präparation von Schmetterlingen. Ent. Z., 55: 25.

Skuhravá, M. (1957): Ein mechanischer Ausleseapparat für die Gallmückenzuchten. Anz. Schädlingsk., 30: 185 f.

Skuhravá, M. & V. Skuhravy (1963): Gallmücken und ihre Gallen auf Wildpflanzen. Die Neue Brehm-Bücherei, Wittenberg Lutherstadt, H. 314.

Skuhravy, V. (1958): Studium der Tierwelt der Bodenoberfläche. Anz. Schädlingskd., 31: 180.

Skuhravy, V. (1970): Zur Anlockungsfähigkeit von Formalin für Carabiden in Bodenfallen. Beitr. Ent., 20: 371.

Slevin, J.P. (1931): A tank designed to overcome the difficulties met with in making a collection of alcoholics. Mus. News., 8: 12.

Smaldon, G. & E.W. Lee (1979): A synopsis of methods for thr narkotisation of marine invertebrates. Inf. Ser. R. Scott. Mus. (Nat. Hist.), 6: 1.

Smart, J. (1954): Instructions for Collectors. British Museum (Natural History), London, No. 4A.

Smith, W.L. (1973): Submersible device for collecting small crustaceans. Crustaceana, Leiden, 25: 104 f.

Sng (1960): Ein Schnecken-Fraßbilder-Herbarium. Arch. Molluskenkd., 89: 112.

Snyder, T.E. (1929): Directions for collecting, preserving and breeding termites (Isoptera); the collection and preserving of insect inquilines and symbiotic, intestinal protozoan parasites. Lingnan Sci. J., 7: 551.

Soeffing, K. (1987): Eine Wasserfalle für Libellenlarven. Libellula, 6: 102.

Sokolowski, K. (1956): Über das Ködern von Catopiden (Col.). Ent. Bl., 52: 157.

Sommer, R.G. & H. Meyer (1976): Farbige Transmissions-Lichtfallen zur Erfassung der Nachtaktivität der Insekten des Supralitoralis. Faun.-ökol. Mitt., 5: 47.

## Literatur

Sommermann, K.M. (1967): Modified Car-Top Insect Trap Functional to 45 mph. Ann. Ent. Soc. Amer., 60: 857.

Sommermann, K.M. & Simmet (1965): Car-top insect trap with terminal cage in auto. Mosquito News, 25: 172.

Spalteholz, W. (1922): Das „Durchsichtigmachen" als biologische Arbeitsmethode, in: Abderhalden, Handb. biol. Arbeitsmeth. Abt. IX.

Springett, J.A. (1981): A new method for extracting earthworms from soil cores, with a comparison of four commonly used methods for estimating earthworm. Pedobiologia, 21: 217.

Stagni, A. (1964): Alcune semplici tecniche per fissare in estensione idre, planarie e loro frammenti. Boll. Zool., 31: 19.

Stamm, K. (1958): Lichtfang mit UV-Licht und optischen Aufhellern. Dtsch. ent. Z. N.F., 5: 471.

Standfuss, M. (1891): Handbuch für Sammler der europäischen Grossschmetterlinge. Selbstverlag, Zürich.

Standfuss, R. (1914): Eine neue Aufhellungsmethode der Greifapparate von männlichen Schmetterlingen. Mitt. Schweiz. ent. Ges., 12: 229.

Starega, W. (1976): Die Weberknechte (Opiliones, excl. Sironidae) Bulgariens. Ann. Zool., 33: 287.

Steedman (Edit), H.F. (1976): Zooplankton fixation and preservation. Monogr. on Oceanographic Methodology, Paris, Vol. 4.

Steelman, C.D.; C.O. Richardson; R.E. Schaefer & B.M. Wilson (1968): A Collapsible Truck-Boat Trap for Collecting Blood Fed Mosquitoes and Tabanids. Mosquito News, 28: 64.

Steffan, A.W. (1957): Zur Präparation von Coleoptera-Genitalien. Ent. Bl., 53: 176.

Steigen, A.L. (1973): Sampling invertebrates active below a snow cover. Oikos (Kbh.), 23: 373.

Steinbichler, H. (1928): Methoden und Geräte für den Dytiscidenfang (Coleopt. Schwimmkäfer). Z. Ver. Naturbeob., 3: 11.

Steinborn, H.-A. (1981): Ökologische Untersuchungen an Schmeißfliegen (Calliphoridae). Drosera, 81: 17.

Steiner, A. (1994): Anlockung durch Licht, in: Ebert: Die Schmetterlinge Baden-Württembergs, 3: 28.

Steiner, G. (1963): Das zoologische Laboratorium. Stuttgart.

Steiner, H. & G. Neuffer (1958): Eine netzunabhängige Insekten-Lichtfalle. Z. Pflanzenkrankh., 65: 93.

Steiner, H. & G. Neuffer (1959): Verbesserte Fängigkeit der Stuttgarter Insekten-Lichtfalle. Z. Pflanzenkrankh., 66: 221.

Steininger, F.F. (Hrsg) (1996): Agenda Systematik 2000 – Erschließung der Biosphäre (Eine weltumspannende Initiative zur Entdeckung, Beschreibung und Klassifizierung aller Arten der Erde) Kleine Senckenberg – Reihe 22, Frankfurt am Main.

Stephen, A.C. & S.J. Edmonds (1972): The Phyla Sipuncula and Echiurida. Brit. Mus. (Nat. Hist.), London, 528 S.

Sterki, V. (1918): Inland Mollusks. Directions for Collecting and Preserving. Ohio J. Sci., 18: 168.

Sterzl, O. (1949): Falterfang mit Köder (Streichköder und Apfelschnüre). Wien. ent. Rdsch., 1: 15 f.

Steyskal, G.C. (1981): A bibliography of the Malaise trap. Proc. Ent. Soc. Washington, 83: 225.

Stitz, H. (1939): Ameisen oder Formicidae. Die Tierwelt Deutschlands, Jena, Teil 37.

Storch, V. & Welsch, U. (2005): Kükenthal – Zoologisches Praktikum, 25. Aufl., Spektrum Akademischer Verlag in Elsevier.

Straatman, R. (1955): Notes on methods of collecting Indo-Australian Lepidoptera. Lepid. News, New Haven, 9: 74.

Strauss, D. (1979): Eine Präparationsweise für das Opisthosoma (Hinterleib) von Spinnen. Der Präparator, 25: 101.

Streicher, S. (1984): 90 Tage im Korallenmeer – Stationen einer meeresbiologischen Expedition. Hinstorf Verlag, Rostock.

Strenger, A. (1973): Sphaerechinus granularis: Violetter Seeigel. Anleitung zur makroskopischen und mikroskopischen Untersuchung. Großes Zool. Praktikum, Stuttgart, H. 18e.

Striebing, D. (1992): Zur Präparation von Webspinnen. Der Präparator, 38, 1: 7.

Stritt, W. (1971): Wartehäuschen als Lichtfallen für Hautflügler (Hymenoptera). Dtsch. Ent. Z., N. F., 18: 99.

Strübing, H. (1958): Schneeinsekten. Die neue Brehm-Bücherei, Wittenberg Lutherstadt, H. 220.

Stüben, M. (1949): Ein neues Einschlussmittel für Chitin. Entomon, 1: 70 f.

Sudarikov, V.E. (1965): New medium for cleaning the preparations of helminths (russ.). Trudy gelmint. Lab., 15: 156 f.

Sustek, Z. (1987): A simple and effective method of relaxing the insects conserved by formol. BIOLOGIA (Bratislava), 42: 633.

Swerew, A.N. (1956): Ein Gerät von der Form eines Häufelpfluges zum Fang von Zecken. Zool. J., Moskau, 35: 155 f.

SZILÁDY (1943): Eine Präpariermethode für Schnaken. Ent. Z., 56: 190 f.

SZÜTS, A. v. (1915): Ungarische Adriaforschung. Zool. Anz., 45: 422.

TABORSKY, K. (1961): Methodik der zoologischen Arbeiten in den Museen. Prag, Tl. I u. II.

TABORSKY, K. (1963): Sammel- und Konservierungsmethoden für Stachelhäuter. Neue Museumsk., 6: 293.

TAGESTAD, A.D. (1974): A technique for mounting Microlepidoptera. J. Kansas Ent. Soc., 47: 26.

TAGILZEW, A.A. (1957): Thermoelektoren für die Auslese von Ektoparasiten aus Nestern. Med. Parasit., Moskau, 36: 334.

TANNERT, W. (1960): Die Frage des Schutzes von Insektensammlungen gegen Anthrenus spec. (Coleopt.-Dermestidae). Anz. Schädlingsk., 33: 87.

TARIQUIEY, A.R. (1960): Instucciones para la recoleccion y conservacion de los crustaeos decapodos en aguas Mediterraneas. Renn. Product-Pesq., Barcelona, 4: 106.

TARSHIS, I.B. (1952): Equipment and methods for the collection of Hippoboscid flies from trapped California Valley quail, Lophortyx californica vallicola (RIDGWA), (Diptera). Bull. Brooklyn ent. Soc., 47: 69.

TARSHIS, I.B. (1968): Use of fabrics in steam to collect black fly larvae. Ann. ent. Soc. Amer., 61: 960 f.

TASHIRO, H. & E.L. TUTTLE (1959): Blacklight as an attractant to European chafer beetles. J. econ. Ent., Washington, 52: 744.

TEAL, J.M. (1960): A technique for separating nematodes and small arthropods from marine muds. Limnol. Oceanogr., 5: 341 f.

TEICHMANN, B. (1994): Eine wenig bekannte Konservierungsflüssigkeit für Bodenfallen. Ent. Nachr. u. Ber., 38, 1: 25.

TEISSIER, G. (1938): Un procédé pratique pour la conservation à sec des gros Crustacés. Bull. Soc. zool. France, 63: 152.

TERESHKIN, A.M. & A.S. SHLYAKHTYONOK (1989): An experience in using Malez's traps to study insects. Zool. Zh., Moscow, 68: 290.

TETENS, A. (1919): Verfahren zur Gewinnung von Konchylienschalen aus Genist. Nachr.bl. Dtsch. malak. Ges., 51: 127 f.

TETENS, A. (1931): Sammelgeräte für den Konchyliologen. Arch. Molluskenkd., 63: 123.

TETENS, A. (1931): Weitere Sammelgeräte und praktische Winke für den Konchyliologen. Arch. Molluskenkd., 63: 160.

THIELE, J. (1931;1935): Handbuch der systematischen Weichtierkunde. Jena, Bd. 1; 2.

THOMAS, H.J. (1952): The efficiency of fishing methods employed in the capture of lobsters and crabs. J. Conseil int. Expl. Mer., 18: 333.

THOMPSON, P.H. (1967): Sampling Hematophagus Diptera with a Conical Trap and Carbon Dioxide, with Special Reference to Culex salinarius. Ann. Ent. Soc. Amer., 60: 1260.

THOMPSON, P.H. (1969): Collecting methods for Tabanidae (Diptera). Ann. ent. Soc. Amer., 62: 50.

THÖNI-VOGT, E. (1960): Muscheln. Ein Wegweiser zu ungeahnten Sammelfreuden. Bern-Stuttgart.

THORNS, H.-J. (1988): Sammeln und Präparieren von Tieren. 3. Aufl., Kosmos - Franckh'sche Verlagshandlung, Stuttgart.

THORSTEINSON, A.J.; G.K. BRACKEN & W. HANEC (1965): The orientation behaviour of horse flies and deer flies (Tabanidae, Diptera). III. The use of traps in the study of orientation of Tabanids in the field. Ent. exp. appl., Amsterdam, 8: 189.

TISCHLER, T. (1985): Freiland-Experimentelle Untersuchungen zur Ökologie und Biologie phytophager Käfer (Coleoptera: Chrysomelidae, Curculionidae) im Litoral der Nordseeküste. Faun.-ökol. Mitt., Suppl. 6: 26.

TITSCHACK, E. (1937): Zur Neuaufstellung der Insekten in der Schausammlung des Hamburgischen Zoologischen Museums und Instituts. Mus.kd., Berlin, 9: 139.

TOBIAS, W. (1964): Ein Beitrag zur Trichopterenfauna des Fuldagebietes (Teil I.). Ent. Z., Frankfurt/M., 74: 129.

TOBIAS, W. & D. TOBIAS (1981): Trichoptera Germanica, Teil I: Imagines. Cour. Forsch.-Inst. Senckenberg, 49: 1.

TONGIORGI, P. (1963): Ökologische Untersuchungen über die Arthropoden eines Sandstrandes der tyrrhenischen Küste. I. Allgemeine Charakteristik des Untersuchungsgebietes und der Methoden. Redia (Firenze), 48: 165.

TONOLLI, V. (1962): Nuovi strumenti per la raccolta e la separazione dei Popolamenti bentonici. Pubbl. Staz zool. Napoli, 32 Suppl., 20.

TÖRNE, E. v. (1957): Zur Feuchtpräparation von Kleinarthropoden. Mikroskopie, 11: 338.

TÖRNE, E. v. (1965): Hilfsmittel zum Fang und zur Zählung von kleinen Bodenarthropoden. Pedobiologia, Jena, 4: 265.

TÖRNE, E. v. (1965): Erfahrungen bei der Fixierung und Konservierung von kleinen terricolen Arthropoden. Mitt. Dtsch. Ent. Ges., Berlin, 24: 67.

TOTTON, A.K. (1935): The preparation of jellyfish for exhibition. Mus. Journ., 35: 14.

TOWNES, H. (1962): Design for a Malaise trap. Proc. Ent. Soc. Wash., 64: 253.

TOWNES, H. (1972): A Light-Weight Malaise Trap. Ent. News, 83: 239.

TRAUTNER, J. (Hrsg.) (1992): Arten- und Biotopschutz in der Planung: Methodische Standards zur Erfassung von Tierartengruppen, BVDL-Tagung Bad Wurzach, 9.–10. November 1991.

TRESSLER, D.K. (1923): Marine products of commerce. Their acquisition, handling, biological aspects and the science and technology of their preparation and preservation. New York.

TRPIS, M. (1965): Einige neue Erkenntnisse über die Konstruktion an Lichtfallen für Insektenfang. Biologia, Bratislava, 20: 901.

TSCHIRNHAUS, M. v. (1981): Die Halm- und Minierfliegen im Grenzbereich Land-Meer der Nordsee. Spixiana, München, Suppl. 6: 1.

TULLBERG, T. (1891): Über Conservierung von Evertebraten in ausgedehntem Zustand. Verh. Biol. Ver. Stockholm, 4: 4.

TULLGREN, A. (1917): Ein sehr einfacher Ausleseapparat für terricole Tierformen. Z. angew. Ent., 4: 149 f.

TURNOCK, W.J. (1957): A trap for insects energing the soil. Canad. Ent., Ottawa, 89: 455 f.

UPTON, M.S. (1991):Methods for collecting, preserving, and studying insects and allied forms. Brisbane.

URBAHN, E. (1960): Neuere Methoden, getrocknete Schmetterlinge spannfähig zu erweichen und zu entölen. Mitteilungsbl. Insektenkd., 4: 68.

VAGVÖLGYI, I. (1953): A new sorting method for snails, applicable also for quantitative researches. Ann. hist.-nat. Mus. hung. N. S., 3: 101.

VALENTINE, I.M. (1942): On the preparation and preservation of Insects, with particular reference to Coleoptera. Smithson. misc. Coll, 103.

VALPAS, A. (1969): Hot rod technique, a modification of the dry funnel technique for extracting Collembola especially from frozen soil. Ann. Zool. Fennica, 6: 269.

VANHÖFFEN, E. (1895): Untersuchungen über Anatomie und Entwicklungsgeschichte von Arachnactis albida SARS. Zoologica, 8: 3.

VANHÖFFEN, E. (1913): Über Konservierung von Hydra SB. Ges. naturf. Fr. Berlin, Jg. 1913: 80.

VEGTE, F.A. v. d. (1959): A method for fixing and mounting nematodes in one process. Nematologica, 4: 356 f.

VERDCOURT, B. (1948): The stanning of radulae. Stain. Technol., 23: 145.

VERHOEFF, K.W. (1939): Aus dem Leben der Tausendfüßler (Diplopoden). Wann, wie und wo sammelt man Tausendfüßler?. Natur Volk, 69: 559.

VERNE, J. (1921): Un procédé de conservation des couleurs dans la carapace des Crustacés Decapodes, déduit de l'étude histochimique des pigments. Bull. Soc. zool. France, 46: 61.

VERRIEST, G. (1950): Note sur la recolte des hirundinées d'eau douce et terrestres, leur fixation et leur conservation. Biol. Jaarb., Den Haag, 17: 244.

VIEHMEYER, H. (1918): Anleitung zum Sammeln von Ameisen. Arch. Naturg., 84, Abt. A: 160.

VIETS, K. (1955/56): Die Milben des Süßwassers und des Meeres mit Bibliographie, Katalog und Nomenklatur. Jena.

VITZTHUM, H. (1943): Acarina. In BRONN, Kl. Ord., Leipzig, 5.Bd., 4.Abt., 5.Bch.

VLADIMIROVA, V.V. & A.A. POTAPOV (1963): New types of catching traps for grandflies and midges. Medskaya Parazit., Moscow, 32: 83.

VOGEL, J. (1983): Zur Köderwirkung von Äthanol auf Megaloscapa punctipennis (KR.) und andere Staphylinidae (Coleoptera) in Bodenfallen. Ent. Nachr. u. Ber., 27: 33.

VOGLER, S. (1987): Biologische Präparationstechnik. Einschlusstechnik. Fachschul-Fernstudium, Berlin, H. 17: 14 S.

VOGT, H. (1956): Käfer in Maulwurfsnestern. Naturschutzst. Darmstadt, Inst. z. Erforschg., Pflege u. Gestaltung d. Landschaft. Schriftenreihe III, 3: 119.

VOGT, H. (1972): Bemerkenswerte Käfergesellschaften III. Die moderne Holzkammer. Ent. Bl., Krefeld, 68: 115.

VOLLGER, E. (1983): Erste Ergebnisse eines Einsatzes von Personenkraftwagen zum Fang von Bremsen (Dipt., Tabanidae). Ent. Nachr. u. Ber., 27: 171.

VOLLGER, E. (1985): Fangmethoden für Bremsen (Dipt. Tabanidae). Ent. Nachr. u. Ber., 29: 91.

VORMIZEELE, J.V. v. (1964): Resonal, ein wasserlösliches Kunstharz zum Einschluss von Insektenpräparaten. Mikrokosmos, 53: 380.

VORNATSCHER, J. (1968): Über die Verwendung von Köderfallen in Höhlen. Die Höhle, 19: 119.

Voss, E. (1960): An Orchideen lebende Curculioniden (Col., Curc.). Verhandl. XI. Int. Kongr. Ent. Wien, 1: 104.

Voss, H. (1939): Makroskopisch-anatomische Präparationstechnik, Leipzig.

Vosswinkel, R. (1976): Das Blutgefäßsystem von Helix pomatia L. (Gastropoda, Pulmonata). I. Makroskopische Untersuchung des arteriellen Systems. Zool. Jb. Anat., 96: 529.

Vosswinkel, R. (1982): Das Blutgefäßsystem von Helix pomatia L. (Gastropoda, Pulmunata). Teil II: Licht- und elektronenmikroskopische Untersuchungen der verschiedenen Anteile des Systems. Zool. Jahrb. Anat., 108: 341.

Wächtler, W. (1925): Zur Technik des Molluskensammlers. Arch. Molluskenk., 57: 41.

Waede, M. (1961): Über die Anwendung eines Erdbohrers zur Ermittlung der Tiefenlage von Insekten im Boden. Nachr.bl. Dtsch. Pflanzenschutzdienst, 13: 91.

Wagener, S. (1991): Naturschutz in den alten Ländern der BRD aus der Sicht des Entomologen. Ent. Nachr. u. Ber, 35, 4: 245.

Wagstaffe, R. & J.H. Fidler (1955): The preservation of natural history specimens. Vol. I: Invertebrates. New York.

Wallace, H.K. (1937): The use of the Headlight in Collecting Nocturnal Spiders. Ent. News Philad., 48: 107.

Waller, G. (1968): Über das Aufweichen von Lepidopteren und besonders von Lycaeniden. Ent. Nachr.bl., Wien, 15: 31 f.

Wallis, W. (1967): Lindan statt Paradichlorbenzol zum Schutz von Insektensammlungen vor Schädlingsbefall. Ent. Bl., Krefeld, 63: 124 f.

Walter, G. & J. Streichert (1984): Eine einfache Methode zum Sammeln der Zeckenart Ixodes lividus Koch 1844 aus den Nestern der Uferschwalbe. Ang. Zool., 2: 225.

Walther, P.B. & R.M. Snider (1984): Techniques for Sampling earthworms and cocoons from leaf litter, humus and soil. Pedobiologia, 27: 293.

Warburton, F.E. (1957): Removing intact bivalves from their shells. Pubbl. Staz. zool. Napoli, 30, H.1.

Wasbauer, M.S. (1957): An improved method for collecting Brachycistidine females (Hymenoptera: Tiphiidae). Pan Pacific Ent., 33: 13 f.

Washino, R.K. & Y. Hokama (1968): Quantitative sampling of aquatic insects in a shallowwater habitat. Ann. ent. Soc. Amer., 61: 785 f.

Waterstraat, A. (1988): Zur Verbreitung und Ökologie der Reliktkrebse Mysis relicta (Loren), Pallasea quadrispinosa (Sars) und Pontopoolia affinis (Lindstrom). Arch. Nat.schutz u. Landsch.forsch, Berlin, 28: 121.

Weaver III, J. S. & T. R. White (1980): A rapid, steam bath method for relaxing dry insects. Ent. News, 91: 122.

Weber, W. (1963): Kunstharzeinbettung zur Herstellung von Korallen-Dünnschliffen. Der Präparator, 9: 111.

Weems Jr., H.V. (1953): Notes on collecting Syrphid flies (Diptera, Syrphidae). Florida Entomolog., 36: 91.

Weigt, H.-J. (1979): Blütenspanner-Beobachtungen 3 (Lepidoptera, Geometridae). Methoden der Mikropräparation und bildlichen Darstellung. Dortmunder Beitr. z. Landeskd., 13: 3.

Weigt, H.-J. (1980): Blütenspanner-Beobachtungen 4 (Lepidoptera, Geometridae). Dortmunder Beitr. z. Landeskd., 14: 21.

Weikert, H. (1973): Die Tierwelt der Meeresoberfläche und ihr Lebensraum. Natur u. Museum, 103: 53.

Weise, E. (1970): Konservierung von Genitalpräparaten, insbesondere bei Xantholinus. Ent. Bl., Krefeld, 66: 120 f.

Wells, M. J. (1980): A strange method of capturing a lepidopteran. Entomol. Rec. and Journ. of Variation, 92: 119.

Weltner, W. (1894): Anleitung zum Sammeln von Süßwasserschwämmen nebst Bemerkungen über die in ihnen lebenden Insektenlarven. Ent. Nachr., 20: 145.

Wenzel, G. (1967): Ein automatisches Lichtfanggerät. Mitt. Ent. Ver. Stuttgart, 2: 32.

Westblad, E. (1940): Studien über skandinavische Turbellaria Acoela. Ark. Zool., 32 A, No. 20: 3 f.

Wettstein, O. (1964): Bericht über die 30. Entomologentagung der entomologischen Arbeitsgemeinschaft in Linz am 9. und 10. XI. 1963. Anz. Schädlingsk., 37: 26 f.

Wetzel, T. (1963): Erfahrungen über das Arbeiten mit dem Berlese-Apparat. Nachr.bl. Dtsch. Pflanzenschutzdienst N. F. 1963: 176-178.

Wheeler, G.C. & J. Wheeler (1960): Techniques for the study of ant larvae. Psyche, Cambridge, Mass., 67: 87.

Wickstrad, J. (1953): A new apparatus for the collection of bottom plankton. J. Mar. biol. Ass. U.K., 32: 347.

Wiebach, F. (1950): Unsere häufigsten Süßwasser-Bryozoen. Mikrokosmos, 39: 121.

Wiegel, K.-H. (1958): Die Nikotintötungsmethode und die Behandlung von Lepidopteren, insbesondere Zygaenen, beim Sammeln. Nachr.Bl. bayer. Ent., 7: 35.

## Literatur

Wiegel, K.-H. & C. Naumann (o.J.): Die Nikotintötungsmethode und die Behandlung von Zygaenen beim und nach dem Sammeln. Manuskript.

Wiehle, H. (1960/61): Beiträge zur Kenntnis der deutschen Spinnenfauna. Zool. Jb. Syst., 88: 195.

Wiesmann, R. (1967): Physiologische Grundlagen zum Anlocken und Fangen von Insekten. Mitt. Schweiz. ent. Ges., 40: 37.

Wildeck, I. & H. Schieferdecker (1967): Beitrag zum Lebendfang von Insekten mittels einer automatischen Lichtfalle. Ent. Nachr., Dresden, 11: 1.

Wildführ. G. (1982): Medizinische Mikrobiologie, Immunologie und Epidemiologie. 2. Aufl., Leipzig, IV: 795.

Williams, C.S. (1968): Scorpion preservation for taxonomic and morphological studies. Wasmann J. Biol., 26: 133.

Williams, C.S. (1968): Methods of sampling scorpion populations. Proc. Calif. Acad. Sci., 36: 221-230.

Williamson, M.H. (1959): The separation of molluscs from woodland leaflitter. J. anim. Ecol., 28: 153.

Winkler, A. (1912): Eine neue Sammeltechnik für Subterrankäfer (Schwemm-Methode). Coleopt. Rdsch., 1: 119.

Winkler, J.R. (1961): Die Buntkäfer. Die Neue Brehm-Bücherei, Wittenberg Lutherstadt, H. 281.

Woelke, O. (1967): Milben-Wäscherei. Eine Methode zum Sammeln von Milben auf Fellen und Gefieder. Mikrokosmos, 56: 87.

Wölper, C. (1950): Das Osphradium von Paladina vivipara. Z. vergl. Physiol., 32: 272.

Wulfert, K. (1956): Über das Sammeln, Versenden, Konservieren und Bestimmen von Rotatorien. Mikrokosmos, 46: 59.

Würmli, M. & E. Würmli (1976): Bericht über eine entomologische Reise nach Indonesien (Bali, Westflores, Westborneo). Ent. Arb. Mus. Frey, 27: 407.

Wynter-Blyth, M.A. (1957): Butterflies of the Indian region. Bombay Nat. Hist. Soc.: 523.

Wyvern, E.S. (1962;1963): Die Kunst des Kunstharz-Eingusses. Neptun, 2;3: 345;79,199 f.

Zahradnik, J. (1985): Die Käfer Mittel- und Nordwesteuropas. Hamburg u. Berlin.

Zeissler, H. (1963): Ein Hochwasser-Spülsaum eines kleinen Baches und die Bedeutung solcher Funde für die Beurteilung fossiler Mollusken-Thanatozönosen. Arch. Molluskenkd., 91: 145.

Zhogolev, D.T. (1959): Light traps as a method of collecting and study of insects as carries of a disease. Ent. Obozr., Moscow, 38: 766.

Zicsi, A. (1957): Ein Bodenausstecher zum Einsammeln der Lumbriciden aus Ackerböden. Opusc. Zool., Budapest, 2: 71.

Zielke, E. (1971): Revision der Muscinae der Äthiopischen Region. The Hague, Serie ent., 7: 2.

Zimmermann, W. (1986): Gothaer Emergenz-Untersuchungen im Biosphärenreservat Vessertal. Abh. Ber. Mus. Nat. Gotha, 13: 3.

Zismann, L. (1969): A light-trap for sampling aquatic organisms. Israel J. Zool., 18: 343.

Zoerner, H. (1970): Zur Verwendung von Zuchtkapseln bei der Zucht von Ruhestadien mittelgroßer und kleiner Insekten. Ent. Nachr., Dresden, 14: 72.

Zoerner, H. (1971): Das Ködern von Schmetterlingen mit Hilfe einer automatisch arbeitenden Falle. Ent. Nachr., Dresden, 15: 69.

Zoerner, H. (1972): 1. Nachtrag zu dem Arikel „Das Ködern von Schmetterlingen mit Hilfe einer automatisch arbeitenden Falle". Ent. Nachr., Dresden, 16: 161.

Zoerner, H. (1976): Die automatische Köderfalle. Ent. Ber., Berlin, H. 1: 31.

Zoerner, H. (1976): Selbstherstellung verschiedener entomologischer Geräte (2). Ent. Nachr., Dresden, 20: 168.

Zompro, O. (1996): Zum Sammeln, Transport, Konservieren und Züchten von Phasmiden: Ent. Z. 106 (5) 194-202.

Zlotorzycka, J. (1969): Trocken-Aufbewahrung gesammelter Mallophagen. Angew. Parasitol. 10: 240–241.

Züllich, R. (1936): Zur Technik des Lichtfanges. Ent. Z., 49: 526.

Zumpf, F. (1940): Die Konservierung der Zecken. Z. Paras.kd., Jena, 11: 679.

Zwick, P. (1970): Fixierung ausgestülpter Präputialsäcke. Ent. Bl., Krefeld, 66: 121f.

# Anhang

## Behandlung großer Evertebraten aus Planktonfängen

Anmerkungen zu den nachfolgenden Tabellen: Zur Betäubung streue man reichlich trockene Mentholkristalle auf das Seewasser. Sobald die Tiere reaktionslos sind, werden sie in 10 %igem neutralisiertem Meerwasserformalin fixiert. Der erste Wechsel erfolgt nach 12 oder 24 Stunden. Das Formalin wird abgegossen und statt dessen schwacher Alkohol (etwa 40- bis 50 %ig) hinzugefügt. Nach weiteren 12 bis 24 Stunden wird der schwache Alkohol – er lässt sich mehrmals verwenden – abgegossen und durch 75%igen oder – falls erforderlich – durch 96%igen Alkohol ersetzt.

Vor der Überführung in das endgültige Konservierungsmittel schüttele man das Material in schwachem Alkohol, um den weißen Niederschlag zu entfernen, der entsteht, wenn Alkohol mit Seewasserformalin verunreinigt wird.

Sofern bei Planktonfängen das strontiumhaltige Spicularskelett der Acantharinen erhalten bleiben soll, welches in Formalinlösung bei den pH-Werten von 3,7 bis 8,2 leicht zerstört wird, kann man dies durch Zusatz von Strontiumchlorid verhindern, da auf diese Weise eine etwa 10fache Strontium-Konzentration als die normale (8 mg/100 ml) erreicht wird. Nach BEERS & STEWART (1970) deutet die rapide Zerstörung von strontiumhaltigen und anderen Mineralskeletten durch Seewasser der angegebenen pH-Werte daraufhin, dass die lebenden Organismen durch einen ständigen Erneuerungsprozess geschützt sind.

**Tabelle 1** Methoden zur Behandlung großer Evertrebraten aus Planktonfängen. Nach MARR (1963)

| Art des Materials | Betäubung | Fixieren oder Töten | 1. Wechsel | Konservierungsmittel | Bemerkung |
|---|---|---|---|---|---|
| Medusen (Hydroidea) und Staats- oder Röhrenquallen (Siphonophora) | keine | Formalin | frisches Formalin | Formalin | Der erste Formalinwechsel ist endgültig |
| Schnurwürmer (Nemertini) | Menthol oder Chloralhydrat | Formalin | schwacher Alkohol | starker Alkohol | Siehe Bemerkung in Tabelle 3 unter Nemertini. Für den 1. Wechsel und als Konservierungsmittel kann statt Alkohol auch Formalin verwendet werden. |
| Kielfüßer (Heteropoda) | keine | Formalin | frisches Formalin | Formalin | Der erste Formalinwechsel ist endgültig. |
| Kopffüßer (Cephalopoda) | keine | Formalin | schwacher Alkohol | starker Alkohol | Man fixiere in so großen Röhren, dass die breitesten Teile umspannt sind und die Tentakelarme sich gut strecken lassen. Lagerung wie in Tabelle 3 unter Polychaeta beschrieben. |
| Vielborster (Polychaeta) | Menthol | Formalin | schwacher Alkohol | starker Alkohol | Siehe Bemerkungen in Tabelle 2 unter Polychaeta. |
| Krebse (Crustacea) | keine | Formalin | schwacher Alkohol | starker Alkohol | Die große transparente Amphipode Cystosoma und Decapodenlarven können auch in Formalin konserviert werden. |
| Pfeilwürmer (Chaetognatha) | keine | Formalin | frisches Formalin | Formalin | Der erste Formalinwechsel ist endgültig. Sehr große Formen, wie Sagitta gazellae RITTER-ZAHONY, Sagittia maxima CONTANT und andere, werden am besten in liegenden engen Röhren mit dem Kopf nach oben fixiert. |

**Tabelle 2** Massenmethoden zur Behandlung benthischen Materials. Nach Marr (1963)

| Art des Materials | Betäubung | Fixieren oder Töten | 1. Wechsel | Konservierungsmittel | Bemerkung |
|---|---|---|---|---|---|
| Bodenbestandteile: Schlamm, Sand, Schlick usw. | keine | Formalin | konzentrierter Alkohol | konzentrierter Alkohol | Die Formalinfixierung garantiert die bestmögliche Massenbehandlung der aus den Sedimenten erhaltenen Organismen. Der erste Alkoholwechsel ist endgültig. |
| Foraminiferen und andere kleine Organismen aus Waschungen, Sieben und Rückständen von Grundschleppnetzen sowie Dredgen | keine | Formalin | konzentrierter Alkohol | konzentrierter Alkohol | Es müssen jeweils repräsentative Proben für eine spätere Bearbeitung fixiert werden. Der erste Alkoholwechsel ist endgültig. |
| Schwämme (Porifera) | keine | konzentrierter Alkohol | konzentrierter Alkohol | konzentrierter Alkohol | Der erste Alkoholwechsel ist endgültig. |
| Hohltiere: Hydroidea, Alcyonaria, Korallen, Hydrokorallen, Seeanemonen, Dörnchenkorallen (Antipatharia) usw. | Menthol | Formalin | schwacher Alkohol | starker Alkohol | Hydroidea lassen sich meist mit ausgestreckten Tentakeln töten, wenn man sie im Formalin energisch schüttelt. Seeanemonen dürfen nicht zu lange im Menthol bleiben. |
| Schnurwürmer (Nemertini) | Menthol oder Chloralhydrat | Formalin | schwacher Alkohol | starker Alkohol | Der Gebrauch von Menthol oder Choralhydrat hydrat muss jeweils erprobt werden; manchmal wirkt das eine, manchmal das andere Mittel besser. |
| Parasitische Würmer und freilebende Nematoden | keine | heißes Sublimat | schwacher Alkohol | starker Alkohol | |
| Hinterkiemer (Opistobranchia), Tectibranchiata, Nudibranchiata usw. | Menthol | Formalin | schwacher Alkohol | starker Alkohol | |
| Andere Weichtiere | keine | Formalin | schwacher Alkohol | starker Alkohol | |
| Spritzwürmer (Sipunculidae) | Menthol | Formalin | schwacher Alkohol | starker Alkohol | |

**Tabelle 2** Fortsetzung

| Art des Materials | Betäubung | Fixieren oder Töten | 1. Wechsel | Konservierungsmittel | Bemerkung |
|---|---|---|---|---|---|
| Vielborster (Polychaeta) | Menthol | Formalin | schwacher Alkohol | starker Alkohol | Polychaeten fixiere man in Röhren, in die sie ihrem Umfang und ihrer Länge nach passen. Damit die Tiere in ausgestrecktem Zustand härten können, müssen die Behälter 12 bis 24 Stunden flach liegen. |
| Asselspinnen (Pantopoda) | keine | Formalin | schwacher Alkohol | starker Alkohol | Große und sehr große Exemplare fixiert man in langen Röhren von 1,5 bis 2,5 cm Durchmesser mit nach vorn und hinten ausgestreckten Beinen. |
| Krebse (Crustacea) aller Arten | keine | Formalin | schwacher Alkohol | starker Alkohol | |
| Moostiere (Bryozoa) | Menthol | Formalin | schwacher Alkohol | starker Alkohol | |
| Flügelkiemer (Pterobranchia) | Menthol | Formalin | schwacher Alkohol | starker Alkohol | |
| Haarsterne (Crinoidea) | keine | starker Alkohol | starker Alkohol | starker Alkohol | Der erste Alkoholwechsel ist endgültig. Man bewahrt die Objekte am besten einzeln in Röhrchen entsprechender Größe auf. |
| Seewalzen (Holothuroidea) | Menthol | Formalin | schwacher Alkohol | starker Alkohol | Um das Auswerfen der Eingeweide zu verhüten, injiziere man lederhäutigen Tieren eine Dosis 40%igen Formalins durch die Analöffnung. Das Verfahren muss mit schwachem und starkem Alkohol wiederholt werden. |
| Seeigel (Echinoidea) und Seesterne (Asteroidea) | keine | Formalin | schwacher Alkohol | starker Alkohol | |
| Schlangensterne (Ophiuroidea) | keine | Formalin | schwacher Alkohol | starker Alkohol | Schlangensterne sterben, ohne sich zu deformieren, wenn sie in einer flachen Schale mit Süßwasser bedeckt werden |
| Seescheiden (Ascidiacea) | keine | Formalin | schwacher Alkohol | starker Alkohol | |

## Verdünnungstabelle

| | Prozentgehalt des zu verdünnenden Alkohols | | | | | | | | | | | |
|---|---|---|---|---|---|---|---|---|---|---|---|---|
| | 95 % | 90 % | 85 % | 80 % | 75 % | 70 % | 65 % | 60 % | 55 % | 50 % | 45 % | 40 % | 35 % |
| 90 % | 6,50 | | | | | | | | | | | | |
| 85 % | 13,36 | 6,56 | | | | | | | | | | | |
| 80 % | 20,16 | 13,79 | 6,83 | | | | | | | | | | |
| 75 % | 29,66 | 21,89 | 14,48 | 7,20 | | | | | | | | | |
| 70 % | 39,16 | 31,05 | 23,14 | 15,35 | 7,64 | | | | | | | | |
| 65 % | 50,66 | 41,53 | 33,03 | 24,66 | 16,37 | 8315 | | | | | | | |
| 60 % | 63,16 | 53,65 | 44,48 | 35,44 | 26,47 | 17,58 | 8,76 | | | | | | |
| 55 % | 78,36 | 67,87 | 57,90 | 48,07 | 38,32 | 28,63 | 19,02 | 9,47 | | | | | |
| 50 % | 96,36 | 84,71 | 73,90 | 63,04 | 52,43 | 41,73 | 31,25 | 20,47 | 10,35 | | | | |
| 45 % | 117,86 | 105,34 | 93,30 | 81,38 | 69,54 | 57,78 | 46,09 | 34,46 | 22,90 | 11,41 | | | |
| 40 % | 144,86 | 130,80 | 117,34 | 104,01 | 90,76 | 77,58 | 64,48 | 51,43 | 38,46 | 25,55 | 12,80 | | |
| 35 % | 178,86 | 163,28 | 148,1 | 132,88 | 117,82 | 102,84 | 87,93 | 73,08 | 58,31 | 43,59 | 27,60 | 14,30 | |
| 30 % | 224,40 | 206,22 | 188,60 | 171,10 | 154,30 | 136,04 | 118,90 | 101,70 | 84,50 | 67,50 | 50,60 | 33,40 | 16,80 |

**Prozentgehalt des verdünnten Alkohols**

Beispiel: Man hat 90 %igen Alkohol und möchte ihn auf 70 %igen verdünnen. Dazu wählt man in der obersten Zeile (Prozentgehalt des zu verdünnenden Alkohols) 90 % aus und verfolgt die Spalte nach unten bis zur entsprechenden Zeile von 70 % (Prozentgehalt des verdünnten Alkohols). Dort liest man die Zahl 31,05. Das bedeutet, man muss zu 100 ml 90 %igen Alkohol 31,05 ml Wasser hinzufügen, um 70 %igen Alkohol zu erhalten. Nach Rouvilles in Böhm & Oppel (1912)

# Rezepturen häufig verwendeter Lösungen

## AGA
**A**lcohol-**G**lycerin-**A**cetic Acid (Alkohol-Glyzerin-Eisessig)
[Konservierungsflüssigkeit für kleine, weichhäutige Insekten (einschl. Larven)]
- 6 Teile Ethanol (60%ig),
- 1 Teil Glyzerin
- 1 Teil Essigsäure (Eisessig)

Entsprechend der zu behandelnden Tiere und des gewünschten Härtungsgrades kann die Alkoholmenge variiert werden.

## Alkoholische Borsäurelösung
[Desinfektionsmittel, zur Vermeidung von Fäulnis bei Trockenpräparaten]
In heißen 96%igen Alkohol so viel Borsäurekristalle geben, bis die Lösung gesättigt ist. Dann abkühlen lassen und filtrieren.

## Barbagalle-Lösung
[Fixierungsmittel]
- 30 g Formalin konz.
- 7,5 g Kochsalz
- 1000 ml Aqua dest.

## Barbara Reagens = BARBERS Reagens s.d.
Die Bezeichnung „Barbara Reagens" geht offenbar auf einen Schreibfehler für BARBERS Reagens zurück und wurde immer wieder abgeschrieben und weitergeführt. Der genaue Ursprung für diese Bezeichnung lässt sich wahrscheinlich nicht mehr genau ermitteln.

## BARBERS Reagens
[Aufbewahrungs-, Weich- und Reinigungsflüssigkeit]
- 265 Teile 95%iges Ethanol
- 245 Teile Wasser
  (oder 510 Teile 50%iges Ethanol)
- 95 Teile Essigether
- 35 Teile Benzen (=Benzol)

Sollte etwas Benzen ausfallen, wird ein wenig Ethanol langsam unter Schütteln hinzugefügt, um es wieder in die Mischung zurückzubringen.
Auf Grund der hohen Giftigkeit und Karzinogenität des Benzens sollte dieses unbedingt durch Toluol ersetzt werden.
Die Ergebnisse sind vergleichbar.

## BERLESE-Gemisch (= FAURESCHES Gemisch)
[Einbettungsflüssigkeit]
- 2 Teile Glyzerin
- 3 Teile Gummi arabicum
- 5 Teile Chloralhydrat
- 5 Teile Aqua dest.

Bei gleichen Bestandteilen, jedoch etwas unterschiedlichem Mengenverhältnis ist dieses Medium als HOYERS Reagens (s.d.) bekannt.

## Borsäurelösung
## s. Alkoholische Borsäurelösung
[Desinfektionsmittel, zur Vermeidung von Fäulnis bei Trockenpräparaten]

## BOUINSCHES Gemisch
[Fixierungsmittel]
- 70 Teile gesättigte wässrige Pikrinsäure
- 25 Teile Formalin
- 5 Teile Eisessig

## Carboxylen
[fäulnishemmendes Intermedium]
- 1 Teil Phenolkristalle (Carbolsäure)
- 3 Teile Xylen

## CARNOYSCHES Gemisch
## (= VAN GEHUCHTENS Gemisch)
[Mazerationsmittel]
- 6 Teile Ethanol absolut
- 3 Teile Chloroform
- 1 Teil Eisessig

## Chloroformwasser
[Betäubungsmittel für aquatische und marine Tiere]
5 ml Chloroform in 100 ml Wasser (je nach Tierart Süß- oder Salzwasser) schütteln.

## DEMKES Gemisch
[Fixierungsmittel]
- 5 ml 35%iges Formol
- 24 ml 96%iges Ethanol
- 5 ml Essigsäure
- 46 ml Aqua dest.
- 10 ml Glycerol

Dabei handelt es sich um das nur wenig veränderte Fixierungsgemisch nach ROUDABUSH (s.d.).

## Zuckerlösung nach ELMHIRST
[Konservierungsflüssigkeit für Krebse u.a.]
- $^1/_2$ kg Rohrzucker
- 1 ltr. Aqua dest.
- 10 ml Calciumformiat dazu gegen Schimmelbildung
- 5 % Formol oder etwas Salicylsäure

## Etherwasser
[Betäubungsmittel für aquatische und marine Tiere]
20 ml Ether und 250 ml Wasser (je nach Tierart Süß- oder Salzwasser) in einer verschließbaren Flasche kräftig schütteln.
Auf diese Weise entsteht eine nahezu gesättigte wässrige Lösung des Ethers (7- bis 8%ig).

## FAUREsches Gemisch
(= BERLESE-Gemisch s.d.)
[Einbettungsflüssigkeit]

## FLEMMINGsche Lösung
[Fixierungsmittel]
- 25 ml 1%ige Chromsäure
- 5 ml 2%ige Osmiumsäure
- 10 ml 1%ige Essigsäure
- 60 ml Aqua dest.

## GELEISCHE Flüssigkeit (nach HAUSER)
[Fixierungsmittel]
- 93 ml konzentrierte wässrige Sublimatlösung
- 4 ml 40%iges Formol
- 3 ml konzentrierte Salpetersäure

## Galts Lösung
[Fang- und Konservierungsflüssigkeit für Bodenfallen]
- 5 Teile Kochsalz
- 1 Teil Salpeter
- 1 Teil Chloralhydrat
- 100 Teile Wasser

„Galts solution" wurde bereits von BARBER (1931) empfohlen, als er die nach ihm benannte Bodenfalle beschrieb.

## Fixierungsgemisch nach GILSON
[Fixierungsmittel]
- 1,5 ml Salpetersäure
- 0,5 ml Eisessig
- 2 g Sublimat
- 10 ml Ethanol 60 %ig
- 88 ml Aqua dest.

## GISINsches Fixierungsgemisch
[Fixierungs- und Konservierungsmittel]
- 1000 Teile Isopropanol
- 30 Teile Eisessig
- 3 Teile Formol

Als Konservierungsmittel zu gleichen Teilen mit Aqua dest. verdünnen!

## GOFFEsche Lösung
[Erhaltung bzw. Wiederherstellung der Augenbinden bei Tabaniden]
- 1 Teil Eisessig
- 1 Teil Glyzerin
- 1 Teil Quecksilber-Perchlorid-Lösung
- 48 Teile abs. Ethanol

## Anhang

### Grays Gemisch
[Betäubungsmittel]
- 12 g Menthol
- 13 g Chloralhydrat

im Mörser mischen.

### Hoyers Reagens
[Einbettungsmittel]
- 50 ml Aqua dest.
- 125 g Chloralhydrat
- 50 g Gummi arabicum
- 30 ml Glycerol

Gummi arabicum in warmen Aqua dest. auflösen, dann Glyzerin und Chloralhydrat hinzufügen. Anschließend durch Glaswolle filtrieren.
Nach Monaten eingedicktes Reagens mit Aqua dest. verdünnen.
Siehe auch Berlese-Gemisch!

### Kahles Fixierungsflüssigkeit (= Pampelsches Gemisch)
[Fixierung von Insektenlarven]
- 30 ml 95%iges Ethanol
- 10 ml 35- bis 40%iges Formalin
- 2 ml Eisessig
- 60 ml Wasser

### Alkoholische Kampfer-Thymol-Lösung
[Abtöten und Entfernen von Schimmel]
- 100 ml Ethanol 96%ig
- 5 g Kampferkristalle
- 10 g Thymolkristalle

### Pepsinlösung nach Kleß
[Aufweichen von trocknem Sammlungsmaterial]
1 g Pepsin in 100 ml Aqua dest. lösen, zur Aktivierung 1 ml konzentrierte Salzsäure hinzufügen. Das Material wird nach Wässerung direkt in das Gemisch gelegt. Temperaturen von 37 bis max. 50 °C beschleunigen den Weichprozess.
Das Gemisch ist im Kühlschrank lange haltbar.
Menzel & Mohrig (1991) variieren diese Lösung für Mikrohymenopteren: 2,5 g Pepsin und 2,5 ml konz. Salzsäure auf 100 ml Aqua dest.

### Kochsalz-Alaun-Lösung
[Konservierungsflüssigkeit zur Nasskonservierung von Schmetterlingsraupen]
- 10 g Kochsalz
- 5 g pulverisiertes Alaun
- in 100 ml siedendem Wasser lösen.

Nach dem Abkühlen wird 1 g Phenol zugesetzt und die Flüssigkeit filtriert.

### Krygersche Konservierungflüssigkeit
[Konservierung von Insektenlarven und -puppen]
- 62,5 ml Eisessig
- 62,5 ml Sublimat
- 62,5 ml Glycerol
- 312,5 ml 90%iges Ethanol
- 500 ml. Aqua dest.

Die Larven oder Puppen werden in dieser Flüssigkeit getötet, über einem schwachen Feuer vorsichtig gekocht und aufbewahrt.

### Lactophenol
[Einbettungsflüssigkeit, reinigt, fixiert und konserviert]
- 1 Teil chemisch reines Phenol (= kristalline Carbolsäure)
- 1 Teil Glycerol (spez. Gew.1,25),
- 1 Teil 85 %ige Milchsäure
- 2 Teile Aqua dest.

### Lugolsche Lösung (= Iod-Kaliumiodid-Lösung)
[u.a. Fixierungs- und Konservierungsmittel]
- 1 Teil Iod
- 2 Teile Kaliumiodid
- 97 Teilen Aqua dest.

### Konservierungsflüssigkeit nach Merzheyeskaya
[zur Nasskonservierung von Schmetterlingsraupen]
- 2 g Salicylsäure in 100 ml 96%igem Ethanol lösen.
- 100 ml einer 1 %igen wässrigen Lösung von chemisch reinem Kochsalz in Aqua dest. herstellen.

Beide Lösungen mischen und in ein dunkles Gefäß füllen.
Erst nach 24 Stunden verwendungsfähig.

## Müllersche Flüssigkeit
[schwaches Fixierungs- und Entkalkungsmittel, Bestandteil verschiedener Fixierungsmittel]
Ansatz für 100 ml
- 100 ml Aqua dest.
- 2,5 g Kaliumbichromat
- 1,0 g Natriumsulfat ($Na_2SO_4$)

## Pampelsches Gemisch
(= Kahles Fixierungsflüssigkeit s.d. )
[Fixierung von Insektenlarven]

## Fixierungsmittel nach Pennak
[Fixierung von Plathelminthen]
- 5 g Quecksilberchlorid (Sublimat)
- 25 ml 70%iges Ethanol
- 5 ml 80%ige Salpetersäure
- 220 ml Wasser
- 1 ml Eisessig

Die Flüssigkeit muss nach 3 Tagen filtriert werden.

## Pepsinlösung s. Pepsinlösung nach Kleß

## Perenyische Flüssigkeit
[Tötungsmittel für Anneliden]
- 400 ml Salpetersäure 10%ig
- 300 ml Chromsäure 0,5%ig
- 300 ml Ethanol 70- oder 90%ig

## Rohrzuckerlösung s. Zuckerlösung nach Elmhirst
[Konservierungsflüssigkeit für Krebse u.a.]

## Fixierungsgemisch nach Roudabush
[Fixierungsmittel für parasitische Würmer]
- 24 ml 95%iges Ethanol
- 15 ml Formalin
- 5 ml Eisessig
- 10 ml Glycerol
- 46 ml Wasser

In leicht abgewandelter Zusammensetzung ist dieses Mittel auch als Demkes Gemisch bekannt (s.d.).

## Schaudinns Fixierungsgemisch
[Fixierungsmittel für kontraktile Würmer]
- 2 Teile konzentrierte wässriger Sublimatlösung
- 1 Teil 95%iges Ethanol

Gemisch auf 60–70 °C erwärmen und damit die sich in wenig Wasser befindenden Tiere übergießen.

## Ködergemisch nach Scheerpeltz
[Köder für alle an ausfließendem Baumsaft zu findende Insekten]
Rohrzucker in warmem Wasser auflösen und in diese Lösung abgekratzte Harzreste zufällig gärend angetroffener Laubbäume oder entsprechende Rindenstücke hineingeben.
Gären lassen, etwas Glycerol unterrühren, um das Vertrocknen des ausgestrichenen Mittels zu verhüten.

## Konservierungs- und Quellflüssigkeit nach Scheerpeltz
[Tötung und Konservierung kleiner Wasserkäfer; Hervortreiben der Kopulationsorgane der Männchen und Weibchen von Käfern – speziell Staphyliniden]
- 65 Teile reines Ethanol
- 5 Teile Eisessig
- 30 Teile Aqua dest.

In dieser Mischung kann man die Käfer jahrelang aufbewahren. Sie bleiben weich und können jederzeit präpariert werden.

## Schellack-Gel
[Aufklebeleim für Kleinstinsekten, besonders Mikrohymenopteren]
- 250 ml reiner weißer Schellack
- 20 ml Ethanol

Den Schellack in einem Porzellangefäß mit Gießlippe kochen (etwa 20 Minuten oder bis der Schellack schäumt). Dabei ständig mit einem Glasstab rühren.
Das Ethanol unter ständigem Rühren hinzugeben und für weitere 5 Minuten kochen oder bis die Mischung schäumt.
Danach vom Feuer nehmen und sofort in Schraubfläschchen abfüllen.
Das entstehende Gel sollte die Konsistenz von Vaseline haben.
Wenn das Gel mit der Zeit zu dick wird, kann es durch Hinzufügen und Unterrühren eines Tropfens des 75% Äthanols verdünnt werden.
Schellack-Gel wird im englischen Sprachgebrauch häufig auch als „Resin-Glue" bezeichnet.

## Konservierungsflüssigkeit nach Schulze
[Konservierung von Pflanzen und Pflanzenteilen mit Insekten]
- 200 ml Glycerol
- 200 ml Aqua dest.
- 1 g kristallisiertes Phenol

Es empfiehlt sich, die Flüssigkeit einige Zeit nach der Konservierung zu wechseln.

## Konservierungsflüssigkeit nach Standfuss
[Aufbewahrung von Insektengenitalien als Flüssigkeitspräparat]
- reiner Schwefelkohlenstoff
- Benzen
- Pfefferminzöl

Herstellung: In ein bestimmtes Quantum Benzen gibt man tropfenweise Pfefferminzöl bis zur beginnenden Trübung, die durch Zusatz von wenig Benzen wieder vergeht. Diese Flüssigkeit vorsichtig mit 2 Teilen Schwefelkohlenstoff mischen.

Die fertige Lösung muss vor Licht geschützt aufbewahrt werden, ebenso die Präparate, da sich im Licht Schwefel und Kohle ausscheiden, die sich dann auf dem Objekt absetzen und es unbrauchbar machen.
Auf Grund der hohen Giftigkeit und Karzinogenität des Benzens sollte dieses unbedingt durch Toluol ersetzt werden.

## Einbettungsmittel nach Stüben
[Einbettung von mikroskopischen Präparaten]
- 25 ml konzentrierte Milchsäure
- 25 ml Phenol
- 50 ml Aqua dest.
- 20 g Gummi arabicum
- 20 g Chloralhydrat

Milchsäure und Phenol vermischen, das Wasser unter Umschütteln hinzugeben und schließlich Gummi arabicum lösen. Zuletzt wird das Chloralhydrat hinzugefügt. Falls Unreinheiten im Gummi arabicum sind, wird das Gemisch durch Glaswolle filtriert. Den Trichter bedeckt man dabei mit einer Glasscheibe, da das Filtrieren recht langsam vor sich geht.
Dieses Einbettungsmittel ähnelt dem Berlese-/Faureschem Gemisch bzw. Hoyers Reagens (s.d.).

## van Gehuchtens Gemisch (= Carnoysches Gemisch s.d)
[Mazerationsmittel]

## Zuckerlösung
s. Zuckerlösung nach Elmhirst
[Konservierungsflüssigkeit für Krebse u. a.]

# Register

1,4 Dichlorbenzen 48
Aasfliegen 242
Aaskäfer 29
Abformung 71
Acantharinen 327
Acanthaster 289
Acanthocephala 88, 93
Acari 148
Aceton 143, 216, 256, 286
Acetonchloroform 76
Acetonmethode 191, 223, 261
Achsenskelett 70
Acrania 295
Aëdes 246
Aedoeagus 187
Aeolidiacea 106
Aeschna 262
Aeschnidae 263
Aether chloratus 202
Aethiopis 44
Afterskorpione 140, 146
AGA 271, 332
Agrionidae 263
Aktinien 38, 67
Alae 186
Alaun 158, 221
Algen 151
Alkaloide 36
Alkohol 84, 245
Alkoholometer 59
Alkoholpräparate 42
Alkoholreihe 40, 70, 72, 80, 85, 94, 143, 164, 272, 289
- aufsteigende 110
Alloeocoelen 77
Ameisen 41, 156, 165, 229, 232, 237
Ameisenbuntkäfer 178
Ameisengrillen 254
Ameisenjungfern 268
Ameisenkäfer 188
Ameisenlöwen 268
Ameisensäure 76
Ammoniak 61, 187, 200. 212
Ammoniakwasser 200
Ammoniumcarbonat 200
Amphineura 99
Amphioxus 295
Analschild 188
Anax 262, 265
Anisöl 58
Anisoptera 259
Anisozygoptera 259
Annelida 128
Anobiidae 46
Anopheles 246

Anoplura 271
Anostraca 154
Antedon 130
Antennen 152
Anthozoa 63, 66
Anthrenus 234
Anthrenus fasciatus 46, 47
Anthrenus museorum 46, 47
Anthrenus verbasci 46
Aphelocheirus 249
Aphidina 271
Aphodius 174
Aplacophora 100
Appendicularia 292
Apterygota 162, 164
Arachnida 140
Araneae 141, 145
Arbeitsschutz 33, 277
Arenicola 283
Armfüßer 280
Arsenik 184
Artenschutz 32
Artetikett 275
Arthropoda 139
Aschelmithes 88, 95
Ascidiacea 67, 292
Ascididae 292
Ascidien 123
Asilidae 243
Aspirator 167
Asseln 29, 156, 160
Asselspinnen 151
Astacus 155
Asterias 290
Asteroidea 289
Astrobot 49
Atentaculata 63
Äthyl-3-Aminobenzoat-Methan-sulfonsäure 294
Äthylen-Vinyl-Acetat 60-61
Atlantidae 106
Attagenus megatoma 46
Attagenus pellio 46, 47
Ätzkali 43
Aufbewahrung 41, 42, 44
Aufklebeplättchen 184, 185
Aufschwemmung 89
Aufweichen 181
Augenbinden 241
Augendusche 34
Auselseapparat 166
Ausfuhrerlaubnis 33
Ausguss 134
Ausleseapparat 18, 19, 165, 239
Ausleseverfahren 161
Aussieben 87

Austern 115
Australis 44
Auswertung 16
Autokescher 176, 241
Autotomie 153
Aves 31

Balanoglossus 283
Balanus 153
Balg 110
Balsam 61
Bandwürmer 81
Barbagalle-Lösung 85, 91, 332
Barbara Reagens 332
Barbers Reagens 181, 234, 262, 332
Bauchfüßer 101
Baumeklektor 22, 165
Baumkronenbenebelung 167
Baumwollblau 92
Bayofos 49
Bayothrin 50
Beam-Trawl 28, 67, 117, 286
Begasung 50
Beifang 22
Bembidion 169
Benfos 49
Benthos 29, 75
Benzen 234, 332
Benzin 148
Benzol 111
Benzylbenzoat 111
Berlese-Apparat 161, 247
Berlese-Gemisch 188, 243, 272, 332, 333
Berlese-Trichter 19, 132
Berlese-Tullgren-Trichter 19
Berliner Blau 134
Beschriftung 204
Betäubung 35
Betäubungsmittel 36
Betretungsgenehmigung 33
Biberkäfer 177
Bienen 227, 237
Bienennester 238
Bienenwachs 60, 70
Biochorien 18
Bivalvia 112
Blattflöhe 271
Blattfußkrebse 154
Blattöl 257
Blattidae 257
Blattläuse 248, 251, 271
Blattminierer 179
Blattschneideameise 238
Blausäure 50
Bleichbad 111

Anhang

Blindwanzen 248, 250
Blumenfliegen 240
Blumenpolypen 66
Blumentiere 66
Blutegel 131-133
Blütenspanner 199
Blutströpfchen 200
Bockkäfer 178
Bodendredge 28, 95
Bodenfalle 22, 141, 156, 168
Bodenfauna 19
Bodengreifer 26, 28, 29, 112, 113
Bodenhobel 75
Bodennetz 283
Bodenprobe 165
Bodenschleppnetz 28, 67, 117, 154
Bodenwanzen 248, 250
Bohrasseln 156
Bohrmuscheln 113
Bojanussches Organ 116
Bolus 220
Bonellia 127
Bootskescher 241
Borax 40, 158, 224
Boraxkarmin 69, 134
Boreus 270
Borkenkäfer 179, 194
Borsäure 158, 184, 256
Borsäure-Alkohol-Methode 261
Borsäurelösung
- alkoholische 145
Borstenkiefer 282
Bouin 283
Bouinsches Gemisch 77, 87, 136, 332
Boxing-In-System 192
Brachiopoda 280
Brachycera 169, 239, 246
Brachyura 153
Brackwasser 63
Brackwespen 32, 232
Braconidae 232
Branchiostoma 295
Branchiotremata 283
Branchiura 31, 154
Brandklasse 34
Brandschutz 34, 277
Braunstein 216
Brechungsindex 111
Bremsen 240, 241
Brommethan 50
Brotkäfer 46
Bryozoa 153, 279, 284
Buchensägemehl 187
Bücherläuse 46
Buntkäfer 178
Buprestidae 179

Butan 202
Bythinella 104

Caedax 157
Calciumchlorid 107, 245
Calciumformiat 157, 333
Calliphoridae 243
Capillariiden 91
Capsidae 250
Carabidae 177, 191
Carapax 158
Carausius 253
Carbolsäure 332, 334
Carbowax 258
Carboxylen 142, 332
Carnoysches Gemisch 332
Cassidae 177
Cassidinae 187
Catocala 210
Caudofoveata 100
Cellon-Plättchen 188
Centophilus 254
Cephalocordata 295
Cephalopoda 117
Cephalothorax 140, 145
Cephennium 188
Cerambycidae 177, 178
Cerci 243, 257
Cerebralganglion 107
Cestodes 81
Chaetognatha 282
Cheliceren 146
Chelonethi 146
Chilopoda 160, 161
Chinosol 61
Chironomidae 246
Chitin 152
Chlor-Ethyl-Ether 202
Chloralhydrat 37, 69, 87, 107, 108, 112, 117, 134, 148, 154, 165, 188, 222, 280, 287, 332, 334
Chlorethan 202
Chloreton 37, 80, 82, 87, 100, 107, 117, 133, 280
Chlorkalk 290
Chloroform 37, 65, 68, 117, 124, 133, 155, 208, 209, 332
Chloroformwasser 37, 64, 332
Chlorpyrifos 49
Cholevidae 177
Chorda dorsalis 292
Chordata 292
Chordatiere
- wirbellose 292
Chorthippus 258
Chromotrop 2R 85
Chromsäure 65, 66, 68, 69, 72, 106, 129, 151, 293, 333, 335

Chrysochraon 258
Chrysomelidae 178, 179
Cicindelidae 177
Ciona 293
Cirripedia 153
Cladoceren 28, 153
Cleridae 178
Clitellata 128, 131
Clitellum 131
Cnidaria 63
$CO_2$-Löscher 34
Coelenterata 63
Coleoptera 165, 230
Collembola 165
Colonidae 178
Compacter 277
Computerfaunistik 275
Conchifera 99
Copelata 292
Copepoda 28, 155, 156
Coranus 248
Cordulegaster 262
Corixidae 250
Crinoidea 285
Crinozoa 285
Crustacea 152
Ctenophora 39, 63, 71
Cubozoa 63, 71
Cucumaria 287
Culex 246
Curculionidae 177, 179, 191
Cyankali 199
Cyfluthrin 50
Cypona 49
Cypraea 106
Cypraeacea 109

Dauerpräparate
- mikroskopische 92
DDVP 49
Deckelschildläuse 249
Deckglas 110
Deckstreifen 211
Dekalin 196
Dekantieren 74
Demkes Gemisch 93, 333
Demonstrationspräparate 82
- anatomische 110
Dermaptera 258
Dermestes lardarius 46, 47
Dermestes maculatus 46
Dermestidae 46
Detritus 30, 166, 170, 171
Deuterostomia 282
Diantennata 152
Diaphragma 108
Dichlorman 49
Dichlorvos 49, 203, 209
Diebskäfer 41, 46

Diethylether 37, 129, 184, 201, 219, 226
Dimethylphthalat 85
Diorama 67, 196, 274
Diplopoda 43, 161
Diptera 165, 230, 238
Dipterennetz 239
Divipan 49
DNA 35, 39
Dolichoglossus 283
Doliolum 294
Doppelfixierung 77
Doppelfüßer 160, 161
Dornspeckkäfer 46
Drahtsieb 23, 102
Dredge 25, 57, 67, 75, 100, 101, 112, 113, 117, 152, 286
- arktische 28
Dreiangel-Grunddredge 26
Drosophila 239
Drymus 249
Duftköder 240
Dungfresser 173
Dünnschliffe 71
Dytiscidae 171, 177
Dytiscus 173

Eau de Javelle 61, 69
Echinococcus 83
Echinodermata 42, 285
Echinoidea 288
Echiurida 126, 128
Ectobiidae 256
Eichelwürmer 283
Eikokon 132, 134
Einbettung 91
Einfrieren 38, 116
Eingeweidewürmer 31
Einsiedlerkrebse 67, 153
Eintagsfliegen 268
Eis-Spray 202
Eisessig 72, 77, 80, 84, 85, 87, 91, 93, 124, 133, 165, 189, 191, 272, 332, 333, 335
Eisether 202
Ektoparasiten 32, 78, 130, 162, 165
Elateridae 191, 194
ELISA-Verfahren 164
Elmhirst
- Zuckerlösung nach 333
Elytren 129
Emergenz-Methode 25
Emergenzfalle 155
Enchyträen 131
Enteropneusta 283
Entfetten 151, 187
Entfettungsbad 187
Entomostraca 152

Entoparasiten 32, 78, 81, 89, 130, 165, 197, 256
Entwicklungsstadien 190, 221
Enzyme
- proteolytische 119
Ephemeroptera 268
Ephippigera 258
Epigyne 142
Epoxidharz 71
Eprouvetten 160
Erdbohrer 241
Erdegel 132
Erdflöhe 178
Erdläufer 161
Essigether 129, 168, 332
Essigether-Wachs 209
Essigsäure 65, 68, 69, 72, 83, 85, 91, 105, 106, 111, 115, 130, 182, 333
Essigsäureethylester 209
Ether 69, 124, 201
Etherspritzmethode 201
Etherwasser 37, 64, 76, 87, 106, 117, 333
Ethylacetat 209
Ethylalkohol 83, 84, 333
Ethylbromid 117
Ethylchlorid 202
Ethylenglycol 20
Ethylenoxid 50
Ethylurethan 69
Etikett 23, 44, 115, 133
Etikettierung 192
Eukitt 142
Eulen 205, 210
Eupagurus 153
Euparal 273
Eupithecia 199
Eurypterida 140
Euthyneura 102
Euthystira 258
EVA 60
Evaporator 208
Exhaustor 14, 16, 25, 141, 160, 166, 167, 170, 172, 177, 231, 232, 239
Exsikkatorfett 61
Exuvien 265, 269

Fächerflügler 32, 197
Fadenschnecken 106
Fadenwürmer 88, 89, 91
Fahrradkescher 176
Fallenfang
- automatischer 19
Faltenwespen 227
Fanggenehmigung 32
Fanggräben 21
Fangmaske 265

Fangsack 26
Fangschrecken 252
Fangsieb 172
Farberhaltung 151, 256, 261
Farbschale 232, 240
Fauna
- epigäische 19
Fauresches Gemisch 188, 332, 333
Federlinge 31, 271
Federstahlpinzette 16, 146, 170
Feldgrillen 254
Feldheuschrecken 253
Felslitoral 67, 75, 113, 127
Femora 143
Fette 36
Feuerlöscher 34
Feuerwalzen 292
Filarien 91
Filarioidea 91
Finnen 81, 83-85
Fischchen 164
Fische 31
Fischegel 132
Fischkanne 23
Fischläuse 154
Fischleim 185
Fixierung 39
Fixierungsgemisch 35
- Gisinsches 165, 333
- nach Gilson 124
Flaschenfalle 229, 238
Flemmingsche Lösung 65, 333
Fliegen 169, 238
- parasitäre 239
Flöhe 273
Flohkrebse 155
Flügelgeäder 216
Flügelkiemer 283
Flügelschnecken 106
Fluginsekten 162
Flüssigkeitspräparat 276
Flusskrebse 155
Fluttümpel 66
Formalin 332
Formalin-Trockenpräparat 158
Formalinpressverfahren 73
Formica 249
Formol 59
Formol-Alkohol 84, 124
Formol-Sublimat-Lösung 72
Formolseewasser 65
Foto-Eklektor 22
Fotoetiketten 45
Fraßbilder-Herbarium 110
Frelen 194
Fundort 179
Fundortetikett 275
Furchenfüßer 100

Gabel 26, 280
Gallen 196, 239
Gallmücken 239, 241, 246
Galts Lösung 141, 333
gamma Hexachlorcyclohexan 48
Gammariden 155
Garnelen 157
Gase 36
Gastrochia 88
Gastropoda 101
Gastrotricha 28
Gauß-Krüger-System 44
Gefahrensymbole 33
Gefriertrocknung 145, 196, 225, 265
Geißelskorpione 140
Gelatine 69, 70, 83, 222, 224
Gelege 268
Geleische Flüssigkeit 77, 333
Gemmulae 58
Genitalapparat 243
Genitalpräparat 162, 187, 218
Genitaluntersuchung 142
Genitase 189
Genuszettelchen 274
Geometridae 199, 201, 202, 205
Geophilidae 161
GEOREF 44
Geradflügler 251
Gerridae 249
Gespenstschrecken 253
Gezeitenzone 66
Giftstachel 141
Gilson
- Fixierungsgemisch nach 333
Gips 224
Gisinsches Fixierungsgemisch 165, 333
Glanzschnecken 109
Glasschnecken 109
Glastuben 14
Gletscherflöhe 165
Gliederfüßer 41, 139
Gliederwürmer 128
Glycerol 64, 71, 80, 84, 85, 91, 108, 114, 130, 138, 148, 151, 156, 158, 162, 178, 188, 191, 210, 224 271, 332-335
Glycerolalkohol 80, 91, 93
Glyzerin-Gelatine 224
Goffesche Lösung 333
Goldchlorid 76
Goldschrecken 258
Goldwespen 229
Gordiacea 92
Gordiuswürmer 92
Gorgonenhaupt 291
Grabfüßer 112
Grabwespen 176, 227

Grasfallen 171
Grays Gemisch 107, 333
Greifer 24
Großlibellen 259
Grünalgen 59
Grundschleppnetz 112
Grundwanzen 249
Guckkasten 289
Gummi arabicum 148, 165, 188, 332
Gummiballaspirator 169
Gummistiefel 23
Gummitragant 214, 221
Gürtelwürmer 131

Haarlinge 271
Haaröse 92
Haarpinsel 16, 75
Haarsterne 130, 285
Hadernpapier 46
Hafte 268
Hahnfett 61
Halictus 229
Haliplidae 177
Halmfliegen 241, 246
Hämatoxylin 84
Handsammlung 275
Harke 57
Hartgelatinekapseln 163
Hautflügler 169, 176, 226
Hautmuskelschlauch 130
HCH 48
Heimchen 254
Helminthen 37
Hemichordata 282, 283
Hemimetabolie 162
Hemiptera 246, 248
Heteropoda 39, 106
Heteroptera 246
Hexachlorcyclohexan 48
Hexamethyldisilazan 245
Hexapoda 162
Hinterkiemer 101, 106
Hirschhornsalz 200
Hirudinea 131-133
Hirudo 133
Histoclear 272
HMDS 184, 245
Hochvakuum 245
Höhlenheuschrecken 29
Höhlentiere 29
Hohltiere 63
Holometabolie 162
Holothuroidea 286
Holotypus 274
Holzameisen 232
Holzkaltleim 185
Holzkammer 175
Holzläuse 41

Hornkorallen 69
Hornschwämme 59, 61
Hoyers Reagens 148, 237, 272, 334
HQL 206
Hufeisenkrebse 140
Hufeisenwürmer 278
Hühnereiweiß 134
Hummeln 226
Hummer 154, 159
Hundertfüßer 160, 161
Hydromedusen 64
Hydrophilidae 171
Hydropolypen 64
Hydroxylamin 64
Hydrozoa 63, 64, 151
Hymenoptera 165, 226
Hypopygium 243

Ichneumonidae 237
Igelwürmer 126
Inert Begasung 50
Injektion 66, 110, 116, 117, 154, 160, 162
Injektionspräparat 110, 116, 134
Insekten 162
- koprophage 14
Insektenaspirator 232
Insektenbrief 179, 234
Insektenkasten 277
Insektennadeln 211
Insektensieb 166
Insektenstrips 49
Insektenversandschachteln 52
Insektizid 180
Iod 76
Iod-Kaliumiodid-Lösung 334
Ipidae 179
Irregularia 288
Isopoden 156
Isopropanol 40, 165, 333
Isopropylalkohol 40

Japan-Kescher 197
Juliden 161

Kabinettkäfer 46, 47
Käfer 165, 169, 229
Käfergrillen 254
Käferpilze 176
Käferschnecken 99, 100
Käfersieb 169, 175, 247
Kahles Fixierungsflüssigkeit 191, 334, 335
Kahnfüßer 112
Kalibleichlauge 61
Kalilauge 43, 110, 165, 188, 243
Kaliumacetat 85

Kaliumalaun 84
Kaliumbichromat 77
Kaliumcyanid 169
Kaliumhydroxid 271
Kaliumhypochlorit 61
Kaliummetabisulfit 261
Kaliumpermanganat 216
Kalkschwämme 61
Kalloplast R 122
Kalmar 118
Kamelhaarbürste 253
Kamelhalsfliegen 268
Kammquallen 63, 71
Kampfer-Thymol-Lösung
- alkoholische 334
Kanadabalsam 71, 85, 162, 237, 245, 246, 272
Kanker 147
Kapuzenspinnen 140
Karpfenlaus 31
Käseköder 211
Kätscher 16
Kaurischnecken 106
Kellerschnecken 108
Kescher 16, 102, 129, 141, 152, 166, 171
Keschermethode 16
Ketscher 16
Kielfüßer 106
Kiemen 78, 132, 152
Kiemenblätter 265
Kiemenfüße 154
Kiemenspalten 283
Kieselgel 264
Kieselschwämme 59, 61
Kinorhyncha 88, 95
Klaffmuschel 114
Klebfalle 240
Kleidermotte 46, 47, 234
Kleinbiotop 18
Kleindiorama 196
Kleinkrebse 154
Kleinlibellen 259
Kleinsäuger 30
Kleinschaben 254
Kleinschmetterlinge 200, 204, 216
Kleinzirpen 251
Kleß
- Pepsinlösung nach 334, 335
Klimaverschlechterung 75, 87, 129, 132
Klopfschirm 166, 167, 205, 230, 231
Klopftrichter 167
Klopftuch 167, 205
Knicklichter 173
Köcherfliegen 269
Kochsalz 221, 332

Kochsalz-Alaun-Lösung 334
Köder 173, 178, 228, 239
Köderfalle 210
Köderfang 205, 209
Ködermittel 209
Ködernetz 30
Köderschnüre 209
Kohlendioxid 36, 50, 64, 100, 101, 124, 148, 280
Kohlendioxidlöscher 34
Kohlendisulfid 238
Kohlensäure 36, 87, 134
Kohlensäureschneelöscher 34
Kohlenstoffdioxid 50
Kokain 72
Kolbenflügler 32, 197
Kollektor 152
Kollodium 224
Koloniebildungen 38
Kolonistenkäfer 178
Kolophonium 60
Kombi-System 192
Kommensalen 130
Kompaktsystem 277
Konchylien 109, 114
Konservierungflüssigkeit
- Krygersche 334
Koordinaten
- geographische 44
Kopfbrustpanzer 152
Kopffüßer 32, 78, 99, 117
Kopfflappen 127
Kopflupe 75
Koprophagen 173
Kopulationsorgane 181
Korallen 41, 57, 123
Korallenriff 67, 104
Korbrechen 26, 280
Kork 277
Krabben 153, 154
Kragentiere 282, 283
Kranzfühler 278
Kratzer 88, 93
Krebse 29, 32, 78, 152
- höhere 152, 157
- marine 152
- niedere 152, 155, 156
Kreosot 80, 245
Kriebelmücken 241
Kriechtiere 31
Krygersche
Konservierungflüssigkeit
191, 334
Kugelspringer 165
Kunstharz 162, 276
Kunstharzkleber 185
Kunststoffbeutel 23
Kupfersulfat 72, 77, 133, 294
Kurzflügler 178, 183, 189

Labidura 252
Lactophenol 85, 272, 334
Laich 122
Lamellibranchiata 112
Landasseln 43, 152, 156
Landegel 132
Landhafte 268
Landplanarien 74, 76
Landschnecken 102
Landtiere 14
Landturbellarien 76
Langusten 154
Lanzettfischchen 295
Larvacea 292
Larvenköcher 270
Laserdrucker 45
Lasioderma serricorne 46
Latex 134, 160
Latex-Bindemittel 185
Laubheuschrecken 253
Laufkäfer 29, 169, 175, 177, 183
Läuse 271, 273
Leberegel
- großer 79
- kleiner 79
Lectotypus 274
Lederkorallen 69
Lehrsammlung 194
Leihschein 54
Leihverkehr 52
Leim 58, 184
Lepidonotus 129
Lepidoptera 197, 230
Lepidurus 154
Leptinidae 177
Leptocardii 295
Leptotyphlites 178
Lethrus 174
Leuchtstäbe 173
Leuchtstoffröhre 207
Libellen 259
Libellula 263
Licht Box 231
Lichtfalle 27, 155, 172, 207, 241, 247, 270
Lichtfang 172, 205, 229, 241, 249, 254, 268, 270
- Unterwasser 173
Lichtgrün 85
Ligament 112
Limnorien 156
Lindan 48, 180
Linguatulida 137
Liodidae 178
Litoral 100
Litoralzone 24
Loricifera 88, 95

Löschdecke 34
Luftnetz 14
Lugolsche Lösung 80, 82, 334
Lungenschnecken 101, 107
Lungenstrongyliden 90
Lycaenidae 202
Lygaeidae 248, 250
Lysoform 213
Lytta 184

M.S. 222 107, 293
Madagassis 44
Mafu 49
Magnesiumchlorid 36, 64, 65, 68, 72, 96, 106, 124, 129, 153, 154, 158, 286, 287
Magnesiumlösung 106
Magnesiumsalze 22, 36
Magnesiumsulfat 36, 65, 68, 69, 87, 101, 106, 115, 129, 153, 280
Makrolepidoptera 197, 211
Malacostraca 152
Malaisefalle 230, 232, 241
Mallophaga 31, 271
Mammalia 30
Mangrove 86, 104
Manitoba-Fliegenfalle 241
Manteltiere 292
Mantidae 257
Mauerbienen 229
Maulwurfsgrillen 253
Mazeration 164, 188, 271
Mecoptera 270
Medusen 39, 63
Meeresmuscheln 114
Meeresschnecken 38, 104
Meerschaumpulver 187
Meerwasserformalin 327
Megaloptera 268
Mehlkäfer 46
Melanargia 213
Meloë 184, 194
Menthol 37, 65, 68, 79, 82, 83, 91, 93, 106, 107, 130, 134, 153, 280, 287, 294, 334
Mentholalkohol 37, 39
Menthollösung alkoholische - 93
Mentum 265
Merostomata 140
Merzheyeskaya
- Konservierungsflüssigkeit nach 334
Mesosternum 232
Messingkäfer 46
Metacain 37, 294
Metallsalze 36
Methylsalicylat 85, 111

Methylzellulose 185
Micrognathozoa 88
Microlepidoptera 216
Microphysidae 249
Microvials 246
Miesmuscheln 32, 104
Mikrodiptera 245
Mikrohymenoptera 231
Mikrolepidoptera 197, 204
Mikropräparate 237
Mikropräparation 91
Mikrospannbrett 216
Mikrotestplatten 164
Milben 32, 140, 148
Milchsäure 43, 85, 91, 165, 188, 221, 243, 272, 334
Mineralöl 142
Minierfliegen 239, 241, 246
Minnesota-Falle 207
Minutien 216, 235, 242
Miridae 248
Mischlichtlampe 206
Mist 167
Mistbesteck 174
Mistfresser 173
Mistwürmer 131
Moericke-Schalen 21, 240
Mollusca 99
Mollusken 153
Molluskeneier 122
Monoplacophora 99
Montageplatte 83
Moossieb 24
Moostiere 279
Mordellidae 186, 188
Mottenstreifen 49
MS-222 Sandoz 37
Mücken 239
Mückenhafte 270
Müllersche Lösung 77, 335
Muschelharke 113
Muschelkescher 112
Muschelkrebse 152, 153
Muscheln 57, 99, 112
Muschelschalen 114
Muscidae 239, 243
Museumskäfer 46
Mya 114
Myriapoda 160
Myrmecophile 175
Myrmecophilensieb 175, 232
Myzostomida 32, 128, 130
n-Propanol 124

Nabelschnecke 105
Nachlaufflasche 21
Nachtfang 22, 141, 154, 169, 205, 291
Nacktkiemer 106

Nacktschnecken
- marine 104
- terrestrische 108
Nagekäfer 46
Naphthalin 133, 180, 213
Narkose 36, 38
Narkoseether 201
Narkotisieren 35
Natrium-Nembutal 107
Natriumacetat 71
Natriumbisulfit 216
Natriumchlorid 156
Natriumhydroxid 271
Natriumnitrat 71
Natriumsulfat 77
Natron 187
Natronlauge 188
Naturalien
- eingetrocknete 43
- feuchte 41
- trockene 41
Naturschutz 32
Naturschutzbehörde 32
Nearctis 44
Nelkenöl 69, 80, 101, 272
Nemathelminthes 88
Nematocera 239, 242, 246
Nematoda 88, 89
Nematomorpha 88, 92
Nembutal 107
Nemertini 86
Neotropis 44
Nervenpräparat 110
Nesseltiere 35, 63
Nestkäfer 177
Netzflügler 268
Netzwanzen 248
Neumundtiere 282
Neuroptera 270
Neuropteroidea 268
Neuston 28
Neuston-Schleppnetz 28
Neutralbalsam 110, 165, 237, 272
Nikotin 37, 38, 49, 68, 134, 201
Niptus hololeucus 46
Nistmaterial 149
Nitrolack 114, 194, 214
Nitroverdünnung 187, 219
Nomada 227
Novocain 82
Nudibranchia 106

Oberflächennetz 28
Objektträger 110
Octocorallien 151
Odonata 259
Ofenfischchen 164
Öhrnadel 185

Ohrwürmer 258
Oligochaeta 131, 133
Ölsäureester 37
Onychophora 135
Ootheca 253
Ophiuroidea 129, 291
Opiliones 147
Opisthobranchia 101, 104, 106
Opisthosoma 144
Optal 40, 124
Ordensbänder 210
Orientalis 44
Orthetrum 263
Orthopteroidea 251
Osmia 229
Osmiumperoxid 72
Osmiumsäure 65, 106, 294, 333
Ostracoden 152, 156
Oxalsäure 115, 201

Paarungsketten 260
Palaearctis 44
Palpigraden 140
Pampelsches Gemisch 191, 334, 335
Pantopoda 151
Papiernester 238
Papierröllchen 180
Paradichlorbenzen 30, 48, 180, 204, 213, 237, 239
Paraffin 39, 116, 124, 224, 265
- gefärbtes 125
Paraffinierung 110, 124, 130, 141, 225
Paraffinpräparat 134
Paralobi 243
Parameren 187
Parasiten 78, 132, 271
Parnassius 213
Pauropoda 160
Pelagial 28
Pelikanfuß 106
Pelzflohkäfer 177
Pelzkäfer 46, 47
- Dunkler 46
Pelzmotte 46
Pennak
- Fixierungsmittel nach 335
Pennsylvania-Lichtfalle 169
Pentastomida 137
Pentatomidae 248
Pepsin 119, 181, 187, 245, 334
Perenyische Flüssigkeit 129, 335
Pergamentpapier 46
Periostracum 109, 114
Permethrin 50
Petiolus 237
Petroleum 148

Pfahlkratzer 23
Pfefferminzöl 336
Pfeilschwänze 140
Pfeilwürmer 282
Pferdeaktinien 69
Pferdehaarwürmer 92
Pflanzengallen 196
Pflanzenläuse 251
Pflanzenpräparation 196
Pflanzensauger 246
Pflanzschaufel 142
PH-Papier 23
Phallosom 243
Phallus 187
Phenol 85, 165, 203, 221, 332
Phoronidea 278
Phosphorpentoxid 264
Phosphorsäureester 49, 209
Phosphorwasserstoff 50
Phosphorwolframsäure 85
Photoeklektor 142, 171
Photosensibilität 132
Photoxylin 290
Phyllopoda 154, 156
Picein 60
Pikrinsäure 69, 87, 142, 332
Pilze 196
Pilzkäfer 176, 189
Pilzmücken 29
Piperonylbutoyid 50
Pisces 31
Pizein 60
Planarien 75, 76
Planipennia 268
Plankton 64, 152
Planktonnetz 23, 30, 129, 152, 283
Planktonsieb 75
Plastoprint 183
Plastozote 183, 192
Plathelminthes 73
Plattwürmer 73
Plecoptera 269
Pleuston 28
Pogonophora 128
Polistes 238
Polychaeta 128, 278
Polyesterharz 71, 145
Polyethylen-Schaum 277
Polyglycol 258
Polyisobuthylen 60
Polykladen 77
Polymethylmethacrylat 122
Polypen 69
Polyplacophora 100
Polyporus 235
Polysorbat 80 37
Polyvinyl-Lactophenol 142
Polyvinylacetat 185

Polyvinylchlorid 238
Poretan 183
Porifera 57
Porling 235
Poroplex 183
Porzellanschnecken 109
Postabdomen 141
Postpetiolus 237
Praesoma 93
Präparate
- mikroskopische 80
Präparateglas 59, 65
Präparierbecken 39
Präparierbesteck 182
Priapswürmer 88, 95
Priapulida 88, 95
Priapulus 95
Procte 265
Proglottiden 81
Pronotum 250
Propan 202
Propanol-(1) 124
Propylenphenoxetol 91, 108, 114, 127
Prosobranchia 101, 105
Prosoma 144
Protochordata 292
Protostomia 282
Proventriculus 258
Pseudoscorpiones 146
Pseudoskorpione 29, 140
Psocoptera 46, 259
Psyllina 271
Pterobranchia 283
Pteropoda 39, 106
Pterotracheidae 106
Pterygota 162
Ptinidae 46
Pulmonata 101, 107
Pulverlöscher 34
Pumpexhaustor 169
Puppen 225, 268
PVAC 185
Pycnogonida 151
Pygidium 186, 188
Pyrethrine 50
Pyrethroide 50
Pyrethrum 50, 167, 231

Quecksilber-Perchlorid 333
Quecksilberbichlorid 225
Quecksilberdampflampe 206
Quellgemisch 181
Quellschnecken 104

R-Sätze 33
Rädertiere 88
Radula 109, 110
Ramseyfett 61

Rankenfüßer 153
Raphidioptera 268
Raubfliegen 243
Raubinsekten 41
Raubwanzen 248
Raumbegasung 50
Raumschmarotzer 113
Raupenfliegen 32
Raupenofen 221, 223
Regenerieren 43
Regularia 288
Reinigen 186
Reismehlkäfer 46
Reliktkrebse 152
Reptilia 31
Resin-Glue 336
Resistall 46
Resmethrin 50
Reuse 140, 153-155, 172, 177
Reusenfalle 260
Rhabdocoelen 76, 77
Rhaphidophoridae 254
Riesenameisen 232
Ringelwürmer 128
Riplex 183
Rippenquallen 63, 71
Röhrenquallen 65
Röhrenschaler 112
Röhrenwürmer 129, 278
Rohrzucker 157
Rohrzuckerlösung 288, 291, 335
Rotatoria 28, 88
Roudabush
- Fixierungsgemisch nach 335
Rückensaite 292
Ruderwanzen 250
Rundwürmer 88
Rüsselkäfer 179
Rüsselwürmer 86

S-Sätze 33
Sackdredge 26, 279, 286, 295
Saga 258
Saitenwürmer 88, 92, 256
Salicylsäure 157, 195, 333
Salmiakgeist 200, 212
Salpen 292
Salpeter 59, 61, 158
Salpetersäure 76, 77, 108, 124, 129, 160, 333, 335
Salzsäure 61, 105, 111, 115, 181, 187, 245, 334
Salzwiesen 75
Sammelbuch 23, 40
Sammelgenehmigung 32, 33
Sammelgläser 239
Sammeltuch 18, 147, 161, 166, 169, 177
Sammlungen

- biologische 194
Sammlungseinrichtung 277
Sammlungsschutz 44, 46
Sandlaufkäfer 171, 177
Sandlückensystem 129
Sandohrwurm 252
Sandwespen 228
Sattelschrecken 258
Sauerstoffreduktion 50
Säugetiere 30
Saugfalle 241
Saugmünder 32, 130
Saugnapf 132
Saugwürmer 32, 78
Scaphopoda 112
Scarabaeidae 191
Schaben 41, 252
Schädellose 295
Schadfraß 184, 194
Schadinsekten 46, 180, 204
Scharrnetz 126
Schaudinns Fixierungsgemisch 133
Scheerpeltz
- Ködergemisch nach 335
- Konservierungsflüssigkeit nach 335
Schellack 114, 238, 336
Schellack-Gel 236, 335
Schildchengrube 232
Schildfüßer 100
Schildkäfer 187
Schildläuse 196, 251
Schildwanzen 248
Schilfeulen 219
Schimmel 41, 52, 195, 203, 204, 220, 333
Schlammfliegen 268
Schlämmkreide 224
Schlammproben 30
Schlangensterne 291
Schlanklibellen 263
Schlauchwürmer 88
Schleppnetz 57, 95, 123, 280
- Neuston 28
Schlepptuchmethode 148
Schließmuskel 115
Schlifffett 61
Schlittendredge 75
Schlossband 114
Schlosszähne 114
Schlupfwespen 32, 230
Schmalbienen 229
Schmarotzerfliegen 242
Schmelzkleber 60
Schmetterlinge 197
Schnabelfliegen 270
Schnabelkerfe 246
Schnabelwanzen 249

Schnaken 243
Schnecken 57, 99, 101, 123, 147
Schneckenkanker 147
Schneckenschalen 109
Schneeflöhe 165
Schnitte
- histologische 76
Schnurwürmer 86
Schrumpfung 40
Schulpe 117
Schulze
- Konservierungsflüssigkeit nach 336
Schuppenwürmer 128, 129
Schüttelmethode 79
Schwämme 41, 57, 67, 151
Schwammkugelkäfer 178
Schwärmer 202
Schwarzkäfer 46
Schwarzlichtfalle 28
Schwebfliegen 239, 240
Schwefel 202
Schwefelammonium 157
Schwefeldioxid 169, 261
Schwefelether 37, 184, 187, 201
Schwefelkohlenstoff 50, 238, 336
Schwefelsäure 61, 103, 264
Schweineblase 61
Schwemm-Methode 166, 170
Schwemmgerät 19
Schwertschwänze 140
Schwimmkäfer 171
Scolex 81, 82
Scolytidae 179
Scorpiones 141
Scutellum 250
Scyphozoa 63, 65
Sechsfüßer 162
Sediment 112
Seeanemonen 67, 151
Seefeder 67-69
Seegurken 286
Seeigel 288
Seemaulwurf 140
Seenelken 68
Seepocken 153
Seerosen 67
Seescheiden 67, 113, 292
Seeskorpione 140
Seewalzen 286
Seihapparat 153
Senf 131
Sepia 117
Sicherheitsdatenblätter 33
Sieb 131
Siebbeutel 102, 160
Siebkasten 160

Siebsatz 27, 129
Silberfischchen 164
Silicon 59, 61
Silikonkautschuk 71, 122
Simuliidae 239
Siphon 114
Siphonophora 39, 65
Sipunculida 123
Situspäparat 110
Skelettpräparat 61
Skolopender 161
Skorpione 140, 141, 229
Skorpionsfliegen 270
Sminthuridae 165
Soda 90
Solenoconchae 112
Solenogastres 100
Solifugae 146
Somatochlora 262
Spalteholz-Methode 111
Spannadeln 211
Spannbrett 211
Spanner 201, 205
Spannstreifen 211
Spatelnadel 185
Speckkäfer 47, 234
- Gemeiner 46
Sphaerechinus 288
Sphegidae 228
Sphingidae 202
Spicula 59, 61
Spicularskelett 327
Spinnen 140, 141, 229
Spinnennetz 145
Spinnentiere 43, 140
Spirographis 130
Spongien 57
Spongiolin 61
Springheuschrecken 253
Springschwänze 165
Spritzwürmer 123
Staatsquallen 65
Stabschrecken 253
Stachelhäuter 32, 104, 130, 285
Stacheln 42
Stahlschränke 277
Standfuss
- Konservierungsflüssigkeit nach 336
Staphylinidae 178
Statolithen 118
Statozysten 65, 119
Staubläuse 46, 259
Stechbohrer 165
Stechfliegen 239
Stechschaufel 131, 174
Steckmuscheln 113
Steckpinzette 243
Steckplatte 182, 183

Steckschachtel 203
Stegobium paniceum 46
Steinfliegen 269
Steinzange 280
Stockholm-Teer 60
Stocknetz 30, 154
Streichköder 209
Streifkescher 231
Streifnetz 141, 177, 230, 249, 269
Streifsack 14, 147, 178, 246
Strepsiptera 32, 197
Strontiumchlorid 327
Strudelwürmer 74
Stüben
- Einbettungsmittel nach 336
Stummelfüßer 135
Styropor 183, 194, 277
Subgenitalplatte 257
Sublimat 68, 69, 77, 79, 82, 93, 106, 124, 130, 191, 288, 333
Sublimatalkohol 96
Sublimatlösung 72, 76, 129
Succinylcholinchlorid 105
Sudanfarbstoff 125
Sumpfdeckelschnecken 106, 279
Supraanalplatte 257
Süßwasserkrebse 154
Süßwassermuscheln 114
Süßwasserschnecken 104
Süßwasserschwämme 58, 59, 61
Sympetrum 262
Symphyla 160
Syndetikon 185, 214
Syntypus 274

Tabak 48, 68, 72
Tabakkäfer 46
Tabanidae 240
Tachinidae 243
Tagfang 205
Tange 151
Tapetenleim 185
Tasterläufer 140
Tätigkeitszeugnisse 237
Taucher 29
Tausendfüßer 29, 160
Taxozönose 25
Teleskopstange 26
Tenebrio molitor 46
Tenebrionidae 46
Tentaculata 278
Tentaculifera 63
Tentakeln 117
Termiten 165, 253, 256
Termitengäste 256
Termitoxinien 256
Terostat IX 60

Terpentin 70
Terpineol 85
Teslin 46
Tetrachlorethan 209
Tetrachlorkohlenstoff 131, 208, 209
Tetrix 254
Tettigoniidae 257
Thaliacea 292
Thermometer 23
Thermosbehälter 30
Thyone 287
Tierstöcke
- sessile 38
Tinea pellionella 46
Tineola bisselliella 46
Tingidae 248
Tintenstrahldrucker 45
Tipulidae 239, 242
TMS 222 294
Toluol 221
Torf 224, 277
Tötungsglas 14, 136, 141, 142, 147
Tötungsspritze 198, 200
Transmissionslichtfallen 22
Transport 41, 42
Trematoda 32, 78
Tret-Methode 171
Tribolium castaneum 46
Tricain 37, 294
Tricain-Methansulfonat 294
Trichinenkompressorium 74
Trichlormethan 209
Trichoptera 269
Trichostrongyliden 89
Trichterfalle 210, 240
Tricladida 75
Triethanolamin 92
Trikladen 77
Trilobiten 140
Trinatriumphosphat 43
Trockeneis 241
Trockenlöscher 34
Trockenpräparate 157
Trocknung 245
Tropenkescher 197
Trüffelkäfer 178
Trypsin 119
Tullgren 19
Tümpel 23
Tunicata 292
Turbellaria 74
Tütenfalter 204, 214
Tween 80 37, 83, 90, 93
Typus 44, 273

Uferfliegen 269
Uhrfederpinzette 161, 253

Uhrglasmethode 65, 68
Ultraschallbad 103, 187, 238
Umnadeln 220
Unit-System 192
Unterwasser-Lichtfang 27, 173
Urethan 37, 82, 87, 106, 108, 117, 129, 153, 286
Urinsekten 29, 162, 164
UTM 44

Vakuum 245
Vakuum-Gefriertrocknung 245
Vakuumtrocknung 264
van Gehuchtens Gemisch 332, 336
Vapona 49, 203, 209
Vaseline 61
Veneridae 114
Ventroplicida 100
Venusmuscheln 114
Verbundsystem 277
Verpackung 41
Vertebrata 292
Vespa 238
Vibrotaxis 133
Vielborster 128
Vielfüßer 160
Vitrinidae 109
Viviparidae 106
Vögel 31
Vogelblutfliegen 240
Vogelspinnen 144, 145
Vorbehandlung 35
Vorderkiemer 101, 105
Vormagen 258
Vorpräparation 205
Vulvapräparat 142

Waldschaben 252, 254
Walzenspinnen 140, 146
Wanzen 246
Waschbenzin 219
Wasserdampf 181
Wasserflecken 220
Wasserflöhe 153
Wassergucker 26, 67
Wasserinsekten 28, 177
Wasserjungfern 259
Wasserkäfer 171, 173, 177
Wasserkescher 23
Wasserläufer 249
Wassernetz 24, 25, 247, 249
Wasserschnecken 104
Wasserstoffperoxid 103, 111, 290
Wassertiere 23
Wasserturbellarien 76
Weberknechte 140, 147
Webspinnen 145
Weichfixierung 91
Weichkörper 105, 109
Weichtiere 35, 99
Wenigborster 131, 133
Wenigfüßer 160
Wespen 229, 237
Wespenvertreiber 227
White Glue 185
Widderchen 200
Winterdeckel 108
Wintergrünöl 111
Winterhafte 270
Wirbeltiere 292
Wollhandkrabben 155
Wollkrautblütenkäfer 46
Wundbenzin 203

Würfelquallen 71
Würmer 35
Wurmmollusken 99, 100

Xantholinus 189
Xiphosura 140
Xylen 80, 110, 142, 187, 191, 219, 221, 272, 332
Xylen-Paraffin-Gemisch 114

Zackendredge 123, 288
Zaponlack 114, 194, 214, 238
Zecken 148
Zedernöl 246, 272
Zeitfalle 22
Zelloidin 290
Zelluloid 145, 224
Zement 238
Zergliederungspräparat 196
Zikaden 247, 249
Zinksulfat 154
Zitronensäure 181, 261
Zonitidae 109
Zucht 205, 230
Zuckerlösung 59, 157, 333, 336
Zungenwürmer 137
Zweiflügler 238
Zwergfüßer 160
Zwerggeißelskorpione 140
Zyankali 169
Zygaenidae 200
Zygoptera 259
Zygopterenlarven 265
Zylinderrosen 67, 69
Zysten 130, 138